先进复合材料丛书

编委会

主 任 委 员：杜善义
副主任委员：方岱宁　俞建勇　张立同　叶金蕊
委　　　员：（按姓氏音序排列）
　　　　　　陈　萍　陈吉安　成来飞　耿　林　侯相林
　　　　　　冷劲松　梁淑华　刘平生　刘天西　刘卫平
　　　　　　刘彦菊　梅　辉　沈　健　汪　昕　王　嵘
　　　　　　吴智深　薛忠民　杨　斌　袁　江　张　超
　　　　　　赵　谦　赵　彤　赵海涛　周　恒　祖　群

国家出版基金项目

先进复合材料丛书

功能纳米复合材料

中国复合材料学会组织编写
丛 书 主 编　杜善义
丛书副主编　俞建勇　方岱宁　叶金蕊
编　　　著　刘天西　张　超　等

中国铁道出版社有限公司
CHINA RAILWAY PUBLISHING HOUSE CO., LTD.

内容简介

"先进复合材料丛书"由中国复合材料学会组织编写,并入选国家出版基金项目。丛书共12册,围绕我国培育和发展战略性新兴产业的总体规划和目标,促进我国复合材料研发和应用的发展与相互转化,按最新研究进展评述、国内外研究及应用对比分析、未来研究及产业发展方向预测的思路,论述各种先进复合材料。

本书为《功能纳米复合材料》分册,以功能纳米复合材料为主题,系统论述功能纳米复合材料的基本特性、制备方法和功能应用前景,重点论述在军用和民用领域有重要应用前景的电、热、光、磁等功能特性的功能纳米复合材料的制备方法、性能及应用。

本书可供从事功能纳米复合材料研发的科研人员和工程技术人员参考,也可供新材料科研院所、高等院校、新材料产业界、政府相关部门、新材料技术咨询机构等领域的人员参考。

图书在版编目(CIP)数据

功能纳米复合材料/中国复合材料学会组织编写;刘天西等编著. —北京:中国铁道出版社有限公司,2021.10

(先进复合材料丛书)

ISBN 978-7-113-27819-9

Ⅰ.①功… Ⅱ.①中… ②刘… Ⅲ.①纳米材料-复合材料 Ⅳ.①TB383

中国版本图书馆 CIP 数据核字(2021)第 050180 号

书　　名:功能纳米复合材料

作　　者:刘天西　张　超　等

策　　划:初　祎　李小军

责任编辑:悦　彩　　电话:(010) 51873206　　电子信箱:sxyuecai@163.com

封面设计:高博越

责任校对:孙　玫

责任印制:樊启鹏

出版发行:中国铁道出版社有限公司 (100054,北京市西城区右安门西街8号)

网　　址:http://www.tdpress.com

印　　刷:中煤(北京)印务有限公司

版　　次:2021年10月第1版　2021年10月第1次印刷

开　　本:787 mm×1 092 mm　1/16　印张:27　字数:687千

书　　号:ISBN 978-7-113-27819-9

定　　价:178.00元

版权所有　侵权必究

凡购买铁道版图书,如有印制质量问题,请与本社读者服务部联系调换。电话:(010) 51873174

打击盗版举报电话:(010) 63549461

序

新材料作为工业发展的基石,引领了人类社会各个时代的发展。先进复合材料具有高比性能、可根据需求进行设计等一系列优点,是新材料的重要成员。当今,对复合材料的需求越来越迫切,复合材料的作用越来越强,应用越来越广,用量越来越大。先进复合材料从主要在航空航天中应用的"贵族性材料",发展到交通、海洋工程与船舰、能源、建筑及生命健康等领域广泛应用的"平民性材料",是我国战略性新兴产业——新材料的重要组成部分。

为深入贯彻习近平总书记系列重要讲话精神,落实"十三五"国家重点出版物出版规划项目,不断提升我国复合材料行业总体实力和核心竞争力,增强我国科技实力,中国复合材料学会组织专家编写了"先进复合材料丛书"。丛书共12册,包括:《高性能纤维与织物》《高性能热固性树脂》《先进复合材料结构制造工艺与装备技术》《复合材料结构设计》《复合材料回收再利用》《聚合物基复合材料》《金属基复合材料》《陶瓷基复合材料》《土木工程纤维增强复合材料》《生物医用复合材料》《功能纳米复合材料》《智能复合材料》。本套丛书入选"十三五"国家重点出版物出版规划项目,并入选2020年度国家出版基金项目。

复合材料在需求中不断发展。新的需求对复合材料的新型原材料、新工艺、新设计、新结构带来发展机遇。复合材料作为承载结构应用的先进基础材料、极端环境应用的关键材料和多功能及智能化的前沿材料,更高比性能、更强综合优势以及结构/功能及智能化是其发展方向。"先进复合材料丛书"主要从当代国内外复合材料研发应用发展态势,论述复合材料在提高国家科研水平和创新力中的作用,论述复合材料科学与技术、国内外发展趋势,预测复合材料在"产学研"协同创新中的发展前景,力争在基础研究与应用需求之间建立技术发展路径,抢占科技发展制高点。丛书突出"新"字和"方向预测"等特色，对广大企业和科研、教育等复合材料研发与应用者有重要的参考与指导作用。

本丛书不当之处，恳请批评指正。

2020 年 10 月

前　言

"先进复合材料丛书"由中国复合材料学会组织编写，并入选国家出版基金项目和"十三五"国家重点出版物出版规划项目。丛书共12册，围绕我国培育和发展战略性新兴产业的总体规划和目标，为促进我国复合材料研发和应用的发展与相互转化，按最新研究进展评述、国内外研究及应用对比分析、未来研究及产业发展方向预测的思路，论述各种先进复合材料。本丛书力图传播我国"产学研"最新成果，在先进复合材料的基础研究与应用需求之间建立技术发展路径，对复合材料研究和应用发展方向做出指导。丛书体现了技术前沿性、应用性、战略指导性。

功能纳米复合材料一直是复合材料学科研究的热门领域，国内外普遍采用化学、物理等方法将各种类型的纳米填料颗粒与聚合物基体材料进行纳米复合，获得了各种新型功能纳米复合材料，为新型功能材料的理论研究和实际应用奠定了基础。从材料制备、性能表征发展到有既定目标的性能、功能实现，是功能纳米复合材料研究发展的趋势。

本书以功能纳米复合材料为主题，系统论述了功能纳米复合材料的基本特性、制备方法和功能应用前景，重点论述了在军用和民用领域具有重要应用前景的电、热、光、磁等功能特性的功能纳米复合材料的制备方法、性能及应用。本书可供从事功能纳米复合材料研究和应用的科研人员和工程技术人员参考，也可供新材料科研院所、高等院校、新材料产业界、政府相关部门、新材料技术咨询机构等领域人员参考。

本书由东华大学编著。第1章由刘天西、徐阳、李乐编著，第2章由刘思良、郑勇、王澳、徐凯文、郭和乐、朱天宜编著，第3章由张超、封其春、刘志崇编著，第4章由宋慧、刘颖编著，第5章由陈山、高继升、王澳编著，第6章由王煜峰、章兵编著。全书由刘天西教授和张超研究员统稿、定稿。

本书的主要内容来源于编著者所在实验室的研究成果及在工业中的应用实

践成果。在此谨向为本书编著做出贡献的老师、学生及合作的企业,以及提供参考的文献作者表示衷心的感谢!

由于水平有限,书中难免存在疏漏和不足之处,恳请读者批评指正!

编著者

2021 年 7 月

目 录

第1章 概论 … 1
- 1.1 纳米材料 … 1
- 1.2 聚合物基功能纳米复合材料 … 5
- 1.3 聚合物基功能纳米复合材料的性能设计 … 10
- 1.4 聚合物基功能纳米复合材料的制备工艺 … 20
- 参考文献 … 26

第2章 电功能纳米复合材料 … 30
- 2.1 导电和抗静电性能纳米复合材料 … 30
- 2.2 电磁屏蔽纳米复合材料 … 51
- 2.3 吸波纳米复合材料 … 65
- 2.4 电化学能量存储纳米复合材料 … 74
- 2.5 电化学能量转换纳米复合材料 … 87
- 2.6 热电转换纳米复合材料 … 113
- 参考文献 … 129

第3章 热功能纳米复合材料 … 150
- 3.1 导热功能纳米复合材料 … 150
- 3.2 隔热阻燃纳米复合材料 … 165
- 参考文献 … 185

第4章 光功能纳米复合材料 … 203
- 4.1 光热转换纳米复合材料 … 203
- 4.2 太阳能电池纳米复合材料 … 236
- 4.3 发光纳米复合材料 … 261
- 参考文献 … 284

第5章 磁功能纳米复合材料 … 298
- 5.1 磁性纳米复合材料 … 298
- 5.2 电磁屏蔽纳米复合材料 … 315
- 5.3 吸波纳米复合材料 … 325

参考文献 …………………………………………………………………………… 331

第6章 其他功能纳米复合材料 …………………………………………………… 340
6.1 吸声纳米复合材料 ………………………………………………………… 340
6.2 仿生纳米复合材料 ………………………………………………………… 350
6.3 生物功能纳米复合材料 …………………………………………………… 364
6.4 自修复纳米复合材料 ……………………………………………………… 377
6.5 致动纳米复合材料 ………………………………………………………… 396
参考文献 …………………………………………………………………………… 409

第 1 章 概 论

1.1 纳米材料

古往今来,人们一直没有降低探索世界的热情。为了解开宇宙的奥秘,人们制造了太空望远镜,体会到了宇宙的浩瀚无垠。为了看清组成世界的本质,人们不断探索并提出了各类粒子学说,试图去解释世界的本质。在对宏观世界和微观世界不断探索之时,人们没有忘记,在这两个极端尺度之间留有许多尚未探索的领域——介观领域。一般认为,当物质的尺度介于纳米与毫米之间时,该物质即可被认为是介观材料。介观材料一方面具有我们熟悉的微观属性,表现出量子力学的特征;另一方面,它的尺寸又几乎是宏观的。在这种状态下,材料可以表现出其平时所不具备的独特性能。以当前成熟的微米加工技术而言,其所制备的材料具有独特的物理化学性质,已被广泛应用于建筑、航空、电子、信息等关键科学领域。当我们按着微米时代的步伐向纳米时代迈进,让材料向着更精密、更高效的方向发展,纳米材料已在各个领域中展现出非凡的潜力。以最能代表人类发展的材料命名人类发展的历史时代,不仅体现了材料在人类发展中不可替代的基础性作用,而且忠实地反映了历史现实。硅材料时代正被纳米材料时代所取代,时代的变化和人类社会的进步会带来更高水平的发展和生活质量的提高。编著者认为,当下人们所处的社会最应该被称为纳米材料时代。

1.1.1 什么是纳米材料

纳米其实是一个长度的度量单位,依据 SI 单位换算进制关系,1 纳米 $=10^{-9}$ 米,即十亿分之一米,1 纳米大约是 10 个氢原子紧密排列的长度。国际通用名称为 nanometer,简写 nm。

广义上,纳米材料是指三维空间中至少有一个维度是纳米尺寸或者由它们作为基本单元所组成的材料。对于纳米材料来说,尺寸非常重要,因此纳米材料的分类主要是基于它们的尺寸。纳米材料可以分为零维、一维和二维纳米材料。当某个材料的三维尺度均处于纳米尺度内,则被归类为零维纳米材料,如碳 60、碳量子点等都属于零维纳米材料。如果材料有两个维度处于纳米范围,则该类材料被称为一维纳米材料,如碳纳米管、碳纳米纤维、纤维素纳米纤维、聚苯胺纳米纤维、金属纳米管等材料都是典型的一维纳米材料。若材料仅有一个维度处于纳米尺度,另外两个维度所处尺度均大于纳米范围,则可以称这类材料为二维纳米材料,如石墨烯、氧化石墨烯、层状双氢氧化物等,这种纳米材料通常具有非常高的比表面积、超高的径厚比和足够多数量的表面官能度。

1.1.2 纳米材料的发展史

在古代中国,人们通过燃烧蜡烛获得炭墨,作为墨水的原料和染料使用。炭黑颜料和油墨在中国已使用了几千年,这是纳米材料早期制造和使用的例子。再到 18 世纪中叶,直径在 1~100 nm 之间的胶体粒子开始进入科学家们的视野。这表明人们已经开始用纳米材料进行实验。但是,在这段漫长的时间里,人们对纳米材料的认识相当肤浅,对于它们的应用也是零星细碎的。这一时期的一个非常重要的事件——著名理论物理学家和诺贝尔奖获得者理查德·费曼于 1959 年 12 月 9 日在加利福尼亚理工学院举行的美国物理会议上以"There's Plenty of Room at the Bottom"为题进行了演讲,表明了人们对于探索纳米材料的强烈愿望。在该演讲中,费曼对纳米材料和相关技术的几个方面做出了深刻的预测。他问到:为什么我们不能把 24 卷的《不列颠百科全书》保存在一根针的尖端。他甚至计算出《不列颠百科全书》只需要变小至 1/25 000 就可以做到,但是如何才能做到这一点?费曼的设想是通过小型机器来制造更小的机器,循环往复,直到分子机器被制造出来。这通常被称为自上而下的方法。费曼明确表示,我们将来也许能够根据自己的需要排列原子。费曼期望发明更好的能够看到单个原子的电子显微镜。费曼还说,如果没有人在公元 2000 年之前在这一领域进行深入研究,20 世纪 60 年代的人们将受到历史的指责。然而,大多数主流科学家对费曼的预测持怀疑态度,直到 20 世纪 90 年代初,主流科学界才认识到这一点,而费曼的倡议被搁置了近 30 年。如今费曼的愿望已经实现,1981 年,扫描隧道电子显微镜的出现让人们成功观察到了原子在材料表面的排列形式。1990 年 IBM 公司阿尔马登研究中心的科学家依格勒博士成功将 35 个氙原子排列在指定位置,组成了"IBM"这三个字母,实现了人类一大梦想——直接操纵单个原子。同年 7 月,在美国巴尔的摩举行的第 1 届国际纳米科学技术会议,正式向世界宣布了纳米材料作为材料科学的一个新分支。随后,大量科技人员投身于纳米技术研究领域,很快形成了全球范围内的"纳米热潮"。

1962 年,日本科学家久保亮五教授提出了量子限制理论,促进了纳米粒子在实验物理学中的研究[1]。1985 年,克罗托和他的同事发现了笼状的 C_{60} 分子,其中 60 个碳原子分别位于足球形状多面体的顶部,该多面体由 20 个六边形和 15 个五边形组成[2]。克罗托等人也因首次发现 C_{60} 并确认了其结构而包揽了 1996 年诺贝尔化学奖。格雷特尔小组于 1986 年首次发表合成纳米晶体的工作,为纳米材料研究提供了新的发展方向[3]。1991 年,日本科学家饭岛澄男教授利用高分辨率电子显微镜发现了碳纳米管,其独特组成和结构使得其在一维纳米材料研究中开辟了新的领域。碳纳米管的发现将纳米技术的研究引领到另一个高峰。随后中国在纳米材料和纳米技术方面的研究亦取得了重大突破。1993 年,中国科学院北京真空物理实验室通过操纵原子成功地写出了"中国"一词,这标志着中国进入纳米技术领域。1999 年上半年,北京大学首次在金属表面组装竖立单壁碳纳米管,并研制出当时世界上最为先进的扫描隧道显微镜用探针。21 世纪以来,随着纳米材料的基础研究的飞速发展,纳米材料已经在工业和民用领域中取得了广泛应用,纳米材料迎来了新时代。

1.1.3 纳米材料的特性

纳米材料之所以能够引起人们极大的兴趣和关注,是因为其具有许多传统材料所不具备的特性和功能[4]。当材料尺寸达到纳米级时,纳米材料的表面原子数、表面张力、表面能随粒径下降而急剧增大,从而展现出传统材料所不具备的特性。

在纳米材料范畴内,电子运动受到纳米粒子的限制,导致电子能量量子化。因此,我们可以制备出独特的金属颗粒,这些颗粒可以在一定电压下导电而在其他电压下不导电。金属导体,如铜等,会因其尺寸减小到纳米级而失去导电性,而像二氧化硅这类绝缘材料反而会失去其绝缘性能并变得导电。此外,还有一种独特的现象是,当金属纳米粒子从外部电路获得额外电子时,将呈现负电性。当电子的库仑力足够强,足以排斥下一个电子从外部电路接近金属粒子,从而能够切断电流的连续性,这就是所谓的"库仑阻塞效应"。库仑阻塞效应激发了人们思考能否发展新型由单个电子控制的所谓单电子器件。若单电子器件可以小到足以集成,其可使计算机芯片的容量和计算速度达到当前芯片的数倍。

纳米效应对于铁钴合金等磁性材料也有类似作用。例如,当制备出约 20~30 nm 尺寸的铁钴合金时,其磁畴变为单磁畴,表现出比原始磁场高 1 000 倍的矫顽力。纳米磁金属的磁化率是普通金属的 20 倍,其饱和磁矩是普通金属的一半。当多层膜中的层厚度达到纳米尺寸时,可发生巨大的磁阻效应。通常,$PbTiO_3$、$BaTiO_3$ 和 $SrTiO_3$ 是铁电体,并且当它们的尺寸减小到纳米尺度时可以变成顺电体。

比表面积的大幅度提升使纳米材料的敏感性远高于块体材料。纳米光学材料具有不同寻常的吸收能力,纳米金属具有显著减弱的光反射能力。这主要归因于小尺寸和表面效应,纳米颗粒具有极强的吸收光能力。当金的尺寸小于光的波长时,它将失去其原有的金属光泽并呈现黑色。实际上,所有处于超细颗粒状态的金属都显示为黑色,尺寸越小,颜色越深。超细金属颗粒具有非常低的光反射率,通常小于 1%。在大约几微米的厚度下,可以完全消除光。该特征可用于太阳能的高效转换,并且还可用于红外传感设备或红外隐身技术。纳米材料具备以上特性的原因可以归结于以下几点物理原理:

1. 小尺寸效应

当纳米材料的尺寸小于或等于光的波长、磁交换长度、磁畴壁宽度、传导电子的德布罗意波长或超导态的透视深度时,其晶体周期性的边界条件将被破坏。材料的磁性、内压、光吸收、热阻、化学活性、催化活性及熔点等各方面表现出与宏观物质显著不同的特性,具有高度光学非线性、光催化性质、氧化还原性质等[5]。这些与众不同的特性使得纳米材料被广泛应用到各领域中。例如,纳米级的强磁性颗粒可用于制造磁卡、磁性车票和磁性流体。磁性流体材料在电声装置、阻尼装置中具有良好的应用。纳米粒子的熔点远低于块状金属的熔点,可为粉末冶金工业提供新的技术方向。等离子体的共振频率随尺寸的变化而变化,可以与吸收边缘的可控位移结合使用,用于制造可以吸收一定带宽微波的纳米材料。

2. 表面效应

表面效应是指纳米颗粒的表面原子与总原子数的比率随着颗粒尺寸变小,反而急剧增加,导致材料性质发生变化[6]。纳米粒子具有尺寸小和表面能高的特点,表面原子占据很大比例。例如,当颗粒尺寸为 10 nm 时,颗粒表面原子数约为 30 000 个,其所占比例为 20%。颗粒尺寸减小到 1 nm 时,颗粒表面原子数约为 135 000,表面原子百分比约为 90%。随着粒子直径的减小,其表面原子数量增多、比表面积变大。表面原子数量的增加、较小的原子配位和高表面能呈现出高表面活性。同时,这些原子将变得极其不稳定,很容易与其他原子结合从而展现出一些特殊性质,例如,金属纳米粒子在空中会燃烧;无机纳米粒子会吸附气体;化学惰性的金属铀在制成纳米材料后会变得不稳定,使其成为活性极好的催化剂等。

3. 量子尺寸效应

材料的能级间距与原子序数 N 成反比。因此,当粒径减小到一定程度时,粒子含有有限数量的原子,纳米金属费米能级附近的电子能级将从准连续状态进入离散状态。对于半导体纳米颗粒来说,存在着非连续的分子轨道,最高占有轨道和最低未占有轨道伴随着能量带隙加宽。当能级的变化程度大于材料的热能、磁能、电能、光能等性质时,可能导致其出现与宏观材料不同的独特性质。这种能量带隙扩大的现象被称为量子尺寸效应[4]。量子尺寸效应引起的带隙变宽,使材料对光的吸收向短波长方向移动(蓝移),在视觉上表现为样品颜色的变化,如金属颗粒在下降到纳米尺寸时将会失去金属光泽,变成黑色。同时,由于能级的变化,纳米颗粒会产生较大的光学三阶非线性响应,其氧化还原能力增强,从而具有更为优异的光电催化活性。

4. 宏观量子隧道效应

隧道效应是微观粒子贯穿势垒的能力。纳米粒子的磁化强度、量子相干器件中的磁通量等亦有隧道效应,当穿过宏观系统的势垒时会发生相应的变化,这种现象被称为宏观量子隧道效应[7]。针对超微颗粒的研究就必须考虑量子效应,宏观规律在微观领域已经不再完全适用。因此,针对宏观量子隧道效应的研究具有很高的理论价值与实际效益,突破了磁介质进行信息存储的时间极限。量子隧道效应将是未来微电子器件的基础,确立了现阶段微电子器件进一步微型化的发展方向。

5. 介电限域效应

常规材料的极化与有序结构有关,然而,纳米材料与传统材料之间存在显著差异。纳米材料具有其独特的介电行为(介电常数,介电损耗),介电常数和介电损耗非常依赖于颗粒尺寸,电场的频率可能对介电行为具有强烈影响。当纳米颗粒分散在异质介电材料中时,界面会出现介电增强现象,这种现象被称之为介电限域效应[8]。介电限域效应主要来自纳米颗粒表面和内部局部区域。当介质和纳米颗粒之间的折射率存在显著差异时,将出现折射率的边界,这导致颗粒表面和内部的场强显著增加,这种局部区域增强的现象被称为介电受限。过渡金属氧化物,如 Fe_2O_3、Co_2O_3、Cr_2O_3、Mn_2O_3 以及其他纳米颗粒,同时分散在十二烷基苯磺酸钠中,将呈现增强的三阶非线性光学效应。对 Fe_2O_3 纳米粒子进行测量发现,其三阶非线性系数,比水中测量所得数值要高出两个数量级,这种三阶非线性增强也归因于介电限域效应。

1.2 聚合物基功能纳米复合材料

1.2.1 纳米复合材料

根据国际标准化组织(International Organization for Standardization, ISO)定义,复合材料是指由两种或两种以上物理和化学性质不同的物质组合而成的一种多相固体材料。而纳米复合材料作为纳米材料中最重要的成员,是随着纳米技术不断创新而发展起来的一种新型复合材料。纳米复合材料是指通过适当的制备工艺将纳米级改性材料分散在基体材料中,形成含有纳米材料的复合体系。基体材料主要分为金属、陶瓷和聚合物三大类,而纳米分散材料主要分为无机物、有机物两类。根据实际需要,纳米粒子可以是金属及其氧化物、陶瓷、聚合物、碳材料等各类功能材料,按照组成材料的形式划分,纳米复合材料可以按图1.1所示分类。

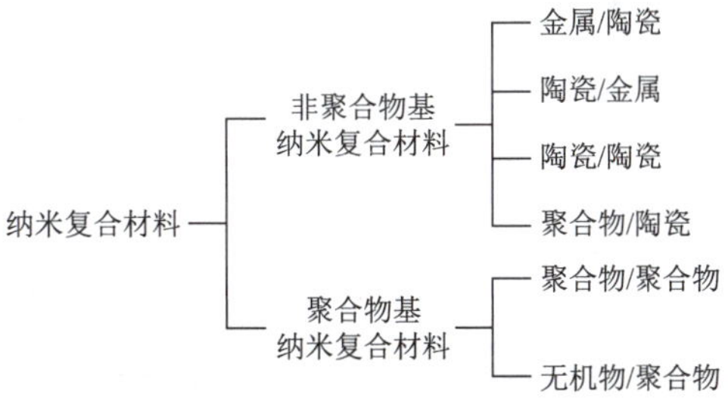

图 1.1 纳米复合材料的分类示意图[9]

纳米复合材料不是各组分性能的简单相加,而是在保持各组分原来物理、化学特性基础上取长补短,实现不同材料之间的性能复合、互补和优化。与传统复合材料不同,纳米复合材料不仅仅是连续相和分散相之间的简单复合,而是纳米级的两相复合材料。由于分散相和连续相之间的界面面积非常大,界面之间存在强的相互作用,产生超强的黏结性能从而使得界面模糊。与更常规的微米级填料相比,纳米填料的优势在于,在相同浓度下通常能够实现复合材料更好的性能增强[10]。纳米复合材料是纳米材料工程的重要组成部分,在实际应用方面具有强大的生命力,是新材料开发的重要方向之一。

1.2.2 聚合物基功能纳米复合材料

功能材料主要是利用力学性能以外的其他特殊的物理、化学或生物医学等功能的材料的统称。相对于通常的结构材料而言,这类材料一般除了具有力学特性外,还应具有其他的功能特性。这些功能主要包括:电学功能,热学功能,光学功能,磁学功能,相应的电能、热能、光能、磁能、机械能相互转换的功能,生物学功能,其他特种功能等。

而依据前文所述,聚合物基纳米复合材料可以定义为以高分子材料为连续相与纳米材料进行复合所得到的复合材料。在聚合物基体中引入纳米材料改变了界面的物理化学性质,这与所得聚合物材料性能的改变直接相关。纳米材料的几何形状、表面化学性质、长径比和物理尺寸是调节这种相互作用的关键参数,因此也是调节复合体系性能的关键参数。聚合物基纳米复合材料是一类独特的材料,其性能远远优于传统的填充复合聚合物体系。纳米材料与聚合物基体之间极强的界面相互作用和结构域之间的纳米尺度,从根本上划清了聚合物基纳米复合材料与传统聚合物基复合材料之间的界限。纳米科学和技术与聚合物科学和技术的结合为聚合物基纳米复合材料开辟了多方面的应用前景。这些应用方向几乎囊括了所有聚合物功能材料的领域，包括催化、微电子、传感、磁学、光学、能量储存、包装、阻燃、表面涂层、智能材料、生物材料、药物输送系统等多个高性能材料应用领域。由于纳米材料在聚合物基体中的存在，不仅能够显著改善聚合物基体的大部分所需性能（如机械性能、隔热性能、阻燃性能、降解性能等），而且还可能在本质上产生一系列新的性能（如电学、热学、光学、磁学、化学等独特物理化学功能），这取决于所使用的纳米材料。因此，可以将拥有独特物理和化学性能的非结构用聚合物基纳米复合材料称之为聚合物基功能纳米复合材料。

1.2.3 聚合物基体材料

几乎所有类型的聚合物，都可以作为基体材料用于制造聚合物基纳米复合材料。与传统聚合物基复合材料不同，高分子量弹性体和低分子量树脂也可用作各种聚合物基纳米复合材料的基体。类似地，热塑性和热固性聚合物亦可作为基体材料，尤其是聚氨酯基纳米复合材料在文献中被广泛报道[11]。同样，预成型的聚合物和原位生成的聚合物体系都可用作基体，这些聚合物基体的性能通常可以通过与纳米填料复合而得到显著改善。

纳米复合材料的聚合物基体不仅是作为稳定的连续相存在，而且与纳米材料之间产生强的界面相互作用。聚合物是由大量重复的有机小分子或无机小分子通过化学键连接组成的大分子。这些重复单元从被称为单体的简单分子中获得。这种重复单元的数量如此之大，以至于从聚合物链中加入或减少几个单元不会影响聚合物的最终性能。存在于聚合物分子中的该重复单元的数量称为聚合度，并且其通常与重复单元的分子量联用来确定聚合物的分子量。这些聚合物主要通过加成、缩合和重排聚合方法制备。此外，在聚合过程中，单体通过共价键连接形成聚合物，并且遵循链增长机理。加成聚合有不同的类型，即传统的自由基聚合；可控的自由基聚合，如原子转移自由基聚合、基团转移聚合、氮氧化物诱导聚合、可逆-加成断裂链转移聚合等；离子聚合，如阳离子和阴离子聚合等。通过该聚合过程可以获得的聚合物为聚乙烯、聚丙烯、聚苯乙烯、聚氯乙烯、聚甲基丙烯酸甲酯、聚丙烯腈、聚丁二烯、聚异戊二烯、氯丁橡胶、聚四氟乙烯、聚偏氟乙烯等均聚物。这里有必要提及的是，具有一种类型的重复单元的聚合物被称为均聚物，而具有多于一种类型的重复单元的聚合物被称为共聚物。共聚物的形成不仅由于内部增塑作用而产生柔性聚合物，而且还容易获得许多改进的性质。通过加成聚合方法获得的聚合物称为加成聚合物。在缩聚反应过程中，聚合物是通过分步生长机制形成的，其中相互反应的反应物进行缩聚反应，消除一些小分子，如水、氯化氢、氨气等副产物。由这种方法形成的聚合物是聚酯、聚醚、聚碳酸酯、聚酰胺、聚酰胺酯、聚酰亚胺、聚醚酮、聚砜等。当聚合物通过逐步聚合过程（分步）形成而不消除任何副产物时，聚合过程称为重排聚合。通过该聚合工艺可制备聚氨酯、聚脲等。然而，所有聚合过程通常通过四种技术进行，分别为本体聚合、溶液聚合、悬浮聚合、乳液聚合。除这些技术外，还可根据需要采用界面聚合、模板聚合、电化学聚合、等离子体聚合等技术进行制取。

这些聚合物的长链具有线性、支化、高支化和超支化结构，除了超支化聚合物分子链呈现球状以外，其他聚合物分子链有非常大的长径比。这里有必要提及的是，超支化聚合物是具有一些缺失分支的高度三维支化的大分子（完全支化的球状大分子称为树枝状大分子）并且具有大量表面官能团，相对而言，超支化聚合物溶液黏度和熔体黏度低，与其他溶剂的相容性高，在不同溶剂中的溶解度高，比较容易加工，因此是聚合物基纳米复合材料的理想基体之一。上述所有种类的聚合物都易于使用不同的技术进行加工，如熔融共混、溶液共混、悬浮液共混和乳液混合等。

同样地，热塑性聚合物可以使用适当的加工方法重复加工使用，保持其良好性能，但热固性聚合物一旦成型，就难以进行二次加工。但这两种类型的聚合物都具有良好的整体性能，并且可以通过控制其分子量和结构来调控其性能。然而，与金属和陶瓷等其他种类的材料相比，大多数聚合物都具有许多优势，包括原料丰富、结构可控、改性方便、成本相对较低和便于大规模生产，同时具有重量轻、加工容易等特点。因此，聚合物通常是纳米复合材料最通用的基体材料。

1.2.4 纳米填料

聚合物基功能纳米复合材料所用的纳米填料，按照其纳米维度数进行分类，通常包括零维纳米填料、一维纳米填料以及二维纳米填料（图1.2）。

（a）零维　　　　　　（b）一维　　　　　　（c）二维

图1.2　不同纳米维度数的纳米填料示意图

1. 零维纳米填料

零维纳米填料涉及面很广，几乎囊括了我们所熟知的所有材料，包括金、银、铜、铁等金属，氧化铁、氧化铜、氧化锌、二氧化硅等氧化物，$CdSe$、CdS、ZnS、$SnTe$ 等无机半导体材料，炭黑、碳量子点等无机非金属材料等。零维纳米填料的形状是不固定的，虽然球形是最常见的，但也可能是异形的纳米团簇或者是纳米晶体。

以制备零维二氧化硅纳米颗粒为例，二氧化硅纳米颗粒可通过不同的方法制备，如湿化学法、杜邦工艺法和火焰法等。火焰法生产超细粉体已有很长的历史，并且当前仍在使用。通常，碳氢化合物可以在氧气中燃烧产生火焰并伴有纳米颗粒的产生。人们经常在这种火焰中观察到粒子聚集，在火焰法制备二氧化硅颗粒实验中尤为典型[12]。在氧气-氢气火焰中所制备的超细二氧化硅，其聚集体尺寸在几百纳米到几微米的范围内，而构成聚集体的主要颗粒的直径为10~20 nm。零维纳米填料的尺寸可控合成是许多研究工作者的目标，这种兴趣的主要驱动力是纳米填料粒径对其性质的影响。纳米填料可以赋予聚合物基体无法单独实现的特性。例如，在聚合物中添加适当含量的纳米粒子可以提高聚合物基体的强度和模量,同时保持延展性,而引入微米级填料很可能无法达到这种平衡性能。粒径控制的关键取决于纳米粒子的制备方法。例如,采用热等离子体法制备超细粉体比火焰法有一些优点。等离子体反应器中物种停留时间短,可实现原料蒸汽的快速冷却,产生高温沸腾物质。热等离子体法制备的是非聚集颗粒,而火焰法制备的是聚集颗粒。此外,可以通过在乙醇中水解四乙基正硅酸乙酯并随后冷凝分散相材料来制备具有均匀尺寸分布的单分散二氧化硅颗粒[13]。

零维纳米填料用于聚合物基功能纳米复合材料中,可以改善聚合物基体的基本性能,并赋予其独特的功能性,如导电性、催化性、抗菌性、吸光性等。例如,银纳米粒子通过形成纳米复合材料,使聚合物基体具有显著的催化、抗菌、光学等特性[14]。零维纳米填料在聚合物基功能纳米复合材料中的独特催化活性归因于其具有高活性的表面形貌。

2. 一维纳米填料

纳米管、纳米棒、纳米线和纳米纤维是非常重要的一维纳米填料,因其具备细长结构,故它们常常被填充在各式各样的聚合物基体当中,生产各种聚合物基功能纳米复合材料。碳纳米管、碳纳米纤维、聚苯胺纳米纤维、纤维素纳米纤维和纳米晶须都是常用的一维纳米填料,其中碳纳米管应用最为广泛。碳纳米管可认为是由石墨烯卷曲得到的一种空心管结构,其管壁为六角石墨结构,通常两端都有端盖。碳纳米管可分为单壁和多壁碳纳米管两类,单壁和多壁碳纳米管的区别,简单来说就是卷曲所用的石墨烯层数不同,单壁碳纳米管仅有一层石墨烯,而多壁碳纳米管是由多层石墨组成,并且其层与层之间的距离为 0.34 nm。碳纳米管具有独特的机械性能和物理性质,具有极高的模量和强度[15]。理论上,石墨烯片层的拉伸强度和拉伸模量分别可达 200 GPa 和 1 TPa。碳纳米管的比强度可能是最强钢的 10~100 倍。碳纳米管除了具有优异的力学强度和模量之外,还具有优异的热性能和电性能,可以在真空中 2 800 ℃ 环境下保持稳定,热导率约为金刚石的两倍,载流量比铜线高 1 000 倍[16]。

碳纳米管可以通过三种方法制造:激光法、电弧法和化学气相沉积(CVD)。激光法不适合大规模生产。电弧法的问题是难以纯化,去除金属催化剂和非碳纳米管材料的成本高于生产本身。CVD 是一种可扩展的方法,通过精密加工可以制备所需直径和长度的碳纳米管阵列,并且可以控制碳纳米管的纯度。图 1.3(a)和图 1.3(b)表明,在大面积生长的碳纳米管阵列,其直径、直线度、长度和位置密度具有极好的均匀性,并且可以通过调节催化剂层的厚度以控制碳纳米管的直径,如图 1.3(c)和图 1.3(d)所示。碳纳米管具有独特的机械、光学、电学和热性能,可以在聚合物基功能纳米复合材料中大展身手[17]。然而,由于范德华力和层间的 π-π 共轭堆积,如果不进行适当的官能化,很难将其均匀分散到聚合物基体中。因此,通过共价、非共价和组合方法对碳纳米管进行功能化就能显著改善其分散性能。此外,功能化碳纳米管与聚合物基体之间展现出强界面相互作用,制备的纳米复合材料在极低的碳纳米管添加量下显示出极高的性能。

纤维素纳米纤维改性聚合物基纳米复合材料也有类似的报道。纤维素纳米纤维由于分子间和分子内氢键的存在,使其具有很高的刚度和强度。此外,一维聚苯胺纳米结构(纳米纤维、纳米管和纳米棒)因其独特的导电机制和化学性质,在聚合物基功能纳米复合材料领域中的应用也变得越来越重要[19]。

(a) 大面积垂直于衬底排列的碳纳米管的扫描电镜显微照片

(b) 沿剥离边缘的放大视图

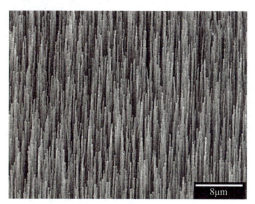
(c) 通过调节CVD实验参数得到的不同直径碳纳米管阵列的扫描电子显微镜图

(d) (c)图的局部放大图

图 1.3　CVD法所制备碳纳米管阵列的扫描电子显微镜图[18]

3. 二维纳米填料

二维纳米材料对聚合物基功能纳米复合材料的作用非常显著。其中,层状硅酸盐材料(如纳米黏土等)在聚合物基功能纳米复合材料中得到最为广泛的研究。然而,因为纳米黏土矿物本质上是亲水性的,大多数聚合物是相对疏水的,所以通常需要将纳米黏土与阳离子表面活性剂分子进行改性后方可分散于聚合物基体之中。有机改性纳米黏土通常具有高强度、高模量、热稳定性、阻燃性等优异物理化学性质,使其成为性能突出的纳米填料进入聚合物基功能纳米复合材料领域[20]。

除层状硅酸盐材料外,热门的二维纳米填料包括氧化石墨烯(GO)和还原氧化石墨烯(RGO)等碳纳米材料。石墨烯是一种由碳原子以 sp^2 杂化轨道组成六角形呈蜂巢晶格的二维碳纳米材料,人们提出了采用电化学、化学和声化学等不同方法来实现石墨烯表面的功能化改性。GO由于具有较多的含氧官能团较容易实现在亲水类聚合物基体中的分散和强界面相互作用。而RGO表现出与石墨烯相似的性质,与石墨烯不同的是,可以以GO为前驱物通过低成本工艺获得 RGO，因此大规模生产 RGO 是较容易实现的，在聚合物基体中引入 RGO 可以实现聚合物基体突出的性能提升。两种或多种纳米材料组合形成的纳米杂化材料近年来也被用到聚合物基功能纳米复合材料中。在这类复合材料体系中，当前被研究得最为广泛的纳米材料包括 Ag 修饰的碳纳米管、Fe_3O_4 修饰的碳纳米管、TiO_2 修饰的 RGO 等[11]。所有这些纳米杂化材料引入到不同的聚合物基体中用以赋予其独特的性质和应用。

1.3 聚合物基功能纳米复合材料的性能设计

与传统聚合物基复合材料不同，聚合物基功能纳米复合材料往往具有电、热、光、磁等特性中的一种或多种，被认定为功能性材料。聚合物基功能纳米复合材料的多功能性往往是通过聚合物基体与纳米填料之间的协同效应实现的。聚合物基功能纳米复合材料最大的优点是其具有性能可设计性，通过往聚合物基体中添加合适的功能化纳米粒子来赋予原本聚合物所不具备的特定性能。下面对如何通过结构设计实现聚合物基功能纳米复合材料获得预期物理和化学性能作简要介绍。

1.3.1 电学性能

从材料学出现到现在，材料的电学性能的划分可以说是最为烦琐的，从导电到绝缘，从热电到光电，人们当今生活中所用到的各类材料或多或少都利用了材料的电学性能。虽然材料的电学性能涉及面很广，但是这类性能都可以通过设计并制备典型的聚合物基功能纳米复合材料来实现。

1. 导电性能的设计

聚合物基纳米复合材料的导电性主要是通过在聚合物基体中添加高电导率的导电填料形成三维导电通路实现。聚合物基纳米复合材料的导电率可以通过选择不同导电填料的类型和含量来设计。金属颗粒、炭黑、碳纳米管、石墨烯等纳米材料都是被广泛研究和应用的填料颗粒。在填料浓度维持在低水平时，由于聚合物基体的存在，相邻的导电填料相隔很远，复合材料表现出绝缘性能。随着填料浓度的增加，导电粒子间相互靠近，在绝缘基体中形成导电通路，从而使得电导率逐渐增加。在临界填料含量时，观察到电导率突然增加，复合材料从电绝缘性突变为导电性，电导率急剧增加几个数量级，该变化发生在狭窄的填料含量范围内，可归因于导电通路的形成，电荷载流子可以顺利通过该导电通路贯穿整个复合材料。导电填料含量的临界值也称为"逾渗阈值"，它决定了复合材料从绝缘到导电行为的转变。导电填料浓度的进一步增加形成了导电路径的三维网络，并且复合材料的电导率实际上保持不变，不受导电填料含量变化的影响，这种行为在传统导电聚合物基复合材料中都很常见。然而，在纳米复合材料中，临界含量比微米复合材料中的相应含量低得多，并且因为聚合物基纳米复合材料的逾渗阈值都非常低，再添加纳米导电填料之后基本上不影响聚合物基体的基础性能。WANG N 等[21]通过 π-π 相互作用，以二胺为共聚单体和非共价分散剂，原位聚合制备了聚酰亚胺-碳纳米管纳米复合薄膜。功能化碳纳米管在溶液和聚合物基体中分散良好,当碳纳米管的质量分数在 0.50%～0.75% 时电导率急速增加,在质量分数为 0.75% 时电导率达到 $6.8×10^{-5}$ S/m,这表明以导电纳米材料填充聚合物可在填料含量极低时就达到较好的电导率。GONG S 等[22]使用逾渗网络模型研究了碳纳米管排列方式对聚合物基纳米复合材料电导率的影响。仿真结果与实验数据吻合良好,因为各向异性的复合材料的导电行为主要受到每个方向上形成的导电通路密度的影响,这取决于基体中碳纳米管的排列方式。通过在加工过程中获得不同排列方式的碳纳米管阵列,实现其电导率的调节。这种类型的系统和方法在智能传感的应用方面显示出巨大的潜力。以上研究表明,可以通过改变纳米填料的种类、取向、几何形状和含量等因素来设计不同导电性能需求的目标聚合物基纳米复合材料。

此外,导电聚合物基纳米复合材料也非常适合电磁屏蔽的应用,因为易于加工成型,并且能够最大限度地减少或避开屏蔽外壳中的接缝。而传统的金属板材在作为屏蔽材料时不可避免地存在接缝,从而导致电磁辐射泄漏,显著降低其整体屏蔽效能。当电磁辐射入射到任何器件上时,电磁屏蔽主要通过反射、吸收和多次反射三种机制来实现。电磁屏蔽实际表现为电磁波因反射、吸收和多次反射而引起的电磁波衰减[23],如图 1.4 所示。

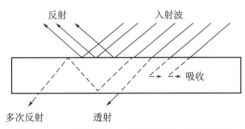

图 1.4 电磁屏蔽四种主要机理的示意图[23]

其中,电磁波的反射是由于导电粒子或可移动电荷载体的存在而导致的,主要是通过导电粒子或可移动电荷载体与入射波的相互作用来衰减电磁波的能量。电磁波吸收的发生取决于屏蔽材料的厚度以及电偶极子和磁偶极子的存在。电磁波的多次反射则是在材料内部的多次反射实现屏蔽效果。如果屏蔽层厚度小于透射深度,多次反射会降低电磁屏蔽效能。如果屏蔽效能超过 10 dB,多次反射可以忽略不计[24]。屏蔽效能可以用入射功率和透射功率(或电场或磁场)的比值来表示:

$$\mathrm{SE} = 20\lg\frac{E_T}{E_I} = 20\lg\frac{H_T}{H_I} = 10\lg\frac{P_T}{P_I}$$

式中　SE——屏蔽效能,dB;
E_I, H_I, P_I——入射电场强度、磁场强度和功率;
E_T, H_T, P_T——透射电场强度、磁场强度和功率。

根据 Schelkunoff 理论,电磁屏蔽效能也可以用反射、吸收和多次反射的贡献来表示:

$$\mathrm{SE}_T = \mathrm{SE}_R + \mathrm{SE}_A + \mathrm{SE}_M$$

式中　SE_T——屏蔽效能;
$\mathrm{SE}_R, \mathrm{SE}_A, \mathrm{SE}_M$——反射、吸收、多次反射的屏蔽效能。

对于任何屏蔽材料,SE 为 10 dB 以下时被认为提供很少或没有屏蔽;SE 为 10～30 dB 时被认为是电磁屏蔽的最小有效范围,适用于商业应用;SE 大于 30 dB 时被认为是可以进行商业应用。30 dB 是任何屏蔽材料的理想电磁干扰 SE 值,因为该 SE 值有能力衰减

99.9%的撞击电磁波。然而,电磁干扰 SE 值大于 20 dB 的材料对于工业和商业应用是可接受的,因为可衰减 99% 的撞击电磁信号。因此,实际应用中所需的屏蔽材料 SE 值应大于 10 dB,当 SE>10 dB 时,SE_M 与其他量相比具有非常低的值,因此 SE 可以被估算为反射和吸收项的总和,即

$$SE_T \approx SE_R + SE_A$$

在该表达式之中 SE_R,SE_A 可以分别表示为

$$SE_R = 168.2 + 10 \lg \frac{\sigma_r}{f\mu_r}$$

$$SE_A = 131.43 t \sqrt{f\mu_r\sigma_r}$$

式中 f——电磁波频率;
  μ_r,σ_r——屏蔽体的相对磁导率和相对于铜的电导率;
  t——屏蔽材料的厚度[25]。

按照 Schelkunoff 原理,要获得具有相当性能的导电聚合物基纳米复合材料,需要提高材料的反射效能与吸收效能。从以上公式不难得出,提高电导率可以使得 SE_R、SE_A 获得提升,而提高磁导率会使 SE_R 降低,而 SE_A 提高,通过综合考虑聚合物基纳米复合材料的磁导率和几何结构即可获得性能优异的电磁屏蔽材料。

GAGVANI J N 等[26]研制了聚氨酯/还原超大型氧化石墨烯(rUL-GO)复合泡沫材料。首先用改进的 Hummer 法合成了 rUL-GO。将 rUL-GO 溶液分散在聚酯基三聚体中,在 100 ℃下通过超声波和机械搅拌进行反应。然后将产物在 100 ℃干燥 12 h。此外,将更多添加剂与亚甲基二苯基二异氰酸酯一起添加到该混合物中并搅拌 30 s。最终将混合物倒入模具中,使其发泡形成泡沫,并在烘箱中进行固化反应。图 1.5 展示了复合泡沫制备的示意图。用拉曼光谱、X 射线衍射图、透射电镜和光学显微镜对 rUL-GO 进行了全面表征,证实了 rUL-GO 发生还原。用 X 射线衍射图和傅里叶变换红外光谱分别研究 rUL-GO 与 PU 的分

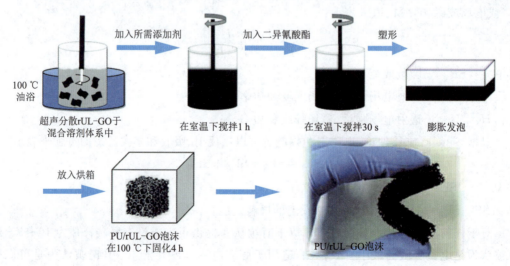

图 1.5 PU/rUL-GO 制备流程的示意图[26]

散状态和化学作用。当 rUL-GO 的质量分数为 0.4% 时,PU/rUL-GO 复合材料的电导率比 PU 基体提高了 7 个数量级。采用 2.5 mm 厚的泡沫进行电磁屏蔽测量,在 8~12 GHz 的 X 波段上进行测试,加入质量分数为 1% 的 rUL-GO 后的复合材料屏蔽效能为 23 dB,比屏蔽效能高达 253 dB/(g³·cm³)。这是由于 rUL-GO 的大表面积及其在泡沫骨架中的分散状态造成的,表明这种微孔泡沫复合材料可用作轻质电磁干扰屏蔽材料。

2. 介电性能的设计

介质电容器中的能量密度(U_e)由施加的电场(E)和电位移(D)可通过公式 $U_e = \int_{D_{max}}^{0} E dD$ 确定。对于线性电介质,U_e 可按公式 $U_e = \frac{1}{2}\varepsilon_r \varepsilon_0 E_b^2$ 计算得到。其中,ε_r 是相对介电常数,ε_0(8.85×10^{-12} F/m)是真空常数,E_b 是击穿强度。为了提高介质电容器的能量密度,最主要的方法是提高介电常数或击穿强度。其中增加击穿强度可带来更高的收益,因为能量密度随击穿强度的平方而增加。在这方面,陶瓷-聚合物纳米复合材料结合了陶瓷(高介电常数)和聚合物基体(高击穿强度)的优点,有潜力同时改善高能量密度的两个关键因素,成为介电材料领域的研究热点[27]。

由于具有高介电常数,包括 $BaTiO_3$、$BaSrTiO_3$、$PbZrTiO_3$、$NaNbO_3$、$CaCu_3Ti_4O_{12}$ 等在内的铁电陶瓷材料一直是聚合物基体填料的首选。然而,由于铁电陶瓷材料的残余极化率很大,将铁电陶瓷材料加入聚合物基体中会降低放电效率。此外,高介电常数填料与低介电常数聚合物基体之间的大介电常数对比可能会导致严重的失配,从而进一步降低纳米复合材料的介电击穿强度[28]。而 $SrTiO_3$ 被认为是一种优良的无铅压电陶瓷,其在 1 kHz 频率下的相对介电常数约为 300,由于其具备替代铅基陶瓷材料的潜力而引起了人们的极大兴趣。因此,在纳米复合薄膜中使用无铅压电陶瓷填料,不仅可以提供相对较高的介电常数,而且可以提供较低的剩余极化率。低剩余极化将减少能量损耗,有利于提高聚合物基纳米复合材料的能量密度。此外,填料的微观形貌和浓度对聚合物基纳米复合材料的储能密度起关键作用。与其他维度纳米填料相比,高长径比的一维纳米填料在相同条件下能更有效地提高聚合物基纳米复合材料的介电性能和能量密度。大长径比、小比表面积的填料可进一步降低表面能并减少纳米填料在聚合物基体中的团聚现象。研究表明,与零维的 $BaTiO_3$ 纳米颗粒相比,用体积分数 4% 的一维 $BaTiO_3$ 纳米纤维填充的聚合物基纳米复合材料具有更大的介电常数、更高的击穿强度和更高的能量密度[29]。

通过调控纳米填料的种类与尺寸,可以很容易得到不同介电强度的聚合物基纳米复合材料,并且该类材料在实际生活领域应用相当广泛。除了陶瓷材料作为填料来改善聚合物材料的介电性能以外,也可采用其他纳米材料来实现,例如,金属氧化物[30]、金属颗粒[31]、碳材料[32]、本征型导电聚合物纳米颗粒[33]等。尽管人们常常使用单组分填料用于制备高介电常数聚合物基纳米复合材料,除去单一的纳米填料,也可以采用杂化纳米填料来改善介电性能。然而,使用单组分填料也存在一些缺点。例如,介电填料很难同时在力学和介电性能上得到改善,而导电填料在聚合物基体中存在难以分散的问题。因此,为了提高聚合物基纳米复合材料的介电性能,有必要开发不同组合的杂化纳米填料。

LIAO X J 等[33]采用溶剂交换法,通过引入石墨烯作为第三相来改善碳纳米管在聚酰亚胺基体中的分散性。碳纳米管/石墨烯杂化填料可构建三维网络,并可长期保存,通过原位聚合和热亚胺化反应,所制备的碳纳米管/石墨烯/聚酰亚胺纳米复合材料的高介电常数在 100 Hz 下高达 124.9,比纯聚酰亚胺(PI)高 4 000%,如图 1.6 所示。从图 1.6(a)中可以观察到两种频率范围,这意味着纳米复合材料中存在两种不同的介电弛豫过程。此外,图 1.6(b)表明溶剂交换法制备的碳纳米管/石墨烯/聚酰亚胺纳米复合材料比简单共混法制备的碳纳米管/聚酰亚胺纳米复合材料具有更大的介电常数,归因于溶剂交换法制备的纳米填料分散性更好。图 1.6(c)比较了不同聚酰亚胺基纳米复合材料的介电常数,结果表明,溶剂交换法得到的碳纳米管/石墨烯/聚酰亚胺可以在低填充量的条件下实现复合材料的高介电常数。

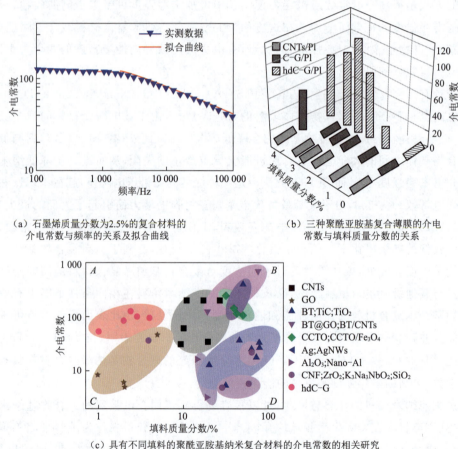

(a) 石墨烯质量分数为2.5%的复合材料的
介电常数与频率的关系及拟合曲线

(b) 三种聚酰亚胺基复合薄膜的介电
常数与填料质量分数的关系

(c) 具有不同填料的聚酰亚胺基纳米复合材料的介电常数的相关研究

图 1.6 聚酰亚胺基纳米复合材料的介电常数的相关研究

3. 热电性能的设计

热电材料可通过塞贝克效应将热能直接转化为电能,或者通过珀耳帖效应作为固态制冷器,在解决日益严重的能源危机中可发挥重要作用。热电转换效率与无量纲的热电优值(ZT)密切相关,其被定义为 $ZT=S^2\sigma T/k$。式中,S 是塞贝克系数;σ 是电导率;k 是热导率;

T 是绝对温度。传统无机半导体(如 Bi_2Te_3、$PbTe$、$SiGe$、$CoSb_3$、Cu_2Se 和 $SnSe$)由于其优异的热电优值($ZT>1$)而引起了极大关注。然而,这类半导体材料的高成本和加工难度都限制了其作为热电材料的广泛应用。

聚合物材料由于其加工成本低、质量轻、机械柔韧性和固有的低热导率而被认为是潜在的热电材料替代品。近年来,人们对聚合物材料室温热电性能进行了广泛研究。最常见的聚合物热电材料是共轭导电聚合物材料,其电导率在很大范围内可根据掺杂水平进行调节,如聚乙炔、聚吡咯、聚噻吩、聚(3,4-乙烯二氧噻吩)、聚(3-己基噻吩)和聚苯胺等,如图 1.7 所示。

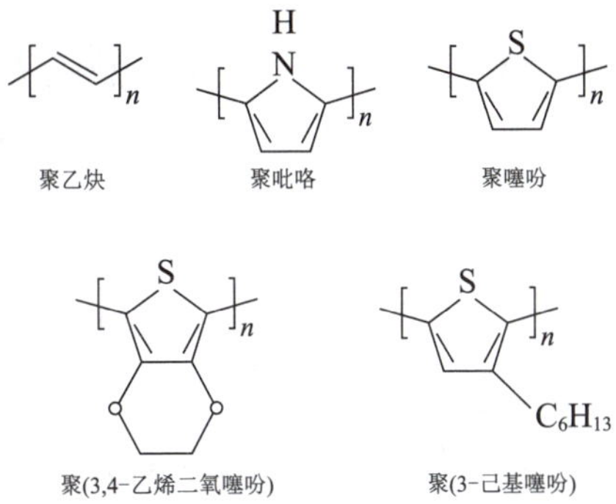

与传统无机热电材料类似,共轭导电聚合物材料的电导率、塞贝克系数和热导率具有很强的相关性。例如,通过重度掺杂来提高聚合物的电导率通常会导致塞贝克系数降低到一个非常低的程度,因此很难在不影响其他参数的情况下单独调控某一个参数,从而导致绝大多数聚合物材料的热电性能较弱。而将纳米填料与聚合物基体进行复合就可以很好解决这一难题,复合后材料的热电参数值相对独立,这主要是因为聚合物基纳米复合材料中各组分都具备独特的性能,并且其界面上存在特有的热电转换现象[35,36],从而为提高功率因数($S^2\sigma$)或 ZT 值提供新思路。因此,热电用聚合物基纳米复合材料已成为有机热电材料领域的研究热点。

图 1.7　常见本征型导电聚合物的化学结构

通常聚合物基复合材料的热电性能的设计思路是将本征型导电聚合物与纳米颗粒复合获得高电导率、高塞贝克系数和低热导率的新型复合材料。为了赋予聚合物基体优异的热电性能,两类纳米填料被广泛研究:一类是表现出高塞贝克系数的无机颗粒,如 Te 纳米棒、SnSe 和 Bi_2Te_3 等;另一类是具有高电导率的碳纳米颗粒,如碳纳米管、石墨烯等。SEE K C 等[37]采用原位聚合法制备得到了 Te 纳米棒填充的 PEDOT:PSS 复合材料,并将其组装成薄膜。该复合材料具有纳米级有机/无机界面导电通路,在电导率增加的同时实现了热导率的降低,复合材料的塞贝克系数得到优化,并且显著高于 PEDOT:PSS。相关结果表明,该复合体系中的电子传输不仅仅是通过 PEDOT:PSS 分子链实现,体系中的空穴也是主要的电荷载体。复合膜的电导率高于 PEDOT:PSS 和未改性 Te 纳米棒,这表明 PEDOT:PSS 延缓了 Te 纳米棒的氧化,并且实现了不同纳米颗粒间的充分接触。因此,该复合材料膜在室温下展现了高达 0.1 的 ZT 值。CHO C 等[38]使用逐层沉积法制备了具有有序分子结构的聚苯胺-石墨烯-聚苯胺-双壁碳纳米管纳米复合材料,随着组装层数的增加,该复合材料电导率和塞贝克系数同时增加,其最大电导率、塞贝克系数和功率因数分别达到 1 080 S/cm、130 μV/K 和 1 825 μW/(m·K^2)。此外,CHO C 等[38]还采用 PEDOT:PSS 稳定的石墨烯和双壁碳纳米管,通过逐层组装技术制备复合材料膜,其电导率和功率因数可增加到 1 900 S/cm 和 2 710 μW/(m·K^2)。

1.3.2 热学性能

对于材料热学性能的应用,日常生活中常用的无外乎导热、阻燃、耐热等这几类材料。

1. 导热性能的设计

鉴于聚合物固有的低导热性,要实现其在导热方面的应用,常常需要往聚合物基体中添加导热填料。要提高聚合物基纳米复合材料的有效热导率,最直观的思路就是添加具有高热导率的纳米填料。然而,相关研究发现,当填料的热导率比聚合物的热导率高三个数量级时,填料的热导率再进一步增加时对聚合物基纳米复合材料的有效热导率增强可忽略不计[40]。填料的热导率取决于其传热方式,其中仅通过晶格振动波(即声子)进行热传导的陶瓷具有较为宽泛的热导率。氧化锆(ZrO_2)的固有热导率约为 2 W/(m·K),具有无定形结构的二氧化硅(SiO_2)也具有约 1.3 W/(m·K)的低热导率。相比之下,其他陶瓷(如 AiN、BN 和 SiC)具有 100~300 W/(m·K)的高热导率。结合其固有的电绝缘特性,它们已被广泛研究用于同时具有导热和电绝缘功能的聚合物基纳米复合材料的设计和制造。与陶瓷不同,金属和碳基填料既导热又导电。它们的热传导涉及电荷载体(电子或空穴)的运动和声子转移。典型的金属填料包括铝、铜和银等,它们的热导率分别为 247 W/(m·K)、298 W/(m·K)和 427 W/(m·K)。虽然在聚合物基质中分散良好的金属填料可以有效改善热导率,但金属填料破坏了聚合物的电绝缘性能,同时降低了介电击穿电压。碳基填料(包括碳纤维、碳纳米管、石墨和石墨烯纳米片等)也已被作为多功能填料制备聚合物基纳米复合材料。碳纤维的导热性取决于其有机前驱体。沥青基碳纤维的导热系数高达 1 000 W/(m·K)。具有 sp^2 杂化结构的石墨显示出非常高的面内导热系数,可达到 800 W/(m·K)。碳纳米管和石墨烯纳米片分别是一维和二维的碳基纳米颗粒,分别沿管和面内方向具有极高的导热性[41],石墨烯纳米片具有比碳纳米管更高的导热性,在聚合物基体中也更易于形成三维导热通路,因此,石墨烯纳米片在导热聚合物基纳米复合材料中有良好的应用前景。要得到符合实际应用的导热聚合物基纳米复合材料,其关键是根据实际需要设计导热填料的种类、含量和排列方式等关键参数。

2. 阻燃性能的设计

聚合物材料之所以在我们日常生活中大量使用,是因为它们体积质量小,易于加工,性能可设计性卓越。然而,聚合物也因其较高的可燃性而闻名,而燃烧过程中常伴随产生腐蚀性有毒气体和烟雾。因此,改善聚合物的阻燃性能具有很高的研究意义和实用价值。要改善材料的阻燃性能,最为关键的是要在聚合物基体中形成阻燃体系。根据其性质,阻燃体系分为物理作用(通过冷却、形成保护层或燃料稀释)或化学作用(在冷凝相或气相中反应)两大类。阻燃体系的引入可以干扰聚合物燃烧中涉及的各种过程,如加热、热解、燃烧等。

当纳米颗粒均匀分散在聚合物基体中时,纳米颗粒有助于提高聚合物基体的诸如耐热性、机械性或耐火性等性能。随着聚合物和填料之间的界面面积大大增加,即填料尺寸减小至纳米级时,它们能够在极低填充量的前提下保持优异的性能。更准确地说,不同类型的纳米颗粒对阻燃性能的贡献是不同的,并且严格地取决于其化学结构和几何结构[42]。例如,纳米黏土(层状硅酸盐)属于二维纳米填料,在聚合物基质中加入相对少量的有机改性纳米黏土,在燃烧过程中会产生保护层。在加热时,熔融聚合物-纳米黏土复合材料的黏度随着温度的升高而降低,并促进黏土纳米层迁移到表面。此外,经有机修饰后的纳米黏土热分解可在纳米黏土表面上产生质子催化位点,可以催化聚合物燃烧分解产物形成稳定的焦化残留物。因此,纳米黏土在复合材料表面上的聚集充当保护屏障,其限制了热量传递到材料内部,以及可燃性降解产物和氧气扩散到材料中。多面体低聚倍半硅氧烷(POSS)也是一种优异的阻燃纳米填料,结构上类似于无机二氧化硅类纳米笼,由位于角落的八个有机基团包围,与有机聚合物基体具有很好的相容性。BARCZEWSKI M 等[43]报道了用质量分数为0.5%的带有四个硅醇苯基的POSS(TO-ph-POSS)改性聚丙烯,显著提高了聚丙烯的热稳定性。进一步的研究中,他们报道了将该TO-ph-POSS添加到全同立构的聚丙烯(iPP)基质中会显著降低纳米复合材料的可燃性。进行水平燃烧测试时,TO-ph-POSS质量分数为10%的iPP纳米复合材料的燃烧速率不及纯iPP的一半。这主要归因于TO-ph-POSS纳米填料的分解,其导致TO-ph-POSS中无机组分迁移到复合材料样品表面并引起屏蔽效应。

1.3.3 光学性能

纳米材料因其独特物理特性具有优异的光学性能。为了充分发挥纳米材料的优越性,通常要将其与宏观材料相结合,使其达到器件化的基本要求。聚合物是宏观材料中的很好选择,纳米材料与聚合物基体复合时,为开发新光学材料提供了平台。光学聚合物基纳米复合材料既有高分子材料的高透光、柔韧性、易加工等特点,又可以通过纳米填料的引入赋予特定的光学功能,如高折射率、光致发光、光致变色、紫外光屏蔽、光热转换、光电转换等。

1. 折射率的设计

材料折射率设计的首要问题是如何保持材料的透明度。理论上由于可见光对纳米物体的散射减少,在其均匀分散在透明聚合物基体中保持聚合物原有的透明度是可行的。然而,保持聚合物的透过率在实际情况中是非常困难的。为了计算光通过复合材料传播时的散射功率,提出了使用瑞利散射方程:

$$\frac{I}{I_0} = e^{-\left[\frac{3\varphi_p x r^3}{4\lambda^4}\left(\frac{n_p}{n_m}-1\right)\right]}$$

式中,I 是透射光强;I_0 是入射光强;r 是球形粒子的半径;n_p 是纳米填料的折射率;n_m 是聚合物基体的折射率;λ 是入射光的波长;x 是光程长;φ_p 是纳米填料的体积分数。

从上式中不难得出,要使散射最小化,应确保填料粒子的尺寸尽可能小,并且聚合物基体与填料间的折射率应尽可能接近。研究表明,当填料粒子的尺寸小于 40 nm 时,聚合物基纳米复合材料具有理想的透明度[44]。聚合物的折射率一般在 1.30~1.70 的范围内,而无机纳米粒子的典型折射率在 3.2~4.6 之间[44]。尽管聚合物基体和颗粒之间的折射率差异巨大,但是如果颗粒足够小,聚合物基纳米复合材料仍然可以是高度透明的。此外,ZIMMERMANN L 等[45]研究发现聚合物基纳米复合材料的折射率与纳米粒子的体积分数折射率的

因素呈线性相关,其经验公式为

$$n = \varphi n_p + (1-\varphi) n_m$$

式中,n 为聚合物基纳米复合材料的折射率;φ 为纳米填料在聚合物基体中的体积分数;n_p、n_m 分别为纳米填料的折射率与聚合物基体的折射率。

因此,提高聚合物基质的折射率最主要的方式就是向基体材料中添加高折射率的无机纳米填料,只要保证粒子尺寸足够小不发生团聚,即可得到理想的高折射率材料。NAKAYAMA N 等[46]利用紫外光固化方法成功制备了高折射率、高透明的 TiO_2-ZrO_2/硫醇丙烯酸树脂纳米复合材料。首先采用两步法制备 TiO_2-ZrO_2 纳米颗粒,即先合成了 TiO_2 晶核,然后负载非晶态 ZrO_2 的层,降低 TiO_2 的光催化活性。在溶剂中分散的 TiO_2-ZrO_2 纳米颗粒与未交联的聚合物基体材料混合后不会聚集,再经过紫外光固化之后获得透明涂层和宏观块状材料。经透射电子显微镜观察可以得到,TiO_2-ZrO_2 纳米粒子以 3~6 nm 的平均粒径形式均匀分散在聚合物基体中。纳米复合涂层和宏观块状材料在可见光区域具有良好的光学透明性,并且具有高的折射率,并与有机基质中 TiO_2-ZrO_2 的含量相对应。这种聚合物基纳米复合材料在高折射率薄膜、光学涂层、光学透镜等应用领域有很好的发展前景。

2. 光致发光性能的设计

发光聚合物基纳米复合材料在照明、屏幕显示等方面具备大的应用前景。只要将发光系列功能的纳米填料通过合理方法加入透明聚合物基体中,即可得到发光聚合物基纳米复合材料。

COLVINVL 等[47]制备了 CdSe/聚(对亚苯基亚乙烯基)复合膜作为电致发光材料。其在低电压下,CdSe 层发射光子。由于量子尺寸效应,通过改变纳米晶体的尺寸,发射的颜色可以从红色变为黄色。此外,在较高电压下,聚合物层的绿色发射占主导地位。该器件因此具有一定程度的发光颜色可调性。

GBUR VT 等[48]制备了 ZnO∶Ga(La)改性的聚合物基纳米复合材料,其中 ZnO∶Ga(La)是由甲酸锌、过氧化氢和硝酸镓或乙酸镧水溶液经光诱导沉淀合成的。固相在 1 100 ℃ 煅烧以获得结晶的 ZnO∶Ga(La)粉末(微晶尺寸为 50 nm),并在氩氢还原气氛中进一步加工。所得纳米材料在 X 射线激发下具有强烈的激子发光现象,其所发射的光谱在 392 nm 处表现出最强峰,在可见光谱范围内没有观察到缺陷相关发光。随后将 ZnO∶Ga(La)均匀分在聚氨酯二甲基丙烯酸酯单体溶液,并通过紫外光引发聚合获得嵌有纳米粉末的光学透明聚氨酯基体,所得聚合物基纳米复合材料表现出的发光性质与 ZnO∶Ga(La)性质类似。

3. 光热转换性能的设计

太阳光以电磁波的形式存在,电磁波包括具有不同振动频率的光子。当遇到物体时,光子可以被吸收、反射、折射或散射,这取决于该物体的内在特性。根据量子理论,光子所携带的能量可以被物体中的电子吸收,从而发生能量转换。光热效应是一种基于吸收的电磁能量的非辐射转换而产生的光激活效应,它会导致物体温度的升高。太阳能热能转换以热能的形式在许多方面给生活带来了便利,如自然水循环、太阳能热水系统、房间供暖等。然而,太阳能的直接收集和利用效率仍然有待提高。因此,开发具有高能量转换效率的低成本光热材料具有较高的发展潜力。金属纳米颗粒、无机半导体晶体、碳基纳米材料等都是具有独特光学、电学和表面性质的纳米材料,可以用来提高光收集效率和能量转换效率。

将金属颗粒分散到液体或聚合物中会产生不同的吸收光谱,可通过改变所用金属、颗粒大小、分散程度和颗粒大小的多分散性来控制吸收光谱,这推动了纳米复合材料在光电器件、非线性光学器件和彩色滤光片等领域的新应用。ASMUSSEN S V 等[49]在甲基丙烯酸酯树脂中原位合成了银纳米颗粒,银纳米颗粒的等离子体吸收带和太阳光谱之间部分重叠。因此,通过调节合成条件加宽所得银纳米颗粒的等离子体吸收带可优化太阳能光热转换过程。含有 3×10^{-4} 银纳米颗粒的悬浮液表现出宽的吸收光谱(360~1 100 nm),并在 335 nm、440 nm 和 700 nm 三处存在明显的三个吸收峰。具有宽吸收带的该聚合物基纳米复合材料的温度可在照射期间达到 115 ℃,而仅显示单吸收峰的纳米复合材料的温度仅为 102 ℃。

碳基纳米材料对太阳光表现出较宽的吸收光谱,并且对处于可见光区和近红外区的电磁波具有强吸收效应,同时具有价格低廉、易于加工、光热性能稳定等优势。因此,碳基纳米材料凭借其出色的光热转换性能,在海水淡化领域中显示出优越的应用前景。还原氧化石墨烯是一种广泛使用的光吸收剂,在整个太阳光谱范围内具有宽带吸收特性。Yu 等[50]通过将还原氧化石墨烯穿透到聚乙烯醇水凝胶的聚合物网络中构建具有毛细管效应,促进水输送的复合水凝胶,该复合水凝胶已经实现了高效太阳能蒸汽生成,提供了定制水运输、有效能量约束和降低水蒸发焓的协同特征。

1.3.4 磁学性能

聚合物材料本身不具备磁性,获得磁学性能最简单便捷的设计思路是在聚合物基体中添加带有磁性的纳米填料,获得磁性聚合物基纳米复合材料。磁性聚合物基纳米复合材料中,聚合物基体与磁性纳米填料间的协同作用使得复合材料获得了原有单组分无法实现的新特性。纳米尺度的磁性组分的磁性能与本体有质的区别,并且随纳米尺度的变化而变化。这种聚合物基纳米复合材料具有高加工性能和高机械性能以及独特的光学、电学性能。此外,纳米复合材料的磁性能也与聚合物界面息息相关。因此,从材料设计角度出发,如何改善和调节磁性能,实现磁功能纳米复合材料的多功能化,开发具有独特性能的纳米复合材料,是广大研究学者关注的焦点问题。这些问题的解决需要更好地理解纳米尺度物理、发展先进表征技术、设计低成本生产方法等。

磁性聚合物基纳米复合材料的尺寸、形状、分散和界面对其性能具有深远的影响。例如,常见的磁性纳米粒子 Fe_3O_4 纳米颗粒可作为功能性填料来制备磁性聚合物基纳米复合材料,实现其在微波吸收、磁共振成像和药物释放等领域的应用。LIU T Y 等[51]通过冻融循环获得了物理交联的磁敏感聚乙烯醇复合水凝胶材料,并从磁导率、分配系数、空间限制和磁化强度等方面系统地研究了 Fe_3O_4 和聚乙烯醇组成对水凝胶磁敏性能的影响。结果表明,在磁场作用下,复合水凝胶中的磁导率降低,表现出磁敏性,这与水凝胶分配系数的变化息息相关。此外,研究发现,虽然空间限制或磁化强度等因素对磁敏行为有相反的影响,但当水凝胶为最佳组成（Fe_3O_4 的质量分数为 17%～34%，聚乙烯醇的质量分数为 10%～12.5%时，其磁敏行为显著提高，且能有效地抑制凝胶的磁性。该水凝胶可以通过精确控制孔结构的打开和关闭来进行工程化，这使得治疗药品的释放或抑制作用可以通过外部磁场来控制，表明这种复合水凝胶可以作为一种新型的磁调谐药物传递系统。

1.3.5 其他性能

除了上述性能之外，还可以通过合理地设计聚合物基纳米复合材料，拓展其在催化、吸声、自修复、致动等方面的性能，这些性能的相关设计原理与研究进展在后续章节将会具体介绍。

1.4 聚合物基功能纳米复合材料的制备工艺

聚合物基功能纳米复合材料可根据其实际应用需求采用多种方法制备。其中纳米材料的制备方法与聚合物基纳米复合材料的制备方法有很大的不同，因此对它们的制备方法分别进行介绍。

1.4.1 纳米材料的制备工艺

纳米材料的制备方法可分为自下而上或自上而下两类。在自下而上的方法中，纳米材料是通过化学转化，从前驱体获得的原子或分子的控制组装形成的。而在自上而下的方法中，则主要是通过物理方法，将它们从块状材料中剥离出来，获得纳米尺寸的目标产物。但是该方法受到相邻原子的相互作用、表面化学能和分子自组装的限制。有必要提及的是，通常自上而下的方法制备的纳米材料具有一定的缺陷和污染，其成分是可变的，而自下而上的方法可以产生均一的成分、较少的缺陷和更均匀的纳米材料。制备纳米材料的具体方法包括电弧放电法、化学气相沉积法、激光烧蚀法、电沉积法、惰性气体冷凝法、气溶胶法、等离子体法、机械研磨法等物理方法，以及水热法、溶剂热法、微乳液法、溶胶凝胶法、微波法、共沉淀法等化学方法[52]。这里简要介绍一些典型的制备方法。

1. 物理方法

物理气相沉积（PVD）技术是一种获得多种纳米材料的典型方法，包括热蒸发、脉冲激光沉积、溅射、分子束外延、电子束蒸发、离子镀等。PVD 的基本原理是在真空中将材料在熔点以上蒸发，由于真空产生的自由路径，蒸发的颗粒在沉积时体积会明显变小。例如，在气体冷凝技术中，块状材料通过加热的热电子束或电子束蒸发，产生高气压（3 MPa 以上），随后通过气相碰撞转变为超细的纳米颗粒。在激光烧蚀技术中，使用高功率激光脉冲来蒸发真空室内的材料，同时将烧蚀的物质凝结在基板上以获得所需的纳米材料。在电弧放电法中，两个电极之间在惰性气体中产生电弧。制备过程中，电极材料、催化剂、供给电极的电压和电流、惰性气体压力等都是影响纳米材料最终尺寸和性能的主要因素。根据这些条件，电弧放电法可用于制备碳纳米管、金属和金属氧化物纳米颗粒、碳包覆金属纳米颗粒、银纳米线等。气溶胶法中,材料的胶体通过液体介质的蒸发而固化。高能球磨法中,大块材料在高机械剪切力作用下分解成核,然后在退火时生长成纳米材料。机械磨损过程可采用不同类型的铣削系统,如高能球磨机、离心式球磨机、振动式球磨机、低能滚筒式球磨机等。类似于PVD技术,在化学气相沉积(CVD)技术中,在合适的催化剂存在下加热前驱体产生高浓度的化学蒸气,该材料随后在相对较低的温度下转变成纳米材料。当然,也可以通过电沉积方法制备不同的纳米材料。

2. 化学方法

同样,各种各样的化学方法也被用于制备不同的纳米材料。化学方法包括共沉淀法、溶胶凝胶法、溶剂热法、水热法、微乳液法、热解法等。例如,在水热法中,不同类型的纳米材料,如金属、金属氧化物、半导体量子点、碳点、羟基磷灰石等,都可以由水热法制备而成。该技术不仅有助于获得单分散,获得高度均匀的纳米材料,而且也是一种加工纳米杂化材料的十分有前景的技术[53]。类似地,在溶剂热法中,纳米材料可在高温高压条件下在非水介质中获得。温度、介质pH酸碱度、压力、前驱体和催化剂浓度、剪切力等工艺参数对制备的纳米材料的最终尺寸和性能有着极大的影响。同样,共沉淀技术主要用于制备各种金属和金属氧化物纳米材料,其方法是在特定温度、pH等适当条件下,使用所需金属离子的水溶液,或添加具有一定浓度的适当活性剂。共沉淀反应涉及在过饱和条件下同时发生纳米材料的成核、生长和成型等过程。奥斯瓦尔德熟化和聚集过程对所合成的纳米材料的尺寸和性能有很大影响。在微波、磁感应和声化学技术中,均匀分散的前驱体通常暴露于微波环境(900~2 450 MHz)、磁感应加热(加热功率为10 kW,工作频率为366 kHz,场幅为5 mT)或超声辐射(20 kHz~10 MHz)条件下在一定时间内以制备所需的纳米材料。在微波环境下,加热通常通过偶极极化和离子传导完成。温度、升温速率、前驱体性质和浓度等工艺参数对控制纳米材料的成核生长和最终性能具有重要意义。在磁感应加热系统中,由于加热速度非常快(200~300 ℃/s),因此可在短时间内制备出高质量的纳米材料。例如,可以在十二烷基胺环境下进行磁感应加热,从$Li_4[Cd_{10}Se_4(SPh)_{16}]$前驱体中制备发白色光CdSe量子点,其产率高达10%[54]。在声化学技术中,超声波的应用导致了声空化,即液体介质中气泡的快速形成、生长和内爆坍塌,从而产生强烈的局部加热(约5 000 K)、高压(约1 000 atm)和超快加热/冷却速率(>109 K/s)和液体喷射流(约400 km/h)。因此,该过程可以产生具有极高温度和压力梯度的瞬态的局部化区域。这些突变有助于前驱体成核,最终转化为种类颇多的纳米材料。此外,氧化铝和氢氧化物、二氧化硅、二氧化钛、氧化锡等纳米材料可以通过溶胶凝胶技术制备,其中溶胶是指前驱体固体颗粒在液体介质中的胶体或分子悬浮液,凝胶是由化学形成的半固态刚性物质。例如,金属醇盐和卤化物的胶体分散体经历水解和缩聚以形成凝胶,随后除去液体介质,煅烧处理后可以形成所需的金属氧化物或氢氧化物纳米颗粒。纳米材料也可以通过微乳液法制备。微乳液是各向同性、宏观均匀、热力学稳定的纳米分散体,通常由水(极性相)、烃类液体或油(非极性相)以及表面活性剂和辅助表面活性剂组成。在表面活性剂和辅助表面活性剂的作用下,将前驱体置于两种不混溶的液体(如水和与水不混溶的有机溶剂的混合物)中,在热力学稳定的微乳液中产生纳米颗粒。

1.4.2 聚合物基纳米复合材料的制备工艺

为了最大限度地提升填料的增强效果,聚合物基纳米复合材料中增强填料需均匀分散在聚合物基体中。当填料的尺寸在纳米尺度时,这种均匀分散变得十分困难。对于纳米填料,其分散性与传统的碳纤维、微球等微米尺度的填料区别较大。首先,对于聚合物基质中给定体积分数的填料,纳米填料的分散程度远高于微米尺度的填料。如图1.8所示,在给定体积分数为0.1%时,不同尺寸填料的分散情况变化极大[55]。虽然可以清楚分辨出微米尺度的填料在聚合物基体中的分散情况,但纳米填料之间却极难用肉眼区分。这意味着纳米填料之间的粒子间距非常接近,导致纳米颗粒之间存在着更大的范德华力或静电相互作用。因此,实际应用中在聚合物基体中实现纳米填料的均匀分散是具有重大挑战性的。

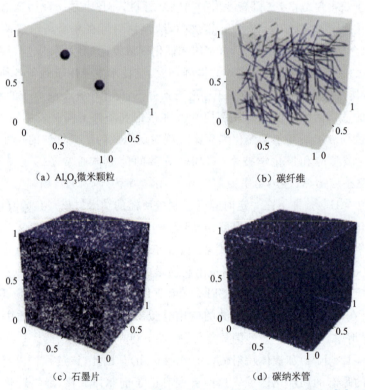

(a) Al_2O_3微米颗粒 (b) 碳纤维

(c) 石墨片 (d) 碳纳米管

图1.8 在相同的 $1\ mm^3$ 聚合物基体中体积分数为0.1%的填料的分布状况[55](单位:mm)

对于各向异性的纳米填料,如纳米管、纳米线和纳米片等,这类纳米粒子的团聚趋势更为严重。各向异性结构的纳米填料通常具有极高的长径比/径厚比,在经过适当分散后很容易发生严重的再堆叠或再团聚。例如,单层石墨烯是一种典型的二维纳米填料,纵向厚度仅为0.34 nm,而其横向尺寸可大至几微米至几十微米。石墨烯平面之间的强π-π相互作用有利于降低总表面能,因此石墨烯的再堆积现象容易发生。

此外,纳米填料的大比表面积,与聚合物基体之间存在着较大的界面面积。聚合物基体和纳米填料之间的界面情况对于其整体性能也有着至关重要的影响。因此,聚合物基纳米复合材料制备过程中的关键问题是如何实现纳米填料的均匀分散,这通常需要应用不同制备技术和工艺来克服纳米填料团聚的能量屏障。下面将讨论现阶段常用的制备聚合物基纳米复合材料的技术,并对它们的优缺点做简单评论。

1. 溶液共混法

在该技术中,通过机械剪切和超声处理后形成聚合物溶液和良好分散的纳米材料的均匀混合物。首先将纳米材料均匀分散在适当的溶剂介质中,并在同样的溶剂中单独制备聚合物溶液。将上述纳米材料分散液与聚合物溶液混合,通过蒸发或沉淀的方法去除不需要的溶剂,获得均匀分散的纳米复合材料。聚合物链和纳米材料之间的混合状态取决于混合的热力学和所得纳米复合材料中各组分之间的相互作用。纳米材料—聚合物链之间的相互作用必须大于纳米材料—溶剂和聚合物—溶剂之间的相互作用,才能实现纳米材料在聚合物基体中的均匀分散。聚合物—纳米材料之间强界面相互作用有助于聚合物链渗透到纳米材料的结构单元中,并吸附到纳米材料的表面上,从而形成所需的高性能聚合物基纳米复合材料。以层状纳米复合材料为例,根据层状纳米填料的分散状态和复合材料各组分之间的相互作用,可制备插层或剥离型聚合物基纳米复合材料[56]。所形成的聚合物基纳米复合材料必须是热力学稳定的,这决定于纳米复合材料的熵变和焓变情况。虽然聚合物链与刚性固体纳米材料的相互作用限制了聚合物链的运动,熵变为负,但由于纳米材料层间距的增加,纳米材料的构象运动增加,熵变可以忽略不计。由于聚合物基体和纳米材料之间的强界面相互作用,焓变数值要高得多,最终吉布斯自由能的变化主要由焓变因素决定。

溶液共混技术也存在着不少缺点,如成本高、反应过程危险易燃、使用有毒有机溶剂易对健康和环境造成的危害等。此外,后续的有机溶剂去除过程也存在着难度大和能耗高的问题。若有机溶剂无法完全去除,则最终聚合物基纳米复合材料的性能势必会受到严重影响。这也是选择溶液共混法作为聚合物基纳米复合材料合成技术时,需要重点考虑的因素。

2. 原位聚合法

在该技术中,通过在分散的纳米材料存在下原位聚合形成聚合物,从而制备聚合物基纳米复合材料。首先将目标聚合物的低黏度单体或预聚物加入均匀分散的纳米材料中,该技术利于单体/预聚物分子吸附在分散的纳米材料的表面。在聚合过程中,聚合物链有助于纳米材料的分层、解散和分散[57]。与溶液共混法相比,在原位聚合法下,单体或预聚体的黏度相对较低。因此,在大多数情况下,聚合物链与纳米材料的相互作用相对较强。由于分散体是高度均匀的,因此有利于实现纳米材料在聚合物基体中的均匀分散。由于单体或预聚体黏度低,纳米材料分散均匀,界面相互作用较强,利用该技术可以制备出剥离型聚合物纳米复合材料。由于该方法使用少量溶剂或不使用溶剂,且制备过程中的额外能量要求相对较低,因此对于许多聚合物基纳米复合材料的制备,这是一种非常实用的技术,特别是对于树脂基聚合物纳米复合材料。需要注意的是,存在于纳米材料中的官能团可以参与热固性纳米复合材料的交联反应,因此也会对聚合过程产生一定的影响。例如,使用功能化黏土引发剂[如 2,2'-偶氮双(2-甲基丙酰胺)二盐酸盐]进行乳液聚合,这种水分散的功能化黏土既作为引发剂(偶氮化合物),又作为纳米材料(纳米黏土)使用[58]。通过常规乳液聚合技术在聚合物形成后,凝结乳液,得到所需的聚合物基纳米复合材料,这在直接使用乳液聚合体系的情况下特别有用。总体来说,原位聚合法是制备聚合物基纳米复合材料的首选,特别是在实验室中,所得聚合物基纳米复合材料性能非常优异。

3. 熔融共混法

在该技术中,聚合物基纳米复合材料是通过常规熔体加工设备将纳米材料均匀混合在预制聚合物基体中形成的。熔融混合技术避免了大量溶剂的使用,也避免了聚合过程交联反应的影响,被广泛应用于工业生产中。工业聚合物加工技术可以直接使用,不需要额外的预处理过程。该过程包括在混合设备中通过将加热半结晶聚合物的熔融或非晶态聚合物软化,然后在机械剪切力下将纳米材料添加进入聚合物基体中,以获得纳米材料的均匀分散[59]。通常,预成型聚合物的熔体黏度相对较高,得到均匀分散的聚合物基纳米复合材料的难度较高。总的来说,该项工艺简单高效,有利于大规模生产,因此在实际工业化生产中被广泛应用。

4. 溶胶凝胶法

与纳米材料的制备类似,聚合物基纳米复合材料也可以通过溶胶凝胶法制备。在该技术中,纳米粒子是在聚合物基质中制备形成的。为此,需要在高温下加热含有纳米材料前驱体和聚合物基体的水溶液或凝胶。在该过程中,聚合物有助于纳米材料的成核和生长,由此原位形成的纳米材料被限域在聚合物基体内。通过该技术制备的纳米复合材料,其纳米填料大多数以胶体形式存在。虽然该方法在理论上具有在不使用额外能量的情况下促进纳米材料一步分散的潜力,但是它具有严重的缺点。例如,在制备黏土/聚合物纳米复合材料的过程中,黏土矿物的制备需要高温,这可能会引起聚合物基体的分解。此外,溶胶凝胶法通常加工条件苛刻,纳米材料也可能发生聚集。与其他技术相比,该技术在大规模制备聚合物纳米复合材料中的应用尚未成熟。

5. 静电纺丝法

采用静电纺丝技术可制备聚合物基纳米复合纤维材料,这是一种新型的聚合物纤维及其复合材料成型工艺。静电纺丝技术通常使用带有微针头的自动液压注射器、高压直流电源和与电接地的收集器。在合适的聚合物溶液或极性聚合物熔体中,在机械剪切的帮助下与所需含量的纳米材料分散液混合,随后进行超声波处理,并让聚合物溶液或熔体在喷射时带电从针尖中出来。由于表面张力的存在难以实现喷射,因此使用的电压必须足够高,以使静电力必须克服表面张力,并拉伸喷射,从而形成纳米纤维。在纤维向收集板行进期间,纳米纤维的均匀性、形态和尺寸取决于聚合物溶液或熔体的黏度、极性、浓度、注射器液压、流速、针尖直径、电场强度、针尖到集电极的距离和其他纺丝条件。此外,收集器的几何形状控制产品的形状和尺寸。

6. 压延法

压延法是一个加工过程,涉及利用辊之间的剪切力混合并分散具有相对较高黏度的材料。该工艺广泛应用于油墨、颜料、涂料、化妆品、黏合剂和糊料的混合。压延机由三个相邻的以不同速度旋转的圆柱滚子组成。相邻的滚筒以相反的方向旋转以产生剪切力。辊子的速度和相邻辊子之间的间隙都是可调的,从而产生范围广泛的可控剪切力。含有聚合物和纳米填料的复合材料被送入第一和第二辊之间的间隙中。然后,通过旋转的第二辊将材料转移到第二间隙。第二间隙通常比第一间隙窄,第三个辊的速度要高得多,从而产生更高的剪切力,允许纳米填料在聚合物中更为均匀分散。最后的材料从第三个滚柱上刮掉,并反复送入第一间隙,以进一步分散纳米填料。压延法的一个独特的优点是,由于在窄间隙之间产生的剪切力很高,高黏度的材料可以达到仅几微米的厚度。这就允许使用高纳米填料含量,并且很少或不涉及溶剂。此外,相邻辊之间的距离和每个辊的速度都可以完全控制和保持,因此可以保证纳米填料在尺寸分布和均匀性方面的分散性。因此,压延法已被用于分散一系列纳米填料的分散和纳米复合,包括纳米黏土[60]、碳纳米管[61]和石墨烯纳米片[62]等。施加到这些纳米填料束上的剪切力也可以使它们沿剪切方向部分取向。但压延法可能不适于分散在三维皆处于纳米尺度的球形纳米填料。其原因是相邻辊子之间的间隙至少为 1 μm,远高于各尺度均只有几到几十纳米的纳米球。尺寸之间的差异可能只会导致团聚体破碎成更小的束,但不一定是单分散颗粒。压延法的另一个限制是需要向辊中加入黏性材料,这意味着纳米填料只能分散在液体单体或某些特定热固性树脂的低聚物中并不适用于聚乙烯、聚苯乙烯和聚丙烯等热塑性塑料。

7. 球磨法

球磨是冶金和矿物工业中传统使用的一种技术,旨在研磨或混合粉末。研磨球通常由高硬度材料制成,如陶瓷、燧石和不锈钢等,在一个封闭的腔室中与粉末相互碰撞。两球的碰撞会对界面处的粉体产生较大的剪切或压缩力,使粉体细化,粒径减小。同样,这种高剪切力和压缩力也有助于纳米填料的分散。各种纳米填料,包括二氧化硅纳米颗粒、石墨烯纳米片、碳纳米管等,都可通过球磨分散在热塑性和热固性聚合物基体中。

与前面提到的其他技术相比,球磨技术有两大优点。首先,它可以实现二维纳米片的原位剥离、分散和功能化,如石墨烯和氮化硼等二维纳米填料,研磨球碰撞产生的高剪切力有助于这类二维纳米片的原位剥落。虽然这种高剪切力足以剥离层间只有弱范德华力的层状材料(如石墨烯和硫化钼材料等),但不可能剥离层间键性质为轻微离子性的氮化硼。在这种情况下,需要某些化学物质通过功能化纳米片的方式来辅助机械剥离,以降低层间的结合强度。例如,在氮化硼纳米片的球磨过程中,加入氢氧化钠水溶液作为添加剂,由于氢氧根与大块氮化硼之间的反应,有效地降低了剥落所需的剪切力,从而导致氮化硼片的有效剥离[63]。此外,该方法还提供了在不破坏氮化硼纳米片基面晶体结构的情况下,对纳米片边缘进行选择性功能化改性的可能性。通过在球磨过程中使用干冰,可以添加功能化官能团来改性石墨烯纳米片,这些官能团反过来促进了二维纳米片在溶剂或聚合物中的分散,从而形成具有优异的机械性能、热性能、电性能、介电性能和独特磁导率的纳米复合材料[63]。其次,球磨所用的材料可以是湿的,也可以是干的,这意味着该技术不仅可以用于纳米填料在热固性和可溶性热塑性塑料液体单体中的分散,而且还允许分散在固体热塑性基体中。例如,以颗粒或粉末形式存在的聚甲基丙烯酸甲酯(PMMA)、聚乙烯(PE)和聚苯硫醚(PPS)等均可以通过球磨与不同类型的纳米填料混合,然后使用热压或注射成型,对纳米复合材料进行固化和成型。

参考文献

[1] KUBO R. Electronic properties of metallic fine particles. Ⅰ[J]. Journal of the Physical Society of Japan,1962,17(6):975-986.

[2] KROTO H W,HEATH J R,O'BRIEN S C,et al. C60:Buckminsterfullerene[J]. Nature,1985,318(6042):162-163.

[3] BIRRINGER R,HERR U,GLEITER H. Nanocrystalline materials-a first report[J]. Transactions of the Japan Institute of Metals,1986,27:43-52.

[4] 张立德,牟季美. 纳米材料和纳米结构[M]. 北京:科学出版社,2001.

[5] STEICHEN S D,CALDORERA-MOORE M,PEPPAS N A. A review of current nanoparticle and targeting moieties for the delivery of cancer therapeutics[J]. European Journal of Pharmaceutical Sciences,2013,48(3):416-427.

[6] LEON R,PETROFF P M,LEONARD D. et al. Spatially resolved visible luminescence of self-assembled semiconductor quantum dots[J]. Science,1995,267(5206):1966-1968.

[7] NIE Z H,PETUKHOVA A,KUMACHEVA E. Properties and emerging applications of self-assembled structures made from inorganic nanoparticles[J]. Nature Nanotechnology,2010,5(1):15-25.

[8] TAKAGAHARA T. Effects of dielectric confinement and electron-hole exchange interaction on excitonic states in semiconductor quantum dots[J]. Physical Review B,1993,47(8):4569-4584.

[9] 徐国财. 纳米复合材料[M]. 北京:化学工业出版社,2002.

[10] BOKOBZA L. Mechanical and electrical properties of elastomer nanocomposites based on different carbon nanomaterials[J]. Journal of Carbon Research,2017,3(2):10.

[11] KARAK N. Biobased smart polyurethane nanocomposites:From synthesis to applications[M]. London:Royal Society of Chemistry,2017.

[12] SCHAEFER D W,HURD A J. Growth and structure of combustion aerosols-fumed silica[J]. Aerosol Science and Technology,1990,12(4):876-890.

[13] BOGUSH G H,TRACY M A,ZUKOSKI C F. Preparation of monodisperse silica particles-control of size and mass fraction[J]. Journal of Non-Crystalline Solids,1988,104(1):95-106.

[14] SHARMA V K,YNGARD R A,Lin Y. Silver nanoparticles:Green synthesis and their antimicrobial activities[J]. Advances in Colloid and Interface Science,2009,145(1-2):83-96.

[15] TTEACY M M J,EBBESEN T W,GIBSON J M. Exceptionally high young's modulus observed for individual carbon nanotubes[J]. Nature,1996,381(6584):678-680.

[16] COLLINS P G,AVOURIS P. Nanotubes for electronics[J]. Scientific American,2000,283(6):62-69.

[17] JORIO A,DRESSELHAUS G,DRESSELHAUS M S. Carbon nanotubes:Advanced topics in the synthesis,structure,properties and applications[M]. Berlin Heidelberg:Springer Science & Business Media,2007.

[18] REN Z F,HUANG Z P,XU J W,et al. Synthesis of large arrays of well-aligned carbon nanotubes on glass[J]. Science,1998,282(5391):1105-1107.

[19] STEJSKAL J,SAPURINA I,TRCHOVA M. Polyaniline nanostructures and the role of aniline oligomers in their formation[J]. Progress in Polymer Science,2010,35(12):1420-1481.

[20] RAY S S, OKAMOTO M. Polymer/layered silicate nanocomposites: A review from preparation to processing[J]. Progress in Polymer Science, 2003, 28(11): 1539-1641.

[21] WANG N, WANG Y P, YU Z, et al. In situ preparation of reinforced polyimide nanocomposites with the noncovalently dispersed and matrix compatible mwcnts[J]. Composites Part A: Applied Science and Manufacturing, 2015, 78: 341-349.

[22] GONG S, ZHU Z H, MEGUID S A. Anisotropic electrical conductivity of polymer composites with aligned carbon nanotubes[J]. Polymer, 2015, 56: 498-506.

[23] JAGATHEESAN K, RAMASAMY A, DAS A, et al. Electromagnetic shielding behaviour of conductive filler composites and conductive fabrics-a review[J]. Indian Journal of Fibre and Textile Research, 2014, 39(3): 329-342.

[24] WU F, XU Z, WANG Y. et al. Electromagnetic interference shielding properties of solid-state polymerization conducting polymer[J]. RSC Advances, 2014, 4(73): 38797-38803.

[25] 许亚东. 聚合物电磁屏蔽复合材料的结构设计与性能研究[D]. 太原: 中北大学, 2019.

[26] GAVGANI J N, ADELNIA H, ZAAREI D, et al. Lightweight flexible polyurethane/reduced ultralarge graphene oxide composite foams for electromagnetic interference shielding[J]. RSC Advances, 2016, 6(33): 27517-27527.

[27] LI Q, CHEN L, GADINSKI M R, et al. Flexible high-temperature dielectric materials from polymer nanocomposites[J]. Nature, 2015, 523(7562): 576-579.

[28] ROSCOW J I, BOWEN C R, ALMOND D P. Breakdown in the case for materials with giant permittivity? [J]. ACS Energy Letters, 2017, 2(10): 2264-2269.

[29] PAN Z B, YAO L M, ZHAI J W, et al. Ultrafast discharge and high-energy-density of polymer nanocomposites achieved via optimizing the structure design of barium titanates[J]. ACS Sustainable Chemistry & Engineering, 2017, 5(6): 4707-4717.

[30] LI J J, SEOK S I, CHU B J, et al. Nanocomposites of ferroelectric polymers with tio2 nanoparticles exhibiting significantly enhanced electrical energy density[J]. Advanced Materials, 2009, 21(2): 217-221.

[31] QI L, LEE B I, CHEN S H, et al. High-dielectric-constant silver-epoxy composites as embedded dielectrics[J]. Advanced Materials, 2005, 17(14): 1777-1781.

[32] CHUNG K T, SABO A, PICA A P. Electrical permittivity and conductivity of carbon black-polyvinyl chloride composites[J]. Journal of Applied Physics, 1982, 53(10): 6867-6879.

[33] LU J X, MOON K S, KIM B K, et al. High dielectric constant polyaniline/epoxy composites via in situ polymerization for embedded capacitor applications[J]. Polymer, 2007, 48(6): 1510-1516.

[34] LIAO X J, YE W, CHEN L L, et al. Flexible hdC-G reinforced polyimide composites with high dielectric permittivity[J]. Composites Part A: Applied Science and Manufacturing, 2017, 101: 50-58.

[35] YAO Q, CHEN L, ZHANG W, et al. Enhanced thermoelectric performance of single-walled carbon nanotubes/polyaniline hybrid nanocomposites[J]. ACS Nano, 2010, 4(4): 2445-2451.

[36] MENG C Z, LIU C H, FAN S S. A promising approach to enhanced thermoelectric properties using carbon nanotube networks[J]. Advanced Materials, 2010, 22(4): 535-539.

[37] SEE K C, FESER J P, CHEN C E, et al. Water-processable polymer-nanocrystal hybrids for thermoelectrics[J]. Nano Letters, 2010, 10(11): 4664-4667.

[38] CHO C,STEVENS B,HSU J H,et al. Completely organic multilayer thin film with thermoelectric power factor rivaling inorganic tellurides[J]. Advanced Materials,2015,27(19):2996-3001.

[39] CHO C,WALLACE K L,TZENG P,et al. Outstanding low temperature thermoelectric power factor from completely organic thin films enabled by multidimensional conjugated nanomaterials[J]. Advanced Energy Materials,2016,6(7):1502168.

[40] Bigg D M. Thermal-conductivity of heterophase polymer compositions[J]. Thermal and Electrical Conductivity of Polymer Materials,1995,119:1-30.

[41] STANKOVICH S,DIKIN D A,DOMMETT G H,et al. Graphene-based composite materials[J]. Nature,2006,442(7100):282-286.

[42] ZANETTI M,KASHIWAGI T,FALQUI L,et al. Cone calorimeter combustion and gasification studies of polymer layered silicate nanocomposites[J]. Chemistry of Materials,2002,14(2):881-887.

[43] BARCAEWSKI M,DOBRZYNSKA-MIZERA M,DUDZIEC B,et al. Influence of a sorbitol based nucleating agent modified with silsesquioxanes on the non-isothermal crystallization of isotactic polypropylene[J]. Journal of Applied Polymer Science,2014,131(8):40131.

[44] AlTHUES H,HENLE J,KASKEL S. Functional inorganic nanofillers for transparent polymers[J]. Chemical Society Reviews,2007,36(9):1454-1465.

[45] ZIMMERMANN L,WEIBEL M,CASERI W,et al. Polymer nanocomposites with"ultralow"refractive index[J]. Polymers for Advanced Technologies,1993,4(1):1-7.

[46] NAKAYAMA N,HAYASHI T. Preparation and characterization of TiO_2-ZrO_2 and thiol-acrylate resin nanocomposites with high refractive index via uv-induced crosslinking polymerization[J]. Composites Part A:Applied Science and Manufacturing,2007,38(9):1996-2004.

[47] COLVIN V L,SCHLAMP M C,ALIVISATOS A P. Light-emitting-diodes made from cadmium selenide nanocrystals and a semiconducting polymer[J]. Nature,1994,370(6488):354-357.

[48] GBUR T,VIK M,CUBA V,et al. Preparation and luminescent properties of ZnO:Ga(La)/polymer nanocomposite[J]. Radiation Measurements,2013,56:102-106.

[49] ASMUSSEN S V,VALLO C I. Absorber materials based on polymer nanocomposites containing silver nanoparticles for solar thermal collectors[J]. Solar Energy,2018,174:640-647.

[50] ZHOU X Y,ZHAO F,GUO Y H,et al. A hydrogel-based antifouling solar evaporator for highly efficient water desalination[J]. Energy & Environmental Science,2018,11(8):1985-1992.

[51] LIU T Y,HU S H,LIU K H,et al. Study on controlled drug permeation of magnetic-sensitive ferrogels:Effect of Fe_3O_4 and PVA[J]. Journal of Controlled Release,2008,126(3):228-236.

[52] KARAK N. Experimental methods on polymers,nanomaterials and their nanocomposites[M]. Nova Science Publishers,Incorporated,2016.

[53] BYRAPPA K,ADSCHIRI T. Hydrothermal technology for nanotechnology[J]. Progress in Crystal Growth and Characterization of Materials,2007,53(2):117-166.

[54] WANG X Y,QU L H,ZHANG J Y,et al. Surface-related emission in highly luminescent cdse quantum dots[J]. Nano Letters,2003,3(8):1103-1106.

[55] MA P C,SIDDIQUI N A,MAROM G,et al. Dispersion and functionalization of carbon nanotubes for polymer-based nanocomposites:A review[J]. Composites Part A:Applied Science and Manufacturing,2010,41(10):1345-1367.

[56] CUPPOLETTI J. Nanocomposites and Polymers with Analytical Methods[M]. Coratia:InTech,2011.

[57] PAVLIDOU S,PAPASPYRIDES C D. A review on polymer-layered silicate nanocomposites[J]. Progress in Polymer Science,2008,33(12):1119-1198.

[58] PARVOLE J,CHADUC I,AKO K,et al. Efficient synthesis of snowman-and dumbbell-like silica/polymer anisotropic heterodimers through emulsion polymerization using a surface-anchored cationic initiator[J]. Macromolecules,2012,45(17):7009-7018.

[59] MCNALLY T,MURPHY W R,LEW C Y,et al. Polyamide-12 layered silicate nanocomposites by melt blending[J]. Polymer,2003,44(9):2761-2772.

[60] KOTHMANN M H,ZIADEH M,BAKIS G,et al. Analyzing the influence of particle size and stiffness state of the nanofiller on the mechanical properties of epoxy/clay nanocomposites using a novel shear-stiff nano-mica[J]. Journal of Materials Science,2015,50(14):4845-4859.

[61] VIETS C,KAYSSER S,SCHULTE K. Damage mapping of gfrp via electrical resistance measurements using nanocomposite epoxy matrix systems[J]. Composites Part B:Engineering,2014,65:80-88.

[62] LI Y,Zhang H,BILOTTI E,et al. Optimization of three-roll mill parameters for in-situ exfoliation of graphene[J]. MRS Advances,2016,1(19):1389-1394.

[63] LEE D,LEE B,PARK K H,et al. Scalable exfoliation process for highly soluble boron nitride nanoplatelets by hydroxide-assisted ball milling[J]. Nano Letters,2015,15(2):1238-1244.

第 2 章 电功能纳米复合材料

2.1 导电和抗静电性能纳米复合材料

2.1.1 导电和抗静电的基本概念

现阶段高分子材料已经成为国民生活和工业生产中不可或缺的材料。然而,大多数高分子都是电绝缘体,电阻率高,容易产生静电,从而限制了其在多个场合中的应用。静电在人体的积累可能影响到各个脏器,尤其是心脏的正常工作,从而引发心率异常和心脏期前收缩;身体上的静电还可能诱发老、幼、病、人群的各种疾病。例如,静电可使孕妇激素水平下降,继而引发流产或早产;在儿童体内积累的静电可能影响中枢神经及机体的生理平衡。当然静电的危害还远不止于此。近些年来,随着电子工业的发展,静电给人类带来的危害越来越大[1,2]。例如,干扰飞机无线电设备的正常运转,从而影响飞机飞行;制药厂设备的高分子外壳由于静电效应容易吸附尘埃,从而导致药品的纯度降低;电视荧屏表面由于静电吸附灰尘,从而降低了人们观看图像的清晰度和亮度。随着高分子材料种类和应用面的不断扩大,材料抗静电方法也在不断发展和完善。

根据导电能力的不同,可将复合材料分为导体、半导体和绝缘体,因此要确定衡量材料导电性能的物理量。

导电材料的导电性可用电阻 R 的倒数电导率(G)来表示,即

$$G = 1/R$$

$$R = V/I$$

G 的单位为西门子,用符号 S 来表示,与电阻单位欧姆(Ω)的倒数(Ω^{-1})等价。这样,上面两个公式可改写为 $I = GV$。在引入电流密度这一概念的同时,将外加电压 V 换算成电场强度 $E(E = V/d)$,则可得到如下公式:

$$J = \kappa E$$

式中,J 为电流密度;κ 为在电场的作用下电流密度的响应函数,在欧姆定律成立的范围内,其为物质的本征参数。

可以得出,κ 就是单位试样面积和单位厚度时的电导,因此将 κ 称为电导率,并将它作为电流通过被测材料难易的程度指标。大体上将 $\lg \kappa < -10$ 的物质称为绝缘体,$-10 \leqslant \lg \kappa \leqslant 2$ 的物质称为半导体或近似抗静电材料,$\lg \kappa > 2$ 的物体称为导电体。

除电导率外,材料的导电性或抗静电性更多的是用电阻率来表示。电导率和电阻率都是表征材料的导电性和抗静电性的重要参数。图 2.1 列举了不同材料的电导率值的范围。

2.1.2 导电和抗静电材料相关物理量的测量

1. 电阻率的测量

导电和抗静电塑料制品,一般有板材、管材、片材、容器、包装材料、各种家用电器外壳、特殊环境下的桌椅、壁材、窗材等。高分子材料的导电性能是用其体积电阻率(ρ_V)、表面电阻率(ρ_S)或导电率(κ)的大小来表示。作为导电和抗静电高分子材料,当其 ρ_V 在 $10^6 \sim 10^{10}$ Ω·cm 之间称为高分子抗静电材料;ρ_V 在 $1 \sim 10^6$ Ω·cm 之间称为高分子半导体材料;当 ρ_V 小于 1 Ω·cm 时称为高分子导电材料。

测量导电和抗静电塑料电阻率的方法有多种。例如,用 CGZ-17B 高阻仪可测量板材的表面电阻率,具体测试方法是,先将被测样品水洗,将测试样品浸泡在去离子水中 1 h 后,用布在水中擦洗样品 200 遍左右;然后取出样品在 45~50 ℃ 真空干燥器中烘干,在恒定相对湿度 30% 下在高阻仪上进行测量。重复三次取平均值。

下面介绍具有导电或抗静电性能的硫化橡胶电阻率的测定方法。

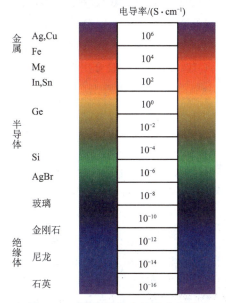

图 2.1 不同材料的电导率范围[3]

试样:条状硫化试样,宽 70~150 mm,厚度 (2 ± 0.2) mm,同一试样厚度的均匀度允许公差为 ±0.1 mm。试样可用刀片或冲模裁切,尽量使变形减少到最低程度。保持试样表面平滑、清洁、无裂纹、无气泡和杂质等,表面不能抛光和打磨。试样数量为三个。

试验步骤:硫化后的试样停放时间不少于 16 h,将试样放在绝缘材料板上,置于恒温箱中,在 (70 ± 1) ℃ 温度下停放 2 h。将带试样的绝缘材料板从恒温箱中取出,在试验室规定的温度(20~27 ℃)和湿度 (65 ± 5)% 下停放不少于 16 h,试样不能移动。将电流电极夹到试样的端部,试样测试部分的变形应减少到最低限度。将电压电极放在试样上,保证两刃口与试样中电流方向相垂直,电压电极任一刃口与电流电极距离都不小于 20 mm。测量电压电极两刃口距离,测量精度为 ±2%。通电 1 min 后用静电计测定电压电极两刃口之间的电压。在同一个试样上重复以上步骤测量两次。每测量一次,移动一次电压电极,以测定整个试样长度上电压分布的情况。

测量导电和抗静电纤维电阻率的方法有多种,不同测量方法得到的结果有一定差别。例如,按照 AATTCC 导电纤维 84-89 测试标准来测定,先用导电黏结剂把丝束的两端分别与金属端子相接,将样品先在 1 000 V 电压下作用 30 s,随后降压至 500 V,此时无数据读出;然后再以每 30 s 下降 10 V 的速度降压,直到有数据读出为止,并由此电阻值计算出导电丝束的电阻率。又如,将有效长度为 10 cm 的导电丝预先在 30% 相对湿度(RH)条件下平衡 24 h,用导电胶固定于电极上,用 FLUKE8840A 万用表测量电阻,再换算成导电丝的电阻率。

2. 静电电荷量的测量

绝缘体因摩擦等原因带上电荷后,由于电荷不能任意流动,各点的电位也不相等,因此不能简单地用接触式或非接触式仪表直接测量带电量,必须利用静电感应原理,借助法拉第筒来测出绝缘体上的全电荷量。法拉第筒是由两个相互绝缘的金属封闭曲面或金属筒组成。为了对内金属筒进行静电屏蔽,外金属筒必须接地。内、外两金属筒间的绝缘电阻要达到 $10^5 \Omega$ 以上,一般可用聚四氟乙烯等绝缘材料。当把带有全电荷为 Q 的被测物体放到内金属筒时,内筒内壁上会感应产生等量的异性电荷,内筒外壁上和外筒内壁上又分别感应出等量的同性和异性电荷。根据高斯定理:

$$Q' = \iint \varepsilon_0 E_n \mathrm{d}S$$

式中,Q' 为法拉第筒外壁上的感应电荷;ε_0 为筒内空气的介电常数;E_n 为电场强度矢量在 $\mathrm{d}S$ 法线方向 n 上的投影;$\mathrm{d}S$ 为金属封闭曲面法拉第筒的面积元。这样就能通过测量感应电荷 Q',测出带电物体的全电荷 Q。

3. 静电电荷衰减半衰期的测量

高分子材料上产生静电要达到全部泄漏通常需要很长时间,有些材料甚至几乎不可能把静电荷全部泄漏掉。实际衡量高分子材料静电荷衰减的能力,常用半衰期 $\tau_{1/2}$ 来表示,表示电荷衰减到被测试样所带原始电荷量一半所需的时间,即 $\tau = \tau_{1/2}$ 时,$Q/Q_0 = 1/2$。可以得到:

$$\tau_{1/2} = 0.693 \varepsilon_0 \varepsilon \rho_V = 0.693 RC$$

因此,在指定环境条件下,$\tau_{1/2}$ 与该材料体积电阻率或绝缘电阻和对地的分布电容 C 有关。$C = Q/V$,其中 Q 为电量,V 为电压,因此在一定带电量 Q 下,$\tau_{1/2}$ 与 ρ_V 和静电电压有关。在静电测量中,在指定环境条件下材料的电荷衰减半衰期是一重要的抗静电参数。要测量 $\tau_{1/2}$,首先要使物体带上静电荷,常用的起电方法有摩擦起电和针尖电晕放电起电法等。由于摩擦起电式测试仪测得的 $\tau_{1/2}$ 的重现性较差,误差较大,因此常用针尖电晕放电原理产生高压静电的方法。此法由于仪器部件不与试样直接接触,不会损伤试样,可反复多次测量,数据重现性好,操作简便,并且数据可直接记录和观察电荷的衰减过程。

2.1.3 导电高分子材料的种类

按照结构与组成,导电聚合物材料可分为两大类:一类是本身或经过掺杂处理后具有导电功能的聚合物材料,称为结构型导电高分子材料[4,5];另一类是以聚合物材料为基体添加具有高导电性有机、无机、金属等导电填料,经过各种手段使其在基体中分散从而形成具有导电性的复合材料,称为复合型导电聚合物材料,又称导电聚合物复合材料[6]。

若按产品用途来区分,可分成导电高分子材料和薄膜、导电塑料、导电纤维、导电涂料及导电胶粘剂等。若按导电高分子材料的大分子结构和使其变成导电材料的方法来区分,则可分成共轭高聚物、掺杂型高聚物、电荷转移型复合物、光电导高聚物和高取向导电高聚物等。

共轭结构高聚物是导电高聚物的最重要主体之一，其种类很多。自从 Shriakawa 等发现经碘掺杂，聚乙炔电导率可增加 13 个数量级后，经多年研究，聚乙炔的电导率已达到 10 MS/m。共轭结构高分子化合物很多，除聚乙炔和聚苯乙炔，共轭双键与带有未成键 p-轨道的杂原子（如 N、S 等）的偶合高分子均属共轭结构高聚物。高聚物导电与金属导电一样，需要有电荷载体和供这些载体运动的分子轨道。共轭高聚物中有 π 电子和 π 电子离域分子轨道，分子内的长程相互作用使之形成能带，禁带宽度 E_g 随共轭体系长度（n 聚体）的增加而变窄。聚乙炔是最简单的共轭双键结构，分子链上单、双键相交替，组成主链的碳原子有四个价电子，其中三个为 σ 电子（sp^2 杂化），两个 σ 电子与相邻的碳原子连接，一个 σ 电子与氢原子相键合，余下一个价电子为 π（p^2 轨道）电子，与高分子链所构成的平面相垂直。随着 π 电子体系的扩大，出现被电子占据的 π 成键态和无电子占据的反键态。随链长进一步增长就形成了能带，π 成键状态形成价带（即满带），而 $π^*$ 反键状态则形成导带。

导电高分子材料的研究是以具有共轭 π 电子的线型或平面型高分子和高分子电荷转移复合物（也称络合物）作为两个支柱发展起来的。复合物或络合物的电导率要比电子给体（D）和电子受体（A）各自的电导率都高得多。D-A 复合物（或称 CT 复合物）的形成过程可表示为

$$D+A \longleftrightarrow D^{\delta+}\cdots A^{\delta-} \longleftrightarrow D^+\cdots A^-$$
$$\text{（Ⅰ）} \qquad \text{（Ⅱ）} \qquad \text{（Ⅲ）}$$

即从 D 的最高占有轨道（HOMO）到 A 的最低空轨道（LUMO）的电荷转移过程。电子的非定域化及电子的迁移是沿着晶体中 D-A 分子的重叠方向发生的。$A^{\delta-}$ 上的未成对电子在 A 分子间跳跃迁移。而电子在（Ⅲ）所示的完全转移后变得更稳定，但对导电的贡献反而降低。而在中间状态（Ⅱ）时，D-A 键长的动态变化（John-Teller 效应）促进电子的跳跃，因而对电导率的贡献最大。

当前，合成高分子大多是无定形粉末，因此其载流子迁移率较低，要提高高聚物分子链排列规整性和导电高分子材料可加工性能，重要的途径之一是合成可溶性导电高分子。研究表明，可溶性导电高分子可通过引入侧基、共聚和中间体转换法制得。

1. 引入侧基

在噻吩环上引入烷基支链是个成功的例子，不仅可获得可溶、可熔融的聚噻吩导电高分子材料，而且选择合适的取代基还可增加其导电性。经碘掺杂后其最高电导率为：聚甲基噻吩 45～51 kS/m，聚乙基噻吩为 27 kS/m。带有较长烷基支链的聚噻吩的电导率随支链长度的增长而降低。用引入侧基的方法还可制得可溶性的取代聚苯和聚苯胺。

2. 共聚

将聚乙炔与可溶性高聚物（如聚乙烯、聚异戊二烯等）共聚是制备可溶性导电高聚物的另一重要方法。与引入侧基法相比，由共聚法制得的可溶性聚乙炔至少有如下两个优点：其电导率可与聚乙炔均聚物相当。接枝共聚和嵌段共聚所得的共聚物中聚乙炔链段完整，因

而可能对聚乙炔分子链进行表征。

接枝共聚是将含共轭双键的链段以支链的形式完整地连接到可溶性的高分子主链上（反之亦然），因此可以最大限度地保留共轭结构的完整性，而使电导率不至于有较大降低。Destri 等首先用钠掺杂的聚乙炔引发聚合环氧乙烷或甲基丙烯酸甲酯可制得可溶性聚乙炔。用该法制得的聚乙炔聚环氧乙烷接枝共聚物薄膜，经碘掺杂后电导率可达 100 kS/m。为了进一步提高电导率，还可用可溶性高分子主链上的活性点来引发乙炔接枝聚合，或者将共轭链用化学偶联的方法接枝到可溶性高分子主链上。例如，用丁基锂处理 1,4-聚丁二烯，在其分子链上引入活性锂，使之与钛酸四丁酯反应生成 Ziegler-Natta 催化体系，从而引发乙炔的接枝聚合。

合成可溶性聚乙炔嵌段共聚物最常见的方法是阴离子向 Ziegler-Natta 催化体转移反应。首先用阴离子聚合方法合成聚苯乙烯或聚异戊二烯等可溶性高分子活性链，然后将其与 $Ti(OBu)_4$ 反应生成对乙炔聚合有催化作用的 Ziegler-Natta 在高分子催化体系来引发乙炔聚合。由此法制得的聚乙炔共聚物在溶液中呈蓝色，表明聚乙炔链以反式构型存在，这类可熔性聚乙炔共聚物经碘掺杂后，其电导率约为 0.1～1 kS/m。

3. 中间体转换法

中间体转换法是指先以共聚或易位聚合得到含某些特殊链段的聚合物，然后以加热等方法转化为共轭链，从而具备导电能力的方法。Graupuer 等成功地用此法制得可溶性聚苯乙烯与聚乙炔等嵌段共聚中的聚乙炔链段，亦可用加热聚苯乙烯基亚砜产生聚乙炔的方法，由聚苯乙烯与聚苯基乙烯基亚砜的嵌段共聚物来制取可溶性聚苯乙烯与聚乙炔的嵌段共聚物。

2.1.4 导电和抗静电机理

导电聚合物复合材料主要是由高电导率的导电填料和绝缘性的聚合物基体组成，其中导电填料提供载流子，通过导电填料之间的相互作用来实现载流子在聚合物复合材料中的迁移。因此，导电复合材料的导电研究工作包括以下三个方面：第一是形成导电网络的方式，导电颗粒如何在聚合物基体中形成导电网络，从而在材料内形成导电通路，即导电颗粒的分散问题；第二是网络形成后载流子的传输方式，载流子迁移的微观过程，即载流子在导电填料之间的迁移问题；第三是导电填料的选择，不同种类导电填料对导电复合材料电性能的影响。

2.1.4.1 导电网络的形成

聚合物导电复合材料表现出"逾渗"现象[7]，即当导电颗粒含量增加到临界值时，材料体积电阻率急剧下降，通常此时电阻率下降 6～8 个数量级[3]。对于聚合物导电复合材料的渗流现象，通常用逾渗理论来解释。Weber 和 Keith 等借用数学几何学上的逾渗理论来解释复合型聚合物材料的电性能变化，将概率系数与材料的电导率相关联。当填料体积分数（φ）超过渗流阈值（φ_c）后，材料的体积电导率（σ）随 φ 的变化规律服从物理关系：$\sigma=\sigma_0(\varphi-\varphi_c)^t$。式中 t 为临界指数；σ_0 是与电子运输过程有关的常数；t 为普适常数，与复合材料组分的几何与化学性质无关[5]。

不同的逾渗模型对复合型导电聚合物材料的电导率变化解释相近。在高电阻率下,导电颗粒浓度低,其分散于基体中,临近颗粒间无接触。随着填料含量的增加,临近填料颗粒间距缩短,填料相互接触。在渗流区内,不断增大的团聚体相互之间的接触成为可能,一个完善的导电网络在绝缘基体中逐渐形成。导电网络一旦出现,复合体系的电阻率就突然下降。在低电阻率区域,导电网络已经形成,填料浓度的增加对于材料电阻率的影响逐渐减弱,如图 2.2 所示。

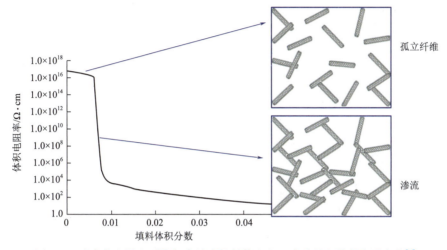

图 2.2　聚合物和导电颗粒复合纳米材料体积电阻率随导电填料含量变化[3]

2.1.4.2. 载流子的种类及传输方式

对高分子材料来说,其导电载流子有质子、离子、电子、空穴、孤子、极化子或电子和离子导电同时存在,还有如尼龙 66 主链上永久偶极矩的取向极化对导电的贡献也很大。任何分子都是由原子组成,而原子是由带正电荷的核及环绕核作复杂形式运动的电子所组成。处于原子内层轨道上的电子和原子核距离较近,结合得比较牢固的称为内电子。而处于原子最外层离原子核较远,所以被核吸引最弱,这些外层电子在一定条件下可以发生化学迁移,称为价电子,价电子所处的基态能级叫价级。价级以外的空能级叫作激发级(对于激发层轨道),可供价电子或更低能级电子跃迁。当许多原子相互趋近而结合为晶体(如金属晶体、高聚合晶体)时,每一原子中的电子除受本身原子核的作用外,受相邻原子核(及芯电子)的作用,这样就引起了相应能级的分裂。分裂后各个能级相互很接近,成为一个连续的能带,称为价带或满带。在价电子被共有化的同时,各价电子相应的第一激发能级亦同样地分裂成能带,一般情况下,这第一激发能级所分裂的能带里没有电子,叫作空带。但由于价电子有可能激发到空带里而自由地参与导电,所以又叫作导带或自由带。在价带与导带之间不存在能级,相当于电子所不能具有的能量,这段能量范围叫作禁带。一般物体的导电性与禁带是否存在以及禁带的宽度有直接关系。绝缘体的禁带远比半导体的禁带要宽得多。而金属导体中,导带下面能级与满带的上面能级相互重叠而没有禁带(图 2.3)。在导带中,由于自由电子的运动而引起的导电,称为电子导电。在价带中,导电虽然仍是由于电子运动引起,但性质却有很大差异。因为价带基本上是填满的,只因少数电子的跃迁,留下了一些"空状态"。在电场作用下,电子跃入相邻"空状态",而在其原有能级中形成新的"空状态"。这样电子的运动就相当于一个伴随着空状态的正电荷的反向运动,这种带正号空间电荷称为"空穴"。这种发生在充满价电子的价带中的导电性,就称为空穴导电性。对于离子性导电,作为载流子的离子符号(正或负)及其价态(一价或二价)十分重要,如催化剂残留物离子中对电导有贡献的主要正离子(如 Na^+、K^+、Ca^{2+}、Al^{3+}、Zn^{2+}、Mg^{2+} 等)。相反,当高分子发生热分解时,负离子被释放而高分子本身成为正离子,故此时对离子电导做贡献的主要是负离子(如 Cl^-、SO_3^{2-}、ClO_4^- 等)。

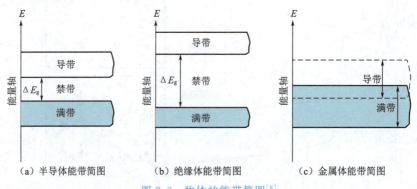

图 2.3　物体的能带简图[8]

离子性载流子包括单位中含有的离子性杂质,聚合催化剂残留物,由于聚合物链的热分解、聚合物侧链及链端的热解离所生成的低分子离子及稳定剂、填充剂中的杂质离子等。

材料的介电常数 ε 越大,电导率也越大。而离解能与高聚物的种类关系不大。电子或空穴载流子的产生主要可分为两类,即价带满带中的电子被直接激发至导带(所谓本征载流子的产生),以及满带能级所束缚的电子被激发经过禁带至导带(称为非本征载流子的产生)。前者如聚乙炔、聚苯乙炔等分子中有共轭 π 键,因此禁带很窄,ΔE_g 只有 1.4 eV。用比 ΔE_g 能量大的光照射即可产生本征载流子。由光学吸收原理,波长为 λ_g 时,波数 $v_g = c/\lambda_g$,式中 c 为光速。计算的禁带宽度 $h v_g$ 与 ΔE_g 近似。当用比 ΔE_g 能量大的光照射时,高聚物表面附近产生的电子浓度很大,因而电子与空穴相互碰撞复合的概率增大,导致光电流减低。这时,材料的吸收光谱与光导作用光谱出现峰-谷相对应的关系,称之为"反相"关系,而出现峰-峰或谷-谷对应时,则称为"同相"关系。在某些情况下,电子从导带激发后并不变成自由电子,而是与同时生成的空穴配对,由 Coulomb 相互作用组成电子-空穴对,称为激子。激子可自行离解或因由于热激发、电场作用,与表面或离解中心发生碰撞而离子化成为自由离子载流子。

图 2.4 为在聚乙烯咔唑(PVK)膜上真空蒸镀 α-Se 后所产生的双层膜的光导作光谱(用感光增益来表示)[9]。要想提高光激发所产生的光电流,光导层的导带必须略高于 PVK 的导带,这样才能使光导体中所产生的光生载流子顺利地移向 PVK 中。未掺杂的聚乙炔是非导体,而且纯净的聚乙炔在低温下是绝缘体。但当聚乙炔经碘掺杂后,可使柔软的银色薄片

变成金色薄片,并使其导电性提高了十多个数量级。有人对一种极纯的聚乙炔进行掺杂,制成了一种与铜质量相等,而导电性却是铜的两倍的材料。为了解释这些现象,Su、Schriefer 和 Heeger 等首先提出"孤子"模型来解释以上事实[10]:该模型认为聚乙炔与一般的一维晶体一样有晶格畸变(即二聚化)和皮尔斯相变的特性。二聚化的基态是二重简并的。如图 2.5 所示,在二重简并的 A 畴和 B 畴结合处,出现了键的缺欠-畴壁(即高聚物中的孤子),从而形成自由基。这是聚乙炔的最低激发态,就是处于满带和空带(导带)之间的孤子态。激发这种孤子所能能量很小,只需 $E=0.5$ eV,这要比聚乙炔的禁带宽 1.4 eV 低很多。又因为 A 畴和 B 畴可以扩展或收缩,所以孤子就可沿碳链自由移动。经计算,孤子的有效质量 m_s 大约是电子质量的 6 倍,与电子处于同一数量级。由于孤子两边的畴的能量是相等的,所以孤子极易在

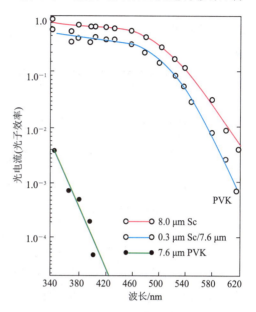

图 2.4 非晶 Se 与 PVK 的双层膜所产生的光电流增加光谱图[9]

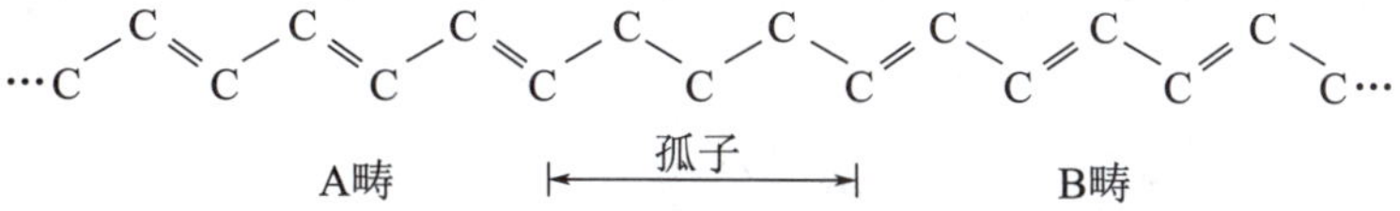

图 2.5 聚乙炔掺杂后孤子的产生简图

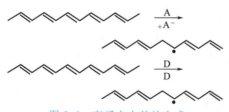

图 2.6 离子自由基的生成

注:A—受体离子自由基;D—给体离子自由基

碳链上运动。这就解释了经掺杂后的聚乙炔有如此高的电导率的原因。但是,在反式聚乙炔中,中性孤子的浓度仅为 3×10^{19} g^{-1},因此大部分掺杂剂必须从正常的键交替部位取得电子,这时生成如图 2.6 所示的离子自由基,这些离子自由基两边的位相相同,因此不是孤子。但和孤子一样,这样的状态也可以认为是共轭链上的一种亚稳态,一般称之为离子自由基,也称为"极化子"。与电子受体进行电荷转移反应所生成的离子自由基是带有正电荷的极化子(p^+),而与给电子体反应所生成的离子自由基则是带负电荷的极化子(p^-)。由于极化子带有电荷,当它沿共轭链移动时,就成为导电的载流子。但是在掺杂过程中用电子自旋共振(ESR)仪并检测不到不成对电子的产生。这可解释为,在同一共轭链上生成的两个极化子以时标更快的速度转化成两个孤子。所以,孤子与极化子两种载流子在一定条件下可相互转化。

若在时间 dt 内经过面积 S 的电量为 dQ,则传导电流 I 为:

$$I = \frac{dQ}{dt} = nqv_0 S$$

式中，n 为单位体积（1 cm³）内载流子的数目；q 为每个载流子所带电荷；v_0 为载流子的迁移速度。

如果载流子的迁移速度正比于所加电场 E，即 $v_0 = \mu E$，于是

$$I = nq\mu ES$$

式中，μ 为载流子的迁移率，是电位梯度等于 1 个单位（$E=1$ V/cm）时载流子的运动速度。电导率 κ（单位为 S·cm⁻¹）由 $\kappa = Id/VS$ 决定，这里 d 为样品厚度，V 是所加电压，当介质放入均匀电场时，即 $E = V/d$，代入即可得式 $\kappa = qn\mu$，式中包括了两个重要参数：单位体积内载流子数目 n 和载流子迁移率 μ。高分子材料的电导率一般都比无机半导体低，这是因为一方面是载流子的浓度低（仅为半导体的1%～10%），另一方面其迁移率也与无机半导体相比有数量级的差别。

离子性载流子迁移率的测量方法有多种，这里只介绍外加电场极性反转法。此法是在电极完全封闭时在高分子试样上加一外电场 E，这时试样中离子将在一个电极附近聚集而产生空间电荷效应。聚集的离子将与电极板相似呈薄板状。当将外电场极性反转时，离子载流子将以板状向另一电极迁移。当载流子薄板中心到达另一电极时，又产生了空间电荷效应，因而电流再次渐渐减小。在电极极性反转 t_m 后约为 1 min，电流达到最大值，t_m 相当于载流子薄板在试样中行走的时间。当试样的厚度为 L、外加电场强度为 E 时，离子的迁移率可表示为：

$$\mu = \frac{L/t_m}{E/L} = \frac{L^2}{Et_m}$$

用此法可比较精确地测出 PVC、PET 等的迁移率约为 10^{-8} cm²/(V·s)。离子电导是离子载流子在试样中的扩散过程，因此高聚物中空隙（自由体积）的数量对离子迁移有很大影响，也就是说被测试样所处的温度、压力等对迁移率（μ）有很大影响，对 μ 的影响直接影响电导率 κ。按载流子的迁移与高分子材料分子链运动的动力学进行处理，可得出 κ 与压力 p 和温度 T 的关系式：

$$\kappa = \kappa_0 \exp\frac{\Delta H^* + p\Delta V^*}{RT}$$

式中，ΔH^* 为活化能；ΔV^* 为活化体积；R 为气体常数；T 为绝对温度；κ_0 为常数。

电子性载流子的迁移率测定方法有许多种，常用的有外加脉冲电压而后分析，以空间电荷限制电流为基础的渡越电流峰值法，用电晕放电使高聚物表面带电，而根据表电荷的衰减速度来计算其迁移率法，将载流子的迁移过程看作无规行走方式来处理的方法，另外还有飞行时间法等。其中以飞行时间法最准确，而且该法还能同时分别测出电子和空穴两种载流子的迁移率。电子型载流子的迁移率与高聚物的结构密切相关。高聚物能带结构的特点是有极明显的凹凸现象，其禁带中有很多定域能级，若将电子激发到导带上，就称为能带型电导。若电子通过定域能级之间的隧道效应发生迁移，则称为跳跃型电导。若具有上述不同迁移率的电子性载流子同时存在于高聚物中，则称为分散型电导或高斯（Gauss）型电导。以

上这些不同类型电导所求出的载流子迁移率数值相差 1～2 个数量级。现简单介绍用飞行时间法来求出电子载流子迁移率的方法。用脉冲光束、电子束或载射线等照射高聚物试样表面来激发电子或空穴,在试样表面层就会产生载流子束,同时测定伴随此载流子束运动时所产生的渡越电流和渡越时间。但由于局部电场的变化,很难明确确定渡越时间。如果用渡越电流对时间做双对数图,则可得到有明确拐点的两条直线,按此拐点所对应的渡越时间 t_m,就可按上式从 t_m 求算出电子载流子的迁移率。一些高分子的迁移率数值及参照物的迁移率见表 2.1。

表 2.1 一些高分子的迁移率

高聚物	载流子	温度/K	迁移率/$[cm^2 \cdot (V \cdot s)^{-1}]$	活化能/eV
聚对苯二甲酸乙二醇酯	电子	293	1×10^{-10}	-0.2
聚对苯二甲酸乙二醇酯	空穴	295	1×10^{-4}	$-0.30 \sim -0.25$
聚乙烯	电子	340	1×10^{-11}	
聚乙烯	空穴	368	9×10^{-10}	-0.55
聚乙烯咔唑+0.2 三硝基芴酮	电子	(295)	2×10^{-8}	
聚乙烯咔唑	空穴	(295)	1×10^{-6}	
聚碳酸酯		358	2×10^{-12}	-0.73
聚苯乙烯	电子	(295)	1.4×10^{-4}	
聚苯乙烯	空穴	(295)	1.3×10^{-6}	-0.2
聚乙烯醇	空穴	(293)	1×10^{-4}	-0.62
聚氯乙烯	电子	(293)	7×10^{-4}	
聚甲基丙烯酸甲酯		(273)	2.5×10^{-11}	
聚碳酸酯+0.4 三苯胺	电子	347	2×10^{-5}	

在聚合物导电复合材料中,导电填料提供导电所需要的载流子。通常所使用的导电填料所提供的载流子一般为电子。形成导电网络后,分散于聚合物基体中的导电填料的载流子传输能力决定了复合材料的体积电导率。导电聚合物复合材料存在着导电通道、隧道效应和场致发射三种导电机理。这三种导电机理在不同的条件下相互竞争,并以其中的一种机理为主导。

导电颗粒加入聚合物基体中后,一般很难实现均匀分布。其中一部分导电颗粒相互接触从而形成完善的导电网络;另一部分导电颗粒则以孤立粒子形式分布在聚合物连续相中,基本对复合材料电导性没有贡献。当施加了外部电场后,导电填料间存在内部电场,当孤立粒子间距很小时,中间只被薄的高分子层隔开时,则由热振动而被激活的电子就能越过高分子界面所形成的势垒而跃迁到相邻的导电填料上,形成较大的隧道电流,这种现象被称为隧道效应;或者是导电颗粒间的内部电场很强时,电子将有很大的概率飞跃高分子界面层势垒而跃迁到相邻的导电颗粒上产生场致发射电流,此时树脂界面层起着相当于内部分布电容的作用,如图 2.7 所示。

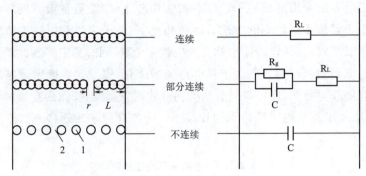

图 2.7　复合型导电聚合物的导电机理示意图[11]

1—导电颗粒；2—导电颗粒间隔离层

2.1.4.3　导电填料的类型

导电填料在复合型聚合物材料中起到提供载流子的作用，所以其性质、形态和用量对复合型聚合物材料的导电性起决定作用。经过多年发展，人们发展出不同微观形态、不同材质的导电填料。其中常用的导电填料主要有：金属粉（金、银、铜）、金属纤维（铝纤维、黄铜纤维、铁纤维和不锈钢纤维等）、金属氧化物、金属盐、镀金玻璃纤维、镀银中空玻璃微球、镀银二氧化硅粉、碳纤维、碳化钨、石墨、炭黑、炭黑接枝高分子以及碳纳米管。一般用量相同，形态相近，使用状态也相同时，导电填料本身的电导率越大，获得的复合材料导电性能越好。表 2.2 呈现了部分导电填料的电导率。

表 2.2　部分导电填料的电导率[11]

材料名称	电导率/(S·cm^{-1})	材料名称	电导率/(S·cm^{-1})
银	$6.17×10^5$	锡	$8.77×10^4$
铜	$5.92×10^5$	铅	$4.88×10^4$
金	$4.17×10^5$	汞	$1.04×10^4$
铝	$3.82×10^5$	铋	$9.43×10^3$
锌	$1.69×10^5$	石墨	$1\sim10^3$
镍	$1.38×10^5$	炭黑	$1\sim10^2$

导电填料种类繁多，根据形状大致可以分为零维材料（如炭黑、金属颗粒）、一维材料（如碳纳米管）、二维材料（如石墨或石墨烯）。Xue 等研究了不同维度的导电填料对导电复合材料逾渗值的影响。研究发现，相比零维导电填料，填充一维或二维导电填料的复合材料具有更低的逾渗值、更优秀的力学性能。一维导电填料的长径比越大，相应复合材料的导电逾渗值会越小。

虽然比表面积大的一维或二维导电颗粒的复合材料的导电逾渗值小，但是价格昂贵；反之，填充比表面积小的零维导电颗粒的复合材料导电逾渗值大。有研究表明，将两种不同维度和性能各异的导电填料混合使用，可以降低每种导电填料的含量，提高复合材料的性价比，显著降低导电复合材料的成本。

2.1.4.4 导电填料分散性的影响

纳米导电填料,尤其是以碳纳米管为代表的纳米碳材料,具有优秀的综合性能。碳纳米管作为有石墨片卷曲而成的一维材料,由于其石墨化的结构,具有超高的强度、韧性以及导电和导热性能。单层碳纳米管的理论拉伸强度为钢的 100 倍,密度却只有钢的 1/6;理论弹性模量达 1 TPa,约为钢的 5 倍;最大伸长率可达 20%[12];理想情况下单壁碳纳米管的电导率接近于金属电导率[13]。采用碳纳米管等纳米填料制备的聚合物纳米复合材料可以获得力学、电学等性能的提升[14-20]。但是碳纳米管等纳米填料于基体间缺乏化学键连接,纳米填料与基体之间的承载传递能力差。同时纳米填料具有高比表面积,导致团聚和缠结现象十分严重,因此在基体中分散性较差,从而大大限制了纳米复合材料尤其是导电纳米复合材料的应用[21-23]。

研究人员通过将两亲性表面活性剂物理吸附在碳纳米管表面或采用超声分散等物理手段,制备得到了聚合物-碳纳米管复合材料。虽然在一定程度上解决了碳纳米管在基体中的分散问题,但是由于碳纳米管与基体间作用力太弱,导致碳纳米管的优异性能无法传递到基体上。

有研究者采用化学表面修饰的方法来解决碳纳米管与基体之间相互作用差的问题。如采用强酸处理碳纳米管,从而在碳纳米管表面产生羟基、羧基等功能性基团,并或接枝上各种聚合物,从而解决碳纳米管与基体之间相互作用力差的问题。虽然这种方法改善了碳纳米管的团聚问题,增强了碳纳米管与聚合物基间的相互作用力,但是过度的表面处理,导致碳纳米管碎片化,丧失其优异性能[24]。

2.1.4.5 抗静电机理

表面活性剂已广泛地用作抗静电剂,根据其特性可分为吸湿性、极性和油性三类。吸湿性物质可吸收大气中水汽,使高聚物制品表面形成一层薄的导电层,从而使静电荷易于泄漏。这类物质通常是长链的非离子型表面活性剂,其主要缺点是气候干燥时效果显著变差。极性物质也能在高聚物表面上形成导电层,其作用也与大气湿度有关,但它在干燥气候中仍具有较好的抗静电效果。这类物质主要是阳离子表面活性剂,常见的是季铵盐类。油性物质能降低机器部件与塑料、橡胶、纤维等制品间的摩擦作用,从而阻止这些制品表面静电荷的产生,但在强电场中(如在电视机中)不能防止材料带电,故其用途受到一定的限制。

抗静电剂的抗静电效果首先取决于表面活性剂的表面活性。表面活性剂的表面活性与分子中亲水基种类、憎水基种类、分子的形状、相对分子质量及表面活性剂的亲水性等有关。当表面活性剂分子在相分界面上作定向吸附时,就会降低相界面的自由能。这种吸附作用,不仅与吸附剂的性质有关,而且还与溶剂和吸附物的性质有关。根据极性近似规则,当吸附剂为亲水时,表面活性剂分子的极性部分转向吸附剂表面,而碳氢链部分转向非极性或低极性的溶剂。而憎水吸附剂和极性溶剂的情况则相反。

作为抗静电剂使用时,还必须注意表面活性剂有降低材料强度的性能。当极性分子定向吸附层达到饱和吸附时,材料硬度降低最大。这种硬度降低作用可解释为:一是表面活性剂分子吸附层的形成,削弱了材料表面晶格、晶胞间的结合,因为极性分子的吸附,即与其表面晶胞相结合,从而消耗掉材料大分子间原先存在的部分结合力,使首先在表面易于形成裂缝,被破坏的表面层强度降低;二是当表面活性剂溶解在其周围有晶面的介质中时,表面活性剂分子会渗透到原先存在于材料晶面中各个脆弱的小缝隙中,并吸附在其表面内部,从而降低了物体溶胀时所需的功。

表面活性剂的抗静电效果通常用材料的面电阻率 ρ_s 或电荷泄漏半衰期 τ 或摩擦静电电位等物理量来衡量。经表面活性剂处理后,若材料的 $\rho_s \leqslant 10^9 \Omega$、$\tau < 0.5\ s$ 和摩擦静电电位低于 300 V 时,则属于非常好的抗静电剂;若 $\rho_s = 10^{10} \sim 10^{12}\ \Omega$、$\tau = 0.5 \sim 3\ s$ 和摩擦静电电位在 500 V 以下,则属于好的抗静电剂。当然,ρ_s、τ 及 V 之间的关系既与高聚物材料有关,也与抗静电剂种类、添加方法等有关,不能一概而论。

将有抗静电作用的表面活性剂采用喷洒(喷雾)、浸渍或涂敷等方法(纤维纺丝工序中则采用上油法)涂在织物或高聚物表面的方法称为外用抗静电法。其抗静电作用主要取决于抗静电剂在表面的电导率和吸湿性。离子型表面活性剂在水中可起离子导电(包括质子导电)作用,使摩擦产生的静电荷迅速泄漏。当抗静电剂的电荷与高聚物材料表面电荷符号相反时,则会产生电性中和作用。非离子型表面活性剂主要是由于亲水基的吸湿作用,即在高聚物表面形成连续的水膜,为空气中的二氧化碳和材料中存在的电解质杂质的溶解提供了场所,从而间接地提高表面电导率。

离子型表面活性剂的抗静电作用是基于它们在材料表面的取向能力和分子中极性基与空气中水的缔合能力。如抗静电剂的离解常数、离子迁移率与水分子的键合能力,在高聚物表面上的吸附量、排列情况等结构因素,以及溶液浓度、溶剂的介电常数、环境湿度、温度和无机盐类或其他添加料等,都会对离子型表面活性剂的抗静电作用产生影响。但许多实验证明,表面活性剂溶液本身电导率的高低,并不能表明它们抗静电效果的好坏。表面活性剂分子在高聚物表面上分子层的厚度、吸附层分子的取向及排列紧密程度,是决定表面活性剂抗静电作用的重要因素。

用非离子型表面活性剂来处理高聚物表面时,会由于取向吸附而形成介电屏蔽层,再吸附空气中水分以形成溶剂化物和氧化合物,从而达到摩擦时减少静电荷产生和泄漏静电荷的目的。为了增加润滑,减少摩擦时静电荷的产生,在纤维纺丝工序中均采用上油措施,给纤维表面涂上一层有吸湿性的油剂,它能吸收空气中水分而降低摩擦系数和增加纤维的表面导电性,从而达到抗静电的目的。这种油剂中常含有各种羟基化合物,或是一种含有三乙醇胺或少量乙二醇等非离子表面活性剂乳液。就环氧乙烷加成物来说,其憎水基的尺寸和化学本性及氧乙烯链的长度等对指定化学纤维的摩擦性能有很大影响。化学纤维经非离子表面活性剂处理后,表面活性剂分子大多垂直于纤维轴线进行定向吸附,纤维周围这种介质屏蔽层具有良好的抗静电作用。当抗静电剂分子具有极性或易被极化的亲水基及其憎水部分具有较长的脂肪链时,就能获得较强的抗静电作用。

2.1.5 静电的产生和利用

任何物体通常所具有的正负电荷是等量的,也就是说是电中性的。两个不同物体经摩擦、接触等机械作用,电荷就会通过接触界面移动,在一个物体上造成正电荷过剩,在另一个物体上则负电荷过剩,并在界面上形成双电荷层,而两物体之外的空间并不呈现静电现象。但当在此接触界面上施加任何机械作用而使两个物体分离,则在各个物体上分别产生静电,并在外部形成静电场。因此,静电是经过接触、电荷迁移、电荷层形成和电荷分离等过程而产生的。带电体的周围存在着电场。相对于观察者为静止的带电体所产生的电场,称为静电场。电场的强度用电场强度 E 来衡量。静电和静电场有三种重要的作用和物理现象,即力的作用、放电现象和静电感应现象。

2.1.5.1 力的作用

物体带上静电后,在其周围就形成静电场。位于静电场中的任何带电体都会受到电场所施加的力的作用。按库仑法则,此带电物体单位面积上的吸引或排斥力 $F(\text{N/m}^2)$ 为:

$$F = \frac{q^2}{2\varepsilon} = \varepsilon E^2$$

式中,q 为带电物体的表面电荷,C/m^2;E 为带电物体的表面电场强度,V/m。

按该公式计算,在每平方厘米上静电作用力仅为磁铁作用力的万分之一。因此,仅对毛发、纸片、尘埃、纤维、粉尘等非常轻的物体显示静电力学现象,而对重物则觉察不到。

2.1.5.2 放电现象

物体带电量 Q 与电位 V 的关系为:

$$V = \frac{Q}{C}$$

式中　C——带电体的静电电容,F,其计算公式为

$$C = \varepsilon C_0$$

其中 C_0——真空电容,F;

Q——物体带电量,C。

绝缘体的介电常数值很小,因此,当一绝缘体带上静电后,尽管所带的静电量不多,但电位却有数千伏,甚至达数万伏之高,特别在一些生产现场,有时静电电位可达数十万伏。例如,人在地毯上行走时,当人体带上 10^{-7} C 电荷时,人体的电容量为 50 pF,则人体的静电电位为:

$V = Q/C = 10^{-7} \text{C}/50 \text{ pF} = 10^{-7} \text{C}/(50 \times 10^{-12})\text{F}$
$= 2\ 000 \text{ V}$

当物体所带电荷在空间产生的电场强度超过介质的击穿电场强度时,便会出现发光、破裂声响等静电放电现象,如图 2.8 所示。这是静电场使带电体周围的气体发生电离的结果。这种气体击穿放电现象产生的反电荷离子流向带电体,使静电中和,正电荷离子流向接地体。这样放电现象一旦发生,就会发出青白色光和破裂声响,并因离子电流而辐射出一种频率约为

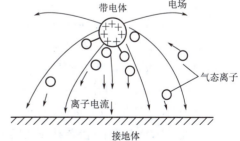

图 2.8　静电场击穿空气介质使气体分子电离化示意图

$10^5 \sim 10^6$ Hz 的电磁波并产生臭氧等。

静电放电按其发光形态大致可分为电晕放电、刷形放电、火花放电及能观察到沿带电物体表面发光的表面放电四类。电晕放电是电场分布不匀时,电场集中在带电体或接地体的一些突出部分发生的放电现象,属于微弱的尖端放电现象。刷形放电是电晕放电的一种,多数发生在不均匀电场中,特别当带电电荷较大而带电体和接地体形状较为平滑时容易发生刷形放电,它伴有比电晕放电更强的光和破裂声响。火花放电则是一种有最强烈的发光和发出破裂声响的放电,在带电体和接地体之间可看到线状的强光,在发光通路上,瞬时会发出数安培以上的峰值电流。当带电体和接地物体的形状较为平滑时,容易发生这种放电。当带电体所带静电量较大时,一般总是发生火花放电,它往往会成为引燃和引爆源。当绝缘体上带有大量静电时,在对空气发生放电的同时,还会沿着绝缘体表面发生放电,这种放电形式称为表面放电。通常带电体的电荷面密度超过 10 C/cm² 时,就可看到绝缘体表面上的表面放电现象。另外,当带电体的一侧有接地体,而另一侧又有接地体与之接近时,容易发生表面放电,由于它和火花放电一样,放电能量较大,故应引起重视。

2.1.5.3 静电感应现象

即使是完全不带电的导体,只要置于某带电体附近并与大地绝缘,也会出现吸附尘埃等力学现象和伴有发光等放电现象,这就称为静电感应现象。例如,某一与大地绝缘的导体 B,位于带电物体 A 附近,如图 2.9 所示,则 A 上的正电荷对导体 B 的负电荷的静电吸引和对正电荷的排斥,而使导体 B 表面上感应产生的正、负电荷分离。但整个导体 B 仍处于电荷平衡状态,总带电量为零。导体 B 的局部表面上,存在着过剩的正电荷或负电荷。因此,它会出现吸附尘埃和伴有发光等静电现象。表面感应电荷 Q 为:

$$Q = \iint \varepsilon_0 E dS$$

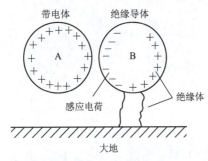

图 2.9 静电感应现象

式中,ε_0 为空气的介电常数,$\varepsilon = 8.854 \times 10^{-2}$ F/m;S 为受静电感应物体的表面积;E 为该表面的电场强度。

感应电荷虽然比带电体的总电荷小,但静电感应电位有时可达几千以至上万伏之高,不能忽视。特别是当被感应的物体是金属之类电阻小的物体时,往往会发生火花放电。

在日常生活和生产中,许多材料在使用过程中容易产生静电积累,造成吸尘、电击,甚至产生火花后导致爆炸等恶性事故。如在纺织工业中合成纤维的生产和加工,电子工业中各种静电敏感性元件的生产、运输、储藏,由于静电荷的积累往往会造成重大损失。化工、炼油业、采矿业及军事工业中,由各种非金属材料的应用而引起的静电积累所造成的危害也屡见不鲜,在美国塑料电子部件在储运过程中废品率达 50%,损失高达上亿美元。我国石化企业静电事故产生的损失高达百万元以上,所以静电的防治已经引起人们的普遍重视。然而,如果合理地利用这些静电力学作用和物理现象,则可根据静电原理制成多种产品,利用静电来造福人类。

2.1.5.4 静电的利用

静电的利用,最主要是利用静电的力学现象、放电现象、静电感应和静电能等。静电力学现象的利用是利用静电的异性相吸和同性相斥作用,最典型的例子是静电除尘,其基本原理是,首先使灰尘带电,再以静电场的力学作用使之吸附,以达到除去灰尘的目的。其特点是对几微米以至更小的微尘也能除去。静电吸尘器已广泛用于产生粉尘的工厂、易污染空气的地道、净化场所等。静电除尘器的除尘对象并不只限于灰尘、粉尘,也可用于消除烟雾、蒸汽雾等。此外,还有静电复印、静电照相和制版、静电粉末涂敷、静电涂漆、静电选矿、静电纺纱、静电植绒、静电非织造布等,都是利用静电力作用原理的一些应用。另外,静电分选也是力学现象应用之一,利用被分选物的静电力不同或带电极性不同而达到分选目的。可用于垃圾分离、分级和橡胶粉中异物的分选等。利用静电流化床或静电旋风而使煤分离的技术也已有应用。此外,利用静电同性相斥原理可以进行液体粒子雾化、粉体分散等。这方面的例子有液体静电喷雾(如农药静电喷雾)、粉体静电分散溶解及农药的喷洒等。还可利用静电来分离生物液体中的活细胞和死细胞等。静电植绒是利用静电力学性能的一个重要方面。它是集机、电、化学等学科的综合科技行业。经三十多年的发展,已经形成了制绒、植绒、后整理成套设备及机电一体化,拥有大型流水线的规模产业。静电植绒主要是一道中间工序,产生的是半成品。当前制造绒毛的原料大多是尼龙和粘胶纤维,这些纤维经特殊整理后,使一根纤维分离出许多根超细绒毛纤维,使之大大增加植绒密度、光泽及手感等。

由于静电能很小,所以绝缘体一带上静电就有很高的电位。利用这一特性而制成的静电发电机,可实现静电能与机械能的转换。其特点是体积小、质量轻、容易获得高电位,而且工作效率较高。因此可作为粒子加速器、绝缘试验及其他静电应用机械的电源。此外,诸如感应电动机、静电电动机、利用放电能的电晕电动机、静电泵、利用液体静电效应制成的静电流体发电机等,都以其质量轻、输出功率较大等优点而得到广泛应用。如将静电电动机与电磁发电机组合起来,可制成储能装置。利用静电能可推进火箭和控制火箭的姿势;在激光核聚变等反应器中,静电技术可用于反应器的充电、控制、转换和轰击负载上;在电子工业中,静电存储、静电换能、静电扬声、静电录像、静电记忆器等新技术,也发展较快。

2.1.6 导电和抗静电纳米复合材料的制备及应用

导电与抗静电纳米复合材料的应用面十分广泛,若从导电和抗静电产品来分,可分为导电和抗静电塑料、导电和抗静电橡胶、导电和抗静电纤维和织物、导电和抗静电薄膜及透明导电薄膜、导电和抗静电涂料及导电胶粘剂等。对航空、航天及军事、武器业来说,主要是利用复合型导电高分子材料制成的导电塑料、导电橡胶、导电薄膜、导电涂料、导电胶粘剂及用多种方法制成的导电或抗静电织物。因为这些高分子导电或抗静电材料具有高的电磁波屏蔽、吸波功能及防静电功能以及可制成功率大、体积小、质量轻的动力源和发热性能的器件。由于复合型高分子材料密度低,被广泛用于航空和军事领域。下面按导电和抗静电产品类型来分类,分别简述这些材料的制备方法和用途。

2.1.6.1 导电塑料的制备和应用

导电塑料由普通塑料经添加导电填充料、电镀或涂布导电涂料等和结构型高聚物经掺杂等方法来制备。其中占绝对优势的是掺和法。聚丙烯导电塑料的制法为:100份聚丙烯,将60%锡和40%锌组成合金并粉碎成合金粉末,250 ℃下在聚丙烯中掺和上述合金粉末,混合均匀,即制得导电聚丙烯。导电聚氯乙烯塑料的制法为:先用化学镀镍法,使云母微粒表面镀上一层镍层,然后将镀镍云母微粒填充料和一定量的聚氯乙烯树脂在130 ℃下用双辊机混合,制成导电性能良好的导电聚氯乙烯板材。导电工程塑料ABS制法有两种,一种是电镀法,另一种是在ABS树脂中加入金属纤维之类的导电填充料,经混合成型而制得ABS导电塑料制品。导电尼龙具有优异的性能,广泛用于工程塑料,采用高频电动切削生产的黄铜纤维作填充料,填充黄铜纤维的导电尼龙远塑料具有弹性模量大,热变形温度高的特性,其体积电阻率可达10^{-1} Ω·m以下,导热系数为普通尼龙的2倍,复合配方为100份尼龙树脂中复合体积分数12%的黄铜纤维,经测定表明,填充体积分数15%黄铜纤维的尼龙具有优良的导电性和可加工性,填充体积分数12%的黄铜纤维时,在常温下具有高导电性,但在80 ℃以上时,体积电阻率急速上升。导电聚对苯二甲酸丁二醇酯(PBT)可用碳纤维或金属纤维填充而成,将PBT树脂和碳纤维在120 ℃下干燥3 h以上,而后在100份PBT中加入10%~15%碳纤维高温混匀成型。填充导电纤维的导电塑料:用金属纤维填充的导电塑料具有良好的导电性,综合性能好,是一种很有发展前途的导电材料。碳纤维是一种高强度、高模量材料,且具有良好的导电性,当碳纤维含量为20%~30%时,该复合材料体积电阻率为10 Ω·cm。在碳纤维表面电镀镍和纯钢时,发现镀镍均匀且牢固,与树脂有良好的粘接性,镀金属的碳纤维导电性可提高50~100倍,将它与尼龙、聚乙烯、聚丙烯、聚甲醛等热塑性树脂复合,制成的复合导电塑料及抗电磁的屏蔽材料性能优异;将石墨层与金属盐互相交替而制成的一种混合碳纤维,其导电性高于镍6倍,可用这种复合导电塑料制造电动机线圈、需要高电磁屏蔽的材料及电力设备的高压线等。

复合型导电塑料的应用涉及电子工业、建筑工业及航空等。电子工业上,如制作印刷电路板、压敏元件、感温元件、电子仪器和电子器件的外壳、集成电路板、电磁波屏蔽材料及抗静电材料等。建筑工业上,利用复合塑料的导电性,可将电能转化为热能,用于住宅、工业及农业建筑物的取暖,其优点是加热均匀。此外,透明导电塑料板可用于车辆、船舶、飞机的挡风玻璃,可防止起雾结冰,保持其透明度以及寒冷地区输油管、屋顶和道路的防结冰等。此外,如聚苯硫醚用锡—锌合金作导电填充料制成的导电塑料是一种高温导电塑料。除以上应用外,还可作电镀金属的底材、医用仪表的元件等。金属箔导电屏蔽塑料主要用于电磁波屏蔽材料,如信息记录体(现金卡、交通卡、电话卡、医疗卡、信用卡)的袋、壳、箱体或集成电路以及搬运保护信息记录的壳体或箱体等。在碳纤维表面镀上一层镍和纯钢与尼龙、聚乙烯、聚丙烯、聚甲醛等热塑性树脂混合制成导电塑料及抗电磁波的屏蔽材料性能优异。将石墨层与金属盐相互交替制成的一种混合碳纤维,其导电性高于镍6倍,用它可制成电动机线圈、电子计算机防护电磁辐射用的外壳覆盖壳以及电力设备设施的高压线等。ABS 塑料表面镀铜、镍的导电塑料主要用于电子仪器产品、电子计算机、通信设备、医疗仪器的电磁波屏蔽。

2.1.6.2 抗静电塑料的制备和应用

通过提高高聚物表面电阻率或体积电阻率,使高聚物材料表面上的静电荷迅速放电,可防止静电的积聚。一般添加少量抗静电剂即可在其表面显示出抗静电效果,且树脂的原有力学性能损失较小。抗静电剂一般都是表面活性剂。由于表面活性有双亲结构,具有不断迁移到树脂表面的性质。迁移到树脂表面的抗静电剂分子,其亲油基与高聚物相结合,而亲水基则面向空气排列在高聚物表面,形成了肉眼看不到的"水膜层",提供了电荷向空气中传导的一层通路。同时,因水分的吸收,为离子型表面活性剂提供了电离的条件,从而达到防止和消除静电的目的。阳离子型抗静电剂的抗静电性能优良,但耐热性较差,而且对皮肤有害,因此一般用作外部涂敷。阴离子的耐热性和抗静电效果都比较好,但与树脂相容性较差,并且对产品的透明性有影响。非离子的相容性和耐热性能良好,对制品的物理—力学性能无不良影响,但用量相对较大。两性离子型的最大特点是既能与阳离子型抗静电剂配合使用,又能与阴离子型抗静电剂配合使用,抗静电效果类似于阳离子型,但耐热性能不如非离子型。

无论是外用(刷涂、喷涂或浸涂-暂时抗静电)还是内用(配料时加入树脂中,使其均匀地分散于整个高聚物中)抗静电剂,其作用机理都是:一是降低制品的面电阻率,增加导电性,加快电荷的漏泄;二是减少摩擦时静电荷的产生。许多亲水性高聚物由于其抗静电效能相对较好且稳定持久,又被称为永久性抗静电剂。它们在基体高分子中的分散程度和分散状态对基体树脂抗静电性能有显著影响。经大量研究结果表明,亲水性高聚物在特殊相溶剂存下,经较低的剪切力拉伸后,在基体高分子表面呈微细的筋状,即层状分散结构,而中心部分则接近球状分布。这种"蕊壳"结构中的亲水性高聚物的层状分散状态能有效地降低共混物表面电阻,并且具有永久抗静电性能。

采用抗静电剂来实现高分子材料抗静电化应用实例很多,主要有矿用塑料产品和家用电器塑料件。从抗静电剂的抗静电机理中的吸湿作用可知,环境湿度对抗静电效果的发挥有着很重要的作用。实验结果表明,当相对湿度从 40% 到 80% 时,材料的表面电阻率可以从 10^{12} Ω 变化到 10^8 Ω。矿井下一般都是高温、高湿环境,其相对湿度达 80% 以上。近年来,塑料制品在矿井中的应用越来越多,若不解决静电防护问题,会给矿井安全造成严重威胁。因此,当前煤矿中使用的运输带、导风筒、塑料网、塑料管、电话机、报警器等一些电子设备的外壳都必须使用抗静电剂或其他类型的导电塑料。此外,在煤矿井下工作的工人和其他人员都必须穿防静电工作服及用阻燃和抗静电的聚丙烯网来代替金属网等。塑料制品以其色泽鲜艳、可小型轻量化、生产效率高等优点在家用电器产品中获得了广泛的应用。随着人们生活水平的提高,对商品外观质量也提出新的要求。一般塑料制品却给人以易污染的印象,添加抗静电剂可以解决这个问题。使塑料制件表面吸附的灰尘减少,并且也易于擦洗。电话、挂钟、风扇、电视机、收录机等的外壳,均可采用添加抗静电剂的材料来制作。其他如纺织用的筒管、梭子等高速运转的塑料零件，运输集成电路板等异形材料的包装箱，易燃、易爆环境中使用的一些塑料零部件等，都可以根据实际使用要求，采用抗静电剂添加型的抗静电高分子材料来制造。

2.1.6.3 导电高分子薄膜的制备和应用

导电和抗静电膜型材料的应用不亚于塑料型，特别是在高分子材料的二次电池、电极材料、蓄电池等方面的应用超过导电塑料。导电性薄膜有透明性和不透明性两大类。高分子导电膜有单一导电薄膜和复合型导电薄膜，如金属与金属氧化物结合的多层薄膜，作为导电性薄膜的底层有聚酯、聚碳酸酯、聚丙烯、聚苯乙烯、聚酰胺（尼龙）、聚酰亚胺、聚氯乙烯、聚乙烯等。除采用通用的压延法生产导电薄膜外，结构共轭型高聚物掺杂法和真空镀膜法也常被用作制备导电薄膜。真空镀膜法在塑料薄膜表面形成导电膜的方法主要包括真空蒸镀和离子电镀等。真空蒸镀一般是在 $10^{-8} \sim 10^{-3}$ MPa 的真空中，加热金属到熔点以上，从而产生金属蒸汽，使金属蒸汽向冷的塑料薄膜表面扩散、凝聚，在表面上形成均匀的金属膜层而具有导电性。离子电镀就是在 $10^{-8} \sim 10^{-3}$ MPa 真空的发光放电雾气中，使金属原子离子化，基板带负电，经加速离子化后，在塑料薄膜表面涂上一层均匀的金属膜。这种镀金属膜的导电塑料薄膜，可广泛用于电器零件、集成电路、电子照相、抗静电材料、显示材料、电磁屏蔽材料、光记录材料等。

导电高聚物薄膜可在太阳能电池材料、电磁波屏蔽材料、电致变色材料等领域得到广泛应用。例如将 2,2'-联吡啶和 4,4'-联吡啶通过碳链与吡咯的氮原子相连构成单体，用电化学法在导电玻璃（二氧化锡）电极上形成导电高聚物膜，该高聚物膜表现出非常好的电显示性能，联吡啶盐的最大优点是它的灵敏度非常高，在 10^{-6} 浓度就有很强的颜色反应。利用掺杂导电高聚物膜有高的电导率，可在抗静电材料方面有广泛的应用。导电高聚物膜还在分析、催化和化学敏感器的制作方面得到了应用。

2.1.6.4 导电和抗静电纤维的制备和应用

聚合物纤维种类繁多，由于其价格低廉、质地轻等优点在生活和生产中被广泛应用。然而，聚合物纤维在加工和使用过程中与其他材料接触或摩擦而产生静电是不可避免的。制备抗静电性能优异的聚合物纤维成为备受关注的课题。现有的导电和抗静电纤维的主要有两类：(1)非永久性抗静电纤维；(2)永久性导电和抗静电纤维。

采用导电材料表面涂覆技术实现抗静电的效果是最先实现工业化的抗静电纤维技术。例如，东洋纺在经过表面改性后的聚酯纤维表面涂覆一层金属三氧化二铟，然后与聚酯纤维制成混纺纤维，其具有优良的抗静电效果；帝人公司将聚酯纤维放入含有特定的表面活性剂的溶液中，进行高温热处理后，可以制备具有优良抗静电性能的聚酯纤维。

添加长链烷烃的两亲性抗静电剂，使用共混纺丝的技术制备抗静电纤维是工业上较为普遍的方法之一。两亲性物质在聚合物纤维吸附水膜，实现聚合物纤维的抗静电效果。在20世纪60年代，杜邦公司和东丽公司采用聚乙二醇等高分子抗静电剂，成功地将共混型抗静电聚合物纤维工业化。后来随着技术的不断发展，陆续开发出聚醚酯、磺酸盐类有机高分子抗静电剂。

上述两种方法制备抗静电纤维都属于非永久抗静电纤维。虽然该纤维具有优秀的抗静电效果以及良好的可染色性能,但是存在抗静电效果受环境湿度影响大、抗静电性耐洗涤性能差、制造过程复杂等缺点,大大限制了其工业化应用。

采用填充无机、金属或金属氧化物等导电填料制备聚合物和导电颗粒复合纤维。该纤维具有持久抗静电性和优良的抗静电效果,因此成为工业上制备导电和抗静电复合纤维最为普遍的方法。在现有技术中,在聚合物中填充导电颗粒制备得到的导电和抗静电聚合物复合纤维是具有重要用途的高附加值功能性纤维。其中导电颗粒主要为高电导率的纳米碳材料和纳米金属氧化物。

填充纳米金属氧化物的聚合物纤维由于具有可染性的优势,受到了广泛的关注。其中纳米金属氧化物主要种类有二氧化锡(SnO_2)、三氧化二铟(In_2O_3)、氧化锌(ZnO)和二氧化钛(TiO_2)等。金属氧化物普遍属于半导体,电导率较低。为了进一步提高填料的电导率,科学家用纳米金属颗粒对传统的金属氧化物进行掺杂得到纳米级的 Sb 掺杂 SnO_2 和 In_2O_3。采用纳米金属氧化物的复合纤维具有可染色、持久的抗静电性等优点,但因金属氧化物密度大、价格昂贵等问题很难得到大规模的生产应用。

填充炭黑、碳纳米管等纳米碳材料的聚合物基纳米复合纤维,具有抗静电性好、填料价格低廉、加工方便等优点,受到广泛的关注。LI C 采用碳纳米管或炭黑和有机抗静电剂复合填充聚丙烯纤维制备得到良好抗静电性能的复合纤维,并且进一步研究发现,采用碳纳米管作为填料具有更好的抗静电效果[25]。然而纤维拉伸工艺导致导电填料间距增大、导电网络破坏,从而造成填料填充量高,纤维力学性能差,纤维颜色深不利于染色等问题。

为了解决上述问题,有研究者想出各种方法降低复合纤维中导电填料的用量。皮芯复合纺丝技术是最先被应用的方法。该复合纤维是由含有炭黑的聚酰胺导电芯层和聚酯保护层组成,其微观结构如图 2.10 所示。其中含有炭黑的聚酰胺芯层负责提供抗静电功能,而聚酯层为脆弱的芯层提供保护赋予复合纤维优良的力学性能。该技术在保证抗静电性能的前提下,通过最大限度地降低芯层所占比例,最终在复合材料中显著降低导电填料含量。因此,为保持复合纤维抗静电性的同时最大限度地降低芯层所占比例,研究者设计多种不同微观结构的皮芯结构复合纤维。虽然皮芯复合纤维技术解决了复合纤维力学性能差的缺点,但是制备工艺复杂,需要特殊设计的流道分配板和纺丝喷丝头(图 2.11)才能制备复合纤维。因此,该技术大规模推广十分困难。

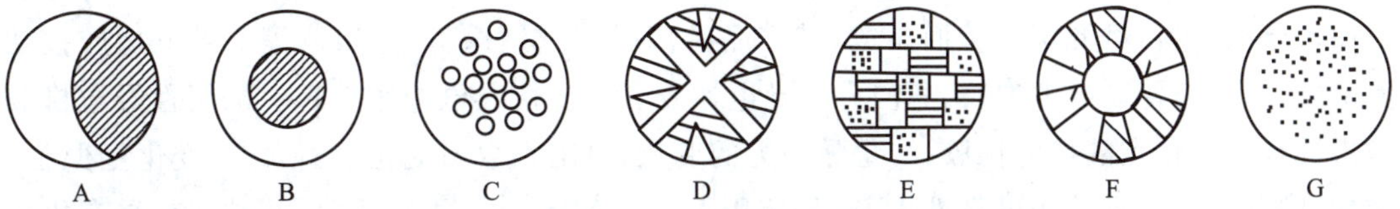

A　　　　B　　　　C　　　　D　　　　E　　　　F　　　　G

图 2.10　不同微观结构的皮芯结构复合纤维示意图

科研人员采用导电填料在二元聚合物中选择性分散降低导电和抗静电复合纤维中导电填料的含量。HOOSHMAND S 采用聚丙烯/碳纳米管导电母料制备了聚酰胺/聚丙烯/碳纳米管复合纤维。由于碳纳米管与聚丙烯制备成导电母料后,受到动力学的限制,碳纳米管分布于聚丙烯分散相中[26]。通过进一步加入少量的相溶剂,降低聚丙烯分散相粒径,从而显著提高复合纤维的力学和电学性能。DENG H 等采用如图 2.12 所示的原位微纤化方法在聚乙烯/聚丙烯/碳纳米管复合纤维中,原位制备聚丙烯/碳纳米管导电纤维[27,28]。通过退火处理方法,恢复由于拉伸过程破坏的导电网络,从而制备高电导率聚合物纤维。虽然采用二元聚合物制备的抗静电纤维导电填料含量低,但是该技术聚合物适用面窄、制备工艺有严格的限制;现在还处于实验室研究阶段。

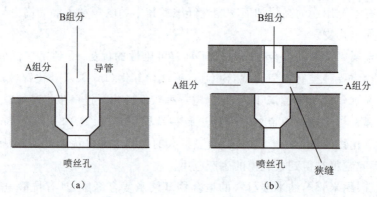

图 2.11　皮芯结构喷丝孔结构示意图

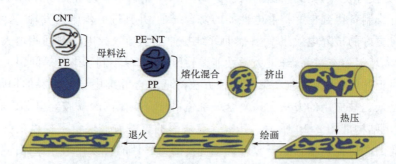

图 2.12　原位微纤化方法原位制备聚丙烯/碳纳米管导电纤维的过程示意图[27]

2.1.6.5　导电橡胶的制备和应用

导电橡胶是经复合、共混等多种方法制成具有优良导电性的新型高分子材料。导电橡胶现在已经成为现阶段不可缺少的材料。集成电路工厂中,在从其制造到包装出厂过程中,导电橡胶以各种形式用于防止静电积聚的破坏。导电橡胶是通过在通用橡胶中或特种橡胶中加入导电填料,经混炼加工而制成,其产品有薄膜、片材、棒材、泡沫体等。导电橡胶按功能来分,可分为普通导电橡胶、各向异性导电橡胶和加压性导电橡胶三种。加压性导电橡胶是指具有以下特点的导电橡胶:一是随压力的变化,电阻率数值变化相当大,即变化至少在 3 个数量级以上;二是动作可靠性大;三是使用上自由度大。一种加压性导电橡胶,是有机硅橡胶与球形金属粒子复合而成的,简称 PCR,其金属粒子的体积分数为 25%～35%,可以通过调节形态来实现任意特征。感应型导电橡胶,是以特种导电炭黑为导电原料的导电橡胶,其中一种是电阻率随应变的增加而逐渐下降,被称为电阻连续变化型导电橡胶;另一种是发生应变时,其变形部位由绝缘状态突变成导电状态,这是两种电阻变化型导电橡胶。导电橡胶主要用作防静电材料和液晶显示材料,还用作电子仪表、机器人和防爆开关、感压敏感元件和电加热元件等。

导电硅橡胶是把导电性物质分散在绝缘的有机硅高聚物(一般称生胶)中而具备导电性。导电性物质有诸如炭黑与石墨、碳纤维等π电子输运型。金、银、铜、镍、锌、硅等金属及其氧化物、碳化物或合金及金属纤维,还有经金属化处理过的无机粉末或无机纤维等自由电子输运型等。随着所使用的导电填料种类、加入量和加工方法等的不同,可以得到电阻率在 $10^{-3} \sim 10^{10}$ Ω·cm 范围内的导电硅橡胶。

2.1.6.6 抗静电橡胶的制备和应用

静电荷不仅仅具有不良的生理作用(从轻微的针刺感到敏锐的电击振麻感),而且会破坏纺织、印刷、电子和其他工业部门的一系列生产过程。此外,在有易爆物蒸气和尘埃场合下也可能成为着火源和引爆源。消除静电对化学工业、生产和使用橡胶制品以及塑料的行业,半导体制品工业等有重要的意义。高聚物材料在起电过程中有两重作用:一方面,制品带有静电荷的表面是可能产生火花放电的根源;另一方面,高聚物将导体与地面隔离,从而有助于在导体上积累静电荷。采用导电高聚物材料制造产品是防护静电的最合理方法。

对于抗静电橡胶来说,基体高聚物的选择也很重要,即便是绝缘体的硫化胶,如果选用丁腈橡胶、氯丁橡胶等大分子内含极性基的高聚物作为基体材料,其电阻值也比较低,有利于获得高电导率。但是,对于导电橡胶制品,除了要求它具有电性能外,还要求它具有耐热、耐气候、耐寒、耐油、耐化学品、耐磨耗等硫化胶所具备的基本性能,因此,应选择具有上述性能和加工性能最适宜的基体高聚物。具有半导体型的基体材料,如四氰基对醌二甲烷、聚乙炔等树脂的导电高聚物正处在大量生产和实用化中,但同时具有橡胶弹性和导电功能的弹性体尚未研究开发出来。对于由稍具弹性的离子键型高聚物与四氰基对醌二甲烷组合制造导电弹性体的研究虽然有过报道,但距实用化还较远。当前,聚烯烃用于生产抗静电的胶板和胶管,氟塑料和聚酰亚胺用于制造抗静电耐热电缆护套和垫片,聚氯乙烯和聚乙烯醋酸酯则用于电缆以及制造抗静电的胶板和胶管。环氧树脂和聚丙烯腈可用于制备抗静电的涂层、胶液和密封剂。硅橡胶及其他弹性体则用于生产抗静电的垫片。聚氨酯用于制造抗静电的胶辊、轮胎、胶管、压力和张力传感器以及包括输油胶管在内的抗静电胶管,电动保险器等则由丁基橡胶制造。

2.2 电磁屏蔽纳米复合材料

海湾战争中,美国为首的多国军队重创了伊拉克,取得决定性胜利,而自身损失很小。此次战争后,隐身技术引起各国重视,引发了各国研究隐形战机的热潮,不论是隐身飞机,还是隐身战车、船只、核潜艇,隐身材料都显示出无穷的威力。将电磁波吸收材料做成油漆或涂料涂覆在军事设备上,使入射的电磁波因介电损耗,将其能量转化成热能,减小电磁波反射率,从而降低设备被发现的概率,极大地提高了自身的生存能力。电磁屏蔽材料,在军事领域具有巨大的应用潜力。

当代电子信息技术的发展和电子产品(如智能手机、电脑等产品)的普及,在满足人们生活需要的同时,使得电磁波在人们日常生活中广泛存在。电磁波辐射会造成电磁污染、电磁干扰、泄密等棘手问题,对人类的生活环境产生了较大的影响,妨碍了电子信息工业稳定发展。发展电磁屏蔽材料,有效利用电磁波,对提高我国军事实力,彰显我国国力,提升国民信心,提高人民生活水平,提供重要保障。随着科技发展,对电磁屏蔽材料的发展提出了新的要求,电磁屏蔽材料的研究方向朝着宽频带、低密度、高吸收发展。纳米材料的兴起,引起了新型电磁屏蔽材料的研究热潮。由于纳米材料特有的表面效应、小尺寸效应、量子尺寸效应和宏观量子隧道效应,对材料的电导率、反射损耗、阻抗匹配都产生很大的影响。而纳米材料不论在军事领域,还是在民用领域,都还未广泛地应用,因此具有巨大的研究价值。

2.2.1 电磁屏蔽材料及电磁参数

电磁干扰屏蔽材料(简称 EMI 屏蔽材料)是指具有大量的移动电荷载体和偶极子使其可以与电场和磁场相互作用,从而通过表面反射和内部吸收有效地减少电磁波传播的一种功能性材料。EMI 屏蔽材料可以通过电损耗及磁损耗衰减削弱电磁波。一般通过电损耗对电磁波进行衰减的复合材料具有比较好的导电性,损耗机制以电导损耗为主,并伴有谐振损耗与松弛极化损耗。通过磁损耗达到削弱电磁波目的的复合材料的主要损耗机制则由涡流、磁滞、自然共振等共同构成。

EMI 屏蔽材料的电磁参数是描写材料在电磁场中发生的分子运动与能量变化的特征参数,同时也可以通过电磁参数讨论材料对电磁波是何种损耗机制。当材料置于电磁场中时,足够的电磁场力能够使材料内部被束缚的电子有足够的能量发生运动,从而改变电子在材料内部的分布,这时称材料发生了极化,并用介电常数 ε_r 来描述发生电极化的程度;而分子磁矩在电磁场中也会在电磁力的作用下发生转动,从而引起材料的磁化,这时用磁导率 μ_r 来描述发生磁化的程度。

在外界电场的作用下,相对介电常数 ε_r 是综合描述材料极化过程的一个宏观物理量,它是频率 ω 的函数 $\varepsilon(\omega)$。真空介电常数 $\varepsilon_0 \approx 8.85 \times 10^{-12}$ F/m。均匀材料的线性介电常数通常相对于真空的线性介电常数给出,作为相对介电常数 $\varepsilon_r = \varepsilon/\varepsilon_0$。当 ε_r 大于 1 时,这些物质通常称为电介质材料或电介质。介质的极化一共有三个基本的过程:(1)原子核外电子云的畸变极化;(2)分子中正、负离子的相对位移极化;(3)分子固有电距的转向极化。在低频时(如 1 kHz),介质的极化由三种过程共同构成。但是,当外界电场的频率逐渐增加时,外界电场的变化将逐渐高于材料内部分子固有电距的转向极化,它们之间存在了一个差值。这时,介电常数采取复数形式:

$$\varepsilon = \varepsilon' - j\varepsilon''$$

其中,实部代表电介质在外电场作用下发生的极化程度;虚部代表介质损耗。

材料的磁导率 μ 是磁感应强度(B)和磁场强度之间的比例常数(H),就是说,$B = \mu H$。在真空中,这个常数为 $\mu_0 = 1.257 \times 10^{-6}$ H/m。材料的相对磁导率定义为 $\mu_r = \mu/\mu_0$。将

$\mu_r<1$ 的材料称为反磁性材料；当 $1<\mu_r<10$ 时，则为顺磁性材料；当 $\mu_r>10$ 时，材料就是铁磁性材料。一些材料的磁导率随着温度、强度和施加磁场频率的变化而变化。与介电常数相似，高频下磁导率同样以复数形式存在：

$$\mu = \mu' - j\mu''$$

式中，实部代表磁介质在磁场作用下对能量的储存；虚部代表能量的损耗。

一般来说，EMI 屏蔽材料的电磁性质都利用电磁参数 ε 和 μ 来表征。通过这两个参数可以得到 EMI 屏蔽材料对电磁波衰减的机制，即储存或损耗。除了 ε 和 μ 之外，通常也采用说明同一性质的其他参数，其中一个参数就是材料的损耗角正切，也就是

$$\tan \varepsilon = \varepsilon''/\varepsilon'$$
$$\tan \mu = \mu''/\mu'$$

$\tan \varepsilon$ 称为介电损耗因子，$\tan \mu$ 称为磁损耗因子，它们是 ε' 与 ε''，μ' 与 μ'' 之间关系的集中反映，反映了材料的电磁能量转化为热能的比例。通常情况下，$\tan \varepsilon$ 与 $\tan \mu$ 越大说明材料对电磁波的损耗越大。

2.2.2 电磁屏蔽材料的屏蔽效能

电磁屏蔽材料制成的电磁屏蔽体主要通过以下三个步骤起作用(图 2.13)：第一，空气与电磁屏蔽材料的阻抗不一致，在两者结合的界面上由于阻抗的不连续性导致电磁波在材料表面发生反射，从而减少了进入屏蔽体内的电磁波；第二，进入屏蔽体内部的电磁波在屏蔽体内部传播的过程中能够被吸收从而衰减；第三，未被吸收的电磁波继续在屏蔽体内传播，当剩余的电磁波达到电磁屏蔽体的出射边缘时，由于阻抗的不连续性可再次被反射回屏蔽体内部。如此，电磁波在两个界面之间多次

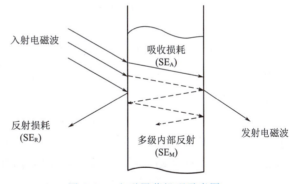

图 2.13 电磁屏蔽机理示意图

反射、吸收直到在屏蔽体内部完全衰减，电磁波无法穿透屏蔽体从而使在屏蔽体保护下的电子器件不受干扰。

我们经常通过计算 EMI 屏蔽材料的屏蔽效能(SE)来表征其对电磁波的屏蔽效果，单位为分贝(dB)。材料的总屏蔽效能(SE_T)一般由三部分组成，分别是反射效能(SE_R)吸收效能(SE_A)以及内部多重反射及散射效能(SE_M)。

材料的总屏蔽效能是反射、吸收和内部多次散射与反射的总和，可以表示为：

$$SE_T = SE_R + SE_A + SE_M$$

通常当 SE_T 大于 15 dB 时，SE_M 就可以忽略，此时，

$$SE_T = SE_R + SE_A$$

另外有吸收系数 A、反射系数 R 和透射系数 T：

$$A = P_{abs}/P_{in}$$
$$R = P_{ref}/P_{in}$$
$$T = P_{out}/P_{in}$$

并且它们之间有如下的关系：$A+R+T=1$。

其中，P_{in}、P_{abs}、P_{ref}和P_{out}分别是入射、吸收、反射、输出电磁波的功率。

传统的电磁屏蔽材料包括金属以及金属复合材料，通常具有高的导电性和介电常数。最常用的电磁屏蔽金属材料是一种高渗透性的合金，其包含铁、铜、铬、和镍等金属。然而这些材料由于密度高、质量大、韧性差、耐腐蚀性差、成本高昂、加工不易以及基于反射的电磁屏蔽机制，限制了其在EMI吸收占主导地位的应用中（如隐形技术）的使用等，使得这些材料在电磁屏蔽应用领域受到了限制。近年来，随着新型导电材料的不断发展，碳基纳米复合材料（石墨烯、碳纳米管、碳纤维等）、导电聚合物基纳米复合材料（聚苯胺、聚吡咯等）以及金属基纳米复合材料引起人们广泛的关注，为电磁屏蔽材料的研发提供了新的思路。

当前研究和应用较多的一般是成本低廉、成型加工方便的电磁屏蔽复合材料，但电磁屏蔽复合材料尚存很多问题需要解决。例如，对导电涂料，需要提高其在树脂中的分散性、防沉降性能以及机体间的附着性等；对填充型电磁屏蔽复合材料，则需提高其环境友好性和可生物降解性。从当前的发展态势来看，未来电磁屏蔽材料的发展趋势主要有以下几个方面：

（1）复合型电磁屏蔽材料仍是未来研究的重点。开发研制网络结构型的填充形态，降低材料的比重和填充阈值，改善屏蔽体材料内部结构，进一步完善、提高复合成型工艺，使电磁波屏蔽材料向多层、多功能以及宽、薄、强、轻方向发展。

（2）材料内部组织的优化，如电磁屏蔽剂的复合化、纳米化。可以通过复合不同性能的材料来增强材料对电磁波的吸收屏蔽能力，拓宽材料对多频电磁波的屏蔽范围通过纳米技术使材料内部的晶粒细化到纳米级别，从材料内部组织进行优化。

（3）功能与结构相结合的智能型屏蔽材料必将是当代屏蔽材料的发展方向之一。我们可以使其能够自动对外界作出最佳的响应，材料的综合性能也相应地得到提高，使屏蔽材料既能屏蔽电磁波，也能作为承重的结构材料。

（4）建立数学模型。研究纳米材料、非晶材料等新型屏蔽材料与电磁波的交互作用效果和机制，对不同类型电磁屏蔽材料的工作原理进行模拟，建立数学模型，着重发展高吸收型电磁屏蔽材料。

2.2.3 碳基纳米复合材料在电磁屏蔽领域的应用

碳系填料主要包括炭黑（CB）、碳纳米管（CNT）、碳纤维（CF）以及石墨烯等材料。碳系填料因其质轻、比表面积大、同素异形体多、力学性能好等性质引起了人们广泛关注，而碳系填料在导热、导电及电磁屏蔽上的优异表现也使它成了填充聚合物制备碳系导电导热及电磁屏蔽复合材料的重要填料。

2.2.3.1 炭黑基纳米复合材料在电磁屏蔽领域的应用

炭黑(CB)是一种无定形碳纳米材料,由碳原子组成六元环类似石墨结构,3~5 层石墨结构无序排列在一起组成一个 CB 微晶,也可称为 CB 粒子。CB 粒子比表面积比较大,纳米级粒径可达到 5 nm,但在 CB 中碳粒子不是孤立存在,而是多个粒子穿插形成链状结构。CB 颗粒在自然界中的来源非常广泛,价格也非常低廉,具有优良的着色补强作用,是最早在填充型复合材料中应用的导电填料。但是,利用 CB 要想达到预期的导电效果,逾渗阈值比较高,即需要很大的填充量,这样就使材料的加工难度加大,容易损坏材料的力学性能。

WANG Y 等研究了含有不同质量分数 CB 的 CB-丙烯腈丁二烯苯乙烯(ABS)纳米复合材料的 EMI SE[29]。当复合材料中 CB 的质量分数达到 35%时,其电导率为 $9.7×10^3$ S/cm,在 0.2~1.6 GHz 的 SE 达到 6 dB。CB 为复合材料提供电导率以及屏蔽效率,而 ABS 提供良好的机械稳定性及强度。DINESH P G 等研究了纳米填料[CB 和多壁碳纳米管(MWCNT)]对聚乙烯(PE)/PP 纳米复合材料的电导率和 EMI SE 的影响[30]。他们采用熔融复合法制备了 CB/MWCNT/高密度聚乙烯(HDPE)、CB/PANI 涂层的 MWNCT/HDPE 和 CB/MWCNT/PP 纳米复合材料,不同浓度的 CB 和 MWCNT、纳米复合材料分别命名为 S、H 和 P。在 6.5~10.5 GHz 频率范围内测量 CB 质量分数为 20%及 MWCNT 质量分数为 0.25%~1%的不同含量的纳米复合材料 EMI SE。结果表明,在复合材料中含有质量分数为 1%的 MWCNT 和质量分数为 20%的 CB 下,S、H 和 P 样品在 6.8 GHz 下具有最高 EMI SE,分别为 27.26 dB、27.63 dB 和 29.27 dB。IMJ S 等将氟化的 CB 引入聚丙烯腈(PAN)衍生的 CF 中,其显示出高的电导率(38 S/cm)以及优异的 SE(50 dB)[31]。

2.2.3.2 碳纤维基纳米复合材料在电磁屏蔽领域的应用

CF 是一种将有机纤维等物质,经过碳化或石墨化等处理后得到的碳含量 95%以上的新一代高强度材料。1978 年,Thomas Edision 把棉花(之后是竹子)转化成碳来制备灯丝,是天然物制备 CF 的最早记录。以人造丝纺织品制备的 CF 在 19 世纪 60 年代被用于制备导弹,19 世纪 70 年代,由于聚丙烯腈(PAN)的发展,CF 的制备成本更加低廉,工艺更加简单,以 PAN 纤维为前驱体制备 CF 仍然是当前最重要的途径。CF 主要用于制备增强复合材料,可以制备成碳碳复合材料、碳纤维增强材料和碳纤维增强水泥等。CF 在所有增强纤维中,比模量和比强度是最强的,在室温条件下,CF 不受压力腐蚀或者压力破坏的影响,玻璃和其他有机聚合物纤维则相反;在高温条件下,CF 的强度和模量更加优异。因此,CF 可以应用于对强度、刚度、轻质、抗疲劳要求都非常严苛的领域中,并可以在耐高温、耐腐蚀和阻尼减振领域得到充分应用。除了力学性能外,CF 具有良好的导电、导热和电磁屏蔽性能,具有低的线性膨胀系数,因此这十几年来一直是导电、导热、电磁屏蔽材料方面的一个研究热点。

JOSEG 等研究了 CF 质量分数分别为 0、5%、10%和 15%时,CF/PP 纳米复合材料在 8~12 GHz 频率范围内的 EMI SE[32]。在 CF 质量分数为 15%下,CF/PP 复合材料在 1.22 GHz 下 EMI SE 为 17.97 dB。J WU 等研究了活化的 CF/环氧树脂复合材料在 1~1.5 GHz 频率范围内显示出 39 dB 的 EMI SE[33]。RAMADIN Y 等研究了 CF/层压环氧复合材料的电学性能[34]。他们还将 EM 损耗估计为频率和样品间距的函数,其中该复合材料在 9 GHz 以及 30 mm 样品间距下实现最大的 EMI SE,达到 62 dB。LUO 等报道,与具有不连续 CF 的复合材料相比,具有连续 CF 作为填料的复合材料具有显著提高的 SE。对于连续 CF/环氧树脂基复合材料,EMI SE 在 0.3 MHz~1.5 GHz 时达到 124 dB,与不连续 CF/环氧基复合材料相比,具有更高的导电性、反射性和有效性。YANG Y 等研究了 CNF/CNT/PS 复合材料的 EMI SE[35]。当复合材料中含有质量分数为 10% 的 CNF 和 1% 的 CNT 时,其在 K_u 波段频率范围内显示出 20 dB 的 EMI SE。

2.2.3.3 碳纳米管基纳米复合材料在电磁屏蔽领域的应用

CNT 最早是由日本科学家 Iijima 在电弧设备下观察球状碳分子生长过程时发现的,具有新型的碳结构,它的发现是继 C_{60} 被发现后的又一碳的同素异形体,是世界科学发展的重要里程碑。IIJIMA 合成的这种新的碳结构,由一些柱状的碳管同轴相套构成,直径在 1~50 nm 之间,长度可以达到微米级别。而构成这组碳管的单个碳管,管壁本身完全由碳原子构成的六元环组成,网状管壁经过 360°卷曲成为无缝空管结构,单个管直径可以达到纳米尺寸,多个碳管套构而成的称为多壁碳纳米管(MWCNT),单个碳管为单壁碳纳米管(SWCNT)。因为管状碳材料的独特的结构赋予 CNT 优异的导电和导热性能,近年来它引起了科学界和工业界的兴趣。聚合物/CNT 的结构性能关系有很多影响因素:聚合物基体和 CNT 的相互作用、CNT 分散状况、剥离和取向、CNT 的直径、种类和形态、CNT 的含量。许多研究致力于聚合物/CNT 复合材料,研究了力学性能、导电性能、光学性能、分散性和加工性能。CNT 在各个领域涉及面之广,可见 CNT 在填充聚合物复合材料中的重要地位。

Joseph 等报道了含有质量分数 8% 的 SWCNT 的 SWCNT/丁基橡胶(BR)复合材料在 X 波段和 K_u 波段频率范围内的 EMI SE 为 9~13 dB,适用于柔性的 EMI 屏蔽应用[35]。在添加 8% 质量分数的 SWCNT 后,复合材料的电导率从原始 BR 的 10^{-12} S/m 增加到了 6×10^{-5} S/m,制备的 SWCNT/BR 复合材料在 1 000% 的拉伸应变下,仍具有优异回弹性能。

基于制备的形状记忆聚合物(SMP)的复合材料具有诸如易回弹性、重量轻以及可塑性等优势。ZHANG C S 等制备了具有不同 MWCNT 负载量的 MWCNT/PU 复合材料用于电子设备[36]。其中 MWCNT 质量分数为 6.7%、厚度为 3 mm 的 MWCNT/PU 复合材料,在 K 波段(8~26.5 GHz)的 EMI SE 为 35 dB,Q 波段(33~50 GHz)为 52 dB,V 波段(50~75 GHz)为 60 dB。从研究中可以发现,随着频率的增加,MWCNT/PU 复合材料具有更高的 EMI SE。在相同频率条件下对 0.5 mm 厚的 MWCNT/PU 复合材料进行 EMI SE 测试,发现 3 mm 厚度的复合薄膜显示出比 0.5 mm 厚的 MWCNT/PU 复合薄膜更高的 EMI SE。HOANG A S 通过机器混合技术制备了 MWCNT 填充的 PU 复合薄膜等[37]。在 MWCNT 质量分数为 20% 情况下,该复合膜的电导率达到 10 S/m。在 MWCNT 质量分数为 25% 情况下,MWCNT/PU 复合薄膜具有 100 mm 的厚度,表现出最大 EMI SE 为 25 dB,其阻挡了 99.69% 的入射电磁波信号,这表明 MWCNT/PU 复合材料可用作建筑领域的屏蔽材料(特别是在 X 波段频率范围内)。AL-SALEH M H 等通过湿法混合工艺制备 MWCNT/超高分子量 PE(UHMWPE)复合材料,用于 EMI 屏蔽应用[38]。随着 MWCNT 含量增加,观察到复合材料的 EMI SE 增加。在 MWCNT 质量分数为 10%情况下，1 mm 厚的 MWCNT/UHMWPE 复合材料在 8～12 GHz 频率范围内具有 50 dB 的 EMI SE。KUMAR G S 等通过熔融混合法制备 MWCNT/PVDF 复合材料，用于 1～18 GHz 频率范围的 EMI 屏蔽应用[39]。对于 0.3 mm 厚的复合薄膜，含有质量分数为 0.5%酸处理或功能化的 MWCNT (f-MWCNT)的 f-MWCNT-PVDF 复合材料在 L 波段(1～2 GHz)、S 波段(2～4 GHz)、C 波段(4～5.8 GHz)、J 波段(5.8～8 GHz)、X 波段(8～12 GHz)下的 EMI SE 分别为 98 dB、45 dB、26 dB、19 dB 和 47 dB。含有质量分数为 4%非官能化的 MWCNT(uf-MWCNT)的 0.3 mm 厚的 uf-MWCNT/PVDF 复合薄膜在 L 波段、S 波段、C 波段、J 波段、X 波段下显示出 110 dB、45 dB、30 dB、26 dB、和 58 dB 的 EMI SE。吸收损耗是屏蔽的主要机制，表明该复合材料适用于雷达和无线电探测器等领域。YUEN S M 等通过原位法制备 MWCNT/聚(甲基丙烯酸甲酯)(PMMA)复合材料[40]。他们堆叠了 10 层 MWCNT/PMMA 复合材料，每层厚度为 0.1 mm，发现它们的屏蔽性能优于 1 mm 厚的单层 MWCNT/PMMA 复合材料，该复合材料的最大 EMI SE 为 58.73 dB。

CNT 海绵可作为高性能和机械强度 EMI 屏蔽应用的最佳填充物。CHEN Y 等将三维 CNT 海绵结合到环氧树脂中，其中厚度为 2 mm 的复合材料电导率为 148 S/m，在 X 波段下表现出 33 dB 的 EMI SE[41]。发泡是获得低密度 EMI 屏蔽材料的最有效的技术之一，不仅使材料易于加工，还提高了它们的整体屏蔽性能。YANG Y 等制备了低密度 CNT/PS 复合泡沫塑料，其显示在质量分数为 7%的 CNT 负载下 EMI SE 为 19 dB[42]。KUANG T 等制备了含有 MWCNT/可生物降解的聚(L-乳酸)(PLLA)纳米复合泡沫[43]。MWCNT 质量分数为 10%的 MWCNT/PLLA 纳米复合泡沫显示出优异的性能，其密度低至 0.3 g/cm³，厚度为 2.5 mm，具有 54 MPa/(g·cm⁻³)的高抗压强度，3.4 S/m 的高电导率，并且在 X 波段下具有 23 dB 的良好 EMI SE。这表明 MWCNT/PLLA 纳米复合泡沫在电子、封装和汽车领域等迫切需求高性能 EMI 屏蔽应用中的巨大潜力。

将无机纳米粒子引入碳纳米管(CNT)纸中可以为制造具有不同功能的 CNT 纸提供有效路径，但是这将降低 CNT 纸的机械性能。Byungkwon 等通过简单有效的真空过滤 CNT、$CoFe_2O_4$ 纳米颗粒和聚乙烯醇(PVA)悬浮液过程制备了高机械强度的磁性 CNT 纸，在 EMI 屏蔽和磁力机械驱动表现出巨大的应用潜力[44]。PVA 在提高 CNT 纸的机械强度方面起着关键作用。含有质量分数为 73% $CoFe_2O_4$ 纳米颗粒的磁性 CNT 纸显示出高机械性能，杨氏模量为 3.2 GPa，拉伸强度为 30.0 MPa。这种磁性 CNT 纸在 0.5～1.0 GHz 范围内具有约 30 dB(99.9%)的 SE。

2.2.3.4 石墨烯基纳米复合材料在电磁屏蔽领域的应用

石墨是由碳原子构成的六元环排列成的平面网状结构，网面层层叠加而成的一种层状结构材料。在环境气温和气压下，各种碳系材料中，石墨的碳原子具有最低的能量状态。石墨晶格由许多平行的二维石墨烯片(碳原子构成的单层蜂窝孔状晶格片层为一个石墨烯片)和 sp^2 杂化的碳原子紧密的结合，使石墨成为堆叠的六元环层状材料。石墨内部的分层结构使石墨展现出一个三维状态(图 2.14)。相邻的石墨烯片间距为 0.335 nm，是石墨六边形晶体间距的一半,临近的石墨烯片由极弱的范德华力结合在一起,因此石墨烯片之间很容易相互滑移,表现为宏观石墨具有柔软和润滑的特性,这个特性使石墨可以在纸上留下标记,这也解释了为什么石墨"graphite"起源于希腊语"grapho",希腊语中这个词是"书写"的意思。石墨烯的发现使其成为当前世界上最令人期待和振奋的新型碳材料,带动了全世界多领域基础科学研究。

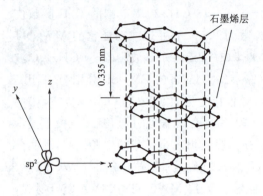

图 2.14 石墨层状结构中的 sp^2 杂化碳原子紧密结合

Roberts 等使用无乳化剂乳液聚合制备了聚(甲基丙烯酸甲酯)/还原氧化石墨烯(PMMA/RGO)的纳米复合材料[45]。他们采用各种表征技术来验证纳米填料的存在和纳米复合材料内分离结构的形成,并发现纳米复合材料的渗透阈值为 0.3% 的 RGO 的体积分数,而在体积分数为 2.6% RGO 的负载下,PMMA/RGO 纳米复合材料的电导率为 91.2 S/m,在 2.9 mm 厚度下,复合材料的 EMI SE 为 63.2 dB。研究中还发现,复合材料中引入磁铁矿纳米颗粒修饰的 RGO 可以大幅度提高复合材料的 EMI-SE。例如,添加 0.5% 体积分数的磁铁矿纳米颗粒修饰的 RGO 复合材料的 EMI SE 明显优于添加 1.1% 体积分数的 RGO 复合材料。SHEN B 等制备了石墨烯/热塑性聚氨酯(TPU)复合材料,当含有质量分数为 20% 的石墨烯负载量,总厚度为 50 μm 时,具有超高强度(60 MPa)和优异的机械稳定性[46]。这种柔性复合材料的 3D 锯齿折叠增强了 EMI 屏蔽性能(图 2.15)。在 5.4~59.6 GHz 的宽频率范围内进行性能测试,观察到该复合物的 EMI SE 在 49.1 GHz 处大于 20 dB。由于复合材料通过简单的机械形变来调节其性能可以带来更大的便利性,因此折叠的石墨烯/TPU 复合薄膜作为可调的 EMI 屏蔽材料具有良好的发展前景。SONG W L 等通过湿法浇铸法制备多层石墨烯(MLG/乙烯-醋酸乙烯酯(EVA)复合材料(G-E 复合材料)[47]。该复合物进一步用于形成蜡/PVA/G-E 膜/PVA/蜡夹层结构(图 2.16)。夹层结构是针对不同的 G-E 薄膜制造的,这些薄膜含有不同的 MLG 载量(体积分数为 10%、30%、50%、60%),其厚度测量为 40~60 μm。在体积分数为 60% 的 MLG 负载下,观察到 G-E 膜的最大电导率为 $2.5×10^2$ S/m。当 MLG 的体积分数为 60% 时,在 9~12 GHz 频率范围下,G-E 复合

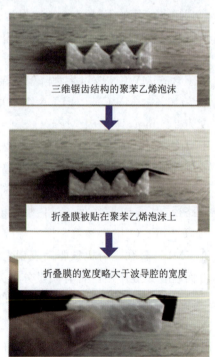

图 2.15 3D 锯齿形石墨烯/TPU 泡沫制备过程[46]

膜的总 EMI SE 为 15～16.5 dB。这些复合薄膜中的主要屏蔽机制是反射,并且随着屏蔽厚度的增加,屏蔽材料的吸收机制越发明显。这种 G-E 复合薄膜适用于轻质的 EMI 屏蔽涂层材料等应用。

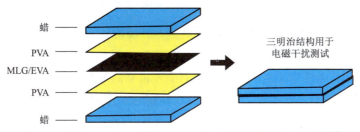

图 2.16　蜡/PVA/G-E 薄膜/PVA/蜡夹层结构的制备示意图[47]

具有导电填料的聚合物泡沫在 EMI 屏蔽、柔性和轻质致动器等方面具有潜在的应用。ESWARAIAH V 等制备了功能化的石墨烯(f-石墨烯)/PVDF 新型泡沫复合材料,并测量了具有不同 f-石墨烯载量的泡沫复合材料的电导率和 EMI SE[48]。当将 f-石墨烯加入 PVDF 泡沫中时,绝缘的 PVDF 的电导率从 10^{-16} S/m 急剧增加到 10^{-4} S/m。对于质量分数为 5% 的 f-石墨烯增强的 PVDF 泡沫复合材料,观察到 EMI SE 在 8～12 GHz 范围内为 20 dB,在 1～8 GHz 范围内为 18 dB(如图 2.17 所示)。这种复合材料在轻质 EMI 屏蔽应用方面具有广阔的前景。SHEN B 等报道了石墨烯/聚氨酯泡沫复合材料的 EMI 屏蔽性能,在 60 mm 厚及 10% 石墨烯载量的情况下,EMI SE 为 39.4 dB[49]。CHEN Z 等通过 CVD 技术构建 3 mm 厚、石墨烯质量分数为 0.8% 的石墨烯/聚二甲基硅氧烷(PDMS)泡沫复合材料,在 8 GHz 时 EMI SE 为 21 dB,其比电磁屏蔽效能为 500 dB·cm^3/g[50],且制备的泡沫复合材料在经受反复弯曲 10 000 次后仍能保持稳定的 EMI SE。

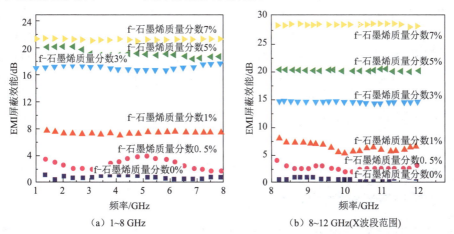

图 2.17　f-石墨烯/PVDF 泡沫复合材料的在不同频率范围下的 EMI SE[48]

WAN Y J 等采用大尺寸石墨烯片(LG)合成柔性轻质石墨烯纸,掺杂策略赋予该材料出色的 EMI 屏蔽性能[51]。碘(I)掺杂能进一步增强了 LG 的载流子密度,因为通过电荷转移机制有利于形成五碘化物(I_5^-)和三碘化物(I_3^-)且不降低 LG 的机械性能,因此导致其具有最高的 EMI SE。在相同厚度情况下(12.5 mm)，I 掺杂的 LG 膜在 8.2 GHz 下的 EMI SE 为 52.2 dB，高于纯的 LG 薄膜(47 dB)。掺杂和未掺杂 LG 薄膜具有相同的 SE_R，但掺杂 LG 薄膜具有更好的 SE_A。

2.2.3.5 其他碳基纳米复合材料在电磁屏蔽领域的应用

石墨是碳的天然同素异形体，发明于 15 世纪。石墨被认为是最便宜和最丰富的材料，其年产量超过 10^6 t，拥有众多应用，包括润滑剂、电池、耐火材料、电磁屏蔽材料等。CHUNG 等首次使用柔性石墨作为 EMI 屏蔽材料。柔性石墨片由剥离的石墨薄片形成，其在不使用黏合剂的情况下被压缩，具有良好的电导率和大的表面积[52]。采用同轴传输方法测量 1~2 GHz 频率范围内柔性石墨的 EMI SE。在这个 L 波段频率下，作者计算柔性石墨具有极高的 EMI SE(130 dB)。尽管柔性石墨用于 EMI 屏蔽应用，但由于其弹性特性，也可用作 EMI 垫片材料。

石墨烯纳米带(GNR)具有与石墨烯(母体结构)完全不同的性质，被认为是石墨烯的变体。GNR 揭示了边缘依赖特性，使其成为 EMI 屏蔽、储能、晶体管、高强度材料等众多应用的理想材料。JOSHI A 等通过溶液流延法制备 GNR/PVA 薄膜，并研究其在 X 波段频率下的 EMI SE。GNR/PVA 复合材料的 EMI SE 在 0.6 mm 厚度和 GNR 质量分数为 25% 的载量下高达 60 dB[53]。JOSHI A 等还通过溶液混合法合成了 GNR/PANI/环氧树脂复合材料，当 GNR 的质量分数为 2.5% 和 5%，厚度为 1.7 mm 和 3.4 mm 时，EMI SE 分别为 34 dB 和 44 dB，衰减了 X 波段频率中 95% 的电磁波[54]。由于高强度和良好的 EMI 屏蔽性能，所制备的复合材料适用于工业应用，如航空航天工业。

石墨烯微片(GNP)是具有 10~30 个石墨烯片的多层石墨烯，保留了单层石墨烯(SLG)的性质。相比于 SLG 或 CNT，GNP 更加经济并且具有易加工性。此外，与 SLG 或 CNT 相比，GNP 更容易在聚合物基质中分散。GNP 作为填料，在聚合物纳米复合材料中的广泛应用包括 EMI 屏蔽、光伏、致动器、传感器、航空以及重要的电子产品，因为它们具有极高的电子、机械、柔韧性和热特性。TANY 等制备了轻质的 GNP/碳化硼(B_4C)复合材料[55]。在 GNP 体积分数为 5% 的载量下，GNP/B_4C 复合材料的 EMI SE 在 X 波段达到较高的值 (37~39 dB)。VERMA M 等[56]通过溶液共混法制备了包含 GNP/CNT/PU 的三元杂化纳米复合材料。由于 GNP 和 CNT 两种填料的协同相互作用，三元纳米复合材料电导率达到 $9.5×10^{-2}$ S/cm，其中 CNT 形成桥接 GNP 和绝缘 PU 基质之间的间隙，形成导电网络。测试结果表明 GNP 和 CNT 质量分数为 10% 时，复合材料的 EMI SE 在 K_u 波段为 47 dB。三元杂化纳米复合材料显示出其用作 EMI 屏蔽材料以减轻电磁辐射的可行性。

2.2.4 金属基纳米复合材料

金属或金属纳米颗粒增强聚合物复合材料也是实现优异电磁屏蔽性能的有效途径，已引起了科学界的广泛关注。得益于金属纳米填料和聚合物基体的双重优势，金属基纳米复合材料能够适用于众多领域，尤其是在电子设备的生产。

SRIVASTAVA J 等通过在 $AgNO_3$ 溶液中进行吡咯的原位聚合，制备了银纳米粒子(Ag NPs)/PVA/PPy 共混聚合物纳米复合膜，银纳米粒子质量分数为 0.5%~10%[57]。结果表明,在 X 波段频率范围(8~12 GHz),对于 Ag 质量分数为 5%和 10%的复合薄膜,EMI SE 的值高达 30~35 dB。AL-GHAMDI A A 等通过溶剂浇铸法制备了新型银纳米颗粒/PVA(Ag NPs/PVA)纳米复合材料,用于中波段(1~12 GHz)的 EMI 屏蔽[58]。在此频率范围内,当复合材料中加入质量分数为 10%的 Ag NPs 时,观察到的 EMI SE 为 51 dB。AL-SALEH M H 等通过溶液加工法制备了铜纳米线/聚苯乙烯(PS)纳米复合材料(Cu NWs/PS),并研究了它们的电导率和电磁屏蔽性能[59]。复合材料中 Cu NWs 的逾渗阈值仅为体积分数 0.24%。在 X 波段频率范围内,厚度为 210 mm 的 Cu NWs/PS 复合薄膜在 Cu NWs 的体积分数为 1.3%时,EMI SE 为 27 dB;在 Cu NWs 的体积分数为 2.1%时,EMI SE 为 35 dB,衰减电磁波大于 99.8%[图 2.18(a)]。在制备的纳米复合材料中观察到吸收主导屏蔽机理。图 2.18(b)显示了不同 Cu NWs 载量下,反射、吸收等屏蔽机制对 Cu NWs/PS 复合材料整体 EMI SE 的贡献。GARGAMA H 等[60]采用简单的共混方法结合热成型工艺制备了 Ni/PVDF 复合材料,并对其介电性能和 EMI 屏蔽性能进行了研究。复合膜中镍金属颗粒的逾渗阈值为体积分数 0.26%。在 Ni 的体积分数为 40%和 20%时,Ni/PVDF 复合薄膜的厚度分别为 1.95 mm 和 1.80 mm,其在 X 波段的 EMI SE 分别为 20 dB、23 dB。GLEVES G A 等[61]通过可混溶溶剂混合沉淀法制备了高导电性、薄且低密度的 Cu NWs/PS 纳米复合材料。纳米复合材料中 Cu NWs 的渗透阈值为体积分数 0.67%,Cu NWs/PS 纳米复合材料达到渗流阈值时的电导率为 104 S/m,明显高于碳基纳米复合材料。在 PS 基质中的 Cu NWs 体积分数为 1.3%,复合薄膜的厚度为 0.21 mm 时,对 X 波段频率的 EMI SE 为 42 dB,适合作为 EMI 屏蔽材料,尤其是用于对电磁屏蔽性能要求较高的领域,如医疗电子、军事和汽车等。

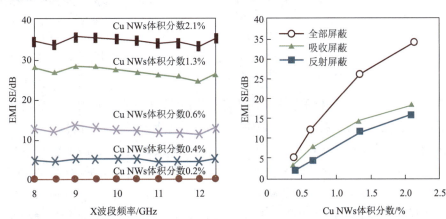

(a) Cu NWS/PS 复合材料在不同 Cu NWS 体积分数下 X 波段频率范围内的 EMI SE

(b) 含不同体积分数 Cu NWs 的 Cu NWs/PS 对 EMI SE 的反射和吸收后的贡献

图 2.18 含不同体积分数 Cu NWs 的 Cu NWs/PS 复合材料的 EMI SE 及其对 EMI SE 的反射和吸收的贡献[59]

MXene 是一种新型二维(2D)过渡金属碳化物或氮化物,其化学式为 $M_{n+1}X_nT_x$,其中 M 代表前过渡候选材料。当前,已经报道了大约 20 多种不同的 MXene,其中 $Ti_3C_2T_x$ 是被研究最广泛的一种 MXene,能均匀地掺入不同的聚合物基质中,如超高分子量聚乙烯(UMWPE)、聚吡咯

(PPy)和聚乙烯醇(PVA)等。SHAHZAD F 等讨论了各种 MXene 及其聚合物复合材料的在 EMI 屏蔽应用领域的潜力[62]。纯碳化钛($Ti_3C_2T_x$)薄膜以及 $Ti_3C_2T_x$/海藻酸钠(SA)复合薄膜的示意图如图 2.19(a)所示。厚度约为 45 μm 的 $Ti_3C_2T_x$ 薄膜对 X 波段(8.2~12.4 GHz)的 EMI SE 为 92 dB,与其他类似厚度的合成材料相比,这是迄今为止所达到的最高的 SE。$Ti_3C_2T_x$ 薄膜具有如此高的 EMI SE 可归因于它们的超高电导率(4 600 S/cm)以及薄膜中无数个 $Ti_3C_2T_x$ 薄片作为反射面对电磁波进行多次内反射。图 2.19(b)给出了 $Ti_3C_2T_x$ 薄膜中发生的 EMI 屏蔽机制的示意图,其中入射的电磁波(绿色箭头)撞击 $Ti_3C_2T_x$ 薄片表面,由于表面中的电荷载流子数量较多,部分电磁波被反射(浅蓝色箭头),而感应局部偶极子的存在吸收了 $Ti_3C_2T_x$ 薄膜内部分入射的电磁波(蓝色虚线箭头)。吸收的电磁波一次又一次地经历部分多次反射(黑色虚线箭头),然后,部分仅具有较少能量的电磁波被传输到屏蔽装置中。

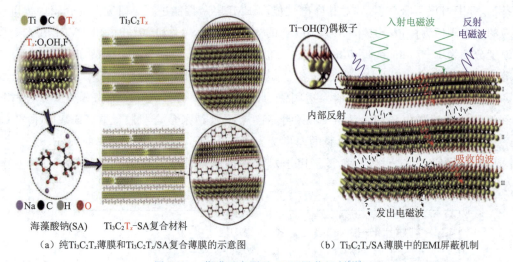

(a) 纯$Ti_3C_2T_x$薄膜和$Ti_3C_2T_x$/SA复合薄膜的示意图　　(b) $Ti_3C_2T_x$/SA薄膜中的EMI屏蔽机制

图 2.19　薄膜示意图及 EMI 屏蔽机制[62]

Yu 等报道了一种高效、简便的方法,通过将片状的 MXene 真空抽滤组装成薄膜,然后结合水合肼引发发泡工艺,制备出具有高强度、柔性、疏水性的 MXene 泡沫[63]。与传统的亲水 MXene 材料形成鲜明对比,MXene 泡沫材料具有惊人的疏水表面和优异的耐水性和耐久性。更有趣的是,由于电磁波在泡沫的多孔结构中发生快速的衰减,轻质的 MXene 泡沫体的 EMI SE 比未发泡的 MXene 薄膜(53 dB)提高了 17 dB。此外,Yu 等还通过在带正电荷的聚苯乙烯(PS)微球上静电组装带负电荷的 MXene 纳米片,然后进行压缩模塑,成功制备了高导电性的 $Ti_3C_2T_x$/PS 复合材料(图 2.20)[64]。由于 MXenes 的高导电性及其在 PS 基体内的高效导电网络,所得到的纳米复合材料不仅具有低的逾渗阈值(体积分数 0.26%),而且还具有优异导电性(1 081 S/m)和出色的 EMI SE(在整个 X 波段都大于 54 dB),在低的 MXene 负载下(体积分数 1.0%)的最大 EMI SE 达到 62 dB,这是迄今为止导电聚合物纳米复合材料所实现的最佳性能。此外,相同的纳米复合材料具有高度增强的储能模量,分别比纯 PS 和传统的 MXene@PS 纳米复合材料高了 54% 和 56%。这项工作提供了一种新颖的方法来生产具有高导电性聚合物纳米复合材料,用于高效 EMI 屏蔽应用。

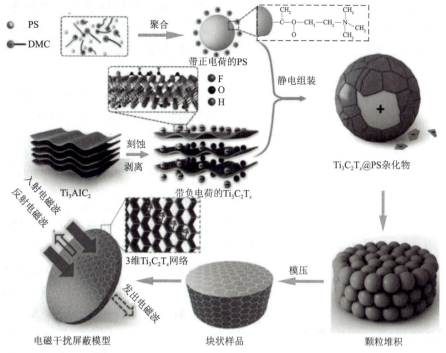

图 2.20　$Ti_3C_2T_x$@PS 纳米复合材料的制备过程示意图[64]

2.2.5　导电聚合物基纳米复合材料

本征型导电聚合物(ICP)是一类可以导电的高分子材料,其一般含有一个共轭的键,掺杂后的导电高分子材料的键上的电子可以在外接电压时发生移动,使得聚合物具有导电性。同时导电聚合物也是一种高分子材料,其在制备涂层时与其他高聚合混合时具有比外加其他填料(如金属粉、石墨等)有更好的融合性,使得涂膜具有更优的成膜性与其他物理综合性能。因此导电聚合物作为一种电磁屏蔽材料具有很多的优点。结构型导电高分子主要有聚乙炔、聚苯胺、聚吡咯、聚噻吩和聚苯亚乙烯及其衍生物等,它们各自的特点如下:

(1)聚乙炔是研究最早、最系统,也是迄今为止实测电导率最高的结构型导电高分子,其最高电导率为 $2×10^5$ S/cm,接近于铜。但由于聚乙炔材料的不稳定性,使它很难成为任何有实用价值的电磁屏蔽材料。

(2)通过掺杂后的聚苯胺获得了导电性,有报道称,当聚苯胺薄膜的厚度大于 50 μm 时,其屏蔽效能达到了 80～100 dB,能够成为一种高电磁屏蔽材料,满足国防工业的要求。

(3)聚吡咯具有较好的稳定性,也容易形成致密的薄膜,其电导率仅次于聚乙炔和聚苯胺,也可以在电磁屏蔽材料中使用。

(4)从结构上来看,聚噻吩和聚苯亚乙烯也具有导电性,但掺杂剂种类尤其是掺杂程度对这类材料的屏蔽效果影响较大,实际应用的电磁屏蔽性能较差。

由于导电聚合物的密度较小,具有结构多样性、电磁参数可以调节等优点,同时可以通过改变微观结构设计和宏观结构调节其电磁屏蔽性能,而成为主流的新型电磁屏蔽材料之一。然而,大量的离域电子会阻碍 ICP 的可加工性。此外,ICP 还易遭受膨胀、收缩、开裂或软化,进而影响其机械和电学性能。通过引入诸如金属纳米粒子、磁性材料、碳纳米结构、金属氧化物等第二相材料,可以改善这些性能。第二相材料在不降低其导电性的情况下改善 ICP 的介电、磁性和热稳定性,从而提高 EMI SE。

例如,使用诸如银、铜、镍等的金属纳米颗粒作为具有 ICP 的第二相材料。CHEN J J 等将质量分数为 20% 的银纳米线结合到 PPy 中以获得柔性 EMI 屏蔽膜[65]。PPy/Ag NWs 薄膜的电导率从纯 PPy 的 0.02 S/cm 增加到 62.73 S/cm,因此其 SE_T 增加到 22.38 dB。较高的 SE_T 归因于界面处的电子散射和金属纳米颗粒的表面等离子体共振。然而,金属纳米颗粒重量大且易腐蚀,这大大阻碍了它们的实际应用。

在 ICP 基体中,采用金属氧化物作为第二相材料,可以提高其介电性能。界面金属氧化物产生的改性相限制了电荷载流子在 ICP 基体中的移动。电荷的累积将增强 ICP/金属氧化物复合材料的电容,从而增加介电常数。此外,金属氧化物填料具有优良的耐腐蚀性和热稳定性,可以克服金属填料的重量大、耐腐蚀性差等缺点。例如,FAISAL M 等报道了聚苯胺/Sb_2O_3 复合材料在 X 波段的 EMI SE 为 18~21 dB,在 Ku 波段的 EMI SE 为 17.5~20.5 dB[66]。图 2.21 显示了不同物质的量浓度的 SnO 分散在 PANI 基底中后,SnO/PANI 纳米复合材料的 EMI SE[67]。结果表明,在 X 波段和 Ku 波段的 EMI SE 随着 SnO 的增加而增加。达到临界浓度后,随着 SnO 浓度升高而降低。这可能是由于 SnO 负载较高时聚合物链的连续性恶化所致。FAISAL M 等研究了掺入质量分数为 20% Y_2O_3 的 PANI 在 12.4~18 GHz 的频率下的 EMI SE 为 19~20 dB[68]。掺入 Y_2O_3 产生的各向异性导致各种极化损耗使电磁波吸收增加。SAINI P 等表明四方 $BaTiO_3$ 的引入改善了十二烷基苯磺酸(DBSA)掺杂的 PANI 纳米复合材料的电磁波吸收[69]。$BaTiO_3$ 的引入可以有效降低静态电导率,同时,复合材料的极化子浓度降低,从而抑制了反射。

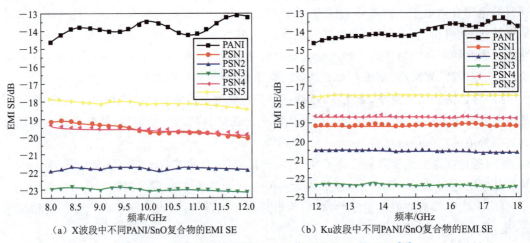

(a) X 波段中不同 PANI/SnO 复合物的 EMI SE
(b) Ku 波段中不同 PANI/SnO 复合物的 EMI SE

图 2.21 不同波段中不同 PANI/SnO 复合物的 EMI SE[67]

碳纳米结构由于其轻质、可调的长宽比和柔性而被广泛用于ICP的第二相材料。KOH Y N等报道了通过原位聚合技术将PANI涂覆在MWCNT上,显著增强了聚苯胺的电导率[70]。MWCNT桥接了聚苯胺颗粒,这增加了链间的相干性和耦合性,增强了链间传输。MWCNT与PANI-醌环之间的π-π相互作用增加了复合材料中的离域电子,从而提高了电导率。含有质量分数为25%的MWCNT的PANI纳米复合材料的电导率(19.7 S/cm)高于原始MWCNT(19.1 S/cm)和PANI(2.0 S/cm)。均匀的PANI涂层通过减少复合材料中的空隙和无序程度来改善管间电荷传输。在12.4~18.0 GHz的频率范围内,吸收主导的SE_T为27.5~39.2 dB。WU K H等研究了炭黑(CB)质量分数对PANI的EMI屏蔽性能的影响,并证明PANI/CB复合材料(CB的质量分数分别为20%和30%)在雷达波段(2~40 GHz)上表现出吸收主导的屏蔽机制[71]。

通常情况下,磁性材料作为第二相材料填充于ICP将降低ICP的电导率,这是由于在添加磁性材料时ICP的导电链中的分离。类似地,由于通过间歇非磁性ICP分离磁性颗粒,ICP/磁性材料复合物的饱和磁化强度(M_s)和矫顽力场(H_c)低于原始磁性材料。尽管如此,由于磁性颗粒在较高温度下能够抑制聚合物链运动,ICP/磁性材料复合材料表现出比纯ICP更高的热稳定性和EMI SE。ICP/磁性材料复合材料的EMI SE增加是介电损耗(由ICP贡献)和磁损耗(由磁性材料贡献)的协同效应的结果。因此,ICP/磁性材料复合物的电导率和磁导率的优化对于实现有效的EMI衰减是极其重要的。可以通过选择适当的材料浓度来实现优化。BELAABED B等证明了$PANI/Fe_3O_4$在1 mm的环氧基质中的反射损耗随着PANI或(和)Fe_3O_4质量分数的变化而变化[72]。具有质量分数15% PANI和质量分数10% Fe_3O_4的复合材料在16.3 GHz下的RL为42 dB,而对于质量分数15%的PANI和质量分数25%的Fe_3O_4的复合材料在14.85 GHz下的RL为37.4 dB。质量分数仅20%PANI的复合材料在18 GHz时显示出11 dB的RL。ZHANG B等发现PANI在Fe_3O_4上的涂层能够提供适当的介电损耗,同时保留了Fe_3O_4/PANI核壳微球的磁损耗[73]。此外,RL随着PANI壳厚度的变化而变化。当PANI壳厚度从60 nm增加到100 nm时,RL从17.2 dB(15.6 GHz)提高到37.4 dB(15.4 GHz),当PANI壳厚度进一步增加到120 nm时,RL减小到24.7 dB(14.8 GHz)。Huang等通过三步法合成了一种新型的聚吡咯还原氧化石墨烯-Co_3O_4(PPy-RGO-Co_3O_4)纳米复合材料。结果表明,PPy-RGO-Co_3O_4的最大反射损耗在15.8 GHz时为33.5 dB,厚度为2.5 mm,反射损耗低于10 dB时的吸收带宽高达11.4 GHz(从6.6 GHz到18.0 GHz)。厚度在2~4 mm范围内,表明添加Co_3O_4纳米粒子可明显提高微波吸收性能和吸收带宽。这种强力微波吸收材料有望作为新型微波吸收材料的一种候选材料。GOPAKUMAR D A等用原位聚合技术制备柔性纤维素纳米纤维/PANI复合材料。纤维素纳米纤维溶液为柔性薄膜的形成提供了大量的氢键[74]。1.0 mm厚的纤维素纳米纤维/PANI复合材料(1∶1)的电导率和EMI SE分别为0.831 S/cm和23 dB。

2.3 吸波纳米复合材料

吸波材料是能将投射其表面的电磁波能量进行吸收或减弱,并通过材料的介质损耗或磁损耗等方式将电磁波能量转化为热能或者其他形式的能量。相比于电磁屏蔽材料,吸波材料需要进一步实现减少电磁波的反射并且避免已进入介质的电磁波被再次返回。通过设计和改变材料的电磁参数,可更好地吸收到达材料表面的电磁波,而采用吸波复合材料体系不仅能够得到更好的吸波效果,还能有效地扩展其使用场景。

在雷达与微波电子技术飞速发展的今天,对隐身技术的进一步发展,提高武器的突击能力、防御能力和生存能力成了各大国军事竞赛的热点,已经成为各国角逐军事高新技术的发展热点之一。雷达技术通过发射电磁波搜索目标,然后通过监测被探测方所反射的电磁波来锁定目标,继而进行追踪、定位和识别。研制高效吸收电磁波的雷达隐身材料是提高武器系统生存能力的有效途径之一,已成为现代战争中最具有价值、最有效的战术突防手段。吸波材料是实现隐身技术、抗电磁干扰的重要手段,其应用与开发是隐身技术、抗电磁干扰技术的重要发展内容。随着时代与技术的发展,吸波材料被赋予了新的更高要求,即要在尽可能宽的电磁波频率范围内具有优良的电磁波吸收性能,还要求具有质量轻、耐温、耐湿、抗腐蚀等性能。吸波材料主要应用于隐身技术方面,其目的是尽可能减弱雷达、红外等探测系统对目标的影响[75]。如图2.22所示,常用的雷达波段为电磁波中的微波部分,因为微波在空气中具有最好的穿透性。雷达工作频率划分为若干的波段,由低到高的顺序是:S波段、C波段、X波段和Ku波段,对应的频率为2~18 GHz。吸波隐身材料就是通过吸收雷达发出的电磁波,达到降低目标的反射强度和减小雷达的散射截面,进而实现隐身的效果。实现隐身主要有两个途径:一是通过对飞机、舰船舰艇等武器装备的外观进行改造,减小雷达对目标获取得到的有效面积;二是应用电磁波吸收材料吸收损耗雷达发出的电磁波,相比前者成本更低,技术含量更高。发展隐身技术已成为各国发展国防高科技事地和在战争中获得优先权的重要手段,因此,研究和开发高性能、多频段的雷达吸波材料成为各国军事技术领域中的一个重大课题[76]。

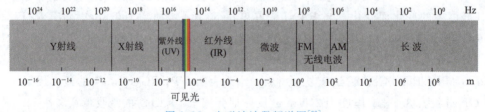

图2.22 电磁波波段频谱图[77]

同时,在民用领域,随着当代电子信息技术的发展,衍生的电磁波辐射造成的电磁污染、电磁干扰、泄密等棘手问题,妨碍了电子信息工业稳定发展。手机、电脑等电子设备的使用对人体造成很大的危害。已有研究发现,当人们在使用手机时,顶部的天线会发射出高频的电磁波,人体头部受到这种辐射,会导致脑神经损伤及血液流向的突然改变,长期下去会对人体大脑造成严重伤害。20世纪60年代,有关人士已开始着手研制和开发各种电磁波防护材料,出现了最早的电磁波防辐射服,它是由金属丝和服饰纤维混编而成的。尽管有一定的电磁波屏蔽效果,对人体具有一定的防护作用,但是质地较硬,手感差,并且厚而重。在此基础上,又出现了镀银织物、镀铜镀镍织物以及含有多元素或多离子的织物等。因此,研发出能够吸收特定频段电磁波的材料是解决这一系列问题的有效方案,具有广泛的应用前景。当前,各种纳米级吸波材料,不仅具有优良的导电、导磁性能,同时还可以与织物相结合,对人体的防护作用更为有效。因此,将吸波材料应用在人们日常生活中对人类的健康有很大的保障。

吸波材料是能将投射其表面的电磁波能量进行吸收或减弱,并通过材料的介质损耗或磁损耗等方式将电磁波能量转化为热能或者其他形式的能量(图 2.23)。当电磁波垂直入射到吸波材料表面时,部分电磁波被反射回去;其余部分进入材料内部,并在电磁波传播过程中通过传导电流损耗、介电损耗和磁损耗等机制将电磁能转换成热能耗散或使电磁波因干涉而衰减;部分未被耗散或衰减的电磁波

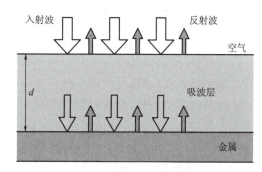

图 2.23　吸波材料工作示意图[78]

在自由空间与吸波涂层表面和涂层底面与金属板界面之间发生反射,来回反射过程中又有部分电磁波被吸波涂层吸收衰减,未被衰减部分则穿过涂层上表面再次返回自由空间。

随着科学技术的发展和人们需求的提高,吸波材料朝着"厚度薄、密度小、吸收强、频段宽"的方向发展。为了克服现有吸波材料频带窄、密度大、匹配厚度大等缺点,主要通过制备复合型吸波材料,对常规吸波材料进行表面改性或掺杂改性,抑或改变吸波材料的微观形貌和结构设计。其中,复合材料综合了多种功能材料的优异性能,是最易实现和设计的吸波材料之一;材料形态上的纳米化将极大地增强材料的吸波性能。因此,在电磁波吸收理论的指导下,制备纳米复合吸波材料,调节其结构组成、形貌以及电磁参数,将大幅降低材料的密度、增强材料的吸波性能。

材料对电磁波的吸收主要通过电损耗和磁损耗来表征,介电常数和磁导率是表征其电磁属性的重要参数。一般情况下,介电常数 ε 和磁导率 μ 具有复数性质:

$$\varepsilon = \varepsilon'' - j\varepsilon'$$
$$\mu = \mu' - j\mu''$$

上述两个公式中,ε 和 μ 分别为吸波材料在电场或磁场作用下产生的极化和磁化强度的变量。ε' 和 μ' 表征了材料的储能容量,如电能和磁化能;而 ε'' 是指在外加电场作用下,材料电偶矩产生重排引起损耗的量度,μ'' 是指在外加磁场作用下,材料磁偶矩产生重排引起损耗的量度。根据电动力学,对介质而言,虚部 ε'' 和 μ'' 表示材料的损耗能力,承担着介质对电磁波的吸收功能。电磁波在其中传播时,其能量损耗角正切 $\tan\delta$ 可由下式表示:

$$\tan\delta = \tan\delta_E + \tan\delta_M = \varepsilon''/\varepsilon' + \mu''/\mu'$$

式中,$\tan\delta_E$ 为电损耗角正切;$\tan\delta_M$ 为磁损耗角正切。

结合上述公式,从介质对电磁波吸收的角度来考虑,在 ε' 和 μ' 足够大的基础上,ε'' 和 μ'' 越大越好。在具体评价吸波材料的吸波性能时,需要同时考虑材料的衰减特性和阻抗匹配特性[79],衰减特性是指尽量提高材料电磁参数的虚部以损耗更多的入射电磁波,而阻抗匹

配特性是指通过创造特殊的边界条件,减少电磁波在材料介质表面的反射,从而尽可能多地进入材料内部。只有综合考虑材料的电磁参数,通过调整和优化材料的电磁参数,才能实现对入射波尽可能多地吸收。

因此,一般情况下,良好的吸波材料必须具备两个条件:

(1)当电磁波入射到吸波材料表面时,能够最大限度地使电磁波进入到吸波材料内部,以减少电磁波的直接反射。这就要求在设计材料时,要充分考虑其波阻抗匹配特性。

(2)当电磁波一旦进入材料内部,则要吸波材料对入射电磁波能产生有效吸收或衰减,即产生电磁损耗,这就要考虑材料的电磁损耗特性。

综合这两个条件,在进行吸波材料的设计与制备时,合理调控吸波材料的电磁参数,使得吸波复合体系获得最佳的等效电磁参量,从而提高其吸波效能[80]。

2.3.1 电损耗型吸波材料作用机制

电磁波吸收材料的作用机理主要是将电磁波能量转换成热能或其他形式的能量并耗散掉,以达到吸收电磁波的目的。根据吸收机制的不同,吸波材料主要分为电损耗型和磁损耗型两大类。本章节主要介绍电损耗型吸波复合材料,其主要特点是具有较高的电损耗正切角,依靠介质的电子极化、离子极化、分子极化或界面极化的衰减来吸收电磁波。电损耗型吸波材料的损耗机制主要分为电导损耗、介电弛豫损耗及谐振损耗。

1. 电导损耗

由于吸波材料通常不是理想的绝缘体,不可避免地存在一些弱联系的导电载流子,在电场作用下这些导电载流子将作定向漂移,从而在介质中形成传导电流,传导电流的大小由电介质本身的性质决定并以热的形式消耗掉。

2. 弛豫损耗

宏观上表现为电位移落后于电场相位角,即极化不能及时响应电场的变化。空间电荷极化、取向极化、离子极化及电子极化均存在介电弛豫,在高频时只考虑后两种极化。电子、离子的位移极化建立的时间都非常短,为 $10^{-15} \sim 10^{-14}$ s,在微波频率下很难产生介质损耗而消耗能量,但偶极子转向极化等所需建立的时间则较长,为 $10^{-8} \sim 10^{-2}$ s。在外电场频率较低时,这类极化跟得上交变电场周期性的变化,极化得以完成。但当外电场频率较高,如高频或超高频,偶极子转向极化等就跟不上电场周期性变化,产生弛豫现象。介电损耗还可能由介质中存在的不均匀界面损耗和强电场下介质孔隙中的气体电离引起的游离损耗等引起[81,82]。

3. 谐振损耗

来源于原子、离子、电子在振动或转向时所产生的共振效应。这种效应发生在红外到紫外的光频范围。根据古典场的观点,光是在真空或连续介质中传播的电磁波。电磁波在介质中传播的相对速度及介质的折射率依赖于频率。折射率随频率的变化形成色散现象。色散的存在同时伴随着能量的损耗,色散总是同时存在着吸收[83]。

2.3.2 电损耗型吸波复合材料

电损耗型吸波材料,如碳化硅、石墨及碳纳米管等,主要特点是具有较高的电损耗正切角($\tan \delta_E$),依靠介质的电子极化、离子极化、分子极化或界面极化的衰减来吸收电磁波。

2.3.2.1 碳系吸波材料

一般而言,用于电磁波吸收的碳系材料主要有:石墨、炭黑、石墨烯、碳纳米管及特殊碳纳米结构材料(图 2.24)。碳系吸波材料具有原料来源广泛、制备工艺简单、密度低、电导率高、吸附性能强等优点,常被用作强吸收吸波材料的载体、多层吸波体的匹配层等。然而,碳系材料的非磁性限制了其电磁波吸收效率。因此,基于碳纳米结构和其他损耗材料复合得到的各种纳米复合材料,具有更好的阻抗匹配性能,进一步提高了电磁波吸收性能。

石墨很早就被用来填充在飞机蒙皮的夹层中,吸收雷达波。石墨具有低密度、低成本、高耐腐蚀、高耐热性和良好的导电性等优势。美国用纳米石墨作为吸波剂制成的石墨/热塑性复合材料和石墨/环氧树脂复合材料称作"超黑粉"纳米

图 2.24 碳系纳米结构及其复合吸波材料[84]

吸波材料,不仅对雷达波的吸收率大于 99%,而且在低温下仍保持很好的韧性。此外,石墨和炭黑常被用来与高分子材料复合,以调节高分子复合材料的电导率,从而提高吸波效果,复合材料的电导率随炭黑和石墨浓度的增高而增大,在 X 和 Ku 波段具有良好的吸波性能[85]。导电炭黑的掺入,可以使材料介电常数增大,减小电磁波吸收体匹配厚度,从而减轻电磁波吸收体的质量。由于石墨的介电常数较大,在单独使用时吸波层的阻抗匹配特性较差,存在吸收频窄、吸收性能弱等缺点,一般将其与磁损耗型吸收材料(如铁氧体、羟基铁、单质金属微粒等)复合,以达到低密度和强吸收的目的。YANG W 等通过化学镀的方法在片状石墨的表面上一层均匀的 Ni-Co-Fe-P 合金层[86]。镀层之前,片状石墨在 0.1~10 GHz 频率范围内的微波吸收性能非常微弱,而 Ni-Co-Fe-P 合金涂层使片状石墨的吸波性能大大地提高。同单纯的片状石墨相比,在相同厚度下,涂有合金涂层的片状石墨的吸收峰向低频处移动。当厚度是 3.0 mm 时,反射率小于 −5 dB 的频宽达到 3.0 GHz,在频率为 4.6 GHz 时,最小反射率为 −12.8 dB。段玉平等[87]研究了炭黑含量和偶联剂对炭黑/丙烯腈-丁二烯-苯乙烯共聚物(ABS)复合平板材料的导电性及不同厚度平板材料吸波效能的影响。结果表明,复合平板的体电阻率随炭黑含量的增加而降低,当炭黑的质量分数达到 30% 时,体积电阻率达到最低值,约为 10^3 Ω·cm,屏蔽效能随炭黑含量的增加而增加。3 mm 厚复合平板

的吸波效能随炭黑含量的增加吸收峰值也随之增加。6 mm 厚时,炭黑质量分数为 20% 的复合平板吸收峰值达到最小值(-21.76 dB)。偶联剂使复合板吸波效能在不同炭黑含量显示出不同的趋势:当炭黑的质量分数较小(5%和10%)时,偶联剂加入降低了平板的吸收衰减;当炭黑的质量分数较大(20%和30%)时,偶联剂却使得吸收衰减峰值大大增加,有效频段也随之拓宽。

炭黑成本低,分散性好,但需要高填充量才能有一定的效果,必然影响复合材料的力学性能。碳纤维具有高强度、高模量、化学稳定性能好等优点,易形成导电网络,同时还具有强化材料的功能,主要通过电损耗和电磁波在纤维间的散射衰减入射波,通常应用于吸波材料的碳纤维主要是低温处理的短切碳纤维[88]。CAO M S 等通过简单的陶瓷加工过程制备了短碳纤维-二氧化硅复合物,研究其在 30~600 ℃ 之间的介电和微波吸收性能[89]。实验发现,介电常数的实部随温度的升高而升高,归因于短碳纤维的电子极化过程,而虚部升高是由于碳纤维的电导率升高所致。高温实验发现该化合物在温度范围之间具有良好的吸波性能,其吸波性能随样品厚度和温度的不同而发生变化,主要原因在于阻抗匹配不同。

碳纳米管具有高比表面积以及大量可以使界面极化的悬挂键,加上其宏观量子隧道效应,使其表现出较强的宽带微波吸收性能,同时兼具密度低、导电性可调、耐热性能强和稳定性好等优点[90],是一种有前途的微波吸收材料。碳纳米管主要是电损耗型吸波材料,单一的碳纳米管吸波性能较弱,其磁损耗很小,含碳纳米管的吸波涂层吸收峰值虽然较大,但频带较窄。

TONG G 等将碳纳米管和羟基铁粉混合制成 CNT/CIPs 复合层,并研究其在 2~18 GHz 范围内的电磁特性[91]。研究表明,同 CIPs 相比,随着 CNT 含量的逐渐增加,CNT/CIPs 复合层具有更高的电导率、介电常数和介电损耗。当 CNT 的质量分数为 2.2% 时,在 6.4~14.8 GHz 频段的反射率均小于-20 dB,对应复合层的厚度在 1.2~2.5 mm 之间。当厚度为 1.5 mm 时,在 11.2 GHz 处对应的最小反射率达-33.3 dB。

多壁碳纳米管外包裹 Sn 纳米晶,在 2~18 GHz 范围内,Sn 质量分数为 5% 时,其复介电常数和电损耗角正切都得到了显著的提高[92]。在碳纳米管中包裹 Fe 后,当 Fe 质量分数为 20% 时,其介电常数下降,而磁导率及磁损耗角正切得到有效的提高,最低反射率为-31.7 dB[93];包裹了 Fe 的碳纳米管与铁氧体复合后,其吸波性能大于单纯的铁氧体或碳纳米管,当铁氧体质量分数为 60% 时,最低反射率可达-50.5 dB[94]。

石墨烯具有特殊的二维片状结构,电导率和热导率高,比表面积大,质量轻,有利于电磁波的吸收和衰减,成为重要的吸波材料。特别是还原氧化石墨烯表面带有羟基和羧基等含氧基团,可以产生缺陷极化和电子偶极子弛豫等,作为吸波材料时可贡献介电损耗和少量的磁损耗。但单一组元吸收剂难以同时满足阻抗匹配和损耗特性的问题,因此,制备基于石墨烯的复合纳米材料吸收剂并研究其吸波性能,成为发展高性能吸波材料的重要方向。

YUAN X 等借助冷冻成型和氮化技术,将三维互连的氮化钒纳米线(VN NWs)作为具有多孔结构的骨架封装在 N 掺杂的 RGO 纳米片中,以形成层状结构(VN NWs RGO)[95]。该材料的电磁波损耗机制可归因于其三维层状形貌,互连导电网络以及多重极化弛豫。结果表明,添加15%质量分数的VN NWs的复合材料的最低反射损耗值在1.5 mm厚度下为-41.5 dB,有效吸收带宽达到3.9 GHz。

BAI X等利用溶液共混法将石墨烯与聚环氧乙烷(PEO)复合,导电性能优异的石墨烯在聚环氧乙烷中均匀分散,赋予复合材料高介电常数[96]。当石墨烯的体积分数为2.6%时,材料的反射损耗达-38.8 dB。

YAND X等首次结合盐浸法和热压模塑成型工艺制备了石墨烯/PS多孔复合材料[97]。孔状结构的存在使石墨烯/PS复合材料能够有效地吸收和反射电磁波能量。

ZHANG X J等使用氧化石墨烯,通过热压法制备了PVDF/RGO复合材料,GO表面的含氧官能团能够和PVDF上的含氟基团产生化学反应,从而提高GO在PVDF中的分散性[98]。随后的热压法又将GO还原,吸波和介电性能显示,当RGO质量分数为3%时,最大反射损耗为-25.6 dB,出现在10.8 GHz下,并且在8.48~12.80 GHz下,反射损耗均小于-10 dB。

ZHANG H B等成功制备出了石墨烯/PMMA泡沫,首先将PMMA与石墨烯复合,然后以CO_2为发泡剂,制备发泡材料[99]。研究表明,当石墨烯体积分数为1.8%时,该材料在8~12 GHz范围内屏蔽效率为13~19 dB,其中微波吸收是主要的屏蔽机制。

袁冰清等采用直流电弧放电法制备高结晶性石墨烯,利用乙醇助溶分散法得到了石墨烯/聚苯胺电磁屏蔽复合材料[100]。当石墨烯的质量分数为25%时,总屏蔽效能在2~18 GHz范围内由19.8 dB增至34.2 dB,其中吸收部分占总屏蔽效能的比例为66%~81%。

WU F等通过自组装法制备了三维RGO/聚(3,4-乙烯噻吩)(PEDOT)复合材料,这种特殊的三维结构RGO,使PEDOT单体聚合物在三维RGO毛细孔中,而不是片层表面上[101]。质量分数为10%的三维RGO/PEDOT复合材料与石蜡混合后,测得的电磁参数表明,当材料匹配厚度为2 mm时,最大反射损耗为-35.5 dB,并且在11.5~16.5 GHz下反射损耗均小于-10 dB,表明这种三维结构的复合材料具有很好的吸波性能。此外,使用氧化石墨烯和氧化锌纳米颗粒用水热法使氧化锌附着在三维还原氧化石的表面,制备了三维还原氧化石墨烯/氧化锌复合材料[102],然后通过紫外光照射增强复合材料的电磁波吸收性能,其吸波损耗性能明显增加,同时在吸波损耗小于10 dB的吸波频带宽度也随之增加。

然而,关于石墨烯与聚合物复合材料微波吸收性能还有待进一步研究。在石墨烯/聚合物纳米复合材料中,二维的石墨烯之间形成导电网络,在微波作用下载流子在导电网络中取向运动产生导电损耗;石墨烯与聚合物界面处形成偶极子,这些偶极子与微波场相互作用导致晶格振动,以发热的形式引起微波损失;而且由于界面处介电常数差异,对微波产生散射和多重反射。总体来说,石墨烯/聚合物纳米复合材料对微波的吸收源于导电损耗、极化作用、界面散射和多重散射的综合作用[98,103]。

除了碳纳米管、石墨烯,通过特定策略与其他介质或磁性吸附剂相结合来构筑的纳米复合碳材料,同样具有优异的电磁波吸收性能,如碳纳米球介孔碳、金属有机骨架(MOF)衍生的纳米孔碳、碳纳米棒、碳纳米线等,以及特殊结构的碳纳米结构。特殊碳纳米结构的多重内反射和散射,以及由官能团引起的大量缺陷造成的高介电损耗,均有利于提高电磁波的吸收性能。同时,其他磁性和介电损耗吸收剂的组合会产生界面极化碳纳米结构具有重量轻、化学稳定性好、导电性高、介电常数高等优点。

DONG S 等构建了原位生长 MnO 纳米棒（MnOnrs）修饰的多孔生物质衍生碳（PBDC）的柔性、高性能电磁波吸收材料[104]。与纯 PBDC 相比，MnOnrs/PBDC 复合材料表现出优异的吸波性能，在 10.4 GHz 时的最小反射损耗为－51.6 dB，厚度为 2.47 mm。与常见的碳基复合吸收剂不同，这种材料受 MnOnrs 含量的影响小，可归因于 PBDC 和 MnOnrs 之间的协同效应以及分层的结构。

2.3.2.2 陶瓷类吸波复合材料

陶瓷类吸波材料主要是靠材料的电阻来吸收损耗电磁波的，具有良好的力学性能和热物理性能、高温稳定性好、相对密度小、韧性好、强度大、电阻率高，如 ZnO[105,106]、SiC[107,108]等。其主要优点是密度比铁氧体类吸波材料低、电磁波吸收能力强，并能削弱红外信号，可用于高温轻质部件的电磁波吸收[109]。

作为宽带隙半导体的 ZnO 已经在电磁波吸收领域中得到了广泛的研究。ZHANG L 等制备了 RGO/四足状 ZnO 复合材料，在 14.43 GHz 时最强反射损耗达到－59.50 dB[110]。HAN M 等[111]研究了石墨烯包裹的 ZnO 空心球，其最大吸收损耗在 9.7 GHz 时达到－45.05 dB。

陶瓷碳化硅吸波材料的应用形式多以 SiC 纤维为主。SiC 是一种宽带隙半导体，其电阻率可调，因而在多层吸波体中既可用作透波层，又可用作损耗层，通常采用表面改性、掺杂改性和高温处理等方法[112]调整 SiC 的电阻率和吸波性能。

LI X 等通过渗透热解方法在多孔 Si_3N_4 中成功地引入前驱体法制备的纳米 SiC(BN)[113]。渗透热解后，多孔 Si_3N_4-SiC(BN)陶瓷的机械性能得到提高，同时具有优良的介电性能。当退火温度从 900 ℃ 增加到 1 800 ℃ 时，多孔 Si_3N_4-SiC(BN)陶瓷的机械性能提高较少，但其介电常数的实部和虚部显著增大，因此在 8.2～12.4 GHz 波段的介电损耗逐步增加。随着退火温度的增加，介电损耗的增加可以通过偶极极化以及晶界的增加来解释。

ZHAO D L 等对掺杂氮后的 SiC 纳米颗粒在 8.2～18 GHz 波段内的吸波性能和复介电常数进行了研究[114]。其中掺杂氮的 SiC 纳米颗粒是通过将六甲基二硅氮烷进行激光气相反应制成。复合材料的复介电常数可以通过 SiC 纳米颗粒的成分进行调整。掺杂氮后的 SiC 纳米颗粒具有高的 ε' 和 $\tan \delta_E$，这是因为氮替换了 SiC 纳米晶体中的碳。当单层复合材料中 SiC 纳米颗粒的质量分数为 7%，厚度为 2.96 mm 时，90% 的频段都被吸收，且在 9.8～15.8 GHz 内反射损耗均小于－10 dB，最大的反射损耗达到－63.41 dB，对应的频率是 12.17 GHz。反射损耗的计算结果表明，掺杂氮后的 SiC 纳米颗粒是一种很好的电磁微波吸收剂。

梁彤祥等采用聚碳硅烷前驱体法制备 SiC/CNT 纳米复合材料，当聚碳硅烷的质量分数为 15% 时，反射率优于－15 dB 的频带宽可达 11 GHz，说明该复合材料具有优异的吸波性能[115]。

ZHANG K 等利用原位自组装手段在 SiC 纳米线表面合成了聚吡咯纳米颗粒[116]。当 PPy 厚度为 2.5 mm 时，该纳米复合材料的有效吸收带宽为 6.5 GHz(10.5～17.0 GHz)，带正电的 PPy 会诱导 SiC 纳米线的内部和界面附近产生更多缺陷偶极子极化。LI S 等利用乳液聚合法在 SiC 微米级粉末表面制备了聚苯胺，与单一 SiC 相比，复合材料在 26.5～40.0 GHz 的介电和吸波性能均显著提升[117]。

林亚男首先通过溶胶-凝胶自蔓延燃烧法合成了 $BaFe_{12}O_{19}$ 铁氧体,然后通过机械研磨法将铁氧体与 β-SiC@C 复合,在介电和磁性的耦合作用下,复合材料的最低反射损耗可达 -50.0 dB,吸波层厚度仅为 1.5 mm,但是未明显提高有效吸收带宽[118]。WANG P 等通过静电纺丝,聚合物热解和退火制备了原位嵌入石墨的 SiC/Si_3N_4 复合纳米纤维[119]。通过在 SiC 中加入石墨和 Si_3N_4,在 Ar 中退火后的纳米纤维在 14.6 GHz 处,呈现 -57.8 dB 的最低反射损耗,有效吸收带宽为 5.5 GHz;在 N_2 中退火的纳米纤维在 2.5 mm 的厚度下表现出 -32.3 dB 的最低反射损耗,有效吸收带宽为 6.4 GHz。纳米纤维的高效吸波性能与界面极化和偶极极化产生的介电损耗密切相关。

此外,其他类型的 SiC 复合材料还有很多,如 NiO/SiC 颗粒[120]、ZnO/SiC 纳米线[121]、碳泡沫/SiC 纳米线[122]等。

钛酸钡($BaTiO_3$)是一种优良的高电损耗型介电材料,在 2~18 GHz 的波段具有较好的频散特性,介电常数随着频率的增加而降低,介电损耗角具有极值[123]。$BaTiO_3$ 虽不能单独作为可以应用的吸波材料,但通过和其他吸波材料复合,则可能对复合物的介电频散特性进行有效地调控。

王洪全等通过将 $BaTiO_3$ 与 $BaFe_{12}O_{19}$ 复合得出,当 $BaFe_{12}O_{19}$:$BaTiO_3$=100:5 时,复合材料的整体损耗大,吸波频带宽[124]。陈晓东等采用溶胶凝胶法制备了表面包覆有炭黑薄膜的钛酸钡复合粒子,研究了复合粒子的导电性能、电磁参数以及对电磁波的吸收性能[125]。结果表明,包覆工艺显著改善了材料的导电性能,并提高了材料的介电常数,而且随着炭黑含量的变化,复合材料的吸收性能也不同,当炭黑质量分数达到或超过 20% 时,复合粒子明显改善了吸收材料对电磁波的吸收性能。

然而,由于第二组分的耐高温性能通常较弱,大部分 SiC 或 $BaTiO_3$ 复合吸波材料不能应用于高温吸波领域[126]。

2.3.2.3 导电高聚物

导电高聚物作为吸波材料,具有可分子设计和合成、密度低、力学性能好、组分易控制、环境稳定性好、电磁参数可调等优点,因此作为吸收材料的研究也引起了人们的广泛关注。当前研究的导电聚合物大都具有共轭大 π 键系,主要有聚吡咯、聚苯胺、聚噻吩等,其电磁参量依赖于高聚物的主链结构、室温电导率、掺杂剂性质、掺杂度和合成方法等因素。导电高聚物经掺杂后,导电性可在绝缘体、半导体和金属态之间变化,不同电导率的高聚物表现出不同的吸波性能,因此可通过控制电导率调节其吸波性能。一般来说,导电聚合物处于半导体状态(电导率范围在 10^{-4}~10^2 S/m)时,主要通过电阻损耗机制实现对电磁波的有效吸收,对电磁波有较好的吸收效果[127]。然而,单独的导电高聚物材料还存在吸波频段较窄、制备工艺要求严格、高温稳定性差和电磁吸收特性较低等缺点。当前人们对导电高聚物吸波材料的研究主要集中在导电高聚物的复合材料上。

STEIN 等研究了聚吡咯在 1.0~2.0 GHz 范围内对电磁波的吸收性能,发现其最高衰减可达 -26 dB[128]。高敬伟等使用不同掺杂剂和控制不同掺杂程度,发现介电损耗与掺杂聚吡咯的电导率和掺杂剂阴离子的大小有关[129]。其中,十二烷基苯磺酸钠(SDBS)掺杂的聚吡咯的介电损耗最大，以 SDBS 为掺杂剂采用乳液聚合法合成了不同掺杂率的聚吡咯，发现电导率随掺杂率的增加先增大后下降。掺杂聚吡咯为吸波剂制备了环氧树脂复合材料，并测试了其在 X 波段的电磁参数。结果表明，当样品厚度为 2.3 mm 时，其反射损耗最小，达到 −14.8 dB，且在 9.5~11.6 GHz 的频宽范围均低于 −10 dB。杨胜林等采用乳液聚合法和蒙脱土原位聚合法分别制备了球粒状和片状的聚吡咯，并用十二烷基苯磺酸钠对其进行了掺杂，发现在相同 PPy 含量下，片状 PPy 的吸波性能更佳[130]。

LEE W J 等对聚苯胺和聚噻吩的吸波研究表明，其对 X 波段电磁波的反射率均在 −10 dB 以下[131]。将聚苯胺插层进入蒙脱土晶格内部，形成聚苯胺/蒙脱土纳米复合物[132]。与纯聚苯胺相比，聚苯胺/蒙脱土复合物的吸波性能更强。颜海燕等分别采用 HCl、H_2SO_4、十二烷基苯磺酸(DBSA)、甲基苯磺酸、磺基水杨酸掺杂聚苯胺制备出一系列掺杂态聚苯胺[133]。该研究发现，质子酸掺杂态聚苯胺的吸波性能主要以介电损耗为主，磁损耗很小。张新宇等以 DBSA 掺杂的导电聚苯胺为吸波材料，研究了导电高聚物对不同频段电磁波的选择性吸收情况，发现导电粉末在 X 和 Ku 波段均有一定的吸波性能，并且 X 波段的吸波性能优于 Ku 波段[134]。邹勇等研究了 PANI-DBSA、PANI-HCl 用量对复合材料的电导率及吸波性能的影响，结果表明纤维状 PANI-DBSA 复合材料的电导率阈值低于球状 PANI-HCl 复合材料，并且吸波性能优于 PANI-HCl 复合材料[135]。

赵东林等用原位乳液聚合法在碳纳米管表面包覆聚苯胺，制备出了碳纳米管聚苯胺一维纳米复合管，聚苯胺在碳纳米管表面以层状和枝晶状两种形态生长[136]。与纯碳纳米管相比，碳纳米管/聚苯胺复合管的介电常数的实部和虚部在 2~18 GHz 随频率变化较小，在低频波段介电常数值较小，作为微波吸波剂容易实现与自由空间的阻抗匹配，而且介电损耗角正切较高，是一种非常好的微波吸波剂。

FAEZR 等研究了丁腈橡胶/三元乙丙橡胶/聚苯胺共混复合物在 8~12 GHz 的吸波性能，导电聚合物含量和涂层厚度对吸波性能有很大影响[137]。随着聚苯胺质量分数的增大吸波效果增强，质量分数为 30% 时，在 11~12 GHz 的反射率达 −20 dB，且随着厚度的增大，吸收峰向低频移动。

聚噻吩-还原氧化石墨烯复合材料的最大反射损耗仅为 −13.4 dB，而聚噻吩-RGO-Co_3O_4 复合材料的最大反射率则可达到 −51.1 dB，Co_3O_4 的加入提高了它的阻抗匹配特性，从而使复合材料的吸波性能大大提高[138]。

导电聚合物是一种典型的介电损耗材料，因缺少磁性能而整体吸波性能不佳。因此，将导电聚合物与磁性物质复合，获得兼具导电性和磁性的复合材料，可以大大提高导电聚合物的磁损耗性能，实现对材料电、磁性能的调控，展宽吸收频带(请详见本书第 5 章)。

2.4 电化学能量存储纳米复合材料

由于便携式电子器件、电动汽车以及清洁可再生能源(如太阳能与风能)大规模化存储设备的迅速发展，对于新型能量储存装置的需求日益高涨。在众多的能量存储装置中，电化学能量存储装置占据发展的主导位置，并且已经取得了很大成就。电化学储能具有使用方便、不受地域限制、转化效率高等优势，因此成为储能领域的重要组成部分[139]。电化学储能主要包括超级电容器、锂离子电池、锂硫电池、钠离子电池、镍氢电池、燃料电池、钠硫电池、锌空气电池等[140]。其中，超级电容器、锂离子电池、锂硫电池和钠离子电池等是最具有发展潜力的几种电化学储能设备，具有广泛的应用前景。虽然锂/钠离子电池、锂硫电池和超级电容器在电极材料结构设计以及电极/电解质界面处发生的能量转换过程等方面具有一些共性，但是它们在储电性能方面又分别具有各自的特点[141]。具体而言，锂/钠离子电池和锂硫电池具有较高的电化学能量密度，但其循环寿命和充放电速率较差，而超级电容器具有可观的电化学功率密度和良好的循环稳定性，但其能量密度有待提高。聚合物及其纳米复合材料由于其在储能方面的各种优异的性质，被广泛应用于超级电容器、锂离子电池、锂硫电池和钠离子电池的电极材料[140,142]。

2.4.1 聚合物及其纳米复合材料用于超级电容器储能材料

2.4.1.1 导电聚合物分类与电化学特性介绍

导电聚合物材料常被称作合成金属（synthetic metal），由载流子的不同可以将导电聚合物分为本征型导电聚合物和复合型导电聚合物，而本征型导电聚合物是研究得较多的一种。美国和日本的科学家麦克迪尔米德（Mac Diarmid A G）[143]、黑格尔（Heeger A J）[144]、百川英树（Shirakawa H）[145]等最先对本征型导电聚合物进行了研究，他们发现用氧化性气体对聚乙炔等聚合物进行处理后，可以有效地提高该种聚合物的导电性能，使得聚合物电导率发生数量级的改变，而这种改变来源于氧化处理过程中聚合物链上聚阴离子和阳离子的形成。这一发现使得人们获得一种导电性可调制的聚合物材料，同类材料的研究兴趣，掀起了导电聚合物的研究热潮[145]。

本征型导电聚合物主要由 C、H、N 等元素组成，主链含有大量的利于载流子迁移的共轭电子体系。由于导电聚合物不但具有良好的电学、电化学和光电特性，而且具有良好的可加工性，因此在有机电子材料方面富有良好的应用前景，各种以导电聚合物材料为基础的新颖器件也随之应运而生[146]。研究表明，在获得高导电聚合物后，可以通过一些简单的物理方法与非导电聚合物材料进行混合，从而可以获得导电性复合材料[147]。自从发现聚合物的导电性后，各国的研究人员对各种具有导电特征的聚合物进行了研究，这些具有共轭结构的聚合物（如聚苯胺、聚苯撑、聚噻吩和聚吡咯等）使得更多的人认识到了导电聚合物的独特性能，而与之相关的一些新性质也在不断地被发现[143]。图 2.25 为常见的导电聚合物分子结构（包括聚苯胺、聚吡咯、聚乙炔和聚噻吩）。

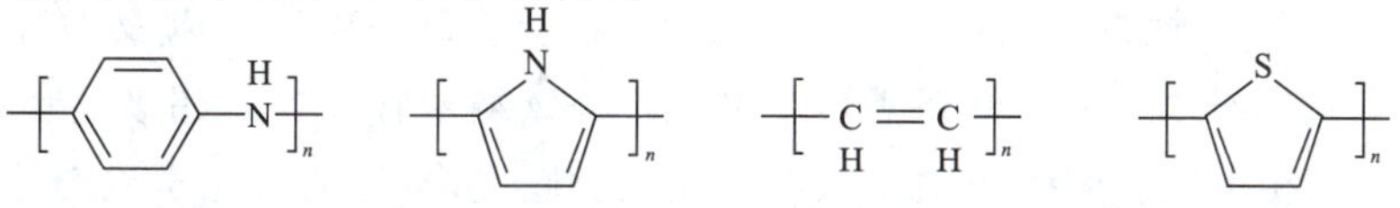

(a) 聚苯胺　　(b) 聚吡咯　　(c) 聚乙炔　　(d) 聚噻吩

图 2.25　常用导电聚合物分子结构

相关研究表明，导电聚合物电化学性质的突出特点是在高电位区可发生 P 型电化学氧化还原反应，在低电位区又可发生电化学 N 型掺杂/脱掺杂（还原/再氧化）反应，并且其电导率随着掺杂/脱掺杂的进行，有 5～10 个数量级的增加和降低（掺杂后电导率明显增加，脱掺杂后电导率显著降低）。此外，当发生电化学 P 型掺杂反应时，共轭链被氧化使其价带失去电子并伴随对阴离子的掺杂[3]。

由于非掺杂的导电聚合物分子重复单元结构的特殊性及其聚合物分子结构的特殊性，使得非掺杂的导电聚合物分子链长程有序性不够，因此载流子难以进行有序的大范围运动，致使非掺杂的导电聚合物导电性较差。而通过掺杂处理后，分子结构形态的变化使导电聚合物的电学和电化学特性发生突变。良好的电学和电化学活性使得掺杂后的导电聚合物可以应用于高能量密度器件等电化学能量储存器件的制备[149]。掺杂的导电聚合物（如聚苯胺、聚噻吩）能形成良好的立体网络结构，活性离子的吸附/脱附过程可以在电极表面及电解液中快速完成，从而实现双电层储能，这与传统的碳基材料的双电层储能形式是类似的。另外，掺杂的导电聚合物可以通过氧化/还原过程实现电荷在体内的存储和释放，这种体内储能形式（赝电容）具有更高的能量密度，而这种形式又与金属氧化物的氧化/还原储能过程相类似。因此，导电聚合物作为储能材料时（尤其是超级电容器电极材料时），兼具碳材料和金属氧化物的双电层储能及赝电容储能机理，从而具有极高的能量密度[148]。对于聚苯胺，其比容量通常可达 500 F/g 以上，这是由于聚苯胺的特殊分子结构在掺杂过程容易形成高密度的载流子迁移，这种高密度的载流子迁移可以在整个导电聚合物的基体中进行。相比传统碳材料，由于导电聚合物电荷存储不仅仅发生在材料表面，因而使得其具有优异的储能能力[3]。

2.4.1.2 导电聚合物/碳材料纳米复合材料用于超级电容器电极材料

碳材料因其具有比表面积大、电导率高、合成方法简单以及污染性小等优点而被广泛应用于超级电容器电极材料的制备。因此，将导电聚合物引入到碳基体系中，可以获得具有优异电化学储能性质的导电聚合物-碳材料纳米复合电极材料。其中，碳材料不仅作为导电聚合物良好的生长衬底，而且还提供了高速的电子传输通道。常用的碳基体按照三维结构划分，可以分为一维结构的碳纳米管、二维结构的石墨烯和三维结构的多孔碳材料。

碳纳米管是由单层或多层石墨卷曲成的无缝管状壳层结构，具有导电性好、微孔大小可控、立体空间网状结构、电解质离子迁移快以及比表面积利用率高等优点。因此，采用碳纳米管与导电聚合物进行复合的研究工作较多，例如，GUPTA V 等利用电化学聚合法在单壁碳纳米管（SWCNT）上聚合了质量分数为 73% 的聚苯胺（PANI），制备了 PANI/SWCNT 复合材料。电化学测试表明，PANI/SWCNT 复合电极比纯 PANI 和 SWCNT 具有更高的比容量（485 F/g）、能量密度（228 W·h/kg）、功率密度（2 250 W/kg）以及循环稳定性[150]。LEE H 等在氧化铝纤维衬底上制备了聚吡咯（PPy）-碳纳米管（CNT）超级电容器电极材料。CNT 通过化学气相沉积（CVD）方法生长在氧化铝衬底上，然后通过化学聚合法在表层聚合一层 PPy。CNT/多孔氧化铝衬底具有的较大表面积和高电导率，提高了电极材料的电容。PPy 不仅作为活性材料提供额外的电容量，而且还作为 CNT 与陶瓷织物之间以及单根

CNT之间的导电黏合剂,表现出良好的柔性器件电化学储能(152.8 F/g)[151]。

石墨烯是近期热门的碳材料,是碳原子紧密堆积成的单层或少片层蜂窝状晶格结构二维碳材料,厚度仅为 0.335 nm,具有比表面积高、导电性好、物理化学性质稳定及离子传导率高的特点。因此,被广泛作为超级电容器电极材料的基体材料而使用。ZHANG K 等在酸性条件下,先通过苯胺单体在氧化石墨烯上进行原位聚合,再经过水合肼还原制备了石墨烯/聚苯胺(PANI)纳米纤维纳米复合材料。PANI纳米纤维被吸附在石墨烯表面以及石墨烯片之间,从而形成均匀的导电结构。该电极在充放电过程中具有高比容量(0.1 A/g时比容量为 480 F/g)和良好的循环稳定性[152]。LIU Y 等使用棒状涂覆法制备了 RGO-PEDOT/PSS 柔性导电薄膜,所合成的柔性薄膜具有高的面积比容量(448 mF/cm^2)以及优异的可折叠弯曲性能,表明了导电聚合物-碳纳米复合材料在柔性储能器件的应用前景[153]。

除了上述的碳纳米管、石墨烯等碳材料外,具有多级结构的多孔碳材料被用作与导电聚合物进行复合,用作超级电容器电极材料。FAN LZ 等在沥青碳化的多孔碳基(HPCM)上通过恒电位法电聚合聚苯胺,制得极高比容量(2 200 F/g)和功率密度(0.47 kW/kg)的电极材料。该材料中 HPCM 良好的骨架稳定性与拓扑结构增加了电化学的反应速率与电解质传输速率[154]。CHENG Q 等将聚苯胺纳米线的包覆在具有三维结构、高表面积、显著的化学稳定性和导电性的电刻蚀的碳布上作为超级电容器的电极材料。聚苯胺-电刻蚀碳布是一种低成本和可扩展的高性能储能装置,具有高达 673 F/g 的质量比容量以及 3.5 F/cm^2 的面积比容量(图 2.26)[155]。

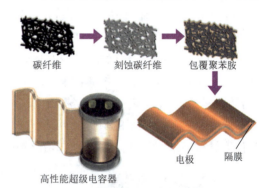

图 2.26 电刻蚀碳布及其超级电容器组装示意图[155]

2.4.1.3 导电聚合物/金属化合物纳米复合材料用于超级电容器电极材料

尽管导电聚合物基电极材料可以进行迅速可逆的氧化还原反应,进而提高器件的电容性能,但是导电聚合物在充放电过程中不可避免地会发生电极材料体积的膨胀和收缩,从而造成导电聚合物基电极材料微结构的破坏以及循环寿命降低。因此,为了提高导电聚合物基电极材料的循环稳定性与电能储存性能,金属氧化物、金属氢氧化物以及金属硫化物等法拉第赝电容材料与导电聚合物进行复合,从而缓解在反复的充放电过程中电极材料体积的变化,同时有效提高了导电聚合物基纳米复合材料的机械稳定性和比容量。

金属氧化物和氢氧化物作为超级电容器的电极材料,不但具有比碳材料电极材料更高的能量密度,而且具有比导电聚合物电极材料更好的循环稳定性。一系列具有高比容量和优异循环稳定性的导电聚合物/金属氧化物(氢氧化物)纳米复合材料被用作超级电容器的电极材料。在复合结构中,导电聚合物通过空间位阻和静电效应阻止了金属氧化物(氢氧化物)团聚和堆积效应,使得两者达到协同分散的目的。此外,导电聚合物/金属氧化物(氢氧化物)纳米复合材料的制备有利于增大电极材料与电解质之间的接触面积,提高集电极与电极材料之间的粘附性。RuO_2 在超级电容器电极材料中电容性能优异,但是由于其价格昂贵,限制了实际应用,而导电聚合物则价格便宜。因此将导电聚合物与 RuO_2 复合,可以大大降低成本,而电容性能仍然相对良好。SONG R Y 等制备了 RuO_2 复合 Nafion 改进聚苯胺电极材料,在 1 mol/L H_2SO_4 电解液条件下复合电极的比容量达到 475 F/g,同时具有优异的循环稳定性[156]。LEE H 等在氧化铝模板上电化学聚合 PPy,然后采用电化学沉积方法将 RuO_2 进一步沉积在 PPy 纳米线上,电化学性能表明其比容量 681 F/g,1 000 次充放电循环后仅出现 12.8% 的比容量下降[157]。由于 MnO_2 的价格低廉,电容性能也相对较好,因此针对 MnO_2 与导电聚合物复合的研究也较多。例如,CHEN L 等以苯胺单体为原料,在 MnO_2 纳米线悬浮液中进行原位化学氧化聚合,制备了聚苯胺-MnO_2 纳米线复合材料。由于在制备 PANI-MnO_2 纳米线复合材料过程中,在 MnO_2 纳米线/PANI 复合材料产生了多孔结构,在电流密度为 1 A/g 时,电极材料可获高达 256 F/g 的比容量,并且显示出良好的循环性能和高库仑效率[158]。BAHLOUL A 等采用水热法合成了 γ-MnO_2,并在 γ-MnO_2 颗粒上电化学聚合 PPy 从而形成 PPy-MnO_2 复合电极材料,采用 PPy/MnO_2 复合材料的不对称超级电容器件具有 141.6 F/g 的高比容量。实验证明引入的 PPy 组分不但增加了复合材料的导电性,而且增加了材料的比表面积(达到 125 m^2/g)[159]。

金属硫化物在自然界中储量丰富,其中金属离子可以实现在不同价态下的氧化还原跃迁,因此具有赝电容特性。近年来,纳米金属硫化物(如 MoS_2、NiS_x、CoS_x 等)与导电聚合物形成的纳米复合材料由于其优良的可逆充放电性能以及较高的比容量而成为一种新兴的电化学储能材料。Liu 等利用三维管状二硫化钼(MoS_2)作为电化学反应中的活性材料以及离子传输的通道,在其外表面控制生长了一层直径为 10~20 nm 的 PANI 纳米线阵列。当 PANI 的负载量为 60% 时,得到的 MoS_2/PANI-60 复合材料电极在电流密度为 0.5 A/g 时,比容量高达 552 F/g,即使电流密度高达 30 A/g 时,其倍率性能仍可达 82%,6 000 次循环后仍保持初始电容的 79%,表明电极材料优异的电化学性能(图 2.27)[160]。Huang 等在泡沫镍上制备了具有多级结构的 $NiCo_2S_4$@PPy 核壳异质结构纳米管阵列($NiCo_2S_4$@PPy/NF),并将其作为超级电容器正极材料,活性炭(AC)为负极,组装了不对称超级电容器,功率密度在 120.19 W/kg 时可获得高达 34.62 W·h/kg 的能量密度以及良好的循环

图 2.27 管状 MoS_2/PANI 复合材料合成示意图[160]

性能(50 mA/cm^2 时经过 2 500 次循环电容保持率为 80.64%)。其优良的电化学性能可归因于复合材料的相互协同和独特的核壳异质结构的共同作用的结果[161]。

2.4.1.4 导电聚合物纳米复合材料用于超级电容器电极材料

导电聚合物除了与各种金属氧化物、金属氢氧化物以及金属硫化物复合之外,不同的导电聚合物之间也可以相互复合从而构造结构各异、性能优良的超级电容器电极材料。MIHY 等直接在聚吡咯(PPy)纳米管表面原位氧化聚合了一层聚苯胺(PANI),制备了核壳结构的聚

吡咯/聚苯胺(PPy/PANI)复合材料电极。电化学实验表明,PPy/PANI复合材料在 1 mol/L 硫酸电解液中的比容量为 416 F/g,在 1 mol/L 氯化钾电解液中的比容量为 291 F/g。此外,电极材料在电流密度为 15 mA/cm² 时表现出良好的倍率性能以及 91% 的比容量保持率[162]。

2.4.2 聚合物纳米复合材料用于锂离子电池储能材料

锂离子电池以其高能量和高功率密度占据了便携式电子产品的主要市场。近阶段,许多国家正在考虑将其作为大型电力系统(如电动汽车和智能电网)的候选储能技术。然而,由于成本高、安全性较低,特别是能量密度仍有待提升等问题的存在,使得基于锂离子插层原理的锂离子电池还不能实现大规模的实际应用[163]。由于锂单质本身作为负极材料理论上可以提供 3 862 mA·h/g 的比容量,因此锂离子电池的实际比容量主要由正极材料决定。虽然过渡金属氧化物及其磷酸盐通常作为锂离子电池的正极材料为锂离子提供了稳定的插层框架,但是由于过渡金属较重的元素质量使其组装的锂离子电池实际比容量只能达到 140～170 mA·h/g[164]。为了追求更高的比容量,锂电池储能的研究重点应该从当前的简单的锂离子插层过程转移到研究锂离子参与的转化反应上。氧元素和硫元素由于其分别高达 3 350 mA·h/g 和 1 672 mA·h/g 的理论比容量,当前是锂离子储能研究的重点[165]。因此,聚合物及其纳米复合材料由于其轻元素组成以及可以实现多电子转移的潜质而备受瞩目。

使用有机电极材料作为锂离子电池电极材料的发展史其实和无机电极材料一样久远。事实上,第一个商业化的锂离子电池采用的就是 $(CF)_n$-Li 型的储锂机理。随着 20 世纪 80 年代末人们成功地找到了成熟商用的锂离子正极材料后,聚合物等有机电极材料的发展有所放缓[166]。当前,商用正极材料已经达到了其理论比容量的极限,对聚合物等有机电极材料研究的呼声也越来越大。相对于传统的无机电极材料,聚合物及其纳米复合材料具有很多优异的性质,比如聚合物基锂离子电极材料具有较低的生产成本(一般不涉及昂贵的元件),其废旧电极材料便于回收利用,并且与所设计的功能性电子器件具有更好的适应性[167,168]。无机氧化物电极材料常常需要高温退火处理来保证材料较高的纯度、结晶度和电化学性能,而聚合物基正极材料则更显得更加环保、节能。值得一提的是,这种基于转化反应的聚合物基电极材料的储锂机理不仅对锂离子适用,而且几乎对其他金属离子也适用。因此,为锂电池设计的几种有机电极材料已成功地扩展到钠、镁、锌甚至空气电池领域[168]。

2.4.2.1 聚合物及其纳米复合材料用于锂离子电池电极材料

1. 有机含硫聚合物用于锂离子电池正极材料

含硫聚合物可以伴随 S—S 键在电化学反应中的聚合/分解过程,实现锂离子的嵌入和脱出,从而作为锂离子电池的正极而广泛应用。其中,主链上含有二硫键的有机含硫聚合物由于其较高的理论能量密度,常用作固态氧化还原电极材料,其反应方程式如下:

$$n-(SRS)-+2ne^-+2nLi^+ \Longleftrightarrow nLiSRSLi$$

其中 R 可以是任何有机部分,这表明此类电极材料易于功能化。因此,根据反应方程式中的碳链的构型、构象以及分子量的不同,不同结构的含二硫键的聚合物(链式、交联以及梯式聚合物)被广泛研究。Visco 等使用聚合物电极(SRPE)构造了锂/聚氧化乙烯/SRPE 电池,并在高温下探究了其电池性质的变化[169]。一方面,通过调节官能团 R 的电负性(由烷基给电子的基团变为芳香基吸电子基)可以实现电池工作电压由 2.3 V 到 3 V 的提升[169]。另一方面,通过高分子的共聚可对电极材料的性能进一步调节。链式烷烃结构含硫聚合物由于具有灵活的局部链结构,从而可以实现电解质离子在材料内部的快速运输。而与芳香基吸电子基相连的含硫聚合物则具有较大的电化学反应速率与较低的反应活化能。因此,通过两种结构聚合物单体简单的无规聚合过程,就能得到同时具有链式烷烃结构含硫聚合物和芳香基含硫聚合物优异性质的锂离子正极材料[170,171]。

各式各样的主链含二硫键结构的聚合物被设计与制备。TSUTSUMI H 等在含硫聚合物的主链中引入芳香环结构,从而增加了含硫聚合物的溶解性以及电极材料的反应效率[172]。WEN G G 等合成了主链中含有二硫烯基和联苯基团的含硫聚合物,以模拟在锂离子存储过程中共轭基团与二硫键之间的电子转移过程,并且避免了在电化学过程中由于硫代离子以及其低聚物的流失和二硫键重组所造成的低反应可逆性[173]。

主链含有二硫键的有机含硫聚合物由于主链的裂解以及含硫低聚物的溶解和扩散,显现出低的比容量保持率与电化学可逆性。因此,在侧链含二硫键的有机含硫聚合物被研究作为锂离子电池正极材料。TSUTSUMI H 等设计了具有环状二硫结构的聚酰胺,其聚合物主链在放电过程中不会发生断裂。在循环伏安曲线测试表明,其比容量衰减率比主链含有二硫键的有机含硫聚合物要低得多[174]。第一种在锂电池中的应用的侧链含二硫键的聚合物是聚 2,2'-二硫代二苯胺(PDTDA)。NAOI K 等通过电聚合的方法制备了侧链含有二硫键的 PDTDA,由于聚苯胺结构对二硫键的分子内催化作用,PDTDA 作为锂离子电池正极材料具有理论能量密度高、反应动力学快、电导率高等优点。锂/PDTDA 电池的放电测试曲线平坦,充电容量为 270 A·h/kg,能量密度高达 675 W·h/kg[175]。利用这种分子内催化的原理,一系列聚苯胺和聚吡咯基的侧链含二硫键的有机含硫聚合物被用于锂离子电池正极材料。Su Y Z 等以双苯基氨基二硫化物为原料,通过化学聚合和电聚合成了一种新型的导电聚合物——聚-双苯基氨基二硫化物(PPAD)。该聚合物中侧链的二硫键与主链聚苯胺的氮原子相连。循环伏安测量表明,主链(π-共轭体系)的氧化还原反应(掺杂/去掺杂过程)与 PPAD 中侧链的硫醇键(硫代阴离子)/二硫键发生在几乎相同的电位范围内,键分解(还原过程)和生成(氧化过程)反应比 PPAD 的键分解(还原)和生成(氧化)过程更容易进行,可逆性也更好。其分子内催化效应有助于提高功率密度,为这种新型导电聚合物进一步作为锂二次电池、质子交换电池和电化学超级电容器的储能材料提供了潜在的应用前景[176]。聚烯烃和聚苯醚的主链官能团也能对二硫键的氧化还原反应表现出电催化活性。LI Y 等制备出聚烯烃基含硫聚合物 PABTH。由于 S—S 键的稳定性,PABTH 在 1 mol/L LiTFSI/DXL-DME 电解液中具有良好的循环稳定性、较高的比容量(290 mA·h/g)、优异的库仑效率(高达 95%)[177]。

含有多硫键的有机含硫聚合物不但具有 S—S 键良好的锂离子存储特性、稳定的主链结构,还有更多的储锂活性位点,因此也具有作为高性能锂离子正极材料的潜质。含有多硫键的有机含硫聚合物最早是由 NAOI K 等提出的,他们成功合成出重复单元中含有三硫键和四硫键的 PDMCT 衍生聚合物并进行研究。多硫聚合物在放电过程中,除了出现与二硫键相对应的特征放电平台外,还出现其他多个放电平台。随着聚合物重复单元中 S—S 键含量的增加,其比容量从 150 mA·h/g(S—S 结构)到 240 mA·h/g(S—S—S 结构),再增加到 280 mA·h/g(S—S—S—S 结构)[178]。以单质硫或无机多硫盐为原料,还可以得到其他结构的含多硫键的聚合物。由于在聚合物结构中掺杂硫元素化学过程的非化学计量特性,因此这些聚合物不具有明确的重复单元结构,硫元素含量需要通过元素分析测定。它们具有较高的比容量(500~900 mA·h/g),但是其首次充放电容量保持率低的问题亟待解决[179,180]。这是由于此类含硫聚合物在还原过程中会产生与单质硫电极类似的 S_x^{2-} 阴离子,从而出现电极材料过度溶解的问题[181]。尽管存在不足,含有多硫键的有机含硫聚合物仍然是一类与单质硫电极有本质区别的电极材料,具有更好的电容保持率与广阔的发展前景。

锂离子脱嵌过程中,S—S 二硫键断裂/重构的化学过程由于其较大的能垒,使得反应速率和可逆性较差。即使在 PANI 等共轭聚合物分子内催化的作用下,含 S—S 键的有机聚合物依然存在充放电速率慢以及循环性差等缺点。因此,为了避免在可逆的氧化还原反应中键的断裂,有必要寻找新的储能机制。硫醚化合物经过可逆的电子获取过程,可以形成稳定的阳离子自由基结构,其反应如下:

$$RSR + X^- \longleftrightarrow RS^+RX^- + e^-$$

其中,X^- 是电解质提供的负电荷离子,以平衡正极材料中的正电荷。这种可逆转换过程类似于 P 型导电聚合物(如聚苯胺和聚吡咯)的掺杂与去掺杂过程,因此可以用于储能领域。与传统导电聚合物相比,P 型有机硫化聚合物作为锂离子电池正极材料时,由于其比容量不受掺杂水平的限制,因此可以实现更高的能量密度。2007 年,ZHANG J Y 等采用常压氧化偶联聚合法制备了聚 2-苯基-1,3-二硫代烷和聚 1,4-二(1,3-二硫代-2-基)苯两种新型硫化聚合物。聚 1,4-二(1,3-二硫醇-2-基)苯在第三个循环中的比容量为 378 mA·h/g,20 次循环后仍能保持在 300 mA·h/g。聚 2-苯基-1,3-二硫戊烷在第二个循环中的比容量为 117 mA·h/g,20 次循环后保持在 100 mA·h/g[182]。电化学测试表明,硫醚基可用作锂二次电池的正极材料活性官能团。ZHANG J 等又合成了新型的硫醚聚合物聚乙烯 1,1,2,2 四硫醇,进一步扩充了硫醚聚合物正极材料家族,并对储能机理进行了进一步研究。聚乙烯 1,1,2,2 四硫醇的放电比容量为 300 mA·h/g 左右,放电电压大于 2 V。其中硫醚键在乙醚溶剂的作用下氧化形成硫醚阳离子作为储能的活性位点[183]。SARUKAWA T 提出了一种以四硫代萘(TTN)为氧化还原活性反应单元,并由硫键交联的聚合物,进一步提高了硫醚聚合物的倍率性能。该聚合物可发生可逆的多重氧化还原反应,具有良好的循环稳定性,比容量能达到 122 mA·h/g[184]。

2. 有机羰基聚合物用于锂离子电池正极材料

羰基是一种常见的具有氧化能力的有机官能团。在适当的稳定烷烃基团作用下,羰基可发生可逆单电子还原反应,形成自由基阴离子。多个羰基可以相互连接成共轭结构(如奎宁），从而在还原过程中可以形成多价阴离子，反应机理如图 2.28 所示。有机羰基聚合物因其在电化学反应过程中稳定的化学结构以及在电解质中溶解性较低而受到广泛关注[185]。

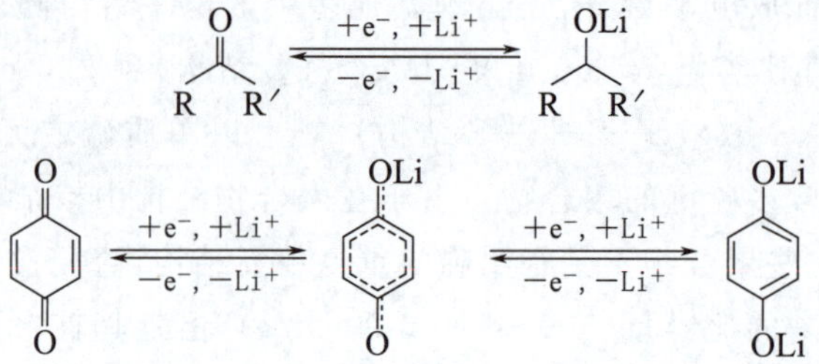

图 2.28　一般羰基结构（上）和醌式结构（下）的可逆嵌/脱锂机理[186]

聚 5-氨基-1,4-萘醌（PANQ）是最早报道的含羰基聚合物之一。PANQ 的平均氧化还原电位为 2.6 V，具有 220 mA·h/g 的比容量，性能优异[187]。HARINGER D 等将醌基结构连接在聚苯胺骨架上，从而合成一种新型的有机羰基聚合物，其初始放电比容量达到 300 mA·h/g，连续循环 10 次以后，比容量逐渐稳定在 200 mA·h/g，放电电位由 2.5 V 逐渐增加到 2.7 V，表明其良好的性能与稳定性[187]。基于以上工作，一系列聚氨基蒽醌聚合物被成功合成出来，并作为锂离子正极材料进行研究。与之前的同类储能材料相比，显示出良好的循环稳定性，经过 40 次充放电循环，依然能具有 80% 的电容保持率，但是其实际比容量仍有待提升[188]。

从结构上看，上述聚合物是由 N—H 基团连接的羰基作为电化学反应活性位点。而用 S 原子取代 N—H 基团，则会形成了另外一类有趣的羰基聚合物。Sun 等研究了含硫羰基聚合物在芳香二元醇的电化学行为。通过直接硫化 3,4,9,10-二亚甲基-四羧酸二羟基（PTCDA）可以生成含硫羰基聚合物。硫化后的电极材料电导率提高到 3×10^6 倍，这是由于硫醚键的存在促进了 π-电子的在苯环上的离域，促进了电荷传导。即使在 0.2 C 的电流密度下，经过 300 次充放电循环测试，电极材料依然没有出现明显的比容量下降，表明其具有良好的循环稳定性。更重要的是，虽然硫化 PTCDA 电极材料的理论比容量较低（127 mA·h/g），但是不同结构的羰基聚合物通过硫化引入—S—键，可以大大提升材料的理论比容量（最高可达 900 mA·h/g）[189]。所得的硫醚键连接的聚蒽醌（理论比容量 225 mA·h/g）和硫醚键连接的二羟基苯醌（理论比容量 315 mA·h/g）都显示出良好的电化学性能[190,191]。特别是硫醚键连接的聚蒽醌在 2 C 电流密度下，保持固定比容量 151 mA·h/g，相比电流密度 0.2 C 时，比容量保持率高达 82%[190]。除了具有显著的循环稳定性和倍率性能外，这些聚合物中的硫键还能像 P 型有机硫化合物一样，通过形成自由基阳离子来抑制高压条件下的过充电效应。

常见的烷烃链交联的羰基聚合物也可以被用于锂离子正极材料。醛基对富含电子的烯烃和芳香族化合物的亲电加成作用可以很容易产生亚甲基桥连的聚合物。使用该方法可以获得二羟基苯甲酸酯衍生聚合物和二羟基环烷烃衍生聚合物，表现出较低的活性材料利用率以及有待提升的比容量（100～120 mA·h/g）[192,193]。然而，它们的循环性能（100 次循环后保持了 77% 的比容量）依然很有优势。Poizot 等制备出电极的利用率很高（70%）的寡聚四酮聚合物,但是由于聚合度低(仅2.28),活性物质容易溶解在电解液中。因此,烷烃链交联的羰基聚合物电极材料的使用还需要进一步的研究[194]。

2.4.2.2 聚合物用于锂离子电池负极材料

聚合物基电极材料一般都是为了实现锂离子电池高能量密度与高功率密度而作为正极材料使用,因此作为负极材料使用的聚合物材料由于具有较高的工作电压而种类较少。之前的研究表明,导电聚合物一般可以作为复合组分引入到锂离子正极材料中,从而提高复合材料的导电性和比容量[195,196]。为了实现高性能、高动力学反应速率的聚合物基负极材料的成功合成,化学结构的稳定性、低电解质溶解性以及良好的电子迁移率的共轭梯状聚合物获得进一步研究。聚丙烯腈(PAN)由于其热处理后具有独特的氮掺杂芳环化梯状结构而显示出作为锂离子正极材料的潜质[196]。Biswal等制备了热解聚丙烯腈/多孔硅锂离子正极材料,PAN的引入增加了材料的共轭结构,从而大大提升了电极材料的电化学性能与电子传输性能[197]。Chen等则将PAN作为黏结剂用于硅电极中,由于PAN加入形成了共轭结构所产生的电荷离域效应,可以提高电极材料的导电性,从而提升电池的倍率性能[198]。结构中含有大量氮和氧元素掺杂的共轭聚合物,由于具有优异的电子接收性能,作为正极材料有广阔的应用前景[199]。

2.4.3 聚合物纳米复合材料用于锂硫电池储能材料

锂硫电池是由硫单质或者含硫化合物基电极正极,金属锂电极负极以及有机电解质和聚烯烃隔膜组成的一种锂离子二次电池(图2.29)[200]。反应机理不同于钴酸锂、锰酸锂等传统锂离子电池的离子脱嵌反应机理,其放电过程是通过S—S键的断裂和一系列多硫阴离子的还原,最终生成硫化锂而实现的。S_8环在室温下是非常稳定的硫的同素异形体,放电过程开始后,S_8环首先开环形成两端有自由基的链状结构,随后与电解质中的锂负离子生成高阶的多硫化锂 $LiS_x(6<x<8)$,随着放电过

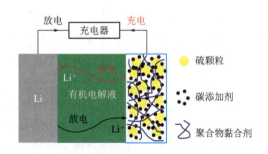

图2.29 锂硫电池组成结构与充放电示意图[200]

程的继续进行,高阶的多硫化锂 $LiS_x(6<x<8)$ 逐渐与更多的锂负离子结合生成低阶的硫化锂 $LiS_x(2<x<6)$,最后低阶的硫化锂进一步演变从而生成 Li_2S,此时反应达到截止电压。因此,锂硫电池的放电曲线具有两个放电平台,分别代表 S_8 环到 Li_2S_4 以及 Li_2S_4 到 Li_2S 的反应过程[200]。在随后的充电过程中,Li_2S 再通过形成一系列多硫化锂中间体,最后形成 S_8 环完成锂硫电池的可逆充放电过程。由于金属锂和单质硫电极的理论比容量分别是 3.861 A·h/g 和 1.672 A·h/g,因此锂硫电池的理论比容量高达 1.167 A·h/g。此外,在放电过程中,锂硫电池的工作电压为 2.15 V,理论能量密度为 2.51 W·h/g,具有优异的电化学储能性质[201]。然而单独使用单质硫作为锂硫电池的正极存在很多问题[202]。首先,单质硫和充放电过程中的多硫化锂导电性差、离子传导率低,导致单质硫电极的电化学利用率和倍率性能低。其次,充放电过程中多硫化物的不断溶解会产生穿梭效应,导致活性物质的损失、循环

性能变差、比容量倍率性能变差并且造成金属锂电极的腐蚀。最后,在从 S 到 Li_2S_2/Li_2S 的转换过程中会出现显著的体积变化,导致电极结构的破坏和电池比容量的快速衰减[203]。考虑到实际使用过程中,车辆需要在一次充电后运行 500 km 以上,充电电池的能量密度须达到 500 W·h/kg,而现阶段所制备的锂离子电池能量密度仅为 160~350 W·h/kg,远不能达到实际使用需求,需要制备储能比容量更大、性能更加优异的锂硫电池硫正极纳米复合材料,因此引入导电聚合物等复合组分构造出性能更加优异的锂硫电池正极材料。常见的聚合物及其纳米复合正极材料分为多硫聚合物和硫/导电聚合物复合材料[204]。

导电聚合物由于一系列优异的性质被用作物理吸附和储存单质硫的基体材料,并且大大提高了锂硫电池的电化学性能。与传统锂硫电池正极中使用的碳基材料相比,导电聚合物基体具有以下优点:①导电聚合物通常在较低温度下,使用化学氧化法即可制得,且合成方法也相对简单;②聚合物结构具有良好的机械弹性,能够缓解在充放电过程中电极材料的体积变化,减轻对电极材料内部结构的破坏;③导电聚合物独特的链结构和丰富的官能团可有效地限制元素硫及其多硫化物在电解质中的溶解,提高电极材料的利用效率;④导电聚合物的导电性可以大大改善单质硫及多硫化物的绝缘性质。此外,由于一些导电聚合物具有电化学活性,可参与锂硫电池电极反应,从而为硫/导电聚合物正极材料提供额外的比容量。聚吡咯(PPy)是最早研究的用作锂硫电池正极的导电聚合物。2006 年 WANG J 等使用氧化聚合法成功在硫纳米颗粒上聚合了导电聚合物 PPy。实验表明,PPy 的引入提高了单质硫的导电性、比容量和循环稳定性,减缓了多硫化物的溶解[205]。为了进一步限制多硫化合物的溶解,从而提高其电化学性能,WU F 等采用氧化聚合法制备了一种新型的核壳结构硫/聚噻吩复合材料用作锂硫电池正极材料。聚噻吩不但有助于增加电极材料的导电性,而且在硫颗粒表面形成的多孔结构有助于电解质的吸附以及在电极材料内部的吸附过程,使得锂硫电池具有 1 119.3 mA·h/g 的比容量和 80 次充放电循环后 74% 的电容保持率[199]。聚苯胺(PANI)也被用于锂硫电池正极材料,XIAO L 等合成了聚苯胺纳米管封装的单质硫纳米复合材料,由于部分硫单质可以在灌硫过程中与聚苯胺反应生成稳定的三维框架结构,有利于单质硫与多硫化物的填充,因此该材料表现出良好的电容性能和倍率性能[206]。

多硫聚合物以其优异的可加工性、柔性和宽广的工作电压窗口而受到了广泛的关注。近年来对有多硫聚合物锂硫电池正极材料的研究虽然取得了很大的突破,但实现多硫聚合物正极材料的高储硫含量、高导电性和大规模制备依然面临挑战。WEI S 等成功合成了硫化聚丙烯腈作为锂硫电池的正极材料,其中多硫化物以亚稳态和共价键的形式与聚丙烯腈骨架连接。在充放电过程中,聚合物中每个硫原子都参与到电荷的转移,使得电极比容量达到 837 mA·h/g。由于硫元素以 $S_x(x=2\sim3)$ 形式存在于聚合物基体中,因此大大抑制了多硫聚合物的溶解和穿梭效应,从而提高了硫元素的原料利用率与倍率性能[207]。KIM H 等报道了另一种使用多孔有机晶体模板合成了一种多硫聚合物,其中三聚硫氰酸的氨基有利于锂离子在充放电过程中的传输速率。由于该多硫聚合物三维结构与官能团的作用下,锂硫电池具有良好的循环稳定性(100 次循环后 945 mA·h/g,比容量保持率为 92%)和倍率性能[208]。

2.4.4 聚合物及其纳米复合材料用于钠离子电池

钠与锂元素都是碱金属元素,它们具有很多相似的化学性质,相比之下,钠元素的来源更加丰富,分布也更加广泛,因此许多研究人员仿照锂离子电池的构型与原理去开发钠离子电池,以期能够实现钠离子电极材料的大量制备与使用[209,210]。虽然钠离子电池的发展史比较短,但是钠离子电池的正负极材料、电解液、隔膜等方面近些年都有很大进展。因此,钠离子电池似乎是少数几种有望取代锂离子电池的储能体系之一。近年来,由于自然环境污染的问题以及能源短缺的问题加剧,聚合物基钠离子电池电极材料的研究得到了国内外学者的热烈关注。与无机电极材料相对比,聚合物基钠离子电极材料有着明显的优势,包括理论比容量较高、电极材料的来源和原料丰富、材料内部的柔韧性以及制备方法简单可控等。由于钠离子与锂离子储能时候嵌入和脱出机制的相似性,用于钠离子电池电极材料的聚合物及其纳米复合材料与锂离子电池具有一致性。根据金属钠离子的嵌入机理主要可以分为基于羰基反应(C—O 键)的聚合物(聚酰亚胺等)和基于掺杂反应的聚合物(导电聚合物、微孔聚合物、金属有机聚合物等)[211,212]。

基于羰基反应的聚合物电极材料主要是聚酰亚胺。由于共轭结构的聚酰亚胺在非质子溶剂中的低溶解性以及结构中的羰基结构,因此可以用于钠离子电池正极材料,具有良好的循环稳定性。使用 PTCDI 聚合得到的聚酰亚胺材料经过 5 000 次充放电循环,电容量几乎没有衰减[213]。CV 曲线随着扫描速率线性增加,表明钠离子的嵌入过程主要受电容行为控制。另外,通过共聚酰亚胺和苯醌单体以及制备三维多孔聚酰亚胺聚合物,也能够制备出具有更高比容量的聚合物电极[214-216]。

最早作为导电聚合物基钠离子正极材料的是聚乙炔和聚对苯二酚。导电聚合物在不同的工作电压下可以实现不同的 N 型和 P 型掺杂[217]。通过对聚吡咯进行改性制备的二苯胺-4-磺酸盐掺杂聚吡咯(PPy/DS)正极材料能够增加钠离子嵌入/脱出过程中对聚合物链段的利用率,增加材料的比容量[218]。纳米结构聚苯乙烯/聚苯胺/石墨烯复合正极材料也被合成出来,其比容量具有显著的提升[219]。

具有共价有机框架的共轭微孔聚合物(COF)由于具有有利于钠离子的快速迁移的高比表面积和微孔结构、电解质溶解度低的聚合物结构以及丰富的氧化还原反应活性中心,因此可以作为高性能钠离子电池的正极材料[220]。SAKAUSHI K 等报道了一种含有由苯和三嗪环结构的双极性多孔有机聚合物电极(BPOE)。该聚合物显示具有 1.4 nm 的均匀微孔的二维纳米片结构,在充电过程中,ClO_4^- 离子的 P 型掺杂反应发生在 2.8～4.1 V 电压范围内。在放电过程中,Na 离子嵌入导致的 N 型掺杂反应发生在 1.3～2.8 V 的电压范围。在1.3～4.1 V 的电压范围内,锂硫电池的稳定容量约为 230 mA·h/g。在电解质为 1 mol/L $NaClO_4$ 的聚碳酸丙烯酯溶液中,该电池可以循环 7 000 次,显示出良好的循环稳定性(图 2.30)[221]。

金属有机聚合物相对于二茂铁等金属有机小分子化合物,具有较大的分子量和低的电解质溶解性,因此也可以作为钠离子正极材料。例如,在混合电解质中,二茂铁基金属有机聚合物可以在3.2 V以上的电压下发生P型掺杂嵌入和脱出ClO_4^-阴离子,其中铁元素的化合价由+2变为+3价。充放电过程中的特征电压几乎不变,显示了该正极材料的快速反应动力学。受高分子链长的限制,二茂铁基金属有机聚合物的理论比容量仅约为100 mA·h/g。该聚合物具有快速的反应速率以及高的功率密度,具有很好的发展前景[186]。

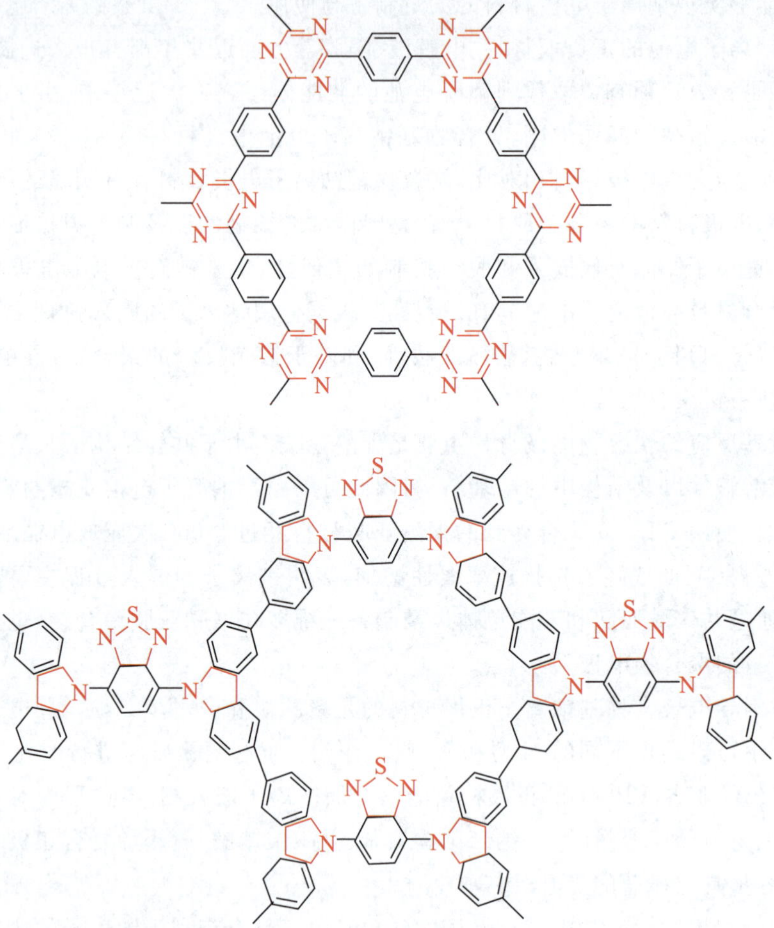

(a) 共轭微孔聚合物的结构

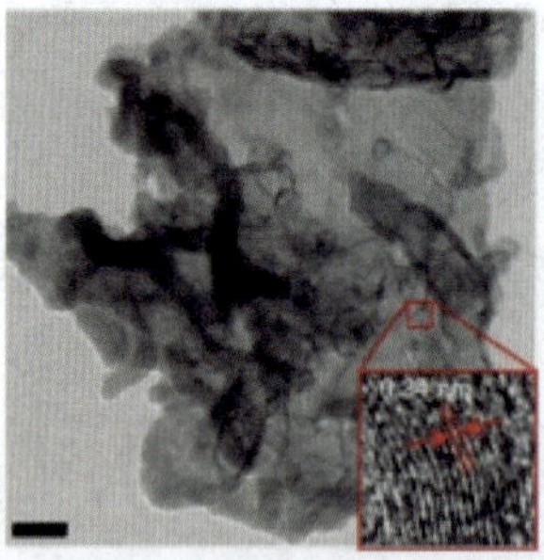

(b) BPOE的TEM照片(其中标尺为100 nm)

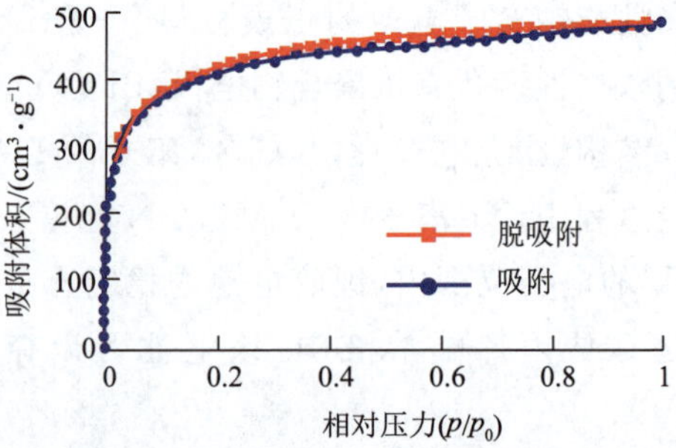

(c) BPOE的氮气脱吸附曲线

图 2.30

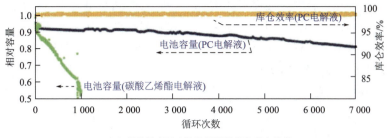

(d) 组装钠离子电池的循环性能和库仑效率

图 2.30　共聚微孔聚合物(BPOE)的化学结构、微观结构、氮气脱吸附性质及电池性能[221]（续）

2.4.5　结论与展望

聚合物及其复合材料由于其高的理论比容量、良好的离子和电子传导率、结构可设计性强、绿色环保以及合成路线简单等优点,被广泛用于超级电容器、锂离子电池、锂硫电池以及钠离子电池等电化学能量储存原件的电极材料的制备之中。但是也因其循环稳定性差、材料寿命短、耐久性差、生产成本高等缺陷制约了其产业化规模的生产和应用。要想使聚合物进一步接近实际应用,就必须对聚合物基电极材料的结构进行进一步的改性优化,对其电荷和离子的微观传输机理更加深入研究,对提高聚合物基电极材料的稳定性的合成方法进一步探究,以及对电极材料的工艺路线进一步简化。因此,开发绿色、可持续和可再生能源的角度开发新型聚合物纳米复合材料储能材料还需要更多的研究工作。

2.5　电化学能量转换纳米复合材料

在过去的一个世纪,由于现代社会的快速发展和科学技术的提高,在材料、化工、环保、航空航天、信息科技、医疗、电子及能源等各个领域都取得了重大进展。然而,伴随着社会高速发展发达的同时,日益加剧的能源匮乏与化石燃料消耗所引起的环境污染问题,已然变成阻碍人类与自然和谐发展的巨大阻碍。随着我国经济的飞速发展,能源消耗量越来越多,而传统能源(煤、石油、天然气)依然是能源消耗的首位。传统能源在地球的存储量有限,均为一次性能源,在短时期内不可再生,因此终有一天传统能源将被消耗殆尽。而能源又是人类社会存在和发展的基础,要在满足人类对能源与产品需求日益增加的基础上,减少对 CO_2 等污染物的排放,开发可持续、不需要化石能源的途径,来生产全球重要的燃料和化学品变得至关重要。为此,人类必须改变对传统的化石能源的依赖,建立起新型的清洁能源转换体系[222,223]。可再生能源(如风能、太阳能、海洋能、地热能等)在地球的存储量非常可观,是减少无限制燃烧化石燃料的替代品。然而,这些可再生能源是不稳定的,高度依赖于外部环境,如天气、气候和地理特征。它们的不稳定性导致不能持续供应,致使利用率较低。因此,大力开发新能源存储技术成为我们日后关注的重点。由于能量可以通过氧化还原反应来转换和储存,电化学能量转换和存储技术能高效转换电能和化学能,引起人们的广泛关注。在这些转换和存储装置中,氧化还原反应的进行、离子和电子的输运实现了能量的储存和释放。当前,常见的电化学转换与储能系统有:太阳能电池、超级电容器、碱金属离子电池、燃料电池、锂电池、金属空气电池。其中,燃料电池和金属空气电池是基于氧气的全新能量电化学转换技术,因算得上真正意义上的"零排放"清洁能源转换体系而受到越来越多的关注,有着广阔的应用前景。近年来,关于如何进一步提高这些技术的应用价值,成为科研人员乃至全社会共同关注的焦点。

当前,这些技术的发展一直受制于空气电极缓慢的氧化还原反应(ORR)。具体来说,就是因为这些反应缓慢的反应动力学与过高的反应势垒,导致过慢的反应速率和过高的能量消耗,从而降低了能量转换的速率与效率。因此,紧迫的需要合成高性能的催化剂材料,来减小氧还原过程的反应势垒、增加其化学反应速率,从而提高能量转换效率。总之,设计高性能氧还原电催化剂,有利于推动燃料电池及金属空气电池技术的发展,由此建立的新型清洁能源转换体系,对将来新能源的开发与利用影响深远。当前,商业化的催化剂主要是催化活性高的贵金属铂(Pt)类材料,但由于存在价格昂贵、地球含量稀少及稳定性较差等问题,极大地阻碍了其推广应用。因此,开发高效、低成本、耐用的氧还原电催化剂,是实现高效燃料电池及锌空气电池的迫切需要。近年来,许多非贵金属基电催化剂被相继报道,如碳基催化剂和过渡金属基催化剂等[224-227],提高了燃料电池及金属空气电池技术应用前景。但是,当前这些催化剂 ORR 催化活性仍然远低于 Pt。

因此,为了进一步提高燃料电池和金属空气电池的性能,一个比较棘手的问题就是如何设计与构筑多功能、低成本、高效率且稳定的非贵金属电催化剂。对于这些电化学装置与设备,其功能材料需满足快速的电荷载体运输、比表面积大、化学稳定性高和电化学活性高等特点。纳米材料通常具有较强的扩散动力学、较快的粒子运输和较大量的活性位点,因此被广泛用于能量转换和存储设备中。其中,由高分子组成的纳米复合材料具有成本低、易合成、高度可调的物理化学特性和热稳定性,因而备受关注。这些材料不仅具有聚合物的内在特性、高离子导电性与电化学活性等,还可以得到结构衍生的扩展性能,如连续骨架、高表面积等。因此,高分子基纳米复合材料将作为一种新的多功能材料平台广泛应用于能源转换领域。本节主要介绍燃料电池和金属空气电池的基本知识,包括其结构、特点、分类,并综述高分子基纳米复合及其衍生材料作为这些能量转换装置电极材料的应用研究进展。

2.5.1 燃料电池概述

2.5.1.1 燃料电池发展简史

燃料电池是一种不通过燃烧直接将燃料的化学能转化成电能的装置,具有能量转化效率高、清洁无污染等特点[228-231]。燃料电池作为解决人类未来能源问题的重要途径之一,受到越来越多研究者的重视。燃料电池自诞生起至今已近 200 年。1839 年,英国物理学家 Grove 首次证明了燃料电池[232]。1842 年,Grove 研制发明了第一块燃料电池,当时被称为气体伏打电池(gas voltaic battery),该电池通过将氢和氧混合来产生电能。之后 Ostwald 在热力学上证明了化学电池的能量转换效率高于热机。1939 年,英国工程师

Bacon制得了第一个实用化的碱性燃料电池(AFC)组,功率达到5 kW,同期,美国通用电气公司发展了质子交换膜燃料电池(FEMFC)技术,两者分别被应用到NASA的Apollo和Ge分钟宇航飞船上。此后,燃料电池技术开始迅速发展,并且地面电站使用的燃料电池开始得到重视。1967年,磷酸燃料电池(PAFC)问世,1977年美国建成了第一个1 MW PAFC电站。1991年,世界最大容量的燃料电池电站由日本东京电力公司五井火力发电厂投入运行,使用功率达11 MW的熔融碳酸盐燃料电池机组。1993年,Perry科技公司的能源系统部与当时新兴的加拿大Ballard公司合作,成功研制出以聚合物电解质膜(PEM)燃料电池为动力的潜艇。1993年,佩里能源系统公司的后继能源伙伴公司展示出了首台以PEM燃料电池为动力的客车。在美国能源部的支持下,汽车厂商积极参与到这项行动中,并在20世纪末几乎每一家汽车制造商都生产和展示了以燃料电池为动力的汽车,自此,一个新兴产业应运而生。

2.5.1.2 燃料电池分类

(1)按照所使用的电解质不同,燃料电池可分为五类:以氢氧化钾为电解质的碱性燃料电池(AFC)、以浓磷酸为电解质的磷酸燃料电池(PAFC)、以质子交换膜为电解质的质子交换膜燃料电池(PEMFC,又称为聚合物电解质燃料电池 PEFC)、以熔融的锂-钾碳酸盐或锂-钠碳酸盐作为电解质的熔融碳酸盐燃料电池(MCFC)、以固体氧化物作为氧离子导体的固体氧化物燃料电池(SOFC)。其中,质子交换膜燃料电池(PEMFC)除具有燃料电池的一般特点之外,同时还具有高能量密度、可在室温下快速启动、无电解液流失、寿命长等突出特点,因此具有广阔的应用前景[233]。

(2)按燃料电池的运行机理,主要分为酸性燃料电池和碱性燃料电池。

(3)按燃料电池的燃料种类,可分为甲烷、乙烷、丁烷、氢气、丁烯以及天然气等气体燃料,甲醇、甲苯、汽油、柴油等有机液体燃料。只有将有机液体燃料和气体燃料经过重整器的"重整"制氢后,才能作为燃料电池的阳极燃料来发电。

2.5.1.3 燃料电池的原理及结构

1. 燃料电池的工作原理

以PEMFC为例,其工作示意图如图2.31所示[234],当阳极注入氢气作为燃料,阴极通入氧气作为氧化剂时,其反应式如下:

阳极: $H_2 \longrightarrow 2H^+ + 2e^-$

阴极: $1/2 O_2 + 2H^+ + 2e^- \longrightarrow H_2O$

总反应: $H_2 + 1/2 O_2 \longrightarrow H_2O$

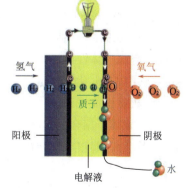

图2.31 燃料电池的工作示意图[234]

在阳极区域,注入的氢气在催化剂的作用下,会失去电子发生氧化反应,并释放出H^+,H^+进入到电解质中,并到达阴极,而电子则通过外电路到达阴极。在阴极区域,注入纯氧或者空气,其在催化剂的作用下,获得电子并与阳极过来的H^+反应,被还原为水。随着氧化还原反应的持续进行,电子会不断地流经外电路,从而产生电流。

2. 燃料电池的结构

PEMFC 单电池的基本组件主要包括双极板、密封垫、气体扩散层、催化层和离子交换膜,如图 2.32 所示。

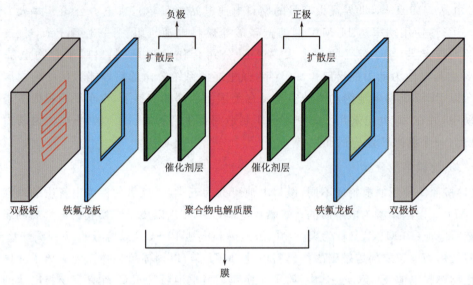

图 2.32　PEMFC 单电池组成部件示意图[230]

(1) 离子交换膜

离子交换膜是 PEMFC 中的阻隔电子,离子传导媒介,主要传导阳离子(质子),所以也被称为质子交换膜(proton exchange membrane,PEM),近年来传导 OH^- 的阴离子交换膜也成为研究的热点。离子交换膜的性能直接决定 PEMFC 的性能。离子交换膜需要满足以下条件:

① 电导率高;
② 适用温度范围广;
③ 阻隔气体性能好;
④ 化学和电化学稳定性好;
⑤ 机械性能好。

对于阳离子聚合物膜,根据其含氟量可以分为全氟膜、部分含氟膜和无氟膜;根据其结构可分为均质膜和复合膜。当前,PEMFC 中使用的离子交换膜主要是全氟磺酸膜(PFSA)。

(2) 扩散层

扩散层是催化剂和膜的支持体,起着均匀分布气体燃料和液体燃料、支撑催化剂和稳定电极结构的作用,还具备为电极反应提供气体通道、电子通道和排水通道等多种功能。为了满足以上功能,气体扩散层的材料必须满足以下要求:

a. 电子电导率高;
b. 传质阻力小;

c. 导热性能好；

d. 耐腐蚀；

e. 机械强度好，刚柔性适度；

f. 成本低，性价比高。

当前，被用作 PEMFC 扩散层的材料主要有碳纸与碳布等。常用的是日本 Toray 公司的 TGP-H 系列、加拿大 Ballard 公司的 Av Carb Grade-P50T 系列和德国 SGL 公司的产品。

(3) 双极板

燃料电池中双极板的作用是分隔反应气体、收集电流、将各个单电池串联起来并且为反应气进入电极以及水排出提供通道。双极板在 PEMFC 中起支撑、集流、分隔氧化剂和还原剂并引导氧化剂和还原剂在电池内电极表面流动的作用。为实现上述功能，要求双极板材料具有以下性能：

① 电子导电率高，不传导阳离子；

② 阻隔气体性能好；

③ 导热性好；

④ 耐腐蚀；

⑤ 机械性能好；

⑥ 体积小，重量轻。

双极板根据其材质的不同可分为机加工石墨板、金属板和导电复合材料双极板。机加工石墨板是最早用作 PEMFC 的电极板，也是应用最广的双极板，但是石墨的机械加工性能差。金属板价格便宜、强度高，且加工简单，但在电池工作过程中阴极板表面易生成不溶性氧化物，导致导电性能下降，从而面电阻增大；阳极板则易被腐蚀而溶出金属离子。导电复合材料双极板由聚合物和导电填料（如石墨）混合经模压、注塑等方法制作成型，加工简单、价格便宜，最有希望大幅度降低双极板成本和实现大规模生产。

(4) 催化剂

催化剂是电池最重要的组成部分，有燃料电池的"心脏"之称，负载有催化剂的膜电极是发生反应的场所。在实际应用中，燃料电池系统的能量转换效率往往受到电化学转化过程的高活化势垒的限制，特别是阴极的缓慢氧化还原反应(ORR)。这些激活能垒的程度是由 ORR 的高过电位所定义的，这可以通过诱导低能量中间产物的电催化剂来克服。在典型的氢氧燃料电池中，铂纳米粒子负载在高比表面积炭黑(Pt-C)上，是当前用于阳极和阴极氢氧化反应(HOR)的实用催化剂。ORR 的动力学较慢（比阳极的 HOR 慢 5 个数量级），需要高负载量的铂催化剂，并且大多数铂催化剂都存在于阴极。根据美国能源部(DOE)2007 年的一项研究，基于大规模燃料电池生产的预计成本，燃料电池组成本的 56% 来自铂催化剂层[235,236]。因此，降低膜电极中催化剂的载量是实现电池低成本的关键。由于 PEMFC 的工作温度一般低于 100 ℃，阴极与阳极反应都需要借助催化剂来降低活化能以加快电化学反应速率，因此 PEMFC 催化剂应具有以下特点：

① 低温下电催化活性高；

② 电化学稳定性好；

③ 电导率大；

④ 比表面积大。

与催化剂紧密连接的离子交换膜通常为强酸性电解质，所以可选的金属催化剂只有贵金属及其合金和一些过渡金属(如钛、钽、铌、锆、钨)。当前，PEMFC 主要以贵金属铂或者铂合金为催化剂。铂的价格昂贵且资源匮乏，使得 PEMFC 成本高，限制了其大规模的应用。为提高铂的利用率、减少铂的用量，铂类催化剂以纳米级颗粒形式载到电导率高、抗腐蚀的载体上。当前应用最广的载体是 VulcanXC-72 炭黑，它的平均粒径约为 30 nm，比表面积为 250 m^2/g。PEMFC 催化剂研究的两个主要方向是：提高铂的利用率，降低载量；寻找非贵金属催化剂。另外，除催化剂本身的性质对电极反应起主要作用外，其他一些因素(如电池工作温度、电极制作工艺、催化剂的制备方法和催化剂载体的选择等)也对催化剂的催化效果有很大的影响。

当前，用来提高催化剂利用率的方法主要有：制备电极时加入孔生成剂以增大孔隙率；优化催化层中离子聚合物的含量；在制备电极时加入碳材料，如碳纳米纤维(CNF)，做整平层；用金或其他金属做内核，外侧包覆 Pt；与其他过渡金属氧化物(如 GeO$_2$)混合，提高催化剂耐 CO 性；改变 Pt 的负载方式，如等离子喷涂；通过激光修饰膜的表面；制备电极时加入助剂，加强 Pt 与离子聚合物的接触，如加入硅烷偶联剂；使用高比表面积的催化剂载体[234,237-239]。

3. 燃料电池的特点

燃料电池是一种直接将蕴含在燃料和氧化剂中的化学能转换为电能的发电装置，其结构和工作原理与化学电池基本相同，都由阴阳两极组成。其中阴极发生电化学还原反应，反应物得到电子，阳极发生电化学氧化反应，反应物失去电子。阳极从反应物得到的电子经由外电路流向阴极，从而使燃料电池持续输出电流。电流方向为阴极到阳极，因此阴极对应燃料电池的正极，而阳极对应燃料电池的负极。与普通化学电池有所不同的是，燃料电池的阴、阳极反应物都是经由燃料电池装置的外部输入，生成物则从燃料电池出口排出，而化学电池的反应物和产物均被封闭在电池内电流方向为阴极到阳极，因此阴极对应燃料电池的正极，而阳极对应燃料电池的负极。与普通化学电池有所不同的是，燃料电池的阴、阳极反应物都是经由燃料电池装置的外部输入，生成物则从燃料电池出口排出，而化学电池的反应物和产物均被封闭在电池内部。因此，燃料电池在燃料、氧化剂持续供应的条件下能够持续发电，这又与内燃机相似。

燃料电池作为发电装置，具有以下突出优势：

(1)能源转换的效率高。由于燃料电池不是热机，不受卡诺循环效率的限制，理论效率可高达 85%～90%。实际工作中由于各种极化作用，当前实际的转换效率可达 40%～60%。若采用热电联供技术，综合效率可达 80% 以上。

(2)对环境友好。燃料电池没有燃烧过程，不会产生氮氧化物、硫氧化物、烃类等大气污染物。如使用氢燃料，温室气体排放量为零，可实现对环境友好的目的。如果氢是通过可再生能源产生的(光伏电池板、风能发电等)，整个循环就是彻底的不产生有害物质排放的过程。

(3) 噪声较低。相比于热机,燃料电池的工作原理是电化学反应,燃料电池运动部件较少,运行更安静,噪声干扰小。研究表明,与一个功率为 40 kW 的磷酸燃料电池(PAFC)相距 4.6 m,传递的噪声水平约为 60 dB,而高达 11 MW 大功率 PAFC 的噪声也不高于 55 dB,相当于人们正常交谈的水平,不会对人类的工作、学习造成干扰。

(4) 适用范围广。燃料电池电反应堆能模块化设计,可根据实际需要调整电反应堆规模的大小,从而适应不同应用场景。

这些突出的优越性,使得燃料电池技术被公认为 21 世纪最有前景的发电技术,它的研究和开发也越来越受各国政府和公司的关注。当前,正是由于这些具有吸引力的特征,燃料电池已在汽车、摩托车、自行车、分布式发电、备用电源、便携式电源、飞机、轮船、水下航行器等方面应用。

2.5.2 金属空气电池概述

金属空气电池(metal air battery,MAB)或称金属燃料电池(metal fuel cell,MFC),是一种介于原电池与燃料电池之间的"半燃料"电池,兼具原电池和燃料电池的特点,具有比容量大、比能量高、成本低、放电稳定等优点,被认为是未来很有发展和应用前景的新能源。金属空气电池由金属负极、电解液和空气电极构成,其空气电极可以源源不断地从周围环境中汲取电极反应的活性物质氧气,而不必像其他电池那样只能从电池装置内部索取。金属空气电池以金属(如锂、镁、铝、锌、汞、铁等)作为阳极(或负极)反应物,以纯氧气或者空气中的氧气作为阴极(或正极)反应物。与其他电池相比,金属空气电池具有结构简单、原料资源广泛廉价、比能量高、可再生利用和环境无污染等优点,因此在能量效率和环境保护方面具有很深的研究意义。金属空气电池按其结构特点可分为三种类型:一次电池纽扣电池、二次可充电池、阳极可置换式电池。电池结构如图 2.33 所示:

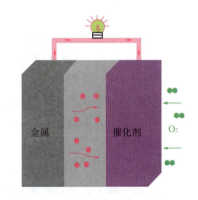

图 2.33 金属空气电池结构示意图[240]

金属空气电池不仅具备蓄电池和燃料电池的优点,而且还具有原材料丰富、比能量高、寿命长、无污染、不需要充电设备、能快速更换金属燃料和电解液、搁置性能优良等特点。金属空气电池与燃料电池相比,由于金属空气电池以金属替代了燃料电池的氧燃料,因此它无燃烧、爆炸之危险,比燃料电池更安全可靠。与现有电池相比,金属空气电池可提供更大的电力,且极大地减少了充电时间,与锂离子电池相比,它具有更高的能量密度和更低的循环寿命。金属空气电池是具有巨大潜力的新型储能设备,逐步成为新的研究热点,包括当前已经比较成熟的锌空气电池、锂空气电池、镁空气电池和铁空气电池等。当前研究最多的是锌空气电池和锂空气电池,至于铁空气电池和镁空气电池,也有过研究,但由于放电电压和质量比能量都比较低,并且开发使用成本相对于其他金属空气电池而言要高很多,因此当前主要集中在锌空气电池和锂空气电池两种空气电池的研究与开发。锌空气电池和锂空气电池作为典型代表,在未来的新能源绿色发展中,具有很广泛的应用市场和前景。其中,金属锌具有环境友好、成本低、资源丰富和容易回收等优势,商业化前景十分广阔,其理论能量密度为 1 312 W·h/kg,大约是当前锂离子电池的 2~5 倍甚至更高。另外,金属空气电池有非常低的制造成本(比锂离子低约两个数量级),具有成为新能源汽车电池的可能[241]。而锂空气电池理论能量密度达到 5 200 W·h/kg[242](氧气计算在内),高出现有锂离子电池体系一个数量级,优异的性能使得其发展潜力巨大,一些跨国公司已经将其视为非常有希望的下一代储能装置。2009 年 IBM 宣布开始一项为期多年的研究计划,准备将锂空气电池作为新能源汽车动力电池,一次充电后驱动汽车行驶 300 英里(1 英里=1 609.3 m)以上路程。下面对这两类金属空气电池发展过程、工作原理、组成及特点进行系统概述。

2.5.2.1 锌空气电池概述

锌空气电池以金属锌为负极、氧气为正极、氢氧化钾水溶液为电解液。组装成组的锌空气电池具有良好的一致性,允许深度放电,电池的放电比容量不受放电强度的影响,并且使用温度范围广泛(−20~80 ℃),具有较高的安全性,可以有效防止因短路、泄漏造成的起火或爆炸。另外,由于空气电极的寿命非常长,因此当电池比容量用完后,只需要更换负极锌板就可以实现电池能量的重新补给,即可被设计为"机械式再充电"的二次电池。

1. 锌空气电池的发展

锌空气电池的发展大概经历了以下几个阶段:

(1) 1878 年,用镀有铂的碳粉作电池正极,以氯化铵水溶液作为电解液,制成了第一个锌空气电池。因采用微酸性电解质,电极性能极低,工作电流密度只有 0.3 mA/cm²,它在第一次世界大战中被用作铁路和邮电系统中的电源。

(2) 1932 年,Heise 和 Schumacher 重新设计了电池,以经石蜡防水处理的多孔碳作为正极,以汞齐化锌作为负极,以 20% NaOH 水溶液作为电解质。这种碱性锌空气电池的放电电流密度得到了大幅度提升,可达到 7~10 mA/cm²,但输出功率较低且体积偏大,主要用于铁路遥感信号设备和助航设备中。

(3) 20 世纪 60 年代,高性能的气体电极的出现,使锌空气电池的性能又得到一次突破。自 1965 年美国研发了以聚四氟乙烯为黏结剂的薄型气体扩散电极后,经逐步发展,此类电极的放电电流密度可达到几十甚至几百毫安每平方厘米,从而使锌空气电池进入范围更大的应用领域。

(4) 近年来,高性能纽扣式锌空气电池逐步替代了氧化银电池和汞电池,已被广泛用作助听器的电源。随着气体扩散电极理论和制造工艺的进一步完善,以及氧催化剂的深入研究,高电流密度、大功率的锌空气电池的诞生还将为新一代新能源汽车提供强大动力。

2. 锌空气电池的原理及结构

(1) 锌空气电池的工作原理

锌空气电池的工作原理如图 2.34 所示。电池负极原料是锌,正极原料是来自空气中的氧气,电解液一般为碱性溶液(常用 20%~30% KOH 电解液)。在放电过程中,负极的锌被氧化为正二价的锌离子,并与氢氧根结合形成锌酸盐中间产物,最终形成氧化锌,同时向外

电路释放电子。与此同时,正极发生氧还原反应(ORR),得到电子被还原为氢氧根进入电解液中。反应方程式如下[222]:

正极(阴极): $O_2 + 2H_2O + 4e^- \longrightarrow 4OH^-$

负极(阳极): $Zn + 4OH^- \longrightarrow Zn(OH)_4^{2-} + 2e^- \longrightarrow ZnO + H_2O + 2OH^- + 2e^-$

电池总反应: $2Zn + O_2 \longrightarrow 2ZnO$

充电过程与之相反,在负极,氧化锌得到电子重新被还原为金属锌。在正极,氢氧根离子发生氧气析出反应(OER)失去电子生成氧气释放到空气中。反应方程式如下:

正极(阳极): $4OH^- \longrightarrow O_2 + 2H_2O + 4e^-$

负极(阴极): $ZnO + H_2O + 2e^- \longrightarrow Zn + 2OH^-$

电池总反应: $2ZnO \longrightarrow 2Zn + O_2$

(2) 锌空气电池的结构

锌空气电池结构与锌锰电池结构相似,一般包括以下部件:正极、负极、隔膜、电解液、疏水膜、外壳等,其中正极包括防渗漏层、催化剂层、气孔和集流体。以纽扣式锌空气电池为例,详细介绍各个部分,如图 2.35 所示。

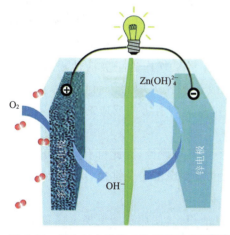

图 2.34 锌空气电池的工作原理示意图[222]

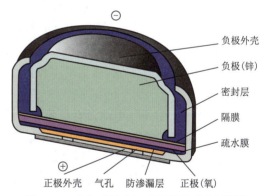

图 2.35 纽扣式锌空气电池结构示意图[243]

① 外壳:分为正极壳和负极壳,其中正极外壳上留有通气孔,以使空气能通过外壳进入到正极参与反应。

② 隔膜:主要作用就是从物理上分开正极和负极。除此之外,为了提高电池效能,隔膜还要具有一些特性,例如,低的离子阻力和高的电阻率,对碱液的高吸附性,同时还要具有对碱液较高的耐腐蚀性和耐氧化性,抑制锌枝晶的形成。从组成上,隔膜可分为有机膜、无机膜、复合膜和改性薄膜等。

③ 电解液:锌空气电池常用的电解液是碱性电解液和中性电解液。小功率锌空气电池使用中性电解液,既具备优异的性能,又可避免电解液碳酸化,一般为 NH_4Cl、KCl 等。大功率锌空气电池采用碱性电解液,主要是 KOH 和 NaOH 等,两者相比较,KOH 水溶液拥有更高的氧气扩散系数和较低的黏度,以及与大气中的二氧化碳(CO_2)结合形成的碳酸钾

(K_2CO_3)或者碳酸氢钾($KHCO_3$)比相应的钠盐拥有更高的溶解度,因此 KOH 水溶液更为常用,且多采用 KOH 质量分数为 20%～30%的水溶液作为电解液。

④ 锌负极:金属锌在碱性电解质中相对稳定,而且它还是能够从电解质水溶液中电沉积的最活泼的金属。锌空气电池负极材料常用的是锌板和锌粉、锌膏等。小功率设备(如助听器用的纽扣式锌空气电池)多使用锌粉,而一些中等功率或者大功率设备(如方形、圆柱形锌空气电池)多使用锌膏。一些超大功率设备(如动力电池)多采用锌板或者加入锌膏循环装置。从理论上分析,锌电极比表面积越大,越有利于反应进行,整个电池性能就越好。

(3) 锌空气电池的特点

与其他电池相比,锌空气电池具有如下优点:

① 比能量高。由于正极活性物质(空气中的氧气)在电池的外部,电池内可以装入更多的负极活性物质,使得锌空气电池的理论比能量达到 1 350 W·h/kg 以上,实际比能量在 1 000 W·h/kg 以上,属于大比容量、高能比化学电源。

② 价格低廉,基本等同于现在普遍使用的铅酸电池。

③ 性能稳定,放电平稳,能在较大的负载区间和温度范围内工作。由于在电池内部可建立一个氧的储存腔,所以锌空气电池的大电流放电和脉冲放电性能都相当好。成组的锌空气电池具有良好的一致性,不存在其他类型电池中所出现的充放电不均匀现象。该电池允许深度放电,工作电流范围很宽,且能在-20～80 ℃的宽温度范围内正常工作。

④ 原料丰富,成本低廉,无污染。由于利用空气中的氧气作为正极活性物质,锌空气电池内省去了沉重的氧化剂部分,从而使电池的有效体积大大增加。而且负极材料锌资料丰富,成本低廉,回收方便,再生成本较低。电池本身不含有害的反应剂,因此不会污染环境。

⑤ 安全性好。锌空气电池没有极强的活性,也不具有可燃性,因此可有效防止因泄漏、短路而引起的起火或爆炸;而且金属锌没有腐蚀性,可以实现密封免维护,对人体不会造成危险和伤害。

⑥ 充电方便。与传统铅酸电池、锂电池等二次电池相比,使用机械更换金属锌阳极,通常只需要 3～5 min 即可。

⑦ 内阻小。锌空气电池内部具有较大的腔,可以储存大量的氧气,因此其工作时的内阻小,在大电流放电、脉冲放电时表现出更良好的性能。

⑧ 储存寿命长。电池大多采用密封式,只有空气电极的防水透气层暴露在空气中,密封储存电池,电池在没有开封使用之前,能够较好地保存。

因此,锌空气电池被广泛地应用于航海中的航标灯、无线电中继站、电动车等许多领域。此外,锌空气电池还具有一次性使用寿命长的特点,相信在技术成熟、成本降低后,它将会大量用于移动通信设备。

2.5.2.2 锂空气电池概述

锂空气电池是一种新型的能量存储设备,利用空气中的氧气作为正极活性物质,锂金属作为负极。与各种金属空气电池系统相比,锂空气电池的实际能量密度具有明显的优势,其理论能量密度可以达到 11 140 W·h/kg,略低于汽油(11 860 W·h/kg),但它的能量转换效率不受热机卡诺循环的限制,90％的能量转换效率远远高于汽油发动机的能量转换效率(12.6％左右)。即使装配完整的锂空气电池体系,其能量密度仍可达到惊人的 5 200 W·h/kg,与当前性能最好的锂离子电池相比,锂空气电池的能量密度高出了一个数量级,其优异的性能使得其应用潜力非常巨大。这种高能量密度的锂空气电池非常具有吸引力,在电动汽车、机械、航空航天等领域有着非常广泛的应用,在全球范围内引起了普遍的关注。

1. 锂空气电池的发展历史

1996 年,Abraham 等最早报道了一种聚合物锂空气电池,基于非水聚合物电解液碳酸酯,克服了水系电解液的缺点,避免了金属锂的腐蚀问题。正极是复合碳电极,负极是金属锂,电解质为胶体,催化剂为酞菁钴。研究显示,电池的开路电压为 3.05 V,放电平台约为 4 V,在放电电流密度为 0.1 mA/cm² 的情况下测试,放电比容量是 1 400 mA·h/g,具有一定的循环性能。随后,拉曼光谱和原位 X 射线衍射光谱法(XRD)检测到放电产物主要为 Li_2O_2,他们通过这个结果使得锂空气电池引起了人们的广泛关注。2006 年,Ogasawara 等在研究之后,提出了一种可以初步实现多循环次数的锂空气电池。这类锂空气电池的电解液是碳酸酯类,首次能够实现 50 次的循环次数,并且在 50 次之后,电池仍然能够保持 600 mA·h/g 左右的比容量。此后,国内外的研究人员渐渐地都开始投入到锂空气电池的研究之中。

一般来说,通过所用电解液的类型,可以把锂空气电池分为以下四种:有机电解液型(不含水、水系电解液型、有机-水混合电解液型,全固态电解质型。其中液态的电解液,由于传导锂的速度更加快,研究得也更加多。在非水的液态电解液方面,Bruce 实验室做了许多研究工作推动了非水体系锂空气电池的发展。但是人们发现,采用有机电解液也给这种电池体系带来了新的问题,即电池的放电产物(Li_2O 或者 Li_2O_2)是几乎不溶于电解液的,也不具有导电性能。这些放电产物在放电过程中会沉积在电池的正极表面,因为其不导电,这会降低正极反应的反应速率,导致电池失效,电池放电终止。就目前的研究来看,这已成为制约锂空气电池发展的主要因素之一。与有机体系的电池相比,以水溶液为电解液的锂空气电池发展得相对较晚。最开始的研究在 2004 年,Visco 等为了防止在电池的测试中负极锂金属会被电解液中的水分腐蚀,在锂的表面包覆了一层致密的保护膜。这个研究结果在第 12 届国际锂电池会议(IMLB)中有所报道。Wang 和 Zhou 也提出了一种有机与水的混合体系锂空气电池,这种电池在金属锂的电极一侧是有机电解液,而在氧电极的一侧是水相电解液。同时还应用了锂离子传导膜(LISICON)来隔开两种电解液。使用两种电解液的这种锂空气电池不仅能够避免锂金属被腐蚀,而且也解决了电池放电产物沉积在正极上,导致电池失效的问题。测试证明,在 0.5 mA/cm² 的条件下进行充放电,电池可以实现 500 h 的连续放电,放电比容量达 50 000 mA·h/g。

2. 锂空气电池基本原理

锂空气电池具有传统锂离子电池和金属空气电池的一些特点。锂空气电池的正极是空气电极,一般用多孔的气体扩散材料;负极采用的是金属锂。放电过程中,电池工作的基本原理是锂与氧气发生反应,将化学能转变成电能。同时,在充电的过程中,锂与氧气反应之后的放电产物再被分解,这时电能进行了储存。其中,有机体系也叫非水体系,有机体系锂空气电池包括三部分:金属锂、有机电解质和空气电极。在锂空气电池的充放电过程中,空气电极主要发生氧气还原过程(oxygen reduction reaction,ORR)和氧气析出过程(oxygen evolution reaction,OER),负极主要发生金属锂的溶解和沉积过程。在放电过程中,锂金属被氧化溶解为 Li^+,并通过电解质传递到空气电极,而电子则通过外电路传递到正极,从而实现给负载供电;氧气在空气电极一侧被还原成 O^{2-} 和 O_2^{2-},并与锂离子反应生成 Li_2O 和 Li_2O_2 等,都属于固体产物,最后沉积在多孔结构的空气电极中。充电时,过程正好相反,Li_2O 和 Li_2O_2 等产物氧化分解释放氧气,锂离子通过电解液迁移至负极沉积成金属锂。1966 年 K. M. Abraham 等首次提出了其基本的工作原理:

$$2Li + O_2 \longrightarrow Li_2O_2 \ (E_0 = 3.10 \text{ V})$$

Read 等在锂空气电池放电产物中发现了 Li_2O,因此提出了新的电池反应机理:

$$2Li + (1/2)O_2 \longrightarrow Li_2O \ (E_0 = 2.90 \text{ V})$$

半电池反应过程依次如下:

负极: $$Li(s) \longrightarrow Li^+ + e^-$$

正极: $$Li^+ + 1/2 \ O_2 + e^- \longrightarrow Li_2O_2$$

由于正极反应不可逆,电池在充电后不能够完全逆向返回形成 Li 和 O_2,该反应过程基本上不被考虑,因此,Li_2O_2 可以被当作是锂空气电池阴极最理想的放电产物。此外,研究者还发现在 Li_2O_2 产物中存在极少量的超氧化锂(LiO_2)物质,主要是由于放电过程中 Li_2O_2 歧化所致。

3. 锂空气电池的结构

锂空气电池这个概念最早是由 Littauer 和 Tsai 等提出的。锂空气电池中,采用锂金属片作为负极,采用空气中的氧气作为正极活性物质,锂空气电池根据电解液的不同可以主要分成以下四种体系:有机体系、水系、固体电解质体系和有机-水混合体系,如图 2.36 所示。锂金属在水系电解液中极不稳定,容易发生腐蚀,导致金属锂的自放电效率高,库伦效率低,电池的安全性差等问题。因此,该类电池首要考虑的问题是金属锂阳极的保护措施。

全固态电解质体系通常由高分子聚合物(聚丙烯腈基聚合物电解质等)构成,不存在液体溶剂挥发等缺点,但该类电池电解质本身的离子电导率非常低,在充放电过程中还存在着空气电极的体积变化等问题,可选择锂离子传导高的电解质来解决上述问题。

混合电解质体系通常需要加入一个保护膜,来避免阳极金属锂与不同类型的电解液之间发生反应,但是该保护膜需要具有较好的离子导电能力并抑制电解液的渗透。

非质子电解质体系通常包括有机碳酸类电解液、醚类电解液和离子液体电解液等。该类电解液具有疏水性较强、电化学窗口较宽和离子电导率较高等优势,其应用于锂空气电池能够很好地解决含水电解质体系和混合电解质体系的安全问题,以及全固态电解质体系离子传导率低的问题。综上,非质子电解质体系具有安全、可靠、离子电导率大等优势,成为现阶段锂空气电池重点研究的方向。以下主要介绍非质子电解质体系锂空气电池的研究。

4. 锂空气电池的特点

锂空气电池作为理论能量密度很高的电池体系,一直以来备受关注。它具有的优点大致可以分为如下的几点:

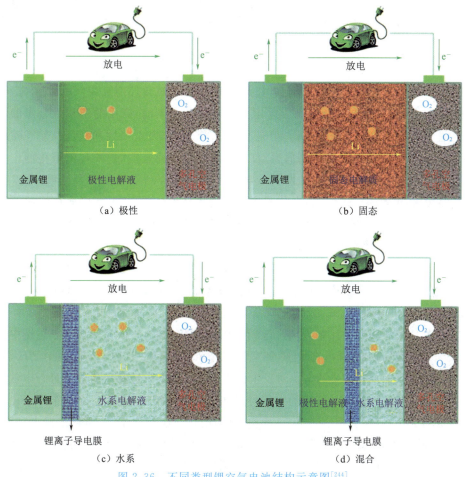

图 2.36　不同类型锂空气电池结构示意图[244]

(1)高理论能量密度。锂空气电池是采用锂金属作为负极,多孔气体扩散层作为空气电极,在放电过程中将锂和氧气的化学能转变成电能的电池反应体系,其活性物质氧气来自空气。因此,在换算能量时,不会用到正极的空气,只要用负极的金属锂即可。也正是因为如此,锂空气电池的比容量非常高,为 3 860 mA·h/g,理论比能量密度更是高达 11 680 W·h/kg。

(2)与其他金属空气电池相比的可逆性。虽然比不上锂离子电池,但是与当前已经在研究的金属空气电池相比,锂空气电池特别是有机体系电解液的锂空气电池仍然具有不错的可逆性能及循环性能。在研究的最开始,首次报道的锂空气电池充放电过程就能够循环 50 次。在此之后,其他报道也陆续证明了锂空气电池的可逆性,并且电池的循环性能一直都在研究下进行逐步改善。在最新的报道中,锂空气电池更是表现出了上千次的循环性能。这让人们觉得,锂空气电池在电动汽车上的应用将不再是奢望。

(3) 环境友好。锂空气电池因为其正极材料氧气是空气中的组分,因此是一种环境友好的新电化体系。锂空气电池不使用有害的物质,在充放电的工作之中也不会产生对环境有污染的物质,是一种实实在在的清洁能源。

(4) 成本低廉。同样因为锂空气电池的正极活性物质是氧气,可以从空气直接源源不断地获取,使得锂空气电池的成本大大降低。

2.5.3 聚合物纳米复合材料在锂空气电池中的应用

虽然燃料电池和金属空气电池能量密度较高,但由于氧化还原反应(ORR)动力学迟缓,使得电池极化增加,能量效率下降限制了其进一步发展。当前,商用的铂系贵金属催化剂在很大程度上推动了ORR反应的进行,但是其高昂的价格以及选择性和稳定性差等问题限制了其发展。这就迫使寻找一种价格低廉、良好催化活性和稳定性的ORR电催化剂。

有学者研究发现将不同功能的两种或者多种材料混合制备纳米复合材料,可以有效地提高催化剂的利用效率。近年来,高分子聚合物因其易于合成、稳定性好而在能源领域有着广泛的应用。根据其是否导电,可分为导电聚合物和非导电聚合物。非导电聚合物发现较早,种类繁多。相比于非导电聚合物,导电聚合物具有出色的导电率,在新能源领域更受关注,应用更广。自1977年发现有机导电聚合物以来,导电聚合物优异的物理和化学性质(如较高的室温电导率、可逆的氧化还原特性、不同氧化还原状态下的光吸收特性、电荷储存性等)使这些材料在电催化、二次电池、电磁屏蔽和隐身技术、传感器和金属防腐等不同的学科领域得到了广泛的应用。近几年,导电高分子作为电催化剂载体,研究较多的是主链中含有杂原子(如N、S、O等)的一类导电高分子,如聚苯胺(PANI)、聚吡咯(PPy)、聚吲哚(PIn)、聚咔唑(PCZ)、聚噻吩(PTh)及其衍生物等。对发生在电极表面的电子转移反应能够进行电催化是导电聚合物最引人注目的功能。与传统的碳材料催化剂载体相比,导电高分子作为催化剂载体具有一些独特的优点:制备方法简单、易操作,分为电化学法和化学法,原料来源丰富,成本相对低廉;易形成三维多孔结构,可利用比表面积高;通过官能团的引入,可对其结构及性能进行改进、调控;良好的电化学活性与高的抗氧化腐蚀能力;既能质子导电又能电子导电的特性。

尽管高分子聚合物具有众多优点,但一般存在力学强度、电学性能和催化性能等不太理想,导致单纯的聚合物作为电催化剂时普遍存在着性能偏低,稳定性差等问题。将其与力学、电化学催化性能优异的材料进行复合,有望弥补其不足,提高单一组分的性能,拓展功能。于是更多的科研学者将目光聚焦到了聚合物纳米复合材料的制备及性质研究上。他们将聚合物与其他功能物质在纳米尺度下进行复合,试图通过对复合方式、复合比例及各组分的微/纳米尺度的调控等进行控制来提升这类材料的性能。有关研究表明,进行纳米尺度的复合,一方面,可以通过各组分间的协同互补效应使聚合物复合材料的原有性能大幅提高;另一方面,通过引入新的组分可以赋予聚合物新的功能。聚合物纳米复合材料的制备存在两个重要的问题:功能聚合物纳米结构怎样制备;其他组分通过怎样的方式引入到聚合物体系中。此外,聚合物的结构,聚合物与第二组分间的界面黏结力以及各组分的比例都会对纳米复合材料的性能都有一定的影响。因此,聚合物纳米复合材料的制备方法十分重要,需要解决两者的相容性问题，从而实现优势互补。下面将对几类典型的聚合物纳米复合材料的制备方法及相关应用进行详细的讨论。

2.5.3.1 导电聚合物与碳纳米材料的复合

碳材料是当前研究和应用很广泛的材料，从宏观领域来说，碳的同素异形体有三种形式：石墨、金刚石和无定形碳。自从富勒烯（C_{60}）、碳纳米管（CNT）被发现，碳材料有了新的存在形式，以此掀起了碳纳米材料的研究热潮。1999年有序介孔碳纳米结构材料和2004年石墨烯的成功发现，又引起了碳材料研究的另一次热潮。碳纳米材料是指分散相尺度至少有一维小于 100 nm 的碳材料。碳材料具有高的比表面积、良好的电导性和化学稳定性，在电催化等能源转换方面具有很好的应用前景。其大比表面积、高表面反应活性等导致材料吸附氧气的能力增强、表面的活性位点增加、催化效率提高。但是这些碳纳米材料都存在着加工性能差的缺点，这限制了它们的应用。在它们表面修饰有机分子或聚合物可以改善它们的分散性。而利用功能性导电聚合物进行修饰，不仅可以增加它们的加工性能，而且能提高它们的一些其他性能。碳纳米材料/导电聚合物复合电催化材料一般是将碳纳米材料与导电聚合物进行复合，利用碳的高导电性在复合材料中形成稳定的导电网络，降低由催化剂所引起的电阻值。导电聚合物兼具提供活性位点和导电性的作用。导电聚合物通过在碳纳米材料表面原位聚合，可以在碳表面形成一层均匀的包覆层，改善导电聚合物的形貌与分散度，从而提高材料比表面积和催化活性，并可以达到提高循环稳定性的目的。

KAKATIN 等将 Pt、PPy 与 MWCNT 通过化学聚合的方法制备出 Pt/PPy/MWCNT 复合材料[245]，PPy 均匀包裹在 MWCNT 表面。与 MWCNT 相比，PPy/MWNT 不仅可以有效提高 Pt 的均匀分散性能，材料的催化性能及稳定性也有所提高。樊荣等以对苯二胺(PPD)改性的氧化石墨烯(GO)为碳载体，三氯化铁($FeCl_3$)为金属源，聚苯胺(PANI)为氮源，经高温热处理和酸刻蚀制备了结构均匀的铁—聚苯/功能化石墨烯（Fe-PANI/PGO）催化剂，并考察其对氧气(O_2)还原催化性能[246]。如图 2.37 所示，Fe-PANI/PGO 催化氧还原的起始电位和半波电位可分别达到 −0.057 V 和 −0.122 V，极限电流密度更是达到了 −5.145 mA/cm²。同时阐明了 Fe-PANI-PGO 催化剂的催化活性提升主要归因于碳结构无序性的增大。

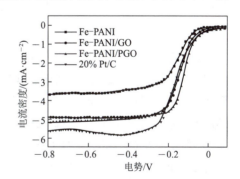

图 2.37　PANI/PGO 催化剂的 LSV 曲线图

YUANY 等研究了聚苯胺/炭黑(PANI/C)载体复合酞菁铁(FePc)的材料（PANI/C/FePc)作为微生物燃料电池(MFC)空气阴极氧还原反应(ORR)催化剂的性能[247]。采用循环伏安法(CV)和线性扫描伏安法(LSV)对 PANI/C/FePc 的 ORR 电催化活性进行了评价。与碳负载的 FePc 电极相比，ORR 在 PANI/C/FePc 电极上的峰值电位向正电位方向转移，峰值电流显著增加，说明 FePc 吸附在 PANI/C 上的活性增强。此外，MFC 实验结果表明，PANI/C/FePc 很适合作为 MFCs 的阴极材料。PANI/C/FeP 作为阴极材料的最大功率密度为 630.5 mW/m²，高于 C/FePc(336.6 mW/m²)，甚至高于 Pt(575.6 mW/m²)。同时，PANI/C/FePc 阴极的成本功率是 Pt 阴极的 7.5 倍。因此，PANI/C/FePc 可作为 MFCs 中 Pt 的潜在替代品。

此外，该研究小组还将聚吡咯/炭黑(PPy/C)复合材料作为空气阴极微生物燃料电池(MFC)氧还原反应(ORR)的电催化剂[248]。研究中采用 CV 法和 LSV 法对 PPy/C 的电催化活性进行评价。与炭黑电极相比，PPy/C 电极上 ORR 的峰值电位向正约偏移 260 mV，说明 PPy 对 ORR 具有电催化活性。此外，MFC 实验结果表明，聚吡咯/碳复合材料可以很好地替代 MFC 中传统的阴极材料。采用 PPy/C 阴极的 MFC 的最大功率密度为 401.8 mW/m²，高于采用炭黑阴极的 MFC 的最大功率密度为 90.9 mW/m²，采用非热解 FePc 阴极的 MFC 的最大功率密度为 336.6 mW/m²。尽管 PPy/C 阴极的输出功率低于商用 Pt 阴极，但其成本功率是 Pt 阴极的 15 倍。因此，由于经济上的优势，PPy/C 可以作为 MFCs 中 Pt 的一个很好的替代品。

MANESHKM 等研究了在 0.5 mol/L H_2SO_4 介质中，在含有聚苯胺(PANI)膜的修饰电极上，玻碳电极表面接枝多壁碳纳米管(MWNT)的电催化氧还原反应(ORR)[249]。以氨基功能化 MWNT 和苯胺为工作电极，采用电化学聚合法制备了 GC/PANI-g-MWNT 修饰电极(ME)。采用循环伏安法和安培法研究了 GC/PANI-g-MWNT-ME 的电催化活性。GC/PANI-g-MWNT-ME 对 ORR 具有显著的电催化活性。GC/PANI-g-MWNT-ME 具有较强的起始电位和较高的催化电流密度。JIANGS 等首次成功地通过氧化石墨烯-聚苯胺复合材料(GO/PANI)和 NH_4F 的热处理制备了氮、氟双掺杂介孔石墨烯(NF-MG)，得益于 N 和 F 共掺杂到 GO 骨架中的协同作用，优化了复合材料的氧还原反应性能[250]。催化剂在碱性介质中可与最先进的 Pt-C 催化剂相媲美，是燃料电池中高效无金属电催化剂的理想选择。

2.5.3.2 导电聚合物与金属纳米材料的复合

金属纳米材料是指晶粒尺寸在纳米量级(通常小于 100 nm)的多晶体金属材料。其晶粒细小、晶界体积分数甚大，因而表现出许多普通金属材料所不具备的性能特征。金属有机框架(metal organic frameworks, MOF)是由有机配体和金属离子或团簇通过配位键自组装形成的具有分子内孔隙的有机-无机杂化材料，具有高度有序的三维骨架结构、可控的孔隙度、大的可达表面积和可调的化学性质等优良性能，是一种非常有前途的催化剂候选者。有趣的是，MOF 衍生的 M-N-C 材料在碳骨架中孤立金属节点和杂原子分布均匀、表面积大、孔隙结构分层等方面保持了一些原有的优势，这对于高性能 ORR 工艺是必要的。然而，大多数 MOF 衍生的碳材料都存在不连续的电子导电性，这些导电性是由分散的 MOF 纳米颗粒引起的。提高 MOF 衍生碳材料导电性的一种策略是将它们与导电载体结合。聚苯胺(PANI)是一种本质上具有导电性的聚合物，在结构导向剂的作用下，可以很容易地合成各种形态(如纤维/管、点/壳和其他取向纳米结构)。如图 2.38 所示，GAO S 等以苯胺单体为原料，采用原位聚合法制备了 N-掺杂碳包覆的 MIL-101-Fe(MIL-101-Fe@PANI)，采用热解法制备了 N-掺杂碳包覆的 Fe_3O_4($NC@Fe_3O_4$)电催化剂[251]。该方法可以在不影响介孔结构的情况下，有效地将 Fe_3O_4 掺入 N 掺杂碳材料中。特别是 PANI 同时作为氮源和附加碳源,在制备的电催化剂中具有高导电骨架。这可能有助于其高 ORR 电催化活性和在碱性电解质中的良好稳定性。

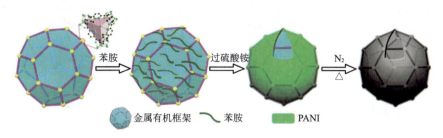

图 2.38　热解法制备 NC@Fe_3O_4 材料的流程示意图[251]

如图 2.39 所示,KHALID M 等通过对聚苯胺(PANI)与金属有机骨架(ZIF-67)杂化合成的络合物 PANI/ZIF-67 在碱性介质中对氧还原反应(ORR)、析氧反应(OER)和析氢反应(HER)均具有良好的电催化活性[252]。研究发现,PANI-ZIF-67 复合物对 ORR、OER 和 HER 的催化活性可以通过简单地改变 PANI 与 MOF 的重量比来调节。此外,还测试了该材料作为一次锌空气电池的空气电极的性能,结果表明,开路电位为 1.42 V,峰值功率密度为 45 mW/cm^2,均优于 Pt-C 空气电极。PANI/ZIF-67 优异的多功能催化活性主要归功于热解后 PANI/ZIF-67 络合物中钴纳米粒子、Co_3O_4 和氮掺杂碳的协同作用。

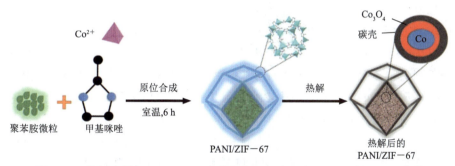

图 2.39　热解法制备 PANI/ZIF-67 络合物衍生碳复合材料的流程示意图[252]

YANG L 等报道了一种自牺牲模板方法合成了含氮的空心炭微管作为 ORR 的电催化剂[253]。如图 2.40 所示,他们用 Fe-MIL 纳米晶体作为自牺牲模板,聚苯胺(PANI)原位合成并沉积于纳米晶表面。通过将 MIL-101(Fe)@PANI 杂化材料进行两步热解,在自牺牲模板分解后,制备了具有独特微结构的碳纳米管,其壁内包裹有 Fe_3O_4 纳米颗粒。最优的 C-PANI-MIL-2 催化剂在碱性介质中起始电位为 1.0 V。

除了 MOF 以外,金属化合物作为能源转换装置的电极材料也一直是研究热点,具有良好的电催化性能和循环稳定性,特别是过渡金属氧化物。过渡金属氧化物拥有独特的物理和化学性质,使其在能源转换、电化学催化等方面有着重要作用,成为近年来研究的热点。但大部分过渡金属氧化物具有比较宽的带隙,属于半导体材料,导电性能较差,这大大地限制了其作为电极材料的应用。当前,很多研究都是通过将金属化合物与导电聚合物进行复合,以改善其导电性差的缺点。随着材料科学的迅速发展,以及材料纳米结构对材料性质影响的深入研究,促使人们对不同结构和功能的纳米材料进行杂化复合来提升它们的性能。因此,通过调控材料的微观结构可以改善材料的性能,最终实现过渡金属氧化物及其复合材料的微观结构设计与调控,使其在解决能源和环境问题方面具有极其重要的实际作用。

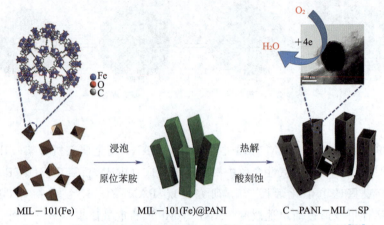

图 2.40　热解法制备 C-PANI-MIL-SP 碳复合材料的流程示意图[253]

DINGKQ 等采用循环伏安法(CV),在 0.5 mol/L H_2SO_4 溶液中加入 0.2 mol/L 苯胺和 0.5 mol/L $MnSO_4$,成功制备了二氧化锰-聚苯胺(MnO_2-PANI)复合材料[254]。扫描电镜(SEM)图像显示,生成的菜花状的二氧化锰与聚苯胺纠缠在一起。紫外可见分光光度法(UV-Vis)和傅里叶变换红外光谱法(FTIR)的结果表明,该复合材料中 MnO_2 和 PANI 之间也存在着相互作用。在石墨电极上对合成的复合材料进行改性,并首次用于氧化还原反应(ORR)。得到的循环伏安图(CVs)验证了 ORR 可在 MnO_2-PANI 合成物上进行。研究中探讨了 MnO_2-PANI 可能的催化机理,在此基础上提出了 ORR 算法。

如图 2.41 所示,ZHOU X 等以 β-MnO_2 为模板,通过原位氧化聚合聚苯胺得到新型的 PANI/β-MnO_2 纳米复合材料[255]。该复合材料表现出比 β-MnO_2 及 PANI 与 β-MnO_2 混合物更高的氧还原催化活性,这是由于 β-MnO_2 和聚苯胺之间的相互作用,增加比表面积和电导率,促进了电子转移过程。测试结果表明,聚苯胺/β-MnO_2 作为阴极材料用于 MFC 的发电,最高功率密度是商业化阴极的 1.2~1.4,阴极电阻低 10%~20%,这表明该催化剂在 MFC 领域有潜在的应用价值。

图 2.41　聚苯胺/β-MnO_2 纳米复合材料的制备示意图[255]

如图 2.42 所示,HE J 等报道了通过改变反胶束模板化,一步合成介孔 NiO/MnO_2 的新方法[256]。该催化剂经聚苯胺(PANI)包覆后,在碱性介质中均表现出良好的析氧反应(OER)和氧化还原反应(ORR)的电催化活性和稳定性。对于电化学性能,最佳的催化剂在

0.1 mol/L KOH 溶液中，10 mA/cm² 的 OER 电流和 −3 mA/cm² 的 ORR 电流下表现出 0.75 V 的电位间隙。应用多种表征方法来研究催化剂的结构-性能与活性的相关性。催化剂的高电催化活性与聚苯胺的良好导电性、易接近的介孔结构、高表面积以及特定核壳结构的协同作用密切相关。该工作为能源转换和储存应用的核壳结构催化剂的合理设计开辟了一条新的途径。

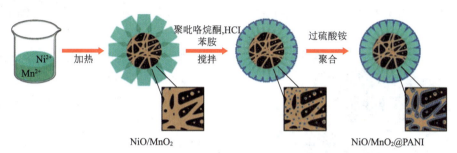

图 2.42　核壳结构介孔 NiO/MnO₂@PANI 材料形成过程示意图[256]

如图 2.43 所示，邹志娟等采用热解新型 TiO₂/聚苯胺(PANI)复合物的方法合成 TiO₂/C 催化剂[257]，研究了复合物中 PANI 和 TiO₂ 比例和热处理对材料性能的影响。结果表明，在 TiO₂/PANI 复合物中，PANI 中的氨基（或亚氨基）与 TiO₂ 表面羟基间有键合作用。由于这种相互作用的存在，抑制了 TiO₂ 由锐钛矿向金红石的转变，并且使 TiO₂ 颗粒附着在 PANI 纳米纤维表面，减少了 TiO₂ 的团聚。高温热处理可以使 PANI 发生碳化生成的碳材料包覆在 TiO₂ 表面，材料由 TiO₂/PANI 变为 TiO₂-C，氧还原活性明显提高。同时在高温热处理过程中，PANI 骨架中的氮元素在碳化过程中掺杂入石墨化碳的晶格，有利于氧还原活性的提高。

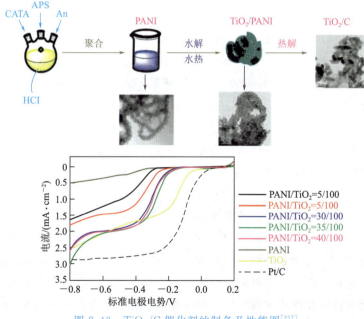

图 2.43　TiO₂/C 催化剂的制备及性能图[257]

CAO S 等通过表面保护煅烧工艺合成了直径可控、比表面积大的碳化聚苯胺-Mn_2O_3(CPANI-Mn_2O_3)介孔杂化壳[258]。从聚苯乙烯模板出发，依次加载 PANI、MnO_2 和 SiO_2，然后去除模板并煅烧，得到所需的 CPANI-Mn_2O_3 杂化壳。在高温煅烧过程中，SiO_2 壳层的引入对保持结构起着决定性的作用。CPANI-Mn_2O_3 杂化壳层对氧化还原反应(ORR)具有优异的电催化活性，起始电位为 0.974 V，比电流为 60.8 mA/mg，整体接近于 4 电子反应过程，与基准 Pt/C 相当。高比表面积、锰的表面氧化态和组分间的协同作用使其具有优异的 ORR 性能。

FU Y 等用简单水热法合成了准纳米立方体，然后在 α-Fe_2O_3 表面通过原位化学聚合吡咯，而后在氮气气氛中热解得到 α-Fe_2O_3@NC 复合催化剂[259]。如图 2.44 所示，与原始 α-Fe_2O_3 相比，合成的复合催化剂具有良好的 ORR 催化性能，包括起始电位的正移，极限电流密度的提高和更优的循环稳定性。其电催化性能的提高可能是由于复合材料的本征电阻和电荷转移电阻低、吡啶-N 和(或)Fe-N 含量高、石墨-N 的出现以及复合材料表面丰富的氧空位导致。

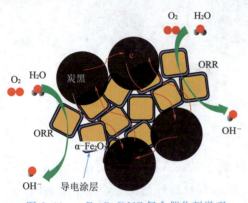

图 2.44 α-Fe_2O_3@NC 复合催化剂微观结构和氧还原性能关系图[259]

V. G. Khomenko 等采用旋转圆盘电极法研究了 PANI/C、PPy/C、过渡金属氧化物/C、PPy/C/过渡金属氧化物等复合催化剂的氧还原机理和动力学。结果表明，PANI/C 和 PPy/C 催化剂几乎没有扩散限制，反应的缓慢阶段是化学吸附氧气在聚合物表面，然后解吸和形成过氧化氢(双电子机制)。相比之下，对于无机复合材料过渡金属氧化物-C，极限阶段为氧扩散阶段，而计算出的有效电子数约为 3.0。开发这种复合聚合物催化剂不仅可以大大提高 ORR 的效率，而且可以消除电化学装置中产生大量腐蚀问题的过氧化氢。

LI C 等提出了一种连续沉淀诱导形成胶体颗粒的限域自组装方法，其中疏水性金属有机化合物$(Ph_3P)_2Fe(CO)_3$ 被包裹在聚(苯乙烯-共聚-丙烯腈)纳米颗粒中[260]。具有限域作用的聚合物能够确保$(Ph_3P)_2Fe(CO)_3$ 在高温热解过程中均匀碳化并分散在碳基质中，成功制备出 Fe、P 和 N 共掺杂的碳纳米颗粒，其比表面积高达 380 m^2/g。Fe-P-N 掺杂的碳催化剂在酸性和碱性电解质中均表现出 4 电子的氧化还原过程，以及高的电催化活性和电化学稳定性。通过简单调节制备参数易于获得可调控催化活性的 Fe-P-N 掺杂碳基氧还原催化剂。

通过一些先进的合成方法制备的多孔结构和高表面积的导电聚合物还可以作为载体使用，从而促进了电催化材料的发展。一些导电聚合物具有相当高的导电性，这使得电子通过聚合物链在电极和金属催化剂颗粒之间穿梭成为可能。因此，一个高效的电催化反应过程可以在这些复合材料上获得。导电聚合物作为固定催化活性金属颗粒的载体已经引起了很大的重视。作为燃料电池催化剂载体的大部分导电聚合物是杂环共轭聚合物，如聚苯胺、聚吡咯、聚噻吩和它们的衍生物。尤为重要的是，导电聚合物中存在连续的共轭结构，与金属纳米颗粒之间会产生一定的相互作用，改变金属表层的电子结构。这将会使吸附在金属表面的 CO 类物质的吸附能降低，从而加速其转化，提高催化剂的电催化活性和稳定性。另外，导电高分子的引入会为电荷在其表面与金属催化剂间的传递提供低的欧姆电压降，从而有利于电荷的传输与转移；导电高分子较长的 π 电子共轭结构与金属纳米颗粒间也许会存在一定的电子效应，影响到金属纳米颗粒表面的电子分布，从而对其电催化活性及抗毒化性能产生影响。因此，导电高分子作为一种新型催化剂载体，为低温燃料电池催化剂载体方面的研究开辟了一条新路径。

张玉晖等在 Fe^{3+} 或 Co^{2+} 存在下进行吡咯的聚合反应，得到金属离子掺杂的聚吡咯，并在 N_2 气氛下 700 ℃ 碳化，再将该碳化产物在 900 ℃ 焙烧得到含有不同金属的复合催化剂 PPy-M(M 为不同的金属)[261]。采用多种测试手段等对催化剂的结构进行了表征。通过 CV 和 LSV 扫描等电化学手段，研究了催化剂对氧还原(ORR)的电催化活性及其稳定性。结果表明，掺杂金属钴的催化剂的活性最好，在酸性溶液中 ORR 起始电位达到 0.54 V，电流密度为 7.5 mA/mg@−0.3 V；在碱性溶液中 ORR 的起始电位为 −0.11 V，电流密度为 5.7 mA/mg@−0.8 V。Fe 或 Co 掺杂的聚吡咯碳化物对 ORR 具有较强的电催化活性，而且制备过程简单、成本低，有重要的研究意义。

如图 2.45 所示，PAPIYA F 等研究了以磺化聚苯胺(SPANI)为载体合成的非贵金属双金属镍钴纳米催化剂在直接甲醇燃料电池中的应用[262]。用扫描电镜和透射电镜研究了纳米颗粒在载体上的均匀分散。电感耦合等离子体发射光谱(ICP-OES)还显示了镍钴纳米粒子在 Ni-Co/SPANI 和 Ni-Co/PANI 纳米催化剂体系的聚苯胺杂化结构上的均匀分布。此外，Ni-Co/SPANI 催化剂的高比表面积与均匀分散和高孔隙率相结合，使其成为燃料电池应

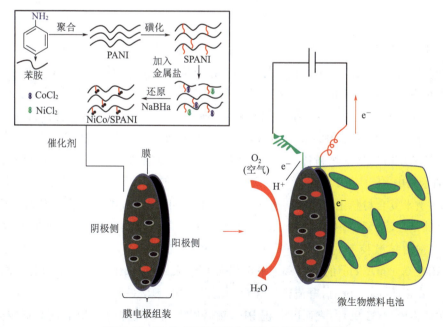

图 2.45　Ni-Co/SPANI 催化剂的合成示意图[262]

用的有前景的催化剂材料。在所有合成的电催化剂中,Ni-Co/SPANI 催化剂的催化活性最高,对氧还原反应(ORR)的稳定性增强。Ni-Co/Ni 催化剂最高功率密度 659.79 mW/m², 与 Pt/C 催化剂性能相当(483.48 mW/m²)。在金属镍钴催化剂体系中,聚苯胺等导电聚合物作为载体具有潜在的应用前景。

如图 2.46 所示,PENG H 等研究了添加过渡金属(锰、铁、钴、镍、铜)对掺杂碳催化剂 M-PANI/C-Mela 结构和性能的影响[263]。结果表明,不同过渡金属的掺杂对催化剂的结构和性能有显著影响。掺杂铁、锰得到石墨烯结构的催化剂,掺杂钴、镍、铜得到无序或纳米片结构。过渡金属的掺杂可以提高催化剂的性能,其 ORR 活性遵循铁>钴>铜>锰>镍的顺序,与活性氮含量的顺序一致。过渡金属的各种性能增强可能是以下三个方面的共同作用的结果:N 含量(活性 N 含量)、金属残留物、表面积和孔结构,但不是任何单一因素的影响。

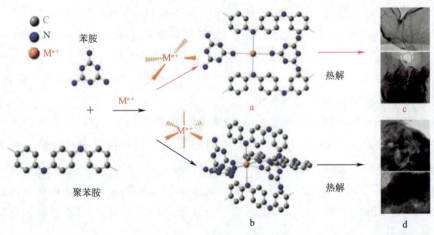

图 2.46　不同结构的过渡金属与氮共掺杂碳催化剂的形成过程示意图[263]

MICHEL M 等采用喷射逐层组装的方法,以聚苯胺纤维(PANI-F)为原料制备了粒径均一且分散性良好的纳米纤维。在选择性非均相成核反应中,铂纳米粒子被吸附到 PANI-F 上并功能化后,用 Nafion 组装 Pt/PANI-F。研究表明,功能化聚苯胺纤维形成了高度多孔但紧密的相互渗透的导体连接到催化铂颗粒网络(图 2.47)。制备燃料电池器件的功率密度为 63 mW/cm², 能量密度达到 437.5 W/g,与传统 Pt/C 催化剂的燃料电池相当[264]。

李靖等利用电化学方法制备 PPy 纳米线和 PPy-Pt 纳米复合材料,Pt 米簇均匀地分散在 PPy 纳米线中[265]。在中性的磷酸盐缓冲溶液中,氧在纳米 Pt 上的电催化还原电流仅为在 PPy-Pt 纳米复合材料上的催化还原电流的 2/3,表明 PPy-Pt 纳米复合材料对 ORR 具有较高的电催化性能。利用 CV 研究了不同扫速下氧在 PPy-Pt 复合材料上的电催化还原过程,呈现典型的扩散控制过程。VORK F T A 等研究了氢在 Pt/PPy/GC 上的电化学氧化[266]。铂在 0.4 mA/cm² 的电流密度下沉积在 PPy 表面上,极限电流密度随着铂载量的增加而增加,直至 50 μg/cm² 时,电流密度和裸铂电极一样。NAGASHREE K L 等在高氯酸水溶液中在碳糊电极(CPE)的表面电沉积 PIn,然后以 PIn 为载体电沉积催化剂颗粒[267]。催化结果表明,Pt/PIn/CPE 复合电极对甲醇的电催化氧化活性与稳定性要高于同样条件下制得 Pt/PIn/CPE、Pt/Pt 及体相 Pt 电极，主要归因于 Pt/PIn/CPE 高的电化学活性面积和强的抗 CO 毒化能力。相比于 Pt/PIn/CPE，Pt-Ni/PIn/CPE 电极对甲醇的电催化氧化电流增加了近 2 倍，主要源于 Ni 在 Ni(OH)$_2$/Ni(OOH) 之间转换过程中提供电子给 Pt 颗粒，从而促进了 Pt 对甲醇的催化活性。

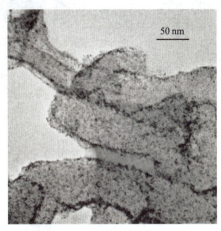 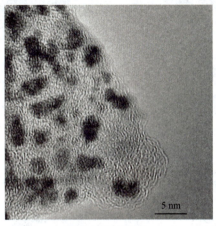

(a) 低倍电镜照片　　　　　　　　(b) 高倍电镜照片

图 2.47　Pt/PANI-F 不同放大倍数的透射电镜显微镜图[264]

聚吡咯空心球因其大的比表面积和缺陷结构而成为载体材料的研究方向之一。如图 2.48 所示，BAI Z 等通过简单的化学聚合法在磺化聚苯乙烯表面合成聚吡咯，然后使用甲苯溶液将磺化聚苯乙烯核去除，得到聚苯乙烯空心球，以其为载体，在表面还原 Pd 纳米颗粒，制备得到 Pd/h-PPy 催化剂[268]。因为聚吡咯空心球结构，所以 Pd 纳米颗粒的分散性和电化学活性表面积都显著增加。由于催化剂中存在 Pd-N 活性位点，Pd/h-PPy 催化剂与 Pd/C 相比，在乙醇氧化反应中表现出更好的电催化活性和催化剂利用率。

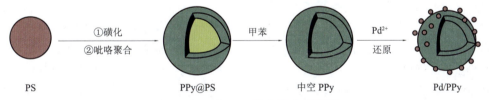

图 2.48　Pd/h-PPy 的合成示意图[268]

CHEN S 等采用原位聚合法成功制备了 Pt/C@PANI 催化剂[269]。在该催化剂中，碳载体被不同厚度的 PANI 所覆盖，同时，Pt 纳米颗粒很好地锚定在载体材料上（图 2.49）。Pt/C@PANI 催化剂是核壳结构，Pt d 轨道和 PANI π 共轭结构之间产生电子离域现象，电子会由 Pt 向 PANI 转移。稳定的 PANI 壳会保护碳载体材料免受电解质溶液的腐蚀。与传统的 Pt/C 催化剂相比，Pt/C@PANI 具有更好的 ORR 活性和稳定性。研究结果表明，ORR 活性与催化剂中 PANI 的包裹厚度有直接关系。当保护层的厚度达到 5 nm 时，该条件下的催化剂具有最好的电催化 ORR 活性，而 2.5 nm 和 14 nm 的 PANI 催化剂性能次之。WU T Y 等成功地将 Pt 纳米颗粒负载在聚咔唑片上，得到 SS-PCz-Pt 催化剂[270]。TEM 图中看到，由于聚咔唑的作用，Pt 均匀地分散在载体上（图 2.50）。SS-PCz-Pt 催化剂在甲醇氧化反应中具有很好的电催化活性和稳定性。

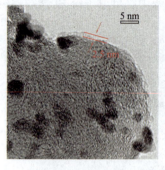 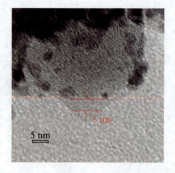 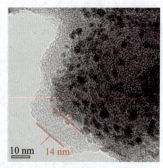

（a）保护层厚度为2.5 nm　　　　（b）保护层厚度为5 nm　　　　（c）保护层厚度为14 nm

图 2.49　不同 PANI 负载量 Pt/C@PANI 催化剂的透射电子显微镜图[269]

 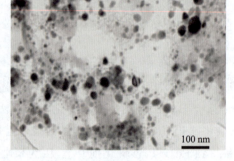

（a）SS-Pt　　　　　　　　　　　　　　（b）SS-PCz-Pt

图 2.50　SS-Pt 和 SS-PCz-Pt 的透射电子显微镜图[270]

2.5.3.3　导电聚合物与生物质材料的复合

LIANG H W 等以维生素 B_{12}（VB_{12}）和聚苯胺铁（PANI-Fe）配合物为原料，制备了一系列酸性介质中用于氧化还原反应（ORR）的介孔非贵金属（NPM）催化剂，包括钴氮掺杂碳（C-N-Co）和铁氮掺杂碳（C-N-Fe）[271]。二氧化硅纳米粒子、有序介孔二氧化硅 SBA-15 和蒙脱石被用作实现介孔结构的模板。以 VB_{12} 和二氧化硅纳米粒子为原料制备了活性最强的介孔催化剂，在酸性介质（半波电位为 0.79 V，与 Pt-C 偏差仅为 58 mV）中表现出明显的 ORR 活性，选择性高（电子转移数＞3.95），电化学稳定性好（半波仅负移 9 mV）。这些 NPM 催化剂在 ORR 中的空前性能归因于它们具有明确的多孔结构，具有狭窄的中孔尺寸分布、高比表面积（高达 572 m^2/g）和丰富的金属 N-X 活性位点的均匀分布。

如图 2.51 所示，ZHANG X 等以虾壳为碳源和氮源，使吡咯在 Fe^{3+} 存在下进行简单的聚合反应，将虾壳制备的 N 掺杂碳纳米点（N-CNS）组装成含 Fe 的 N-CN/PPy 复合材料（Fe、N-CN/PPy）[272]。将所得复合材料在 N_2 气氛下用简易热解方法进行热处理，得到 Fe、N 掺杂的多孔石墨碳（Fe-N-PGC）材料。在 800 ℃ 下热解转化的碳材料（Fe-N-PGC-800）具有近似介孔结构，孔径分布以 1.97 nm 和 2.8 nm 为中心，比表面积为 806.7 m^2/g。作为碱性介质中氧还原反应(ORR)的电催化剂,Fe-N-PGC-800 表现出优异的 ORR 催化活性,起始电位为 -0.017 V,极限电流密度为 5.42 mA/cm² (-0.4 V vs. Ag/AgCl),优于商用 Pt/C 催化剂(起始电位为 -0.018 V,极限电流密度为 5.21 mA/cm²)。此外,Fe-N-PGC-800 还在酸性介质中展示了良好的 ORR 活性,起始电位为 0.53 V,极限电流密度为 5.58 mA/cm² (0.1 V vs. Ag/AgCl),与大多数报道的铁基 N 掺杂碳电催化剂相当。由 Fe-N-PGC-800 组装制成的锌空气电池空气阴极具有优良的循环性能,其重量能量密度为 752 W·h/kg,与 Pt/C 电池(能量密度为 774 W·h/kg)相近。

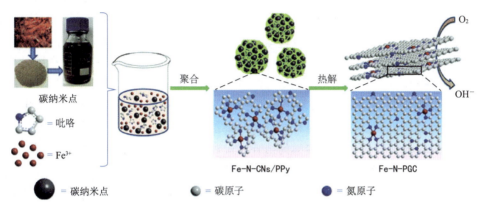

图 2.51 由虾壳制备 Fe、N 掺杂的多孔石墨碳(Fe-N-PGC)的示意图[272]

2.5.3.4 含导电聚合物多组分纳米复合材料

近年来,很多研究者关注导电聚合物聚苯胺基多元复合材料在能源转换上的应用,将聚苯胺、金属氧化物及碳材料通过不同方法复合在一起,以最大程度改善所制备纳米复合材料电催化性能和循环稳定性等性能。

DENG Z 等报道了用镍/钴盐、聚苯胺(PANI)、碳纳米管(CNT)和双氰胺直接热解制备镍/钴共掺杂 C-N 纳米复合催化剂(NiCo/C-N)的方法[273]。在合成的催化剂中,NiCO₃/CN-3 在 0.5 mol/L KNO₃ 溶液中呈现出 5.27 mA/cm² 的高稳定性 ORR 电流密度。在 NiCO₃/CN-3 催化剂上,ORR 的电子转移数为 3.78,几乎完全还原为 H_2O,在 0.5 mol/L KNO₃ 溶液中,以制备的 NiCo/C-N 复合材料为空气电极催化剂,以金属锌为阳极,制备了中性锌空气电池。对于催化剂 NiCO₃/CN-3,中性锌空气电池的开路电压为 1.16 V,最大功率密度为 38.5 mW/cm²。当放电电流密度分别为 10 mA/cm²、50 mA/cm²、100 mA/cm² 和 150 mA/cm² 时,恒电流放电时间分别为 345.7 h、160.6 h、18.1 h 和 1.3 h。在不同的放电电流密度下,电压稳定。中性锌空气电池在更换锌阳极后可反复放电,说明合成的 ORR 催化剂是中性锌空气电池的优良阴极材料。这种中性锌空气电池作为移动电源具有广阔的应用前景。

KAEWSAI D 等研究了聚苯胺/碳纳米管(PTM/PANI-CNT)负载铂(Pt)和其他金属(Ni、Co、Cr、Pd)的氧化还原反应(ORR)活性和稳定性,并与工业铂/碳催化剂进行了比较[274]。尽管 Pt/PANI-CNT 催化剂具有较大的晶体/颗粒尺寸、较低的催化剂分散度和较低的电化学表面积(ESA),其 ORR 活性和稳定性仍高于市售的 Pt/C 催化剂,这可能是因为其具有较高的导电性。第二种金属的加入提高了铂/聚苯胺-CNT 催化剂的 ORR 活性和稳定性,因为添加的金属诱导了铂/聚苯胺-CNT 合金的形成,导致含氧物质与催化剂表面之间形成一定的弱化学相互作用,因此对催化活性产生积极影响。

2.5.3.5 共价有机聚合物基复合材料

与导电聚合物不同,共价有机聚合物(covalent organic polymers,COP)是一类通过共价键(如 C—C、B—O、C—H、C—N 等)将不同几何构型和长度的有机配体组装成多维度多功能的高水热稳定性的有机多孔材料。它们具有良好的水热稳定性、化学稳定性、结构多样性及可调性,可通过调节有机配体的长度或几何构型,经过多样化聚合反应,实现定向裁剪和功能化,为高效 ORR 催化材料的制备提供了便捷、丰富、可控的新型合成平台,因此近年来在电催化领域逐渐受到关注。虽然 COP 材料表现出了优异的电催化性能,但在导电性方面仍存在进一步提升的空间,催化领域中经常采用添加基体的方式进一步提高材料的电化学活性及稳定性,高导电性、高比表面积的碳材料与 COP 材料的复合材料既保留了碳材料的大部分优良特性,同时兼具 COP 材料的电催化性能,近年来备受关注。研究者利用不同的碳材料和不同的 COP 材料,采用多样的结合方式对其复合材料电催化性能进行了研究。

Xiang 等采用了一种新颖的设计思路,通过共价有机聚合物(COP)与还原氧化石墨烯(RGO)的自组装方法合成不需要高温碳化的氧还原电催化剂(COP/RGO)[275]。经与高导电性 RGO 之间的协同作用下,ORR 活性有了显著的增强。电导率测试结果表明,COP/RGO 材料的电导率比 COP 提高了 8 个数量级(从 3.06×10^{-9} S/m 到 2.56×10^{-1} S/m),从而使得非碳化的 COP/RGO 材料具有电催化活性,从电化学性能测试结果中可知,相比于 COP 材料本身,COP/RGO 的 ORR 活性不仅有了明显的增强(起始电位 0.88 V,比原始 COP 和 RGO 的分别高 200 mV 和 100 mV)。COP/RGO 在碱性溶液中也具有良好的稳定性。

PENG P 等开发了一种无须高温处理的合成方法,利用铁酞菁(FePc)的有机骨架(COF)制备出具有高电催化活性的单原子电催化剂[276]。通过 COF 网格结构和石墨烯基质之间的分子间相互作用来铆接金属原子,构筑 Fe-N-C 活性中心。与 Pt/C 电极相比,该催化剂在氧化还原反应中表现出更为优异的催化活性,并且在锌空气电池中具有优异的功率密度和循环稳定性。

ZHUANG X 等提出了一种新的石墨烯激发的二维共轭微孔聚合物的合成方法,该聚合物具有较大的长径比和高的比表面积,采用无模板热炭化法制备了杂原子掺杂的二维多孔聚合物[277]。所得的硫、氮双掺杂二维多孔碳材料作为 ORR 的无金属催化剂表现出很高的催化性能。

2.5.4 展望

当前,燃料电池在很多领域得到应用,如一些固定场所、传输应用、便携式应用、微功率应用等。在很多应用领域,燃料电池的使用避免了有害气体排放,有助于保护环境,又不会对环境中的其他人造成噪声影响。但是,电催化材料是燃料电池技术的主要障碍。Pt 催化剂具有几个缺点,包括慢动力学、低效率、高成本。因此,当前的研究集中在低成本、高性能、高稳定性和耐久性的催化剂材料的开发上。

锌空气电池在小型电器设备上已广泛应用,扩大市场份额的重点在于大型电器设备领域。以电动车为例,锌空气电池当前的比能量是 200 W·h/kg,是锂电池的 2 倍,是铅酸电池的 8 倍,即在同等重量下,使用锌空气电池为动力比使用其他电池行程更远,能满足长距离行驶需要,同时能减少中间充电次数。锌空气电池安全稳定,不会发生爆炸事故,隔绝空气后就能停止放电。因此,如果突破技术瓶颈,锌空气电池将具有更强的竞争力,占据更大的市场份额。

尽管锂空气电池因其较高的能量密度、较好的可逆性、环境友好和价格低廉被看作未来电源体系的首选,但是,基于锂空气电池与锂离子电池截然不同的工作原理,锂空气电池所面临的挑战依然十分严重,也存在着棘手的问题,如严重的极化现象、电解液的挥发及分解、循环性能不理想、功率性能不理想、金属锂负极的腐蚀等。锂空气电池面临的挑战,同时也是其能否成功实际应用的关键性问题,也为当前锂空气电池的相关研究指明了方向。

2.6 热电转换纳米复合材料

能源是人类生产活动的前提保障,是整个世界发展和科技进步的根本驱动力。我们使用的能源 90% 以上来自热过程。发电厂绝大部分电力是通过热过程产生的,并用来为居民生活供电以及工业机械运作供能。热机出现于 18 世纪初,它的出现不仅推动了工业革命,而且诞生了热力学科学。热机的应用也为稳定能源供应提供保障,因此世界范围内的工业、经济取得了飞快的增长,人们充分享受着能源供应带来的生活便利和科技进步等利益。当今世界,我们使用的便利电能主要是通过燃烧化石燃料转化的。但在实际使用过程中,约 2/3 的能量以废热的形式散失于环境中。大量地使用化石能源不仅造成了日益突出的环境污染、气候变化等问题,而且化石能源在短期内来看是有限的,过度地开发也会出现资源的紧缺等问题。因此开发新能源与新技术受到各行各业的广泛关注和重视。

热电材料是一种利用固体内部载流子的运动,实现热能和电能之间相互转换的功能材料。由电流引起的可逆热效应和温差引起的电效应统称为热电效应,其中包括 Seebeck 效应、Peltier 效应、Thomson 效应、Joule 效应和 Fourier 效应。它能够基于 Seebeck 效应将余热收集成电能,或者基于 Peltier 效应通过两个互补的结传递电流来诱导冷却效应。传统意义上,热机工作原理是利用能量加热水蒸气或空气来推动齿轮的运动,而热电器件与热机的工作原理不同,热电器件中进行热电转化的物质不需要任何宏观移动,这使得热电器件具有重量轻、体积小、携带方便、工作性能稳定、无噪声、无污染、使用寿命长等诸多优点。随着技术的进步,热机的效率也在不断提高,但是绝大多数的能量还是通过散热的形式浪费掉了,并未转化为实际功。若是能将这部分热收集起来利用,那将会大大提高能源利用效率。以汽车为例,冷却系统和尾气排放系统消耗了燃料的大部分功率,而且在有用的功率中,交流发电机消耗的功率占 2%~10%,所以用于推动力的功率只占燃料总功率的 15%~35%,如果利用冷却系统和尾气排放系统进行热电发电机以代替交流发电机,那么用于推动力的功率只占燃料总功率的 17%~40%。将使能源的利用率提高 2%~10%,从而节约大量的能源,工业废热更是如此。热电设备在制冷设备中也有很广阔的应用。传统冰箱和其他制冷设备中的气体压缩机使用氟利昂作为制冷剂,但是氟利昂是破坏大气中臭氧层的主要污染源,而热电制冷设备可以实现电能和热能的直接转换以达到制冷目的,所以对环境没有任何的污染。假使热电转换效率能够达到现在传统制冷设备的转换效率,那么将彻底地解决制冷设备对环境的污染问题,在环境日益恶化的今天,对无环境污染的制冷设备的需求将越来越大。

尽管温差发电机或制冷机与普通发电机或压缩机相比,具有十分优异的性能,其用途和前景也十分广阔,但是,现有热电材料的性能参数仍较低,所组装的设备工作效率很低,器件成本高昂,无法大规模生产。当前,由热电材料制备的热电器件只是用于国防和高科技领域,如温差发电机为美国1977年发射的航行者号卫星提供能源,热电制冷机用于高速计算机芯片的冷却。在这些领域中,优先考虑的是器件的尺寸大小、重量、工作的可靠性。奈何热电设备成本高,经济效益低,在人们日常生活中很少使用由热电材料制备的各种功能器件。

近年来,随着各种新型的热电材料的出现和制备的方法不断改进,使得制备新型高效的热电材料成为可能,而且这些工作的进展,将给许多领域带来重大变化,如超导体的应用、大功率的高速计算机、航空航天技术、微电子技术等领域。热电材料研究已经成为21世纪新型功能材料研究领域的热点。随着热电材料性能的提高以及热电器件工艺的不断完善,热电设备的民用市场在逐步增大,如实现大规模集成电路、大功率激光器件和红外探测器的冷却,便携式冰箱和发电机以及恒温箱等的电热转换。但是,要实现真正意义上的民用,需要热电材料的性能有突破性发展和制造成本有大幅度下降。因此,开发高效率、低成本的民用热电设备任重道远。

2.6.1 热电效应

热电效应,又称温差电效应,在无外磁场时包括五个效应:塞贝克效应(Seebeck effect)、珀尔帖效应(Peltier effect)、汤姆逊效应(Thomson effect)、焦耳效应(Joule effect)和傅里叶效应(Fourier effect)。基于热电效应的原理,可以实现热能与电能之间的转换。

2.6.1.1 塞贝克效应

1821年,德国科学家塞贝克报道了一个有趣的实验结果。当把一个由两种不同导体 a 和 b 构成的闭合回路置于指南针附近时,若对该回路的其中一个接头加热,指南针就会发生偏转。在随后的研究中发现,该回路中存在电动势,因此指南针会发生偏转。人们将这个电动势叫作塞贝克电动势,并称这个现象为塞贝克效应。如图 2.52 所示,当不同的两个导体 a 和 b 相连,组成一个闭合回路。如两个接头具有不同的温度 T_h 和 T_c,则线路中便有电流,这种电流称为温差电流,这个环路便组成所谓温差电偶,电流的电动势称为温差电动势 V,其数值一般

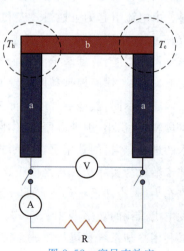

图 2.52 塞贝克效应

只与两个接头的温度有关,即 $V=S_{ab}(T_h-T_c)$ 只要两接头间的温差 $\Delta T=T_h-T_c$ 不是很大,这个关系就是线性的,此时 S_{ab} 为常数,该常数定义为两种导体的相对系数。

$$S_{ab}=\lim_{\Delta T\to 0}\frac{\Delta V}{\Delta T}$$

S_{ab} 为塞贝克系数常用单位为 μV/K。由于式中的热电动势可正可负,因而塞贝克系数也有正有负。通常规定,若电流在冷接头处由导体 a 流入导体 b,系数就为正,反之为负。

2.6.1.2 珀尔帖效应

塞贝克效应发现 12 年以后,也就是 1834 年,法国科学家珀尔帖发现了与塞贝克效应相反的现象,用两块不同的导体连接成电偶,并接上直流电源,当电偶上流过电流时,会发生能量转移现象,一个接头处放出热量变热,另一个接头处吸收热量变冷,这种现象称作珀尔帖效应。

图 2.53 珀尔帖效应

如图 2.53 所示,两不同导体 A 和 B 连接后通以电流,在接头处便有吸热或放热现象。吸收或放出的热量,只与两种导体的性质及接头的温度有关,而与导体其他部分的情况无关。如电流由导体 A 流向导体 B,dH/dt 代表单位时间在接头的单位面积上吸收的热量,J 为电流密度,则

$$dH/dt=J\pi_{AB}$$

式中,π_{AB} 称为珀尔帖系数。π_{AB} 为正值时,表示吸热,反之为放热。如两边均乘以接头面积 s,则单位时间内接头处吸收的热量 dQ/dt 为

$$dQ/dt=I\pi_{AB}$$

式中,I 为电流强度。珀尔帖效应是可逆的。如电流由导体 B 流向导体 A,则在接头处放出相同的热量,由 Peltier 系数的定义得:

$$dQ/dt=-I\pi_{BA}$$

因此,$\pi_{AB}=-\pi_{BA}$

π_{AB} 的单位为 V。珀尔帖系数是温度的函数,所以在温度不同的接头,吸收或放出的热量不同。

2.6.1.3 汤姆逊效应

当存在温度梯度的均匀导体中通有电流时,导体中除了产生和电阻有关的焦耳热以外,还要吸收或放出热量。在单位时间和单位体积内吸收或放出的热量与电流密度和温度梯度成比例:

$$dQ/dt=\beta J\Delta T$$

式中,β 称为导体的汤姆逊系数,单位为 V/K,其值随导体与温度而异。汤姆逊效应也是可逆的,因此,如电流方向由高温流向低温,则依汤姆逊系数的定义,对于系数为正的导体,将有放热的现象;反之,如汤姆逊系数为负,则将吸热。

一般,因汤姆逊效应是二级效应,它在电路的热分析计算中处于次要地位,其数值与珀尔帖效应相比甚微,很多工程或设计计算时,都可以忽略不计。温差越大,汤姆逊效应越显著,因此,某些场合考虑汤姆逊效应时,可以提高计算的精度。

2.6.1.4 焦耳效应

单位时间内由稳定电流产生的热量等于导体电阻和电流平方的乘积,即

$$Q_j = I^2 R = I^2 \frac{\rho l}{S}$$

式中,Q_j 为由焦耳效应产生的热量,简称焦耳热;I 为通过导体的电流;R 为导体的电阻;ρ 为导体的电阻率;l 为导体的长度;S 为导体的截面积。

2.6.1.5 傅里叶效应

单位时间内经过均匀介质沿某一方向传导的热量(Q_f)与垂直这个方向的面积和该方向温度梯度的乘积成正比,即

$$Q_f = \frac{\lambda S}{l}(T_h - T_c) \approx K \Delta T$$

式中,λ、K 分别为导体的热导率和总热导;S 为导体的截面积;l 为导体的长度;T_h 为热端绝对温度;T_c 为冷端绝对温度。

温差电效应虽然表现在接头界面处,但其过程贯穿于整个导体内。因此,温差电效应不是界面效应,而是体效应。上述五种效应之间必须注意的地方如下:

(1) 由于焦耳热与电流平方成正比,而汤姆逊系数仅与电流成正比,因此,当减小电流时,焦耳热按平方定律迅速减少,当电流减小到一定值后,汤姆逊效应将超过焦耳效应。

(2) 汤姆逊系数"β"是单一导体特性,而塞贝克系数"S_{ab}"和珀尔帖系数"π_{AB}"是两种导体的相对性质。β 和 π_{AB} 相同之处在于,它们都是可逆的热电效应;不同的是,β 产生单一导体处于温度梯度的部位,π_{AB} 出现在均匀温度场两种导体的接头处。在数值上 β 比 π_{AB} 小得多。

(3) 珀尔帖热电效应并不是一种"接触现象"。实际上纯粹是由组成接点的两种导体的性质所决定的,与接点的接触状况无关。珀尔帖热电效应实际上是由于在导体内电流运输的热能在接点两边不同时引起的。

(4) 珀尔帖热与焦耳热的区别是,后者与导体的电阻有关,是一种不可逆的热效应,其大小正比于导体的电阻和电流的平方,与电流方向无关,永远是放热效应,而珀尔帖热是放热还是吸热,与电流的方向有关,其量值大小与电流成正比。

2.6.2 热电工作原理

图 2.54 显示了热电器件运用塞贝克效应实现温差发电[图 2.54(a)]和珀尔帖效应实现热电制冷[图 2.54(b)]的示意图。图 2.54(a)中,N 型半导体和 P 型半导体通过电导率较高的导流片连接,而下端则连接有外部闭合电路。如果在半导体一端提供热源,另一端散热,由于塞贝克效应,半导体两端会产生一个电势差对外输出电流。其基本原理是由于一方面热端载流子具有比冷端附近载流子更高的动能,另一方面半导体材料中热端附近受热激发进入导带或价带的载流子数量也将高于冷端附近,从而引起材料内部载流子从热端到冷端的扩散。这样,冷端附近由于载流子的聚集会形成一个自建电场从而阻碍从热端向冷端输运的载流子。当这一过程最终趋于平衡时,导体内则不再有电荷的定向移动,此时导体两端也就产生出一个与之

相关的电动势,即塞贝克电势。图 2.54(a)中表示,当 N 型半导体和 P 型半导体组成的回路中通有电流时,由于珀尔帖效应,将在右图半导体材料上端发生吸热,而在下端放热,其作用就相当于一个制冷器。这一过程的发生是由于在不同半导体材料中载流子具有不同的势能,当载流子从一种导体进入到另一种导体,为了达到新的能量平衡,需要在异种材料之间的结合界面处与附近的晶格进行能源交换,从而在宏观上产生界面附近的吸热或放热现象[278]。

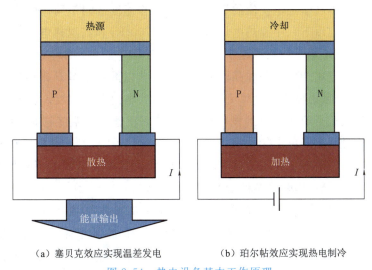

(a) 塞贝克效应实现温差发电　　　　(b) 珀尔帖效应实现热电制冷

图 2.54　热电设备基本工作原理

热电优值(ZT)对热电能量转换效率具有至关重要的作用,可以表达为

$$ZT = S^2 T\sigma/\kappa$$

式中,S 为材料的塞贝克系数,μV/K;σ 为材料的电导率,S/cm;T 为材料的工作温度;κ 为材料的热导率,W/(m·K)。

由此可知,材料获得优异的热电性能必须具有塞贝克系数大、电导率高及热导率低等特点,而 $PF = S^2\sigma$ 被称作功率因子[279]。决定热电优值 ZT 的三个物理参数塞贝克系数 S、电导率 σ 和热导率 k 之间相互关联,很难通过独立调控其中的某个参数实现热电优值的显著提升,这也是当前为止很少有材料体系的 ZT 值突破 2 的主要原因。固体理论已能在微观上对上述三个参量的物理本质予以阐明,对于优良的热电材料,它们的典型数值范围在实验和理论上得到充分证实,当前形成了一套比较完整的电输运和热输运的调控思路。下面将对相关因素以及它们之间的内在关联进行详细讨论。

2.6.2.1　载流子浓度和迁移率

材料的电导率的表达式为 $\sigma = ne\mu$,电导率由载流子浓度 n 以及迁移率 μ 来决定。以非简并本征半导体为例,电子浓度 $n_0 = N_C \exp\left(\dfrac{E_C - E_F}{k_0 T}\right)$,式中 $N_C = 2\dfrac{(2\pi m_n^* k_0 T)^{\frac{2}{3}}}{h^3}$,为导带的有效状态密度,其中 m_n^* 为导带底电子有效质量;k_0 为玻尔兹曼常数;T 为绝对温度;h 为普朗克常数。显然,$N_C \propto T^{3/2}$ 是温度的函数,而费米能级 E_F 也与温度有关,因此,电子浓度 n_0 受温度的影响很大。对于杂质半导体,由于杂质能级一般离价带顶或导带底比较近,电离能较小,因此载流子浓度在较低温度下主要由杂质浓度决定。当温度较高时,本征激发产生的本征载流子数远多于杂质电离产生的载流子数,此时半导体进入本征激发区。图 2.55(a)表示 N 型硅中的电子浓度随温度的变化。在低温时,由于杂质电离,电子浓度随温度迅速增加;当温度升高到 200 K 左右,杂质全部电离,电子浓度基本保持不变;而后温度继续升高至 600 K 后进入本征激发区,电子浓度急剧升高。进入本征激发区的半导体中少数载流子数目也会同时增加,增强了双极扩散效应,不利于热电优值的提高。根据工作温度区间不同,热电材料可分为低温热电材料(室温及室温以下)、中温热电材料(室温至 700 K)和高温热电材料(700 K 以上)。

单位电场强度下载流子的平均漂移速度叫作载流子迁移率。半导体中载流子迁移率受散射影响,主要机制包括电离杂质散射和晶格振动散射。若以散射概率 P 来描述散射的强弱,那电离杂质散射导致的散射概率 $P \propto N_i T^{-3/2}$,其中 N_i 为电离杂质浓度。从式中可以看出,电离杂质浓度越高,载流子遭受散射的概率越大,迁移率就越小。温度越高,载流子热运动的平均速度较大,此时载流子可以较快地掠过杂质离子而不易散射。晶格振动散射分为声学波散射和光学波散射,前者导致的散射概率 $P \propto T^{3/2}$,而后者在低温时不起什么作用。随着温度的升高,平均声子数增多,光学波的散射概率增大。

半导体的电导率随温度变化比较复杂。对于本征半导体,尽管载流子受到晶格振动散射导致迁移率有所下降,但是本征激发使载流子浓度增加,本征半导体电导率随温度增加而单调地上升,这是半导体区别于金属的一个重要特征。然而对杂质半导体,有杂质电离和本征激发两个因素存在,又有电离杂质散射和晶格散射两种散射机构的存在,因而电导率随温度的变化要分不同温度区域分别讨论[图 2.55(b)]。在 AB 段,温度较低,载流子主要由杂质电离提供,它随温度升高而增加,散射主要受电离杂质散射影响,此时迁移率随温度的升高而增大,所以,电导率随温度升高而增加。在 BC 段,温度继续升高,此时杂质已全部电离,本征激发还不十分显著,载流子基本上不随温度变化,晶格振动散射上升为主要矛盾,迁移率随温度升高而降低,所以,电导率随温度升高而下降。随着温度的进一步升高,材料进入半导体本征激发区,大量本征载流子的产生对电导率的影响远远超过迁移率减小对电导率的影响,这时,本征激发成为矛盾的主要方面,杂质半导体的电导率随温度的升高而急剧地增加,表现出与本征半导体相似的特性。

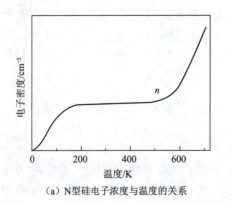
(a) N 型硅电子浓度与温度的关系

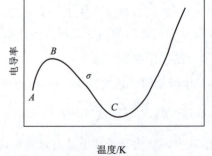
(b) 非本征半导体中电导率与温度的关系

图 2.55 N 型硅电子浓度、非本征半导体的电导率分别与温度的关系

2.6.2.2 塞贝克系数

由于塞贝克效应,材料两端之间的温度差 ΔT 将形成一个电势(即温差电动势)ΔV。这两者之间比值 $\alpha=\Delta V/\Delta T$,为温差电动势系数,通常也称为塞贝克系数。半导体材料的塞贝克系数一般远远大于金属材料的塞贝克系数,这也是当前热电研究主要集中在半导体材料的主要原因。对金属或简并半导体,假设载流子的散射与温度无关,塞贝克系数可以简单表示为

$$S=\frac{8\pi^2\kappa_B^2}{3eh^2}m^* T\left(\frac{\pi}{3n}\right)^{2/3}$$

式中,h 为普朗克常数;m^* 为载流子有效质量;n 为载流子浓度;K_B 为玻尔兹曼常数。

可以看出,赛贝克系数与载流子的有效质量 m^* 成正比,与载流子浓度的 2/3 次方成反比。由于载流子的有效质量与费米能级附近的态密度变化直接相关,因此在费米能级附近态密度变化大的材料体系具有较大的塞贝克系数。这种规律对探索、设计新型热电材料体系具有重要的指导意义。

2.6.2.3 热导率

固体的热导率是决定材料热电性能的关键因素,它有以下两种来源:一是载流子传输导热,二是格波的传播导热。前者称为载流子热导率 κ_e,后者称为晶格热导率 κ_l。固体的热导率为这两者之和,所以材料的总热导率 κ 可表达为 $\kappa=\kappa_e+\kappa_l$。通常,载流子热导率表达式为 $\kappa_e=\frac{1}{3}\left(\frac{\pi\kappa_B}{e}\right)^2\sigma T$,其中 σ 为电导率。等式中 $\frac{1}{3}\left(\frac{\pi\kappa_B}{e}\right)^2$ 为一常数,叫作洛伦兹常数,其值为 $L=2.45\times10^{-8}\,\mathrm{W\Omega/K^2}$。可以看出,载流子 κ_e 热导正比于电导率和绝对温度,因此,其在低温的情况下以及在金属材料中作用较明显。绝缘体和一般半导体中的热传导主要是靠晶格的热导。晶格的热导和气体的热传导具有很相似之处,即都是一个自由程内,冷热分子相互交换位置的结果。不同之处在于,固体内部是"声子气体",晶格热传导可以看成是声子扩散运动的结果。根据这样的理论可以得到晶格热导率:

$$\kappa_l=\frac{1}{3}c_v\lambda v_0$$

式中,c_v 为材料单位体积热容;λ 表示声子的平均自由程;v_0 为固体中的声速。声子平均自由程由以下因素决定:一是声子之间的相互"碰撞";二是固体中缺陷(包括点缺陷、晶界以及析出第二相等)对声子的散射。由声子间碰撞决定的声子平均自由程,密切依赖于温度,在高温时,其声子平均自由程正比于 T^{-1},因此,在较纯净的晶体中,载流子热导率在高温时随着温度的升高而降低。

2.6.3 热电材料的研究简史

1821 年,德国科学家塞贝克(Seebeck)发现了一个有趣的实验现象,他将两种不同的金属导线连接在一起构成一个电流回路,并且在两个结点处保持不同的温度,此时导线周围的指南针发生了偏转。随后塞贝克在发表于《德国科学院物理类年报》中的文章里解释,认为

这是一个热磁现象,温度梯度导致金属在一定方向上被磁化。然而,他本人却难以解释电路切断后,温度梯度将不会在导线周围产生磁场这一实验结果。尽管塞贝克当时未能对这个现象做出正确的解释,但这并未妨碍他后续对多种金属材料所进行的对比研究,此项工作也为后来的温差电研究打下了基础。正是因为塞贝克首先观察到并仔细地阐述了这一现象,这种由于温差产生电势的效应被称为塞贝克效应(Seebeck effect)。

1834年,法国的珀尔帖(Peltier)发现了另一个相关的现象。他观察到,当电流流过两种不同金属时,接头附近的温度会发生变化。珀尔帖在法国王宫做了演示,他将一个铋金属棒和一个锑金属棒连在一起,在接头处挖一个小洞,滴入水滴,当电流通过这两种金属组成的回路时,水结成了冰。1838年,珀尔帖现象的本质才由Lenz给予了正确的解释,称为珀尔帖效应。

正是以上两种效应分别为温差发电机和热电制冷器件提供了理论基础。

到了1856年,汤姆逊用热力学分析了塞贝克效应和珀尔帖效应后预言还应有第三种温差电现象存在。后来他从实验上发现,如果在有温度梯度的均匀导体中通过电流时,导体中除了产生不可逆的焦耳热外,还要吸收或放出一定的热量,这一现象定名为汤姆逊效应。

以上三个效应奠定了热电理论的基础,也为热电转换材料的实际应用展示了广阔前景。此后直到20世纪初,德国科学家艾特克西(Altenkirch)提出了一个重要的相对完整的温差电制冷和发电的理论,这为今天的热电研究明确了方向。他指出一种良好的热电材料必须具备较大的塞贝克系数 S,从而保证有较明显的温差电效应,同时,还需要有较高的电导率 σ,这样产生的焦耳热较小。此外,应有较低的热导率 κ,使热量能保持在接头附近。综合性能可以具体通过一个统一的热,进一步推动了对热电材料及热电性能的研究。尽管当时人们已对温差电现象及其可能的应用有了相当的了解,但可惜的是,研究者们忽略了半导体化合物材料。由于当时认为只有金属才是重要的导电材料,所以他们主要的注意力集中在金属及其合金方面。众所周知,根据威德曼-弗兰茨(Wedman-Franze)定律,金属及其合金材料的热导率与电导率之比为常数。因而,要想在减小热导率的同时而增大电导率是根本不可能的,这样,具有最大塞贝克系数的金属就自然被认为是最适合用作热电转换的材料。然而,绝大多数金属的塞贝克系数很小,约为 $10~\mu V/K$,因此,相应的 ZT 值不大于0.005,其热电转化效率也不可能超过0.6%。可见,要利用金属来发电或制冷是不经济的。因此,人们对热电材料的兴趣并不很大,研究进展也比较缓慢。热电现象的再度重视始于20世纪30年代,随着固体物理学的发展,尤其是半导体物理的发展,发现半导体材料的塞贝克系数可高于 $100~\mu V/K$。1949年,Ioffe院士提出了关于半导体热电的理论,同时在实际应用方面做了很多工作。1953年研制出热电家用冰箱样机。该机箱内温度可比环境温度低24 K。到20世纪50年代末期,约飞及其同事从理论和实验上证明,通过利用2种以上的半导体形成固溶体,可以使 κ/σ 减小,从而展示了通过新材料的研究开发实现热电性能提高的前景。大量的材料研究工作被重新开始。在这段时间内,热电材料取得了前所未有的突破,发现了热电性能较高的制冷和发电材料(如 Bi-Sb 合金、Bi_2Te_3、$PbTe$、$SiGe$ 等固溶体合金),最高的 ZT 值达到了1。但之后近半个世纪中,尽管科学家们为进一步提高热电材料的性能做了很多工作，但是进展缓慢，ZT 值一直没有突破 1。从 20 世纪末开始，美国政府重视和支持热电研究发展，在世界范围内掀起了热电研究的热潮。原来 ZT 值的极限也被接踵而至地突破。随着纳米技术和量子理论在这个问题上的应用，ZT 的最大可实现值在过去 15 年中翻了一番，从 1 到 2。设计材料的能带结构(例如，通过量子限制效应或通过增强杂质和自由电子的波函数之间的相互作用)用于提高 $S^2\sigma$。最具代表性的是具有量子阱、量子线、量子点超晶格以及薄膜超晶格结构的低维材料，当前最大的 ZT 值高达 3。另一方面，一些具有特殊结构、性能优越的新型块体材料[如 Skutterudites、LAST（Ag $Pb_{18}SbTe_{20}$）]也被相继发现。即使是应用当前固体理论模型和较为实际的数据所进行的计算，所得到的无量纲优值上限为 $ZT=4$，而该数值对应热电制冷机的工作性能完全能达到现有的制冷技术水平，这样全球每年仅对热电制冷机的需求量就将达到 500 亿美元。因此热电材料具有极其诱人的应用前景。

2.6.4 聚合物热电复合材料的研究进展

传统的无机热电材料通常具有较高的 Seebeck 系数及良好的导电性，如碲化铅（PbTe）、三锑化钴（$CoSb_3$）、碲化铋（Bi_2Te_3）及具有笼状结构的 β-Zn_4Sb_3 和硼化物等。但这些元素大部分在地壳中的含量匮乏，价格昂贵，部分元素毒性较大，此外，这些材料的机械性能普遍较差[281]。因此，人们将视线转移到有机聚合物热电材料[282-284]。相对于无机热电材料，有机聚合物热电材料具有本征的低热导率、无毒或低毒、来源广泛、价格低廉、易于加工等优点，因而受到关注。早期有机聚合物热电材料的研究主要集中在导电聚合物，如聚乙炔、聚苯胺、聚吡咯、聚噻吩及其衍生物等[283]。传统的导电聚合物热电材料性能较差，限制了其实际应用。为了进一步提升聚合物热电材料的性能，将高 Seebeck 系数、高电导率的无机热电材料引入聚合物基体中制备复合材料这一思路便由此产生。下面对近年来聚合物热电复合材料的研究现状进行综述，介绍碳纳米材料-聚合物，半导体合金-聚合物，金属纳米粒子-聚合物以及聚合物-聚合物热电复合材料的概况，论述复合材料的作用机理，并提出一些优化材料热电性能的方法，同时指出聚合物热电复合材料今后的发展方向。

2.6.4.1 碳纳米材料-聚合物热电复合材料

碳纳米材料具有良好的导电性能，被认为是共价半导体和金属的中间物——半金属。比较有代表性的碳纳米材料有碳纳米管（CNT）、石墨烯（G）和氧化石墨烯（GO）。将纳米碳材料引入聚合物制备复合材料，可有效提升材料的热电性能。

1. CNT/聚合物热电复合材料

CNT 具有非常稳定的一维纳米结构，具有极高的长程电导率[21,285]，将其引入聚合物基体，材料的热电性能将得到极大的改善。通常采用以下三种方式制备 CNT/聚合物热电复合材料：

（1）将碳纳米管分散于聚合物基体中制备热电复合材料。研究发现，阿拉伯树胶（GA）及聚 3,4-乙烯二氧噻吩:聚苯乙烯磺酸（PEDOT:PSS）可以作为 CNT 的分散稳定物质。借助二者将 CNT 均匀地分散于 PVAc 及 EVA 中可构筑具有隔离网络结构的热电复合材料[286,287]，制备原理和微观结构如图2.56所示。

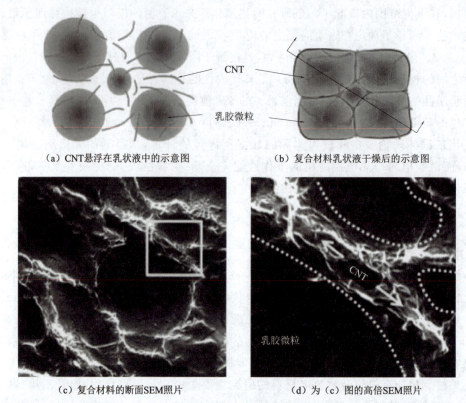

(a) CNT悬浮在乳状液中的示意图　　　(b) 复合材料乳状液干燥后的示意图

(c) 复合材料的断面SEM照片　　　(d) 为(c)图的高倍SEM照片

图 2.56　热电复合材料微观结构图[286]

单壁碳纳米管(SWCNT)具有高导电性，将其引入 PEDOT:PSS 与 PVAc 基体中构建隔离网络结构，材料的热电性能得以提升。当 SWCNT 的质量分数为 60% 时，功率因子达到 160 $\mu W/(m \cdot K^2)$，室温下最大 ZT 为 0.13[288]。PANG H 等将碲化铋(Bi_2Te_3)纳米粒子与 CNT 混合填充到超高分子量聚乙烯(UHWMPE)中制备复合材料[289]。利用无机半导体 Bi_2Te_3 与 CNT 共同构建隔离网络，填充含量很少(质量分数为 7.7%)时，便可实现热电性能的提升，功率因子为 0.039 $\mu W/(m \cdot K^2)$，300 K 下的 ZT 值为 3×10^{-5}。隔离网络的构建及导电 CNT 的引入可提升材料的热电性能。然而，以非本征导电聚合物作为基体的热电复合材料，其性能较差(ZT≤10^{-3})。TOSHIMA N 等制备 1,1,2,2-乙烯基四硫醇镍(n-PTFE)，以其作为电荷掺杂剂使 SWCNT 均匀填充到非本征导电聚合物 PVC 中制备复合薄膜材料，并用浸渍法对膜材料进行后处理，热电性能得到极大提升[290]。SWCNT 质量分数为 38% 时，功率因子达到 (58.6±1.5) $\mu W/(m \cdot K^2)$，340 K 下的 ZT 高达 0.3。HONG C T 等探索掺杂方式(浸渍法和旋涂法)对 SWCNT/聚 3-己基噻吩(P3HT)复合薄膜热电性能的影响[291]。他们发现 $FeCl_3$/硝基甲烷对复合膜进行旋涂处理后，可以更充分地进行掺杂，极大地提升了功率因子，最佳值为 (267±38) $\mu W/(m \cdot K^2)$。这些研究表明，通过简单共混可以制备具有隔离网络结构的 CNT/聚合物热电复合材料。由于低维材料的量子约束效应以及 CNT 网络间的长程导电连接使得复合材料具有较高的电导率，复合材料界面可形成声子散射效应,降低热导率,而 Seebeck 系数维持相对恒定,因此材料的热电性能得以提升。

(2)以 CNT 为模板,利用单体与模板间的 π-π 相互作用,单体原位聚合于模板表面制备 CNT/聚合物热电复合材料。MENG C 及 YAO Q 等分别以 MWCNT 与 SWCNT 作为模板,苯胺单体原位聚合于模板表面制备复合材料[292,293]。由于苯胺与 CNT 间强烈的 π-π 相互作用,因而聚合后的 PANI 具有有序的分子链结构,这极大地提升了载流子的迁移率,而载流子浓度无明显变化。实现了电导率和 Seebeck 系数协同提升,声子在两相界面被散射而消耗,热导率降低,SWCNT 质量分数为 41.4% 时,功率因子为 20 μW/(m·K^2),300 K 时 ZT 值为 0.004,该复合材料微观结构如图 2.57 所示。

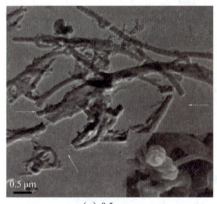
(a) 0.5 μm

(b) 100 nm

图 2.57 SWCNT PANI 复合材料的透射电子显微镜图[292]

CHEN J 等制备了一种具有三维多孔网络结构的 CNT/PANI 复合材料[294]。该复合材料内部存在大量的微孔结构,有效地增强了声子散射效应,极大地降低了热导率。当 CNT 的体积分数为 44% 时,热导率仅为 0.29 W/(m·K),功率因子为 2.19 μW/(m·K^2),ZT 值为 0.002 2。这些研究表明,利用共轭聚合物与 CNT 间的 π-π 相互作用,在 CNT 表面形成有序的聚合物分子结构,有效地提升了载流子的迁移率,而载流子浓度没有显著变化,因此实现了电导率和 Seebeck 系数的协同提升。同时在材料内部构建大量的微孔结构可以降低热导率,进一步提升材料热电性能。

(3)结构(P-N)创新可优化材料的热电性能。HEWIJT C A 等通过共混的方式制备了一种 MWCNT-聚偏二氟乙烯(PVDF)多层复合膜材料[295,296]。n-MWCNT 和 p-MWCNT 分别分散于 PVDF 中形成导体层,导体层由绝缘层(PVDF)隔开,但边缘连接,构成 P-N 结,利于载流子传输。多层复合膜材料结构如图 2.58 所示。这种结构每层都可贡献出热电电压,有利于 Seebeck 系数的提升,11 层时 Seebeck 系数高达 225 μV/K,功率因子为 22.3 μW/(m^1·K^2)。复合材料中引入特殊的 P-N 结构有利于优化材料热电性能。

2. 石墨烯类材料/聚合物热电复合材料

石墨烯(G)作为一种性能优异的碳纳米材料吸引了大量的关注,由 sp^2 杂化的单层碳原子构成,具有二维平面蜂窝结构[297],具有极大的比表面积(理论值为 2 630 m^2/g)[298]、高机械性能(1 100 GPa)[299]、高电导率(160 S/cm)[300]、高 Seebeck 系数(80 μV/K)[301,302] 等优点。将 G 引入聚合物基体中制备纳米复合材料,有望实现热电性能的极大提升。KIM G H 等将石墨烯(G)填充到 PEDOT:PSS 制备复合薄膜[303],制备过程如图 2.59 所示。G 与 PEDOT 间强烈的 π-π 作用可以促进其 PEDOT:PSS 基体中均匀的分散。与相同含量的 CNT 相比,均匀分散的 G 可以增加 2~10 倍的界面区域,载流子在 PEDOT:PSS 和 G 之间的转移更容易进行。G 质量分数仅为 2%,热电性能便可提升 10 倍左右。复合膜的最佳功率因子为 $11.09\ \mu W/(m \cdot K^2)$,ZT 值为 0.021。

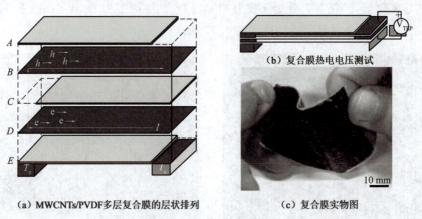

(a) MWCNTs/PVDF多层复合膜的层状排列
(b) 复合膜热电电压测试
(c) 复合膜实物图

图 2.58 多层复合膜材料结构

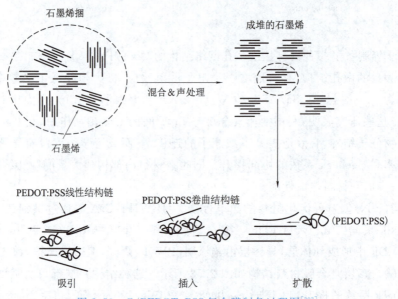

图 2.59 G/PEDOT:PSS 复合膜制备过程图[303]

DU Y 等通过简单的机械共混分别制备了膜状和块状的 G/PANI 及 G/P3HT 复合材料[304,305]。在该复合体系中,随着 G 质量分数的提升,载流子迁移率显著增加,而载流子浓度无明显变化,促使 Seebeck 系数和电导率协同增长,复合材料热电性能提升,膜状材料的提升更为明显。当 G 质量分数为 50% 时,复合膜材料的功率因子为 $5.6\ \mu W/(m \cdot K^2)$。JU H 等制备了多种 G-PEDOT-Bzs(苯磺酸掺杂的 PEDOT)复合热电材料,并探索了 G 质量分数以及溶剂类型(甲醇、乙醇、1-丙醇、正丁醇、正己醇)对复合材料热电性能的影响[306]。实验发现,甲醇与苯磺酸分子间可以形成氢键作用,有利于 PEDOT-Bzs 的分子链堆砌,进而导致聚合物链内和链间距离减小,载流子跃迁障碍减小,迁移率增加,电导率增加。界面声子散射效应可降低热导率,最终热电性能得以提升。G 质量分数为 75% 时,功率因子为 28 μW/(m·K^2),ZT 为 0.019。HEWITT C A 等的制备 G PVDF 复合膜,G 质量分数为 80% 时,室温下功率因子为 0.52 μW/(m·K^2),该材料表现出一定的热波动现象[307]。

氧化石墨烯(GO)是单原子平面结晶结构,具有芳香族区域和脂肪族区域。芳香族区域类似于石墨烯的 π 键结构,脂肪族区域包含羟基、羧基、羰基以及环氧基团,脂肪族基团不仅能提高其在聚合物基体中的分散性,而且可以增大界面相互作用。ZHAO Y 等通过原位聚合的方式制备了 GO/PANI 复合材料,GO 和 PANI 之间存在强烈的静电作用、氢键作用以及 π-π 堆积作用[308],如图 2.60(a)所示。GO 作为模板,苯胺沿着 GO 表面聚合,可形成更为有序的聚合物分子,原理如图 2.60(b)所示,该结构可促进载流子的迁移而提升电导率。Seebeck 系数和热导率保持相对恒定,热电性能提升。GO 含量 30% 时,功率因子为 6 μW/(m·K^2),ZT 为 4.86×10^{-4}。

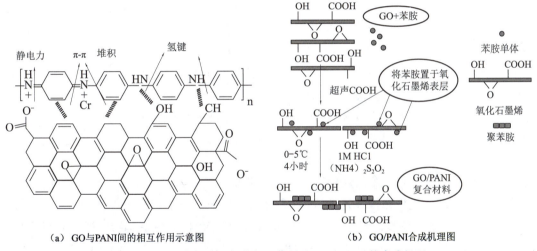

(a) GO 与 PANI 间的相互作用示意图 (b) GO/PANI 合成机理图

图 2.60　GO 与 PANI 间的相互作用及 GO/PANI 的合成机理

尽管 GO/PANI 纳米复合材料热电性能相对于 PANI 有所提升,但 GO 的电导率较低,致使复合材料性能提升有限。同济大学蔡克峰课题组等用 HI 还原复合薄膜 GO/PEDOT:PSS 中的 GO,制得 RGO/PEDOT:PSS 热电复合材料[309]。由于 RGO 与基体间形成了强烈的相互作用,其既为载流子的传输提供了通道,同时利于 PEDOT 分子链堆砌成更加有序的链结构,促使了热电性能提升。质量分数仅 3% 的 RGO,功率因子便可达到 32.6 μW/(m·K^2),该值是纯 PEDOT:PSS 膜的 15 倍。ISLAM R 等将 RGO 进行充分的分散后,苯胺单体原位聚合于 RGO 表面制备复合材料,但先还原再复合的方式降低了填充物与基体的相互作用,热电性能较差,质量分数为 14% 时,功率因子仅为 0.014 μW/(m·K^2)[310]。研究人员发现利用填充物间的协同效应可提升材料的热电性能。ZHANG K 等利用 RGO 与富勒烯(C_{60})之间的 π-π 堆积作用,将二者的混合物引入 PEDOT:PSS 基体中,填充物间表现出良好的协同效应,有效地促进载流子传输[311]。质量分数为 30% 时,功率因子达到 324 μW/(m·K^2),ZT 值达到 0.067。KIM D 等使用 PS 分散 G 和 MWCNT 的混合物,并将 PEDOT 单体原位聚合于填充物表面而制得复合材料 G/MWCNT/PEDOT:PSS[287]。结果表明,一维 MWCNTs 与二维 G 同样具有很好的协同效应,热电性能高于 MWCNT-PEDOT:PSS 和 G/PEDOT:PSS。填充物质量分数仅为 5% 时,功率因子便可达到 37.08 μW/(m·K^2),室温最佳 ZT 值为 0.031。

上述研究表明,(G,GO,RGO)-聚合物复合材料的 ZT 处于 $10^{-4} \sim 10^{-2}$ 之间,通常以本征导电聚合物作为基体,填充物与基体间的 π-π 相互作用有利于填充物的分散和聚合物有序分子链的形成,促使载流子有效传输,同时,复合材料相界面可进行声子散射,降低热导率,进而提升材料热电性能。不同维度的碳纳米材料(C_{60}/RGO,CNT/G)间存在一定的协同效应,利用该效应也可提升材料的热电性能。

2.6.4.2　半导体合金-聚合物热电复合材料

半导体,尤其是碲(Te)、碲化铋(Bi_2Te_3)、碲化铅(PbTe)及其合金等,作为性能较好的无机热电材料,将其引入聚合物基体制备复合材料,可实现热电性能的提升,有望实现实际应用[312]。理论研究表明,碲(Te)可以作为性能较好的 P 型热电材料,室温下最佳 ZT 值为 0.31[313]。DUN C 等[314]在聚合物 PVDF 基体层下部通过自组装的方式形成一层 Te 纳米棒网络层而制得 Te/PVDF 复合材料。Te 纳米棒形成导电通道,利于载流子传输,而纳米棒与 PVDF 间形成的界面可以散射声子,降低热导率,提升热电性能。同时,这种复合材料具有很好的柔性。Te 质量分数为 66% 时,功率因子可达到 48.5 μW/(m·K^2)。SEE K C 等以结晶 Te 纳米棒为核心,PEDOT:PSS 包覆于其表面,浇铸成膜而制备复合膜材料[315]。Te 质量分数 85% 时,功率因子达到 70.9 μW/(m·K^2),室温下 ZT 为 0.1。该复合体系表现出一定的热活化机制,即电导率、塞贝克系数随温度的升高而增大[316]。随 Te 纳米线长度增加,塞贝克系数提升但电导率降低,极性溶剂掺杂能改变载流子跃迁方式,提升材料热电性能[317]。填充物结构优化和掺杂处理后,复合材料最佳功率因子可达到 100 μW/(m·K^2)。ZHOU C 等制备了一种碲化铜($Cu_{1.75}Te$)纳米线,以其作为构筑模块,将 PVDF 溶液均匀地浇铸于其上,干燥而制得复合材料,制备过程如图 2.61 所示[318]。该复合材料表现出极高的电导率(2 490 S/cm),这主要是由于高导电的 $Cu_{1.75}Te$ 纳米线作为导电通路,使得复合材料电导率增加。但过高的载流子浓度又降低了 Seebeck 系数。$Cu_{1.75}Te$ 纳米线质量分数 67% 时,复合材料的功率因子为 23 μW/(m·K^2)。该复合材料具有良好的柔韧性,上百次循环弯曲测试后,其性能没有显著下降。

Bi_2Te_3 是已实现商业化应用的无机热电材料(ZT≈1),将其引入聚合物基体可制备性能较好的热电复合材料。Zhang B 等将球磨法制备的 Bi_2Te_3 粉末引入两种商业化应用的 PEDOT:PSS(CLEVIOS、FE-T)中制备复合材料[319]。以 CLEVIOS 型号的 PEDOT:PSS 为基体所得的纳米复合材料具有更好的热电性能,质量分数 90% 时,ZT 为 0.081。CHATTERJEE K 等通过水热法合成 Bi_2Te_3 纳米棒并以之作为模板,通过化学氧化法,使苯胺单体沿 Bi_2Te_3 纳米棒表面聚合生长,形成核壳结构的 Bi_2Te_3@PANI 复合材料[320]。该纳米复合材料相界面可有效散射声子,极大地降低热导率[0.109 6 W/(m·k)],复合材料界面还存在一定的能量渗滤效应,散射一部分低能量电子,降低载流子浓度,提升 Seebeck 系数。Bi_2Te_3 质量分数为 30%时,室温 ZT 值为 4.3×10^{-3}。DU Y 等在 PEDOT:PSS 基体中引入 $Bi_{0.5}Sb_{1.5}Te_3$(BST)纳米片制备纳米复合材料[321]。当 BST 含量提升时,载流子迁移率显著提升,纳米界面引起的能量渗滤效应可有效降低载流子浓度。Seebeck 系数和电导率实现了协同提升。BST 质量分数为 4.1%时,功率因子为 32.26 μW/(m·K²),ZT 估计值最大为 0.048。PbTe 是一类窄带半导体($E_g=0.32$ eV),蔡克峰课题组利用原位合成法在室温下制备了一种 PbTe/PANI 复合纳米粉状材料。该复合材料由 PbTe、核壳结构的 PANI@PbTe 及微球状的 PbTe/PANI/PbTe 等组成,功率因子最大为 0.757 μW/(m·K²)。而采用界面合成法制备的 PbTe/PEDOT 纳米线[322],最大功率因子为 1.44 μW/(m·K²)。由于相对安全的二维无机材料液相剥离技术的发展[323],过渡金属硫/硒(S,Se)化物引起了大量的研究兴趣。硫化钼(MoS_2)纳米片具有光子热电效应[324,325]。MoS_2 作为模板,苯胺或吡咯原位聚合于模板表面制备复合材料,以及将 MoS_2 与 PE 或 PEO 复合制备纳米复合材料都得到了研究[326]。然而这类复合材料的电导率(0.1~0.8 S/cm)、Seebeck 系数(1.5~8 μV/K)都较低。DUN C 等将铜掺杂的硒化铋(Bi_2Se_3)纳米片与 PVDF 进行共混而制得 N 型热电复合材料[327],质量分数为 67%时,最佳功率因子为 32.6 μW/(m·K²),ZT 值为 0.02。铜掺杂的硒化铋($Cu_{0.1}Bi_2Se_3$)纳米薄片与 PVDF 进行复合可制备 N-型复合薄膜材料[328],该复合薄膜实现了电导率和 Seebeck 系数的协同提升,最佳功率因子为 103 μW/(m·K²),ZT 为 0.1。半导体/聚合物热电复合材料的 ZT 在 $10^{-3} \sim 10^{-1}$ 之间。研究表明,新型高热电性能的无机半导体材料以及具有特殊纳米结构(纳米线、纳米棒、纳米片)的半导体材料作为填充物引入聚合物基体,可有效地提升载流子的迁移率,提升电导率,若能控制界面的能量渗滤效应和声子散射效应,还可实现 Seebeck 系数的提升和热导率的下降,这对于复合材料热电性能的提升有极大的作用。

2.6.4.3 金属纳米粒子/聚合物热电复合材料

大多数金属具有较高的电导率,而聚合物具有较低的热导率,二者复合可结合各自优势,有望制备热电性能较好的复合材料。WANG Y 等用一步界面合成法制备 Ag/PEDOT 及 Cu/PEDOT 纳米结构的复合材料,通过改变溶剂可控制金属纳米粒子形貌[329]。研究发现,纳米针状的 Cu/PEDOT 具有低载流子浓度,因而具有极大的 Seebeck 系数,较小的电导率。Cu 的质量分数为 14.7%时,复合材料功率因子为 12.47 μW/(m·K²),室温 ZT 值为 0.01。PINTER E 等将聚 3-辛基噻吩(P3OT)粉末浸入高氯酸银溶液中,制备 P3OT/Ag 复合材料[330]。当 Ag 的质量分数为 3%时,复合材料的电导率比纯 P3OT 大 5 个数量级,Seebeck 系数高达 1 283 μV/K。TOSHIMA N 等通过原位聚合的方式分别制备了以金纳米粒子(AuNPs)为填充物,PANI 和 PEDOT:PSS 分别为基体的复合材料,并探索 AuNPs 配体对复合材料热电性能的影响[331]。研究发现,对于 AuNPs/PEDOT:PSS 体系,以十二烷基硫醇为配体所制备的复合材料具有更好的热电性能,这是由于这种配体可使 Au NPs 更好地分散于基体中。极低的质量分数(10^{-5}%),就可获得热电性能的提升。320 K 时,ZT 值为 $1.63×10^{-2}$。这些研究表明,对于金属纳米粒子-聚合物复合材料,其热电性能受填充物形貌和配体影响,一维纳米结构以及可使金属纳米粒子充分分散的配体均有利于热电性能的提升。但这类复合材料很难实现 Seebeck 系数和电导率的协同调控,这可能是由于填充物与基体之间缺少相互作用,不能隔离调控载流子浓度和载流子迁移率。

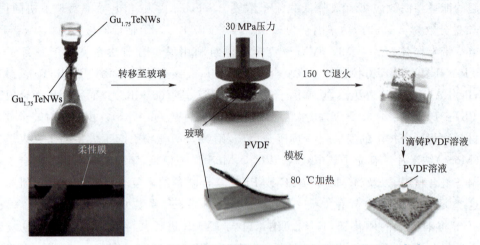

图 2.61　$Cu_{1.75}$Te 纳米线/PVDF 柔性热电复合材料制备过程示意图[314]

2.6.4.4　聚合物/聚合物热电复合材料

JOUSSEAUME V 和 YANG C Y 等将 PANI 纳米线混入绝缘基体 PS 或 PMMA 中,制备热电纳米复合材料。该材料的塞贝克系数(8 μV/K)和电导率 σ(10^{-3} S/cm)都较低,功率因子值较小,为 6.4 μW/(m·K^2)[332,333]。LU G 等通过在绝缘基体 PS 中构建大量的共轭聚合物 P3BT 互穿网络制备纳米复合材料[334]。由于 P3BT 具有较好的结晶性能,可提升电导率,而结晶填充物与非晶基体间形成的界面可有效散射声子,降低热导率。因此,该结构可提升材料的 ZT 值,P3BT 质量分数为 40% 时,ZT 为 $8×10^{-5}$。总体来看,聚合物/聚合物热电复合材料的热电性能较差,但其具有很好的机械加工性能,高透光性,且成本较低,若能将其性能进一步提升,那么在柔性、透明电子器件以及聚合物人造皮肤等领域可以得到很好的应用。

2.6.5　结论与展望

本章主要介绍了以聚合物作为基体的热电复合材料的研究进展,并对优化热电性能的方法进行总结,包括:

(1)在复合材料内部构建特殊结构(隔离网络结构、P-N 结构、三维微孔网络结构);
(2)以填充物作为模板或利用其与基体间 π-π 相互作用制备有序分子链结构;
(3)利用填充物间的协同(1维/2维、0维/1维)效应;
(4)适当的溶剂掺杂;

(5)填充物纳米结构的调整及新型无机纳米材料使用。

热电复合材料因其结合了填充物的高电导率、高塞贝克系数以及聚合物基体的低热导率等优点,同时通过量子效应、能量渗滤效应以及界面声子散射效应等作用优化材料的热电性能,具有很好的实际应用前景。但通过目前的研究发现,以聚合物为基体的热电复合材料仍存在以下问题:

(1)稳定性差。导电性较好的 PEDOT:PSS 通常被选作基体材料或分散稳定物质,然而其在空气中不稳定,对环境湿度较敏感,且大多数聚合物在高温下易分解,高温热稳定性差。

(2)热电性能较差(最大 $ZT\approx 0.3$)。与传统的无机热电材料 Bi_2Te_3(功率因子 $7\,800\,\mu W/(m \cdot K^2)$,$ZT\approx 1$)相比,还有很大的不足。

针对以上问题,下一阶段聚合物热电复合材料的发展可从以下几个方向进行,以克服其缺陷,实现热电领域的实际使用:

(1)设计特殊分子结构的导电聚合物,如 n-PTFE,既能使填充物有效地分散,具有高的电导率和 Seebeck 系数,也能在复杂环境中稳定存在;

(2)构筑特殊微结构的热电复合材料,如采用溶胶凝胶法或化学气相沉积法(CVD)构筑的三维微孔结构复合材料,可极大地散射声子降低热导率;

(3)复合材料界面调控(引入化学键促进填充物与基体间的载流子传输);

(4)要使聚合物热电复合材料得到广泛的应用,通用聚合物作为基体也是一个很重要的研究方向。

参考文献

[1] BARTHOLOME C,MIAUDET P,DERRE A,et al. Influence of surface functionalization on the thermal and electrical properties of nanotube-PVA composites[J]. Composites Science and Technology,2008,68(12):2568-2573.

[2] BROSTOW W,CASSIDY P E,MACOSSAY J,et al. Connection of surface tension with multiple tribological properties in epoxy fluoropolymer systems[J]. Polymer International,2003,52(9):1498-1505.

[3] AL-SALEH M H,SUNDARARAJ U. A review of vapor grown carbon nanofiber/polymer conductive composites[J]. Carbon,2009,47(1):2-22.

[4] ALEXOPOULOS N D,BARTHOLOME C,POULIN P,et al. Damage detection of glass fiber reinforced composites using embedded PVA-carbon nanotube(CNT)fibers[J]. Composites Science and Technology,2010,70(12):1733-1741.

[5] ZHU Y,DU Z,LI H,et al. Preparation and crystallization behavior of multiwalled carbon nanotubes/poly(vinyl alcohol)nanocomposites[J]. Polymer Engineering & Science,2011,51(9):1770-1779.

[6] LIU Y X,DU Z J,LI Y,et al. Surface covalent encapsulation of multiwalled carbon nanotubes with poly(acryloyl chloride)grafted poly(ethylene glycol)[J]. Journal of Polymer Science Part A:Polymer Chemistry,2006,44(23):6880-6887.

[7] KIRKPATICK S. Percolation and Conduction[J]. Reviews of Modern Physics,1973,45(4):574-588.

[8] DAVIS E A,MOTT N F. Conduction in non-crystalline systems V. Conductivity, optical absorption and

photoconductivity in amorphous semiconductors[J]. Philosophical Magazine,1970,22(179):0903-0922.

[9] WACK P E,ANTHONY R L,GUTH E. Electrical Conductivity of GR-S and Natural Rubber Stocks Loaded with Shawinigan and R-40 Blacks[J]. Journal of Applied Physics,1947,18(5):456-469.

[10] SU W P,SCHRIEFFER J R,HEEGER A J. Solitons in Polyacetylene[J]. Physical Review Letters,1979,42(25):1698-1701.

[11] ULBRICHT M. Advanced functional polymer membranes[J]. Polymer,2006,47(7):2217-2262.

[12] BINH V T,VINCENT P,FESCHET F,et al. Local analysis of the morphological properties of single-wall carbon nanotubes by Fresnel projection microscopy[J]. Journal of Applied Physics,2000,88(6):3385-3391.

[13] ZOU X P, ABE H, SHIMIZU T, et al. Electrical measurement on individual multi-walled carbon nanotubes[J]. Transactions of Nonferrous Metals Society of China,2006,16:s772-s775.

[14] ATA S,KOBASHI K,YUMURA M,et al. Mechanically durable and highly conductive elastomeric composites from long single-walled carbon nanotubes mimicking the chain structure of polymers[J]. Nano Lett,2012,12(6):2710-2716.

[15] QUAN H,ZHANG S J,QIAO J L,et al. The electrical properties and crystallization of stereocomplex poly(lactic acid)filled with carbon nanotubes[J]. Polymer,2012,53(20):4547-4552.

[16] FANG Y,ZHAO J,ZHA J W,et al. Improved stability of volume resistivity in carbon black/ethylenevinyl acetate copolymer composites by employing multi-walled carbon nanotubes as second filler[J]. Polymer,2012,53(21):4871-4878.

[17] LIAO S, YEN C, WENG C, et al. Preparation and properties of carbon nanotube/polypropylene nanocomposite bipolar plates for polymer electrolyte membrane fuel cells[J]. Journal of Power Sources,2008,185(2):1225-1232.

[18] LEE G W,JAGANNATHAN S,CHAE H G,et al. Carbon nanotube dispersion and exfoliation in polypropylene and structure and properties of the resulting composites[J]. Polymer,2008,49(7):1831-1840.

[19] SRIVASTAVA S K,VANKAR V D,KUMAR V,et al. Effect of Substrate Morphology on Growth and Field Emission Properties of Carbon Nanotube Films[J]. Nanoscale Research Letters,2008,3(6):205-212.

[20] JUNG H,CHO Y S,KANG Y J,et al. Effect of Surface Morphology and Adhesion Force on the Field Emisson Properties of Carbon Nanotube Based Cathode[J]. Korean Journal of Materials Research,2008,18(5):277-282.

[21] SPITALSKY Z,TASIS D,PAPAGELIS K,et al. Carbon nanotube-polymer composites:Chemistry,processing,mechanical and electrical properties[J]. Progress in Polymer Science,2010,35(3):357-401.

[22] SAHOO N G, RANA S, CHO J W, et al. Polymer nanocomposites based on functionalized carbon nanotubes[J]. Progress in Polymer Science,2010,35(7):837-867.

[23] ROZENBERG B A,TENNE R. Polymer-assisted fabrication of nanoparticles and nanocomposites[J]. Progress in Polymer Science,2008,33(1):40-112.

[24] BROSTOW W,LOBLAND H E H,REDDY T,et al. Lowering mechanical degradation of drag reducers in turbulent flow[J]. Journal of Materials Research,2011,22(1):56-60.

[25] LI C, LIANG T, LU W, et al. Improving the antistatic ability of polypropylene fibers by inner antistatic

agent filled with carbon nanotubes[J]. Composites Science and Technology,2004,64(13-14):2089-2096.

[26] HOOSHMAND S,SOROUDI A,SKRIFVARS M. Electro-conductive composite fibers by melt spinning of polypropylene/polyamide/carbon nanotubes[J]. Synthetic Metals,2011,161(15-16):1731-1737.

[27] DENG H,SKIPA T,BILOTTI E,et al. Preparation of High-performance conductive polymer fibers through morphological control of networks formed by nanofillers[J]. Advanced Functional Materials,2010,20(9):1424-1432.

[28] GAO X,ZHANG S,MAI F,et al. Preparation of high performance conductive polymer fibres from double percolated structure[J]. Journal of Materials Chemistry,2011,21(17):6401.

[29] WANG Y,CHEN K S,MISHLER J,et al. A review of polymer electrolyte membrane fuel cells: Technology,applications,and needs on fundamental research[J]. Appl Energ,2011,88(4):981-1007.

[30] DINESH P. G., RENUKAPPA N,Pasang T,et al. Effect of nanofillers on conductivity and electromagnetic interference shielding effectiveness of high density polyethylene and polypropylene nanocomposites[J]. Euro J Adv Eng Technol,2014,1:16-28.

[31] IM J S,KIM J G,LEE Y S. Fluorination effects of carbon black additives for electrical properties and EMI shielding efficiency by improved dispersion and adhesion[J]. Carbon,2009,47(11):2640-2647.

[32] JOSE G,PADEEP PV. Electromagnetic Shielding Effectiveness and Mechanical Characteristics of Polypropylene Based CFRP[J]. IRD India,2014,3:2319.

[33] WU J,CHUNG DDL. Increasing the electromagnetic interference shielding effectiveness of carbon fiber polymer-matrix composite by using activated carbon fibers[J]. Carbon,2002,40(3):445-447.

[34] RAMADIN Y,JAWAD SA,MUSAMEH SM,et al. Electrical and electromagnetic shielding behavior of laminated epoxy-carbon fiber composite[J]. Polym Int,1994,34(2):145-150.

[35] YANG Y,GUPTA M C,DIDLEY K L. Towards cost-efficient EMI shielding materials using carbon nanostructure-based nanocomposites[J]. Nanotechnology,2007,18(34):345701.

[36] ZHANG C S,NI Q Q,FU S Y,et al. Electromagnetic interference shielding effect of nanocomposites with carbon nanotube and shape memory polymer[J]. Composites Science and Technology,2007,67(14):2973-2980.

[37] HOANG A S. Electrical conductivity and electromagnetic interference shielding characteristics of multiwalled carbon nanotube filled polyurethane composite films[J]. Advances in Natural Sciences: Nanoscience and Nanotechnology,2011,2(2):025007.

[38] Al-SALEH M H. Influence of conductive network structure on the EMI shielding and electrical percolation of carbon nanotube/polymer nanocomposites[J]. Synthetic Metals,2015,205:78-84.

[39] KUMAR G S,VISHNUPRIYA D,JOSHI A,et al. Electromagnetic interference shielding in 1-18 GHz frequency and electrical property correlations in poly(vinylidene fluoride)-multi-walled carbon nanotube composites[J]. Physical chemistry chemical physics:PCCP,2015,17(31):20347-20360.

[40] YUEN S M,MA C C M,CHUANG C Y,et al. Effect of processing method on the shielding effectiveness of electromagnetic interference of MWCNT/PMMA composites[J]. Composites Science and Technology,2008,68(3-4):963-968.

[41] CHEN Y ZHANG H B,YANG Y,et al. High-performance epoxy nanocomposites reinforced with three-dimensional carbon nanotube sponge for electromagnetic interference Shielding[J]. Advanced

Functional Materials,2016,26(3):447-455.

[42] YANG Y,GUPTA M C,DUDLEY K L,et al. Novel carbon nanotube-polystyrene foam composites for electromagnetic interference shielding[J]. Nano Lett,2005,5(11):2131-2134.

[43] KUANG T,CHANG L,CHEN F,et al. Facile preparation of lightweight high-strength biodegradable polymer/multi-walled carbon nanotubes nanocomposite foams for electromagnetic interference shielding[J]. Carbon,2016,105:305-313.

[44] LIM G H,WOO S,LEE H,et al. Mechanically Robust Magnetic Carbon Nanotube Papers Prepared with $CoFe_2O_4$ Nanoparticles for Electromagnetic Interference Shielding and Magnetomechanical Actuation[J]. ACS applied materials & interfaces,2017,9(46):40628-40637.

[45] SHARIF F,ARJMAND M,MOUD A A,et al. Segregated Hybrid Poly(methyl methacrylate)/Graphene/Magnetite Nanocomposites for Electromagnetic Interference Shielding[J]. ACS applied materials & interfaces,2017,9(16):14171-14179.

[46] SHEN B,LI Y,YI D,et al. Strong flexible polymer/graphene composite films with 3D saw-tooth folding for enhanced and tunable electromagnetic shielding[J]. Carbon,2017,113:55-62.

[47] SONG W L,CAO M S,LU M M,et al. Flexible graphene/polymer composite films in sandwich structures for effective electromagnetic interference shielding[J]. Carbon,2014,66:67-76.

[48] ESWARAIAH V,SANKARANARAYAN V,RAMAPRABHU S. Functionalized graphene-PVDF foam composites for EMI shielding[J]. Macromolecular Materials and Engineering,2011,296(10):894-898.

[49] SHEN B,LI Y,ZHAI W,et al. Compressible graphene-coated polymer foams with ultralow density for adjustable electromagnetic interference(EMI) shielding[J]. ACS Appl Mater Interfaces,2016,8(12):8050-8057.

[50] CHEN Z,XU C,MA C,et al. Lightweight and flexible graphene foam composites for high-performance electromagnetic interference shielding[J]. Advanced materials,2013,25(9):1296-1300.

[51] WAN Y J,ZHU P L,YU S H,et al. Graphene paper for exceptional EMI shielding performance using large-sized graphene oxide sheets and doping strategy[J]. Carbon,2017,122:74-81.

[52] GOGOI J P,BHATTACHARYYA N S. Expanded graphite-phenolic resin composites based double layer microwave absorber for X-band applications[J]. Journal of Applied Physics,2014,116(20):204101.

[53] JOSHI A,BAJAJ A,SINGH R,et al. Corrigendum: Graphene nanoribbon-PVA composite as EMI shielding material in the X band[J]. Nanotechnology,2014,25(23):239501.

[54] JOSHI A,BAJAJ A,SINGH R,et al. Processing of graphene nanoribbon based hybrid composite for electromagnetic shielding[J]. Composites Part B:Engineering,2015,69:472-477.

[55] TAN Y,LUO H,ZHANG H,et al. Lightweight graphene nanoplatelet/boron carbide composite with high EMI shielding effectiveness[J]. AIP Advances,2016,6(3):035208.

[56] VERMA M,CHAUHAN S S,DHAWAN S K,et al. Graphene nanoplatelets/carbon nanotubes/polyurethane composites as efficient shield against electromagnetic polluting radiations[J]. Composites Part B:Engineering,2017,120:118-127.

[57] SRIVASTAVA J,KHANNA PK,MORE P V,et al. Chemically synthesized Ag/PPy-PVA polymer nanocomposite films as potential EMI shielding material in X-band[J]. Advanced Materials Letters,

2016,08(01):42-48.

[58] Al-GHAMDI A A, Al-HARTOMY O A, El-TANTAWY F, et al. Novel polyvinyl alcohol/silver hybrid nanocomposites for high performance electromagnetic wave shielding effectiveness[J]. Microsystem Technologies,2014,21(4):859-868.

[59] Al-SALEH M H,GELVES G A,SUNDARARAJ U. Copper nanowire/polystyrene nanocomposites: Lower percolation threshold and higher EMI shielding[J]. Composites Part A: Applied Science and Manufacturing,2011,42(1):92-97.

[60] GARGAMA H, THAKUR A K, CHATURVEDI S K. Polyvinylidene fluoride/nickel composite materials for charge storing, electromagnetic interference absorption, and shielding applications[J]. Journal of Applied Physics,2015,117(22):224903.

[61] GELVES G A,Al-SALEH M H,SUNDARARAJ U. Highly electrically conductive and high performance EMI shielding nanowire/polymer nanocomposites by miscible mixing and precipitation[J]. Journal of Material Chemistry,2011,21(3):829-836.

[62] SHAHZAD F, ALHABEB M, HATTER C B, et al. Electromagnetic interference shielding with 2D transition metal carbides(MXenes)[J]. Science,2016,353(6304):1137-1140.

[63] LIU J, ZHANG H B, SUN R, et al. Hydrophobic, Flexible, and lightweight MXene foams for high-performance electromagnetic-interference shielding[J]. Advanced materials,2017,29(38):1702367.

[64] SUN R, ZHANG H B, LIU J, et al. Highly Conductive transition metal carbide/carbonitride(MXene)@ polystyrene Nanocomposites Fabricated by electrostatic assembly for highly efficient electromagnetic interference shielding[J]. Advanced Functional Materials,2017,27(45):1702807.

[65] CHEN J J,LIU S L,WU H B,et al. Structural regulation of silver nanowires and their application in flexible electronic thin films[J]. Materials & Design,2018,154:266-274.

[66] FAISAL M, KHASIM S. Polyaniline-antimony oxide composites for effective broadband EMI shielding[J]. Iranian Polymer Journal,2013,22(7):473-480.

[67] FAISAL M,KHASIM S. Broadband electromagnetic shielding and dielectric properties of polyaniline stannous oxide composites[J]. Journal of Materials Science: Materials in Electronics,2013,24(7): 2202-2210.

[68] FAISAL M,KHASIM S. Electrical Conductivity,Dielectric behavior and EMI shielding effectiveness of polyaniline-yttrium oxide composites[J]. Bulletin of the Korean Chemical Society,2013,34(1):99-106.

[69] SAINI P,ARORA M,GUPTA G,et al. High permittivity polyaniline-barium titanate nanocomposites with excellent electromagnetic interference shielding response[J]. Nanoscale,2013,5(10):4330-4336.

[70] KOH Y N, MOKHTAR N, PHANG S W. Effect of microwave absorption study on polyaniline nanocomposites with untreated and treated double wall carbon nanotubes[J]. Polymer Composites, 2018,39(4):1283-1291.

[71] WU K H,TING T H,WANG G P,et al. Effect of carbon black content on electrical and microwave absorbing properties of polyaniline/carbon black nanocomposites[J]. Polymer Degradation and Stability,2008,93 (2):483-488.

[72] BELAABED B, WOJKIEWICZ J L, LAMOURI S, et al. Synthesis and characterization of hybrid conducting composites based on polyaniline/magnetite fillers with improved microwave absorption properties[J]. Journal of Alloys and Compounds,2012,527:137-144.

[73] ZHANG B, DU Y, ZHANG P, et al. Microwave absorption enhancement of Fe_3O_4/polyaniline core/shell hybrid microspheres with controlled shell thickness[J]. Journal of Applied Polymer Science, 2013, 130:1909-1916.

[74] GOPAKUMAR D A, PAI A R, POTTATHARA Y B, et al. Cellulose nanofiber-based polyaniline flexible papers as sustainable microwave absorbers in the X-Band[J]. ACS applied materials & interfaces, 2018, 10(23):20032-20043.

[75] 徐小玉, 赵玉涛, 戴起勋, 等. 磁性复合材料的制备技术与研究进展[J]. 材料导报, 2005, 07:69-71.

[76] 张跃. 一维氧化锌纳米材料[M]. 北京:科学出版社, 2010.

[77] 丁一. 石墨烯基纳米复合电磁波吸收材料的研究[D]. 北京:北京科技大学, 2017.

[78] 陈雪刚, 叶瑛, 程继鹏. 电磁波吸收材料的研究进展[J]. 无机材料学报, 2011, 26(05):449-457.

[79] CAO M, QIN R, QIU C, et al. Matching design and mismatching analysis towards radar absorbing coatings based on conducting plate[J]. Materials & Design, 2003, 24(5):391-396.

[80] 庞建峰. 电磁吸波材料的研究进展[J]. 电子元件与材料, 2015, 34(2):7-12.

[81] MESFIN H M, BAUDOUIN A C, HERMANS S, et al. Frequency selective microwave absorption induced by controlled orientation of graphene-like nanoplatelets in thin polymer films[J]. Applied Physics Letters, 2014, 105(10):103105.

[82] QIU W, LIU X, ZHAO J, et al. Nanofocusing of mid-infrared electromagnetic waves on graphene monolayer[J]. Applied Physics Letters, 2014, 104(4):041109.

[83] SUDEEP P M, VINAYASREE S, MOHANAN P, et al. Fluorinated graphene oxide for enhanced S and X-band microwave absorption[J]. Applied Physics Letters, 2015, 106(22):221603.

[84] LI Q, ZHANG Z, QI L, et al. Toward the Application of High Frequency Electromagnetic Wave Absorption by Carbon Nanostructures[J]. Advanced Science, 2019, 6(8):1801057.

[85] WEN B, ZHAO J, DUAN Y, et al. Electromagnetic wave absorption properties of carbon powder from catalysed carbon black in X and Ku bands[J]. Journal of Physics D: Applied Physics, 2006, 39(9):1960-1962.

[86] YANG W, FU Y, XIA A, et al. Microwave absorption property of Ni-Co-Fe-P-coated flake graphite prepared by electroless plating[J]. Journal of Alloys and Compounds, 2012, 518:6-10.

[87] 段玉平, 刘顺华, 胡雅琴, 等. 炭黑/ABS高密度复合体的电性能与电磁特性[J]. 功能材料, 2006, 01:36-39.

[88] TANG N, ZHONG W, AU C, et al. Synthesis, Microwave Electromagnetic, and Microwave Absorption Properties of Twin Carbon Nanocoils[J]. The Journal of Physical Chemistry C, 2008, 112(49):19316-19323.

[89] CAO M S, SONG W L, HOU Z L, et al. The effects of temperature and frequency on the dielectric properties, electromagnetic interference shielding and microwave-absorption of short carbon fiber/silica composites[J]. Carbon, 2010, 48(3):788-796.

[90] TANG Z K, ZHANG L, WANG N, et al. Superconductivity in 4 Angstrom Single-Walled Carbon Nanotubes[J]. Science, 2001, 292(5526):2462-2465.

[91] TONG G, WU W, HUA Q, et al. Enhanced electromagnetic characteristics of carbon nanotubes/carbonyl iron powders complex absorbers in 2-18GHz ranges[J]. Journal of Alloys and Compounds, 2011, 509(2):451-456.

[92] ZHU H, ZHANG L, ZHANG L, et al. Electromagnetic absorption properties of Sn-filled

multi-walled carbon nanotubes synthesized by pyrolyzing[J]. Materials Letters, 2010, 64(3): 227-230.

[93] ZHAO D L, LI X, SHEN Z M. Preparation and electromagnetic and microwave absorbing properties of Fe-filled carbon nanotubes[J]. Journal of Alloys and Compounds, 2009, 471(1-2): 457-460.

[94] GUI X, YE W, WEI J, et al. Optimization of electromagnetic matching of Fe-filled carbon nanotubes/ferrite composites for microwave absorption[J]. Journal of Physics D: Applied Physics, 2009, 42(7): 075002.

[95] YUAN X, WANG R, HUANG W, et al. Lamellar vanadium nitride nanowires encapsulated in graphene for electromagnetic wave absorption[J]. Chemical Engineering Journal, 2019, 378: 122203.

[96] BAI X, ZHAI Y, ZHANG Y. Green approach to prepare graphene-based composites with high microwave absorption capacity[J]. The Journal of Physical Chemistry C, 2011, 115(23): 11673-11677.

[97] YAN D X, REN P G, PANG H, et al. Efficient electromagnetic interference shielding of lightweight graphene/polystyrene composite[J]. Journal of Materials Chemistry, 2012, 22(36): 18772-18774.

[98] ZHANG X J, WANG G S, CAO W Q, et al. Fabrication of multi-functional PVDF/RGO composites via a simple thermal reduction process and their enhanced electromagnetic wave absorption and dielectric properties[J]. RSC Advances, 2014, 4(38): 19594-19601.

[99] ZHANG H B, YAN Q, ZHENG W G, et al. Tough Graphene-Polymer Microcellular Foams for Electromagnetic Interference Shielding[J]. ACS applied materials & interfaces, 2011, 3(3): 918-924.

[100] 袁冰清, 郁黎明, 盛雷梅, 等. 石墨烯/聚苯胺复合材料的电磁屏蔽性能[J]. 复合材料学报, 2013, 30(01): 22-26.

[101] WU F, WANG Y, WANG M. Using organic solvent absorption as a self-assembly method to synthesize three-dimensional (3D) reduced graphene oxide (RGO)/poly(3, 4-ethylenedioxythiophene) (PEDOT) architecture and its electromagnetic absorption properties[J]. RSC Advances, 2014, 4(91): 49780-49782.

[102] WU F, XIA Y, WANG Y, et al. Two-step reduction of self-assembed three-dimensional (3D) reduced graphene oxide(RGO)/zinc oxide(ZnO) nanocomposites for electromagnetic absorption[J]. Journal of Materials Chemistry A, 2014, 2(47): 20307-20315.

[103] KONG L, YIN X, YUAN X, et al. Electromagnetic wave absorption properties of graphene modified with carbon nanotube/poly(dimethyl siloxane)composites[J]. Carbon, 2014, 73: 185-193.

[104] DONG S, TANG W, HU P, et al. Achieving Excellent Electromagnetic Wave Absorption Capabilities by Construction of MnO Nanorods on Porous Carbon Composites Derived from Natural Wood via a Simple Route[J]. ACS Sustainable Chemistry & Engineering, 2019, 7(13): 11795-11805.

[105] QIN H, LIAO Q, ZHANG G, et al. Microwave absorption properties of carbon black and tetrapodlike ZnO whiskers composites[J]. Applied Surface Science, 2013, 286: 7-11.

[106] FENG W, WANG Y, CHEN J, et al. Reduced graphene oxide decorated with in-situ growing ZnO nanocrystals: Facile synthesis and enhanced microwave absorption properties[J]. Carbon, 2016, 108: 52-60.

[107] HAN M, YIN X, HOU Z, et al. Flexible and thermostable graphene/SiC nanowire foam composites with tunable electromagnetic wave absorption properties[J]. ACS applied materials & interfaces,

2017,9(13):11803-11810.

[108] HAN M,YIN X,DUAN W,et al. Hierarchical graphene/SiC nanowire networks in polymer-derived ceramics with enhanced electromagnetic wave absorbing capability[J]. Journal of the European Ceramic Society,2016,36(11):2695-2703.

[109] 葛凯勇,王群,张晓宁,等. 碳化硅吸波性能改进的研究[J]. 功能材料与器件学报,2002,03:263-266.

[110] ZHANG L,ZHANG X,ZHANG G,et al. Investigation on the optimization,design and microwave absorption properties of reduced graphene oxide/tetrapod-like ZnO composites[J]. RSC Advances,2015,5(14):10197-10203.

[111] HAN M,YIN X,KONG L,et al. Graphene-wrapped ZnO hollow spheres with enhanced electromagnetic wave absorption properties[J]. Journal of Materials Chemistry A,2014,2(39):16403-16409.

[112] MOUCHON E,COLOMBAN P. Microwave absorbent:preparation,mechanical properties and microwave conductivity of SiC(and/or mullite) fibre reinforced Nasicon matrix composites[J]. Journal of Materials Science,1996,31(2):323-334.

[113] LI X,ZHANG L,YIN X,et al. Mechanical and dielectric properties of porous Si_3N_4-SiC(BN)ceramic[J]. Journal of Alloys and Compounds,2010,490(1):40-43.

[114] ZHAO DL,LUO F,ZHOU WC. Microwave absorbing property and complex permittivity of nano SiC particles doped with nitrogen[J]. Journal of Alloys and Compounds,2010,490(1):190-194.

[115] 梁彤祥,赵宏生,张岳. SiC/CNTs 纳米复合材料吸波性能的研究[J]. 无机材料学报,2006,03:659-663.

[116] ZHANG K,SUN M,JIANG W,et al. A core-shell polypyrrole@silicon carbide nanowire(PPy@SiC) nanocomposite for the broadband elimination of electromagnetic pollution[J]. RSC Advances,2016,6(49):43056-43059.

[117] LI S,GAN M,MA L,et al. Preparation and microwave absorbing properties of polyaniline-modified silicon carbide composites[J]. High Performance Polymers,2013,25(8):901-906.

[118] 林亚男. β-SiC@C/钡铁氧体纳米复合材料的制备及其吸波性能研究[D]. 哈尔滨:哈尔滨工业大学,2015.

[119] WANG P,CHENG L,ZHANG Y,et al. Flexible SiC/Si_3N_4 composite nanofibers with in-situ embedded graphite for highly efficient electromagnetic wave absorption[J]. ACS applied materials & interfaces,2017,9(34):28844-28858.

[120] YANG H J,CAO W Q,ZHANG D Q,et al. NiO hierarchical nanorings on SiC:enhancing relaxation to tune microwave absorption at elevated temperature[J]. ACS applied materials & interfaces,2015,7(13):7073-7077.

[121] SUN M,LV X,XIE A,et al. Growing 3D ZnO nano-crystals on 1D SiC nanowires:enhancement of dielectric properties and excellent electromagnetic absorption performance[J]. Journal of Materials Chemistry C,2016,4(38):8897-8902.

[122] XIAO S,MEI H,HAN D,et al. Ultralight lamellar amorphous carbon foam nanostructured by SiC nanowires for tunable electromagnetic wave absorption[J]. Carbon,2017,122:718-725.

[123] 刘柏林,杨燚,杨敏,等. $BaTiO_3$掺杂羰基铁粉复合材料吸波性能研究[J]. 安全与电磁兼容,2008,02:50-53.

［124］ 王洪全,廖家轩,潘笑风,等. BaFe$_{12}$O$_{19}$/BaTiO$_3$复合材料的制备及微波性能[J]. 稀有金属材料与工程,2009,38(2):483-486.

［125］ 陈晓东,王桂芹,段玉平,等. 炭黑/钛酸钡复合颗粒的结构及吸波性能[J]. 硅酸盐学报,2006,12:1446-1451.

［126］ 牛芳旭. 碳化硅及其复合材料的制备与电磁波吸收性能研究[D]. 济南:山东大学,2019.

［127］ PHANG S W, DAIK R, ABDULLAH M H. Poly(4,4'-diphenylene diphenylvinylene) as a non-magnetic microwave absorbing conjugated polymer[J]. Thin Solid Films,2005,477(1):125-130.

［128］ RUCKENSTEIN E, PARK J S. The electromagnetic interference shielding of polypyrrole impregnated conducting polymer composites[J]. Polymer Composites,1991,12(4):289-292.

［129］ 高敬伟. 多形态聚吡咯的制备与吸波性能研究[D]. 上海:东华大学,2010.

［130］ 杨胜林,李光,高敬伟. 不同形态聚吡咯的制备及其吸波性能研究[J]. 安全与电磁兼容,2013,06:64-67.

［131］ LEE W J, LEE J W, KIM C G. Characteristics of an electromagnetic wave absorbing composite structure with a conducting polymer electromagnetic bandgap(EBG)in the X-band[J]. Composites Science and Technology,2008,68(12):2485-2489.

［132］ HUO J, WANG L, YU H. Polymeric nanocomposites for electromagnetic wave absorption[J]. Journal of Materials Science,2009,44(15):3917-3927.

［133］ 颜海燕,陈卫星,寇开昌. 质子酸掺杂聚苯胺的电磁参数及吸波性能研究[J]. 西安工业大学学报,2011,31(07):630-633.

［134］ 张新宇,曾祥云,方洞浦,等. 聚苯胺复合材料的电磁吸波性能研究[J]. 化学工业与工程,1998,03:52-55.

［135］ 邹勇,王国强,廖海星,等. 掺杂聚苯胺复合材料吸波性能的研究[J]. 华中科技大学学报,2001,01:87-89.

［136］ 赵东林,曾宪伟,沈曾民. 碳纳米管/聚苯胺纳米复合管的制备及其微波介电特性研究[J]. 物理学报,2005,08:3878-3883.

［137］ FAEZ R, REIS A D, SOTO-OVIEDO M A, et al. Microwave Absorbing Coatings Based on a Blend of Nitrile Rubber, EPDM Rubber and Polyaniline[J]. Polymer Bulletin,2005,55(4):299-307.

［138］ LIU P B, HUANG Y, SUN X. Excellent electromagnetic absorption properties of poly(3,4-ethylenedioxythiophene)-reduced graphene oxide-Co$_3$O$_4$ composites prepared by a hydrothermal method[J]. ACS applied materials & interfaces,2013,5(23):12355-12360.

［139］ GURTM M. Review of electrical energy storage technologies, materials and systems: challenges and prospects for large-scale grid storage[J]. Energy & Environmental Science,2018,11(10):2696-2767.

［140］ SHARMAR A, TYAGI V V, CHEN C R, et al. Review on thermal energy storage with phase change materials and applications[J]. Renewable and Sustainable Energy Reviews,2009,13(2):318-345.

［141］ DUNN B, KAMATH H, TARASCON J M. Electrical energy storage for the grid: a battery of choices[J]. Science,2011,334(6058):928-935.

［142］ FARID M M, KHUDHAIR A M, RAZACK S A K, et al. A review on phase change energy storage: materials and applications[J]. Energy Conversion and Management,2004,45(9-10):1597-1615.

［143］ MACDIARMID A G, CHIANG J C, RICHTER A F, et al. Polyaniline: a new concept in conducting polymers[J]. Synthetic Metals,1987,18(1-3):285-290.

[144] HEEGER A J. Charge storage in conducting polymers: solitons, polarons, and bipolarons[J]. Polymer Journal,1985,17(1):201-208.

[145] SHIRAKAWA H,LOUIS E J,MACDIARMID A G,et al. Synthesis of electrically conducting organic polymers: halogen derivatives of polyacetylene, (CH) x[J]. Journal of the Chemical Society, Chemical Communications,1977,16:578.

[146] GU H,TADAKAMALLA S,HUANG Y, et al. Polyaniline stabilized magnetite nanoparticle reinforced epoxy nanocomposites[J]. ACS Appl Mater Interfaces,2012,4(10):5613-5624.

[147] GUO J,ZHANG X,GU H, et al. Reinforced magnetic epoxy nanocomposites with conductive polypyrrole nanocoating on nanomagnetite as a coupling agent[J]. RSC Advances,2014,4(69): 36560-36572.

[148] BALINT R,CASSIDY N J,CARTMELL S H. Conductive polymers: towards a smart biomaterial for tissue engineering[J]. Acta Biomater,2014,10(6):2341-2353.

[149] ZHAN C,YU G,LU Y, et al. Conductive polymer nanocomposites: a critical review of modern advanced devices[J]. Journal of Materials Chemistry C,2017,5(7):1569-1585.

[150] GUPTA V,MIURA N. Polyaniline/single-wall carbon nanotube(PANI/SWCNT)composites for high performance supercapacitors[J]. Electrochimica Acta,2006,52(4):1721-1726.

[151] LEE H,KIM H,CHO M S,et al. Fabrication of polypyrrole(PPy)/carbon nanotube(CNT)composite electrode on ceramic fabric for supercapacitor applications[J]. Electrochimica Acta,2011,56(22):7460-7466.

[152] ZHANG K,ZHANG L L,Zhao X S, et al. Graphene/Polyaniline Nanofiber Composites as Supercapacitor Electrodes[J]. Chemistry of Materials,2010,22(4):1392-1401.

[153] LIU Y,WENG B,RAZAL J M,et al. High-performance flexible all-Solid-State supercapacitor from large free-standing graphene-PEDOT/PSS films[J]. Sci Rep,2015,5:17045.

[154] FAN L Z,HU Y S,MAIER J,et al. high electroactivity of polyaniline in supercapacitors by using a hierarchically porous carbon monolith as a support[J]. Advanced Functional Materials, 2007, 17(16):3083-3087.

[155] CHENG Q,TANG J,MA J,et al. Polyaniline-coated electro-etched carbon fiber cloth electrodes for supercapacitors[J]. The Journal of Physical Chemistry C,2011,115(47):23584-23590.

[156] SONG R Y,PARK J H,Sivakkumar S R,et al. Supercapacitive properties of polyaniline/Nafion/ hydrous RuO_2 composite electrodes[J]. Journal of Power Sources,2007,166(1):297-301.

[157] LEE H,CHO M S,KIM I H,et al. RuO_x/polypyrrole nanocomposite electrode for electrochemical capacitors[J]. Synthetic Metals,2010,160(9-10):1055-1059.

[158] CHEN L,SONG Z,LIU G,et al. Synthesis and electrochemical performance of polyaniline-MnO_2 nanowire composites for supercapacitors[J]. Journal of Physics and Chemistry of Solids,2013,74(2):360-365.

[159] BAHLOUL A,NESSARK B,BRIOT E,et al. Polypyrrole-covered MnO_2 as electrode material for supercapacitor[J]. Journal of Power Sources,2013,240:267-272.

[160] REN L,ZHANG G,YAN Z,et al. Three-dimensional tubular MoS_2/PANI hybrid electrode for high rate performance supercapacitor[J]. ACS Applied Materials & Interfaces,2015,7(51):28294-28302.

[161] YAN M,YAO Y,WEN J,et al. Construction of a hierarchical $NiCo_2S_4$@PPy core-shell heterostructure nanotube array on Ni foam for a high-performance asymmetric supercapacitor[J]. ACS Applied Materials

&. Interfaces,2016,8(37):24525-24535.

[162] MI H Y,ZHANG X,YE X,et al. Preparation and enhanced capacitance of core-shell polypyrrole/polyaniline composite electrode for supercapacitors[J]. Journal of Power Sources,2008,176(1):403-409.

[163] CHENG F,LIANG J,TAO Z,et al. Functional materials for rechargeable batteries[J]. Advanced Materials,2011,23(15):1695-1715.

[164] YANG Z,ZHANG J,KINTNER-MEYER M C,et al. Electrochemical energy storage for green grid[J]. Chemical Reviews,2011,111(5):3577-3613.

[165] CHEN J,CHENG F. Combination of lightweight elements and nanostructured materials for batteries[J]. Accounts of Chemical Research,2009,42(6):713-723.

[166] FUKUDA M. LITHIUM-Organic Electrolyte Cell as a High-Energy Cell[J]. 1973,41(8):593-601.

[167] CHOI W,HARADA D,OYAIZU K,et al. Aqueous electrochemistry of poly(vinylanthraquinone) for anode-active materials in high-density and rechargeable polymer/air batteries[J]. Journal of American Chemical Society,2011,133(49):19839-19843.

[168] POIZOT P,DOLHEM F. Clean energy new deal for a sustainable world:from non-CO_2 generating energy sources to greener electrochemical storage devices[J]. Energy & Environmental Science,2011,4(6):2003-2019.

[169] LIU M,VISCO S J,JONGHE L C D. Novel solid redox polymerization electrodes[J]. Journal of The Electrochemical Society,1991,138(7):1891-1895.

[170] DOEFF M M. Thin film rechargeable room temperature batteries using solid redox polymerization electrodes[J]. Journal of The Electrochemical Society,1992,139(7):1808-1812.

[171] DAASBJERG K,JENSEN H,BENASSI R,et al. Evidence for large inner reorganization energies in the reduction of diaryl disulfides:toward a mechanistic link between concerted and stepwise dissociative electron transfers?[J]. Journal of the American Chemical Society,1999,121(8):1750-1751.

[172] TSUTSUMI H,FUJITA K. New type polyamides containing disulfide bonds for positive active material of energy storage batteries[J]. Electrochimica Acta,1995,40(7):879-882.

[173] WENG G,SU Y,LIU Z,et al. Synthesis and properties of copolymer of 3-thienylmethyl disulfide and benzyl disulfide for cathode material in lithium batteries[J]. Journal of Applied Polymer Science,2009,727-735.

[174] TSUTSUMI H,OYARI Y,ONIMURA K,et al. Electrochemical behavior of polyamides with cyclic disulfide structure and their application to positive active material for lithium secondary battery[J]. Journal of Power Sources,2001,92(1-2):228-233.

[175] NAOI K. Electrochemistry of Poly(2,2'-dithiodianiline):A New Class of High Energy Conducting Polymer Interconnected with S[Single Bond]S Bonds[J]. Journal of The Electrochemical Society,1997,144(6):5068-5071.

[176] SU Y Z,NIU Y P,XIAO Y Z,et al. Novel conducting polymer poly[bis(phenylamino)disulfide]:Synthesis,characterization,and properties[J]. Journal of Polymer Science Part A:Polymer Chemistry,2004,42(10):2329-2339.

[177] LI Y,ZHAN H,KONG L,et al. Electrochemical properties of PABTH as cathode materials for rechargeable lithium battery[J]. Electrochemistry Communications,2007,9(5):1217-1221.

[178]　NAOI K. A New Energy Storage Material: Organosulfur Compounds Based on Multiple Sulfur-Sulfur Bonds[J]. Journal of The Electrochemical Society,1997,144(6):L170-L172.

[179]　TROFIMOV B A,MYACHINA G F,RODIONOVA I V,et al. Ethynedithiol-based polyeneoligosulfides as active cathode materials for lithium-sulfur batteries[J]. Journal of Applied Polymer Science,2008,107(2):784-787.

[180]　TROFIMOV B, PARSHINA L, GUSAROVA N, et al. Sulfur-rich copolymers of sulfur with 5-vinylbicyclo[2.2.1]hept-2-ene and tricyclo[5.2.1.0 2.6]deca-3,8-diene as prospective cathode materials for lithium cells[J]. Sulfur Letters,2002,25(5):219-227.

[181]　FANOUS J,WEGNER M,GRIMMINGER J,et al. Structure-Related Electrochemistry of Sulfur-Poly(acrylonitrile)Composite Cathode Materials for Rechargeable Lithium Batteries[J]. Chemistry of Materials,2011,23(22):5024-5028.

[182]　ZHANG J Y,KONG L B,ZHAN L Z,et al. Sulfides organic polymer: Novel cathode active material for rechargeable lithium batteries[J]. Journal of Power Sources,2007,168(1):278-281.

[183]　ZHANG J,SONG Z,ZHAN L,et al. Poly(ethene-1,1,2,2-tetrathiol): Novel cathode material with high specific capacity for rechargeable lithium batteries[J]. Journal of Power Sources,2009,186(2):496-499.

[184]　SARUKAWA T, OYAMA N. Electrochemical Activity of Sulfur-Linked Tetrathionaphthalene Polymer[J]. Journal of The Electrochemical Society,2010,157(2):F23-F29.

[185]　OYAIZU K, HATEMATA A, CHOI W, et al. Redox-active polyimide/carbon nanocomposite electrodes for reversible charge storage at negative potentials: expanding the functional horizon of polyimides[J]. Journal of Materials Chemistry,2010,20(26):5404-5410.

[186]　ZHONG H,WANG G,SONG Z,et al. Organometallic polymer material for energy storage[J]. Chemical Communications,2014,50(51):6768-6770.

[187]　HA'RINGER D. Poly(5-amino-1,4-naphthoquinone), a Novel Lithium-Inserting Electroactive Polymer with High Specific Charge[J]. Journal of The Electrochemical Society,1999,146(7):2393-2398.

[188]　XU G,LU Q,WEN L,et al. Poly(1,5-diaminoanthraquinone) as cathode material in rechargeable lithium batteries[J]. Acta Polymerica Sinica,2006,6:795-799.

[189]　HAN X,CHANG C,YUAN L,et al. Aromatic carbonyl derivative polymers as high-performance Liion storage materials[J]. Advanced materials,2007,19(12):1616-1621.

[190]　SONG Z,ZHAN H,ZHOU Y. Anthraquinone based polymer as high performance cathode material for rechargeable lithium batteries[J]. Chemical Communications,2009,4:448-450.

[191]　LIU K,ZHENG J,ZHONG G,et al. Poly(2,5-dihydroxy-1,4-benzoquinonyl sulfide)(PDBS) as a cathode material for lithium ion batteries[J]. Journal of Materials Chemistry,2011,21(12):4125.

[192]　LE G T,REIMAN K H,GROSSEL M C,et al. Poly(2,5-dihydroxy-1,4-benzoquinone-3,6-methylene): a new organic polymer as positive electrode material for rechargeable lithium batteries[J]. Journal of Power Sources,2003,119-121:316-320.

[193]　KASSAM A, BURNELL D J, DAHN JR. Lithiated 1,4,5,8-naphthalenetetraol formaldehyde polymer,an organic cathode material[J]. Electrochemical and Solid-State Letters, 2011, 14 (2): A22-A27.

[194]　GENG J,BONNET J P,RENAULT S,et al. Evaluation of polyketones with N-cyclic structure as

electrode material for electrochemical energy storage:case of tetraketopiperazine unit[J]. Energy & Environmental Science,2010,3(12):1929-1932.

[195] ZHAN L,SONG Z,ZHANG J,et al. PEDOT:Cathode active material with high specific capacity in novel electrolyte system[J]. Electrochimica Acta,2008,53(28):8319-8323.

[196] BABEL A,JENEKHE S A. High electron mobility in ladder polymer field-effect transistors[J]. Journal of American Chemical Society,2003,125(45):13656-13657.

[197] THAKUR M,PERNITES R B,NITTA N,et al. Freestanding macroporous silicon and pyrolyzed polyacrylonitrile as a composite anode for lithium ion batteries[J]. Chemistry of Materials,2012,24(15):2998-3003.

[198] SHEN L,SHEN L,WANG Z,et al. In situ thermally cross-linked polyacrylonitrile as binder for high-performance silicon as lithium ion battery anode[J]. ChemSusChem,2014,7(7):1951-1956.

[199] WU F,CHEN J,CHEN R,et al. Sulfur/polythiophene with a core/shell structure:synthesis and electrochemical properties of the cathode for rechargeable lithium batteries[J]. The Journal of Physical Chemistry C,2011,115(13):6057-6063.

[200] MANTHIRAM A,Fu Y,CHUNG S H,et al. Rechargeable lithium-sulfur batteries[J]. Chemical Review,2014,114(23):11751-11787.

[201] BRUCE P G,FREUNBERGER S A,HARDWICK L J,et al. Li-O_2 and Li-S batteries with high energy storage[J]. Nature Materials,2011,11:19.

[202] WANG J G,XIE K,WEI B. Advanced engineering of nanostructured carbons for lithium-sulfur batteries[J]. Nano Energy,2015,15:413-444.

[203] ZHANG C,WU H B,YUAN C,et al. Confining sulfur in double-shelled hollow carbon spheres for lithium-sulfur batteries[J]. Angewandte Chemie International Edition,2012,51(38):9592-9595.

[204] PAN H,CHEN J,CAO R,et al. Non-encapsulation approach for high-performance Li-S batteries through controlled nucleation and growth[J]. Nature Energy,2017,2(10):813-820.

[205] WANG J,CHEN J,KONSTANTINOV K,et al. Sulphur-polypyrrole composite positive electrode materials for rechargeable lithium batteries[J]. Electrochimica Acta,2006,51(22):4634-4638.

[206] XIAO L,CAO Y,XIAO J,et al. A soft approach to encapsulate sulfur:polyaniline nanotubes for lithium-sulfur batteries with long cycle life[J]. Advanced Materials,2012,24(9):1176-1181.

[207] WEI S,MA L,HENDRICKSON KE,et al. Metal-sulfur battery cathodes based on PAN-sulfur composites[J]. Journal of American Chemical Society,2015,137(37):12143-12152.

[208] KIM H,LEE J,AHN H,et al. Synthesis of three-dimensionally interconnected sulfur-rich polymers for cathode materials of high-rate lithium-sulfur batteries[J]. Nature Communications,2015,6:7278.

[209] MUENCH S,WILD A,FRIEBE C,et al. Polymer-Based Organic Batteries[J]. Chem Rev,2016,116(16):9438-9484.

[210] GUO S,YI J,SUN Y,et al. Recent advances in titanium-based electrode materials for stationary sodium-ion batteries[J]. Energy & Environmental Science,2016,9(10):2978-3006.

[211] XIANG X,ZHANG K,CHEN J. Recent advances and prospects of cathode materials for sodiumion batteries[J]. Advanced Materials,2015,27(36):5343-5364.

[212] OLTEAN V A,RENAULT S,VALVO M,et al. Sustainable materials for sustainable energy storage:organic Na electrodes[J]. Materials,2016,9(3):142.

[213] WANG H G, YUAN S, MA D L, et al. Tailored aromatic carbonyl derivative polyimides for highpower and long-cycle sodium-organic batteries[J]. Advanced Energy Materials, 2014, 4(7):1301651.

[214] XU F, XIA J, SHI W. Anthraquinone-based polyimide cathodes for sodium secondary batteries[J]. Electrochemistry Communications, 2015, 60:117-120.

[215] XU F, WANG H, LIN J, et al. Poly(anthraquinonyl imide) as a high capacity organic cathode material for Na-ion batteries[J]. Journal of Materials Chemistry A, 2016, 4(29):11491-11497.

[216] CHMIOLA J, YUSHIN G, GOGOTSI Y, et al. Anomalous increase in carbon capacitance at pore sizes less than 1 nanometer[J]. Science, 2006, 313(5794):1760-1763.

[217] SHACKLETTE L W. Polyacetylene and polyphenylene as anode materials for nonaqueous secondary batteries[J]. Journal of The Electrochemical Society, 1985, 132(7):1529.

[218] ZHU L, SHEN Y, SUN M, et al. Self-doped polypyrrole with ionizable sodium sulfonate as a renewable cathode material for sodium ion batteries[J]. Chemical Communications, 2013, 49(97):11370-11372.

[219] CHEN J, LIU Y, LI W, et al. Nanostructured polystyrene/polyaniline/graphene hybrid materials for electrochemical supercapacitor and Na-ion battery applications[J]. 2015, 50(16):5466-5474.

[220] SAKAUSHI K, NICKERL G, WISSER F M, et al. An energy storage principle using bipolar porous polymeric frameworks[J]. Angewandte Chemie International Edition, 2012, 51(31):7850-7854.

[221] SAKAUSHIN K, HOSONO E, NICKERL G, et al. Aromatic porous-honeycomb electrodes for a sodium-organic energy storage device[J]. Nature Communications, 2013, 4:1485.

[222] LI Y, DAI H. Recent advances in zinc-air batteries[J]. Chemical Society Reviews, 2014, 43(15):5257-5275.

[223] ARICO A S, BRUCE P, SCROSATI B, et al. Nanostructured materials for advanced energy conversion and storage devices[J]. Nature Materials, 2005, 4(5):366-377.

[224] HAN Y, WANG Y G, CHEN W, et al. Hollow N-doped carbon spheres with isolated cobalt single atomic sites: superior electrocatalysts for oxygen reduction[J]. Journal of the American Chemical Society, 2017, 139(48):17269-17272.

[225] JIANG W J, GU L, LI L, et al. Understanding the high activity of Fe-N-C electrocatalysts in oxygen reduction: Fe/Fe$_3$C nanoparticles boost the activity of Fe-N$_x$[J]. Journal of the American Chemical Society, 2016, 138(10):3570-3578.

[226] AN L, ZHANG Z, FENG J, et al. Heterostructure-promoted oxygen electrocatalysis enables rechargeable Zinc-air battery with neutral aqueous electrolyte[J]. Journal of the American Chemical Society, 2018, 140(50):17624-17631.

[227] XIA B Y, YAN Y, LI N, et al. A metal-organic framework-derived bifunctional oxygen electrocatalyst[J]. Nature Energy, 2016, 1:15006.

[228] YANG Z, NIE H, CHEN X A, et al. Recent progress in doped carbon nanomaterials as effective cathode catalysts for fuel cell oxygen reduction reaction[J]. Journal of Power Sources, 2013, 236:238-249.

[229] SCHMIDT T J, PAULUS U A, GASTEIGER H A, et al. The oxygen reduction reaction on a Pt/carbon fuel cell catalyst in the presence of chloride anions[J]. Journal of Electroanalytical Chemistry, 2001, 508(1):41-47.

[230] PEIGHAMBARDOUST S J,ROWSHANZAMIR S,AMJADI M. Review of the proton exchange membranes for fuel cell applications[J]. International Journal of Hydrogen Energy,2010,35(17): 9349-9384.

[231] BASHYAM R,ZELENAY P. A class of non-precious metal composite catalysts for fuel cells[J]. Nature,2006,443(7107):63-66.

[232] STEELE B C H. Running on natural gas[J]. Nature,1999,400(6745):619-621.

[233] STAMENKOVIC V R,FOWLER B,MUN B S,et al. Improved oxygen reduction activity on Pt_3Ni (111)via increased surface site availability[J]. Science,2007,315(5811):493-497.

[234] OKADA M,KONTA Y,NAKAGAWA N. Carbon nano-fiber interlayer that provides high catalyst utilization in direct methanol fuel cell[J]. Journal of Power Sources,2008,185(2):711-716.

[235] XIA W,MAHMOOD A,LIANG Z,et al. Earth-abundant nanomaterials for oxygen reduction[J]. 2016,55(8):2650-2676.

[236] NIE Y,LI L,WEI Z. Recent advancements in Pt and Pt-free catalysts for oxygen reduction reaction [J]. Chemical Society Reviews,2015,44(8):2168-2201.

[237] ZHAO D,XU B Q. Platinum covering of gold nanoparticles for utilization enhancement of Pt in electrocatalysts[J]. Physical Chemistry Chemical Physics,2006,8(43):5106-5114.

[238] XI J,WANG J,YU L,et al. Facile approach to enhance the Pt utilization and CO-tolerance of Pt/C catalysts by physically mixing with transition-metal oxide nanoparticles[J]. Chemical Communications,2007, 16:1656-1658.

[239] WANG J J,YIN G P,ZHANG J,et al. High utilization platinum deposition on single-walled carbon nanotubes as catalysts for direct methanol fuel cell[J]. Electrochimica Acta, 2007, 52 (24): 7042-7050.

[240] CHENG F,CHEN J. Metal-air batteries:from oxygen reduction electrochemistry to cathode catalysts [J]. Chemical Society Reviews,2012,41(6):2172-2192.

[241] WANG Z L,XU D,XU J J,et al. Oxygen electrocatalysts in metal-air batteries:from aqueous to nonaqueous electrolytes[J]. Chemical Society Reviews,2014,43(22):7746-7786.

[242] LU J,LI L,PAK J B,et al. Aprotic and Aqueous Li-O_2 Batteries[J]. Chemical Reviews,2014,114 (11):5611-5640.

[243] 上海空间电源研究所. 化学电源技术[M]. 北京:科学出版社,2015.

[244] LEE J S,TAI KI S,CAO R,et al. Metal-Air Batteries with High Energy Density:Li-Air versus Zn-Air[J]. Advanced Energy Materials,2011,1(1):34-50.

[245] KAKATI N,MAITI J,JEE S H,et al. Hydrothermal synthesis of PtRu on CNT/SnO_2 composite as anode catalyst for methanol oxidation fuel cell[J]. Journal of Alloys and Compounds,2011,509(18): 5617-5622.

[246] 樊荣,薛建军,赵媛,等. 铁掺杂聚苯胺/功能化石墨烯制备高效 Fe-NC 型氧还原催化剂研究[J]. 化工新型材料,2018,46(9):157-160.

[247] YUAN Y,AHMED J,KIM S. Polyaniline/carbon black composite-supported iron phthalocyanine as an oxygen reduction catalyst for microbial fuel cells[J]. Journal of Power Sources,2011,196(3): 1103-1106.

[248] YUAN Y,ZHOU S,ZHUANG L. Polypyrrole/carbon black composite as a novel oxygen reduction

catalyst for microbial fuel cells[J]. Journal of Power Sources,2010,195(11):3490-3493.

[249] MANESH K M, SANTHOSH P, GOPALAN A I, et al. Electrocatalytic Dioxygen Reduction at Glassy Carbon Electrode Modified with Polyaniline Grafted Multiwall Carbon Nanotube Film[J]. Electroanalysis 2006,18(16):1564-1571.

[250] JIANG S, SUN Y, DAI H, et al. Nitrogen and fluorine dual-doped mesoporous graphene: a high-performance metal-free ORR electrocatalyst with a super-low HO2-yield[J]. Nanoscale, 2015, 7 (24):10584-10589.

[251] GAO S, FAN B, FENG R, et al. N-doped-carbon-coated Fe_3O_4 from metal-organic framework as efficient electrocatalyst for ORR[J]. Nano Energy,2017,40:462-470.

[252] KHALID M, HONORATO A M B, VARELA H, et al. Multifunctional electrocatalysts derived from conducting polymer and metal organic framework complexes[J]. Nano Energy,2018,45:127-135.

[253] YANG L, ZENG Y, TANG X, et al. Self-Sacrificial Template Synthesis of a Nitrogen-Doped Microstructured Carbon Tube as Electrocatalyst for Oxygen Reduction[J]. ChemElectroChem,2018, 5(23):3731-3740.

[254] DING K Q. Cyclic Voltammetrically Prepared MnO_2-polyaniline composite and its electrocatalysis for oxygen reduction reaction(ORR)[J]. Journal of the Chinese Chemical Society,2009,56(5):891-897.

[255] ZHOU X, XU Y, MEI X, et al. Polyaniline/β-MnO_2 nanocomposites as cathode electrocatalyst for oxygen reduction reaction in microbial fuel cells[J]. Chemosphere,2018,198:482-491.

[256] HE J, WANG M, WANG W, et al. Hierarchical mesoporous NiO/MnO_2@PANI core-shell microspheres, highly efficient and stable bifunctional electrocatalysts for oxygen evolution and reduction reactions[J]. ACS applied materials & interfaces,2017,9(49):42676-42687.

[257] 邹志娟,程皓,王靖宇,等.热解二氧化钛/聚苯胺制备高效非贵金属氧还原电催化剂[J].催化学报,2015,36(3):414-424.

[258] CAO S, HAN N, HAN J, et al. Mesoporous hybrid shells of carbonized polyaniline/Mn_2O_3 as nonprecious efficient oxygen reduction reaction Catalyst[J]. ACS applied materials & interfaces, 2016,8(9):6040-6050.

[259] FU Y, WANG J, YU H Y, et al. Enhanced electrocatalytic performances of α-Fe_2O_3 pseudonanocubes for oxygen reduction reaction in alkaline solution with conductive coating[J]. International Journal of Hydrogen Energy,2017,42(32):20711-20719.

[260] LI C, ZHAO J, Priestley R D, et al. 聚合物限域金属有机化合物自组装构筑高效多孔多元掺杂碳基氧还原催化剂[J]. Science China Materials,2018,61(10):1305-1313.

[261] 张玉晖,易清风,刘小平,等.金属掺杂聚吡咯碳化物 PPY-M 的制备及其氧还原反应电催化活性[J].无机材料学报,2014,29(3):269-274.

[262] PAPIYA F, PATTANAYAK P, KUMAR P, et al. Development of highly efficient bimetallic nanocomposite cathode catalyst, composed of Ni:Co supported sulfonated polyaniline for application in microbial fuel cells[J]. Electrochimica Acta,2018,282:931-945.

[263] PENG H, LIU F, LIU X, et al. Effect of transition metals on the structure and performance of the doped carbon catalysts derived from polyaniline and melamine for ORR application[J]. ACS Catalysis,2014,4 (10):3797-3805.

[264] MICHEL M, ETTINGSHAUSEN F, SCHEIBA F, et al. Using layer-by-layer assembly of polyaniline

fibers in the fast preparation of high performance fuel cell nanostructured membrane electrodes[J]. Physical Chemistry Chemical Physics,2008,10(25):3796-3801.

[265] 李靖. 聚吡咯-铂纳米复合材料对氧还原的电催化性能研究[J]. 上海第二工业大学学报,2009,26(4):312-317.

[266] VORK F T A,JANSSEN L J J,BARENDRECHT E. Oxidation of hydrogen at platinum-polypyrrole electrodes[J]. Electrochimica Acta,1986,31(12):1569-1575.

[267] NAGASHREE K L,RAVIRAJ N H,AHMED M F. Carbon paste electrodes modified by Pt and Pt-Ni microparticles dispersed in polyindole film for electrocatalytic oxidation of methanol[J]. Electrochimica Acta,2010,55(8):2629-2635.

[268] BAI Z,ZHANG Q,LV J,et al. A facile preparation of palladium catalysts supported on hollow polypyrrole nanospheres for ethanol oxidation[J]. Electrochimica Acta,2015,177:107-112.

[269] CHEN S,WEI Z,QI X,et al. Nanostructured Polyaniline-decorated Pt/C@PANI core-shell catalyst with enhanced durability and activity[J]. Journal of the American Chemical Society,2012,134(32):13252-13255.

[270] WU T Y,TSAI C J,TSENG L Y,et al. Nanocomposite of platinum particles embedded into nanosheets of polycarbazole for methanol oxidation[J]. Journal of the Chinese Chemical Society,2014,61(8):860-866.

[271] LIANG H W,WEI W,WU Z S,et al. Mesoporous metal nitrogen-doped carbon electrocatalysts for highly efficient oxygen reduction reaction[J]. Journal of the American Chemical Society,2013,135(43):16002-16005.

[272] ZHANG X,LIU R,ZANG Y,et al. Shrimp-shell derived carbon nanodots as precursors to fabricate Fe,N-doped porous graphitic carbon electrocatalysts for efficient oxygen reduction in zinc-air batteries[J]. Inorganic Chemistry Frontiers,2016,3(7):910-918.

[273] DENG Z,YI Q,LI G,et al. NiCo-doped C-N nano-composites for cathodic catalysts of Zn-air batteries in neutral media[J]. Electrochimica Acta,2018,279:1-9.

[274] KAEWSAI D,HUNSOM M. Comparative study of the ORR activity and stability of Pt and PtM(M=Ni,Co,Cr,Pd)Supported on polyaniline/carbon nanotubes in a PEM Fuel Cell[J]. Nanomaterials,2018,8(5):299.

[275] GUO J,LIN C Y,XIA Z,et al. A pyrolysis-free covalent organic polymer for oxygen reduction[J]. Angewandte Chemie International Edition,2018,57(38):12567-12572.

[276] PENG P,SHI L,HUO F,et al. A pyrolysis-free path toward superiorly catalytic nitrogen-coordinated single atom[J]. Science Advances,2019,5(8):eaaw2322.

[277] ZHUANG X,ZHANG F,WU D,et al. Two-Dimensional Sandwich-Type,Graphene-Based Conjugated Microporous Polymers[J]. Angewandte Chemie International Edition,2013,52(37):9668-9672.

[278] 毛健新,乜广弟,卢晓峰,等. 导电高分子及其纳米复合材料的热电性质[J]. 高等学校化学学报,2016,37(2):213-220.

[279] ZHANG Q,SUN Y,XU W,et al. Organic thermoelectric materials:emerging green energy materials converting heat to electricity directly and efficiently[J]. Advanced materials,2015,26(40):6829-6851.

[280] JALALI M,DAUTERSTEDT S,MICHAUD A,et al. Electromagnetic shielding of polymer-matrix composites with metallic nanoparticles[J]. Composites Part B:Engineering,2011,42(6):1420-1426.

[281] DUBEY N, LECLERC M. Conducting polymers: Efficient thermoelectric materials[J]. Journal of Polymer Science Part B Polymer Physics, 2015, 49(7): 467-475.

[282] KAMARUDIN M A, SAHAMIR S R, DATTA R S, et al. A review on the fabrication of polymerbased thermoelectric materials and fabrication methods[J]. The Scientific World Journal, 2013, 3: 713640.

[283] CULEBRAS M, GOMEZ C, CANTARERO A. Review on polymers for thermoelectric applications [J]. Materials, 2014, 7(9): 6701-6732.

[284] YONG D, SHEN S Z, CAI K, et al. Research progress on polymer-inorganic thermoelectric nanocomposite materials[J]. Progress in Polymer Science, 2012, 37(6): 820-841.

[285] DU F, SCOGNA R C, ZHOU W, et al. Nanotube networks in polymer nanocomposites: rheology and electrical conductivity[J]. Macromolecules, 2004, 37(24): 9048-9055.

[286] YU C, KIM Y S, KIM D, et al. Thermoelectric behavior of segregated-network polymer nanocomposites [J]. Nano Letters, 2008, 8(12): 4428-4432.

[287] KIM D, KIM Y, CHOI K, et al. Improved thermoelectric behavior of nanotube-filled polymer composites with poly(3,4-ethylenedioxythiophene) poly(styrenesulfonate)[J]. ACS Nano, 2010, 4(1): 513-523.

[288] YU C, CHOI K, YIN L, et al. Correction to light-weight flexible carbon nanotube based organic composites with large thermoelectric power factors[J]. ACS Nano, 7(10): 9506.

[289] PANG H, PIAO Y Y, TAN Y Q, et al. Thermoelectric behaviour of segregated conductive polymer composites with hybrid fillers of carbon nanotube and bismuth telluride[J]. Materials Letters, 2013, 107(18): 150-153.

[290] TOSHIMA N, OSHIMA K, ANNO H, et al. Novel hybrid organic thermoelectric materials: threecomponent hybrid films consisting of a nanoparticle polymer complex, carbon nanotubes, and vinyl polymer[J]. Advanced materials, 2015, 27(13): 2246-2251.

[291] HONG C T, LEE W, KANG Y H, et al. Effective doping by spin-coating and enhanced thermoelectric power factors in SWCNT/P3HT hybrid films[J]. Journal of Materials Chemistry A, 2015, 3(23): 12314-12319.

[292] MENG C, LIU C, FAN S. A promising approach to enhanced thermoelectric properties using carbon nanotube networks[J]. Advanced materials, 2010, 22(4): 535-539.

[293] YAO Q, CHEN L, ZHANG W, et al. Enhanced thermoelectric performance of single-walled carbon nanotubes/polyaniline hybrid nanocomposites[J]. ACS Nano, 2010, 4(4): 2445-2451.

[294] CHEN J, GUI X, WANG Z, et al. Superlow thermal conductivity 3D carbon nanotube network for thermoelectric applications[J]. ACS applied materials & interfaces, 2012, 4(1): 81-86.

[295] HEWITT C A, KAISER A B, ROTH S, et al. Varying the concentration of single walled carbon nanotubes in thin film polymer composites, and its effect on thermoelectric power[J]. Applied Physics Letters, 2011, 98(18): 3970.

[296] HEWITT C A, KAISER A B, ROTH S, et al. Multilayered carbon nanotube/polymer composite based thermoelectric fabrics[J]. Nano Letters, 2012, 12(3): 1307-1310.

[297] NOVOSELOV K S, GEIM A K, MOROZOV S V, et al. Electric field effect in Atomically thin carbon films[J]. Science, 2004, 306(5696): 666-669.

[298] STOLLER M D, PARK S, ZHU Y, et al. Graphene-based ultracapacitors[J]. Nano Letters, 2008, 8

(10):3498-3502.

[299] LEE C, WEI X, KYSAR J W, et al. Measurement of the elastic properties and intrinsic strength of monolayer graphene[J]. Science, 2008, 321(5887):385-388.

[300] PARK S, AN J, JUNG I, et al. Colloidal suspensions of highly reduced graphene oxide in a wide variety of organic solvents[J]. Nano Letters, 2009, 9(4):1593-1597.

[301] WEI P, BAO W, PU Y, et al. Anomalous thermoelectric transport of dirac particles in graphene[J]. Physical Review Letters, 2009, 102(16):166808.

[302] SEOL J H, JO I, MOORE A L, et al. Two-dimensional phonon transport in supported graphene[J]. Science, 2010, 328(5975):213-216.

[303] KIM G H, HWANG D H, WOO S I. Thermoelectric properties of nanocomposite thin films prepared with poly(3,4-ethylenedioxythiophene) poly(styrenesulfonate) and graphene[J]. Physical Chemistry Chemical Physics, 2012, 14(10):3530-3536.

[304] Du Y, SHEN S, Yang W. Simultaneous increase in conductivity and Seebeck coefficient in a polyaniline/ graphene nanosheets thermoelectric nanocomposite[J]. Synthetic Metals, 2012, 161(23-24):2688-2692.

[305] DU Y, CAI K F, SHEN S Z, et al. Preparation and characterization of graphene nanosheets/poly(3-hexylthiophene)thermoelectric composite materials[J]. Synthetic Metals, 2012, 162(23):2102-2106.

[306] JU H, KIM M, KIM J. Enhanced thermoelectric performance by alcoholic solvents effects in highly conductive benzenesulfonate-doped poly(3,4-ethylenedioxythiophene)/graphene composites[J]. Journal of Applied Polymer Science, 2015, 132(24):42107.

[307] HEWITT C A, KAISER A B, CRAPS M, et al. Temperature dependent thermoelectric properties of freestanding few layer graphene/polyvinylidene fluoride composite thin films[J]. Synthetic Metals, 2013, 165(1):56-59.

[308] ZHAO Y, TANG G S, YU Z Z, et al. The effect of graphite oxide on the thermoelectric properties of polyaniline[J]. Carbon, 2012, 50(8):3064-3073.

[309] LI F, CAI K, SHEN S, et al. Preparation and thermoelectric properties of reduced graphene oxide/PEDOT:PSS composite films[J]. Synthetic Metals, 2014(197):58-61.

[310] ISLAM R, CHANYUKING R, BRUN J F, et al. Transport and thermoelectric properties of polyaniline/reduced graphene oxide nanocomposites[J]. Nanotechnology, 2014, 25(47):475705.

[311] ZHANG K, ZHANG Y, WANG S. Enhancing thermoelectric properties of organic composites through hierarchical nanostructures[J]. Scientific Reports, 2013, 3(3):3448.

[312] MCGRAIL B T, SEHIRLIOGLU A, PENTZER E. Polymer composites for thermoelectric applications[J]. Angewandte Chemie International Edition, 2015, 54(6):1710-1723.

[313] PENG H, KIOUSSIS N, SNYDER G J. Elemental tellurium as a chiral p-type thermoelectric material [J]. Physical Review B, 2014, 89(19):195206.

[314] DUN C, HEWITT C A, HUANG H, et al. Flexible thermoelectric fabrics based on self-assembled tellurium nanorods with a large power factor[J]. Physical Chemistry Chemical Physics Pccp, 2015, 17(14):8591-8595.

[315] SEE K C, FESER J P, CHEN C E, et al. Water-processable polymer-nanocrystal hybrids for thermoelectrics[J]. Nano Letters, 2010, 10(11):4664-4667.

[316] MA S, ANDERSON K, GUO L, et al. Temperature dependent thermopower and electrical conductivity of

Te nanowire/poly(3,4-ethylenedioxythiophene): poly(4-styrene sulfonate) microribbons[J]. Applied Physics Letters,2014,105(7):1352-2727.

[317] YEE S K, COATES N E, MAJUMDAR A, et al. Thermoelectric power factor optimization in PEDOT:PSS tellurium nanowire hybrid composites[J]. Physical Chemistry Chemical Physics, 2013,15(11):4024-4032.

[318] ZHOU C,DUN C,WANG Q,et al. Nanowires as building blocks to fabricate flexible thermoelectric fabric: the case of copper telluride nanowires[J]. ACS applied materials & interfaces,2015,7(38):21015.

[319] ZHANG B,SUN J,KATZ H E,et al. Promising thermoelectric properties of commercial PEDOT: PSS materials and their Bi_2Te_3 powder composites[J]. ACS applied materials & interfaces,2010,2(11):3170-3178.

[320] CHATTERJEE K, MITRA M, KARGUPTA K, et al. Synthesis, characterization and enhanced thermoelectric performance of structurally ordered cable-like novel polyaniline-bismuth telluride nanocomposite[J]. Nanotechnology,2013,24(21):215703.

[321] DU Y,CAI K F,CHEN S,et al. Facile preparation and thermoelectric properties of Bi_2Te_3 based alloy nanosheet/PEDOT:PSS composite films[J]. ACS applied materials & interfaces,2014,6(8):5735-5743.

[322] WANG Y,CAI K,YAO X. Facile fabrication and thermoelectric properties of PbTe-modified poly(3,4-ethylenedioxythiophene)nanotubes[J]. ACS applied materials & interfaces,2011,3(4):1163.

[323] COLEMAN J N,LOTYA M,O'NEILL A,et al. Two-dimensional nanosheets produced by liquid exfoliation of layered materials[J]. Science,2011,331(18):568-571.

[324] BUSCEMA M,BARKELID M,ZWILLER V,et al. large and tunable photo-thermoelectric effect in single-layer MoS_2[J]. Nano Letters,2013,13(2):358-363.

[325] MURUGAN A V, QUINTIN M, DELVILLE M H, et al. Synthesis and characterization of organic/inorganic poly(3,4-ethylenedioxythiophene)/MoS_2 nanocomposite via in situ oxidative polymerization[J]. Journal of Materials Research,2006,21(1):112-118.

[326] BISSESSUR R, KANATZIDIS M G, SCHINDLER J L, et al. Encapsulation of polymers into MoS_2 and metal to insulator transition in metastable MoS_2[J]. Journal of the Chemical Society Chemical Communications,1993(20):1582-1585.

[327] DUN C,HEWITT C A,HUANG H,et al. Flexible n-type thermoelectric films based on Cu-doped Bi_2Se_3 nanoplate and polyvinylidene fluoride composite with decoupled seebeck coefficient and electrical conductivity[J]. Nano Energy,2015,18:306-314.

[328] DUN C,HEWITT C,HUANG H,et al. Layered Bi_2Se_3 nanoplate/polyvinylidene fluoride composite based n-type thermoelectric fabrics[J]. ACS applied materials & interfaces,2015,7(13):7054.

[329] WANG Y,CAI K,CHEN S,et al. One-step interfacial synthesis and thermoelectric properties of Ag/Cupoly(3,4-ethylenedioxythiophene)nanostructuredcomposites[J]. Journal of Nanopart Res,2014,16(8):2531-2535.

[330] PINTER E, FEKETE Z A, BERKESI O, et al. Characterization of poly(3-octylthiophene)/silver nanocomposites prepared by solution doping[J]. Journal of Physical Chemistry C,2007,111(32):11872-11878.

[331] TOSHIMA N, MARUTANI H. Organic thermoelectric materials composed of conducting polymers and metal nanoparticles[J]. Journal of Electronic Materials, 2012, 41(6): 1735-1742.

[332] JOUSSEAUME V, MORSLI M, BONNET A, et al. Electrical properties of polyaniline-polystyrene blends above the percolation threshold[J]. Journal of Applied Polymer Science, 2015, 67(7): 1205-1208.

[333] YANG C Y, CAO Y, SMITH P, et al. Morphology of conductive, solution-processed blends of polyaniline and poly(methyl methacrylate)[J]. Synthetic Metals, 1993, 53(3): 293-301.

[334] LU G, BU L, LI S, et al. Bulk interpenetration network of thermoelectric polymer in insulating supporting matrix[J]. Advanced materials, 2014, 26(15): 2359-2364.

第3章 热功能纳米复合材料

3.1 导热功能纳米复合材料

3.1.1 概述

聚合物及其纳米复合材料因其质量轻、成本低、化学稳定性高等特性,作为结构材料广泛应用于生产生活的各方面。然而,由于聚合物链的复杂形态,导致了本体聚合物的导热系数通常很低,约为 0.1~0.5 W/(m·K)。聚合物的低导热系数极大地限制了其在多个领域中的应用,如聚合物的低导热性能可能是聚合物基柔性电子材料的最为主要的技术障碍之一[1-3]。如果聚合物及其纳米复合材料能够被设计成具有高导热性,基于聚合物纳米复合材料的热分散器和热交换器等就可以被制造出,同时兼具质量轻、耐腐蚀、易于加工和低成本等优异特征,这可以为聚合物基纳米复合材料拓展更为广泛的应用,包括电子、纯化水和能源等领域[4,5]。因此,提高聚合物基体的热导率从而构筑出高导热聚合物基纳米复合材料具有重要的研究意义和实际应用前景[6]。

近几十年来,随着对微纳米甚至分子尺度上的基本传热过程的深入研究,人们在提高聚合物基纳米复合材料的热导率方面做出了诸多努力。本节内容中,首先简要介绍导热的基本概念,然后着重总结归纳不同种类与结构的纳米填料对于提高聚合物基纳米复合材料导热性能方面的工作,同时系统总结当前聚合物基纳米复合材料导热模型方面的研究进展,最后简要总结当前聚合物基纳米复合材料导热系数的测试方法和应用。

3.1.1.1 物质导热的基本概念

热传递的方式可以分为传导、辐射和对流。热传导(thermal conduction)是指介质内无宏观运动时的传热现象,其在固体、液体和气体中均可发生,但严格而言,只有在固体中才是纯粹的热传导,而流体即使处于静止状态,其中也会由于温度梯度所造成的密度差而产生自然对流,因此,在流体中热对流与热传导同时发生[7,8]。热辐射(thermal radiation)是物体本身具有温度从而辐射电磁波的现象。理论上,一切温度高于绝对零度的物体都能产生热辐射,温度越高,辐射出的总能量就越多,短波成分也越多。热辐射的光谱是连续谱,波长覆盖范围理论上可从 0 直至 +∞,一般的热辐射主要靠波长较长的可见光和红外线传播。由于电磁波的传播不需要任何介质,因此热辐射是在真空中唯一的传热方式[8,9]。热对流(thermal convection)是通过流动介质热微粒由空间的一处向另一处传播热能的现象,只能发生在流体(气体和液体)之中,同时伴有流体本身分子运动所产生的导热作用[10]。一般来说,物体的导热性能是由热导率来量化,热导率也称导热系数,单位是 W/(m·K),其物理意义是在稳定传热条件下,单位厚度(1 m)的材料上下表面温差为单位温度(1 K)时,在 1 s 内通过面积 1 m² 时所传递的热量[11]。

3.1.1.2 导热功能纳米复合材料的物理基础

宏观上的热量传递是由微观粒子的相互碰撞和传递引起的。不同的物质因不同的微观结构而有不同的导热载体,其导热性能也千差万别[12]。固体物质的导热载体包括电子、声子和光子[3,13]。

(1)金属和少部分导电聚合物(聚乙炔、聚吡咯、聚噻吩等)的导热载体是自由电子。电子体积小、运动速度快,不受晶体物质中晶格位置的限制而能自由移动,通过相互碰撞高效传递热量。因此,通过自由电子导热的块体材料通常表现出很高的导热系数。但是自由电子的存在也会使材料具有良好的导电能力,在某些对电绝缘性能有要求的场合则会受到限制[14]。

(2)物质内部微观粒子振动、转动状态改变时会向外辐射电磁波。光子传热是在光频范围内,光子在介质中传播导热的过程。光子传热的本质是电磁辐射。由光子作为导热载体的材料必须具备较好的透光性,且一般在高温下光子才会发挥传导热量的作用,适用范围较小[15]。

(3)无机非金属和大部分聚合物材料中没有可以自由移动的自由电子,也不会发出电磁辐射,上述两类材料主要依靠晶格振动来传热。声子是一个假想的概念,将晶格的振动想象成是导热载体的传播、运动[16]。与聚合物材料相比,无机非金属具有更加有序的晶格结构,声子可以沿着晶格的方向运动,声子平均自由程较大,因此其块体材料表现出更高的导热系数。在聚合物材料中,高分子链相互缠绕,不利用声子的高速运动[17],声子会在高分子链的界面处发生严重的散射与传播方向的改变,声子平均自由程大大降低,这些都决定了聚合物具有很低的导热系数。大部分绝缘聚合物的导热系数约为 0.1~0.5 W/(m·K)[18,19]。

3.1.2 导热功能纳米复合材料的分类

聚合物内部无序的分子链排列以及大量非结晶区域的存在造成了声子的大量散射,使聚合物材料通常表现出低导热系数。在聚合物合成或加工过程中,采用特殊工艺使部分高分子链的取向度提高或者引入新的微观结构单元,就可以在一定程度上提高聚合物的本征导热系数[20]。很多研究者都开展了高导热本征聚合物方面的研究,比如使用取向技术使聚合物材料内部分子链沿特定方向形成局部有序结构、向聚合物基体中加入液晶刚性基元等方法来提高聚合物的导热性能[21]。然而,本征聚合物的相关研究主要集中在微观尺度的调控,表征难度较大,而且导热性能提升有限,同时工艺复杂、难以大批量生产,因此,当前向聚合物基体中加入导热填料来制备填充型聚合物基复合材料仍是构建高导热材料的主流思路[22,23]。

3.1.2.1 聚合物-纳米碳复合材料

聚合物基纳米复合材料的常用填料可分为金属填料、陶瓷填料和碳质填料。金属填料,例如铜纳米粒子、铜纳米线、铝纤维、银粒子、金和钯粉末等,均可用于增强聚合物基纳米复合材料的导热性能[24]。然而,这些金属填料也可能导致聚合物基纳米复合材料导电性能的提升,从而阻碍了其在电绝缘要求下的应用。尽管金属填料的导电性可以通过氧化或表面处理实现一定程度的降低,但仍会导致所制备聚合物基纳米复合材料的热稳定性降低。高导热陶瓷填料不仅具有电绝缘性能,而且还具有热稳定性。典型的高导热陶瓷纳米填料有氧化镁(MgO)、氧化铝(Al_2O_3)、氮化硅(Si_3N_4)、碳化硅(SiC)、氧化锌(ZnO)、氮化铝(AlN)和氮化硼(BN)[25]等。与金属填料和陶瓷填料相比,碳质填料因其具有高机械强度、高化学稳定性和高热稳定性,而被认为是最有前途的导热填料而受到越来越多的关注[26]。例如,膨胀石墨(EG)的热导率约为 300 W/(m·K),碳纳米管(CNT)的热导率达到 450～800 W/(m·K),石墨烯纳米片(GNP)的热导率高达 1 000～5 000 W/(m·K)[27]。

当前,聚合物-纳米碳复合材料的热导率仍远低于铝、碳化硅等常用金属或陶瓷填料的热导率,CNT 和 GNP 的高导热性并不容易转化为高导热聚合物基纳米复合材料[28],可能有如下两个原因:一是聚合物-纳米碳复合材料中使用的 CNT 和 GNP 的质量可能与用于单独表征热性能的 CNT 和 GNP 有很大不同。工业化生产中所得的 CNT 其结构通常具有一定程度的缺陷,如 Stone-Wales 缺陷、掺杂或空位缺陷和管间结等[28,29],这些缺陷势必会大大降低其有效导热系数。除了 CNT 的固有缺陷外,CNT 中形成的扭结、扭曲和波纹也会降低其长径比,从而导致 CNT 在环氧复合材料中的热导率低于预期[30,31]。类似地,GNP 中也观察到由于波纹而降低的热导率。因此,为了消除 CNT 和 GNP 中的这些缺陷,研究人员开发了多种表面改性方法来调控其微观形貌和缺陷密度,例如氧化性酸和等离子体处理等[32]。二是纳米填料与聚合物之间的界面热阻也会大大降低高导热纳米填料对导热性能增强的效益。当填料浓度较低且未形成填料网络时,纳米填料与聚合物基体之间的界面热阻较大,通常会导致复合材料导热系数较低[33]。此外,复合材料中包裹 CNT 或 GNP 的聚合物分子也会诱导应变和形状变化,从而降低 CNT 和 GNP 的高热导性能的发挥[34]。

DEBELAKB 等将热还原方法制备的三种不同尺寸(分别为 297 μm,150 μm 和 90 μm)的石墨烯通过溶液混合法制备了环氧树脂-石墨烯纳米复合材料,其中,大尺寸(297 μm)石墨烯在质量分数为 3%时达到了逾渗阈值,而中等尺寸和小尺寸石墨烯分别在质量分数为 6%和 10%时才能达到逾渗阈值,并且在质量分数为 20%以下时,该复合材料的热导率随着石墨烯尺寸减小而减小[35]。碳纤维作为一维材料在轴向具有较高的热导率,且其热导率与有机前躯体的种类聚丙烯腈(PAN)、中间相沥青(MPP)及碳化工艺有关。以 MPP 为前躯体制备的碳纤维材料由于具有高度石墨化结构和高度平行于纤维轴取向结构,这两种结构通常具有较高的热导率。大量研究结果表明,相比较于基底材料,采用 MPP 基碳纤维为增强相制备的复合材料热导率提升显著[36]。

纳米碳填料具有较高的本征导热系数,然而由于纳米碳填料普遍存在结构缺陷,同时在聚合物基纳米复合材料加工过程中难以避免会造成纳米碳填料的扭结、扭曲和波纹等而带来负面影响,聚合物-纳米碳复合材料当前还处在实验室研发阶段,距离其实际大规模应用任重道远。

3.1.2.2　金属纳米粒子填料

金属晶体内部存在着大量自由电子,通过自由电子的定向迁移传递电能和热能。金属纳米粒子在聚合物材料中形成导热网络结构或路径时,借助自由电子及声子振动可以提高聚合物基纳米复合材料的导热性能。金属纳米粒子的电导率、热导率及成本是决定其工业应用的主要因素。当前，Cu、Al、Ni等纳米粒子已被广泛应用于制备导热聚合物纳米复合材料[37]。金属的种类及性能、形状、粒径大小、用量、填料改性对其在聚合物中的分布、分散及导热网络或通路的构建对最终复合材料的热导率有明显影响[38]。然而，在聚合物基体中加入金属纳米粒子构筑聚合物基纳米复合材料，热导率大幅度提高的同时也会导致复合材料中电介质击穿电压降低[39]。因此，金属纳米粒子填料只能用于对电气绝缘和介质击穿强度不高的场合。

WANG等以不同形貌的Cu纳米粒子与聚合物为原料，通过表面微加工技术和软件仿真优化，合成了一系列有序的聚合物基纳米复合材料。所制备六角形Cu纳米粒子为增强填料的插层复合材料导热性能最优。当复合中介层的Cu纳米粒子质量分数为40%时，其杨氏模量约为纯聚合物基体的4倍，而热膨胀系数仅为纯聚合物基体的一半，复合中介层的击穿电压大于100 V[40]。

LI B等分别用机械研磨法和熔融共混法制备了聚丙烯-Al纳米复合材料，如图3.1所示。研究结果表明，机械研磨法制备的聚丙烯-Al纳米复合材料的热导率更高，这是因为研磨热压后Al纳米粒子在聚合物基体内会形成独特的隔离结构，分布在聚丙烯粒子周围，形成环形分布的导热通路，从而有效提高了复合材料的热导率[41]。

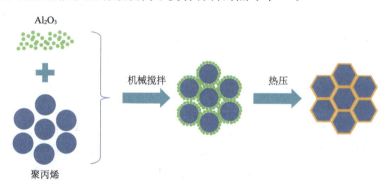

图3.1　制备聚丙烯-纳米Al_2O_3复合材料的过程示意图[41]

YU S等在聚苯乙烯(PS)微球上通过化学镀法沉积Cu纳米粒子，形成具有PS@Cu核壳结构的复合微球，该复合微球被热压成型得到PS-Cu纳米复合材料膜，使得Cu纳米颗粒富集在PS表面并形成连续结构的三维导热网络。相比直接熔融共混法，通过该方法制备的复合材料膜在较低Cu用量下就能形成独特的三维分布Cu粒子导热网络，从而能够极大地提高复合材料体系的热导率，Cu质量分数为23%时，热导率高达26.1 W/(m·K)，是相同质量分数下Cu无规分布的PS纳米复合材料热导率的60倍。通过设计Cu在垂直和水平方向分布排列的导热环氧模塑料(EMC-Cu纳米复合材料)，纳米粒子质量分数为25%时，垂直方向的热导率高达104.6 W/(m·K)，远高于水平方向，出现了明显的逾渗效应。随着Cu纳米颗粒质量分数的增加，聚合物-六方排列Cu纳米复合材料的热导率增加最快，其次为矩形和三角排列增强结构纳米复合材料，而六方排列结构增强体系的热膨胀系数(CTE)最低，其次为矩形和三角形[42]。

JIA Y C 等将 Sn 分别引入熔融聚酰胺(PA6)和 PA6-石墨复合物中,由于 Sn 粒子单独加入会引起严重的团聚,PA6-Sn 复合材料的热导率几乎不变,而将质量分数为 20% 的 Sn 和质量分数为 50% 的石墨加入 PA6 纳米复合材料中,热导率为 5.36 W/(m·K),而 PA6-石墨复合材料的热导率为 1.85 W/(m·K),电导率提高了近 8 个数量级,表明石墨和 Sn 在 PA6 内具有显著的协同增强效应[43]。

RAMEZANI A 等分别用 Fe 和 Al 粒子填充马来酸酐接枝聚乙烯,随着填料质量分数的增加,复合材料的力学强度和模量均升高。当 Fe 粒子质量分数为 20% 时,能够显著提高复合体系的电导率,发生绝缘向导电的转变;而 Al 粒子因表层绝缘层的存在,复合材料体系未出现逾渗电转变。Fe 粒子和 Al 粒子质量分数分别为 50% 时,两复合体系的热导率均能达到 2.7 W/(m·K)[44]。

在 Ag 表面包覆 SiO_2 涂层可降低 Ag 及其聚合物基纳米复合材料的介电损耗和电导率,改善体系的绝缘电阻和击穿强度。Ag@SiO_2 纳米颗粒质量分数为 50% 时,聚酰亚胺-Ag@SiO_2 纳米复合材料在 1 MHz 下的介电常数为 11.77 F/m、介电损耗为 0.015、热导率为 7.88 W/(m·K),是一种具有高介电常数、低损耗、高热导率的耐热复合材料。为改善 Ag 粒子的抗氧化及迁移,常通过表面涂覆防止 Ag 氧化及迁移,借助核壳结构来改善 Ag 的电性能。此外,将 Ag 纳米粒子沉积在多壁碳纳米管(MWNT)表面来制备 Ag-MWNT 复合材料,热导率可提高 37.3%[45]。Zhou 等用氮化硼(BN)包覆的银纳米线(AgNWs)合成了核壳结构的 AgNWs@BN,并将其引入到聚酰亚胺基体中,以提高聚酰亚胺纳米复合材料的导热性和介电性能,当 AgNWs@BN 的质量分数为 20% 时,聚酰亚胺-AgNWs@BN 的热导率最大增加到 4.33 W/(m·K),与纯聚酰亚胺基体相比提高了近 24 倍,相对介电常数和介电损耗分别为 9.89 和 0.015[46]。

Cu 粉在高温下易被氧化,可涂覆保护层以维持 Cu 粉的高导电和高导热性。低熔点、无毒、非铅的金属镀层能够显著提高 Cu 颗粒表面电导率和黏结强度,而用镀锡 Cu 粉填充聚酰亚胺及硅氧烷混合树脂制得导热胶,可用于元器件与基板间黏结,Cu 颗粒的表面涂层可有效改善材料的导热导电性能[47,48]。AHN K 等用去离子水将 $TiCl_4$ 前驱体稀释至 2 mol/L 后,缓慢加入 Cu 纳米线(CuNW)的水分散液中,60 ℃ 条件下反应 8 h,过滤、高温处理后得到 TiO_2 包覆的 CuNW,加入环氧树脂基体后,复合材料体系热导率明显高于对比样环氧树脂-CuNW 复合材料体系,归因于 CuNW 表面纳米尺度 TiO_2 层与环氧树脂界面间的强相互作用,有利于界面声子的传递,而该复合体系绝缘电阻显著升高[49]。

为提高聚偏氟乙烯-Al 纳米复合材料的击穿强度和电阻,在 Al 粒子表面沉积绝缘 SiO_2 层,从而形成双壳结构 Al 粒子,相比于单壳 Al 粒子,复合材料体系的介电常数和介电损耗均降低,热导率有所下降,但击穿强度和电阻增加,材料可靠性得到显著提升[45]。相同含量下,相比于单一粒径分布的 Al 粒子,混杂粒径 Al 对体系热导率及力学性能、电性能均有积极影响,归因于粒子和聚合物之间不同表面积及堆积效应所致。保持填料总量不变,改变微纳米 Al 粒子的组合比例,当两者体积比为 20∶1 时,聚偏氟乙烯纳米复合材料的最大热导率为 3.258 W/(m·K),1 MHz 下介电常数高达 75.8[50]。

金属填料粒子的种类、形状和粒径大小、用量及加工方式均影响金属粒子在聚合物内的分布及分散、粒子的导热通路和网络的形成,最终影响复合材料的热导率等参数。金属粒子的选择主要考虑其成本、热导率、表面结构及性能因素,用量及形状大小对热导率的影响主要体现在聚合物基体内部导热粒子间的相互作用力及对构筑导热通路的影响。在聚合物基体内高含量粒子开始形成连续通路和网络时才能明显提高复合体系的热导率,但高含量金属粒子对聚合物复合材料电性能及其他性能有明显的负面影响。为降低该不利影响,常采用特殊加工方式(如粉末混合、自组装、电磁场辅助加工等),在使用较低填料用量下,在聚合物基体内形成有利于声子传递的导热通路或网络,大幅提高复合体系的热导率,抑制力学、加工工艺等方面的负面效应。贵金属粒子常采用特殊加工手段或核壳结构粒子以降低贵金属的用量,从而提高贵金属对热导率的贡献[51]。核壳结构有利于调控聚合物-金属复合材料体系的导电性能,从而拓宽其应用。中空金属粒子是制备低密度轻质导热聚合物复合材料的重要选择,弹性聚合物-液体合金复合材料在大形变下仍能保持高热导率,作为一类重要的柔性导热复合材料,是未来导热聚合物复合材料的重要发展方向之一[52,53]。

3.1.2.3 纳米陶瓷材料

无机陶瓷材料的热量主要通过晶格振动或声子来传递,其作为填料构建复合材料,通常具有较高的导热性能和优异的绝缘性能[54]。因此,在构建导热绝缘复合材料中,陶瓷类填料是应用最多的一类,该方面的研究已经相对系统、成熟[55]。无机陶瓷填料主要包括金属氧化物、氮化物、碳化物等。常见的金属氧化物填料有 Al_2O_3、MgO、ZnO 等,它们电绝缘性能优良、价格低廉,但导热系数不高,往往要采用高填充量以获取较高的导热系数[56,57]。氮化物填料主要有 AN、BN、Si_3N_4 等,碳化物有 SiC 等,通常具有较高的导热系数和优良的绝缘性能,是导热绝缘填料的较佳选择。然而,昂贵的价格使氮化物和碳化物填料不适于作为单一填料使用[58]。无机陶瓷填料填充聚合物导热绝缘复合材料的研究多集中于填料粒径、形状、表面处理、填料混杂和制备工艺等因素对导热、绝缘性能的影响[59]。

现阶段,填料粒径对复合材料导热性能的影响仍无统一的结论。ZHOU W 等通过调控研究不同粒径的 SiC 填充线性低密度聚乙烯复合材料的导热系数变化,发现当导热填料的质量分数为 30% 时,填料粒径为 4 μm、13 μm 和 21 μm 时,所制备复合材料的导热系数分别为 0.64 W/(m·K)、0.57 W/(m·K) 和 0.52 W/(m·K),表明小粒径 SiC 填充的复合材料导热系数更高。类似地,FAN J 等在导热填料体积分数为 60% 时,AlN(20~25 μm)复合材料的导热系数为 2.42 W/(m·K),而 AlN(4 μm)填充的复合材料导热系数为 2.01 W/(m·K),表明填料的粒径越大越有利于复合材料导热性能的提升。研究认为,相同添加量时,前者是因为小粒径的填料具有更大的比表面积,从而更容易相互接触形成导热通路;而后者是因为粒径较小,颗粒数目增多,比表面积增大,二相界面增多,进而界面热阻增大,声子散射严重[60-62]。

填料形状对复合材料导热系数也会产生不同影响。ZHANG S 等研究表明,在氮化硼纳米管的质量分数为 3% 时,氮化硼纳米管填充聚乙烯醇复合材料的导热系数比聚乙烯醇基体材料增加 2.7 倍,而相同质量分数的氮化硼纳米片填充时,导热系数提升 3.44 倍[63]。

采用优化杂化填料体系可以使复合材料的导热性能出现正向协同效应,从而达到更好的导热效果。KIM K等实验采用AlN和BN作为杂化填料填充聚偏氟乙烯构建三元纳米复合材料,当AlN与BN的质量比为2∶8时,复合材料的导热系数达到最大值,杂化填料的质量分数为70%时,导热系数为5.85 W/(m·K),是纯聚偏氟乙烯基体的31倍。这是由于杂化填料能更好形成三维导热通路,从而对提高复合材料体系的导热系数具有更佳的效果[64]。CHOI S等采用两类不同粒径的AlN和Al_2O_3杂化粒子填充环氧树脂,分别采用大尺寸AlN(10 μm)与小尺寸Al_2O_3(0.5 μm)复配、小尺寸AlN(0.1 μm)与大尺寸Al_2O_3(10 μm)复配,分别对环氧树脂进行填充。当大小粒子的体积比为7∶3时,两个复合材料体系均能获得最大的导热系数,且填料体积分数为58.4%时,热导率分别为3.402 W/(m·K)和2.842 W/(m·K),这是由于大小粒子杂化填充使不同粒径粒子间形成较密集堆积,相互接触概率增大,从而构建了良好的导热通路,提高了导热系数[65]。

加入无机陶瓷填料粒子同样会面临改善填料粒子在聚合物基体中的相容性问题。GU J等分别采用改性和未改性的SiC填充超高分子量聚乙烯,当填料体积分数为60%时,复合材料的导热系数分别为1.475 W/(m·K)和1.35 W/(m·K)[66]。MURATOV D S等发现偶联剂处理比未处理的BN所制备的聚丙烯-BN复合材料,其导热系数提高2倍。偶联剂对填料表面的处理,能够显著改善填料与聚丙烯基体的相容性,减少了界面间的声子散射,从而降低了界面热阻,提高了复合体系的导热系数[67]。

HU M等研究AlN填充聚丙烯复合材料体系,采用机械混合法时,AlN体积分数为30%时,导热系数达0.81 W/(m·K),而且机械混合法展示出了比溶液混合法和熔融混合法更高的导热系数,当AlN体积分数10%时,导热系数高出23.3%。这说明填料粒子在聚丙烯基体中的良好分散性有利于导热系数的提高。因此,通过调控纳米复合材料制备工艺能够提高填料在聚合物基体中的分散性,从而有利于提高复合材料的导热性能[68]。

HAN J等采用独特的双向冻结技术,在环氧树脂基底中构筑了珍珠贝状的三维取向结构导热网络结构,从而制备了高导热的BN环氧纳米复合材料(图3.2)。所制备的环氧纳米复合材料在质量分数为15%BN的负载量条件下表现出高导热系数[6.07 W/(m·K)]、高电阻率和热稳定性,从而在电子封装领域有巨大的潜在价值[69]。

Si_3N_4具有低热膨胀系数和低介电常数,而调节其组成和微结构就可以提高其热导率。Si_3N_4具有三种晶型(分别为α、β和γ相),其中β型Si_3N_4有较高的本征热导率。当前β-Si_3N_4已被作为填料来提高聚乙烯、聚苯乙烯、环氧树脂等材料的热导率。β-Si_3N_4填充的聚苯乙烯和环氧纳米复合材料热导率的最高报道值分别达到3.0 W/(m·K)和1.8 W/(m·K)[70]。

综上所述,纳米陶瓷填料的传热主要依赖声子,没有自由电子,因此已被广泛应用在构建热传导和电绝缘复合材料方面。除BeO外,大多数金属氧化物填充物[如氧化铝(Al_2O_3)和二氧化硅(SiO_2)等]热导率都较低[15]。非氧化物填充物[如氮化铝(AlN)、氮化硼(BN)、氮化硅(Si_3N_4)或碳化硅(SiC)]都具有较高的热导率,填料的热导率与填料晶体结构和结晶度密切相关,其强原子键和晶体结构可以减少声子散射,特别是BN和AlN填料被广泛应用于导热绝缘复合材料中。

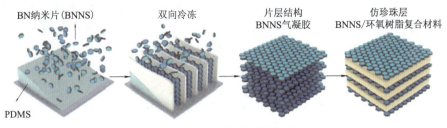

（a）制备BN/环氧纳米复合材料的示意图

（b）BN气凝胶的光学和扫描电子显微镜图

（c）BN/环氧复合材料的光学和扫描电子显微镜图

图 3.2　高导热 BN/环氧复合材料的制备及微观结构图[69]

3.1.3　导热聚合物纳米复合材料的导热理论模型

对于填充型聚合物基复合材料的导热性能，由于添加填料的种类、形状、在聚合物基体内的分布不同，则复合材料的导热性能相差很大，其导热机理尚不明确[71,72]。多种模型对填充型聚合物基复合材料的导热机理进行论述，并对复合材料热导率进行预测[73]。对非连续相聚合物基复合材料的导热系数理论预测较难，没有统一认识，方法大致有欧姆复合模型＋均匀化理论（homogenization theory）、自治理论（self-consistent scheme）和计算机模拟等，通过假设分散相为球形粒子，粒子之间的距离足够远而没有相互作用等[74,75]。以上理论一般只讨论填充质量分数集中在 0～10% 时的情况，而很少提及在高填充以及超高填充下复合材料导热行为，且二者有较大的差别。

由于物质的导热本质是内部微观粒子的相互作用和碰撞的结果，不同的微观粒子在热传导过程中贡献程度也有所不同。金属材料通过大量的自由电子实现热量传递，导热性能良好，而绝大多数聚合物饱和体系无自由电子存在，结晶度低，主要依靠声子传递，也就是晶格振动的能量是量子化传递的，导热性能较差。填充型聚合物基导热复合材料的热传导主要依赖聚合物基体的分子链振动、晶格振动与填料晶格声子相互作用实现，但对于绝大多数聚合物而言，有序结构、空隙、无规缠结、杂质等都会引起严重的声子散射，从而降低热传导效率。然而，当导热填料的填充量达到某一特定值时，会形成覆盖整个聚合物的互相联通和贯穿的导热网链,从而使得复合材料的导热性能显著提高。因此,上述研究提出的各类填充型聚合物基复合材料的导热模型,由于模型假设与导热材料的实际微观结构状态存在不同程度的差距,因而导致所建立的热导率方程的计算值与复合材料热导率的实际测量值存在不同程度的差别[76-78]。

3.1.4 聚合物基纳米复合材料导热性能的影响因素

除了填料的本征热导率外,影响聚合物基纳米复合材料热导率的主要因素包括填料体积分数(也称为负载水平)、颗粒形状、颗粒尺寸、填料与聚合物基体之间的结合力以及界面的热性能等[79,80]。

3.1.4.1 填料填充量

一般来说,聚合物基纳米复合材料的热导率随着填料体积分数的增加而增加,且一般不是线性增加的。在较低的填充水平(体积分数小于35%)下热导率的增加量很小,只有在较大添加量下才能观察到热导率有较大幅度的改善。这就意味着,在高填充量下,填充物相互连接才能形成高效的导热通路,当前已有很多模型描述了这种现象。值得注意的是,提高负载水平在提高复合材料体系热导率的同时,也会导致复合材料变脆,加工性能变差,且提高了成本[65,81]。

3.1.4.2 填料形状

填料形状对聚合物基纳米复合材料热导率也有重要的影响。与其他形状的填充剂相比,一维填充物(如纤维、棒材、导线或管等)理论上能显著提高复合材料的热导率,因为通常情况下更容易在复合材料一维填充物的纵向方向上形成导热通道[82]。

对于一维填料,沿纵向方向的热导率通常比垂直方向高很多。因此,如果填料在复合材料中能够实现有序排列,则复合材料的热导率将显示各向异性。实际上,不仅是热导率,其他物理性质也可能是各向异性的。玻璃纤维是增强聚合物复合材料中最常用的填料,然而其热导率并不高。碳纤维(CNF)在提供高机械强度的同时,也能提高复合材料的热导率,因此常被用于增强复合材料的热导率[83]。TAKAFUMI K等报道了SiN_4纳米线的合成,并测试了环氧树脂-SiN_4纳米线复合材料的热导率。在具有相同负载水平的环氧树脂基体中添加不规则的SiN_4粉末,具有不规则SiN_4粉末填充的复合材料热导率显示各向同性[84]。氮化硼纳米管由于具有优异的抗氧化性、稳定性、高导热和优异的机械性能,也是很有前景的导热填充颗粒。金属丝或纤维也属于一维填充材料,最常用的是具有大长径比的银纳米线,能够有效降低复合材料的逾渗阈值,是作为热界面材料的首选填充剂。然而,银纳米线非常昂贵,因此也发展了铜纳米线的制备技术用于降低成本[85]。

片状填料也具有高比表面积和降低导热逾渗阈值的特征。由于许多片状填充物的厚度为纳米级,因此可以认为是二维填料颗粒。在加工过程中,片状填料趋向于相互平行排列,并在平行方向上能够提供较大的接触面。因此,在所制备复合材料平面方向上通常具有较高的热导率,而垂直于平面方向的热导率较低。应该注意的是,片状填料并不局限于那些具有片状结构的分子或晶体结构材料(如 BN、石墨烯或石墨片等),其他陶瓷或金属微粒(如 Al_2O_3、TiB_2 和 SiC 等)也可能形成片状形态,并被用作聚合物基纳米复合材料的导热填料[86,87]。

一般而言,填料填充量需要很高时复合材料体系才能获得较高的热导率。然而,高填充量通常会导致复合材料加工过程中黏度显著增加,显著降低其加工性能[88]。因此,寻求加工性能与热导率的平衡是制备填充型聚合物基纳米复合材料的关键。球形填料(如 Al_2O_3、AIN、SiN_4、SiC 等)能很好地解决这一问题,已被用于制备导热纳米复合材料。即使对于片状晶体结构的填充材料(如 BN 等),也已开发了多种方法来合成球形填充物,这就可能会允许更高的填充量并提高加工性能,例如,Ohashi 等成功制备了球形 AlN,与不规则 AlN 复合材料相比,环氧树脂-球形 AlN 纳米复合材料具有较好的熔体流动性。除了传统形状外,Wang 等还研究出 Y 形、角形、椭圆形、方形、矩形、T 形等异形填料。研究发现,填料形状对复合材料的热导率影响较大,经推测,最能有效提高复合材料热导率的填充物应该是树枝状的,其具有较长的热传导距离和较大的接触面积,因此即使未取向排列,也能有效提升复合材料体系的热导率[89]。

3.1.4.3 填料尺寸

填料尺寸对聚合物基复合材料的热导率也有很大的影响。当填充颗粒越小时,与复合材料的接触面积越大,即界面面积越大,这将导致声子散射,从而阻碍声子传输,导致热导率通常较低。填充颗粒越大时,填料与聚合物基体的界面越小,从而降低了界面热阻,热传导越快[90]。WU H 等研究了填料尺寸从 1 μm 到 15 μm 的聚醚酰亚胺-石墨纳米片复合材料体系的热导率。在小颗粒体系中,填料颗粒较小的复合材料热导率较低,表明界面热阻可能比填充颗粒的连接更为重要,至少在这个例子中如此。ZHOU W 等发现填充颗粒较大的 Al_2O_3 的硅橡胶复合材料的热导率优于用小颗粒填充的复合材料。Li 等分别用微米和纳米级氮化硼增强聚酰亚胺薄膜的热导率,发现微米级填充剂比纳米级填充物更能提高聚酰亚胺薄膜的热导率[90-92]。

然而,关于颗粒尺寸效应对复合材料热导率影响规律的结论当前还存在争议,特别是当粒子尺寸在纳米级时。复合材料的热导率不仅取决于填料颗粒的大小,还取决于颗粒的表面化学、复合材料的填充形态等。当研究粒子尺寸效应时,很难排除其他影响因素而仅将粒子大小控制为唯一的独立变量。事实上,在许多情况下,纳米粒子的制备与微米粒子不同,纳米粒子可能具有不同的表面性质,从而导致纳米粒子在复合材料中的分散性不同。这些参数对复合材料热界面力的影响有时会起主导作用,所以当颗粒较小时也有可能获得较高的热导率。Pashayi 等人报道环氧树脂-银纳米复合材料在相同填充量下比微米级复合材料的热导率高 50 倍,很明显,纳米复合材料中的填充网络对热导率有很大影响。Kemaloglu 等发现硼氮化硼/SEBS/EVA 三元体系中,较小 BN 颗粒填充的复合材料会比只有较大尺寸颗粒填充的复合材料热导率更高,这些小颗粒实际上是球形 BN 颗粒和片状 BN 粒子的混合物,因此,高热导率不能完全归结于尺寸效应[93,94]。

虽然纳米粒子与聚合物基体之间具有较大的界面,从而增加了热界面阻,但当聚合物基体与微纳米粒子结合时，可以显著增强热导率，该结论已经得到大量实验结果证实。这是因为纳米级填充物充当了微米级填充物之间的桥梁，以加强热接触，而微米大小的填料可以在复合材料中形成主要的导热路径。

聚合物基纳米复合材料通常具有优良的力学性能。例如，与微米级复合材料相比，硅基纳米复合材料具有更好的机械性能（高模量和力学强度）。填料尺寸对环氧树脂-氧化铝三水合物复合材料的弹性模量的影响规律也表明，在高填充水平下，复合材料的模量会随颗粒尺寸的增大而减小，较小的碳酸钙颗粒能够为聚丙烯复合材料提供更高的强度。纳米级填充剂的另一个优势是光学透明度，当纳米粒子在聚合物基体中分散均匀，复合材料通常是透明的。

3.1.4.4 杂化填料

杂化填料通常在导热聚合物基复合材料中使用，因为杂化填料系统可以通过在不同填料之间架起桥梁，从而使得填料更容易形成三维导热网络。此外，杂化填料系统可以大大减少，达到导热逾渗网络时填料的填充量，从而降低复合材料加工过程中的黏度。杂化填料系统不仅可以提高填料密度，降低系统黏度，还可以改善一些片状填充复合材料系统的热导率。

采用相同形状、不同尺寸的填料对填料填充复合材料热导率结果进行优化。例如，相同填充体积分数的大 BN(0.4 μm)和小 BN(0.2 μm)的杂化填料比单一粒子尺寸的复合材料热导率更高。将 2 μm 和 AlN30 μm AlN 杂化颗粒填充到环氧树脂复合材料中，其热导率比单一尺寸填料复合材料要高。当 AlN 杂化颗粒中小颗粒尺寸约为 0.2～0.3 μm 时，对复合材料热导率贡献最大[95]。

相同类型的填充物，当形状和大小不同混合时也可以改善复合材料的热导率。大的片状填充物与较小的球形填充物相结合，可以获得对复合材料导热性能的正协同效应。将球状 BN 和片状 BN 添加到聚苯硫醚基体中，两种纳米填料在聚合物基体中的接触面增大，从而显著提高了复合材料的热导率[96]。

不同类型的填充物杂化复合也可提高复合材料的热导率。将不规则形状的 Al_2O_3 和不同尺寸的 AlN 杂化组合加入聚合物基体中，总填料体积分数为 58.4%、大颗粒与小颗粒体积比为 7∶3，热导率分别为 3.402 W/(m·K)和 2.842 W/(m·K)。将多边形 AlN 和片状 BN 的杂化复合物加入环氧树脂中，AlN-BN 杂化体系对聚合物导热性能增强效应与杂化填料中两种颗粒的直径比密切相关[65]。

3.1.4.5 表面处理

无机填料分散在有机聚合物基体中，会形成大量填料与聚合物的界面。聚合物基体与填料之间的界面热阻是限制聚合物复合材料高热导率的主要因素之一。界面热阻（interfacial thermal resistance）可分为两类，分别是接触热阻（thermal contact resistance）和边界热阻（thermal boundary resistance）。接触热阻来自两个固态物体表面条件的不匹配，接触热阻主要取决于接触面积以及填料和聚合物基体的结合程度。边界热阻是由于（声子光谱）和（或）材料之间的电子能量载体振动谐波的不匹配而引起的。填料表面处理广泛应用于降低界面热阻,提高热导率[13,97-99]。然而,必须指出的是,表面功能化并不总能提高复合材料的热导率,因为在进行表面功能化的同时也造成了填料颗粒的自身缺陷。例如,用强酸处理碳纳米管,将羧基引入碳纳米管表面,功能化能够增加界面耦合,但也会导致碳纳米管自身共轭结构缺陷的形成,阻碍了碳纳米管自身的声子传输[100-103]。

表面活性剂、偶联剂、有机硅烷和钛酸盐、功能聚合物和无机涂料等已被用于改善填料表面以减少界面热阻。热导率的提高取决于填料表面化学、聚合物类型、硅烷化学和硅烷含量等。研究表明,硅烷含量太少或太多的硅烷都不会降低界面热阻,硅烷含量在最合适值时才能降低界面热阻。复合材料的热导率取决于界面的改善,同时也取决于填料的负载。在临界浓度下,共价键结合往往会提高热导率。然而,在临界浓度以上,共价键结合将导致复合材料导热性变差。在聚合物基体中,临界填料浓度被解释为填充剂的逾渗阈值[104]。

硅烷处理也会有助于提高填料颗粒在聚合物基体中的分散性,并在加工过程中降低黏度。LEE E S等人以硅烷为第一层,磷酸酯为第二层分散剂,采用双层表面活性剂法提高了填料颗粒在环氧树脂中的分散性。HONG J等比较了未处理的碳纳米管和聚甲基硅氧烷-碳纳米管复合材料的热导率,修饰后的碳纳米管分散性和对聚合物基体的热导率贡献均有所增大[90,105]。

聚合物材料也可被用来用于功能化填充颗粒。经聚合物功能化的填料颗粒呈现核壳结构,核心通常被均匀球形外壳包围。这些核壳结构填充剂的优点是热性能和机械性能得到改善,填充剂表面特性发生改变,增强了与聚合物基体之间的黏合作用,使得其在聚合物基体中的分散性得到改善。以聚苯乙烯和聚甲基丙烯酸甲酯为功能化材料,在BN表面处理使得聚苯乙烯和聚甲基丙烯酸甲酯包括BN颗粒,以改善BN颗粒与环氧树脂基体之间的界面粘连。与常规硅烷处理得到的填料颗粒相比,这种表面处理在改善界面黏附方面更为有效[99]。

除了在无机填料表面覆盖聚合物,还可以在无机材料表面覆盖其他无机材料形成核壳结构。金属热导率较高,然而,高导电性限制了其在构建导热绝缘复合材料方面的应用。将金属填充物表面覆盖绝缘层后可实现电绝缘,通过这种方法,可制备导热绝缘复合材料。例如,可采用溶胶凝胶法设计合成表面含有二氧化硅层的银纳米线($AgNWs-SiO_2$),并将其引入到环氧树脂基体中。二氧化硅外壳不仅有助于提高银纳米线在环氧树脂基体中的分散和强界面,而且还能提升复合材料的热导率。实验数据表明,环氧树脂-$AgNW-SiO_2$复合材料填料体积分数为4%时,复合材料热导率为1.03 W/(m·K),而相同添加量的环氧树脂-AgNWs复合材料热导率仅为0.57 W/(m·K)。与此同时,二氧化硅纳米层能够有效避免环氧树脂中导电网络的形成,成功构筑导热电绝缘复合材料。YU S等合成了一种碳纤维-铜芯壳结构的填料颗粒,其热导率为47.2 W/(m·K),并采用压缩成型工艺构筑了环氧树脂-碳纤维复合材料,其热导率达3.9 W/(m·K),可归因于铜壳具有高度完美的晶体结构,能够提供连续的热传导通道[99]。

介孔材料也可以作为外壳来构造新型高效导热传输通路。例如,Fe-Cr金属核和介孔Al_2O_3组成的核-壳填充剂,与典型的未处理的Fe-Cr颗粒相比,核-壳结构填充剂所制备的复合材料热导率更高。因为Al_2O_3比金属核心的热导率低,所以能增强热导率的原因是热量从核心粒子到连续聚合物介质壳的热传导的结果[106]。

3.1.5 聚合物基纳米复合材料热导率的测试方法

当前国内外市场没有制定统一的导热测试标准。由于在不同标准下,测试方法各有不同,导致测出的复合材料热导率差异较大。要选择合适的测试方法,必须先了解导热测试的标准和注意事项。热导率的测试方法最常用的是稳态法和瞬态法。当系统达到稳定时,应用稳态方法。在加热或冷却材料过程中使用瞬态方法。常用的测试方法包括:瞬态热线法、激光闪光法、3-ω法、激光共聚焦拉曼光谱法。

1. 瞬态热线法

瞬态热线法(THW)是测量流体材料热导率常用的方法,是一种标准的瞬态动态技术。将热丝放置在测试材料中,作为热源和温度计,基于测量线性热源(热线)在规定距离内的温升从而得到材料的热导率。该方法的理想数学模型基于傅里叶定律,假定热线为理想的、无限细且长的热源,处于均匀的各向异性的材料中,并且其具有恒定的初始温度。根据傅立叶定律,当导线被加热时,具有较高热导率的材料对应于较低的温升[107]。

2. 激光闪光法

激光闪光技术测试中使用氙闪光灯,通过产生脉冲照射从一端加热样品。集成的自动换样器最多能进入4个样品并对其进行分析。用氮气冷却的InSb红外检测器在后端测定温升。温度检测器的输出被放大并调整为初始环境条件。记录的温度上升曲线是闪光灯发光引起的样品温度变化。扩散度测定不需要温度上升幅度和光能量,分析中只使用曲线的形状。从所得温度对时间曲线的分析中可以确定热扩散率[108]。

3. 3-ω法

3-ω方法与THW方法非常相似,使用同时充当热源和温度计器件的径向热量流,该元素既可用作热源又可用作温度计。主要区别在于使用电流频率依赖性响应而不是TWH方法利用的时间依赖性响应。

4. 激光共聚焦拉曼光谱法

对于碳纳米材料而言,在合成过程中或在合成后通过化学或物理处理可能在这些材料中引入缺陷,而激光共聚焦拉曼光谱是研究和表征碳材料的最先进技术,用来识别晶体结构、尺寸、石墨烯层中的层数、电子能带结构、声子能量色散和电子-声子耦合的重要技术手段。从激光共聚焦拉曼光谱中可以得到石墨碳的结构缺陷(D峰)、sp^2碳原子的面内振动(G峰)和碳原子的层间堆垛方式(G峰)等信息。以石墨烯为例,在其激光共聚焦拉曼光谱研究中,激光通过光学显微镜的物镜聚焦到石墨烯表面时,会产生热效应,这种热效应会影响石墨烯的激光共聚焦拉曼光谱。石墨烯的G峰与长波光学声子相关,能够灵敏地反映出外界的影响。给石墨烯施加不同温度时,G峰位会随着温度的变化而变化。因此,通过测量不同激光功率下石墨烯拉曼G峰的位移,利用其对温度的敏感性可以得知样品表面的局域温度变化,从而计算其热导率[110-112]。

5. 其他热导率测量方法

短热线法是一种改进的热线法设计,应将边界效应考虑其中。MINTSA H A 等对

THW 进一步改进,将混合器植入 THW 实验装置中以避免悬浮液中的纳米粒子聚集、沉积。为了避免检测器和加热器之间的干扰,ALI F M 等通过将 THW 方法与激光束位移方法相结合将它们分开,得到更加精确的数据结果。温度振荡方法由 Roetzelet 等提出,并由 Czarnetzki 和 Roetzell 进一步研发。应用这种方法需要在对材料施加温度振荡或热通量时测量样品的温度响应,测得的样品温度响应是样品室高度方向上平均或局部热导率的重要指标[113-116]。

3.1.6 高导热聚合物基纳米复合材料的应用

3.1.6.1 电子产品

得益于科学技术的迅速发展,集成电路相关的电子设备外观不断微型化,以方便人们的日常使用。与此同时,电子产品的功能却越来越强大,性能表现呈现指数式提升。电子产品的微型化依赖于先进电子封装技术的发展。电子产品的制造过程犹如盖楼,每个集成电路芯片都可以看作是一层楼,想要尽可能地提高楼房建筑的密度,就意味着要把每座楼都盖得足够高,在电子产品中就意味着要把多层芯片堆叠在一起。例如,多芯片模块就是将多个不同功能的芯片进行组装,以实现高的封装效率,提高电子产品内部的空间利用率,有利于减小电子产品的尺寸。图 3.3 所示的三维封装就是在二维平面封装的基础上继续向垂直方向堆叠芯片,未来的封装技术将会向着更高集成度发展。三维封装使用硅通孔直接互连,省去了互连导线,提高了信号传输效率,大幅度提高了运行模块的功能[117,118]。

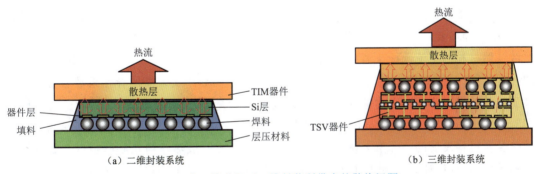

图 3.3　由二维升级至三维封装所带来的散热问题

三维封装虽然具有诸多优点,但相比于二维封装,它面临巨大的结构散热挑战。三维封装在赋予电子产品更多功能、更高效率的同时,也使得电子产品中单位体积的工作功率大幅度增加。有报道指出,当前大功率电子器件工作时耗散的功率密度达到 $1\ 000\ W\cdot cm^2$,由此带来了严重的散热问题。一方面,电流通过任何导体都会产生焦耳热,部分功率损耗会转化为热量的形式,因此工作中的电子器件都是一个小型的热源。另一方面,电子产品的高性能是以高功耗为基础的,电池在快速放电的时候也会产生热量。如果这些热量得不到有效散热,将会引起电子产品内部温度的持续上升,直至烧毁部分元器件,造成热失效。电子产品的性能表现越强大,热失效就越有可能发生,随着半导体器件功率密度不断提高,热通量会越来越大,散热就越来越困难。积聚的热量如果不能及时从元器件中散出,会严重威胁到电子产品的稳定性,有研究表明电子器件中一半以上的故障均为与热量相关的问题所致。工业界普遍认为未来电子产品发展瓶颈不是硬件本身和散热设计,而是是否能够制备有效的散热材料。通过进行复合材料的结构设计,提升复合材料的导热性能,解决现代电子产品中日益严重的热失效问题,是当前国际电子电气研究领域的重点研究方向[119,120]。

此外,柔性基板材料是电子封装系统中的重要组成部分,是电子封装系统中的重要组成部分,其作用是搭载、固定电子元器件,利用其表面或内部形成的电路图型,进行电路连接,同时兼有绝缘、导热及保护元器件的作用。近年来,柔性电子迅速兴起,包括有机电子、生物电子、纳米电子、印刷电子等,涉及显示、传感器、光伏电池和可穿戴设备等多种应用。随着柔性电子的兴起与迅速发展,柔性基板材料也面临着新的挑战。随着电子元器件集成度的急剧升高,柔性基板材料也同普通基板材料一样,面临着热管理问题,相应的技术要求同样制约了柔性电子的发展。具有高导热系数的柔性基板材料可以有效地帮助搭载在上面的元器件散发热量,减小热界面材料及散热器的散热压力,从而提升整体电子系统的工作效率,保证其寿命与工作稳定性。

3.1.6.2 在发光二极管中的应用

与传统照明相比,发光二极管(LED)照明具有寿命长和发光效率高的优势。然而,LED中仍有70%的输入能量转换成热量。如此大的发热量会严重影响LED的工作效率及稳定性。在恒定的工作电流下,温度每上升10 ℃,LED的发光效率降低5%,工作寿命降低50%。因此,需要利用良好的热管理系统将LED内部积聚的热量传递到外部环境。将芯片直接放置在散热器上,在LED热管理系统的开发领域是一个新的技术发展趋势。在这种情况下,散热器需要具有电绝缘的性质以防止芯片短路。陶瓷填料填充的聚合物基复合材料是散热器材料的主流选择。通常来说,这种复合材料需要具有超过10 W/(m·K)的导热系数,才能有效帮助LED芯片散热。聚合物基纳米复合材料中实现高的导热系数通常需要以高质量分数填料(>40%)为基础,在如此高的填料含量下,复合材料的加工性会大大降低,同时成本也随之增加。因此,如何在减少填料质量分数的同时又保证导热性能,是当前绝缘导热复合材料发展的一个重大挑战。在自然对流条件下,散热器的几何形貌也会影响到散热的效率,合理设计聚合物基纳米复合材料将会是LED散热的最终解决方案[121,122]。

3.1.6.3 在太阳能电池中的应用

近年来,太阳能作为可再生和可持续能源得到了广泛关注。由于光伏电池较低的光电转换效率,被吸收的太阳能大部分都转化为了电池内的热能。光伏电池的光电转换效率随着工作温度的升高而降低。光伏电池内部温度每升高1 ℃,晶体硅基电池的相对转换效率将会降低0.4%~0.5%,非晶硅电池的效率会降低0.25%。为了保证光伏电池的光电转换效率,如何将光伏电池内部的热量传导到外界环境是一个巨大的挑战。光伏电池中EVA(ethylene vinyl acetate)封装材料的导热系数只有0.23 W/(m·K),而常用的聚偏氟乙烯(PVDF)背板材料导热性能也较差,导热系数只有0.35 W/(m·K)。这两种低导热的聚合物层是光伏电池散热的瓶颈所在。通过在EVA和PVDF基体中添加电绝缘的导热填料是公认的解决光伏电池散热问题最为有效的解决方法[123-125]。

3.1.7　小结

导热聚合物基纳米复合材料充分利用了纳米粒子的高导热和聚合物易加工的优点,具有导热性好、轻质、重复使用率高等优势,在电子产品散热和传热部位具有十分广泛的应用前景。声子和电子导热是聚合物基纳米复合材料体系主要的导热机制,由于聚合物材料本身导热性很差,纳米复合材料的热导率还有很大的提升空间。从影响聚合物基纳米复合材料热导率的各因素考虑,如纳米粒子的用量、长径比和表面改性修饰等。此外,选择聚合物基纳米复合材料的合适加工工艺也可以很好改善其热导率,采用特殊工艺使得纳米粒子在聚合物基体内形成独特的隔离结构或定向排列结构,从而形成高效声子传递通路。此外,从结构上调控合成本征导热高分子材料并构建新型聚合物基纳米复合材料,是未来制备高热导率聚合物基纳米复合材料的主要研究和发展的方向之一。

3.2　隔热阻燃纳米复合材料

3.2.1　隔热纳米复合材料

进入 21 世纪,纳米科技成了推动各国经济发展的驱动力之一。由于尺度处于原子簇和宏观物体的交界过渡区域,纳米材料通常具有量子隧道效应、量子尺寸效应、小尺寸效应和表面效应。由于具有独特的力学、电磁学、光学和热学等特性,纳米材料在电子信息、建筑、能源机械、航空航天、国防等领域都极具潜力并有着广阔的应用前景,其重要性也在世界范围内也受到广泛的关注。

纳米孔隔热材料在热科学领域受到广泛的重视。早在 1931 年,Kistler 等首次在实验室合成出具有完整三维网络结构的二氧化硅气凝胶,将纳米孔结构模型首先在二氧化硅气凝胶上变成现实,并预言二氧化硅气凝胶在催化、绝缘和隔热等领域具有广阔的应用前景。1992 年,Hunt 等在国际材料工程大会上提出了超级绝热材料的概念,超级绝热材料是指在给定条件下其导热系数比无对流空气还要低的材料,从而使得绝热材料进一步受到关注。近年来,随着纳米技术的飞速发展,对超级绝热材料的研究扩展延伸到更为精细的结构,提出了二氧化硅纳米孔超级绝热材料的概念,主要是以二氧化硅气凝胶为载体。

二氧化硅气凝胶材料具有优良的隔热性能,其内部为开放性纳米多孔结构,孔隙率可达 99%[126],密度一般在 0.05~0.2 g/cm³ 之间。介观尺度上,其固体骨架由纳米颗粒链接形成纳米链状结构,纳米颗粒尺寸在 2~5 nm 之间。这些纳米链互相联结从而构成稳定的三维空间网络结构,孔隙直径在 2~50 nm 范围内,其微观结构示意图如图 3.4 所示。这一孔隙尺寸小于空气中主要成分氮气分子的平均自由程(70 nm),当气凝胶纳米材料内的孔隙尺寸小于这一临界尺寸时,其内部对流就被消除。同时,孔隙内的气体分子很难发生碰撞或碰撞概率很小,使得气体的热传导效率也大为降低。二氧化硅气凝胶固体骨架由若干 Si—O—Si

基团相互连接而构成纳米三维网络结构,这种网络结构因大大增加了热量在气凝胶纳米材料固体骨架中传递的通路,从而形成了"无限长路径效应",从而使得气凝胶纳米材料中固体骨架的热导率也几乎降到了最低。另外,当常压下材料中孔隙的尺寸小于 4 mm 时,由对流引起的热传导相对极小从而可以忽略,因此,对流传热的影响可不考虑。以上原因使得气凝胶总的有效热导率低于自由空间中的空气,在常温下其热导率仅为 0.03~0.05 W/(m·K)。

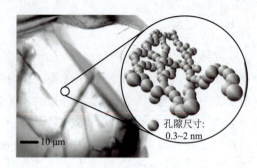

图 3.4 二氧化硅气凝胶的结构示意图[126]

由于具有低导热率、低密度以及轻质等特点,以二氧化硅气凝胶为主体的纳米隔热材料已被广泛应用于多领域。例如,由于二氧化硅气凝胶具有隔热不隔光的特性,因此已被用作太阳能集热器中的透明隔热材料。另外,气凝胶新型隔热窗也具有极好的隔热效果,Frick 等发现采用二氧化硅气凝胶制备的双层隔热窗的热导率低于 0.002 W/(m·K),用该材料制得的特种玻璃,其保温性能是同样厚度普通泡沫塑料的 4 倍。JENSEN K I 等[127]在玻璃中间充入 15 mm 的二氧化硅气凝胶后,其中心的热损失系数小于 0.17 W/(m·K),透光率达 76%。另外,由于气凝胶具有耐高温、超低密度等特性,而成了航天航空器上理想的隔热材料。例如,航天飞机中应用的纤维增强二氧化硅气凝胶陶瓷防热瓦,飞机上记录飞行状况数据的黑匣子的隔热层,英国"美洲豹"战斗机的机舱隔热层都已采用该材料。在美国 NASA 的"火星流浪者"设计中,为了抵挡火星夜晚 -100 ℃以下的超低温,也曾使用二氧化硅气凝胶纳米隔热材料作为保温层。

尽管纯二氧化硅气凝胶在室温下具有极其优良的隔热性能,其导热系数比自由空间中空气的导热系数还要低,但由于气凝胶纳米隔热材料对红外辐射具有很高的透明性,因此当使用温度升高时,其隔热性能会显著下降。因此,在高温环境下使用的气凝胶纳米隔热材料,要通过添加遮光剂以降低其辐射传热作用。此外,气凝胶还具有脆性大、机械强度低等缺点[128],在工程隔热方面的大规模应用受到限制。为此,国内外所研制的更具实用价值的气凝胶隔热材料,大都采用添加纤维的方法对二氧化硅气凝胶进行增强、增韧,以获得具有一定机械性能和优良绝热性的气凝胶纳米复合隔热材料,如图 3.5 所示。

图 3.5 纤维增强的二氧化硅气凝胶纳米复合隔热材料的微观形貌图[128]

气凝胶纳米隔热材料,从传热理论上来看,其内部的传热与传统多孔材料的传热特点不同。由于具有尺度效应,气凝胶纳米隔热材料展现了出微米、纳米尺度传热的特点,从而也必将影响到其宏观的热物理性能。因此,研究其内部的微观传热机制与特性,以及对其进行热传导分析,从而探求其微观结构参数与宏观热物理性能之间的联系,对于气凝胶的结构优化与设计以开发经济适用、性能优良的纳米隔热材料至关重要。

由于小尺度效应、表面及界面效应等,使微米、纳米尺度下的热传导与宏观尺度下的相比存在明显的不同。微纳米尺度下的实验测量对测试系统和测试技术要求很高,有些参数根本无法直接测量[129]。因此,理论研究和数值模拟分析可以弥补实验的不足。对纳米尺度材料热传输性质进行模拟研究可以为纳米尺度材料的热设计和性能优化提供理论依据和参考。

3.2.1.1 纳米尺度固体导热与计算方法的研究现状

1. 纳米尺度固体导热的研究现状

气凝胶纳米隔热材料固体骨架颗粒为纳米尺寸。当材料的特征尺寸降低到纳米尺度时,材料内的声子传输受边界散射作用制约,使得纳米固体材料的导热特性具有明显的尺寸效应。随着材料特征尺寸的减小,其导热系数也会随之减小。2004~2008年间,YANG R 等[130-133]通过研究一系列纳米复合材料导热特性,阐明了这一现象。纳米结构材料可定义为内部插入纳米尺度结构的材料和纳米孔材料,以及具有纳米尺度的特殊形状或者几何形式的工程材料,如纳米线、纳米薄膜等。

当前,国内外研究者对纳米线、纳米薄膜、碳纳米管等纳米结构材料导热特性的尺度效应开展了大量的研究。对于纳米材料的导热系数尺度效应,研究者们开展了相关研究,主要包括纳米材料横向、纵向尺度以及温度对导热系数的影响。2010年,Mittalt等采用蒙特卡洛方法模拟了温度在50~300 K时,厚度为3 μm的硅纳米薄膜法向导热系数,模拟中考虑了光学声子和声学声子对热传导的贡献。2010年,HUANG M J 等[134]采用非平衡态分子动力学方法分别模拟研究了直径为4.1 μm、7.6 μm和10.6 μm的无限长纳米线的热导率,发现其热导率远小于块体材料,但受温度的影响较小,表明边界散射对声子之间的相互作用起主导作用。2011年,MCGAUGHEY A J H 等[135,136]在考虑声子边界散射以及声子-声子散射对热输运影响的基础上,通过对松弛时间修正,获得了纳米薄膜和纳米线的导热系数计算公式,利用所获得的公式计算、分析了硅纳米薄膜及纳米线的导热系数。

为了更全面了解纳米材料导热特性,一些研究者进一步分析了纳米材料内温度分布的尺度效应。2005年,AMON C H 等[137]采用格子波尔兹曼方法模拟声子热输运,对硅薄膜材料和金属材料内声子-电子耦合输运进行了模拟,分析了温度分布的尺度效应。2005年,LACROIX D 等[138]利用直接蒙特卡洛法模拟研究了硅和锗纳米薄膜中的声子热输运过程,分析了厚度为2~4 μm的硅薄膜内的稳态温度分布。2006~2007年,Escoba 等分别采用灰体及色散格子波尔兹曼方法对硅纳米薄膜内声子热输运进行了模拟,计算、分析了扩散输运区域、扩散-弹道输运区域以及弹道输运区域内的硅薄膜内部温度分布及时间响应导热特性。2008年,RANDRIANALISOA J 等[139]发展了稳态蒙特卡洛法,并模拟获得了镓-砷化物纳米薄膜内的温度分布,以及其导热系数与薄膜厚度的关系,同时通过对纳米尺度硅薄膜材料内声子输运的模拟,给出了薄膜尺度分别为5 μm和500 nm时其内部温度分布,得出了硅薄膜尺度及温度对其导热系数的影响。

另外一些研究者研究了界面粗糙性以及接触界面热阻对纳米材料导热特性的影响。2009年，FENG B等[140]采用声子动力学理论计算了纳米尺度金、铜和铝金属薄膜面向导热系数，模拟中考虑了界面粗糙性对声子散射的影响，结果表明，金属薄膜的导热系数明显低于其块体材料的值，甚至展现了介电效应。2010年，LIU L等[141]采用分子动力学模拟分析了界面粗糙性对硅纳米线有效导热系数的影响。2011年，BIN MANSOOR S等[142]预测了通过硅-硅和硅-锗薄膜的声子热传输，采用扩散失配模型分析了薄膜接触界面热阻，结果发现，在硅-锗接触界面存在较大的温度跳跃，尽管接触面两侧薄膜材料相同，但在硅-硅接触界面也存在温度跳跃。

国内研究者也开展了对纳米尺度固体导热特性尺度效应的相关研究。2001年，饶荣水等采用灰介质声子辐射传递方程数值模拟了电介质薄膜内的声子传输，并得出了薄膜内声子导热系数的计算公式。2006年，汪国栋等研究了硅纳米线温度在800～1 500 K时的热传导性能。2009年，侯泉文等研究了温度分别为300 K和1 000 K时碳纳米管导热系数与其长度的关系。2010年，WANG Z等[143]基于蒙特卡洛法研究分析了等截面和变截面硅纳米线的导热特性。

从上述研究可以看出，对纳米薄膜、纳米线以及碳纳米管等结构纳米固体材料导热特性的尺度效应的研究已较为完善。而构成气凝胶固体骨架的纳米颗粒结构相对复杂，为三维球形结构。当前针对这类复杂结构纳米材料导热特性精准的数值模拟计算还较为缺乏。同时，对二氧化硅气凝胶纳米固体颗粒导热的研究均在常温下进行，缺少对纳米尺度下二氧化硅颗粒导热系数随温度变化规律的认识分析。

为了研究气凝胶固体纳米颗粒导热系数的尺度效应，2011年，张欣欣等在考虑声子边界散射作用的基础上，对声子平均自由程进行修正，同时，基于声子运动论，获得了声子导热系数的计算表达式，并利用计算公式研究分析了常温下气凝胶纳米固体颗粒的导热系数随其尺度的变化关系。为了更精确分析气凝胶纳米颗粒的导热特性。2006年，Escobar等通过采用格子波尔兹曼方法求解声子波尔兹曼输运方程，数值模拟了温度为300 K时二氧化硅气凝胶二维固体骨架内的声子热输运，分析了二维气凝胶纳米固体颗粒内的稳态温度分布和瞬态温度分布的尺度效应，同时研究了二维纳米颗粒导热系数随薄膜尺寸的变化。

2. 纳米尺度固体导热计算方法的研究现状

针对纳米尺度固体材料声子热输运的模拟已发展了多种计算方法。这些方法从基本原理来看可分为两大类：一类为分子动力学模拟[144-148]；另一类为利用数值方法求解波尔兹曼输运方程，数值方法主要包括蒙特卡洛方法[149-151]和格子波尔兹曼方法[152-156]。

分子动力学，基本原理是将构成系统的微观粒子视为经典粒子，同时将所研究的系统看作经典多体系统。选定势函数描述系统内粒子间相互作用，同时选定系统外加约束条件，而后对所有粒子求解牛顿运动方程。记录在各个时刻系统内粒子的动量和位置，进而获得系统随时间演进的微观过程。最后通过统计力学理论，计算获得系统的各种参数和输运性质。

分子动力学的优点是能揭示各种现象的本质，方法实施简单，无须事先了解声子散射机理的相关信息，因而成为当前研究热传输机理的一个非常理想的方法。该方法的主要缺点是,应用到大特征尺度的纳米结构时,需要非常长的计算时间。另外,分子动力学的精度主要取决于原子间作用势函数。当前,仍然需要大量的努力来获得不同原子之间以及不同条件下精确的原子作用势函数。随着计算机计算能力的增强以及工程系统的不断小型化,分子动力学模拟将是一个很好的研究固体热输运工具。

蒙特卡洛方法,原理是通过模拟固体中大量声子的热运动,经统计获得分布函数,从而求解热导率。与分子动力学相比,因无须计算原子间的受力与运动方程,因此在很大程度上提高了计算效率。在蒙特卡洛模拟中,经过足够长时间的演进,系统达到平衡态,而后从中抽取一定数量的样本从而获得系统状态参数与声子分布。蒙特卡洛法可以很容易地处理一些具有几何、空间、方向依赖性的复杂问题。其缺点是由于计算精度依赖于抽样数,因此计算效率低。

格子波尔兹曼法,是利用格子波尔兹曼方程来计算粒子运动的方法。格子波尔兹曼方程是波尔兹曼方程的一种特殊离散形式。这一离散包括空间离散、速度空间和时间离散。空间和时间的离散是通过粒子的离散速度连续起来的。格子波尔兹曼法从微观粒子角度出发,建立离散的速度模型。在满足能量等守恒的条件下,获得粒子分布函数。而后对粒子分布函数进行统计计算,最终获得各种宏观变量。其主要思想是以简单规则的微观粒子运动取代复杂多变的宏观现象。格子波尔兹曼方法具有程序易于实施、边界条件处理简单等优点。格子波尔兹曼方法的缺点是网格划分必须是均匀对称的正六边形或正方形等,并且计算效率低。

3.2.1.2 纳米隔热材料传热的研究现状

气凝胶纳米隔热材料传热研究,主要包括实验制备、性能测量以及相关理论研究。实验测量上主要是采用实验方法测量气凝胶的当量导热系数、气凝胶的光谱透射率等。表 3.1 给出了国内外在气凝胶的实验制备和性能测量方面的研究进展和现状。而气凝胶纳米隔热材料传热的理论研究相对较少,研究内容主要包括对气凝胶热辐射特性、纳米颗粒、纳米孔隙内气体导热特性以及气固耦合导热特性相关研究等[157]。

表 3.1 气凝胶热性能实验研究

作者	年份	研究对象、方法及内容简述
Hun 等[158]	1991	测量了真空条件下气凝胶的导热系数,结果表明,添加遮光剂后气凝胶纳米材料隔热性能明显增强
ZENG J S Q 等[159]	1996	采用红外光谱仪测量了平板状气凝胶中法向透射率和反射率,并获得了其吸收指数
ZU G 等[160]	2011	采用溶胶凝胶法制备了铝气凝胶,测量其导热系数,测试了 303~673 K 时铝气凝胶的导热系数
BAUER M L 等[161]	2011	采用 3-ω 法测量了薄片气凝胶的当量导热系数
FENG J 等[162]	2012	制备了密度 0.018 2~0.052 g/cm^3,孔隙尺寸 88~227 nm,颗粒直径为 13~20 nm 的碳气凝胶。采用激光法测量导热系数

为了研究气凝胶纳米孔隙内气体的导热特性,2011 年,郭雨含等采用平衡分子动力学和非平衡分子动力方法,应用 Lennard-Jones 势函数,模拟了二氧化硅气凝胶孔隙内氩分子

的运动。2012年，ZHAO J J 等[163]发展了分析模型，预测了气凝胶纳米孔隙内气体导热系数对压力的依赖性。2012年，WEI G S 等[164]采用分子运动论计算分析了气凝胶纳米孔隙内气体导热系数的尺度效应。2012年，BI C 等[165]通过对现有模型的修正，分析了孔隙尺寸非均匀分布对气凝胶孔隙内气体导热系数的影响，修正模型获得气体导热系数的预测结果高于现有模型的结果。

对于气凝胶气固耦合导热特性，国内外学者也开展了相关研究。1995年，Zeng 等提出了三种交叉立方阵列结构模型，分别为交叉方杆立方阵列、交叉圆杆立方阵列和由小球体构成的杆状立方阵列结构，并推导获得了三种结构模型气凝胶固体与气体耦合有效导热系数表达式，利用这些表达式获得的三种模型的计算结果非常接近。

2011年，Zhang 等基于气凝胶的纳米开放孔结构，建立了纳米球立方单元模型，同时模拟了气凝胶内气固导热，通过对单元内一维导热的计算分析了其当量导热系数。

气凝胶纳米结构中，其纳米固体颗粒尺寸是非均匀分布的。当前对气凝胶导热性能的研究中，固体纳米颗粒尺寸均假定为均匀分布。颗粒尺寸的非均匀分布不仅影响固体颗粒本身的导热特性，同时对气凝胶纳米气体导热及气固耦合导热特性均会产生重要影响，当前尚未见这方面的研究报道。

3.2.1.3 纳米复合隔热材料传热的研究现状

作为一种性能优良的隔热材料，二氧化硅气凝胶材料有着广泛的应用前景。但由于其具有韧性差和强度低等缺点，使得其在隔热工程中的推广和应用受到限制。为此，国内外研究工作者采用在气凝胶材料中添加增韧纤维等方法提高气凝胶隔热材料的强度和韧度，从而获得了具有一定机械强度和优良隔热性能的气凝胶复合隔热材料，这类复合隔热材料同时具有多孔结构。

为了获得具有优良隔热性能的气凝胶纳米复合隔热材料，近年来，国内外学者开展了相关研究。表3.2给出了当前对气凝胶纳米复合隔热材料开展的相关实验研究。

表3.2 气凝胶复合材料热性能实验研究

作者	年份	研究对象、方法及内容简述
KIM C 等[166]	2008	制备了添加玻璃纤维的气凝胶复合材料，分析了其孔隙尺寸、密度和孔隙率等
ZHANG H 等[167]	2010	制备了二氧化钛-二氧化硅气凝胶纳米复合材料
LEE J S 等[168]	2012	制备了添加了四氧化三铁颗粒的二氧化硅气凝胶纳米复合隔热材料，复合材料热稳定性得到提高
FENG J 等[169]	2012	制备了添加了碳纤维的碳气凝胶复合材料，在298 K空气中导热系数为0.073 W/(m·K)

在气凝胶纳米复合隔热材料传热的理论研究方面，2008年，LI S Y 等[170]建立了三维单元体传热模型来描述气凝胶复合材料内气固耦合导热。计算了硅酸钙、气凝胶及硬硅钙石-气凝胶复合材料的导热系数。2011年，LU G 等[171]建立了描述气凝胶、增韧纤维及遮光剂组成的气凝胶纳米复合材料传热的立方体模型，基于建立的结构模型，采用等效电路法计算分析了复合材料的导热系数。2013年，XIE T 等[172]分别计算了添加遮光剂和增强纤维的

气凝胶复合隔热材料的有效导热系数,对气凝胶建立了小球体构成的杆状分型立方阵列模型,采用等效电路法计算了其导热系数,在此基础上,采用 Maxwell 模型等计算了气凝胶纳米复合材料的有效导热系数。

复合材料的热物性(如有效导热系数)强烈地依赖于其组分和结构,也正是由于具有不同的组分和结构,其导热物性的计算也较为困难。对于气凝胶纳米复合隔热材料,由于在气凝胶多孔材料中又添加了球形遮光剂及柱状纤维,使得其结构变得更为复杂且同时具有多组分的特点,从而进一步增加了其导热特性计算的难度。

总体来看,当前针对气凝胶纳米复合材料导热特性计算的理论研究相对较少,但对复合材料的传热特性已开展了一定的研究。研究的焦点主要是对其导热特性(如导热系数)的研究。对复合材料传热特性的计算主要包括采用有限元法、有限差分法等一些数值方法[173,174]以及建立分析理论模型的方法。由于问题的复杂性,多组分复合材料热特性普遍采用分析理论模型进行计算,这方面的研究开始于 Maxwell 对球形颗粒分散在连续介质中的复合材料电导率的分析。

1904 年,通过求解电场能量的 Laplace 方程,Maxwell 得到了基体中添加球形粒子构成的复合材料的电导率计算表达式,此表达式的应用条件是基体中分散相粒子为稀疏随机分散的球形颗粒。Eucken 通过将 Maxwell 模型中的电导率换为导热系数,获得了计算复合材料有效导热系数的 Maxwell-Eucken 表达式[175,176],此表达式可用于预测分散相为球形粒子的复合材料有效导热系数的计算。在分散相含量较低的条件下,其预测结果与实验结果符合很好。Maxwell-Eucken 模型适用于球形粒子均匀分散在连续介质基体中,且复合材料基体中球形颗粒含量低,此时由于粒子之间距离足够远,其彼此之间没有相互接触和影响。当前,Maxwell-Eucken 模型在所有模型中应用最为广泛。

在分散相含量较高时,Maxwell-Eucken 模型预测结果较差。这是由于基体中粒子含量较高时,粒子之间存在相互作用,此时该模型给出的预测结果低估了复合材料内的导热特性。AZEEM S 等通过考虑邻近填充颗粒间的相互作用,给出了高填充量时复合材料有效导热系数的表达式[177]。对于分散相粒子含量较高,需要考虑其界面热阻的情况,Every 利用与 Bruggman 同样的方法推导得出了复合材料有效导热系数计算方程。

除了分散相的体积分数影响复合材料有效导热系数以外,分散相的形状也是影响其有效导热系数的重要因素。FRICKE H[178]给出了基体中添加了随机分布的椭圆形粒子时复合材料有效导热系数的表达式。当分散相为球形粒子时,Fricke 模型可简化 Maxwell-Eucken 模型。

在考虑分散相形状的基础上,Hamilton-Crosser[179]通过引入形状因子获得了更具普遍意义的复合材料有效导热系数的表达式。Hamilton-Crosser 模型可以用作处理球形颗粒和非球形颗粒添加物的情况。当形状因子为 6 时,分散相为柱状粒子;形状因子为 3 时,分散相为球形粒子,此时模型简化为 Maxwell-Eucken 模型。

基本模型对于特定的简单结构复合材料的导热特性,能够提供很好的预测结果,但其适用性有限,尤其对于多组分复杂结构的情况。为了提高这些理论模型的计算精度及对复杂结构的适应性,研究者们进行了相关研究,提出了三种不同的处理方法:①通过引入经验参数考虑了复合材料的结构特性,对现有模型进行了修正[180,181];②采用将现有模型进行合并的方式处理具有复杂结构的多组分复合材料导热问题[175,182,183];③使用平行模型和连续模型构造了复合材料网络结构。

3.2.2 阻燃纳米复合材料

该部分内容综述近年来阻燃聚合物纳米复合材料和涂料的研究进展,拟重点介绍以层状无机化合物、纳米纤维和纳米颗粒为主要成分的聚合物纳米复合材料与传统阻燃添加剂的阻燃性能,介绍采用多种添加剂和紫外光固化技术制备的阻燃聚合物涂料。

随着聚合物材料的发展,现阶段人民已经使用越来越多的天然和合成聚合物。对于大多数聚合物及其最终产品,其固有可燃性缺陷使它们容易被外部热源或火源点燃,并在燃烧过程中释放出大量的热量、烟雾、有毒气体。每年全世界由于聚合物材料易燃而引起的火灾事故频发,生命和财产损失已成为政府监管机构,消费者和制造商特别关注的问题。令人欣慰的是,由于阻燃材料和阻燃添加剂的使用,2000年至2008年与火灾有关的死亡总体呈下降趋势。

阻燃聚合物材料的早期研究主要集中在火灾风险场景和新型阻燃添加剂的开发上。随着经验的发展,越来越多的人意识到聚合物材料火灾危害所带来的严重问题,如烟雾和有毒气体产物的形成。因此,有必要为开发环保型阻燃聚合物材料。在过去几十年中,Wilkie,Kashiwagi,Gilman,Bourbigot 和 Camino 等公司通过使用少量的纳米添加剂,如蒙脱土(MMT)、碳纳米管(CNT)、层状双氢氧化物(LDHs)和多面体低聚倍半硅氧烷(POSS)等,研究表明当在多种聚合物基体中引入这些无机添加剂时,复合材料的峰值放热率显著降低,从而获得了具有良好阻燃特性的聚合物纳米复合材料[184-187]。

作为最简单和最有效的方法之一,阻燃涂层已被广泛用于保护基材免受火灾。实际上,阻燃涂层具有如下优点:首先,阻燃涂层不会改变材料的固有特性(如机械特性)、易于加工,也可用于多种基材(如金属材料、聚合物、纺织品和木材等)[188];其次,纳米技术和紫外线固化技术等,其中液态树脂几乎可以瞬间转化为固体聚合物材料,通过在环境温度下暴露于紫外线而不释放挥发性化合物,已被用于制造具有增强性能的阻燃涂料。

3.2.2.1 阻燃聚合物纳米复合材料

卤化化合物通过抑制点火和减缓火焰蔓延来起作用,仍然是当前最有效的气体阻燃剂之一。然而,卤化物阻燃剂由于其潜在的危害而极大限制了其广泛应用。鉴于此,研究人员对添加纳米无机填料的聚合物纳米复合材料进行了广泛研究。通常,纳米填料通常用于制备具有阻燃特性的聚合物纳米复合材料,阻燃型纳米填料颗粒主要包括层状无机纳米填料、纤维纳米填料和颗粒状纳米填料等。

1. 层状无机纳米填料

(1)蒙脱土

日本丰田公司报道原位插层聚合反应制备尼龙6-蒙脱土纳米复合材料以来,具有令人印象深刻物理化学特性的聚合物-黏土纳米复合材料引起了人们的广泛关注。纳米级硅酸盐层状纳米颗粒在聚合物材料能够起到增强和增韧作用。例如,与纯聚氨酯相比,含有质量分数4.7%纳米黏土的聚氨酯纳米复合材料拉伸强度增加了100%,而含有质量分数6%纳米黏土的聚氨酯纳米复合材料锥形量热法评估得到的热释放速率的峰值减少了47%[189]。其他多种聚合物-黏土纳米复合材料中也发现了类似现象[190-192]。聚合物基体和纳米黏土之间的相容性是实现纳米黏土分散和聚合物有效插层黏土片层形成插层纳米复合材料的重要考量因素,而烷基季铵盐作为嵌入剂预处理黏土或引入聚合物增容剂是广泛使用的方法,以促进黏土在聚合物基质中的分散。除了烷基季铵盐外,新型表面活性剂对纳米黏土的改性可以有效获得插层型聚合物纳米复合材料[193]。

WANG Z等[194]报道了改性剂十八烷基胺和十二烷基磺酸钠的种类和用量对聚苯乙烯-蒙脱土纳米复合材料阻燃性的影响规律,并根据有机改性蒙脱土的表面性质提出了不同的机理。对于阳离子表面活性剂改性的蒙脱土,除了蒙脱土片层的有效分离之外,通过霍夫曼降解形成的酸性位点是促进降解产物炭化过程的主要因素。然而,对于阴离子改性的蒙脱土填料,通常不会产生酸性位点,其复合材料阻燃性的提高归因于蒙脱土片层的固有性质对反应性降解产物的化学固定作用(如自由基捕获和交联反应的催化作用等)。燃烧过程中产生的中间体,特别是在聚苯乙烯-阴离子表面活性剂改性蒙脱土纳米复合材料燃烧产生的炭化产物中,发现了具有泡沫状聚集的蒙脱土片所形成的良好保护层,这一结构能够导致复合材料热释放速率的峰值显著降低。

当前已经报道了一些阻燃剂能够加速聚合物中蒙脱土片层剥离的效果,但是并没有给出这一现象产生的确切机制。例如,通过表面改性的十溴二苯乙烷的存在促进了聚丙烯纳米复合材料中有机改性蒙脱土的剥离,复合材料因此具有增强的热稳定性和阻燃性[195]。另一方面,有机改性蒙脱土的存在可以改善聚丙烯复合材料中聚合物基体与阻燃添加剂之间的相容性。剥离的蒙脱土片层不仅提高了复合材料的阻燃性,而且加速了聚丙烯加工冷却过程中的结晶速率。

蒙脱土耐辐射剂量的能力使其成为制备具有抗辐射特性纳米复合材料填料颗粒的候选材料,在核电应用方面具有潜力。聚烯烃-蒙脱土纳米复合材料暴露于^{60}Co γ射线时,γ射线可以影响聚合物基体中蒙脱土片层的分散性能(图3.6)。复合材料中蒙脱土片层的可控分布和重排不仅可以防止γ射线的渗透,还可以减缓聚合物基体的氧化降解,从而使得该纳米复合材料具有优异的抗辐射性能并降低热释放速率的峰值[196-198]。

(2)黏土和其他阻燃剂的组合

聚合物黏土纳米复合材料(PCN)在锥形量热法中表现出较小的最大放热率(HRR)值,尤其对峰值HRR和质量损失率(MLR)具有相当大的影响。然而,当使用一些标准[如极限氧指数(LOI)]测试时,与纯聚合物相比,PCN不显示出更好的阻燃性能,并且实际上表现出更差的性能。在某种程度上,这些问题可以通过传统阻燃剂与黏土的结合来解决,以提高阻燃效率[199]。

通过引入黏土改善阻燃性的聚合物/膨胀型阻燃剂(IFR)复合材料已被广泛研究。IFR是阻燃剂,它在热通量下形成泡沫碳质屏蔽,以阻止氧气和热量的传递,并减少挥发物的逸出[200-208]。IFR与黏土的结合表现出更好地提高炭性能的效率[209-211]。TANG Y等引入了一种新的一步法,即将聚丙烯(PP)与黏土,表面活性剂十六烷基三甲基溴化铵(C16)和 IFR 熔融共混[212]。与 PP 相比,IFR 和蒙脱土(MMT)的组合显示 PP/IFR/MMT/C16 样品的峰值 HRR 下降 91%。IFR 与 MMT 的比率在可燃性中起关键作用。他们假设了一种机制是由黏土和多聚磷酸铵(APP)之间的反应形成 Al-P 化合物结构造成。PP/IFR/黏土纳米复合材料通过综合评估燃烧性能指数、烟雾浓度和 HRR 值来降低潜在的火灾风险,因此由于黏土性质的改善,该三元纳米复合材料可以在商业上得到应用[213]。

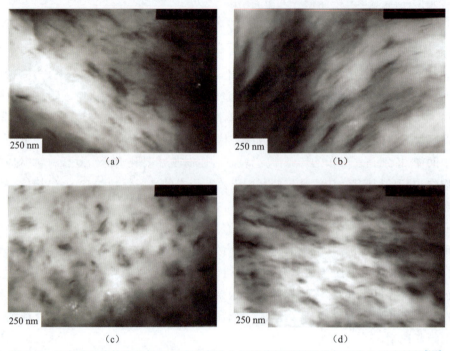

图 3.6　马来酸酐接枝聚乙烯(MAPE)中黏土相随着辐照剂量增加而发生形态转换[195]

常规 IFR 系统中的炭化剂通常是多元醇。由于渗出和水溶性引起的问题经常导致 IFR 和聚合物基质之间的不相容。有机蒙脱土(OMT)和 IFR、聚(4,4-二氨基二苯基甲烷螺环季戊四醇双磷酸酯)(PDSPB)的组合增强了热量 ABS 的稳定性和阻燃性[214]。由于 PDSPB 和 MMT 产生的磷酸之间的反应,以及由 MMT 中的酸性催化位点诱导的氧化脱氢和交联炭化过程的加速,假定了一种机制以解释硅铝磷酸盐结构的形成。

金属氢氧化物,主要是氢氧化镁(MH)和氢氧化铝(ATH),是最常用的无卤阻燃剂[215-218]。然而,因为需要高负载量(质量分数高于 50%)的添加剂以获得足够的阻燃性,所以在此过程中容易出现技术问题。因此将红磷和气相二氧化硅加入金属氢氧化物中是减少负荷和避免机械性能恶化的重要方法[215-219]。BEYER G 详细研究了黏土存在的条件下,乙烯乙酸乙烯酯/氢氧化铝(EVA/ATH)的阻燃性得到实质性改善[220],预计该纳米复合材料可应用于电缆器材。除了这些经典的阻燃填料外,氢氧化镁硫酸盐水合物(MHSH)和 OMT 在提高剥离的马来酸酐接枝聚乙烯(MAPE)纳米复合材料的阻燃性方面表现出了协同作用[225],在相同负载下,与纯 MAPE 和 MAPE/MHSH 相比,MAPE/MHSH/OMT 表现出较低的峰值 HRR 和较高的点火时间(t_{ign});在尼龙 6(PA6)/OMT 纳米复合材料中也发现了黏土与常规气相阻燃剂,如与十溴二苯醚(DB)和三氧化锑(AO)之间的协同作用。与 PA6/AO/DB 相比,PA6/AO/DB/OMT 纳米复合材料的峰值 HRR 降低 42%,这可能是由于 AO/DB 与黏土上催化位点反应的可能性。

含磷阻燃剂与黏土的组合使纳米复合材料具有良好的阻燃性,其中通过挤出注塑成型制备的 PA6/红磷/OMT 纳米复合材料可以通过相关阻燃标准 UL94 来评定,当 OMT 的质量分数为 5%~7% 时,该种复合材料表现出最优性能。与单独使用磷基阻燃剂的 PET 复合材料相比,含有 OMT 和羧乙基(苯基膦酸)的 PET 复合材料也可以表现出更好的阻燃性。结果发现,当阻燃剂和 OMT 的质量分数均为 3% 时,复合材料的 LOI 值均高于 32,同时,纳米复合材料的热稳定性和结晶度也得到了提高。

(3)合成黏土

天然黏土通常在四面体和八面体层中具有同构取代,根据来源可形成多种结构组成和黏度。而天然产物固有的缺点以及杂质的存在限制了它们在某些应用中的使用。避免这些缺点的一种方法是合成这些化合物,以及通过微调制备方法来控制合成黏土的化学组成。因此,该方法提供了将一些过渡金属离子引入 MMT 的晶格中的方法,预期这将使纳米复合材料具有令人感兴趣的物理和化学性质。Wilkie 等已经提出了 MMT 中结构铁作为自由基捕获剂的作用,以解释 PS/黏土纳米复合材料峰值 HRR 的降低。

国内外的研究人员使用合成的 Fe-OMT(有机改性 Fe-MMT,其中 MMT 晶格内的 Al^{3+} 被替换为 Fe^{3+}),改进了几种典型聚合物聚苯乙烯(PS)、聚(甲基丙烯酸甲酯)(PMMA)、聚氯乙烯(PVC)、乙烯-乙酸乙烯共聚物(EVA)和硅橡胶(SR)的热稳定性和阻燃性[226-228]。一般来说,这些改进被认为是由于硅酸盐层和聚合物链之间的强相互作用以及 Fe^{3+} 的存在。在 PMMA 的聚合过程中,Fe^{3+} 可以作为自由基捕获位点来催化膜内聚合,然后促进 PMMA 的交联。而在热降解过程中,Fe^{3+} 可以促进 PVC 等聚合物的硫化,并增加炭的形成。随后,研究人员假定聚烯烃通过烯烃环化的过程来进行催化碳化机理(图 3.7)[229]。

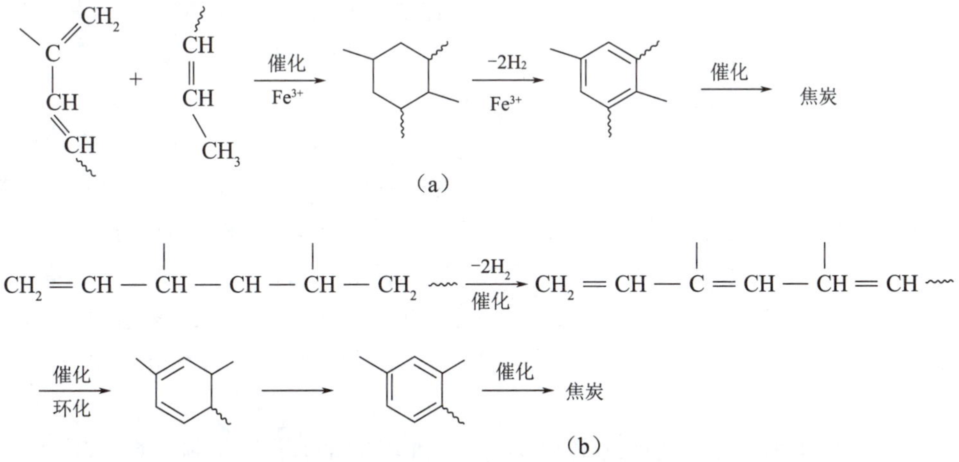

图 3.7 烯烃催化碳化的环化示意图[229]

除过渡金属离子外,研究人员还使用氟离子(F^-)合成了一种新型 MMT,命名为 FMMT,其中少数羟基被硅酸盐结构中的 F^- 取代。由于纳米颗粒在聚合物基质中的均匀分散以及聚乙烯醇(PVA)的 O—H 与 F-MMT 的 F^- 之间形成强氢键,PVA/F-MMT 纳米复合材料表现出增强的隔热和机械性能。路易斯酸过渡金属氯化物 $FeCl_3$ 对焦炭产率和催化剂的催化碳化效应,在 ABS/OMT 纳米复合材料的热降解和燃烧中发现了石墨化过程。尽管纳米复合材料的热稳定性略微降低,但与纯 ABS 相比,炭残留物显著增加,并且通过透射电子显微镜确认石墨片的形成。纳米分散的黏土层产生的层叠阻碍效应减缓了热解产物的挥发,延长了芳香化形成碳的时间。

通过形成碳质保护层来分离黏土是降低 PCNs 的 HRR 的重要物理因素。另一方面,MMT 和合成的 MMT 的化学作用(如来自 MMT 本身或取代的铁的酸性位点的催化和捕获效应),对于提高材料阻燃性能也是非常有益的。综上所述,催化中的纳米技术已成功应用于改变 PCNs 的降解途径,以加速碳化过程。但是,仍有问题需要解决。例如,酸性位点与聚合物的降解产物反应形成碳的机理是什么;其他离子,如 Ti、Ni、Mn、Zn 等,能否提供比 Fe 离子更有效的化学效应,可以加速其他聚合物的碳化吗?这些问题的答案将有利于开发黏土相关的催化阻燃机理。

(4)分层双氢氧化物

层状双金属氢氧化物(LDHs)作为一种层状无机材料,是在黏土状片材上带正电荷,由夹层阴离子插层组装的一系列的超分子材料[230]。LDHs 是一种用于制备聚合物无机纳米复合材料的新型层状材料,超声合成 LDHs 和常规搅拌合成 LDHs 的 EVA 复合材料的可燃性和力学性能研究表明,前者具有更好的阻燃性能,而后者具有更好的抗拉强度[231,232]。

已有研究合成了一系列 LDHs,并通过熔融共混和溶液插层等方法制备了聚合物/LDHs 纳米复合材料[186,233-236]。基于 Mg_3Al 层状双金属氢氧化物(MgAl-LDHs)修饰的溶液插层,得到了马来酸酐接枝聚乙烯(MAPE)/Mg_3Al-LDHs 剥离型纳米复合材料,十二烷基磺酸盐(DS)和二甲苯溶液中的 MAPE,通过添加质量分数为 5% 的 MgAl-LDHs,低温下炭的形成速率增加,并且在高温下热稳定性增强,另采用熔融插层法成功制备了尼龙 6 (PA6)/MgAl-LDHs 纳米复合材料,显示出与 MMT 复合后相似的最大放热率降低现象,两者均归因于燃烧过程中的阻隔效应[237]。然而,由于 LDHs 催化的 PA6 的加速热降解,纳米复合材料表现出比纯 PA6 更低的热稳定性。通过原位形成 MgAl-LDHs 制备 PMMA/MgAl-LDHs 嵌入纳米复合材料[238],含有 MMA 和引发剂的乳液体系与纯样品相比,$T_{50\%}$(50%重量损失时的温度)高达 458 ℃。氨基乙酸改性的 MgAl-LDHs 通过分层重组法在甲酰胺中分层,也成功地用于 PMMA 中获得 PMMA/MgAl-LDHs 插层纳米复合材料[239],具有优异的阻燃性能。PVA/MgAl-LDHs 插层纳米复合材料也可以类似方式获得[240]。

除了作为阻燃剂,LDHs 还可以作为热稳定剂和 PVC 的有效抑烟剂。对 PVC 中 LDHs 的热稳定性的研究表明,在热降解过程中,从 PVC 中消除的氯化氢(HCl)与 LDHs 中间层中的碳酸盐反应,后者吸收 HCl 并阻碍 PVC 的进一步降解。线性低密度聚乙烯(LLDPE)中 MgAl-LDHs 的存在促进了低温范围内更快的炭化过程和更高温度下更高的热稳定性[241]。环氧树脂/LDHs 纳米复合材料的研究表明,随着 LDHs 的加载,烟气产生率和最大烟雾密度和烟雾遮阳指数显著下降,并且透射率降低至 75% 的时间延迟。与未改性的 LDHs 相比,改性的 LDHs 表现出更好的烟雾抑制,这归因于 LDHs 在树脂本体相中的更好分散。例如,硼酸盐改性的 LDHs 对其 EVA 复合材料燃烧过程中具有显著增强的烟雾抑制效果。与 MMT 类似,LDHs 与其他阻燃剂(如 MH 和可膨胀石墨 EG)的组合将改善低密度聚乙烯(LDPE)、EVA 和 PA6 材料的阻燃性[242-244]。

含有不同二价阳离子的 LDHs 在改善聚合物/IFR 体系的阻燃性方面具有各种效果。具有过渡金属离子(Zn^{2+}、Cu^{2+})的 LDHs 表现出更好的 IFR 效率,这大大降低了 PP 纳米复合材料的 HRR 和 MLR 值[245]。LDHs 还显示出与金属氧化物[如 EVA 纳米复合材料中的氧化锌(ZnO)]的协同作用,这主要是 ZnO 引起的焦化作用引起的[246]。

通过 PP/IFR 纳米复合材料与 OMT 和 DS 插层 LDHs[十二烷基硫酸钠(SDSLDHs)]的热稳定性和可燃性的比较[247],发现 MMT 在 PP 中部分剥离,而 SDS-LDHs 获得了插入和聚集的结构(图 3.8)。结合 SDS-LDHs 改善了复合材料在加热和燃烧早期的热稳定性和阻燃性,而 OMT 则是在中后期显示出这种效果。在 PP/IFR 中引入 OMT 不仅增加了焦炭残留物,而且使焦炭具有紧凑和折叠的形态,与 LDHs 相比,PP 样品的阻燃性更高。

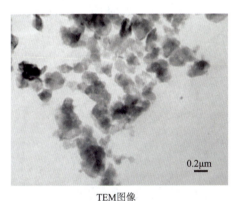

(a) 十二烷基硫酸盐嵌入层状双氢氧化物
(SDS-LDHs)的TEM图像

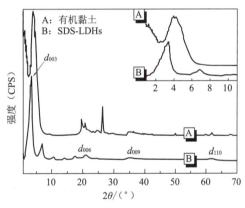

(b) 有机黏土和SDS-LDHs的XRD图谱

图 3.8　双氢氧化物(SDS-LDHs)的 TEM 图像

(5)分层金属磷酸盐

层状金属磷酸盐,如磷酸锆[$Zr(HPO_4)·2H_2O$][248],具有固体酸催化剂功能,其中层状结构的结晶 α-磷酸锆[$\alpha\text{-}Zr(HPO_4)_2$,α-ZrP]是具有良好化学性质和热稳定性的嵌入化合物。此外,由于 α-ZrP 具有高离子交换能力、窄粒径分布和可控的纵横比,因此 α-ZrP 作为 MMT 的替代纳米片已经显示出开发聚合物/层状无机纳米复合材料主要机制的前景。

相关研究制备了聚合物/ZrP 纳米复合材料,并详细表征了其结构[249-253],其中通过片层剥离、单体吸附和原位插层聚合合成的聚丙烯酰胺(PAM)/α-ZrP 纳米复合材料表明,α-ZrP 薄片很好地分散在 PAM 基体中,并且在 5％负载下形成剥离的纳米复合材料[254],纳米复合材料的热稳定性的增加主要是由于主体和客体之间的静电吸附和氢键结合。

通过锥形量热法和微量燃烧量热法(MCC)测试,在这些材料中发现了峰值 HRR 的合理降低。通过原位聚合制备的具有 α-ZrP 的聚(对苯二甲酸乙二醇酯)(PET)纳米复合材料显示出,与聚合物基质相比,从 LOI(从 21.2 增加到 32.6)、UL94(达到 V-0 级)和锥形量热法评价(降低 HRR 和 THR,不减少点火时间),阻燃性得到了明显的改善[255]。反应型阻燃剂和 α-ZrP 纳米聚合物本质阻燃聚苯乙烯/α-磷酸锆[P(St-co-AEPPA)/α-ZrP]复合的研究(图 3.9)[256],ZrP 层很好地分散在基质中,并且实现了剥离的纳米结构,由于具有最大 MLR 值,纳米复合材料的残余物增加表明阻燃性得到了明显改善。

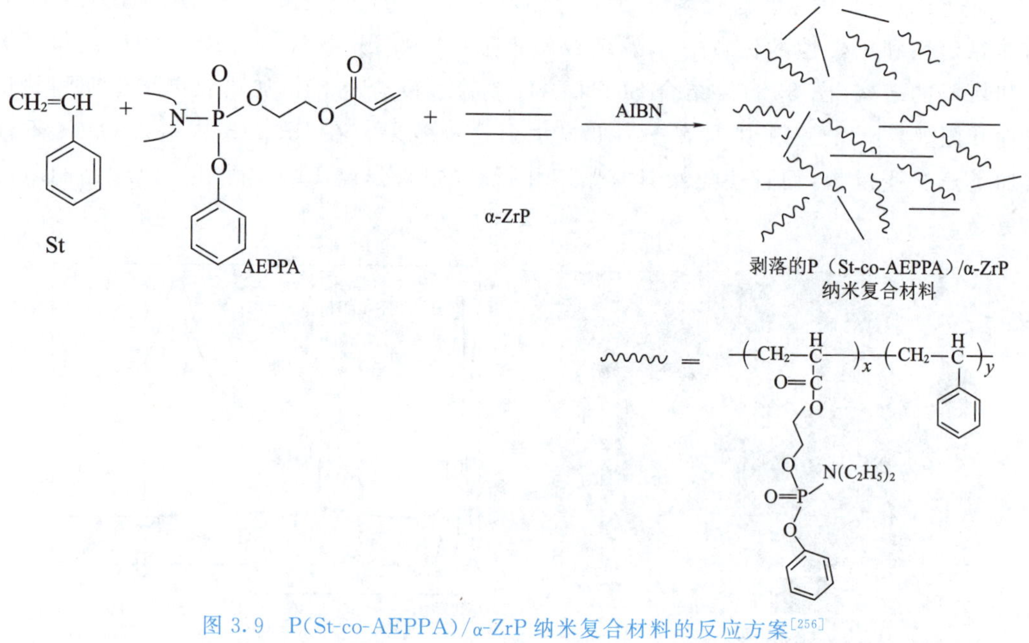

图 3.9 P(St-co-AEPPA)/α-ZrP 纳米复合材料的反应方案[256]

除了形成纳米结构外,还提出 ZrP 催化碳化聚合物是提高阻燃性的原因。PP/IFR 体系报道了 α-ZrP 的催化碳化[257]。引入 α-ZrP 可显著提高 PP/IFR 的阻燃性能,LOI 增加,UL94 分类从未评级增加到 V-0 级。阻燃性能的提高可能是由于 α-ZrP 催化的 PP 降解和与 APP 反应形成磷酸锆陶瓷状结构。此外,选区电子衍射(SAED)图案显示炭中石墨的多晶性质,但未观察到石墨片。

与 MMT 类似,使用 ZrP 而不使用其他阻燃剂可以赋予某些聚合物改进的阻燃性。尽管研究认为 ZrP 的物理和化学作用是增强阻燃作用的原因,但还需要更详细的证据。例如,ZrP 纳米片如何加速碳化、环化和交联过程;通过将其他离子引入中间层以促进具有特殊结构的炭的形成,可以加速这些反应吗?催化阻燃工艺的机理是什么?通过确定炭的形态、结构、组成和热物理性能,可以阐明这种机制吗?基于 ZrP 的聚合物材料需要做更多的工作来探索这些和其他问题,并将其发展为可行的阻燃剂。

2. 碳纳米添加剂

获得具有改进的阻燃性和低填料负载量的纳米复合材料的努力对于工业和学术界来说是非常有吸引力的。除了黏土之外,还研究了碳纳米添加剂,例如氧化石墨(GO)、碳纳米管(CNT)和富勒烯(C_{60}),以提高聚合物材料的阻燃性能。

通过用强氧化剂处理石墨获得的 GO 是典型的二维层状无机材料,其由具有羟基、羰基和醚基的层状石墨片组成。这些官能团使 GO 能够容易地吸收极性分子和极性聚合物,形成聚合物/GO 纳米复合材料[258]。与纯 PS 相比,乳液聚合制备的 PS/GO 纳米复合材料具有更高的热稳定性和更高的炭形成率[259]。在通过 GO 的胶体溶液中原位嵌入 PVA 制备的 PVA/GO 纳米复合材料中发现了类似的结果。由于来自层状结构的物理屏障效应和来自膨胀/发泡效应的化学活性,利用 GO 具有降低可燃性的能力可以用来开发环境友好的阻燃聚合物材料。已有研究报道了通过单体剥离吸附和原位乳液聚合制备了苯乙烯-丙烯酸丁酯共聚物(St-BA)/GO 纳米复合材料[260,261],即使加入质量分数为 1% 的 GO 也可以大大降低 HRR 值(图 3.10)、THR 值和烟雾释放率。

CNT 是一种典型的一维纳米材料,由于其纤维网络在凝聚相中

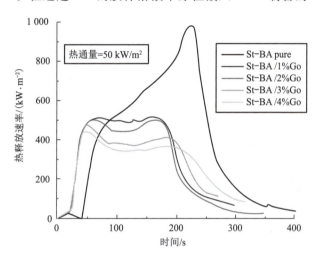

图 3.10 具有不同 GO 质量分数的 St-BA/GO 纳米复合材料和纯 St-BA 的热释放率(HRR)[254]

形成和化学作用,已被用于制备高性能耐火聚合物材料[262]。MA H 等报道了多壁碳纳米管(MWCNT)和黏土的组合,以改善丙烯腈-丁二烯-苯乙烯(ABS)纳米复合材料的阻燃性[263]。与基于黏土或 MWCNT 的单独填充系统相比,该组合显著降低了峰值 HRR 并减缓了整个燃烧过程。发现 MWCNT 在黏土层之间运行,增加了 MWCNT-黏土相互作用,并阻碍了大分子的运动。有机改性 CNT 在聚合物/CNT 纳米复合材料中显示出比未处理的 CNT 更好的阻燃效率[264]。ABS/MWCNT-PDSPB(MWCNT 接枝 PDSPB)纳米复合材料表现出比 ABS/MWCNT 更好的阻燃性,因为 MWCNT-PDSPB 改善了纳米管在 ABS 基体中的分散,MWCNT 网络结构有效地减少了聚合物产生的挥发性可燃碎片的扩散、降解。

纳米颗粒,如三聚氰胺氰脲酸盐和磁流体 $Mn_{0.4}Zn_{0.6}Fe_2O_4$,已被用于改善聚合物材料的阻燃性[265,266]。当前已有几篇关于使用零维碳粒子富勒烯(C_{60})制备纳米复合材料的论文,显示材料具有改进的阻燃性。FANG Z 等在 2008 年报道 C_{60} 可以同时提高热性能,延缓

热氧化降解,提高 PP 的阻燃性;产生的网络可以增加熔体黏度,从而减缓聚合物材料的燃烧过程[267,268]。研究人员提出了 C_{60} 的自由基捕获机制,其中 C_{60} 作为一种自由基海绵来捕获由聚合物的热解产生的大分子或其他自由基,从而在原位形成凝胶网络。通过化学接枝 C_{60} 与 PDBPP 制备 C_{60}-d-PDBPP,在掺入 C_{60}-d-PDBPP 后,PP 的热氧化降解显著延迟,其中 C_{60} 的接枝程度高达 70%(图 3.11)[269]。此外,与纯 C_{60} 相比,通过锥形量热法评估,C_{60}-d-PDBPP 在降低 PP 的可燃性方面更有效。当前,C_{60} 相当昂贵,并没有广泛使用,但它对未来阻燃性的进步仍然具有很好的前景。

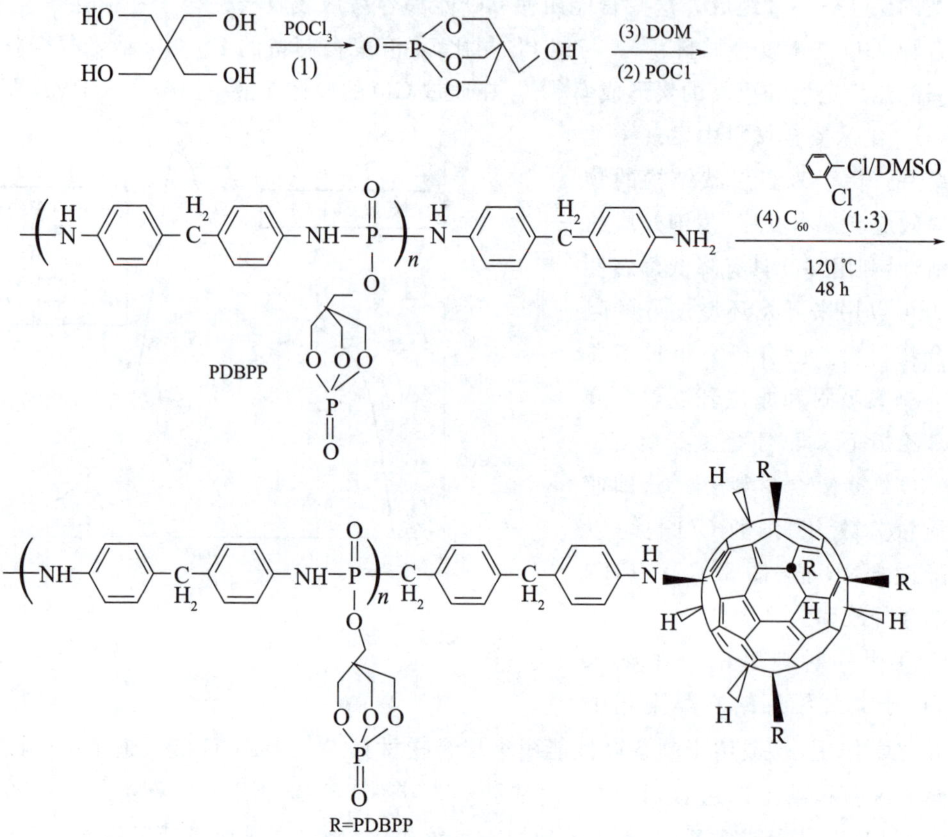

图 3.11 C_{60} 装饰 PDBPP,C_{60}-d-PDBPP 的原理图合成路线[269]

当前,石墨烯这种由碳原子构成的原子级蜂窝晶格,由于其独特的结构和性质,引起了人们的极大兴趣。由于石墨烯是一个孤立的石墨原子平面,可以用它来直接制备阻燃聚合物材料,它显示了制备智能和功能性纳米材料的巨大前景。但是当前关于阻燃领域中聚合物/石墨烯的论文较少,通过引入石墨烯获得聚合物纳米复合材料所需的阻燃剂仍然存在很多的机会和挑战。

3.2.2.2 阻燃涂料

根据阻燃机理,阻燃涂料可分为非膨胀型和膨胀型两类。当前对非膨胀涂料的研究很少。WANG Q W 等研究了硼酸在木材上阻燃的化学机理。结果表明,硼酸可以促进木材表面在高温下形成涂层或保护层[270]。硼酸与磷酸鸟苷脲之间有很强的协同作用。然而,与膨胀型阻燃涂料相比,非膨胀型阻燃涂料的效率并不高,正逐渐被膨胀型阻燃涂料所取代。一般来说,传统的 IFR 涂料通常由树脂、IFR 和填料或颜料组成。研究人员还对 IFR 涂层进行了一些深入而有意义的研究。王金成等报道了一种新型阻燃剂在聚氨酯涂料中的应用虽然具有良好的膨胀效果和阻燃性能,但阻燃涂料的炭在高温下不稳定,易老化。因此,研究人员正努力提高膨胀型涂料的炭稳定性和耐久性。研究发现,纳米颗粒能显著提高涂层的抗氧化性、力学性能、耐火性等性能。

1. 纳米膨胀型阻燃涂料

WANG Z 等首先研究了纳米二氧化硅(SiO_2)阻燃涂层的相互作用和成炭[271]。当前,其他纳米填料[如纳米层双氢氧化物(Nano-LDHs)和纳米二氧化钛(Nano-TiO_2)]也首次与 IFR(APP/PER/MEL)一起使用,以制备阻燃纳米涂层[272-274],用于防火、抗氧化和耐水性能的提升。与传统丙烯酸树脂相比,该涂料的抗渗性更好。此外,还发现金属氧化物[如三氧化钼(MoO_3)和氧化铁(Fe_2O_3)]可以有效地改善 APP/PER/MEL 阻燃涂料中炭的热稳定性[275]。研究表明,无论是作为阻燃层还是阻燃颗粒,纳米化合物都可以改善炭的热稳定性、涂料的阻燃性和炭结构的抗氧化性,这可以将阻燃涂料推向一个新的方向。

2. 膨胀型阻燃涂料(含有 EG 和 MWCNT)

可膨胀石墨(EG)是一种特殊的膨胀型添加剂,已知可赋予各种材料阻燃性。在有人将 EG 引入阻燃涂料之后,越来越多的中国学者加入这个领域。WANG Z 等将 EG 引入聚磷酸铵/季戊四醇/三聚氰胺(APP/PER/MEL)涂层[276],发现含 EG 涂层的抗氧化、耐火、防水性能优于 APP/PER/MEL 涂层。LI G X 等研究了 EG 和二硅化钼($MoSi_2$)对延长防火时间的协同作用[277],发现 $MoSi_2$(质量分数 9%)/EG(质量分数 5%)的最佳组合赋予涂层最佳的抗氧化性能,SEM 图像显示通过覆盖在开孔结构炭表面上的 $MoSi_2$ 产生的陶瓷状层获得了协同效应。

3. 紫外(UV)固化阻燃涂料和薄膜

紫外线固化阻燃涂料由于诸如能耗低、环境污染小、工艺成本低、化学稳定性高以及即使在环境温度下也能快速固化等优点而受到相当多的关注。在中国,学者一直致力于研究紫外光固化阻燃涂料,合成了一系列多官能低聚物和单体,包括有机磷化合物、有机氮化合物、有机硅等。ZHU S 等通过含磷三醇与甲苯-2,4-二异氰酸酯,丙烯酸羟乙酯和六丙烯酸酯化环磷腈(HACP)的反应制备了一系列含有磷的超支化聚氨酯丙烯酸酯(HPUA)(图 3.12),UV 固化膜(HPUA)的 LOI 为 27.0[278,279]。

LIANG H 等从三氯氧磷和丙烯酸羟乙酯合成了 3-(丙烯酰氧基乙基)磷酸酯(TAEP)和 2-(丙烯酰氧基乙基)乙基磷酸酯(DAEEP)[280-282]。UV 固化的 TAEP 和 DAEEP 膜的 LOI 分别为 36 和 29。它们的热行为表现出三个特征性的降解区域,这些区域分别归因于磷酸盐的分解,丙烯酸酯侧链的热解以及炭中不稳定结构的分解,在通过使三氯氧磷与 1-氧代-4-羟甲基-2,6,7-三氧杂-1-磷杂双环[2.2.2]辛烷和丙烯酸 2-羟乙酯(HEA)反应合成的化合物中发现了类似的现象。XING W Y 等合成了磷酰氯与 HEA 和 1,4-丁二醇反应的新型磷单体(BDEEP)[283]。MCC 的 HRR 和放热容量(HRC)分别为 42.1 W/g 和 44.0 J/(g·K),TGA-FTIR 测试表明,由 BDEEP 的热降解释放的挥发产物表明,根据起始形成的温度,产物是一氧化碳、二氧化碳、水、烷烃、羰基、磷化合物和芳族化合物。

除了合成一些阻燃单体或低聚物外,中国学者还将磷单体/低聚物与氮单体/低聚物结合形成 IFR 涂层、膨胀的炭层用作从燃烧表面到下面的聚合物的质量和能量传输的优异保护屏障。例如,CHEN X L 等将不同比例的含磷三甲氧基硅烷(DGTH)与星形 PU 丙烯酸酯(SPUA)混合,得到一系列紫外光固化 IFR 树脂[284]。以 LOI 和锥形量热仪为特征的燃烧特性表明,SPUA 和 DGTH 之间存在明显的协同作用。CHENG X 等合成了倍半硅氧烷基杂化氨基甲酸酯丙烯酸酯(SHUA),通过改进倍半硅氧烷基杂化多元醇(SBOH)与异佛尔酮二异氰酸酯和 HEA 的半加合物,将 SHUA 与不同比例的含磷 TAEP 混合,制备一系列可 UV 固化的有机-无机杂化阻燃涂料[285]。他们发现含有质量分数 40% SHUA 的 LOI 达到 32,而初始分解温度和 850 ℃下的焦化残渣明显增加。

WANG H 等合成了另一种新型超支化聚磷酸酯丙烯酸酯(HBPPA),将 HBPPA 与不同比例的 2-(丙烯酰氧基乙基)苯磷酸酯(DABP)共混,得到一系列阻燃树脂[286]。通过 LOI 监测相应的阻燃性,UV 固化膜在燃烧时大大膨胀,随着 HBPPA 含量的增加,膨胀程度增加,LOI 值在 36.0 和 39.0 之间,这主要归因于凝聚相机制作用问题。HUANG Z G 等通过 TAEP 与哌嗪的反应制备了用于 UV 固化阻燃涂料的超支化聚磷酸酯丙烯酸酯(HPPA),HPPA 与 TAEP 具有良好的混溶性,固化的 TAEP/HPPA 样品在燃烧时大大舒展,并且随着 HPPA 含量的增加,膨胀程度增加[287]。然而,随着 HPPA 含量的增加,LOI 值从 47.0 降至 34.0。测试完 LOI 后的热重分析(TGA)图如图 3.12 所示,TAEP 的阻燃性主要在气相中,而 HPPAs 主要在凝聚相中起作用,气相机理占主导地位。

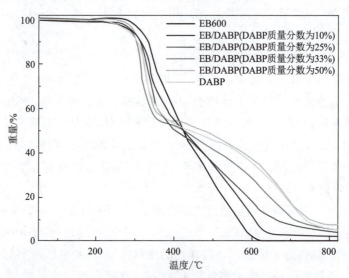

图 3.12　含有不同含量 DABP 的 UV 固化膜的 TGA 图[287]

这些阻燃单体或低聚物不仅能够形成它们自己的阻燃涂层,而且还可以用作 UV 可固化树脂体系中的阻燃剂(如环氧丙烯酸树脂、PU 丙烯酸树脂)。WANG Q 等合成 DABP 和丙烯酰氧基乙基苯基苯膦酸酯(APBP),从苯基膦酰二氯开始,然后在质量分数为 10%～50%下与甲基丙烯酸酯(EB)混合,通过将一系列阻燃紫外光固化配方加入后,反应性单体的黏度大大降低,而光聚合速率增加[288,289]。具有 DABP 或 APBP 的 UV 固化膜在升高的温度下具有改善的热稳定性并且具有更高的焦炭产率以及更高的 LOI 值。

ZHU S 等将合成的甲基丙烯酸酯化磷酸酯(MAP)用于环氧丙烯酸酯树脂,发现含有较高百分比 MAP 的这种材料在较低温度下表现出相对较低的热稳定性,但在高温下具有较高的热稳定性,与含有较低百分比的焦炭相比,形成更多的焦炭[290,291]。通过增加膜中的 MAP 含量,发现燃烧期间的平均 HRR 值、特定消光面积(SEA)和总烟雾产生(TSP)降低。通过增加 MAP 的含量,LOI 值从 26.8 增加到 28.5,这取决于 UV 固化膜的凝胶含量增加。HUANG Z 等报道了聚(双酚 A 丙烯酰氧基乙基磷酸酯)(BPAAEP)在 UV 可固化阻燃涂料和黏合剂中的用途,制备了一系列具有不同比例的 BPAAEP 与氨基甲酸酯丙烯酸酯 EB220 的配方,以获得阻燃树脂[292,293]。LIANG H 等合成甲基丙烯酸酯化酚醛三聚氰胺(MAPM)作为紫外线固化体系的阻燃多功能低聚物,然后制备了一系列基于 MAPM 和商用紫外线固化环氧丙烯酸酯(EB600)的配方,EB600 的 LOI 值从纯 EB600 的 21.5 增加到含有质量分数为 50% MAPM 复合材料的 26.5[294]。

研究人员已对紫外光固化阻燃涂料以及含有不同阻燃元素的单体或低聚物的合成进行了大量研究。含磷单体/低聚物的主要优点是不存在二噁英和卤素酸以及燃烧过程中烟雾的低演变。论文报道了含磷阻燃剂在两个方面起作用,中断放热过程,从而通过捕获自由基来抑制燃烧;通过重定向化学反应来提高焦炭产率,当在高温下分解时,含氮化合物产生不可燃气体而没有有毒烟雾。这些气体可以稀释火灾附近的氧气浓度,放出的气体可在加热过程中使保护性碳质层发泡,含硅化合物由于其低表面能而在热降解过程中可迁移到材料表面,产品是具有高热稳定性的硅碳,碳化硅可形成保护性二氧化硅层并保护下面的聚合物材料免于在高温下进一步分解,无机组分可以抑制有毒气体的产生。总之,无论是单独使用还是一起使用,这些单体或低聚物都具有良好的阻燃性能。然而,这些研究仅限于单体或低聚物的自身性能,没有考虑在一些基底材料中的应用。该研究领域将会呈现出蓬勃发展的趋势。

4. 其他阻燃涂料

阻燃涂层是保护材料最有效和最方便的方法之一,并已广泛应用于许多领域,包括钢、木材以及织物和铝合金等。LIU Y 等首先报道了使用简单的浸涂方法在棉纤维表面上制造 CNT 网络涂层,由于 CNT 的增强和保护,纺织品表现出增强的机械性能、非凡的阻燃性、改进的防紫外线性和超级防水性[295]。CAI Y 等制备聚酰胺 6(PA6)纳米纤维和 PA6-有机改性 Fe-MMT(Fe-OMT)纳米复合纤维,采用电纺丝的简易复合工艺,然后使用磁控溅射在这些材料表面涂覆硅纳米颗粒(Si)技术[296]。涂覆的纳米复合纤维的改善的热稳定性能可归因于硅酸盐黏土层的优异的绝缘性(可作为质量传递和物理保护屏障)、Fe^{3+}的催化效应以及 Fe-OMT 和 Si 纳米颗粒之间的协同效应。MCC 结果表明,由于原位生成的二氧化硅、硅酸盐黏土的阻隔效应以及 Fe-OMT 和 Si 之间的协同作用,涂覆的 PA6 纳米复合纤维的 HRR 值显著降低(图 3.13)。

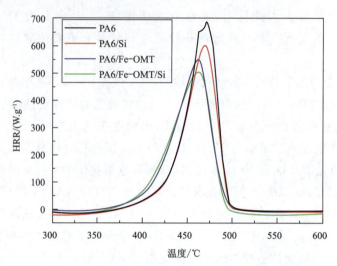

图 3.13　PA6 纳米纤维、PA6/Fe-OMT 纳米复合纤维、包覆 PA6 纳米纤维和包覆 PA6/Fe-OMT 纳米复合纤维的 HRR 曲线[296]

3.2.2.3　结论

阻燃聚合物纳米复合材料近年来得到了广泛的研究和发展。当纳米添加剂与传统阻燃剂结合使用时,这些材料表现出更好的阻燃性。如 LEWIN M 所述[297],阻燃聚合物材料中的协同有效性,定义为阻燃添加剂加上增效剂的阻燃效果与不含增效剂的添加剂的阻燃效果之比。然而,在大多数文献中,协同作用经常通过简单的协同实验结果表明,很少得到充分验证。因此,有必要在将来对其进行更好地证明。

碳在聚合物材料的可燃性中起着至关重要的作用。无论使用何种纳米级无机填料,人们都希望其能够对碳化过程提供强的催化作用或协同作用,促进气相中的自由基链终止反应,并作为阻碍聚合物的物理屏障促进固相降解。除了将各种阻燃剂与纳米片结合使用以从聚合物纳米复合材料中获得高质量的焦炭外,直接使用有前途的纳米添加剂(如石墨烯)来获得所需的阻燃效果也有一定的研究和应用前景。同时,随着高性能的设备和测试方法的进一步发展,已经采用小规模测试来筛选多组分聚合物材料配方和可燃性性能。但是,在某些情况下,结果不能与常用的防火测试数据相关联。研究人员必须了解这些差异并建立评估系统以预测真实的火灾性能,并将一项测试与其他测试相关联。因此,在未来的很长时间内,开发具有良好机械性能、加工性能、阻隔性能和阻燃性的聚合物及其复合材料仍然是一个很大的挑战,开发先进的阻燃体系和技术,特别是纳米技术和催化剂方面,对于确保防火安全具有很高的现实意义和前景价值。

参考文献

[1] WANG Z L. Self-powered nanosensors and nanosystems[J]. Advanced Materials,2012,24(2):280-285.

[2] GONG F,BUI K,PAPAVASSILIOU D V. Thermal transport phenomena and limitations in heterogeneous polymer composites containing carbon nanotubes and inorganic nanoparticles[J]. Carbon, 2014, 78 (2): 305-316.

[3] CHEN H,GINZBURG V V,INZBURG V V,et al. Thermal conductivity of polymer-based composites: Fundamentals and applications[J]. Progress in Polymer Science,2016,59:41-85.

[4] HUSSAIN A R J,ALAHYARI A A,EASTMAN S A,et al. Review of polymers for heat exchanger applications:Factors concerning thermal conductivity[J]. Applied Thermal Engineering, 2017, 113 (5):1118-1127.

[5] CHEN X,SU Y,REAY D,et al. Recent research developments in polymer heat exchangers-a review [J]. Renewable and Sustainable Energy Reviews,2016,60(6):1367-1386.

[6] SHTEIN M,NADIV R,BUZAGLO M,et al. Thermally conductive graphene-polymer composites: Size,percolation,and synergy effects[J]. Chemistry of Materials,2015,27(6):2100-2106.

[7] CHOPKAR M,DAS P K,MANNA I. Synthesis and characterization of nanofluid for advanced heat transfer applications[J]. Scripta Materialia,2006,55(6):549-552.

[8] WIJEWARDANE S,GOSWAMI D Y. A review on surface control of thermal radiation by paints and coatings for new energy applications[J]. Renewable and Sustainable Energy Reviews,2012,16(4): 1863-1873.

[9] TAKAHASHI K,UMEMOTO M,TANAKA N,et al. Ultra-high-density interconnection technology of three-dimensional packaging[J]. Microelectronics Reliability,2003,43(8):1267-1279.

[10] AZIZ M A,GAHEEN O A. Effect of the isothermal fins on the natural convection heat transfer and flow profile inside a vertical channel with isothermal parallel walls[J]. SN Applied Sciences,2019,1(10):1310.

[11] HU Y,SHEN J,LI N,et al. Comparison of the thermal properties between composites reinforced by raw and amino-functionalized carbon materials[J]. Composites Science and Technology,2010,70(15): 2176-2182.

[12] HAN Z,FINA A. Thermal conductivity of carbon nanotubes and their polymer nanocomposites: A review[J]. Progress in Polymer Science,2011,36(7):914-944.

[13] WARZOHA R J,FLEISCHER A S. Heat flow at nanoparticle interfaces[J]. Nano Energy,2014,6: 137-158.

[14] FERRARI A C. Raman spectroscopy of graphene and graphite:Disorder, electron-phonon coupling, doping and nonadiabatic effects[J]. Solid State Communications,2007,143(1-2):47-57.

[15] GIANNOZZI P,DE G S,PAVONE P,et al. Ab initio calculation of phonon dispersions in semiconductors[J]. Phys Rev B Condens Matter,1991,43(9):7231-7242.

[16] TOGO A,TANAKA I. First principles phonon calculations in materials science[J]. Scripta Materialia,2015, 108(4):1-5.

[17] BURGER N,LAACHACHI A,FERRIOL M,et al. Review of thermal conductivity in composites: Mechanisms,parameters and theory[J]. Progress in Polymer Science,2016,61(6):1-28.

[18] SONG W L, WANG P, CAO L, et al. Polymer/boron nitride nanocomposite materials for superior thermal transport performance[J]. Angew Chem Int Ed,2012,51(26):6498-6501.

[19] XU X,CHEN J,ZHOU J,et al. Thermal conductivity of polymers and their nanocomposites[J]. Advanced Materials,2018,30(17):1705544-1705551.

[20] WU K, XUE Y, YANG W, et al. Largely enhanced thermal and electrical conductivity via constructing double percolated filler network in polypropylene/expanded graphite-multi-wall carbon nanotubes ternary composites[J]. Composites Science and Technology,2016,130(8):28-35.

[21] YANG S Y, LIN W N, HUANG Y L, et al. Synergetic effects of graphene platelets and carbon nanotubes on the mechanical and thermal properties of epoxy composites[J]. Carbon,2011,49(3):793-803.

[22] YU A,RAMESH P,SUN X,et al. Enhanced thermal conductivity in a hybrid graphite nanoplateletcarbon nanotube filler for epoxy composites[J]. Advanced Materials,2008,20(24):4740-4744.

[23] ZAKARIA M R, ABDUL M H, MD A H, et al. Comparative study of graphene nanoparticle and multiwall carbon nanotube filled epoxy nanocomposites based on mechanical, thermal and dielectric properties[J]. Composites Part B:Engineering,2017,119(8):57-66.

[24] HONG J P, YOON S W, HWANG T, et al. High thermal conductivity epoxy composites with bimodal distribution of aluminum nitride and boron nitride fillers[J]. Thermochimica Acta,2012,537(9):70-75.

[25] KIM H S, KIM J H, KIM W Y, et al. Volume control of expanded graphite based on inductively coupled plasma and enhanced thermal conductivity of epoxy composite by formation of the filler network[J]. Carbon,2017,119(4):40-46.

[26] MUN S Y, LIM H M, AHN H, et al. Thermal conductivities of epoxy composites comprising fibrous carbon and particulate silicon carbide fillers[J]. Macromolecular Research,2014,22(6):613-617.

[27] SONG S H,PARK K H,KIM B H,et al. Enhanced thermal conductivity of epoxy-graphene composites by using non-oxidized graphene flakes with non-covalent functionalization[J]. Advanced Materials,2013,25(5):732-737.

[28] ZHOU W, CHEN Q, SUI X, et al. Enhanced thermal conductivity and dielectric properties of Al/β-SiCw/PVDF composites[J]. Composites Part A:Applied Science and Manufacturing,2015,71(9):184-191.

[29] ZHOW W, WANG C, AI T, et al. A novel fiber-reinforced polyethylene composite with added silicon nitride particles for enhanced thermal conductivity[J]. Composites Part A:Applied Science and Manufacturing,2009,40(6):830-836.

[30] ARABY S, MENG Q, ZHANG L, et al. Electrically and thermally conductive elastomer/graphene nanocomposites by solution mixing[J]. Polymer,2014,55(1):201-210.

[31] WANG M, HE J, YU J, et al. Lattice boltzmann modeling of the effective thermal conductivity for fibrous materials[J]. International Journal of Thermal Sciences,2007,46(9):848-855.

[32] KING J A, PISANI W A, KLIMEK D R, et al. Shielding effectiveness of carbon-filled polycarbonate composites[J]. Journal of Applied Polymer Science,2015,132(43):1-8.

[33] MAITI S, SHRIVASTAVA N K, SUIN S, et al. Polystyrene/mwcnt/graphite nanoplate nanocomposites: Efficient electromagnetic interference shielding material through graphite nanoplate-mwcnt-graphite

[34] ROSENZWEIG S, SORIAL G A, SAHIE-DEMESSIE E, et al. Optimizing the physical-chemical properties of carbon nanotubes(cnt) and graphene nanoplatelets(gnp) on cu(ii) adsorption[J]. Journal of Hazardous materials,2014,279(12):410-417.

[35] DEBELAK B, LAFDI K. Use of exfoliated graphite filler to enhance polymer physical properties[J]. Carbon,2007,45(9):1727-1734.

[36] DONG K, LIU K, ZHANG Q, et al. Experimental and numerical analyses on the thermal conductive behaviors of carbon fiber/epoxy plain woven composites[J]. International Journal of Heat and Mass Transfer,2016,102(5):501-517.

[37] ROUSSEL F, CHEN Y R, KURIAKOSE M, et al. Electrical and thermal transport properties of polyaniline/silver composites and their use as thermoelectric materials[J]. Synthetic Metals,2015,199(3):196-204.

[38] HANSSON J, NILSSON T M J, YE L, et al. Novel nanostructured thermal interface materials: A review [J]. International Materials Reviews,2017,63(1):22-45.

[39] KASHFIPOUR M A, MEHRA N, ZHU J. A review on the role of interface in mechanical, thermal, and electrical properties of polymer composites[J]. Advanced Composites and Hybrid Materials,2018,1(3):415-439.

[40] SUI G, JANA S, ZHONG W H, et al. Dielectric properties and conductivity of carbon nanofiber/semicrystalline polymer composites[J]. Acta Materialia,2008,56(10):2381-2388.

[41] LI B, LI R, XIE Y. Properties and effect of preparation method of thermally conductive polypropylene/aluminum oxide composite[J]. Journal of Materials Science,2016,52(5):2524-2533.

[42] YU S, LEE J W, HAN T H, et al. Copper shell networks in polymer composites for efficient thermal conduction[J]. ACS Applied Materials & Interfaces,2013,5(22):11618-11622.

[43] JIA Y C, HE H, YU P, et al. Synergistically improved thermal conductivity of polyamide-6 with low melting temperature metal and graphite[J]. Express Polymer Letters,2016,10(8):679-692.

[44] RAMEZANI K A, KAZEMI Y, RODRIGUE D. Effect of conductive particles on the mechanical, electrical, and thermal properties of maleated polyethylene[J]. Polymers for Advanced Technologies,2015,26(4):362-368.

[45] FLORIAN B, ANDREAS F T, SABINE B. Poly(meth)acrylate-PVDF core-shell particles from emulsion polymerization: preferential formation of the PVDF β crystal phase[J] Polymer Chemistry,2018,9(5):5359-5408.

[46] ZHOU Y C, LIU F. High-performance polyimide nanocomposites with core-shell AgNWs@BN for electronic packagings[J]. Applied Physics Letters,2016,25(109):82901-82909.

[47] WU H, CHIANG S, HAN W, et al. Surface iodination: A simple and efficient protocol to improve the isotropically thermal conductivity of silver-epoxy pastes[J]. Composites Science and Technology,2014,99(11):109-116.

[48] ZHANG L, QU X, DUAN B, et al. Microstructure and thermo-mechanical properties of pressureless infiltrated SiCp/Cu composites[J]. Composites Science and Technology,2008,68(13):2731-2738.

[49] AHN K, KIM K, KIM J. Thermal conductivity and electric properties of epoxy composites filled with TiO_2-coated copper nanowire[J]. Polymer,2015,76(3):313-320.

[50] BARTLETT M D, KAZEM N, POWELL M J, et al. High thermal conductivity in soft elastomers with elongated liquid metal inclusions[J]. Proc Natl Acad Sci U S A, 2017, 114(9): 2143-2148.

[51] GASKA K, KMITA G, RYBAK A, et al. Magnetic-aligned, magnetite-filled epoxy composites with enhanced thermal conductivity[J]. Journal of Materials Science, 2015, 50(6): 2510-2516.

[52] SU J, LIU X, CHARMCHI M, et al. Experimental and numerical study of anisotropic thermal conductivity of magnetically aligned PDMS/Ni particle composites[J]. International Journal of Heat and Mass Transfer, 2016, 97(13): 645-652.

[53] WANG Z, ZHOU W, SUI X, et al. Enhanced dielectric properties and thermal conductivity of Al/CNTs/PVDF ternary composites[J]. Journal of Reinforced Plastics and Composites, 2015, 34(14): 1126-1135.

[54] CHEE W, FUOKA D, TANOUE S, et al. Thermal and mechanical properties of polypropylene/boron nitride composites[J]. Energy Procedia, 2013, 34(2): 808-817.

[55] CHEN C, TANG Y, YE Y S, et al. High-performance epoxy/silica coated silver nanowire composites as underfill material for electronic packaging[J]. Composites Science and Technology, 2014, 105(11): 80-85.

[56] CHIU H T, SUKA T, KUO M T, et al. Surface modification of aluminum nitride by polysilazane and its polymer-derived amorphous silicon oxycarbide ceramic for the enhancement of thermal conductivity in silicone rubber composite[J]. Applied Surface Science, 2014, 292(5): 928-936.

[57] DANG T M, KIM C Y, ZHANG Y, et al. Enhanced thermal conductivity of polymer composites via hybrid fillers of anisotropic aluminum nitride whiskers and isotropic spheres[J]. Composites Part B: Engineering, 2017, 114(9): 237-246.

[58] JIANG Y, Li M, CHEN C, et al. Effect of elastic modulus mismatch of epoxy/titanium dioxide coated silver nanowire composites on the performance of thermal conductivity[J]. Composites Science and Technology, 2018, 165(4): 206-213.

[59] KIM K, KIM J. Fabrication of thermally conductive composite with surface modified boron nitride by epoxy wetting method[J]. Ceramics International, 2014, 40(4): 5181-5189.

[60] ZHOU W, YU D, MIN C, et al. Thermal, dielectric, and mechanical properties of sic particles filled linear low-density polyethylene composites[J]. Journal of Applied Polymer Science, 2009, 112(3): 1695-1703.

[61] FAN J, XU S. Aluminum oxide particles/silicon carbide whiskers' synergistic effect on thermal conductivity of high-density polyethylene composites[J]. Iranian Polymer Journal, 2018, 27(5): 339-347.

[62] GUO Z, KIM T Y, LEI K, et al. Strengthening and thermal stabilization of polyurethane nanocomposites with silicon carbide nanoparticles by a surface-initiated-polymerization approach[J]. Composites Science and Technology, 2008, 68(1): 164-170.

[63] ZHANG S, LIAN G, SI H, et al. Ultrathin bn nanosheets with zigzag edge: One-step chemical synthesis, applications in wastewater treatment and preparation of highly thermal-conductive bn-polymer composites[J]. Journal of Materials Chemistry A, 2013, 1(16): 9051-9059.

[64] KIM K, YOO M, AHN K, et al. Thermal and mechanical properties of AIN/BN-filled PVDF composite for solar cell backsheet application[J]. Ceramics International, 2015, 41(1): 179-187.

[65] CHOI S, KIM J. Thermal conductivity of epoxy composites with a binary-particle system of aluminum

oxide and aluminum nitride fillers[J]. Composites Part B:Engineering,2013,51(13):140-147.

[66] GU J,GUO Y,LV Z,et al. Highly thermally conductive POSS-g-SiCp/UHMWPE composites with excellent dielectric properties and thermal stabilities[J]. Composites Part A:Applied Science and Manufacturing,2015,78(8):95-101.

[67] MURATOV D S,KUZNETSOV D V,Il'INYKH I A,et al. Thermal conductivity of polypropylene composites filled with silane-modified hexagonal BN[J]. Composites Science and Technology,2015,111(7):40-43.

[68] HU M,FENG J,NG K M. Thermally conductive PP/AlN composites with a 3-D segregated structure[J]. Composites Science and Technology,2015,110(13):26-34.

[69] HAN J,DU G,GAO W,et al. An anisotropically high thermal conductive boron nitride/epoxy composite based on nacre-mimetic 3D network[J]. Advanced Functional Materials,2019,29(13):1900412-1900419.

[70] HE H,FU R,SHEN Y,et al. Preparation and properties of Si_3N_4/PS composites used for electronic packaging[J]. Composites Science and Technology,2007,67(11-12):2493-2499.

[71] Al-SALEH M H,SUNDARARAJ U. A review of vapor grown carbon nanofiber/polymer conductive composites[J]. Carbon,2009,47(1):2-22.

[72] PALAV T,SEETHARAMAN K. Mechanism of starch gelatinization and polymer leaching during microwave heating[J]. Carbohydrate Polymers,2006,65(3):364-370.

[73] RAHMAT M,HUBERT P. Carbon nanotube-polymer interactions in nanocomposites:A review[J]. Composites Science and Technology,2011,72(1):72-84.

[74] JOU D,CIMMELLI V A. Constitutive equations for heat conduction in nanosystems and nonequilibrium processes:An overview[J]. Communications in Applied and Industrial Mathematics,2016,7(2):196-222.

[75] ZECOVA M,TERPAK J. Heat conduction modeling by using fractional-order derivatives[J]. Applied Mathematics and Computation,2015,257(2):365-373.

[76] ZHANG K,XIAO G D,ZENG Z,et al. A novel thermally conductive transparent die attach adhesive for high performance leds[J]. Materials Letters,2019,235(3):216-219.

[77] KOO J,KLEINSTREUER C. A new thermal conductivity model for nanofluids[J]. Journal of Nanoparticle Research,2005,6(6):577-588.

[78] LING Z,CHEN J,XU T,et al. Thermal conductivity of an organic phase change material/expanded graphite composite across the phase change temperature range and a novel thermal conductivity model[J]. Energy Conversion and Management,2015,102(3):202-208.

[79] BABAEI H,KEBLINSKI P,KHODADADI J M. Thermal conductivity enhancement of paraffins by increasing the alignment of molecules through adding CNT/graphene[J]. International Journal of Heat and Mass Transfer,2013,58(1):209-216.

[80] BRAY D J,DITTANET P,GUILD F J,et al. The modelling of the toughening of epoxy polymers via silica nanoparticles:The effects of volume fraction and particle size[J]. Polymer,2013,54(26):7022-7032.

[81] CHUNG M H,WANG W H,CHEN L M,et al. Silane modification on mesoporous silica coated carbon nanotubes for improving compatibility and dispersity in epoxy matrices[J]. Composites Part A:Applied Science and Manufacturing,2015,78(3):1-9.

[82] CUI W,DU F,ZHAO J,et al. Improving thermal conductivity while retaining high electrical resistivity of epoxy composites by incorporating silica-coated multi-walled carbon nanotubes[J]. Carbon,2011,49(2):495-500.

[83] DONNAY M,TZAVALAS S,LOGAKIS E. Boron nitride filled epoxy with improved thermal conductivity and dielectric breakdown strength[J]. Composites Science and Technology,2015,110(5):152-158.

[84] TAKAFUMI K,TOHRU S,YONG H C,et al. Fabrication and Microstructure of Silicon Nitride/Boron Nitride Nanocomposites[J]. Journal American Ceramic Society,2002,85(11):2678-2706.

[85] WANG S,CHENG Y,WANG R,et al. Highly thermal conductive copper nanowire composites with ultralow loading:Toward applications as thermal interface materials[J]. ACS Applied Materials & Interfaces,2014,6(9):6481-6486.

[86] FU C,YAN C,REN L,et al. Improving thermal conductivity through welding boron nitride nanosheets onto silver nanowires via silver nanoparticles[J]. Composites Science and Technology,2019,177(11):118-126.

[87] FU S Y,FENG X Q,LAUKE B,et al. Effects of particle size,particle/matrix interface adhesion and particle loading on mechanical properties of particulate-polymer composites[J]. Composites Part B:Engineering,2008,39(6):933-961.

[88] GHAFFARI M S,NAGUIB H E. Effect of filler arrangement and networking of hexagonal boron nitride on the conductivity of new thermal management polymeric composites[J]. Composites Part B:Engineering,2016,85(10):24-30.

[89] LEUNG S N,KHAN M O,CHAN E,et al. Analytical modeling and characterization of heat transfer in thermally conductive polymer composites filled with spherical particulates[J]. Composites Part B:Engineering,2013,45(1):43-49.

[90] LEE E S,LEE S M,CANNON W R,et al. Improved dispersion of aluminum nitride particles in epoxy resin by adsorption of two-layer surfactants[J]. Colloids and Surfaces A Physicochemical and Engineering Aspects,2008,316(1):95-104.

[91] WU H,DRZAL L T. High thermally conductive graphite nanoplatelet/polyetherimide composite by precoating:Effect of percolation and particle size[J]. Polymer Composites. 2013, 34(12):2148-2155.

[92] ZHOU W,QI S,TU C,et al. Effect of the particle size of Al_2O_3 on the properties of filled heat-conductive silicone rubber[J]. Journal of Applied Polymer Science. 2007,104(2):1312-1319.

[93] WU H,DRZAL L T. High thermally conductive graphite nanoplatelet/polyetherimide composite by precoating:Effect of percolation and particle size[J]. Polymer Composites,2013,34(12):2148-2153.

[94] ZHOU W,QI S,TU C,et al. Effect of the particle size of Al_2O_3 on the properties of filled heat-conductive silicone rubber[J]. Journal of Applied Polymer Science,2007,104(2):1312-1318.

[95] LEUNG S N,KHAN M O,CHAN E,et al. Synergistic effects of hybrid fillers on the development of thermally conductive polyphenylene sulfide composites[J]. Journal of Applied Polymer Science,2013,127(5):3293-3301.

[96] LIU H Y,WANG G T,MAI Y W,et al. On fracture toughness of nano-particle modified epoxy[J]. Composites Part B:Engineering,2011,42(8):2170-2175.

[97] GUO. J,SAHA P,LIANG J,et al. Multi-walled carbon nanotubes coated by multi-layer silica for improving thermal conductivity of polymer composites[J]. Journal of Thermal Analysis and

Calorimetry,2013,113(2):467-474.

[98] SATO K,LJUIN A,HOTTA Y. Thermal conductivity enhancement of alumina/polyamide composites via interfacial modification[J]. Ceramics International,2015,41(8):10314-10318.

[99] YU S,PARK B I,PARK C,et al. RTA-treated carbon fiber/copper core/shell hybrid for thermally conductive composites[J]. Acs Applied Materials and Interfaces. 2014,6(10):7498-7506.

[100] WATTANAKUL K,MANUSPIYA H,YANUMET N. The adsorption of cationic surfactants on bn surface:Its effects on the thermal conductivity and mechanical properties of bn-epoxy composite[J]. Colloids and Surfaces A:Physicochemical and Engineering Aspects,2010,369(1):203-210.

[101] WATTANAKUL K,MANUSPIYA H,YANUMET N. Effective surface treatments for enhancing the thermal conductivity of bn-filled epoxy composite[J]. Journal of Applied Polymer Science,2011,119(6): 3234-3243.

[102] YANG K,GU M. Enhanced thermal conductivity of epoxy nanocomposites filled with hybrid filler system of triethylenetetramine-functionalized multi-walled carbon nanotube/silane-modified nanosized silicon carbide[J]. Composites Part A:Applied Science and Manufacturing,2010,41(2): 215-221.

[103] ZHANG M,GU A,LIANG G,et al. Preparation of high thermal conductive aluminum nitride/ cyanate ester nanocomposite using a new macromolecular coupling agent[J]. Polymers for Advanced Technologies,2012,23(11):1503-1510.

[104] HSIEH C Y,CHUNG S L. High thermal conductivity epoxy molding compound filled with a combustion synthesized aln powder[J]. Journal of Applied Polymer Science,2006,102(5): 4734-4740.

[105] HONG J,LEE J,CHANG K H,et al. Effect of dispersion state of carbon nanotube on the thermal conductivity of poly(dimethyl siloxane) composites[J]. Current Applied Physics. 2010,10(1): 359-367.

[106] KIM S W,CHOI H S,LEE K S. Thermal conductivity of thermally conductive composites consisting of core-shell particles with nanostructured shell layers[J]. Materials Research Bulletin,2014,60 (11):843-848.

[107] ALI F M,YUNUS W M,MOKSIN M M,et al. The effect of volume fraction concentration on the thermal conductivity and thermal diffusivity of nanofluids:Numerical and experimental[J]. Review of Scientific Instruments,2010,81(7):74901-74909.

[108] MIN S,BLUMM J,LINDEMANN A. A new laser flash system for measurement of the thermophysical properties[J]. Thermochimica Acta,2007,455(1):46-49.

[109] CHOI T Y,POULIKAKOS D,THARIAN J,et al. Measurement of thermal conductivity of individual multiwalled carbon nanotubes by the 3-ω method[J]. Applied Physics Letters,2005,87(1):881-889.

[110] BAUER M,GIGLER A M,RICHTER C,et al. Visualizing stress in silicon micro cantilevers using scanning confocal raman spectroscopy[J]. Microelectronic Engineering,2008,85(5):1443-1446.

[111] BOUNOS G,ANDRIKOPOULOS K S,KARACHALIOS T K,et al. Evaluation of multi-walled carbon nanotube concentrations in polymer nanocomposites by raman spectroscopy[J]. Carbon,2014,76(11):301-309.

[112] SNITKA V,RODRIGUEZ R D,LENDRAITIS V. Novel gold cantilever for nano-raman spectroscopy of

graphene[J]. Microelectronic Engineering,2011,88(8):2759-2762.

[113] MINTSA H A,ROY G,CONG T N,et al. New temperature dependent thermal conductivity data for water-based nanofluids[J]. International Journal of Thermal Sciences. 2009,48(2):363-369.

[114] ALI F M,YUNUS W M,MOKSIN M M,et al. The effect of volume fraction concentration on the thermal conductivity and thermal diffusivity of nanofluids:numerical and experimental[J]. Review of Scientific Instruments. 2010,81(7):36-44.

[115] PAUL G,CHOPKAR M,MANNA I,et al. Techniques for measuring the thermal conductivity of nanofluids:A review[J]. Renewable and Sustainable Energy Reviews,2010,14(7):1913-1924.

[116] WOODFIELD P L,FUKAI J,FUJII M,et al. A two-dimensional analytical solution for the transient short-hot-wire method[J]. International Journal of Thermophysics,2008,29(4):1278-1298.

[117] HAMMEL E,TANG X,TRAMPERT M,et al. Carbon nanofibers for composite applications[J]. Carbon,2004,42(5):1153-1158.

[118] LEE S,LEE M,SHANEFIELD D J,et al. Enhanced thermal conductivity of polymer matrix composite via high solids loading of aluminum nitride in epoxy resin[J]. Journal of the American Ceramic Society,2008,91(4):1169-1174.

[119] LEE G W,PARK M,KIM J,et al. Enhanced thermal conductivity of polymer composites filled with hybrid filler[J]. Composites Part A:Applied Science and Manufacturing,2006,37(5):727-734.

[120] SHENDEROVA O,TYLER T,CUNNINGHAM G,et al. Nanodiamond and onion-like carbon polymer nanocomposites[J]. Diamond and Related Materials,2007,16(4):1213-1217.

[121] COSTA V F,LOPES A G. Improved radial heat sink for led lamp cooling[J]. Applied Thermal Engineering,2014,70(1):131-138.

[122] JANG D,PARK S J,YOOK S J,et al. The orientation effect for cylindrical heat sinks with application to led light bulbs[J]. International Journal of Heat and Mass Transfer,2014,71(11):496-502.

[123] KALOGIROU S A,TRIPANA Y. Hybrid PV/T solar systems for domestic hot water and electricity production[J]. Energy Conversion and Management,2006,47(18):3368-3382.

[124] KINSEY G S,EDMONDSON K M. Spectral response and energy output of concentrator multijunction solar cells[J]. Progress in Photovoltaics:Research and Applications,2009,17(5):279-288.

[125] LEE B,LIU J Z,SUN B,et al. Thermally conductive and electrically insulating eva composite encapsulant for solar photovoltaic(PV)cell[J]. eXPRESS Polymer Letters,2008,2(5):357-363.

[126] REIM M,KORNER W,MANARA J,et al. Silica aerogel granulate material for thermal insulation and daylighting[J]. Solar Energy,2005,79(2):131-139.

[127] JENSEN K I,SCHULTZ J M,KRISTIANSEN F H. Development of windows based on highly insulating aerogel glazings[J]. Journal of Non-Crystalline Solids,2004,350(11):351-357.

[128] MINER M R,HOSTICKA B,NORRIS P M. The effects of ambient humidity on the mechanical properties and surface chemistry of hygroscopic silica aerogel[J]. Journal of Non-Crystalline Solids,2004,350(13):285-289.

[129] PARK N Y,LEE S C,CHA P R. A new method of constructing physics-based nano-crystalline atomic structures for molecular dynamics simulation[J]. Computational Materials Science,2010,49(3):634-640.

[130] YANG R,CHEN G. Thermal conductivity modeling of periodic two-dimensional nanocomposites[J].

Physical Review B,2004,69(19):555-563.

[131] YANG R,CHEN G,Dressel M S. Thermal conductivity of simple and tubular nanowire composites in the longitudinal direction[J]. Physical Review B,2005,72(12):883-889.

[132] TIAN W,YANG R. Thermal conductivity modeling of compacted nanowire composites[J]. Journal of Applied Physics,2007,101(5):983-992.

[133] TIAN W,YANG R. Effect of interface scattering on phonon thermal conductivity percolation in random nanowire composites[J]. Applied Physics Letters,2007,90(26):10691-10699.

[134] HUANG M J,WENG C C,CHANG T M. An investigation of the phonon properties of silicon nanowires[J]. International Journal of Thermal Sciences,2010,49(7):1095-1102.

[135] SELLAN D P,TURNEY J E,MCGAUGHEY A J H,et al. Cross-plane phonon transport in thin films[J]. Journal of Applied Physics,2010,108(11):101-109.

[136] MCGAUGHEY A J H,LANDRY E S,SELLAN D P,et al. Size-dependent model for thin film and nanowire thermal conductivity[J]. Applied Physics Letters,2011,99(13):553-559.

[137] AMON C H,GHAI S S,KIM W T,et al. Modeling of nanoscale transport phenomena:Application to information technology[J]. Physica A:Statistical Mechanics and its Applications,2006,362(1):36-41.

[138] LACROIX D,JOULAIN K,LEMONNIER D. Monte carlo transient phonon transport in silicon and germanium at nanoscales[J]. Physical Review B,2005,72(6):423-429.

[139] RANDRIANALISOA J,BAILLIS D. Monte carlo simulation of cross-plane thermal conductivity of nanostructured porous silicon films[J]. Journal of Applied Physics,2008,103(5):551-559.

[140] FENG B,LI Z,ZHANG X. Prediction of size effect on thermal conductivity of nanoscale metallic films[J]. Thin Solid Films,2009,517(8):2803-2807.

[141] LIU L,CHEN X. Effect of surface roughness on thermal conductivity of silicon nanowires[J]. Journal of Applied Physics,2010,107(3):11-19.

[142] BIN M S,YILBAS B S. Phonon transport in silicon-silicon and silicon-diamond thin films:Consideration of thermal boundary resistance at interface[J]. Physica B:Condensed Matter,2011,406(11):2186-2195.

[143] WANG Z,ZHAO R,CHEN Y. Monte carlo simulation of phonon transport in variable cross-section nanowires[J]. Science China Technological Sciences,2010,53(2):429-434.

[144] VOLZ S G,CHEN G. Molecular dynamics simulation of thermal conductivity of silicon nanowires[J]. Applied Physics Letters,1999,75(14):2056-2058.

[145] YANG N,ZHANG G,LI B. Violation of fourier's law and anomalous heat diffusion in silicon nanowires[J]. Nano Today,2010,5(2):85-90.

[146] TIAN Z,HU H,SUN Y. A molecular dynamics study of effective thermal conductivity in nanocomposites[J]. International Journal of Heat and Mass Transfer,2013,61(5):577-582.

[147] LI X,YANG R. Equilibrium molecular dynamics simulations for the thermal conductivity of Si/Ge nanocomposites[J]. Journal of Applied Physics,2013,113(10):15-23.

[148] HU G J,CAO B Y. Molecular dynamics simulations of heat conduction in multi-walled carbon nanotubes[J]. Molecular Simulation,2012,38(10):823-829.

[149] BERA C. Monte carlo simulation of thermal conductivity of Si nanowire:An investigation on the phonon confinement effect on the thermal transport[J]. Journal of Applied Physics,2012,112(7):

1011-1018.

[150] PERAUD J P M, HADJICON N G. An alternative approach to efficient simulation of micro/nanoscale phonon transport[J]. Applied Physics Letters, 2012, 101(15):1301-1309.

[151] HAO Q. Influence of structure disorder on the lattice thermal conductivity of polycrystals: A frequency-dependent phonon-transport study[J]. Journal of Applied Physics, 2012, 111(1):991-998.

[152] MONDAL B, MISHRA S C. Lattice boltzmann method applied to the solution of the energy equations of the transient conduction and radiation problems on non-uniform lattices[J]. International Journal of Heat and Mass Transfer, 2008, 51(1-2):68-82.

[153] CHRISTENSEN A, GRAHAM S. Multiscale lattice boltzmann modeling of phonon transport in crystalline semiconductor materials[J]. Numerical Heat Transfer, Part B: Fundamentals, 2010, 57(2):89-109.

[154] HEINO P. Lattice-boltzmann finite-difference model with optical phonons for nanoscale thermal conduction[J]. Computers & Mathematics with Applications, 2010, 59(7):2351-2359.

[155] NABOVATI A, SELLAN D P, AMON C H. On the lattice boltzmann method for phonon transport[J]. Journal of Computational Physics, 2011, 230(15):5864-5876.

[156] XU M, CHENG Q. Temperature enhancement through interaction of thermal waves for phonon transport in silicon thin films[J]. International Journal of Thermophysics, 2013, 34(2):306-321.

[157] WEI G, LIU Y, ZHANG X, et al. Radiative heat transfer study on silica aerogel and its composite insulation materials[J]. Journal of Non-Crystalline Solids, 2013, 362(5):231-236.

[158] BAETENS R, JELLE B P, GUSTAVSEN A. Aerogel insulation for building applications: A state-of-the-art review[J]. Energy and Buildings, 2011, 43(4):761-769.

[159] ZENG J S Q, GREIF R, STEVENS P, et al. Effective optical constants n and κ and extinction coefficient of silica aerogel[J]. Journal of Materials Research, 2011, 11(3):687-693.

[160] ZU G, SHEN J, WEI X, et al. Preparation and characterization of monolithic alumina aerogels[J]. Journal of Non-Crystalline Solids, 2011, 357(15):2903-2906.

[161] BAUER M L, BAUER C M, FISH M C, et al. Thin-film aerogel thermal conductivity measurements via 3ω[J]. Journal of Non-Crystalline Solids, 2011, 357(15):2960-2965.

[162] FENG J, FENG J, ZHANG C. Thermal conductivity of low density carbon aerogels[J]. Journal of Porous Materials, 2011, 19(5):551-556.

[163] ZHAO J J, DUAN Y Y, WANG X D, et al. Effects of solid-gas coupling and pore and particle microstructures on the effective gaseous thermal conductivity in aerogels[J]. Journal of Nanoparticle Research, 2012, 14(8):101-108.

[164] WEI G S, LIU Y, DU X, et al. Gaseous conductivity study on silica aerogel and its composite insulation materials[J]. Journal of Heat Transfer, 2012, 134(4):111-121.

[165] BI C, TANG G H, TAO W Q. Prediction of the gaseous thermal conductivity in aerogels with non-uniform pore-size distribution[J]. Journal of Non-Crystalline Solids, 2012, 358(23):3124-3128.

[166] KIM C, LEE J, KIM B. Synthesis and pore analysis of aerogel-glass fiber composites by ambient drying method[J]. Colloids and Surfaces A: Physicochemical and Engineering Aspects, 2008, 313-314(3):179-182.

[167] ZHANG H, QIAO Y, ZHANG X, et al. Structural and thermal study of highly porous nanocomposite

SiO$_2$-based aerogels[J]. Journal of Non-Crystalline Solids,2010,356(18-19):879-883.

[168] LEE J S,LEE E J,HWANG H J. Synthesis of Fe$_3$O$_4$-coated silica aerogel nanocomposites[J]. Transactions of Nonferrous Metals Society of China,2012,22(4):702-706.

[169] FENG J, ZHANG C, FENG J. Carbon fiber reinforced carbon aerogel composites for thermal insulation prepared by soft reinforcement[J]. Materials Letters,2012,67(1):266-268.

[170] LI S Y,CHU H S,YAN W M. Numerical study of phonon radiative transfer in porous nanostructures[J]. International Journal of Heat and Mass Transfer,2008,51(15-16):3924-3931.

[171] LU G, WANG X, DUAN Y, et al. Effects of non-ideal structures and high temperatures on the insulation properties of aerogel-based composite materials[J]. Journal of Non-Crystalline Solids, 2011,357(22-23):3822-3829.

[172] XIE T, HE Y, HU Z. Theoretical study on thermal conductivities of silica aerogel composite insulating material[J]. International Journal of Heat and Mass Transfer,2013,58(1-2):540-552.

[173] BOLOT R,ANTOU G,MONTAVON G,et al. A two-dimensional heat transfer model for thermal barrier coating average thermal conductivity computation[J]. Numerical Heat Transfer, Part A: Applications,2005,47(9):875-898.

[174] EDUARDO D A. Characterization of space dependent thermal conductivity with a bem-based genetic algorithm[J]. Numerical Heat Transfer,Part A:Applications,2010,37(8):845-875.

[175] WANG J, CARSON J K, NORTH M F, et al. A new approach to modelling the effective thermal conductivity of heterogeneous materials[J]. International Journal of Heat and Mass Transfer,2006, 49(17-18):3075-3083.

[176] WANG J,CARSON J K,NORTH M F,et al. A new structural model of effective thermal conductivity for heterogeneous materials with co-continuous phases[J]. International Journal of Heat and Mass Transfer, 2008,51(9-10):2389-2397.

[177] AZEEM S, ZAIN M. Investigation of thermal conductivity enhancement in bakelite-graphite particulate filled polymeric composite[J]. International Journal of Engineering Science,2012,52(5):30-40.

[178] FRICKE H. The electric conductivity and capacity of disperse systems[J]. Physics, 1931, 1(2): 106-115.

[179] WANG M, PAN N. Predictions of effective physical properties of complex multiphase materials[J]. Materials Science and Engineering:R:Reports,2008,63(1):1-30.

[180] NAN C,BIRRINGER R,CLARKE D R,et al. Effective thermal conductivity of particulate composites with interfacial thermal resistance[J]. Journal of Applied Physics,1997,81(10):6692-6699.

[181] NAN C W, SHI Z, LIN Y. A simple model for thermal conductivity of carbon nanotube-based composites[J]. Chemical Physics Letters,2003,375(6):666-669.

[182] CARSON J K,LOVATT S J,TANNER D J,et al. Thermal conductivity bounds for isotropic,porous materials[J]. International Journal of Heat and Mass Transfer,2005,48(11):2150-2158.

[183] WANG J F,CARSON J K,WILLIX J,et al. Application of a co-continuous composite model of effective thermal conductivity to ice-air systems[J]. International Journal of Refrigeration,2009,32(3):556-561.

[184] ALMERAS X,LE B M,HORNSBY P,et al. Effect of fillers on the fire retardancy of intumescent polypropylene compounds[J]. Polymer Degradation and Stability,2003,82(2):325-331.

[185] ALMERAS X,LE,POUTCH F,et al. Effect of fillers on fire retardancy of intumescent polypropylene

blends[J]. Macromolecular Symposia,2003,198(1):435-448.

[186] COSTACHE M C,HEIDECKER M J,MANIAS E,et al. The influence of carbon nanotubes,organically modified montmorillonites and layered double hydroxides on the thermal degradation and fire retardancy of polyethylene,ethylene-vinyl acetate copolymer and polystyrene[J]. Polymer,2007,48(22):6532-6545.

[187] CIPIRIANO B H,KASHIWAGI T,RAGHAVAN S R,et al. Effects of aspect ratio of mwnt on the flammability properties of polymer nanocomposites[J]. Polymer,2007,48(20):6086-6096.

[188] KOO J H,WOOTAN W,CHOW W K,et al. Flammability studies of fire retardant coatings on wood [M]. Fire and polymers. 2001.

[189] SAVAS L A,DOGAN M. Flame retardant effect of zinc borate in polyamide 6 containing aluminum hypophosphite[J]. Polymer Degradation and Stability,2019,165(3):101-109.

[190] TANG Y, HU Y, WANG S, et al. Intumescent flame retardant-montmorillonite synergism in polypropylene-layered silicate nanocomposites[J]. Polymer International,2003,52(8):1396-1400.

[191] HU Y, TANG Y, SONG L. Poly(propylene)/clay nanocomposites and their application in flame retardancy[J]. Polymers for Advanced Technologies,2006,17(4):235-245.

[192] WANG S. Preparation and characterization of flame retardant abs/montmorillonite nanocomposite [J]. Applied Clay Science,2004,25(1-2):49-55.

[193] WANG X,LIN J,WANG X,et al. A novel modification on melt intercalation via exothermal mmt [J]. Journal of Applied Polymer Science,2004,93(5):2230-2236.

[194] WANG Z,DU X,YU H,et al. Mechanism on flame retardancy of polystyrene/clay composites:the effect of surfactants and aggregate state of organoclay[J]. Polymer,2009,50(24):5794-5802.

[195] CHEN X,YU Z,LIU W,et al. Synergistic effect of decabromodiphenyl ethane and montmorillonite on flame retardancy of polypropylene[J]. Polymer Degradation and Stability, 2009, 94 (9): 1520-1525.

[196] LU H,HU Y,KONG Q,et al. Influence of gamma irradiation on high density polyethylene/ethylenevinyl acetate/clay nanocomposites[J]. Polymers for Advanced Technologies,2004,15(10):601-605.

[197] LU H,HU Y,XIAO J,et al. The influence of irradiation on morphology evolution and flammability properties of maleated polyethylene/clay nanocomposite[J]. Materials Letters,2005,59(6):648-651.

[198] LU H,HU Y,KONG Q,et al. Gamma irradiation of high density poly(ethylene)/ethylene-vinyl acetate/ clay nanocomposites:Possible mechanism of the influence of clay on irradiated nanocomposites[J]. Polymers for Advanced Technologies,2005,16(9):688-692.

[199] SONG L,HU Y,WANG S,et al. Study on the solvothermal preparation of polyethylene/organophilic montmorillonite nanocomposites[J]. Journal of Materials Chemistry,2002,12(10):3152-3155.

[200] WANG Q,CHEN Y,LIU Y,et al. Performance of an intumescent-flame-retardant master batch synthesized by twin-screw reactive extrusion:Effect of the polypropylene carrier resin[J]. Polymer International,2004,53(4):439-448.

[201] GAO F,TONG L,FANG Z. Effect of a novel phosphorous-nitrogen containing intumescent flame retardant on the fire retardancy and the thermal behaviour of poly(butylene terephthalate)[J]. Polymer Degradation and Stability,2006,91(6):1295-1299.

[202] LI Q,JIANG P,WEI P. Studies on the properties of polypropylene with a new silicon-containing intumescent flame retardant[J]. Journal of Polymer Science Part B:Polymer Physics,2005,43(18):

2548-2556.

[203] SONG P,FANG Z,TONG L,et al. Synthesis of a novel oligomeric intumescent flame retardant and its application in polypropylene[J]. Polymer Engineering & Science,2009,49(7):1326-1331.

[204] WANG X,LI Y,LIAO W,et al. A new intumescent flame-retardant:Preparation,surface modification,and its application in polypropylene[J]. Polymers for Advanced Technologies,2008,19(8):1055-1061.

[205] ZHAN J,SONG L,NIE S,et al. Combustion properties and thermal degradation behavior of polylactide with an effective intumescent flame retardant[J]. Polymer Degradation and Stability,2009,94(3):291-296.

[206] ZHANG Q,XING H,SUN C,et al. The mechanical properties and thermal performances of polypropylene with a novel intumescent flame retardant[J]. Journal of Applied Polymer Science,2010,115(4):2170-2177.

[207] LIU Y,WANG D,WANG J,et al. A novel intumescent flame-retardant ldpe system and its thermooxidative degradation and flame-retardant mechanisms[J]. Polymers for Advanced Technologies,2008,19(4):105-109.

[208] LI B,XU M. Effect of a novel charring-foaming agent on flame retardancy and thermal degradation of intumescent flame retardant polypropylene[J]. Polymer Degradation and Stability,2006,91(6):1380-1386.

[209] TANG Y,HU Y,ZHANG R,et al. Investigation on polypropylene and polyamide-6 alloys/montmorillonite nanocomposites[J]. Polymer,2004,45(15):5317-5326.

[210] TANG Y,HU Y,ZHANG R,et al. Investigation into poly(propylene)/montmorillonite/calcium carbonate nanocomposites[J]. Macromolecular Materials and Engineering,2004,289(2):191-197.

[211] WANG S,HU Y,ZHONGKAI Q,et al. Preparation and flammability properties of polyethylene/clay nanocomposites by melt intercalation method from Na+montmorillonite[J]. Materials Letters,2003,57(18):2675-2678.

[212] TANG Y,HU Y,LI B,et al. Polypropylene/montmorillonite nanocomposites and intumescent,flameretardant montmorillonite synergism in polypropylene nanocomposites[J]. Journal of Polymer Science Part A:Polymer Chemistry,2004,42(23):6163-6173.

[213] HE S,HU Y,SONG L,et al. Fire safety assessment of halogen-free flame retardant polypropylene based on cone calorimeter[J]. Journal of Fire Sciences,2016,25(2):109-118.

[214] MA H,TONG L,XU Z,et al. Intumescent flame retardant-montmorillonite synergism in ABS nanocomposites[J]. Applied Clay Science,2008,42(1-2):238-245.

[215] LIU Y,LI J,WANG Q. Preparation of high loading magnesium hydroxide flame retardant polypropylene by solid state shear milling[J]. Journal of Composite Materials,2016,41(16):1995-2003.

[216] XU H,DENG X. Preparation and properties of superfine mg(oh)2 flame retardant[J]. Transactions of Nonferrous Metals Society of China,2006,16(2):488-492.

[217] HUANG H,TIAN M,LIU L,et al. Effect of particle size on flame retardancy of Mg(OH)2-filled ethylene vinyl acetate copolymer composites[J]. Journal of Applied Polymer Science,2006,100(6):4461-4469.

[218] LV J,QIU L,QU B. Controlled synthesis of magnesium hydroxide nanoparticles with different morphological structures and related properties in flame retardant ethylene-vinyl acetate blends[J].

Nanotechnology,2004,15(11):1576-1581.

[219] LV J,LIU W. Flame retardancy and mechanical properties of eva nanocomposites based on magnesium hydroxide nanoparticles/microcapsulated red phosphorus[J]. Journal of Applied Polymer Science,2007,105(2):333-340.

[220] FU M,QU B. Synergistic flame retardant mechanism of fumed silica in ethylene-vinyl acetate/magnesium hydroxide blends[J]. Polymer Degradation and Stability,2004,85(1):633-639.

[221] GUI H,ZHANG X,DONG W,et al. Flame retardant synergism of rubber and mg(oh)2 in eva composites[J]. Polymer,2007,48(9):2537-2541.

[222] GUI H,ZHANG X,DONG W,et al. Effect of rubbers on the flame retardancy of EVA/ultrafine fully vulcanized powdered rubber/nanomagnesium hydroxide ternary composites [J]. Polymer Composites,2007,28(4):479-483.

[223] JIAO C M,WANG Z Z,YE Z,et al. Flame retardation of ethylene-vinyl acetate copolymer using nano magnesium hydroxide and nano hydrotalcite[J]. Journal of Fire Sciences,2016,24(1):47-64.

[224] BEYER G. Flame retardancy of nanocomposites based on organoclays and carbon nanotubes with aluminium trihydrate[J]. Polymers for Advanced Technologies,2006,17(4):218-225.

[225] LU H,HU Y,XIAO J,et al. Magnesium hydroxide sulfate hydrate whisker flame retardant polyethylene/montmorillonite nanocomposites [J]. Journal of Materials Science,2006,41(2):363-367.

[226] KONG Q,HU Y,LU H,et al. Synthesis and properties of polystyrene/fe-montmorillonite nanocomposites using synthetic fe-montmorillonite by bulk polymerization[J]. Journal of Materials Science,2005,40(17):4505-4509.

[227] KONG Q,HU Y,YANG L,et al. Synthesis and properties of poly(methyl methacrylate)/clay nanocomposites using natural montmorillonite and synthetic fe-montmorillonite by emulsion polymerization[J]. Polymer Composites,2006,27(1):49-54.

[228] KONG Q,HU Y,SONG L,et al. Influence of fe-mmt on crosslinking and thermal degradation in silicone rubber/clay nanocomposites[J]. Polymers for Advanced Technologies,2006,17(6):463-467.

[229] KONG Q,HU Y,SONG L,et al. Synergistic flammability and thermal stability of polypropylene/aluminum trihydroxide/Fe-montmorillonite nanocomposites[J]. Polymers for Advanced Technologies,2009,20(4):404-409.

[230] ORIAKHI C O,FARR I V,Lerner M M. Incorporation of poly(acrylic acid),poly(vinylsulfonate) and poly(styrenesulfonate) within layered double hydroxides[J]. Journal of Materials Chemistry,1996,6(1):8081-8088.

[231] DU L,QU B. Effects of synthesis conditions on crystal morphological structures and thermal degradation behavior of hydrotalcites and flame retardant and mechanical properties of eva/hydrotalcite blends[J]. Polymer Composites,2007,28(2):131-138.

[232] DU L,QU B,XU Z. Flammability characteristics and synergistic effect of hydrotalcite with microencapsulated red phosphorus in halogen-free flame retardant eva composite[J]. Polymer Degradation and Stability,2006,91(5):995-1001.

[233] NYAMBO C,KANDARE E,WANG D,et al. Flame-retarded polystyrene: Investigating chemical interactions between ammonium polyphosphate and mgal layered double hydroxide[J]. Polymer Degradation

and Stability,2008,93(9):1656-1663.

[234] NYAMBO C,WANG D,WILKIE C A. Will layered double hydroxides give nanocomposites with polar or non-polar polymers? [J]. Polymers for Advanced Technologies,2009,20(3):332-340.

[235] MANZI C,WANG D,HOSSEN J M,et al. Aluminum-containing layered double hydroxides: The thermal,mechanical, and fire properties of (nano) composites of poly (methyl methacrylate) [J]. Journal of Materials Chemistry,2008,18(26):7087-7091.

[236] CARROLL1 C. Costochondral autograft as a salvage procedure after failed trapeziectomy in trapeziometacarpal osteoarthritis[J]. Yearbook of Hand and Upper Limb Surgery,2008,2008(3): 194-195.

[237] DU L,QU B,ZHANG M. Thermal properties and combustion characterization of nylon 6/mgal-ldh nanocomposites via organic modification and melt intercalation[J]. Polymer Degradation and Stability, 2007,92(3):497-502.

[238] CHEN W,FEN L,QU B. In situ synthesis of poly (methyl methacrylate)/mgal layered double hydroxide nanocomposite with high transparency and enhanced thermal properties[J]. Solid State Communications,2004,130(3):259-263.

[239] LI B,HU Y,LIU J,et al. Preparation of poly (methyl methacrylate)/ldh nanocomposite by exfoliation-adsorption process[J]. Colloid & Polymer Science,2003,281(10):998-1001.

[240] LI B,HU Y,ZHANG R,et al. Preparation of the poly(vinyl alcohol)/layered double hydroxide nanocomposite[J]. Materials Research Bulletin,2003,38(11):1567-1572.

[241] DU L,QU B. Structural characterization and thermal oxidation properties of LLDPE/MGAL-LDH nanocomposites[J]. Journal of Materials Chemistry,2006,16(16):101-108.

[242] YE L,DING P,ZHANG M,et al. Synergistic effects of exfoliated ldh with some halogen-free flame retardants in Ldpe/Eva/Hfmh/Ldh nanocomposites[J]. Journal of Applied Polymer Science,2008, 107(6):3694-3701.

[243] ZHANG G,DING P,ZHANG M,et al. Synergistic effects of layered double hydroxide with hyperfine magnesium hydroxide in halogen-free flame retardant eva/hfmh/ldh nanocomposites[J]. Polymer Degradation and Stability,2007,92(9):1715-1720.

[244] WANG D Y,DAS A,COSTA F R,et al. Synthesis of organo cobalt-aluminum layered double hydroxide via a novel single-step self-assembling method and its use as flame retardant nanofiller in pp[J]. Langmuir,2010,26(17):14162-14169.

[245] LI Y,KUAN C,HSU S,et al. Preparation, thermal stability and flame-retardant properties of halogen-free polypropylene composites[J]. High Performance Polymers,2012,24(6):478-487.

[246] JIAO C,CHEN X. Synergistic effects of zinc oxide with layered double hydroxides in EVA/LDH composites[J]. Journal of Thermal Analysis and Calorimetry,2009,98(3):813-818.

[247] DU B,GUO Z,FANG Z. Effects of organo-clay and sodium dodecyl sulfonate intercalated layered double hydroxide on thermal and flame behaviour of intumescent flame retarded polypropylene[J]. Polymer Degradation and Stability,2009,94(11):1979-1985.

[248] NOISONG P,DANVIRUTAI C,SRITHANRATANA T,et al. Synthesis,characterization and nonisothermal decomposition kinetics of manganese hypophosphite monohydrate[J]. Solid State Sciences,2008,10(11):1598-1604.

[249] WANG J,HU Y,TANG Y,et al. Preparation of nanocomposite of polyaniline and gamma-zirconium phosphate(γ-zrp) by power ultrasonic irradiation[J]. Materials Research Bulletin,2003,38(8): 1301-1308.

[250] SUN L,BOO W J,SUE H J,et al. Preparation of α-zirconium phosphate nanoplatelets with wide variations in aspect ratios[J]. New Journal of Chemistry,2007,31(1):39-43.

[251] CASCIOLA M,ALBERTI G,DONNADIO A,et al. Gels of zirconium phosphate in organic solvents and their use for the preparation of polymeric nanocomposites[J]. Journal of Materials Chemistry, 2005,15(39):554-559.

[252] BOO W,SUN L,LIU J,et al. Morphology and mechanical behavior of exfoliated epoxy/α-zirconium phosphate nanocomposites[J]. Composites Science and Technology,2007,67(2):262-269.

[253] CASCIOLA M,CAPITANI D,DONNADIO A,et al. Organically modified zirconium phosphate by reaction with 1,2-epoxydodecane as host material for polymer intercalation: Synthesis and physicochemical characterization[J]. Inorganic Chemistry,2010,49(7):3329-3336.

[254] ZHANG R,HU Y,LI B,et al. Studies on the preparation and structure of polyacrylamide/α-zirconium phosphate nanocomposites[J]. Journal of Materials Science,2007,42(14):5641-5646.

[255] WANG D,LIU X,WANG J,et al. Preparation and characterisation of a novel fire retardant pet/α-zirconium phosphate nanocomposite[J]. Polymer Degradation and Stability,2009,94(4):544-549.

[256] TAI Q,KAN Y,CHEN L,et al. Morphologies and thermal properties of flame-retardant polystyrene/α-zirconium phosphate nanocomposites[J]. Reactive and Functional Polymers,2010,70(6):340-345.

[257] YANG D,HU Y,SONG L,et al. Catalyzing carbonization function of α-zrp based intumescent fire retardant polypropylene nanocomposites[J]. Polymer Degradation and Stability,2008,93(11): 2014-2018.

[258] DASARI A,YU Z,MAI Y,et al. Roles of graphite oxide,clay and poss during the combustion of polyamide 6[J]. Polymer,2009,50(6):1577-1587.

[259] DING R,HU Y,GUI Z,et al. Preparation and characterization of polystyrene/graphite oxide nanocomposite by emulsion polymerization[J]. Polymer Degradation and Stability,2003,81(3):473-476.

[260] ZHANG R,HU Y,XU J,et al. Flammability and thermal stability studies of styrene-butyl acrylate copolymer/graphite oxide nanocomposite[J]. Polymer Degradation and Stability,2004,85(1): 583-588.

[261] ZHANG R,HU Y,XU J,et al. Preparation and combustion properties of flame retardant styrene-butyl acrylate copolymer/graphite oxide nanocomposites[J]. Macromolecular Materials and Engineering,2004, 289(4):355-359.

[262] KASHIWAGI T,GRULKE E,HILDING J,et al. Thermal and flammability properties of polypropylene/carbon nanotube nanocomposites[J]. Polymer,2004,45(12):4227-4239.

[263] MA H,TONG L,XU Z,et al. Synergistic effect of carbon nanotube and clay for improving the flame retardancy of abs resin[J]. Nanotechnology,2007,18(37):3061-3067.

[264] MA H,TONG L,XU Z,et al. Functionalizing carbon nanotubes by grafting on intumescent flame retardant:Nanocomposite synthesis,morphology,rheology,and flammability[J]. Advanced Functional Materials,2008,18(3):414-421.

[265] CHEN Y,WANG Q,YAN W,et al. Preparation of flame retardant polyamide 6 composite with melamine cyanurate nanoparticles in situ formed in extrusion process[J]. Polymer Degradation and Stability,2006,91(11):2632-2643.

[266] WANG X,SONG Y,BAO J. Synergistic effects of nano-mn0.4zn0.6fe2o4on intumescent flame-retarded polypropylene[J]. Journal of Vinyl and Additive Technology,2008,14(3):120-125.

[267] SONG P,ZHU Y,TONG L,et al. C(60)reduces the flammability of polypropylene nanocomposites by in situ forming a gelled-ball network[J]. Nanotechnology,2008,19(22):225707-225711.

[268] FANG Z,SONG P,TONG L,et al. Thermal degradation and flame retardancy of polypropylene/C60 nanocomposites[J]. Thermochimica Acta,2008,473(1-2):106-108.

[269] SONG P A,LIU H,SHEN Y,et al. Fabrication of dendrimer-like fullerene(c60)-decorated oligomeric intumescent flame retardant for reducing the thermal oxidation and flammability of polypropylene nanocomposites[J]. Journal of Materials Chemistry,2009,19(9):1081-1087.

[270] WANG Q,LI J,WINANDY J. Chemical mechanism of fire retardance of boric acid on wood[J]. Wood Science and Technology,2004,38(5):9901-9907.

[271] WANG Z,HAN E,KE W. Effect of acrylic polymer and nanocomposite with nano-sio2 on thermal degradation and fire resistance of APP-DPER-MEL coating[J]. Polymer Degradation and Stability,2006,91(9):1937-1947.

[272] WANG Z,HAN E,KE W. Effect of nanoparticles on the improvement in fire-resistant and anti-ageing properties of flame-retardant coating[J]. Surface and Coatings Technology,2006,200(20-21):5706-5716.

[273] WANG Z,HAN E,KE W. Influence of nano-LDHs on char formation and fire-resistant properties of flame-retardant coating[J]. Progress in Organic Coatings,2005,53(1):29-37.

[274] WANG Z,HAN E,KE W. Fire-resistant effect of nanoclay on intumescent nanocomposite coatings[J]. Journal of Applied Polymer Science,2007,103(3):1681-1689.

[275] LI G,YANG J,HE T,et al. An investigation of the thermal degradation of the intumescent coating containing MoO_3 and Fe_2O_3[J]. Surface and Coatings Technology,2008,202(13):3121-3128.

[276] WANG Z,HAN E,KE W. Influence of expandable graphite on fire resistance and water resistance of flame-retardant coatings[J]. Corrosion Science,2007,49(5):2237-2253.

[277] LI G,LIANG G,HE T,et al. Effects of EG and $MoSi_2$ on thermal degradation of intumescent coating[J]. Polymer Degradation and Stability,2007,92(4):569-579.

[278] ZHU S,SHI W. Synthesis and photopolymerization of hyperbranched polyurethane acrylates applied to UV curable flame retardant coatings[J]. Polymer International,2002,51(3):223-227.

[279] DING J,LIANG H,SHI W,et al. Photopolymerization and properties of uv-curable flame-retardant resins with hexaacrylated cyclophosphazene compared with its cured powder[J]. Journal of Applied Polymer Science,2005,97(5):1776-1782.

[280] LIANG H,SHI W. Thermal behaviour and degradation mechanism of phosphate di/triacrylate used for UV curable flame-retardant coatings[J]. Polymer Degradation and Stability,2004,84(3):525-532.

[281] LIANG H,HUANG Z,SHI W. Different effects of tri(acryloyloxyethyl)phosphate on the thermal degradation of photopolymerized epoxy acrylate and polyurethane acrylate films[J]. Journal of

Applied Polymer Science,2006,99(6):3130-3137.

[282] LIANG H,SHI W,GONG M. Expansion behaviour and thermal degradation of tri(acryloyloxyethyl) phosphate/methacrylated phenolic melamine intumescent flame retardant system[J]. Polymer Degradation and Stability,2005,90(1):1-8.

[283] XING W,HU Y,SONG L,et al. Thermal degradation and combustion of a novel uv curable coating containing phosphorus[J]. Polymer Degradation and Stability,2009,94(7):1176-1182.

[284] CHEN X,HU Y,SONG L. Thermal behaviors of a novel uv cured flame retardant coatings containing phosphorus,nitrogen and silicon[J]. Polymer Engineering & Science,2008,48(1):116-123.

[285] CHENG X,LIU S,SHI W. Synthesis and properties of silsesquioxane-based hybrid urethane acrylate applied to UV-curable flame-retardant coatings[J]. Progress in Organic Coatings,2009,65(1):1-9.

[286] WANG H,XU S,SHI W. Photopolymerization behaviors of hyperbranched polyphosphonate acrylate and properties of the uv cured film[J]. Progress in Organic Coatings,2009,65(4):417-424.

[287] HUANG Z,SHI W. Synthesis and properties of a novel hyperbranched polyphosphate acrylate applied to UV curable flame retardant coatings[J]. European Polymer Journal,2007,43(4):1302-1312.

[288] WANG H,LIU J,XU S,et al. Preparation and film properties of tri(3,4-epoxycyclohexylmethyl) phosphate based cationically UV curing coatings[J]. Progress in Organic Coatings,2009,65(2):263-268.

[289] WANG Q,SHI W. Synthesis and thermal decomposition of a novel hyperbranched polyphosphate ester used for flame retardant systems[J]. Polymer Degradation and Stability,2006,91(6):1289-1294.

[290] ZHU S,SHI W. Synthesis, characterization and flame retardancy of methacrylated phosphate/ diphosphate[J]. Polymer International,2004,53(3):266-271.

[291] ZHU S,SHI W. Combustion behaviour and thermal properties of uv cured methacrylated phosphate/ epoxy acrylate blends[J]. Polymer Degradation and Stability,2003,81(2):233-237.

[292] HUANG Z,SHI W. Synthesis and properties of poly(bisphenol a acryloxyethyl phosphate)as a UV curable flame retardant oligomer[J]. European Polymer Journal,2006,42(7):1506-1515.

[293] HUANG Z,SHI W. Thermal behavior and degradation mechanism of poly(bisphenyl acryloxyethyl phosphate)as a UV curable flame-retardant oligomer[J]. Polymer Degradation and Stability,2006,91(8):1674-1684.

[294] LIANG H,ASIF A,SHI W. Thermal degradation and flame retardancy of a novel methacrylated phenolic melamine used for UV curable flame retardant coatings[J]. Polymer Degradation and Stability,2005,87(3):495-501.

[295] LIU Y,WANG X,QI K,et al. Functionalization of cotton with carbon nanotubes[J]. Journal of Materials Chemistry,2008,18(29):9907-9914.

[296] CAI Y,WU N,WEI Q,et al. Structure,surface morphology,thermal and flammability characterizations of polyamide6/organic-modified fe-montmorillonite nanocomposite fibers functionalized by sputter coating of silicon[J]. Surface and Coatings Technology,2008,203(3-4):264-270.

[297] LEWIN M. Synergistic and catalytic effects in flame retardancy of polymeric materials-an overview [J]. Journal of Fire Sciences,2016,17(1):3-19.

第 4 章 光功能纳米复合材料

4.1 光热转换纳米复合材料

化石燃料枯竭、全球变暖以及国际冲突的潜在风险,使全世界范围内能源危机问题日益严重,急需开发可再生和可持续能源技术和发展战略,以减少人们对当前全球经济主要推动力的传统化石燃料的依赖。现阶段,常见的替代能源包括清洁煤炭、核能以及可再生能源(如生物质、生物燃料,水力发电,地热能,海水,潮汐,波浪,风能和太阳能等)。其中,太阳能是含量最丰富、最清洁的自然能源之一,太阳 1 h 内输送到地球的能量可满足当前人类一年的总能源需求,可以认为是最为丰富的、取之不尽的自然资源。因此,开发丰富的太阳能是实现全球能源可持续发展的有效战略。由于太阳能具有间歇性、地域分布广,因此能量的捕获、转换和存储在很大程度上决定了太阳能利用的效率。当前,太阳能的应用已经涵盖了太阳能发电、光催化和光伏电池等多领域。例如,光伏发电可以直接将太阳光转化为电能,而不需要任何驱动发电机。近年来,光伏太阳能电池得到了飞速发展,其设计结构简单,安装灵活,避免了远距离传输,从而降低了发电的成本。太阳能集热器能够吸收入射的太阳辐射,将其转化为热能,并将热能转化到流经集热器的流体(通常是空气、水或油等)。太阳能的光热转换是利用太阳能的必要方式,很多领域都采用了这种方式,包括发电、医疗灭菌或消毒、淡水生产以及其他工业过程。而光热转换纳米复合材料在太阳能的光热转换系统中起着至关重要的作用。光热转换纳米复合材料是一种能吸收某种波长的光,通过等离子体共振或者能量跃迁所产生的热,从而在局部产生高温的功能材料,已经成为近年来的研究热点。本书主要从光照加热储能和光照加热海水淡化两个方面对光热转换纳米复合材料做详细介绍。

4.1.1 光热转换纳米复合材料储能

太阳能燃料可以收集太阳能并通过形成高能化学键将能量储存起来,在化学键中,太阳能收集和能量储存过程被整合到一个实体中。这种方法已经在几种能量转换中进行了研究,包括二氧化碳还原、人工光合作用等。有趣的是,基于光活性材料的太阳能热燃料(solar thermal fuels,STFs)最近引起了越来越多的关注,太阳能辐射的有效吸收导致了对高能量物质的光异构化反应,从而能够储存大量的热量[1,2]。STFs 可以通过光开关分子结构转换和键重排来储存来自太阳辐射的能量,然后以热的形式释放能量。这种封闭循环能够在单一材料系统内实现可逆的太阳能转换和能量存储,具有零排放、易于运输、可循环、可再生性以及以热量形式按需释放等优点。自 20 世纪 70 年代以来，STFs 开始受到越来越多的关注，这可能是 1973 年石油危机的结果。从那时起，各种类型的光开关 STFs 分子被开发出来（图 4.1）。然而，在未来高转换效率装置和分子设计中，应考虑进一步减少异构体之间的光谱重叠，还可通过引入功能组来提高 STFs 的寿命和能量密度。然而，寻求满足上述所有要求的最佳分子仍然是很大的挑战。

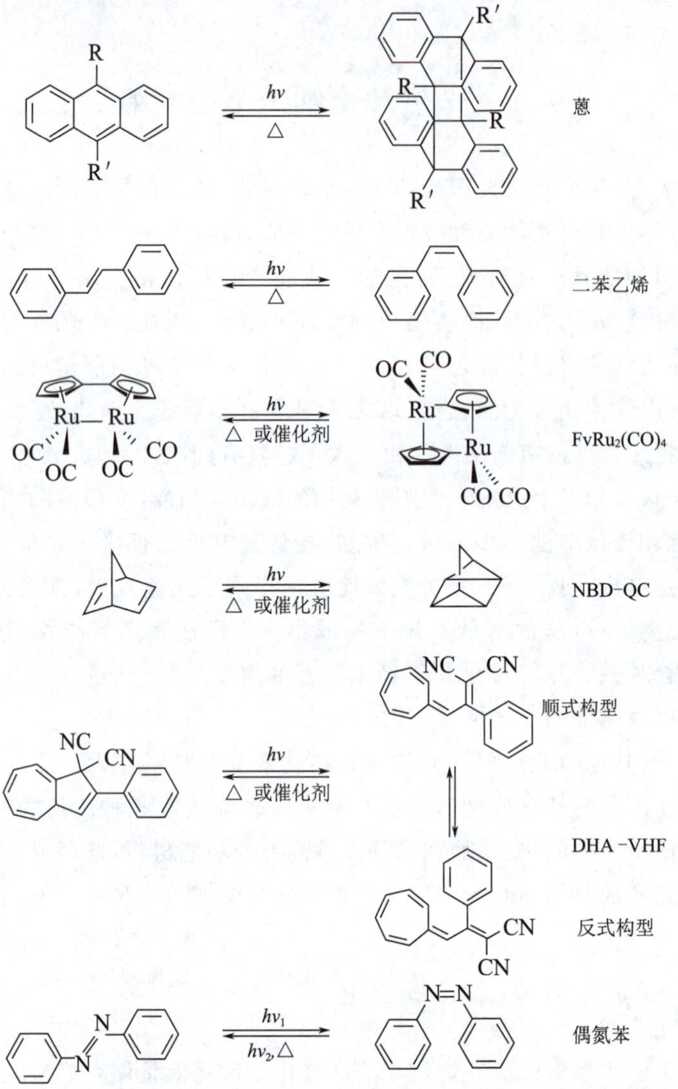

图 4.1 常见用于分子光开关的光异构化反应过程

通常，有效的 STFs 应该满足以下多种特性：太阳光谱匹配——低能量异构体的吸收应与太阳辐射最强烈的区域重叠；储能能力大——低能异构体与高能异构体的能量差应尽可能大；量子产率高——光诱导向高能异构体的转化应高效进行；无光子竞争——由于大多数光活性分子的光异构化和反异构化过程都可以被光激活，应避免两种异构体的光子竞争；长期稳定性——高能异构体的反向转换阻碍应足够大，以便长期储存，而光活性材料应表现出较强的循环性能;价格低廉——原材料成本以及合成和一体化的成本应具有竞争力。偶氮苯是一类二氮烯衍生物的总称,含有一个氮氮双键,两端的氢原子分别被两个苯环取代,具有顺式(cis)和反式(trans)两种构型[3]。偶氮苯在特定的光照引发下会发生反式变为顺式的异构化转变,在外界刺激(如光照、加热)引发下会发生由顺式变为反式的异构化恢复,在这个过程中将储存在分子中的能量以热的形式释放出来[4,5]。偶氮苯及其衍生物具有合成简单、成本低、通过反式和顺式之间的反复光异构化和反异构化而具有非常好的循环稳定性等优点,近年来在STFs领域引起了极大的关注。

4.1.1.1 纳米碳模板负载偶氮苯的太阳能热燃料

偶氮苯光开关的分子工程可以改善STFs的储能性能,但仍存在半衰期短、放热率低等问题[6]。通过分子设计,可以在一定程度上提高偶氮苯光开关的能量密度和能量势垒,但有限的提高和难成膜的特性使得单独的偶氮分子难以达到太阳热能体系分子的使用要求[7]。偶氮苯模板的提出很好地解决了这一问题,偶氮苯通过共价接枝的方法,使偶氮苯紧密有序地排列在模板(如石墨烯、碳纳米管和富勒烯等)上[8,9]。利用第一性原理计算,研究人员预测这些STFs可以可逆储存太阳能,其密度可与锂离子电池相媲美,每个偶氮苯分子的储存能量增加高达30%,热稳定性可在几分钟到几年之间进行调节。与未取代偶氮苯体系相比,利用具有不同几何形状和电子性质的碳模板,可以在很大程度上协调纳米碳模板偶氮-STFs的关键性能。利用碳基材料对偶氮苯进行模板化负载,不仅可以提高生成STFs的能量密度和存储寿命,而且可以提高STFs光学和电子性能、热稳定性、化学耐久性以及引发热反应时的温度。

1. 碳纳米管模板负载偶氮苯分子

碳纳米管从其发现以来就因为具有独特的电学性能而在高速、低耗的光电子器件、全光开关、光伏、传感器等领域具有良好的应用前景。2007年,天津大学封伟课题组首先通过共价键将偶氮苯接枝到多壁碳纳米管(MWCNT)侧壁上,合成了一种光活性MWCNT-偶氮苯复合材料,合成过程如图4.2所示。利用紫外可见光谱和光致发光光谱研究了MWCNT-偶氮苯复合材料的偏振光学性能[10]。2011年,KOLPAK A M等从理论上证明了偶氮苯与MWCNT的化学连接能够形成高度有序和紧密排列的阵列,从而由于相邻偶氮苯分子之间的特定化学相互作用,增加了所得到的STFs的存储半衰期和能量密度[11]。与单个偶氮苯分子相比,MWCNT阵列的存在会破坏偶氮苯分子的对称性,使其形成一种紧密排列的类晶态,防止苯环旋转异构化反应,从而增加形成氢键的潜在相空间。如图4.3(a)所示,在MWCNT上引入了几种苯环上羟基取代基数目不同的偶氮苯衍生物,通过引入氢键相互作用来调节两种异构体的相对稳定性。计算结果表明,MWCNT表面反式偶氮和顺式偶氮中分子氢键的数目不同,ΔH(高能态与低能态之间的能级差)和半衰期明显增加。一般来说,氢键较多和(或)氢键较强(键长较短)的杂化结构更为稳定。因此,通过最大限度增加反式态的氢键数量,同时最小化顺式态的氢键,可以得到更大的ΔH。此外,由于氢键的形成,顺式和反式构型的稳定性都有所提高,导致了复合材料具有相对较长的半衰期。图4.3(b)显示了几种可能的MWCNT模板化的二羟基偶氮苯衍生物,反式和顺式构型中氢键的强度和数量与两个羟基基团的相对位置密切相关。简而言之,结晶状结构提供了两个关键改进:与自由分子溶液相比,体积密度的增加是由于每体积中光度计分子的堆积;附近有序排列和空间相互作用使设计分子间和分子内键的新方法成为可能,从而提高存储容量。

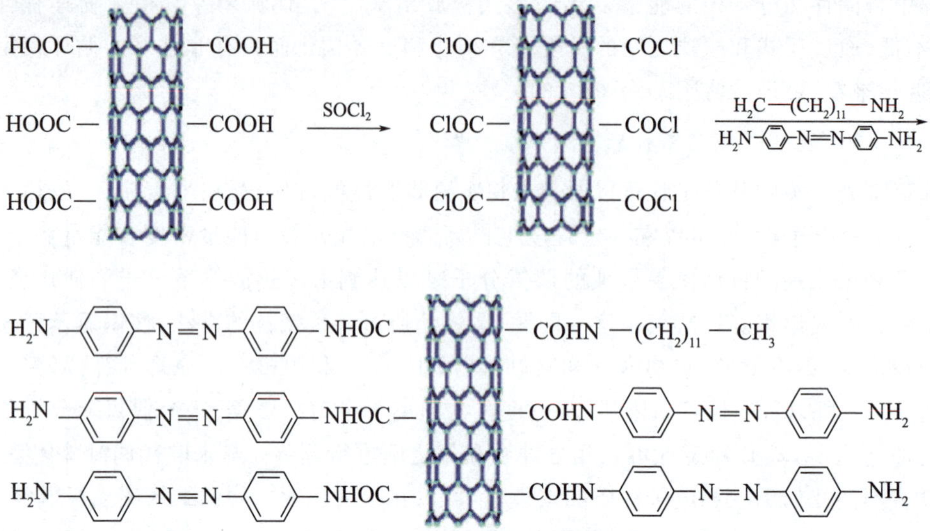

图 4.2　MWCNT 负载 AZO MWCNT 偶氮苯分子的合成路线示意图

2014 年,Grossman 等将 MWCNT 模板偶氮苯复合体系的理论模型转化为现实[12][图 4.3(c)]。MWCNT 模板偶氮苯复合体系的能量密度为 120 kJ/mol(约 200 J/g,或约 56 W·h/kg),而未模板化偶氮苯体系的能量密度为 58 kJ/mol(约 160 J/g,或约 44 W·h/kg)。这种 MWCNT 模板偶氮苯复合体系在保持良好循环性和稳定性的同时,对每个分子的能量存储实现了明显改善。值得注意的是,这里报道的复合材料并没有包括分子间和分子内的氢键,偶氮苯与相邻模板间的相互作用可能比单个模板间的相互作用更为重要。

2. 石墨烯模板负载偶氮苯分子

尽管在碳纳米管模板偶氮苯复合体系已经取得了很大的进步,但是通过优化偶氮苯的分子结构同时改善 ΔH 和半衰期仍然是一个挑战性的课题,因为纳米碳结构模板上偶氮苯分子间的相互作用与特定的空间构型、合适的分子间距离以及苯环上的取代基密切相关。石墨烯作为一种由 sp^2 杂化碳原子排列成六角形晶格的二维薄片,由于其独特的光学、机械和电子特性,在光电子器件方面具有显著的发展潜力[13]。氧化石墨烯(GO)是一种由含环氧化物、羧基和羟基等官能团的单原子厚度的富碳大分子,通常是石墨烯材料优异的前驱体,仅通过还原处理即可获得石墨烯材料。GO 表面含氧官能团的存在提供了通过调控不同偶氮分子负载石墨烯载体的可能性,例如,可通过在 GO 片上负载光响应偶氮苯分子来实现其光学可调的电子性能。有趣的是,偶氮苯和石墨烯之间的有效电荷转移可以催化光异构化反应[14-16]。

天津大学封伟课题组对石墨烯-偶氮苯复合材料体系的偶氮分子分子结构进行了优化。

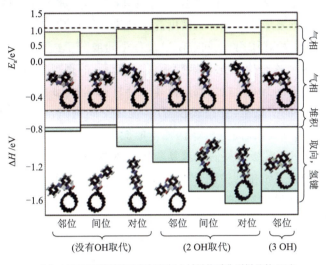
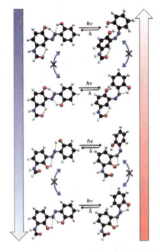

(a) MWCNT模板构建偶氮苯复合材料体系典型样品的ΔH和热活化势垒(E_a)密度泛函理论计算值

(b) 二羟基偶氮苯分子顺式和反式异构体

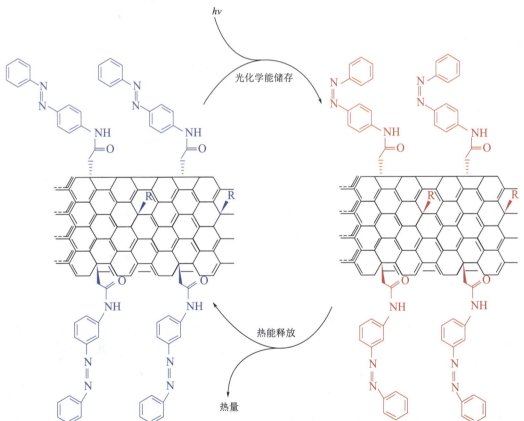

(c) MWCNT模板构建偶氮苯复合材料体系光化学储能和热能释放的反应示意图

图 4.3 MWCNT 模板构建偶氮苯复合材料体系

首先,构建了一系列石墨烯模板负载偶氮苯复合体系的模型,其中在不同位置(邻位、间位和对位)具有不同官能团的光敏偶氮苯与石墨烯共价结合。密度泛函理论计算预测,石墨烯上相邻的偶氮苯分子间的分子间距离、电子相互作用、空间位阻以及分子间或分子内氢键会导致 ΔH 发生变化。因此,二维石墨烯纳米片是作为纳米碳模板偶氮 STFs 的理想平台。在此基础上,他们设计并成功合成了一系列石墨烯模板负载偶氮苯复合材料体系,如图 4.4 所示[17-21]。通过增加分子间相互作用的官能团数量,提高接枝密度,优化空间构型,在偶氮苯的不同位置上添加合适的取代基等有效方法,提高了负载偶氮苯的能量密度和半衰期。此外,他们还报道了通过共价功能化还原 GO 模板负载偶氮苯复合材料体系(RGO-AZO)。通过 RGO 上偶氮苯的取代(邻位或对位)和紧密排列控制分子间氢键,从而改善了复合体系的 ΔH 和半衰期。如图 4.4 所示,RGO 邻偶氮(55 400 h)比 RGO 对偶氮(6 116 h)的半衰期更长,而 RGO 对偶氮能量密度(75 W·h/kg)比 RGO 邻偶氮(42 W·h/kg)更高。为了深入了解能量密度、接枝密度与分子间氢键的关系,他们在偶氮苯的邻位(间位或对位)设计了三种含有甲氧基和(或)羧基的 RGO 偶氮杂化材料,如图 4.4(c)、图 4.4(d)和图 4.4(e)所示。根据热稳定性和化学结构的表征,RGO 每 16~19 个碳原子能够负载一个偶氮苯分子。这种紧密填充和高度接枝的石墨烯-偶氮苯复合材料体系能够以偶氮苯的顺式和反式形式形成分子间氢键。此外,第二加热循环生成的差式扫描量热(DSC)曲线表明了该复合体系中分子氢键的存在[图 4.4(d)和图 4.4(e)]。这些研究表明,优化偶氮苯在石墨烯模板上的分子结构和空间构型对于促进异构化和分子内或分子间的相互作用很重要。研究人员还展示了三个紧密填充的双偶氮苯(三偶氮苯)模板组件,共价接枝到 RGO 上[图 4.4(f)、图 4.4(g)和图 4.4(h)]。

理论上,双/三偶氮的分子内偶联不仅降低了反式异构体的能量,而且由于空间位阻较大,使顺式异构体更加稳定[22,23]。实验装置如图 4.5(a)所示,用于研究固体薄膜紫外光捕获能量、黑暗中储存能量和释放热量的闭合循环。图 4.5(b)和图 4.5(e)显示了紫外线照射和未照射薄膜之间的温度差异。连续放热导致紫外照射的 RGO-双偶氮复合材料薄膜温度升高,且高于未经照射的薄膜。如图 4.5(c)、图 4.5(d)、图 4.5(f)和图 4.5(g)所示,RGO 双偶氮-2 复合材料薄膜的最大温差为 15 ℃,在 8 min 内释放 85% 的热量(60~140 ℃)。因此,固态 RGO-双偶氮复合材料薄膜具有明显的光热效应和良好的循环性能,可以通过控制放热和优化分子间的相互作用来实现储能。这些固态热释放石墨烯模板偶氮苯复合材料体系为开发高效、高能量的 STFs 奠定了基础。尽管在上述研究中研究人员重点关注了偶氮苯光开关和碳基模板,但这些实验结果有力表明,同样原理可拓展至基于其他分子光开关和模板材料的高效 STFs 的设计。

4.1.1.2 聚合物模板负载偶氮苯的太阳能热燃料

聚合物模板偶氮苯复合材料可以形成均匀、厚度可控的薄膜,显示了大面积放热的可行性。均匀的偶氮聚合物薄膜有助于捕获光子,并且可以在固态中释放热量,通过控制它们的顺反异构化,为将 STFs 材料集成到众多现有的加热设备中提供了机会。在过去的几十年里,研究人员对聚合物模板偶氮苯的有趣性质保持了较高的研究热情,如光致相变、光致双

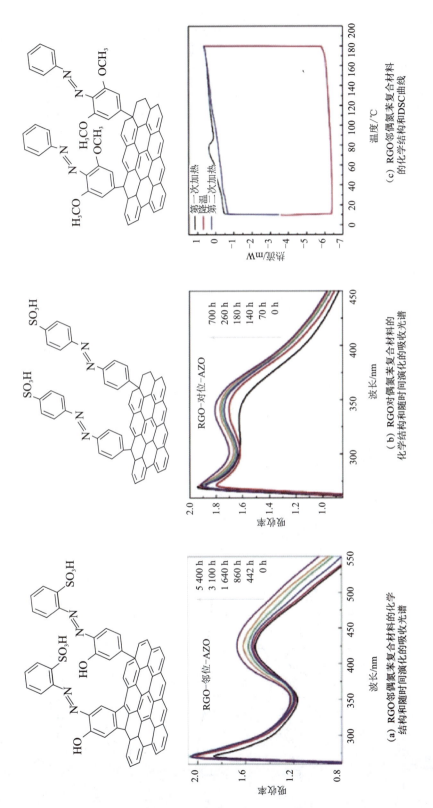

图 4.4 (a) RGO邻位偶氮苯复合材料化学结构和时间演化的吸光光谱 (b) RGO对位偶氮苯复合材料的化学结构和时间演化的吸光光谱 (c) RGO邻偶氮苯复合材料的化学结构和DSC曲线

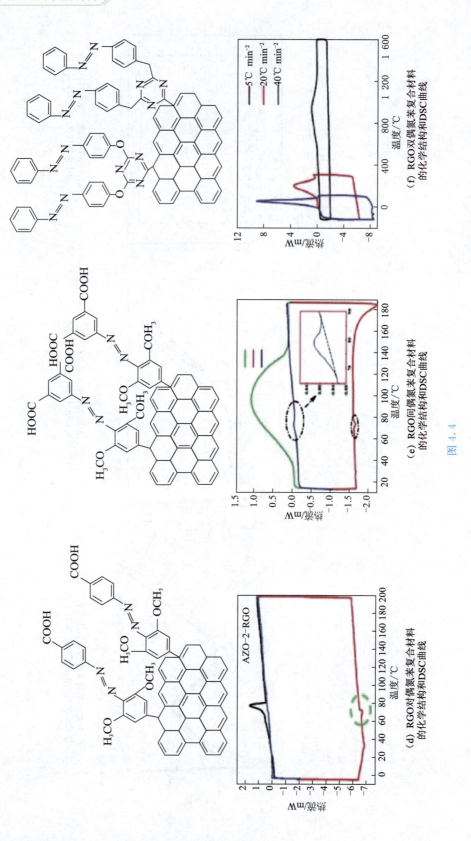

图 4.4

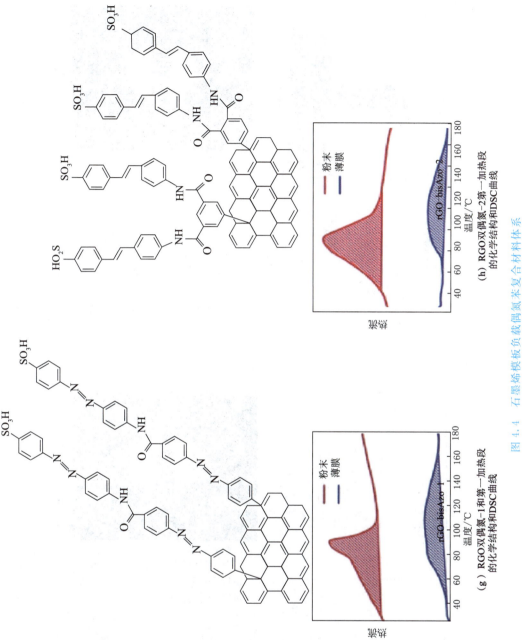

图 4.4 石墨烯模板负载偶氮苯复合材料体系

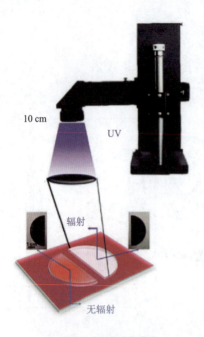

(a) 可控温度加热阶段实验示意图：一半的膜被紫外光照射，另一半膜被置于黑暗中

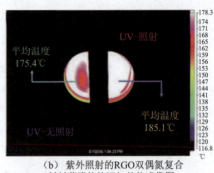

(b) 紫外照射的RGO双偶氮复合材料薄膜的俯视红外热成像图

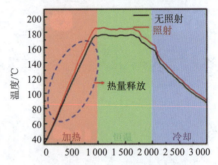

(c) RGO双偶氮-1复合材料的平均温度

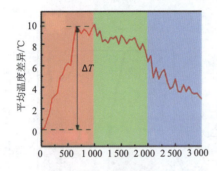

(d) RGO双偶氮-1复合材料的平均温差

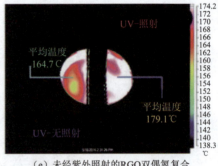

(e) 未经紫外照射的RGO双偶氮复合材料薄膜的俯视红外热成像图

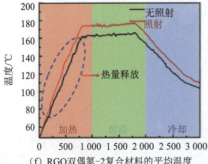

(f) RGO双偶氮-2复合材料的平均温度

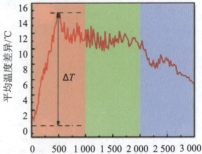

(g) RGO双偶氮-2复合材料的平均温差

图 4.5　固体薄膜紫外光捕获能量、黑暗中储存能量和热释放

折射和二色性、光学非线性和光控可逆性质的变化。因此,研究人员开发了大量的光活性聚合物模板偶氮苯,使我们能够更方便地探索这一快速发展的领域。因此,作为 STFs 材料的聚合物模板偶氮苯引起了广泛的研究兴趣。

1. 固态 AZO-STFs 复合材料体系

ZHITOMIRSKY D 等设计了一种简单的聚合物分子,其中主链由烷基链组成,偶氮苯为支链[图 4.6(a)]。该复合材料在室温下的半衰期相对较长(单体为 92 h,聚合物为 55 h)。单体与聚合物之间的能量密度的差异可能是由于光吸收效率、光异构化量子产率、光稳态的影响以及热还原势垒等方面的差异造成的。由于旋转和异构化反转机制的存在,空间位阻可能会限制固相光敏,从而限制了 STFs 的性能[24,25]。图 4.6(b)和图 4.6(c)显示了通过溶液旋涂工艺获得的大面积自支撑聚合物复合薄膜材料的光学照片。为了测试热释放,研究人员设计了独特的实验装置,使用一个加热阶段来触发顺式到反式的热异构化[图 4.6(d)]。同时,利用红外摄像机对空间温度剖面进行了测量。图 4.6(e)中可以观察到带电 STFs 和不带电 STFs 之间的平均温度变化达到 10 ℃ 的显著峰值差异。此外,在某些需要快速热释放的应用中,几十秒内热释放引起的温差起着至关重要的作用。然而,过量基团和聚合物的引入会导致有限的热释放和热传播。以往研究表明,不同的溶剂处理可以改变聚合物的物理性质,从而调节 STFs 材料顺反异构化的能量密度、热释放形态和活化能。

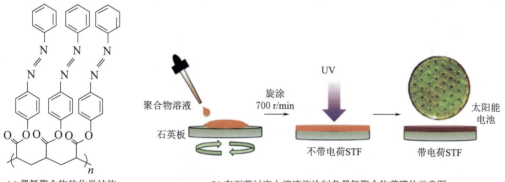

(a) 偶氮聚合物的化学结构   (b) 在石英衬底上溶液旋涂制备偶氮聚合物薄膜的示意图

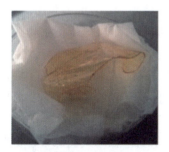

(c) 采用交联方法制备大面积自
    支撑聚合物薄膜的光学照片;

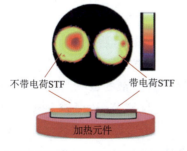

(d) 不带电和带电 STFs 聚合物薄膜的热释放图

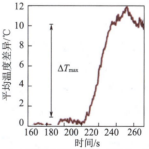

(e) 不带电和带电 STFs 聚合物
    薄膜的平均温差

图 4.6 自支撑聚合物模板偶氮苯复合薄膜材料的制备及其热释放

尽管将聚合物模板偶氮苯薄膜集成到某些固态器件方面取得了进展,但是这类材料通常需要在溶液中制备获得,而将其通过有效方式构筑固态材料时,往往存在着较大的困难。电沉积是一种快速、常规、可靠的合成技术,在导电基体表面构筑聚合物薄膜中得到了广泛的应用。导电基片上的电沉积使用低单体浓度的溶液,并可调控电沉积过程中的参数,以获得最大的产品收率。基于这一考虑,ZHITOMIRSKY D 等设计了一种新型的聚合物模板偶氮苯 STFs,可通过电沉积偶氮苯和羧酸基单体在不同种类的衬底材料上通过共聚得到[图 4.7(a)]。根据应用的不同,基板可以是平面的,也可以是微纳米结构化的[图 4.7(b)、图 4.7(c)][26]。此外,这种方法允许通过控制沉积条件来调整厚度,从而在大面积上生成高度均匀的薄膜。在对聚合物薄膜进行系统研究的基础上,他们提出了一种 STFs 纤维应用的可能性,其中含偶氮苯的聚合物被涂覆在薄金属丝表面并集成到织物中[图 4.7(d)、图 4.7(e)]。因此,低导热偶氮 STFs 与高导热金属相结合,可以有效将热量传递到织物或器件的其他部位。太阳能在紫外光照射下储存在偶氮 STFs 中,而储存的能量将通过顺反异构化以热的形式释放出来,并沿着导线定向输送到所需的位置。上述研究表明,电沉积是一种将偶氮 STFs 应用于新型固态材料的有效方法。此外,通过共聚可以很容易地将额外的官能团或分子引入到聚合物模板偶氮 STFs 材料中,而不会对 STFs 的能量密度产生较大影响。然而,值得注意的是,在较高厚度下,由于干燥过程中引起的高度收缩,STFs 薄膜可能会出现裂纹和变形。因此,未来对此类纤维 STFs 的研究可能会转向设计高分子量的含偶氮苯聚合物或添加黏合剂,同时对 STFs 的能量密度影响最小。

2. 晶体-液相转变的 AZO-STFs 复合材料体系

虽然在改善和控制固态 STFs 的性能方面,研究人员已经取得了很大的进展,但正如以往利用聚合物模板和分子工程方法进行的相关研究表明,在控制特定的填料以增加偶氮 STFs 的能量密度方面的工作仍然较少。由于聚合物体系显示出存储能量密度的降低,因此更好地理解偶氮苯分子的紧密堆积可能有助于改善固态 STFs 的能量存储性能。近年来,ISHIBA K 研究组开发了偶氮苯衍生物的离子晶体(ICs),由不同亚甲基数量(m)和烷基尾端数量(n)的间隔物、低聚(环氧乙烷)基铵基和反离子(X)组成[27][图 4.8(a)]。聚合物模板偶氮苯集成电路在紫外辐照下发生了从离子晶体到离子液体的相变。在可见光照射下,顺式偶氮苯离子液体可逆结晶为反偶氮苯离子晶体,而这种转变伴随着总放热焓 97.1 kJ/mol(128 J/g 或 36 W·h/kg),是纯顺式偶氮化合物存储能量的两倍多。测量结果表明,偶氮苯衍生物的光异构化使其液化为各向同性的离子液体,然后在可见光照射下顺式偶氮苯离子液体发生可逆结晶,证明了偶氮苯衍生物的可逆光结晶和光裂解。光诱导反式离子晶体到顺式离子液体相变偶氮 STFs 技术突破了现有储能性能的极限。ZHOU H 等证明了偶氮 STFs 聚合物的玻璃化转变温度可以通过光照射进行调节,从而诱导聚合物可逆的固液转变[图 4.8(b)、图 4.8(c)]。反式偶氮聚合物是具有室温以上玻璃化转变温度的固体,而顺式偶氮聚合物是室温以下玻璃化转变温度的液体[图 4.8(d)]。DSC 曲线证实了偶氮 STFs 聚合物的光致固液转变是由其光致热重引起的[28]。这类偶氮 STFs 聚合物的光能存储特性为太阳能蓄热技术的研究提供了新的视角。

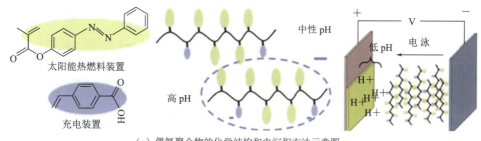

(a) 偶氮聚合物的化学结构和电沉积方法示意图

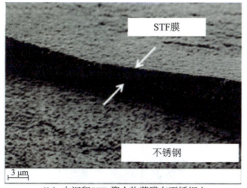

(b) 电沉积STFs聚合物薄膜在不锈钢上的横截面扫描电子显微镜图

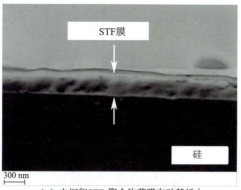

(c) 电沉积STFs聚合物薄膜在硅基板上的横截面扫描电子显微镜图

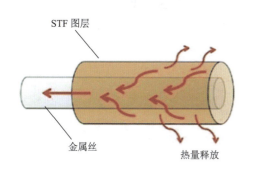

(d) STFs覆盖金属纤维结构示意图

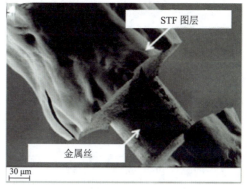

(e) STFs覆盖金属纤维扫描电子显微镜图

图 4.7　电沉积法制备聚合物模板偶氮苯及其在不同基板上的扫描电镜图

3. 全谱 AZO-STFs 复合材料体系

在大多数偶氮 STFs 体系中,通常使用紫外光来完成顺式反式异构化。然而,太阳光中只含有约 5% 的紫外光,这严重限制了偶氮 STFs 体系的吸光效率。因此,开发一种能够有效工作于整个太阳光谱的偶氮-STFs 材料至关重要。研究结果表明,偶氮苯引入取代基可以改变其吸收带[29]。SAYDJARI A K 等提出了一种新型 AZO-STFs 装置,该装置可以在全太阳照射下有效存储紫外和可见光[30][图 4.9(a)和图 4.9(b)]。如图 4.9(c)所示,该装置由可见光反应性聚合物 PmAZO(19a)、紫外线反应性聚合物 PAZO(19b)、香豆素 314

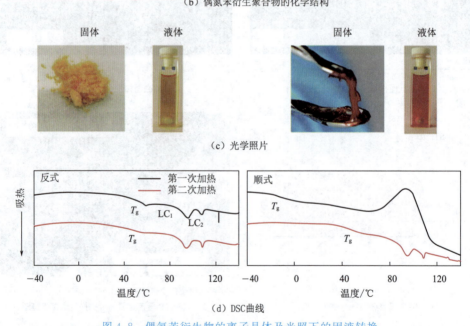

图 4.8 偶氮苯衍生物的离子晶体及光照下的固液转换

和紫外透过滤波器组成。在这种四层混合装置中,利用聚合物侧链上偶氮基团的光异构化作用,利用 PAZO 和 PmAZO 两层活性层存储太阳能,利用另外两层过滤层调控有效入射光谱。在实验中,将 PAZO(厚度约 35 nm)和 PmAZO(厚度约 20 nm)的自旋涂膜集成到固体层 STFs 器件中。如图 4.9(d)所示,紫外可见光谱表明,非晶态聚合物 PmAZO 在紫外照射下,由于顺式异构化,n-π* 跃迁增加,π-π* 跃迁减少。有趣的是,PAZO 的顺式光异构化导致了 π-π* 跃迁强度的增加,这可能是液晶偶氮聚合物 PAZO 特有的光化学相变所致[31]。液晶偶氮聚合物中的反偶氮基团易于垂直于衬底。在紫外线照射下,偶氮聚合物由"冻结"液晶态变为非晶态。一方面,由于反式异构体向顺式异构体的部分光异构化,使π-π*跃迁带减小;另一方面,由于偶氮苯的生色团方向从垂直方向偏移,形成了更随机的方向,π-π*跃迁带增大。由图 4.9(e)所示,DSC 结果表明,PmAZO 的顺反焓差为 12.2 kJ/mol(14.4 J/g 或 4.4 W·h/kg),PAZO 的顺反焓差为 54.8 kJ/mol(125.2 J/g 或 34.8 W·h/kg)。实验结果表明,在单色光照射下,顺式-反式异构化可通过选择性遮光实现 60%~70%的顺反-偶氮转化。因此,通过合理的器件设计和改进光谱重叠,有望显著提高偶氮 STFs 的太阳能转换效率。综上所述,聚合物模板偶氮 STFs 提供了调控单体结构和聚合物骨架的可能性,以提高太阳能的存储能力、光吸收效率和光异构化程度,并允许在广泛的太阳光谱范围内收集光子。与碳模板偶氮 STFs 相比,聚合物模板偶氮 STFs 具有较低的能谱和半衰期。此外,偶氮基聚合物较易集成到现有的加热设备中,并且由于其固态、可控制的液体到晶体的过渡以获得额外的能量和释放热量的触发能力,可能具有巨大的开发新型储能和放热应用的潜力,而这正是聚合物模板化偶氮 STFs 材料最重要的优点。

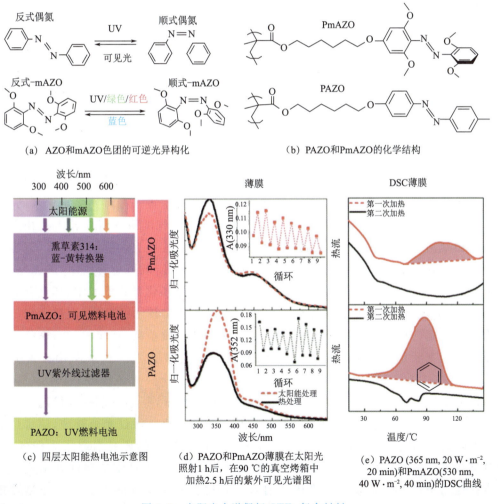

图 4.9 太阳光全谱偶氮-STFs 复合材料

AZO-STFs 在基础理论和实际应用方面仍有很大的提升空间。毫无疑问，偶氮-STFs 为太阳能的收集和储存开辟了新的道路。能量密度高、储存寿命长、热释放可控、循环稳定性好一直是偶氮 STFs 领域的研究热点，不仅拓宽了对偶氮-STFs 的认识，而且将促进其作为太阳能收集和存储材料的多样化应用。

4.1.2 光热转换纳米复合材料用于海水淡化

地球表面约 97.5% 的水均为海水或者苦卤水，因其含盐量过高而无法直接用于人类的生产和生活。近年来，全球人口过快增长和工业化的加速、城镇化建设导致对淡水资源的需求量快速增加，而且大部分淡水存在开采困难和严重污染的问题[32]，对人类社会的进步和发展造成严重的制约和威胁，淡水资源危机已经成为制约全球经济发展的关键因素[33]。为应对淡水供需矛盾，当前公认能有效解决淡水危机的方法之一是海水淡化技术。据统计数据，截至 2016 年底，全球已投产的海水淡化工程总产能达到 88 560 kt/d，仅 2016 年一年间，世界海水淡化产能就实现了约 14% 的年增长率。中国同样也面临淡水资源短缺问题，为解决我国的淡水资源短缺，在 2001~2016 年短短的 16 年间，我国海水淡化的产业规模已经从 15 kt/d 增长到约 1 388 kt/d，几乎实现了指数级的增长。国家发改委、国家海洋局在《全国海水利用"十三五"规划》中指出，2016—2020 年五年规划的总体目标为：到"十三五"规划末，全国的海水淡化规模要达到当前产能的 2 倍。

海水淡化，即海水化淡或海水脱盐等，是去除水中多余的盐分以及矿物质，从而得到淡水，这个过程即为海水淡化。海水淡化是实现水资源有效利用的一种开源方法，不会受到时空及气候的影响，同时还可以增加淡水的总量，而且得到的淡水水质很好，工艺的价格很合理，可以保障沿海的居民饮用水及工业补水等一些需要稳定供水的情况。海水淡化可通过物理、化学或物理化学方法等实现。传统的海水淡化技术往往是直接或者间接地消耗不可再生化石能源，虽然可以在一定的程度上缓解淡水危机，但也伴随着环境污染和温室效应等问题[34]。由于太阳能资源丰富，既可免费使用，又无须生产、运输，而且对环境没有任何污染，因此，利用太阳能海水淡化具有低成本、环境友好等优势，是一种清洁、便携的水处理技术[35]。随着太阳能收集技术的发展，直接太阳能淡化技术被认为是一种很有前途的技术，可以通过一种成本效益高、环境友好的途径为水资源紧张的国家和地区提供清洁的水资源解决方案，将成为下一代水净化技术的发展目标。

太阳能蒸馏海水淡化，首先从太阳光获取低价的能量，其次根据该能量选择合适的海水淡化方法，另外是通过界面系统设计使该过程最佳化。通过光子管理、热定位和材料开发，通过界面太阳能蒸汽的产生来推进太阳能蒸馏器的研究引起了人们的兴趣。随着低成本材料发现和高能量转换效率有效提高，长期产生稳定的蒸汽和水成为太阳能直接应用淡化水的关键。光热转换纳米复合材料具有良好的光吸收和光热转化能力，可以有效地提高太阳光的利用率，因此将光热转换材料应用到太阳光驱动蒸发淡化海水体系中得到了广泛的关注和快速的发展。当前发展的光热转换纳米材料主要有四大类:贵金属类纳米光热转换材料、半导体光热转换材料、碳基光热转换材料和有机类光热转换材料。本文将主要对碳基光热转换材料和有机类光热转换材料用于海水淡化进行详细的介绍。

4.1.2.1 碳基光热转换纳米复合材料

光热转换产生水蒸气是一种高效的、全新的太阳能利用方式。碳基材料具有宽谱范围的太阳光吸收能力,对太阳能较为集中的可见光及近红外光都有强烈的吸收,同时具有价格低、光热转换性能稳定,经多次照射后其光热转换性能保持不变等优势,而且相比于金属纳米颗粒,其来源广泛且易于加工。因此,碳基材料光热转换性能被广泛研究并在海水淡化领域中显示出优越的应用前景,当前已成为海水淡化领域中最有潜力的光热转换材料之一。

1. 炭黑/多孔碳结构的光热转换纳米复合材料

2011 年,ZENG Y 等研究出了 Fe_3O_4/C 复合材料,这是第一种自漂浮的光热转换材料[36]。以无定形碳作为光热转换材料,其具有良好的疏水性以及很低的密度可以自漂浮在水面上,而由于 Fe_3O_4 具有磁性,该复合材料在磁场下能够很好地进行收集,可实现回收利用。由于水分蒸发仅发生在水表面,当光热转换材料漂浮于水面上时能保证热量集中于水表面。经过模拟光源照射,水蒸发速率提升至没有该复合材料条件下的 2.3 倍。这一工作引起了研究人员对光热转换材料用于海水淡化的兴趣,然而这个工作并没有考虑大体积水带来的热损失。GHASEMI H 等利用膨胀石墨作为光热转换材料,利用碳泡沫作为基底,将膨胀石墨作为光热转换材料置于碳泡沫上,由于碳泡沫的亲水性好、热导率低,使整体能自然漂浮在水面且使热量集中在水的表面[37][图 4.10(a)、图 4.10(b)和图 4.10(c)]。结果表明,在 1 kW/m^2 的模拟太阳光照射下,水分的蒸发速率比没有利用光热转换材料的条件下提高了 2.1 倍,太阳光水蒸气产生效率达到 64%;与下方没有碳泡沫相比,水分的蒸发速率提高了 17%,这个工作证明了采用低热导率的基底是非常重要的。余桂华课题组将商品化的碳纸与聚乙烯醇水凝胶相结合,作为基础的太阳能蒸发器增强太阳能蒸汽的产生[38]。其中聚乙烯醇水凝胶的表面由液固、液气和液液界面引导,理想情况下形成平面、沟槽和尖锐的凹痕表面[图 4.10(d)]。蒸发前通过纳米理纹提高热流,获得的太阳能蒸发器水蒸率达到 2.6 $kg/(m^2 \cdot h)$,在一个太阳光下(1 kW/m^2)具有 91%的能量转换效率,同时具有良好的防污能力。基于水凝胶的太阳能蒸发器的这种新设计原则为表面强化水蒸发提供了一种有用的手段。一个易于安装的太阳能净水原型系统被证明可以提供日产量为 14.5 L/m^2 的淡水[图 4.10(e)]。他们的工作不仅证明了使用水凝胶和特定的表面粗糙结构可以增加水蒸率,而且也揭示了一个水蒸发表面新的可能性工程,可能引起广泛的水能应用,如大气集雨、湿度调节和环境冷却。

中国墨汁是由纳米碳材料(如烟灰)、动物胶及其他添加剂等构成的混合物,几千年被广泛用于中国的书法和绘画。中国墨水的涂层在近红外及紫外区具有强吸收特性,其改性膜

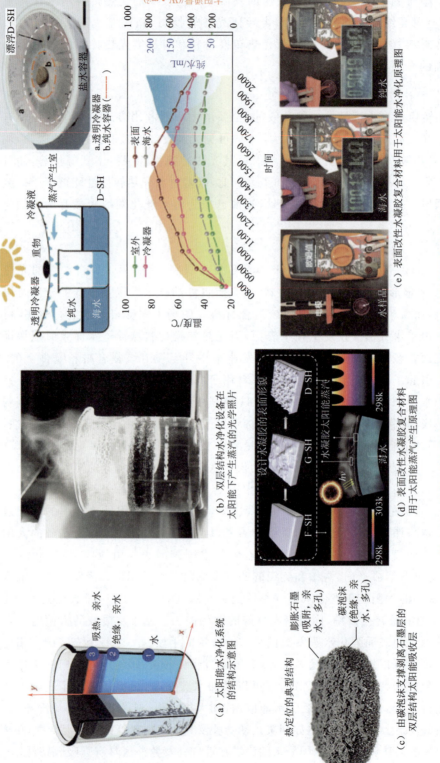

图 4.10 炭黑/多孔碳结构的光热转换纳米复合材料用于海水淡化

材料具有卓越的光热转化效率和水蒸发效率。研究表明,作为一种碳基材料,中国墨的光热转换效率明显高于铜、氧化铜纳米颗粒,甚至炭黑。测试表明,在 1 太阳光强(1 Sun)的照射下,中国墨涂层表面温度能够在 30 s 内从室温升高至 90 ℃,这意味着它在膜蒸馏海水淡化领域具有极大的开发前景。此外,与钢笔的墨水相对,传统的中国墨具有较强的基底黏附能力,这种墨涂层的强黏附能力使其能够在木材、纤维、塑料等各种多孔基底表面简便涂覆沉积,利于大规模工业化应用。鉴于此,美国阿贡国家实验室 Seth B. Darling 等以传统中国文房四宝之一的"墨"为光热转换材料对木材、纤维、塑料、泡沫等多种多孔基底进行表面沉积改性,该涂覆改性的多孔材料干燥后进一步利用原子层沉积技术(ALD)在其表面沉积 TiO_2 层[39](图 4.11)。该 TiO_2 层的存在能够有效避免中国墨溶解带来的二次水污染,同时其亲水性能够显著提升多孔材料的水分传输供应速率。最终制备的中国墨改性多孔材料可用于膜蒸馏海水淡化,具有良好的耐水性以及优异的光热转换效率。该研究成果进一步拓展了膜蒸馏应用领域纳米碳材料的来源,同时在碳材料来源及经济适用性方面具有独特的优势,有望用于海水淡化。

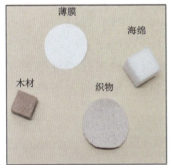

(a) 各种多孔材料(木材、薄膜、织物和海绵)在墨汁喷涂前的光学照片

(b) 各种多孔材料(木材、薄膜、织物和海绵)在墨汁喷涂后的光学照片

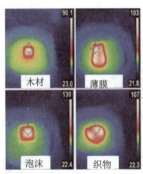

(c) 模拟太阳光下的墨汁喷涂材料的红外图像

(d) ALD 过程制备墨汁喷涂材料过程示意图

图 4.11 墨汁喷涂多孔材料的制备过程和模拟太阳光下的红外图像

对于大多数太阳能吸收器为例,当水蒸发时,盐可能会在表面积聚,在脱盐过程中堵塞蒸汽逸出通道,从而导致能量传递效率降低,纯水收率降低,性能不稳定。因此,如何解决海

水淡化过程中吸收体本身的结盐问题及其海水淡化性能的稳定性问题,成为学界、业界共同关注的焦点之一。Janus膜(具有两面性的膜)是近年来出现的一类新型材料,由两层结构组成,各自具有不同的性能和功能。各种Janus(如胶束、棒、片等)已经被制造出来,在油水分离、可切换离子输运、界面传质和雾滴收集等方面有着广泛的应用。研究结果表明,采用简便的静电纺丝工艺制造的柔性Janus吸收器,可以实现稳定、高效的太阳能脱盐。针对脱盐这一问题,南京大学朱嘉教授课题组设计并合成了一种新型的Janus吸收体薄膜,为解决太阳能海水淡化过程中吸收体的结盐问题提供了一条有效的路径[40]。在这一工作中,作者证明了采用顺序电纺丝法制备的柔性Janus吸收体可以实现稳定、高效的太阳能脱盐。根据Janus的独特结构,通过微纳米结构设计,将光吸收、水蒸发层与水传输层作功能区分,同时利用连续电纺技术制备出具有不同亲疏水性的双层结构。上层为疏水性炭黑纳米颗粒(CB)涂覆在聚甲基丙烯酸甲酯(PMMA)上用于光吸收,下层为较低亲水性聚丙烯腈(PAN)层用于泵送水。在太阳能海水淡化过程中,实现了水蒸发区域与无机盐离子传输区的功能性与结构性隔离[图4.12(a)]。因为盐只能沉积在亲水的PAN层中,并且由于连续的抽水而迅速溶解。从而有效地抑制了"双面体"材料表面的结盐问题,其性能稳定性较传统吸收体材料大为提升[图4.12(b)]。Janus吸收体在1个太阳光照下表现出高效(72%)和稳定的输水性[1.3 kg/(m²·h),16 d以上],这在以前的大多数吸收体中没有实现。这种灵活的Janus吸收器通过可伸缩的工艺实现了独特的结构设计,为太阳能直接脱盐提供了高效、稳定、便携的太阳能蒸汽发生器。

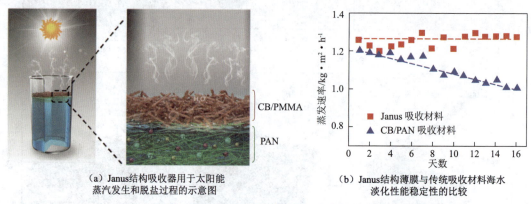

(a) Janus结构吸收器用于太阳能蒸汽发生和脱盐过程的示意图

(b) Janus结构薄膜与传统吸收材料海水淡化性能稳定性的比较

图4.12 Janus结构薄膜用于海水淡化

2. 碳纳米管(CNT)光热转换纳米复合材料

常规的炭黑或者多孔碳材料虽然也能吸收可见光,但它们的光吸收能力在空气介质界面受到5%~10%的反射限制。而将材料的尺寸降低到纳米级可以很好地解决这一问题,特别是构建具有垂直排列结构的CNT。CNT具有良好的物理、化学和热稳定性,并且可以通过一系列简单的方法(如过滤、喷涂、旋涂等),获得具有可控厚度和孔径的CNT薄膜和多孔膜。因此,使其在太阳能蒸汽产生方面获得了大量的研究关注。已经有研究报道了关于CNT

纳米流体用于低温太阳能蒸汽[41]。CNT 纳米流体的太阳能蒸汽产生机理如图 4.13(a)所示。CNT 首先在上部流体中吸收和散射光子,然后在太阳照射下一部分光子入射到下部流体上。众所周知,CNT 流体的缺点是其纳米颗粒的回收和再利用。用磁性 Fe_3O_4 修饰的 CNT 的 Fe_3O_4@CNT 纳米颗粒[图 4.13(b)]被引入,用于太阳能蒸汽产生[42]。根据磁场强度,Fe_3O_4@CNT 的水分离速率和回收率均快于 CNT。此外,由于 Fe_3O_4 纳米颗粒的高吸收,Fe_3O_4 纳米颗粒的引入提高了 CNT 流体的光热转换效率。因此,这项工作提出了一种方法,不仅可以显著减少太阳能蒸发器设计中的材料消耗,而且还可以实现光热转换效率的显著提高。然而,在纳米流体太阳能蒸汽发生系统中,大部分吸收的能量将消散到大量水中,这限制了光热转换效率的提高。为了进一步提高光热转换效率,降低成本并提高规模,有研究人员报道了一系列 CNT 太阳能蒸汽发生膜,包括超薄柔性单壁纳米管(SWNT)-MoS_2 混合膜和垂直排列的 CNT[43-45]。漂浮在水—空气界面中的基于 CNT 的膜可以吸收光能并将其几乎完全转移到周围的水中,从而产生高的光热效率。

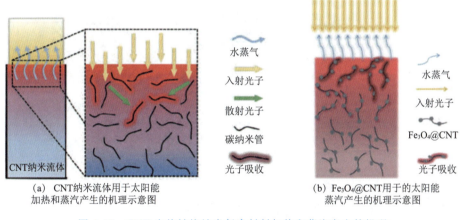

(a) CNT纳米流体用于太阳能加热和蒸汽产生的机理示意图

(b) Fe_3O_4@CNT用于的太阳能蒸汽产生的机理示意图

图 4.13　CNT 光热转换纳米复合材料加热和蒸汽产生的机理

天然木材具有孔隙率高、重量轻、热传导率低、亲水性好等固有优势,这使得它成为一种很好的太阳能蒸汽生成材料。美国马里兰大学胡良兵教授课题组首先提出了利用 CNT 改性的柔性木头薄膜作为太阳能蒸汽发生装置。在图 4.14(a)中,在柔性木材薄膜表面涂覆了 CNT,用于聚集太阳能。木质结构中自然连接的通道可以加强水的运输。同时,木材的导热系数较低,可以最大限度地减少蒸汽生成过程中的热损失。此外,受树木蒸腾作用的启发,该团队还设计了一种双层结构的气凝胶材料[图 4.14(b)],由无缝集成的纤维素纳米纤维(CNF)和 CNT 组成,从而形成一个可压缩的高效太阳能蒸汽产生器[46]。研究发现,该气凝胶可以放置于蒲公英上,而不会发生弯曲或变形,这为太阳能蒸汽发生器提供了便携性。与木材一样,CNF 气凝胶的宏观沟道结构有助于吸水和输送,保证了水本身或周围环境的热损失最小。利用双层结构气凝胶表面的碳纳米管涂层对太阳能进行浓缩。在单日照条件下,光热转换效率可达 76.3%。

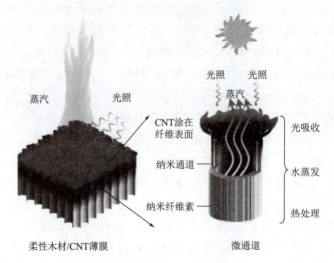

(a) 柔性木头/CNT复合薄膜制备太阳能蒸汽器件的示意图

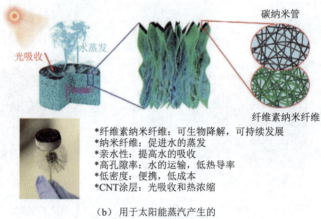

(b) 用于太阳能蒸汽产生的CNF-CNT复合气凝胶的示意图

图 4.14　CNT 光热转换纳米复合材料用于太阳能蒸汽器件

3. 石墨烯光热转换纳米复合材料

重量轻的石墨烯由于其可重新标记的特性,包括大的表面积和出色的光捕获能力,在太阳能蒸汽生成领域得到了广泛的研究。北京理工大学曲良体教授研究团队在石墨烯的可控制备、结构调控与组装方面的工作已积累多年。曾利用定向冷冻组装的方法,获得长程有序、垂直排列的石墨烯(VA-GSM)材料[47][图 4.15(a)~图 4.15(f)]。该自支撑的 VA-GSM 材料具有高吸光率和高稳定性,其特殊阵列结构作为水蒸发的良好传送通道,可实现在太阳光下水分高效快速地传输与蒸发。太阳能驱动水蒸发技术的开发主要针对提高材料的光热转化能力以及降低蒸发过程的热损失,以实现高效率的太阳能利用。然而,现有太阳能驱动水蒸发产生清洁水的速率十分有限,限制了这项技术的实用化。鉴于此,该研究团队又开发了一种石墨烯复合结构,结合光—电—热效应的利用太阳能海水淡化新方法,实现了

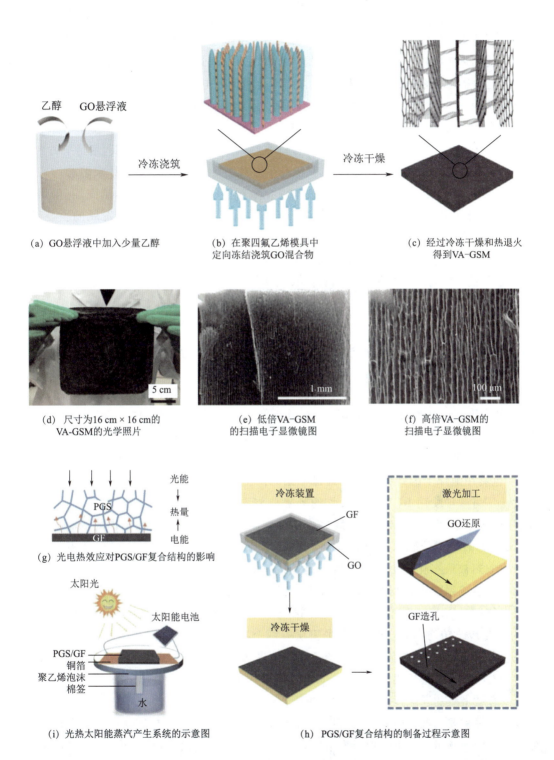

图 4.15 多孔石墨烯-石墨烯箔光热转换纳米复合材料的制备及其用于太阳能蒸汽系统

清洁水产水速率的大幅度提高,为太阳能高效制清洁水打开了大门。这种石墨烯复合结构由多孔石墨烯(PGS)和石墨烯箔(GF)组成[48][图4.15(g)～图4.15(i)]。PGS部分接收太阳能实现光热转换,同时多孔结构可以提供有效的水蒸发通道。GF具有较高的导电性并与太阳能电池板连接,在太阳光照射下,太阳能电池板产生电能,GF由于具有较好的电热性能会产生热量,进而可以提高材料的温度,有效地提高水蒸发速率。在一个标准太阳光照射下测试表明,结合光—电—热效应的水蒸发速率可以达到 $2.01\sim2.61\ kg/(m^2\cdot h)$。水蒸发速率可以通过调控光电转换进一步提高。在室外自然太阳光下,按 8 h 计算,利用每平方米的石墨烯材料可以收集 8.6 kg 淡化清洁水,只需几平方米就能满足数人的日常饮水需求。

虽然石墨烯基纳米复合材料用于海水淡化取得了一定的研究进展,然而,石墨烯的天然性质[二维(2D)平面和疏水性]是制约石墨烯在太阳能蒸汽生成方面发展的主要因素。氮掺杂和亲水性处理对功能化石墨烯的光热转换效率有显著提高[49,50]。氧化石墨烯(GO)具有良好的分散性,是石墨烯最重要的衍生物之一,为石墨烯的精确功能化提供了一个充满希望的机会。湖北大学王贤保教授课题组在之前的工作中,首先制备了 GO-Au 纳米流体,在自然阳光照射下高效地产生太阳能蒸汽[51]。此外,LIU Y 等还证明了具有可回收性的还原 GO(RGO)@Fe_3O_4 纳米颗粒在单日光照射下显示出高的太阳热效率(75%)[52]。然而,使用纳米流体作为光热装置会导致二次污染。与大量水直接接触的纳米流体也会导致大量的热损失,这会降低光热转换效率。这些问题严重制约了太阳能蒸发技术的发展。为了确保高的光热转换效率,已经报道了各种用于太阳能蒸汽发生的 RGO 复合膜。合成设计复合薄膜固定在具有低热导率的多孔材料的顶部,从而降低热损失和获得有效的水传输。通常,沉积在多孔混合纤维素膜上的 GO 膜通过热绝缘体[热导率为约 $0.04\ W/(m\cdot K)$ 的聚苯乙烯泡沫]分离,而不与大量水直接接触[53][图4.16(a)]。此外,包裹在泡沫上的纤维素起到通过毛细力产生 2D 水传输路径的作用。王保贤课题组还设计了另一种使用 RGO 和纸纤维的紧凑型装置,太阳能蒸汽发生器[图4.16(b)]由供水管道(多个毛细管)、热绝缘体(膨胀聚乙烯泡沫)以及结合 RGO 和纤维的双面吸收膜组成[54]。与"直接漂浮在水上"相比,由于 RGO 的薄膜和大量水之间的分离,从吸收器到大量水的散热被最小化。更引人注目的是,石墨烯的新型双层结构被引入到快速响应的太阳能蒸汽生成系统中,通过蒸发表面的热定位,如由细菌纳米纤维素和氧化石墨烯组成的双层生物膜[55]、木材-氧化石墨烯复合材料[56]、聚苯乙烯泡沫塑料上的氧化石墨烯薄膜[57]。与传统结构不同,这些设备的下层有两个功能:一是通过隔热来减少热损失;二是这些设备内部的多孔结构充当水的输送通道,将水从散装水输送到设备顶部的光吸收层。

开发的多孔石墨烯气凝胶[图4.17(a)]也已用于产生蒸汽[58,59]。这些制备的石墨烯气凝胶具有微米级的孔隙,具有优异的宽带吸收性、低热容量和低导热性。石墨烯气凝胶中微米级孔的最重要功能是微米级孔可以作为水传输通道,与高效光热转换的必要条件保持一致。王保贤课题组引入了一种新策略来制备用于高效光热转化的 GO/聚氨酯(PU)泡沫[60][图4.17(b)]。该泡沫由 RGO 和 PU 基质组成。在 $10\ kW/m^2$ 的光密度下,RGO/PU 泡沫的光热效率可高达约 81%。此外,RGO/PU 的互连孔不仅可以用作将水输送到 RGO/PU

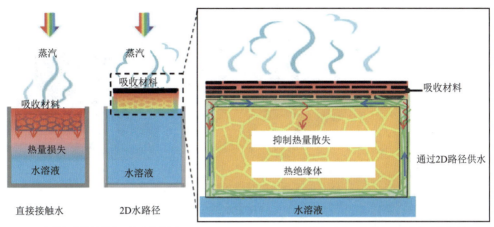

(a) 直接与水接触的太阳能淡化装置　　(b) 抑制热损失和二维供水的太阳能淡化装置

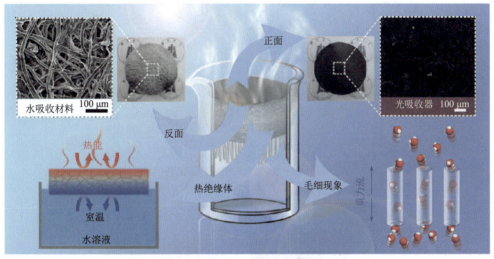

(c) 由三部分组成的太阳能蒸汽发生装置示意图

图 4.16　GO 光热转换纳米复合材料有无热绝缘体隔绝水运输层的比较

泡沫表面的水通道,而且还可以用作导致在照射下局部热能快速增加的热绝缘。余桂华课题组将还原的 RGO 穿透到聚乙烯醇(PVA)的聚合物网络中构建出具有良好光热转化效率的复合水凝胶。还原氧化石墨烯(RGO)是一种广泛使用的光吸收剂,在整个太阳光谱范围内具有宽带吸收特性[61][图 4.17(c)]。水凝胶具有毛细管效应,可以促进水输送,实现了高效太阳能蒸汽生成。更重要的是,本研究制备的水凝胶在弱日光下通过将热量限制在分子网格中来开发高速太阳能蒸发器,从而减少能量损失。此外,聚合物网络可以减少水蒸汽的能量需求以促进蒸汽的产生。这种新颖的设计使太阳能蒸汽的产生速率达到 2.5 kg/(m²·h),标准阳光照射下(1 kW/m²)下能量效率约为 95%。此外,防污功能、低成本和可扩展性进一步保证了聚合物水凝胶在实际环境中的巨大潜力。除了展示的太阳能净水,新开发的水凝胶太阳能收割机可用于其他应用,如环境冷却、水/湿气管理和减少污染。因此,这项工作有望显著扩大应用领域并降低太阳能供水管理系统的成本。

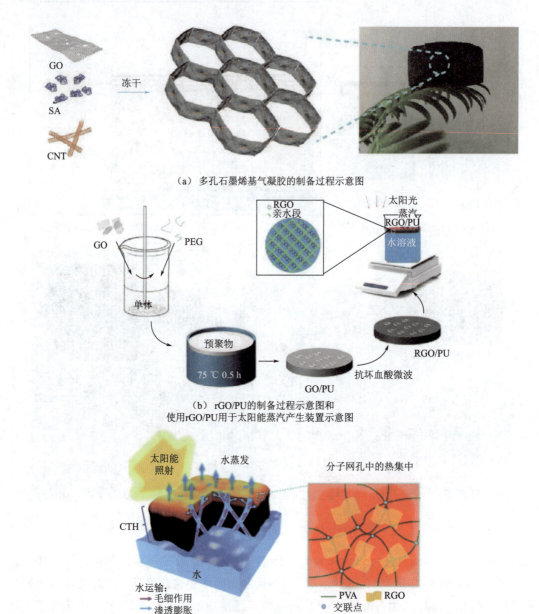

图 4.17 多孔石墨烯气凝胶光热转换纳米复合材料的制备

3D 打印可用于制造复杂微纳米结构,已引起了广泛关注。最近,LI Y 等利用 3D 打印技术制造具有凹形结构的蒸汽发生器[图 4.18(a)],其由 CNT/GO 层,GO/纳米原纤化纤维素(NFC)层和 GO/NFC 壁组成[62]。3D 打印的多孔结构不仅有效地将水输送到 CNT/GO 层,而且还防止热量逸出到水中。结果,3D 打印蒸发器在单日光照射下具有 85.6% 的高光热转换效率。此外,LI Y 课题组还使用先进的 3D 打印技术设计了一种类似水母的太阳能蒸汽发生器[63]。如图 4.18(b)所示,水母状太阳能蒸汽发生器由多孔炭黑/GO(CB/GO)复合层(吸收太阳光)、对齐的 GO 柱(输送水)和发泡聚苯乙烯(EPS)基质(绝热体)组成。采用 3D 打印技术的一体化结构设计在单日光照射(1 kW/m^2)下显示出 87.5% 的高光热转换效率。

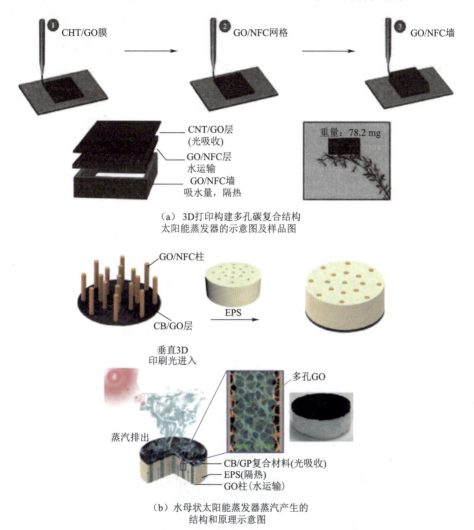

(a) 3D打印构建多孔碳复合结构太阳能蒸发器的示意图及样品图

(b) 水母状太阳能蒸发器蒸汽产生的结构和原理示意图

图 4.18 3D 打印技术制造蒸汽发生器

碳材料具有固有的物理和化学性质,使其成为用于高性能光热转换的有前途的太阳能蒸汽发生器材料,可用于水净化和(或)海水淡化等。两种基本碳纳米复合材料(碳纳米管和石墨烯)的固有特性使其成为理想的太阳能蒸汽发生器材料。诸多关于满足高性能光热转换的要求的研究被报道。尽管当前取得了成就并且前景广阔,但光热转化仍处于早期阶段。研究人员仍然面临着改进现有技术的挑战和机遇。除了提高光热转换效率外,还应考虑工业化应用。光热转换系统的关键考虑因素是低成本、可重复使用性、化学稳定性、便携性和适合大规模生产。我们相信用作光热转换装置的碳纳米复合材料可以扩展用于商业应用。

4.1.2.2 有机类光热转换纳米复合材料

有机类光热转换纳米复合材料主要有吲哚菁绿分子、聚苯胺、聚吡咯和卟啉等纳米颗粒。吲哚菁绿类染料以及具有类似结构的有机高分子光热材料在近红外波长范围内有较强的吸收特性,具有一定的光热转换性能。传统的共轭高分子聚合物(如聚吡咯、聚苯胺等)不仅具有优秀的光热转换性能、较低的热导率和较高的光学稳定性,且在近红外区有很强的吸收特性和较高的光热转换效率,是理想的轻质高效光热转换材料。在所有的有机类光热转换纳米复合材料中,聚苯胺、聚吡咯等在海水淡化方面较为常用。

1. 聚苯胺光热转换纳米复合材料

聚苯胺(PANi),高分子化合物的一种,具有特殊的电学、光学性质,并且其链结构容易受到掺杂剂(如强酸、路易斯酸、过渡金属以及碱粒子等)的影响而发生变化。实际上在聚合过程中,聚苯胺在纳米形貌上呈现出的粗糙结构对材料的润湿性能产生较大影响,因此,可以利用聚苯胺聚合过程产生的粗糙结构来影响材料的亲疏水性能。ZHONG W 等以接枝聚丙烯酸(PAA)为模板和掺杂剂,十二烷基硫酸钠为表面活性剂,在不同条件下,通过苯胺的常规氧化聚合,合成聚苯胺纳米线和亚微/纳米结构枝晶,并将其固定在 PP-g-PAA 膜表面。固定的 PANi 提高了聚丙烯(PP)薄膜的表面亲水性,从而获得超亲水性表面[64]。聚苯胺热传导速率很低,热能会被限制在纳米结构单元中,这一特性不仅利于聚苯胺在光热领域的发展,还为提高蒸馏过程中的热效率提供了思路。

聚苯胺的吸收峰容易受到掺杂剂的影响而发生移动,因为这些掺杂能在聚苯胺的价带与导带之间产生一个能带,从而迫使电子发生移动,降低了激发态能级,所以,当聚苯胺上的亚胺基团转变成亚胺盐时,其吸收峰将红移到近红外区域,而这种具有近红外吸收的聚苯胺的亚胺盐可以很好地用于光热转换材料进行海水淡化。哈尔滨工业大学王威教授课题组通过静电纺丝工艺制备出孔隙率高且交联互通的聚偏二氟乙烯(PVDF)基膜,再利用苯胺氧化聚合在膜纤维表面形成聚苯胺层,以构筑微观粗糙表面来放大膜的润湿性能,最后通过接枝三甲氧基(十七氟癸基)硅烷(17-FAS)降低膜表面的界面自由能,最终获得具有超疏水特性的 F/Si-PANi@PVDF 膜。将制备的超疏水 F/Si-PANi@PVDF 膜应用于直接接触式膜蒸馏海水淡化过程,并探讨了温度差、膜厚度以及进料液中的污染成分对膜蒸馏效能的影响。除此之外,实验结果显示 F/Si-PANi@PVDF 膜对表面活性剂以及染料污染有较好的抵抗能力,而含有腐殖酸的进料液会降低该膜的通量,总体来说,F/Si-PANi@PVDF 膜表现出较好的抗污染性能。此外,还对聚酰亚胺基膜以及微孔 PVDF 膜进行了苯胺聚合,氟化超疏水改性,实验结果显示这种改性方法不但适合静电纺丝 PVDF 膜,也能适用于其他基膜材料,改性之后膜的疏水性能都明显增加,但膜蒸馏的效能则与基膜本身的孔隙率、孔径大小以及膜的质地等相关。对 F/Si-PANi@PVDF 膜的成本进行了估算,并对直接接触式膜蒸馏海水淡化工程进行了经济分析,结果显示,直接接触式膜蒸馏海水淡化不但前期建设成本比反渗透和低温多效蒸馏海水淡化技术低,而且后期的运行成本也比前两者低。并对膜蒸馏海水淡化进行了前景展望,认为该技术的商业化进程虽然任重而道远,但前景非常广阔。

聚苯胺光热转换纳米复合材料用于海水淡化的报道还比较少,有待研究人员更深入的研究。

2. 聚吡咯光热转换纳米复合材料

聚吡咯作为一类常见的有机导电聚合物，具有高生产力和良好的稳定性，已被广泛应用于有机电子产品领域。另外，又凭借其较强的近红外吸收性能，聚吡咯纳米粒子也被应用于军事领域等，近几年，聚吡咯及其纳米复合材料作为光热转换材料还被用于海水淡化等领域。ZHANG L 等首次报道了一种聚吡咯（PPy）涂层在具有疏水性、自愈合能力的光热不锈钢（SS）网[65]。将高分子光热转换材料 PPy 沉积在 SS 网面上，然后对 PPy 涂层进行氟烷基硅烷改性，对膜表面的润湿性加以控制，实现在太阳照射下的精准界面加热（图 4.19）。PPy 因其广谱吸收、光热转换效率高、制备简单（溶液法）等优点，被优选为高分子光热转换材料，同时膜层厚度易于控制。从自愈的角度看，PPy 涂层一旦形成，就可以作为基体来保存大量的氟烷基硅烷基团，即疏水自愈剂，它们可以迁移到 PPy 涂层表面，以恢复表面受到损失的疏水性。结果表明，在相同的条件下，采用这种设计的可自主浮在水表面的疏水光热膜，可以显著提高水的蒸发速率。结果表明，膜表面的氟烷基硅烷官能团一旦受到损伤，表面便能自动恢复其疏水性，并且在太阳光照射下其自愈能力也会加快。此外，薄膜形式的界面加热材料也有利于进行操作并将其集成到水蒸馏装置中，以实现界面加热的概念在便携式水生产装置中的实用。

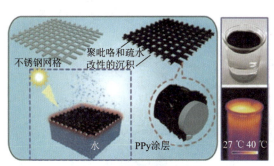 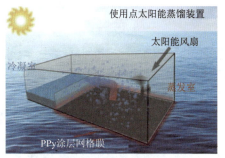

（a）PPy-SS 光热转换膜的制备　　（b）太阳能蒸馏产生淡水的设备原理示意图

图 4.19　PPy-SS 光热转换膜用于海水淡化

太阳能蒸馏淡化海水，由于蒸发蒸馏是一个高耗能的过程，扩散的太阳光很难满足蒸馏水的能量需求。在此背景下，研究人员通过设计新的材料和功能结构，在先进的太阳能蒸汽发生器方面已经取得了成就，设计了一种通过在水蒸发表面附近集中热能，提高能源利用效率的材料。水凝胶是具有水分子溶胀的三维交联高分子网络。水凝胶的分子结构和形态可以通过调整交联点、改变基本结构块和其他修饰来精确控制，从而得到各种化学和物理性质。最近，通过调节聚合物网络与水分子之间的相互作用，证明了水凝胶基材料作为一种独立的多孔结构太阳能蒸汽发生器能够降低水蒸发过程的能量需求，从而达到高蒸发速率。近两年余桂华课题组利用具有多级纳米结构的水凝胶材料在 1 个标准太阳光（1 kW/m²）下实现了高效、快速的水蒸发及盐水分离[66]。这种多级纳米结构水凝胶由相互贯穿的（PVA）和（PPy）构成[图 4.20（a）]。其中，聚乙烯醇分子链交联成三维网络结构形成凝胶骨架。该骨架借助冷冻—融化循环处理引发的物理交联效应进一步形成微孔结构。同时，聚吡咯分子团在聚乙烯醇物理交联过程中起到模板作用。因此，不同于纯聚乙烯醇凝胶，该复

232 | 功能纳米复合材料

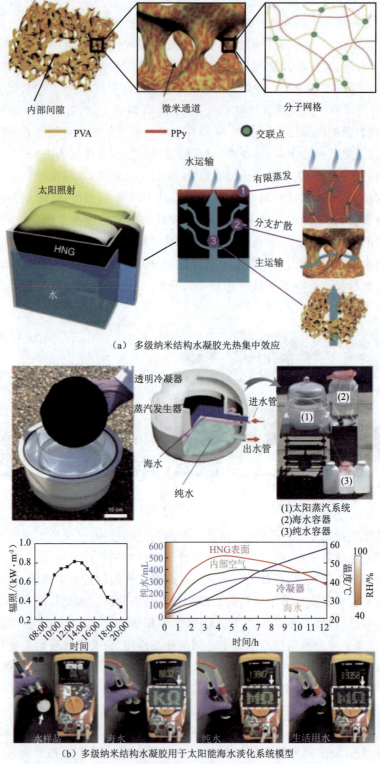

(a) 多级纳米结构水凝胶光热集中效应

(b) 多级纳米结构水凝胶用于太阳能海水淡化系统模型

图 4.20 多级纳米结构水凝胶材料用于海水淡化

合凝胶内部形成了更大尺寸的通道。这种三级多孔结构有利于加快水分的蒸发。除此以外，由聚乙烯醇分子链形成分子网络可将水分子限制在分子网格内，避免水对流引起的热损失。而内部的大尺寸通道可借助毛细效应有效地将水分从底部水体输运到蒸发表面，以实现持续的水蒸发。通过调节交联程度，这种黑色的复合水凝胶在标准阳光照射下（1 kW/m²）可以实现约 3.2 kg/(m²·h)的水蒸发，即每平方米的复合水凝胶每小时可产水 3.2 kg，相应的太阳能利用效率可达 94%。另一方面，这种凝胶可以直接用于太阳能海水淡化。在保持水分蒸发速率基本不变的条件下，可显著降低水分含盐度。为了探索这种新材料在实际环境下工作的能力以及揭示其潜在的应用价值，该研究团队模仿现行的家用太阳能海水淡化设备制作了凝胶海水淡化模型[图 4.20(b)]。实验结果证明，在没有任何聚光设备和真空装置辅助的情况下，该系统中每平方米的复合水凝胶一天可生产 18~25 L 高质量淡水，基本能满足一个家庭的饮用需要。

纤维素纸是一种环保、可伸缩、低成本的纤维基板，具有优异的灵活性、便携性和可折叠性。中国科学院宁波材料技术与工程研究所陈涛研究员课题组通过吡咯单体在纤维素纸表面原位氧化聚合得到聚吡咯杂化纸（PPyP）[67]。相比于传统固定的 3D 结构，该 PPyP 可实现 2D 或 3D 结构的相互切换。从微观上看，通过改变反应时间，二维 PPyP 可以在 1 个太阳光下很容易地实现 1.47 kg/(m²·h)的蒸发量。从宏观上看，太阳能蒸发器从 2D 到 3D 过渡，可以充分利用 3D 空间，在 1 个太阳光下，水蒸发率优化可达 2.99 kg/(m²·h)[图 4.21(a)]。相比于传统固定的 3D 结构，该 PPyP 可实现 2D 或 3D 结构的相互切换，并具有很好的切换稳定性，从而可以更好地适应不同的应用环境。基于上述研究，研究人员通过在棉织物表面可控的氧化聚合吡咯单体，制备得到了一种低价、大面积且具有机械稳定性、可洗涤和可缝制的聚吡咯改性的棉布（PMC）[68]。随后，受到植物的吸水、蒸腾行为及其多级结构的启发，并结合织物特有的可裁剪性及可缝制性，获得了一种具有多级结构的 3D "植物"，实现了高效平面外光热蒸发[图 4.21(b)]。此外，该光热蒸发器具有一个很强的排盐性能，能够在夜间将白天积聚的盐通过 PCM 中丰富的毛细通道扩散到水相中，从而保证其长期稳定的使用。更有趣的是，3D PCM 的光热蒸发器，甚至可以从固体基质中提纯海水或其他不可饮用的水，显示出了其在某些极端条件下的巨大应用潜力。

当前，导电高分子光热转换材料因缺乏有效的太阳光捕获手段，导致太阳光谱利用率低，从而直接限制其光热能量转换效率。中国科学技术大学徐航勋教授课题组利用模板法，通过可控逐层界面聚合的方式，直接在多种载体上得到具有表面微结构的多层聚吡咯纳米片（每层厚度约为 100 nm），成功实现宽光谱太阳光吸收和高效太阳能光热转换[69]。由于聚吡咯纳米片与载体之间弹性模量的差异，聚吡咯片层会发生形变来释放界面能量，进而在其表面形成无规分布的褶皱等表面微结构，促进了多层聚吡咯纳米片的全方位光捕捉能力[图 4.22(a)~图 4.22(c)]。青岛大学刘敬权教授等将低成本商用泡沫（MF），制造了大尺寸、坚固耐用的双层聚合物泡沫，用于太阳能海水淡化[70]。利用双层结构，不同的功能被巧妙地分配到不同的层结构中。顶部的聚吡咯层负责光热转换和蒸发水，底部的泡沫层负责输送水和减少热量耗散[图 4.22(d)]。在一个模拟太阳光照下，双层泡沫表现出高蒸发速率

[1.574 kg/(m²·h)]和优异的蒸发效率(90.4%)[图 4.22(e)]。一系列连续的严苛测试和长达 30 d 的蒸发海水测试都说明双层泡沫表现出优异的结构稳定性和优异的防污性能。该团队还展示了两种简单的蒸发设备原型,分别用于陆地和水上。低成本、大尺寸、耐用的太阳能海水淡化装置在自然阳光条件下高效、稳定地产生淡水,这有望缓解水资源匮乏地区的淡水供应问题。这种成本低、制备过程简单、坚固耐用的双层聚合物泡沫对于太阳能蒸发装置的工业化和应用部署具有重要意义。

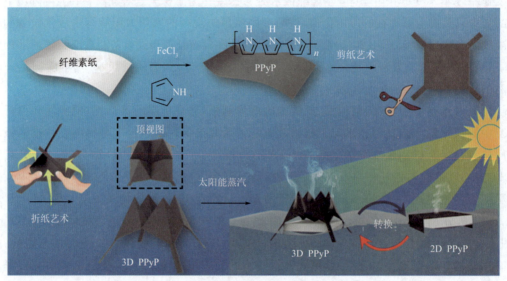

(a) 2D/3D结构可切换的PPyP制备过程示意图

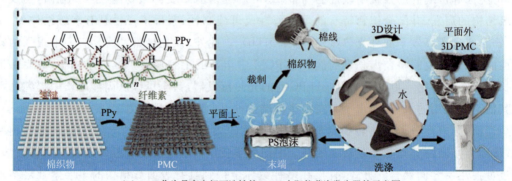

(b) PMC作为具有良好可洗性的2D/3D太阳能蒸汽发生器的示意图

图 4.21　2D/3D 可转换结构的 PPy 光热转换纳米复合材料的制备

中国科学院青岛生物能源与过程研究所江河清研究员等利用不同纳米碳材料的复合策略,对 2D 光热膜表面微结构进行调控,显著提高了水蒸发效率[71]。在此基础上,该团队受收集声波耳郭结构的启发,并借鉴太阳灶结构,设计了具有宏观尺寸的 3D 空心锥形光热膜,其光热转化效率超过 93%,超过了常见 2D 平面膜水蒸发速率的极限值[72]。测试表明,3D 空心锥形光热膜不仅表现出较好的稳定性,同时其蒸发效率是自然蒸发的 3.5 倍。在蒸发过程中盐会在锥形卷筒上层析出,不会覆盖整个光热膜,这不仅有助于盐的富集回收,同时可以保持光热性能的稳定。该工作为3D光热膜的开发设计提供了实验基础,有望推动太阳光驱动海水淡化技术的快速发展。随着自愈合材料的深入研究,王鹏教授研究团队设计了一种疏水自愈性的光热转换材料。这种材料是将导电高分子PPy涂在不锈钢网上,采用氟硅烷进行表面改性,提高疏水性。在该材料体系中,PPy作为光热转换材料,其较好的疏水性使得材料能漂浮在水面上[73]。在 1 kW/m² 模拟光照下,水蒸气产生速率在 2 h 内达到 0.92 kg/(m²·h)。与其他光热转换材料相比,这种材料最大的优点是具有可自愈的自漂浮能力。这是由于材料内存在的大量氟硅烷,在光照过程中,损失的疏水性能够得到及时的自我修复。

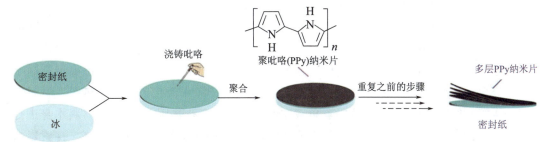

(a) 通过依次聚合法在无尘纸表面构建多层PPy纳米片结构的示意图

(b) 通过依次聚合法在无尘纸表面构建多层PPy纳米片结构的光学照片

(c) 多层PPy纳米片结构表面捕获太阳光的原理图

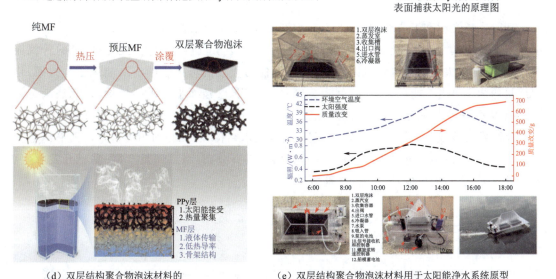

(d) 双层结构聚合物泡沫材料的制备原理图和太阳能蒸汽生成机理

(e) 双层结构聚合物泡沫材料用于太阳能净水系统原型

图 4.22　PPy光热转换纳米复合材料的制备及海水淡化的应用

随着对光热转换材料研究的不断深入,研究人员已经制备出多种类型具有全光谱吸收能力的光热转换材料,在海水淡化应用方面取得了积极的研究进展。当前研究工作主要集中在:①通过掺杂或者改性提高材料的光热转换性能,例如,碳材料通过纳米化可提高其光吸收能力,进而优化其光热转换性能;②根据热定位以及水蒸发原理证明光热转换材料需置于水表面,自漂浮的光热转换材料已经被开发并研究;③利用多孔的隔热材料能降低大体积水带来的热传导损失,同时隔热材料具有亲水性能保证其负载光热转换材料漂浮在水面上,或者对光热转换材料本身进行改性使其具有多孔结构、亲水性以及低热导率,可以有效提高太阳光水蒸气产生效率。伴随着科技的发展和各领域对清洁太阳能利用越来越多的需求,价格低廉、易制备、易功能化、具有全光谱吸收能力的光热转换材料引起了研究人员的关注。而将光热转换材料应用于海水淡化中还需在三个方面进行深入研究:①确定影响材料光吸收能力的因素,进而确定影响太阳光水蒸气产生效率的关键因素;②光热转换材料应用于海水淡化过程中的物理机制仍需进一步研究,通过合理设计测试实验和建立数值模型有利于深入研究蒸汽产生机理;③将光热转换材料规模化应用于海水淡化中。当光热转换材料应用于海水淡化时,通过将光热转换材料负载在低热导率的多孔基质上,或者对材料本身进行改性,使其具有多孔、亲水、低热导率的性质,能有效地提高体系的海水淡化效率。探索影响材料光吸收能力的因素,研究材料应用于海水淡化中的物理机制、蒸汽产生机理,以及材料的规模化制备等是未来的主要发展趋势。总之,由于具有良好的光热转换性能、易制备、易功能化等优点,光热转换材料在海水淡化、蒸汽发电、水净化和杀菌系统等领域将发挥重要作用。

4.2 太阳能电池纳米复合材料

随着人类文明和工业的发展,人类在生产与生活中对能源的需求越来越大。当前世界能源主要分为两大类,一类是以石油、煤炭和天然气等不可再生的化石能为代表的传统能源;另一类是以太阳能、核能、风能、地热能和氢能为代表的可再生的清洁能源。一方面,化石燃料作为不可再生能源,经长时间大量开采和利用,已经面临枯竭的危险,将无法满足人类对能源的需求;另一方面,化石能源在使用过程中产生的环境污染与气候变暖问题对人类的生存与发展造成严重的危害。因此,调整能源需求结构,发展和利用可再生清洁能源势在必行。当前,在诸多的可再生清洁能源中,太阳能具有分布广泛、储量丰富、易于开发、绿色清洁等重要优势,成为最具潜力的新能源。

4.2.1 太阳能电池概述

4.2.1.1 太阳能电池发展历史和分类

当前研究较热的新型太阳能电池为第三代太阳能电池,现在处于实验室研究阶段。第三代新兴薄膜太阳能电池包括染料敏化太阳能电池(DSSC)、量子点太阳能电池、有机薄膜太阳能电池(OSCs)以及近年来飞速崛起的钙钛矿太阳能电池(PeSCs)。其中有机薄膜太阳能电池以其较高的光吸收系数、容易对材料结构进行修饰以及可制备大面积柔性器件等优势得到了人们的广泛关注。有机薄膜太阳能电池使大面积卷对卷制备工艺以及柔性可穿戴设备的实现成为可能。但其有机半导体材料易受水和氧气腐蚀,导致器件的耐久性差,限制了其规模化应用。瑞士 GRÄTZEL M 教授课题组于1991年采用钌基染料敏化的 TiO_2 纳米晶作为染料敏化太阳能电池的光阳极,将该电池的光电转换效率由原来的2.5%提升到7.1%,进而引起研究人员的持续关注[74]。染敏电池具有组装工艺简单、成本低廉、耐久性优良等优点,展现出广阔的应用前景。量子点敏化太阳能电池的结构和工作机理与染料敏化电池相似,前者使用无机量子点(如 CdS 和 CdSe)为敏化剂。量子点的带隙可以通过改变颗粒尺寸来调控,具有可调变的吸光范围,因此其短路电流密度高于染料敏化电池。但量子点敏化太阳能电池内部存在较严重的电子复合,导致开路电压较染敏电池低;和染料敏化电池相比,量子点敏化电池的另一个缺点是量子点尺寸比染料分子大很多,因此 TiO_2 的量子点载量很小。以上缺点使得量子点敏化电池的性能和染料敏化电池尚有差距。而钙钛矿太阳能电池自2012年以来,迅速成为令全世界科研工作者瞩目的新兴太阳能电池技术,短短几年间,其光电转换效率就已经突破22%,成为当前研究的一颗明星。值得一提的是,钙钛矿太阳能电池也具有致命的短板,即所用钙钛矿含有对环境不友好的重金属,以及钙钛矿对水和氧气极其敏感,严重降低了电池的长期稳定性。这些缺点不可避免地成为钙钛矿太阳能电池商业化应用的桎梏。

4.2.1.2 太阳能电池的结构和原理

太阳能电池是通过光伏效应或者光化学效应直接把光能转换为电能的装置,能产生光伏效应的材料很多,但它们的发电原理基本相同,光化学电池是通过光子能量转换成自由电子,电子通过电解质转移到另外的材料,然后向外供电的。以光伏效应工作的薄膜式太阳能电池为主流,而以光化学效应原理工作的太阳能电池则还处于萌芽阶段。本章以染料敏化太阳能电池(DSSC)和聚合物太阳能电池为例,讨论光伏发电的原理。DSSC 实际上是一种光电化学太阳能电池,涉及复杂的光激发反应、电化学反应、电池各个界面处的电子传输和光催化反应。界面能量学和动力学在 DSSC 中是非常重要的,因为它使我们了解如何减少能量损失并获得高效率,这两者都依赖于能级的精确测定和对电池界面反应动力学的充分理解。

1. 染料敏化太阳能电池的结构和原理

典型的染料敏化电池主要是由以下几部分组成,吸附染料的多孔纳米薄膜形成的光阳极、透明光学导电玻璃(TCO)、染料敏化剂、氧化还原电解质及对电极。这五部分组成类似三明治的夹心结构。染料敏化太阳能电池的工作机理如图4.23所示。

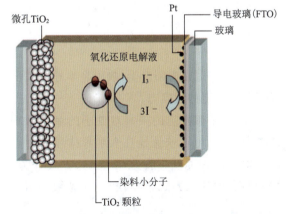

图 4.23 染料敏化太阳能电池的基本结构示意图[75]

光阳极通常是由多孔二氧化钛纳米粒子组成的薄膜,其主要作用是:在受到光照时,入射光子被敏化剂分子捕获而被吸附在 TiO_2 的表面,使染料分子从基态到激发态。随后,一个电子被迅速注入半导体纳米 TiO_2 的导带,在敏化剂中留下了一个空穴,最后,注入的电子通过外部电路输送到对电极。因此,工作电极主要是在受到光照时,将光子转化为电子再传输到外电路。

透明光学导电玻璃(TCO)一般是掺杂氟的氧化锡或者氧化铟锡的透明导电玻璃。需要满足的要求有:表面方阻低,通常在 $10\sim 20\ Q/cm^2$;透光率高,要求大于 85%;面积大、重量轻,易加工、耐冲击等。

染料敏化剂是染料敏化电池的核心组成部分,其主要作用是:将染料敏化电池的吸收光谱范围从紫外区延伸至可见光区。

电解质按照物理形态不同可分为液体电解质、准固态电解质及固态电解质,其主要作用是:还原处于氧化态的染料,同时接受对电极的电子并还原,从而完成太阳能电池的回路。

对电极一般由铂金属组成,主要原因是铂具有较高的催化活性和导电性,其主要作用是:收集从外电路中传输过来的电子,并将电子传递给电解质。

染料敏化太阳能电池的工作机理如图 4.24 所示。

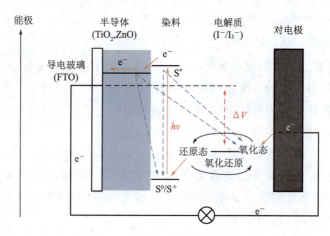

图 4.24　染料敏化太阳能电池的工作原理图[76]

(1)光照射在光阳极上,吸附在半导体氧化物表面的光敏剂吸收光子能量从稳定的基态跃迁到不稳定的激发态。

(2)处于激发态的染料对电子的束缚减弱,在染料 LUMO 能级和半导体导带间的能级差驱动下,电子快速地注入半导体导带中,失去一个电子的光敏剂成为氧化态染料阳离子。电子注入过程一般为 6s 级别,方式分为单重激发态及三重态的注入,纯有机光敏剂采用前者的注入方式,金属配合物光敏剂可以通过隙间蹿跃到三重态进而向半导体中注入电子。

(3)氧化态的染料从电解质中的氧化还原电对中的还原态物质中得到电子,再生为基态染料。该过程需要染料的 HOMO 能级与氧化还原电对有一定的能极差,即再生驱动力,该过程一般为微秒级别。

(4) 注入氧化物半导体中的电子通过导电基底传输到外电路,到达对电极。

(5) 到达对电极的电子通过电极传递给氧化还原电对的氧化态物质,进而形成完整的电子传输循环回路,完成光电转换。

除了上述有效过程外,还存在不利的电子复合过程,即注入氧化物半导体或导电基底上的电子回传与氧化态染料阳离子或电解质中的氧化态物质发生复合。该过程降低了光生电子的有效利用,会对器件的光伏性能造成影响。

2. 聚合物太阳能电池的结构和原理

按照器件的结构和光敏层的形式,聚合物太阳能电池的结构如图 4.25 所示。聚合物太阳能电池可以分为:"三明治"结构聚合物太阳能电池、双层异质结聚合物太阳能电池、体异质结聚合物太阳能电池。

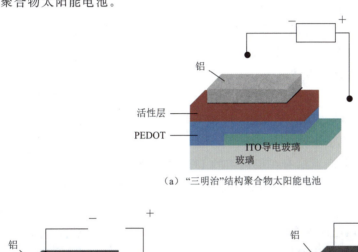

(a) "三明治"结构聚合物太阳能电池

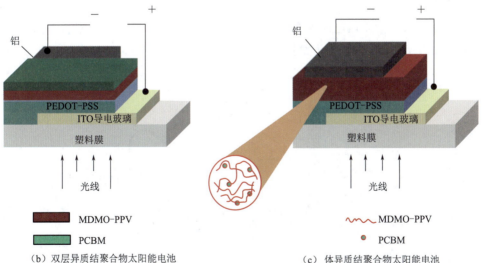

(b) 双层异质结聚合物太阳能电池　　(c) 体异质结聚合物太阳能电池

图 4.25　聚合物太阳能电池结构示意图

聚合物太阳能电池最基本的结构是"三明治"结构,透明导电玻璃作为基板,中间层聚合物光敏层用溶液或者真空涂覆,顶层为金属电极。

双层异质结聚合物太阳能电池,又称为双层给体/受体异质结太阳能电池。P 型和 N 型半导体依次堆叠在一起,这种使用有机半导体的双层器件是使用许多不同的材料组合来实现的。在这种结构中,只有在距离异质结界面 10~20 nm 内产生的激子才能到达界面。激子的扩散长度短和载流子的迁移率低导致了远离界面的吸收光子的损失,因此,这种结构电池的光电转换效率不高。

体异质结聚合物太阳能电池与双层异质结聚合物太阳能电池不同的是,电子给体和电子受体共混制成均匀溶液,受体与给体展现出 10~20 nm 尺度的相分离,在这样的纳米级互穿网络中,每个界面的距离小于激子到扩散点的扩散距离。此外,这类电池的受体/给体异质结的界面分布在整个光敏层中,激子解离效率得以大幅度提高,太阳能电池的光电转换效率也得以有效提高。但在体相异质结给体—受体的界面分布是随机的,而且截面上的内建电场方向杂乱,从而要求使用不同功函数的电极增强电荷传输的方向性。为了建立电子和空穴传输的快速通道,给体和受体在活性层内需要形成双连续相。体相异质结中,活性层中给体和受体均与电极接触,造成电荷收集的选择性较弱,从而缓冲层必不可少。

尽管体相异质结结构需要考虑的因素更多,但当前最成功的器件都是基于这种结构来进行优化的。传统的正置电池器件结构为:玻璃基底上涂有一层透明的 ITO 作为器件的阳极,聚(3,4-亚乙二氧基噻吩)-聚(苯乙烯磺酸)(PEDOT:PSS)作为空穴传输和阳极修饰层,LiF 或 Ca 作为阴极缓冲层修饰到阴极电极上,Al 或其他金属作为器件的阴极。为了提高传统正向电池稳定性,人们提出了反置结构。反置太阳能电池器件的结构与正置器件类似,电池的电极相反。此时,玻璃基底上涂有一层透明的 ITO 作为器件的阴极,使暴露于空气中的蒸镀电极 Ag 或其他金属成了阳极,因为阳极金属的功函数较大,减少了氧化,从而提高了器件稳定性。

体异质结聚合物太阳能电池工作原理的能级示意图如图 4.26 所示,聚合物太阳能电池中的光敏层在受到光照之后,电子给体吸收光子产生电子-空穴对,被激发的电子从电子给

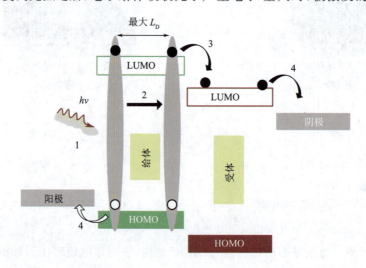

图 4.26 体异质结聚合物太阳能电池工作原理的能级示意图[78]

体的最高占有轨道能级跃迁到最低空轨道能级。之后,激子扩散到电子给体和电子受体的界面处,由于给体与受体能极差的作用发生电荷分离。最后是激子分离后的电子和空穴在回路中的传输,从而完成光电流的循环。

4.2.1.3 太阳能电池的主要性能参数

太阳能电池的性能主要由四个参数进行表征,图4.27为典型的太阳能电池$J-V$曲线,从中可以得到四个重要参数:开路电压(V_{oc})、短路电流(J_{sc})、填充因子(FF)、能量转换效率(PCE)。

开路电压V_{oc},指太阳能电池在开路状态下受到光照产生的电压,主要由N型和P型材料以及界面功能层材料的能级共同决定,此外,不可避免地也会受到电荷充重排的影响而输出更低的开路电压。

短路电流J_{sc},指太阳能电池在短路状态下受到光照产生的输出电流密度,主要由光敏材料的吸收光谱、光敏层厚度、载流子迁移率、界面接触质量等共同决定。

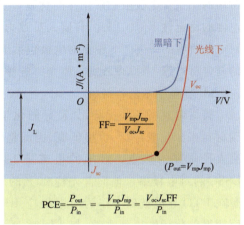

图4.27 太阳能电池的光伏特性曲线及主要参数[78]

填充因子(FF),指太阳能电池最大输出功率与开路电压和短路电流乘积之值,FF反映器件内部载流子输运过程中受电荷复合的影响,与光照强度、载流子迁移率、光敏层微观形貌及厚度、界面接触质量等都有关系。

能量转换效率(PCE)定义为电池的最大输出功率与输入功率之比。能量转换是衡量太阳能电池性能最重要的参数,其大小由开路电压(V_{oc})、短路电流(J_{sc})、填充因子(FF)共同决定,在相同的光照条件下,需要同时优化上述三个参数使其乘积最大,才能实现太阳能电池的最佳能量转换效率。

4.2.2 纳米复合材料在太阳能电池中的应用

4.2.2.1 纳米复合材料在染料敏化太阳能电池中的应用及研究进展

1. 对电极

染料敏化太阳能电池的阴极一般也被叫对电极,它是整个电池构造的关键部分。当光阳极的电子注入于对电极时,会在对电极发生还原反应($I_3^- + 2e^- \longrightarrow 3I^-$),同时电解液中的$I^-$也会被氧化成为$I_3^-$。对电极主要有两个功能:一是能够促进电子从外部电路转移回到电解液的氧化还原电对中,二是能够作为对电极/电解质界面的I_3^-还原反应的催化剂促进电解质氧化还原电对的再生。因此,DSSC对电极应该满足的条件为:具有较高的电导率和催化性能并在价格上具有优势。传统的对电极材料为金属铂,然而,铂是地球上最贵的稀有金属之一，成本高，并且最常见的铂膜的制备方法（如热分解和真空溅射）都需要高温操作和复杂的设备，因此，发展成本低廉，易于制造，具有高催化性和导电性的对电极是势在必行的。

纳米复合材料用作染料敏化电池的对电极时可以分为两大类：铂系对电极和非铂系对电极。铂系对电极的主要研究方向是在不影响铂电极性能的前提下，减少 Pt 材料的用量。常用的铂系对电极虽然催化性能优越，但成本仍然较高，而且长期使用时易被电解质腐蚀，电池的稳定性下降。因此，科研人员致力于催化效率更高、导电性能更好、价格更低的非铂对电极材料的研究。非铂对电极包括碳材料、导电聚合物、无机过渡金属化合物以及它们的复合材料等，下面将分别具体介绍各种对电极材料。

（1）碳基纳米复合材料

碳材料具备一些优势，如良好的化学稳定性、优越的催化活性以及电子传导率，此外碳材料来源比较广泛、价格低廉，因此将碳材料作为非 Pt 催化剂应用在 DSSC 中一直是研究人员研究的热点。最早的报道是 1996 年 Kay 和 Gratzel 用碳材料作为催化剂用于 DSSC 的对电极中。他们首先将 20% 的炭黑加入石墨中，制备出复合材料，紧接着将其涂敷在 FTO 导电玻璃上作为对电极应用于 DSSC 中。由于炭黑自身的优势，如高比面积，而使得催化活性得到改善，与此同时，石墨结构之间的部分空隙被炭黑聚集体填充，也使得电极的传导率相应得到提升，进而获得了 6.7% 电池的光电转换效率。新型的纳米尺度碳材料主要包括石墨烯（G）、碳纳米管（CNT）、碳纳米纤维（CNF）等。此外，即使是大颗粒的碳材料，也会因为制备活化方法的不同，在结构上呈现纳米多孔或褶皱的特征，从而表现出不同的催化活性。

石墨烯是一种全新的碳纳米材料，石墨烯的是由碳原子组成的具有蜂巢状结构的二维晶体，其导电性非常优异、强度大，同时拥有巨大的比表面积以及良好的热稳定性。石墨烯第一次用作 DSSC 对电极是在 2008 年，石高全课题组利用 1-芘丁酸盐修饰石墨烯膜做电极材料，其 DSSC 的光电转换效率为 2.20%[79]。此后，石墨烯在 DSSC 领域的发展突飞猛进。尽管石墨烯用于 DSSC 对电极材料已取得一定进展，但其基面是电化学惰性的，催化活性受限，且极易堆叠，因此，人们把目光转向了对石墨烯与其他材料复合制备复合材料上。2006 年 Stankovich 等首次合成了石墨烯和导电聚合物复合材料，其中导电聚合物作为导电基底而石墨烯作为催化剂，将其应用于 DSSC 的对电极中，取得了理想的光电转化效率[80]。与此同时，石墨烯也可用作导电基底负载导电聚合物、金属、无机化合物、碳纳米管等，石墨烯可用作导电网络，负载物质看作催化活性位点，将该复合材料作为对电极应用在 DSSC 中取得比单一材料更优异的光电转化效率。例如，Chen 等利用水热法制备了单壁碳纳米管/石墨烯（SWCNT/G）复合气凝胶，并旋涂制得 DSSC 对电极，671 nm 处透射比为 49.86%。通过综合碳纳米管优异的导电性、石墨烯良好的电催化活性、三维结构提供的大的比表面积以及好的表面亲水性，SWCNT/G 做对电极的 DSSC 的效率达到 8.31%。CHOI H 等使用石墨烯/MWCNT 复合材料制作对电极，其中碳纳米管通过化学气相沉积在化学还原石墨烯层上生长（图

4.28)[81]。以石墨烯/MWCNT 作为对电极的电池的能量转换效率为 3.0%,高于 MWCNT 对电极的 DSSC,效率的提高归因于垂直生长的碳纳米管在石墨烯片上引起在界面处的反应面积扩大。

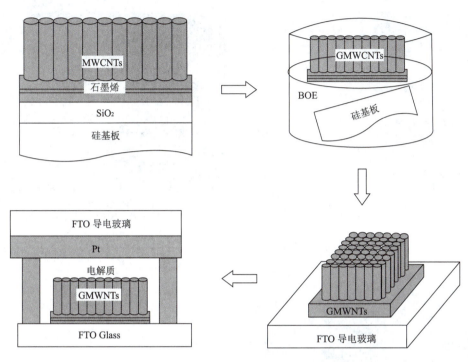

图 4.28　在二氧化硅/硅基板上制备石墨烯/MWCNT 复合材料的器件制备示意图[81]

制备柔性的 DSSC 对电极是满足 DSSC 向柔性器件发展需要解决的关键因素。如图 4.29 所示,Peng 等在单层石墨烯片上定向生长碳纳米管阵列,单纯的柔性碳纳米管阵列极易从柔性衬底上脱落,但复合电极具有更好的稳定性。此外,利用铂-石墨烯复合材料作为对电极是降低 DSSC 中铂负载的一种策略。GONG F 等通过聚电解质、石墨烯和 H_2PtCl_6 的自组装,然后退火处理,合成了铂-石墨烯复合材料[82]。以该复合材料为对电极的 DSSC 的功率转换效率为 7.66%,与使用铂对电极的 DSSC 的功率转换效率(8.16%)相当。重要的是,铂-石墨烯对电极的铂含量远低于溅射铂电极,从而显著降低了 DSSC 的制造成本。

碳纳米管是一种石墨烯薄片,它被卷成圆柱形,它们还具有纳米尺寸,具有非常高的长宽比(比任何其他材料都高),提供了不寻常的多功能特性。作为一维量子材料,碳纳米管由于其特殊的纳米级传输孔道结构而具有良好的电催化性能、导电性能、耐腐蚀性能及化学稳定性能。根据其管壁层数分为两大类,分别是单壁碳纳米管(SWCNT)和多壁碳纳米管(MWCNT)。SUZUKI K 等首次将单壁碳纳米管(SWCNT)薄膜用作 DSSC 的对电极,并将其性能与传统的铂对电极电池进行了比较[84]。Cenian 等通过喷印技术制备出双壁碳纳米管(DWCNT)对电极,发现热处理温度为 300 ℃时的 DWCNT 对电极取得了 4.59% 的最佳转换效率[85]。Anam 等采用酸处理配制高分子量的 MWCNT 分散体并在其 MWCNT 网状结构中引入不同浓度的活性炭,经反复的光电测试,其效率最高达到 6.26%[86]。

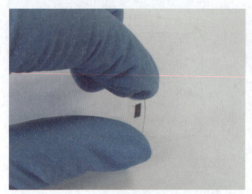

(a) 石墨烯/碳纳米管柔性
复合电极光学照片

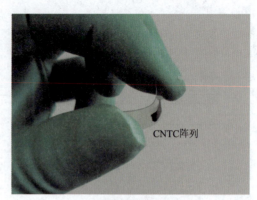

(b) 碳纳米管柔性电极在
弯折过程中脱落的光学照片

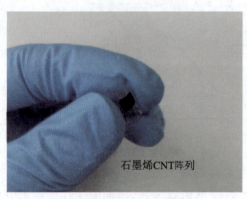

(c) 石墨烯/碳纳米管复合电极
在弯折过程中没有脱落的光学照片

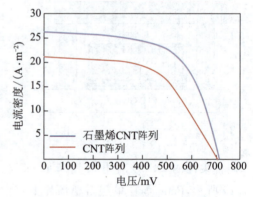

(d) 柔性染料敏化电池的伏安特性曲线[83]

图 4.29 石墨烯/碳纳米管复合电极的实物展示及其在染料敏化电池中的应用[83]

自 1994 年 AJAYAN P 等首次报道碳纳米管增强聚合物纳米复合材料以来,碳纳米管-聚合物复合材料因其多功能性在能源领域得到了广泛的应用[87]。各种类型的聚合物结构,如聚(苯乙烯磺酸盐)(PSS)、聚(3,4-亚乙基二氧噻吩)(PEDOT)、PEDOT:PSS、聚(氯乙烯)、聚噻吩、聚丙烯、聚苯胺和聚吡咯,具有成本低、电催化活性好、导电率高等优点,已被用于支撑碳纳米管的 DSSC 的对电极。Ouyang 等首次报道了由 MWCNT 和 PEDOT:PSS 组成的复合结构作为 DSSC 的对电极材料[88]。采用旋涂技术从复合材料的水溶液中制备薄膜。MWCNT/PEDOT:PSS 反电极电池的光伏效率为 6.5%。作者解释了用这种复合结构制备的 DSSC 的高性能是由于 MWCNT 和 PEDOT:PSS 之间的 π-π 共轭引起的对电极电子快速转移所吸引的。HOU S 等合成了以高有序碳纤维导电核和 PEDOT:PSS 膜为催化壳的碳纤维/PEDOT:PSS 复合材料,并将其应用于纤维状 DSSC 中作为对电极[89]。由于该复合材料具有良好的柔韧性,因此可以很容易地将其包裹在钛丝基光阳极上。通过循环伏安扫描测试发现,碳纤维/PEDOT:PSS 复合材料比碳纤维-铂电极具有更高的电化学稳定性,制备的 DSSC 具有 5.5% 的高转换效率。HASHMIS G 等制作了一种基于碳纳米管和聚合物的 DSSC 用柔性且经济的(不含 FTO 和 PT)对电极[90]。他们通过一种简单的滴注法在聚(氯乙烯)基板上沉积了 MWCNT 油墨溶液。之后,将质量分数为 0.5% 的 PEDOT 在硝基甲烷中旋涂于聚(氯乙烯)-MWCNT 基底上作为催化剂层。此外,在 NIU H 等的研究中,通过原位聚合,聚苯胺被固定在 MWCNT 的表面并均匀地包裹纳米管[91]。DSSC 中 MWCNT-PANI 对电极显示出光伏效率高达 7.21%,与铂电极装置(7.59%)相当。

使用导电碳纳米管和少量催化铂颗粒组成的复合材料是降低对电极中铂含量的最佳策略之一。近年来,采用纺织技术制作的柔性纤维状的非平面 DSSC 由于其易于集成而受到了广泛的关注。HOU S 等开发了纳米铂吸附在碳纳米管纱作为柔性纤维 DSSC 对电极[92]。他们将铂纳米颗粒吸附在自立碳纳米管纤维网上将其复合成纱。铂纳米粒子均匀分布在多孔碳纳米管上,提高了催化剂的有效催化位点,从而提高了电池的整体性能。以质量分数为 0.7% 的铂负载为对电极制备 DSSC,电池效率为 4.85%。电池的性能也取决于纱线的直径。较粗的纱线中含有较多的纳米管,具有较多的催化活性位点,有助于提高电池的性能。然而,超过一定厚度后,由于电解液向碳纳米管网络内部的有限扩散和入射光的阻挡,效率下降。

CHEN T 等报道了一种基于碳纳米管纤维的染料敏化太阳能电池[93]。他们将染料吸附碳纳米管-二氧化钛复合纤维与碳纳米管纤维缠绕在一起,作为对电极制备了该器件,功率转换效率为 2.94%。器件的性能与缠绕结构密切相关,如果缠绕紧密,就会发生短路,如果缠绕松散,效率会大大降低。由于电池效率与电池长度和入射光无关,因此可以很容易将其放大以用于多个应用(图 4.30)。

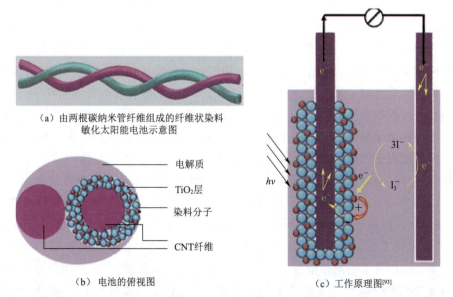

图 4.30 纤维状染料敏华太阳能电池的示意图及工作原理

碳纳米纤维具有功能多样,比表面积大,化学稳定性好,且电阻率低,可大规模生产等,已被广泛用于电化学和光化学领域。LIU J 等提出了一种基于垂直排列的纳米碳纤维和纳米针状锐钛矿 TiO_2 薄膜的 DSSC 结构(图 4.31)[94],总转换效率达到 1.09%,开路电压达到 0.64 V。在 TiO_2-CNF 结处的有效电荷分离和核壳结构所带来的大的 TiO_2 外表面提供了调整太阳能电池材料和界面的新方法。SEBASTáN D 等研究了在不同碳纳米纤维材料中,具有最高表面积(183 m^2/g)、最薄的尺寸(24 nm)和最高表面缺陷密度的碳纳米纤维在效率、开路电位和短路电流密度方面表现出最优性能[95]。Wu 等采用静电纺丝技术和水热法制备了具有高密度花状纳米片的二硫化钼/碳纳米纤维复合材料(图 4.32)[96]。该复合材料作为 DSSC 对电极具有良好的性能。在相同条件下,采用二硫化钼/碳纳米纤维的 DSSC 功率转换效率为 8.46%,高于采用纯碳纳米纤维(6.59%)和铂(7.65%)构建的器件。因此,二硫化钼/碳纳米纤维电极的优良稳定性和易制备性为 DSSC 的应用提供了前提条件,同时大大提高了 DSSC 的电催化活性。

Hong 等构建了具有核壳结构的碳纳米纤维/铂纳米粒子复合网络结构,并将其应用于 DSSC 对电极(图 4.33)[97]。该实验首次采用同轴静电纺丝法制备了由聚丙烯腈聚合物和铂前体组成的纳米纤维。通过一系列热处理过程,可以将前驱体同时转化为壳层中含有铂纳米颗粒的碳纳米纤维网。铂纳米颗粒在碳纳米纤维中的空间分布增强碳纳米纤维网络的电催化活性。

(2)导电聚合物基纳米复合材料

导电聚合物具有高导电性、高催化性、低成本以及可制作成柔性材料等特点,也被用作电催化活性材料用于染料敏化太阳能电池的对电极中,主要可分为三类,分别为聚苯胺、聚吡咯和聚噻吩。

聚苯胺是研究最为广泛的导电聚合物多功能对电极材料之一。它具有成本低、加工性强、热稳定性和化学稳定性高等特点,因此,被广泛用作超级电容器或电池电极材料。不同种类的聚苯胺被合成,并被用作 DSSC 的对电极。一般来说,合成的聚苯胺纳米结构应该是具有高比表面积的多孔结构。此外,由于结构良好,电沉积聚苯胺具有优异的性能。LI Q 等首次将聚苯胺作为 DSSC 中的对电极[98]。他们在过硫酸铵存在下,以高氯酸为掺杂剂,通过水氧化聚合反应合成了聚苯胺,得到了粒径为 100 nm 的微孔聚苯胺纳米粒子。聚苯胺具有较高的比表面积和微孔结构,对 I_3^-/I^- 氧化还原反应具有良好的电催化活性。同样,QIN Q 等报道了多孔聚苯胺提供了高的比表面积,最终导致了高电催化活性和效率[99]。聚苯胺可以被不同的反离子掺杂,如 SO_4^{2-}、ClO_4^-、BF_4^-、Cl^- 和对甲苯磺酸盐(TsO^-)。掺杂增加了导电性、孔隙率、电催化性能,也影响了形貌。用酸掺杂聚苯胺可以有效地提高聚苯胺的导电性。LI Z 等报道了不同反离子掺杂对聚苯胺的影响,并对所得形貌和性能进行了研究[100]。由 SO_4^{2-} 阴离子掺杂的聚苯胺薄膜具有许多多孔形貌,孔径为几微米,与铂作为对电极相比,它保留了较高的还原电流以还原 I_3^-,且电荷转移电阻较低。WANG S 等采用原位电化学聚合法制备了不同掺杂浓度的 H_2SO_4 掺杂聚苯胺薄膜,研究了掺杂浓度对聚苯胺薄膜形貌和效率的影响[101]。H_2SO_4 的加入导致了较高的电子离域度和高阶的分子结构从而加速了电荷转移,因此,可以实现增强的性能。氨基磺酸掺杂的影响也被研究人员研究[102]。

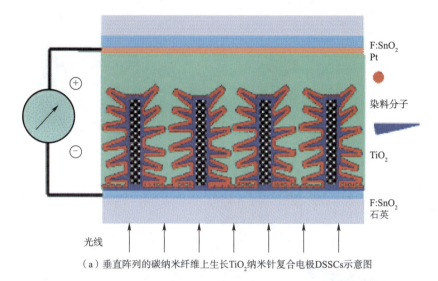

(a) 垂直阵列的碳纳米纤维上生长TiO$_2$纳米针复合电极DSSCs示意图

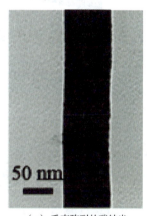

(b) 垂直阵列的碳纳米纤维的SEM图

(c) 垂直阵列的碳纳米纤维的TEM图

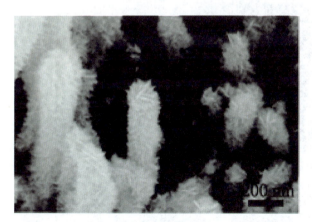

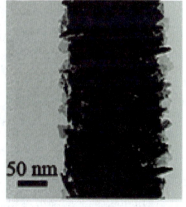

(d) 垂直阵列的碳纳米纤维上生长TiO$_2$纳米针复合电极的SEM图

(e) 垂直阵列的碳纳米纤维上生长TiO$_2$纳米针复合电极的TEM图[94]

图4.31 具有垂直阵列结构的纳米材料在复合电极中的应用及其微观结构形貌图

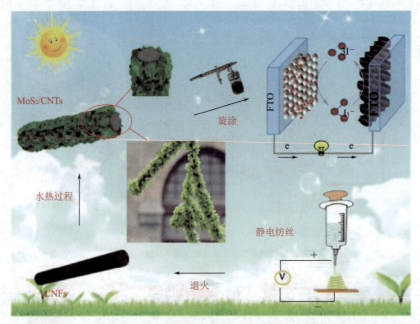

图 4.32　二硫化钼/碳纳米纤维复合材料用于染料敏化太阳能电池示意图[96]

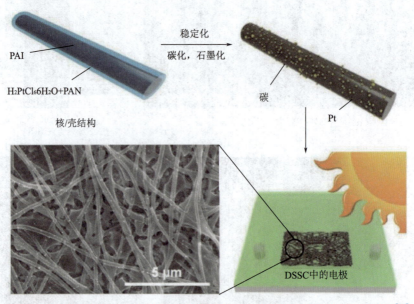

图 4.33　用核壳结构碳纳米纤维/铂复合材料用于染料敏化太阳能电池示意图[97]

氨基磺酸的掺杂会在聚苯胺纳米纤维的纤维网络中产生空洞,从而提高了电催化活性。掺杂氨基磺酸的电池的光转换效率提高了 27%。

一维聚苯胺纳米结构具有不同的形貌,如纳米纤维、纳米带、纳米管等。GUO F 等通过 Marangoni 流制备了聚苯胺,并将其沉积在一层薄膜中,该薄膜保留了高度互连的网络结构[103]。各种一维聚苯胺纳米结构的光伏性能可以通过改变形貌来改变,这取决于实验参数,例如"电位"。QIN Q等在铟锡氧化物(ITO)和柔性DSSC用导电聚对苯二甲酸乙二醇酯(PET)衬底上通过恒电位电聚合法制备了锥形结构的聚苯胺纳米管[104]。此外,他们通过改变脉冲开启电位,改变聚苯胺纳米管的直径[105]。化学聚合方法可用于制备一维聚苯胺纳米带,从而形成连接良好的导电网络和高活性表面积[106]。

TANG Z等通过两步电化学沉积的方法(图4.34)制备了一维聚苯胺纳米纤维支撑铂纳米颗粒薄膜,基于聚苯胺/铂的DSSC具有较高的导电率、比表面积和比表面积催化活

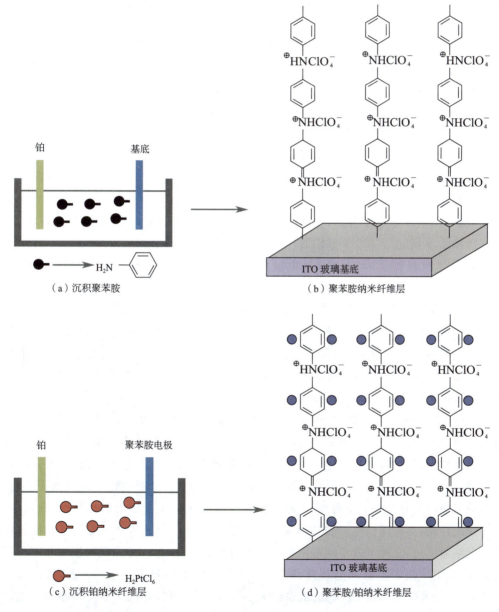

图4.34 两步电化学沉积方法制备聚苯胺/铂复合电极[107]

性[107]，该电池的光电转换效率可达7.69%。2013年，CHEN X等将刺状聚苯胺纤维生长在铂层上，这个过程通过电流密度控制法实现[108]。电化学结果表明，这种新型结构的聚苯胺/铂纤维作为DSSC的对电极具有优异的性能，电池的光电转化效率可达7.66%，优于纯的铂对电极（5.89%）和纯的聚苯胺纤维对电极（6.30%）作为对电极的DSSC。

Zhu等将聚苯胺纳米纤维通过电化学沉积在石墨化聚酰亚胺碳膜上制备了用于三碘还原的柔性对电极[109]。电化学阻抗谱分析表明，柔性对电极具有极低的电荷转移电阻和串联电阻。这些结果是由于聚苯胺纳米纤维的高电催化活性和柔性石墨化聚酰亚胺薄膜的高导电性。

SHAHID M V等在多孔多层石墨烯载体上原位聚合生长聚苯胺，该载体是用简单的溶剂剥离法制备的，通过流延法沉积在FTO玻璃上[110]。基于石墨烯-聚苯胺和铂对电极的DSSC，在1 cm²的有效面积及一个太阳光照射下，其光转换效率分别为3.58%和3.97%。虽然石墨烯-聚苯胺作为对电极的DSSC不能超过铂作为对电极的DSSC，但其光学性能和光伏性能比较好，可以作为替代方案考虑。

GAO J等合成了聚乙烯吡咯烷酮（PVP）/聚苯胺（PANI）纳米复合材料，并将其作为双相准固态DSSC的透明对电极（图4.35）[111]。在聚合过程中，PVP被苯胺包埋作为有效的空间稳定剂。此外，聚苯胺中PVP的存在促进了对电极与电解液界面活性反应位点的生成，进一步减少了电子复合。PVP/PANI（PVP质量分数=4%）对电极制备的DSSC的功率转换效率高达5.45%，与铂对电极制备的DSSC（功率转换效率为5.57%）相当。长期稳定性试验表明，PVP/PANI对电极的光伏器件比铂对电极组装的DSSC具有更高的耐久性。

HE B等采用回流法合成了硫化钼修饰的苯胺配合物，并对其进行了原位聚合，制备了透明聚苯胺-硫化钼配合物用于DSSC[112]。初步结果表明，金属与氮之间的反键作用使聚苯胺（N原子）与硫化钼（Mo原子）间的快速电荷转移，显著提高了配合物对电极的电催化活性。基于聚苯胺-硫化钼的对电极的双相DSSC具有高的光学透明性、对I_3^-的电催化还原性、对I^-/I_3^-氧化还原偶的电荷转移能力，其最大功率转换效率为7.99%。

聚吡咯具有合成简单、催化性能好、成本低、聚合产率高、环境稳定性好等优点，有望取代铂对电极，聚吡咯也可用作电荷储存材料。LU S等详细解释了聚吡咯电极上I_3^-还原的电催化活性和机理，这可能对其他导电聚合物电极同样有效[113]。总的来说，电催化机理有三个步骤：弱键和强键碘物种的形成、中间产物的形成、中间产物的还原以及碘离子的释放。聚吡咯纳米颗粒具有良好的粘附性、很高的比表面积，因而表现出良好的电催化活性。为了获得优异的性能，必须降低电荷转移电阻。用合成化学方法合成的具有海绵状和橡胶状结构的聚吡咯对电极，实现了较小的电阻和良好的电催化活性[114]。海绵状和橡胶状结构提供了孔隙率，从而增强了扩散和电催化活性，聚吡咯的厚度对DSSC的性能也有很大影响。MAKRIS T等采用恒电位电沉积法从水溶液中合成了聚吡咯，研究了聚吡咯厚度对电池性能的影响[115]。随着沉积时间的增加，聚吡咯层的厚度逐渐增加，但较厚的聚吡咯层的结合力较差,导致其性能较差。所制造的电池在一个月的时间内是活性的,并与脲基凝胶电解质相容。

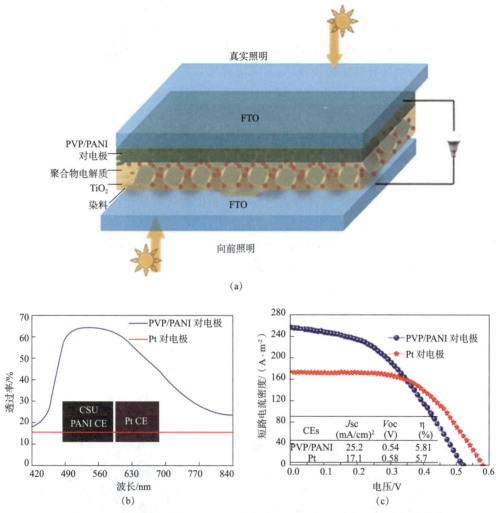

图 4.35 聚乙烯吡咯烷酮(PVP)/聚苯胺(PANI)作为对电极的 DSSC[111]

LIM S P 等通过快速原位电化学聚合方法在 ITO 导电玻璃上制备聚吡咯/还原氧化石墨烯纳米复合材料,将其用于 DSSC 的对电极[116]。聚吡咯纳米粒子在还原氧化石墨烯片上分布均匀,粒径在 20~30 nm 之间。电化学研究表明,聚吡咯/还原氧化石墨烯与标准铂对电极相比,具有较小的电荷转移电阻和类似的电催化活性。采用聚吡咯/还原氧化石墨烯对电极的 DSSC 的太阳能转换效率为 2.21%,仅相当于采用溅射铂对电极的 DSSC 的太阳能转换效率(2.19%)。聚吡咯/还原氧化石墨烯具有优良的光伏性能、快速简便的制备方法和低廉的成本,有望成为 DSSC 中昂贵铂的替代电极。

为了实现 DSSC 的柔性和透明度,导电聚合物特别是聚吡咯的柔性也显得极为重要。VEERENDER P 等采用液—液两相界面聚合法制备了自支撑聚吡咯膜对电极,薄膜具有二维结构,底部致密,顶部多孔[117]。为了将 DSSC 与纺织品集成,XU J 等在棉织物上沉积的聚吡咯膜,该研究可使 DSSC 易于植入纺织电子领域[118]。

聚噻吩(PEDOT)作为 DSSC 的对电极被广泛研究。JONAS F 和 SCHRADER L[119]的研究表明聚噻吩作为对电极使用时具有高的室温电导率、电化学可逆性和显著的热稳定性和化学稳定性。YOHANNES T 和 INGANäS D[120]首次报道了聚噻吩的电催化性能。聚噻吩与极性基团聚合物具有良好的相容性,与水电解质具有良好的器件性能。在所有的导电聚合物中,聚噻吩对 DSSC 中的 I_3^-/I^- 氧化还原偶具有最高的电催化活性[120]。YOM J H 等首先使用聚苯磺酸钠掺杂的聚(3,4-乙撑二氧噻吩)(PEDOT)与对甲苯磺酸盐作为催化剂,来催化还原 I_3^- 变成为 I^-,获得结果比较理想[121]。

XU H 等以氮化钛和 PEDOT:PSS 为原料,采用简单的机械混合方法,在超声波作用下制备了氮化钛与 PEDOT:PSS 复合膜[122]。结果表明,该复合膜能有效地将氮化钛和 PEDOT:PSS 结合在一起,复合膜具有高的导电性和优越的电催化活性。该复合膜可作为染料敏化太阳能电池对电极的替代材料。结果表明,这些纳米结构的氮化钛/PEDOT:PSS 复合膜具有良好的界面活性,其性能与铂对电极相当。其中,以氮化钛/PEDOT:PSS 为对电极的电池在相同实验条件下的能量转换效率达到 7.06%,优于铂对电极电池的 6.57%。SUDHAGAR P 等硫化钴纳米粒子分散在 PEDOT:PSS 作为对电极用于 DSSC,功率转换效率为 5.4%,与传统铂对电极(6.1%)相当(图 4.36)[123]。电化学阻抗谱(EIS)和循环伏安法测试表明,复合对电极比原 PEDOT:PSS 电极具有更好的催化活性和更快的三碘还原的速率。

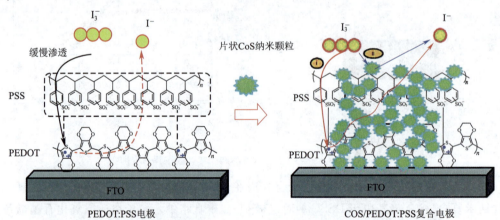

图 4.36 三碘在原始 PEDOT:PSS 和分散在 PEDOT:PSS 电极中的复合片状硫化钴纳米粒子上的还原示意图[123]

HOU S 等以商用碳纤维、聚(3,4-乙撑二氧噻吩)-聚苯乙烯磺酸(PEDOT:PSS)水溶液为原料制备了纤维电极[89]。在该复合材料中,商用碳纤维作为导电核心,PEDOT:PSS 作为纤维电极的催化壳层。图 4.37 中采用该复合材料用作对电极时,光电转化效率可达 5.5%。2017 年,LEES H[124]用过硫酸铵[$(NH_4)_2S_2O_8$]和五氧化二钒(V_2O_5)为原料,采用简单的回流法合成出直径为 20~30 nm,长度为 2~5 mm 的聚 3,4-乙撑二氧噻吩/钒酸铵纳米纤维。回流过程伴随着铵离子和3,4-乙撑二氧噻吩共插层到钒酸铵纳米纤维层中。而且,新型纳米复合电极的制备不依赖高压釜、高温/压力、表面活性剂、催化剂或有害的溶剂,且作为染料敏化太阳能电池的对电极时,光电转换效率可达6.0%。

（3）无机过渡金属化合物基纳米复合材料

无机过渡金属化合物主要是指过渡金属的碳化物、硫化物、氧化物、磷化物、硒化物及氮化物等,具有与铂类似的电子层结构及催化性能。相对于有机化合物来说,无机化合物在稳定性方面尤其具有得天独厚的优势。HUANG N研究组[125]通过简单的溶液处理法将MoS_2和石墨纸结合在一起构成复合电极（图4.38）,由于石墨纸具有高导电性,MoS_2和石墨纸间存在强有力的机械附着性,复合电极展现了高电催化活性以及高稳定性。

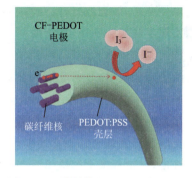

图4.37 碳纤维/PEDOT:PSS复合结构示意图[89]

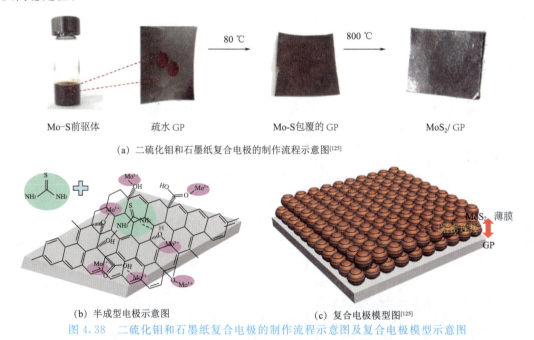

图4.38 二硫化钼和石墨纸复合电极的制作流程示意图及复合电极模型示意图

综上所述,非铂对电极材料不仅可以起到催化的作用,而且部分材料可以不被电解质腐蚀,稳定性好。相信经过科研人员不断地研究,低价高效性能稳定的对电极在未来将有很大的市场竞争力。

2. 电解质

在染料敏化太阳能电池中,电解质能够还原染料正离子并且在两极之间传输电荷。电解液的化学成分直接影响电池的稳定性和光电转换效率。通常,电解液需满足长期稳定性,包括化学、光学、电化学、热力学以及界面稳定性。此外,电解质需要具备快速还原氧化染料的能力,从而保证电荷在多孔纳米晶层和对电极间扩散,以维持光电转换。根据物理性质的不同,电解质可以分为液态电解质和聚合物电解质。液态电解质具有诸如离子扩散速度快、电导率高、渗透性好、光电转换效率高等优势。但是离子液体也面临大区域模块集成困难、实现串联架构困难,易于泄漏的密封性问题以及可能会解吸或者光降解吸附的染料分子等的问题和挑战,导致器件的性能下降甚至失效,限制了染料敏化太阳能电池的实际应用[126]。为了降低成本,改善电池的稳定性以及组装问题,许多研究工作者对凝胶电解质和固态电解质进行了研究。

在凝胶电解质体系中,凝胶电解质通常是把交联剂加入液态电解质中形成凝胶体系。交联剂起到填充和固化的作用。因此凝胶电解质既具有液体的流动性,也具有一定的机械强度,一定程度上解决了液态电解质所存在的问题,延长了电池的使用寿命。

2008年,Sathiya Priya等首先用质量分数为16%的偏氟乙烯-六氟丙烯(PVDF-HFP)溶解在丙酮/N,N-二甲基乙酰胺中,在电压为12 kV下制备纤维膜,然后将纤维膜浸在碳酸乙烯酯/碳酸丙烯酯电解质(质量比为1∶1)中得到相应的膜电解质[127]。在25 ℃时,这种电解质的导电率为10^{-5} S/cm。以TiO_2为工作电极,铂为对电极,组装成染料敏化太阳能电池,在光照强度为100 mW/cm^2,V_{oc}为0.76 V,FF为0.62,J_{sc}可达15.57 mA/cm^2,光电转换效率达7.3%,而且这种电池比使用传统的液态电解质组装的电池具有更优异的稳定性。

2011年,PARK S H等通过电纺的方法制备了偏氟乙烯-六氟丙烯(PVDF-HFP)和偏氟乙烯-六氟丙烯-聚苯乙烯 PVDF-HFP/PS 纤维膜[128]。实验结果表明 PVDF-HFP/PS(3∶1)时性能最佳,V_{oc}为0.76 V,J_{sc}为11.8 mA/cm^2,FF为0.66,光电转换效率为5.75%。为了比较基于 PVDF-HFP 电解质的电池与基于离子液体电解质电池的稳定性,研究人员分别组装了电池(如图4.39所示)。电池由一块提前钻孔的含两个孔洞的 FTO 玻璃基板,一块完整的 FTO 玻璃基板以及电解质组成,电池最后用聚合物箔封装。图4.39(a)封装 PVDF-HFP 电解质,图4.39(b)仅仅封装离子液体,打开两个孔洞,随着时间的推移,封装 PVDF-HFP 电解质的电池在外观上几乎没有变化,而离子液体很快从电池中泄漏。实验36 h后,如图4.39(c)把两块 FTO 基板移开,PVDF-HFP 电解质原始形貌仍然得以保持。

(a) 基于PVDF-HFP纳米纤维电解质电池

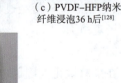

(c) PVDF-HFP纳米纤维浸泡36 h后[128]

(b) 基于离子液体的电池

图4.39 稳定性测试[128]

2013年,AHN S K等将液晶(E7,由四氰基联苯衍生物组成)作为增塑剂包覆在PVDF-HFP纳米纤维电解质中[129]。由于E7包覆的PVDF-HFP纳米纤维具有高的离子导电率(2.9×10^{-3} S/cm),组装电池时,光电转换效率可达6.82%,优于无E7包覆的纤维(6.35%)。此外,$V_{oc}=0.72$ V,$J_{sc}=14.62$ mA/cm^2,FF=64.8%,可与离子液体相媲美($V_{oc}=0.75$ V,$J_{sc}=14.71$ mA/cm^2,FF=64.9%)。

2014年,DISSANAYAKE M等通过静电纺丝制备聚丙烯腈(PAN)纳米纤维,然后浸在离子液体中活化,得到不同厚度的凝胶聚合物电解质,按照图4.40组装电池[130]。其中厚度为9.14 μm的PAN凝胶电解质的电池光电转化效率为最高,可达5.2%,而基于纯的液态电解的电池效率为5.3%。这种电池在光照强度为1 000 W/m^{2}的V_{oc}为0.67 V,J_{sc}为13.31 mA/cm^2,FF为59%。

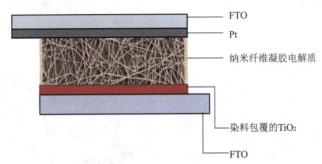

图4.40 聚丙烯腈纳米纤维凝胶电解质型DSSC的结构示意图[130]

2014年,SETHUPATHY M等把V_2O_5引入到PVDF-PAN纳米纤维中,制备了不同V_2O_5含量的PVdF-PAN-V_2O_5电纺纤维膜[131]。由于V_2O_5很好的分散作用,可以观察到三维网状结构的纳米纤维膜形成贯通网络结构,并且有微介孔的存在。实验结果表明,当V_2O_5质量分数为7%时,离子液体占有率达576%,组装电池时,在光照强度为100 mW/cm^{2}的V_{oc}为0.78 V,J_{sc}为13.8 mA/cm^2,FF为72%,光电转换效率可达7.75%。

3. 基底材料

最初染料敏化太阳能电池是采用刚性平板玻璃用作光阳极的基底。但这种刚性导电玻璃容易破碎,硬度高,严重制约了它们在便携式、可穿戴电子产品领域的大规模应用。而现今很多电子设备对集成化、微型化、轻量化需求迫切,将纳米纤维引入到染料敏化太阳能电池中,不仅使得电池基底材料的选择范围变宽了,而且,有利于构筑质量更轻、柔性更好、受光面更广、集成性更强的染料敏化太阳能电池。

聚偏氟乙烯(PVDF)除具有良好的耐高温、耐化学腐蚀、耐氧化性能外,还具有高机械强度及韧度。2012年,LI Y等利用低温喷雾辅助静电纺丝法制备出可弯折的PVDF/TiO$_2$复合材料,并用于染料敏化太阳能电池的工作电极[132]。所制备的纳米纤维与纤维增强的复合物类似,如图4.41所示,基质中含有TiO$_2$纳米颗粒,PVDF包埋在基质中。这种复合材料能延缓裂纹的生成以及传播,同时减轻外部应力有效防止电极脱落,展示出良好的柔韧性和稳定性。基于该复合材料组装的染料敏化太阳能电池的光电转换效率与传统染料敏化太阳能电池相仿,表明 PVDF-TiO$_2$ 能够成为高效柔性染料敏化太阳能电池中可弯折的工作电极。

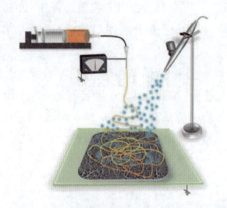

(a) 喷雾辅助静电纺丝系统

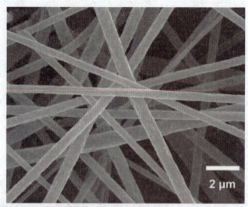

(b) PDVF 纤维的扫描电镜图

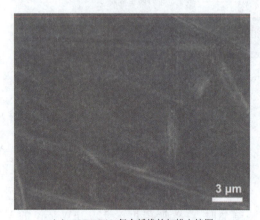

(c) PVDF/TiO$_2$ 复合纤维的扫描电镜图

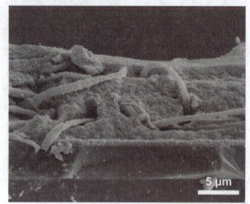

(d) PVDF/TiO$_2$ 复合纤维的截面图

图 4.41　喷雾辅助静电纺丝制备 PVDF 纤维及其复合材料

聚对苯二甲酸丁二酯(PBT)是一种不导电的有机聚合物纤维,张晓英[133]首先采用电镀法在其表面镀铜,赋予其优良的导电性,然后采用电镀工艺在镀铜的 PBT 表面沉积一层 Mn,阻止 Cu 基底与电解质反应,得到廉价、无导电玻璃的新型 PBT/Cu/Mn 柔性纤维复合基底,最后利用水热反应在该柔性基底上生长一维纳米 ZnO 阵列,最终获得新型纤维工作电极光阳极,光电转换效率达到 0.33%,与 Ti 基全固态纤维电池效率(0.32%)相当。

4.2.2.2　纳米复合材料在聚合物太阳能电池中的应用及研究进展

聚合物太阳能电池因具有成本低、质轻和可以大面积柔性制备等优点而具有很好的商业应用前景。当前,研究人员们主要是集中精力设计和制备高性能的给体、受体材料以得到高光电转换效率的太阳能电池。

1. 导电电极

有机聚合物太阳能电池领域中理想的透明导电电极应该在可见光范围内具有较高的透

光率(>80%)、较小的方块电阻(<100 Ω·sq^{-1}),同时具有合适的功函数(4.5～5.2 eV)。ITO是当前有机聚合物太阳能电池中最常用的透明导电电极材料,其方阻可达10～30 Ω·sq^{-1},具有较高的透光率(波长550 nm处的透射率大于90%),而且具有较为合适的功函数(4.7 eV)[134]。这些良好的性质使得ITO可以广泛地应用在太阳能电池领域中。然而,铟是一种稀有元素,不适合于大规模生产;ITO电极较脆,在弯折后容易断裂,造成电导率急剧下降,不易制成柔性器件;而且铟离子易扩散至活性层中,影响器件性能[135]。

相比于ITO,石墨烯材料具有良好的导电性、透光性和机械性能,因此是ITO的理想替代透明导电电极材料。LEWIS G D A课题组[136]研究了将化学还原和热还原氧化石墨烯(RGO)作为有机太阳能电池的透明电极材料,研究发现还原后的氧化石墨烯在400～1 800 nm范围内的透光率达到了80%以上,但是其方阻大于1 000 Ω·sq^{-1},远远超过了ITO的方阻。研究还发现石墨烯透明电极的透光度和电导率与石墨烯的厚度有直接的关系,透明电极的电导率随着还原氧化石墨烯的层数增加而变大,然而透光率却快速下降,最终发现了4～7 nm的石墨烯层性质最佳,其透光率达到85%～95%,方阻为100～500 Ω·sq^{-1}。碳纳米管所具有的优异的光学和电学性质使其广泛应用于有机聚合物太阳能电池作为透明电极材料。虽然基于还原氧化石墨烯透明电极电阻较高,且制成的有机太阳能电池效率较低,但是相比于ITO电极具有极佳的柔性。YIN Z等将还原氧化石墨烯转移至PET柔性衬底上,作为有机太阳能电池的透明导电电极[135]。基于RGO-PET衬底的有机太阳能电池透光率为55%,方阻为1 600 Ω·sq^{-1},其光电转换效率为0.78%,仍然小于ITO电极器件。但是经过1 000次以上的弯曲后,基于ITO电极的器件性能显著地下降,而RGO电极器件基本保持不变。化学气相沉积(CVD)法是制备高质量石墨烯的最实用方法,该方法制备的石墨烯薄膜具有透光率高、表面平整和高电导率等优点。LEWIS G D A[137]通过CVD法制备了大面积的石墨烯导电电极并应用于柔性有机太阳能电池中。所制备石墨烯薄膜的表面粗糙度较小(约0.9 nm),方阻只有230 Ω·sq^{-1},透光率达到72%。所制备的太阳能电池光电转换效率可达到1.18%,与基于ITO电极的器件效率较为接近(1.27%)。此外,该柔性器件可弯折138°,并保持效率基本不变,而ITO器件在弯曲60°后,器件性能便出现较大的下滑。近年来,研究人员们为了获得性质更好的石墨烯导电电极,不断地改进CVD法。CHEN Y Z等使用了一种新型低温条件下的碳封装CVD法,将石墨烯/铜镍混合网状电极沉积在玻璃衬底上,所制备的电极方阻为5 Ω·sq^{-1},透光率达到93.5%,与普通的CVD法石墨烯透明电极相比,该电极的电导率和透光率可以与ITO相媲美,是ITO的理想替代材料[138]。随后,ZHUO Q Q[139]通过等离子体增强CVD法在铜箔和玻璃基底之间制备了一层石墨烯透明电极,该方法不需要转移过程,直接将石墨烯薄膜沉积在玻璃衬底上。其使用多环芳香烃作为碳源,铜作为催化剂,所制备的石墨烯透明电极方阻为550 Ω·sq^{-1},透光率为91.2%。

碳纳米管同样具有优异的光学和电学性质,也被广泛应用于有机太阳能电池作为透明电极材料。2010年,JO J W课题组[140]使用5TN-PEG作为添加剂制备了SWCNT透明电极,通过旋涂的方法将SWCNT溶液沉积于玻璃衬底上,并使用硝酸和二氯亚砜处理电极表面,所制得的 SWCNT 电极透光率达到 71%(550 nm),方阻为 55 Ω·sq^{-1}。同年,deMello 等将十二烷基硫酸钠(SDS)作为表面活性剂,使 SWCNT 均匀地分散在水中,并通过喷涂法制备 SWCNT 透明电极,经过硝酸处理后的透明电极电导率可达到 7 694 S/cm,透光率为 65%,方阻为 68 Ω·sq^{-1}[141]。近年来,研究人员们通过将碳纳米管与其他材料相复合作为透明电极材料,以提高电极的光电性能。2015 年,JEON I 等制备了 MoO_x 掺杂的 SWCNT 电极,所制备的复合电极在 550 nm 处的透光率达到 80%以上,基于 PTB7:PCBM 体系的有机太阳能电池效率达到 6.04%[142]。KHOLMANOV I N 等通过 CVD 法在 PET 柔性衬底上制备了碳纳米管与石墨烯复合的透明电极 MWCNT/G 和 GMWC/NT,这两种电极材料相同,只在结构上存在差异,但是却表现出了不同的电学和光学性质,其制备流程如图 4.43 所示[143]。所制备的 G/MWCNT 透明电极 550 nm 处的透光率超过了 90%,方阻为 530 Ω·sq^{-1}。

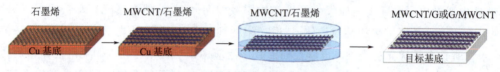

图 4.42 碳纳米管与石墨烯复合电极制备流程图[143]

2. 给体材料

聚合物给体光伏材料作为活性层的关键材料之一,其开发和应用研究一直备受关注。给体材料的设计手段多种多样,但离不开最重要的两点:一是对太阳光的有效吸收要强;二是对载流子的空穴迁移能力要好。近 20 年大量的活性层材料被设计出来用于光伏器件,涌现出许多很有潜力的材料。

聚噻吩和聚噻吩类衍生物是极为重要的一类聚合物给体材料,未经过修饰的聚噻吩并没有很好的加工性能,但在噻吩的 3 位上引入柔性链后,溶解性得到了明显的提高,易于加工,更容易通过物理化学等手段进行处理。3-己基取代的聚噻吩(P3HT)是当前进行光伏器件研究最为广泛的给体材料。P3HT 的带隙大约在 1.9 eV 左右,可以通过加入醌氏结构修饰进一步降低它的带隙。P3HT 有着很高的外量子效率(EQE),即太阳光的有效吸收的光子效率,研究表明其最高的 EQE 可以达到 88%[144]。通过退火操作和增加聚合物的规整度,活性层的表面形貌得到了很大的改善,器件的光伏性能超过了 5%。聚噻吩类材料表面形貌的优化在提高器件性能中起到非常重要的作用。聚噻吩类材料的另一个显著特点是,可以通过头-尾相互连接形成有序的薄膜,能得到较高的迁移率。李永舫课题组在聚合物衍生物的合成方面开展了一系列的工作,取得了积极的结果[145]。为了提高聚合物的吸收光谱带,通过引入共轭支链的噻吩衍生物来增加聚合物的共轭长度,设计合成了一系列基于 P3HT 的聚噻吩衍生物。

聚芴类物质也是研究比较早的活性层材料。聚芴包含了芴和苯并噻二唑衍生物的重复单元来构成聚合物骨架。聚芴类聚合物的典型特点是有着较宽的带隙和较低的 HOMO 能级,聚合物的 J_{sc} 一般都不大,但 V_{oc} 却很高。Andersson 等首次报道了聚合物 PFDTBT,该聚合物由芴和 4,7 位噻吩取代的苯并噻二唑构成。带隙为 1.9 eV,HOMO 能级为 -5.7 eV。虽

然 V_{oc} 高达 1.04 eV,但 J_{sc} 和 FF 却只有 4.66 mA/cm^2 和 46%,最终 PCE 也仅为 2.2%[146]。增加了烷基链修饰后 J_{sc} 和 FF 提高到了 7.7 mA/cm 和 54%,从而聚合物的 PCE 也提高至 4.2%[147]。这为后来的活性层的结构设计提供了一个很好的优化思路。

当前,窄带系共轭聚合物是研究人员主要的研究对象,降低带隙提高吸光强度,使给体材料的光谱吸收与太阳光谱匹配度更好。主链上交替连接的富电子结构单元(电子给体,Donor)和缺电子的结构电源(电子受体,Acceptor),形成 D-A 型交替的共轭体系,可以有效降低带隙,当前大部分光伏性能优异的给体材料均为 D-A 型共轭聚合物。这类聚合物有如下优点:①单键中也有了一定的双键的性质,提高聚合物的共平面型,提高了分子离域 π 键的有效长度;②由于聚合物的 HOMO 和 LUMO 能级主要是由 Donor 单元的 HOMO 能级和 Acceptor 单元的 LUMO 能级所决定的,通过对 Donor 单元或 Acceptor 单元的修饰,聚合物的能级有了很大的可控性[148,149];③Donor 单元与 Acceptor 单元的相对分离使得更容易构建合适的结构,得到更加优异的活性层材料;④聚合方法相对固定简单,一般均通过 Still coupling 或 Suzuki coupling 反应进行聚合[150,151]。合理的设计给体材料仍然是太阳能电池发展最重要的研究课题之一。在设计聚合物给体材料时,如何选择合适的结构单元,对于聚合物性能的提高是至关重要的。与此同时,侧链的选择(如侧链的长度、位置等)会影响聚合物的光伏性能。

3. 受体材料

有机聚合物太阳能电池在吸收入射光后并不同于传统无机太阳能电池,其电子和空穴在束缚能的作用下产生了电子空穴对,因此需要电子亲和势较高的受体材料来提取传输电子。当前,受体材料主要采用的是富勒烯衍生物(PC61BM、PC71BM)。但是,富勒烯材料成本较高,其球形结构造成电子跳跃传输,传输路径存在缺陷。

石墨烯材料作为富勒烯的同素异构体,具有较高的载流子迁移率及连续的二维平面结构,因此是代替富勒烯的理想受体材料。LIU Q[152]制备了溶液加工的功能化石墨烯(SPFG)作为有机太阳能电池的受体材料,使用 P3HT 作为给体材料的器件光电转换效率达到 1.4%。LIU Z 等将 SPFG 和功能化多壁碳纳米管(f-MWCNT)混合作为受体材料,并制备的有机太阳能电池器件[153]。所制备的有机太阳能电池器件结构为 ITO/PEDOT:PSS/P3HT-f-MWCNT-SPFG/LiF/Al,其中 f-MWCNT 促进了空穴的有效传输。这两种碳的同素异构体构成受体材料加速了电子和空穴的分离,并且抑制了复合,光电转换效率达到了 1.05%。

碳纳米管具有较大的表面积,其形态结构是理想的激子分离中心。其具有高的展弦比(>1 000),可以在较低的掺杂浓度下产生渗透途径,这提供了有效的电荷转移方式,因此具有较高的载流子迁移率。KYMAKIS E 等使用 SWCNT 作为受体材料,将质量分数为 1% 的 SWCNT 与聚(3-辛基噻吩)(P3OT)共混,形成了聚合物—碳纳米管异质节,激子在界面处分离后,电子可沿着连续的路径传输至阴极[154]。所制备的器件在加入 SWCNT 受体后,PCE 从 2.5×10^{-5}% 提升至 0.04%。SWCNT 作为受体材料的有机太阳能电池效率低下,可归因于碳纳米管中含有金属元素造成器件短路和碳纳米管聚集等因素。Strano 等通过

CVD法制备了具有高度取向性和独立性的SWCNT,使用P3HT作为给体材料制备了平面异质节器件,该器件表现出较高的电荷传输水平,其效率达到了3%,开路电压达到了0.5 V[155]。将碳纳米管掺杂在聚合物给体/富勒烯受体体系中,可以有效促进器件中激子分离和电荷提取。BERSON S等制备了三元体系的活性层薄膜MWCNT:P3HT:PCBM,MWCNT的质量分数为0.1%时,器件的效率可达到2.0%[156]。Yu等制备了氮掺杂的多壁碳纳米管(N-MCNT),并掺杂在PTB7:PCBM体系中,N-MCNT的掺杂有利于电荷的分离和传输,其效率达到8.6%[157]。

4. 电荷传输层

有机太阳能电池的光敏层吸收太阳光产生激子,形成电子和空穴载流子,并且在电池主要部位发生激子分离现象。其中,电子从给体扩散到受体物质,到达电子传输层和活性层的界面,然后被阴极所收集。该过程是提高太阳能电池效率的重要手段之一,需要相邻材料的能级相匹配,有利于载流子的跃迁和传输,并有效降低载流子的复合率。

PEDOT:PSS是最常使用的空穴传输层材料,但是其具有酸性和吸湿性等缺点,限制了其发展。相比于PEDOT:PSS,石墨烯材料可以通过水溶液制备,不存在对ITO电极的腐蚀。另外,石墨烯材料具有合适的功函数(4.9~5.3 eV),因此是一种良好的空穴传输层材料。LI S S等报道了使用氧化石墨烯水溶液制备有机太阳能电池空穴传输层,器件结构为ITO/GO/P3HT:PCBM/Al,所制备氧化石墨烯的功函数(4.9 eV)与ITO的功函数和P3HT的LUMO相匹配,因此有利于空穴的传输。器件的最佳效率为3.5%[158]。此外,氧化石墨烯空穴传输层还可以有效地提高器件的寿命。Murrat等制备了基于氧化石墨烯空穴传输层和PTB7:PC71BM活性层的有机太阳能电池,其最佳效率达到了7.5%[159]。与使用PEDOT:PSS空穴传输层的对比器件相较,基于氧化石墨烯空穴传输层的器件在高温环境下的寿命是对比器件的5倍,在潮湿环境下的寿命是对比器件的20倍。Dai等发现通过铯盐对羧基基团的电荷中和作用,可以改变氧化石墨烯的电荷抽取特性,所制备的GO-Cs与阴极的功函数匹配,因此可作为有机太阳能电池的电子抽取层,器件的最高效率为3.67%[160]。

碳纳米管具有非常高的电导率和较高的透光率,同时也具有合适的功函数(4.7~5.2 eV),也是良好的空穴传输层材料。HATTON R A等将氧化的SWCNT和MWCNT的水溶液旋涂于ITO上制备了空穴传输层,所制备的空穴传输层具有较高的功函数(5.07 eV),有利于空穴的抽取;而且SWCNT和MWCNT薄膜在近红外处的透光率要优于PEDOT:PSS,因此是作为有机太阳能电池空穴传输层的理想材料[161]。KYMAKIS E等将纯SWCNT分散在二氯甲烷中,通过旋涂沉积在ITO电极上,所制备的SWCNT薄膜具有较高的透光率(92.1%),方阻为9×10^{-5} $\Omega \cdot sq^{-1}$,基于SWCNT空穴传输层的器件的最高效率达到3.05%[162]。

近年来,国内外学者对纳米复合材料在各类太阳能电池中的应用进行了积极的探索和研究,并取得了巨大的成绩。研究成果还处于实验室和理论探究阶段,仍然需要继续开发高效的、低成本的、环境友好的敏化剂,拓宽电池的光谱吸收响应范围,继续开发新方法、新材料,提高电池的光电转换效率,同时也应对新型太阳能电池的产业化研究继续投入。

4.3 发光纳米复合材料

人类生活离不开光的存在,人类对光的追求也从未停止过,但是关于材料发光现象的研究,却经历了漫长的探索和理解过程。自1852年,斯托克斯定则问世以来,人们才开始研究发光现象,而"发光"这一名词直到1888年才被G.H.魏德曼提出。直到1936年,C.H.瓦维洛夫提出余辉概念,表示当停止外界激发源之后,仍然能持续发光的一种现象,人们开始认识发光的本质。简单地说,发光就是指物体在受到如光照、电场等外来刺激时,本身并没有发生化学变化,那么多的能量就会被释放,而释放的形式就是发光,而且释放的过程会持续一段时间。热辐射是物体在一定的温度下的特征表现,当物体本身吸收外来能量后,一部分能量以热辐射的形式表现出来,另一部分能量就表现出另外一种形式,即发光。发光现象能够在切断激发源后仍然能够保持一段时间。根据发光持续时间长短,可以将发光分为荧光($t \leqslant 10^{-8}$ s)和磷光($t \geqslant 10^{-8}$ s)。

纳米发光材料主要是指纳米级的粒子构成能够实现光电转换的材料。由于纳米材料表现出比表面积大、表面能高等优于宏观材料的特点,使其在光、电、磁、热等领域具有广泛的应用前景。近年来,我国在纳米技术领域有了飞速发展,尤其在纳米材料学领域取得了巨大的成就,在国际上占有举足轻重的地位。

常见的发光材料有两类,一是半导体发光材料,二是稀土发光材料。半导体发光材料类型多样,通常有Ⅱ-Ⅵ族、Ⅲ-Ⅴ族、Ⅳ-Ⅵ族的半导体等,广泛应用于信息传输、存储和检测,激光与光学显示等领域。相对于半导体发光材料,稀土发光材料有着其独有的特点,如稀土氟化物纳米发光材料具有特殊的4f能级、低声子能和透光范围广等特点,在照明、显示、光学探测、医学放射等领域有着广阔的应用。

4.3.1 发光材料概述

4.3.1.1 固体发光基本原理与过程

晶体中的原子按照一定的规律进行排列,原子之间的相互作用使得晶体中很多一些相近能级组合成为共同能级。晶体能带就是这些共同能级在能量坐标上所占据的宽度。晶体能带包括价带和导带。一般情况下,电子存在于价带中,当受到外部的作用力时,电子转变为激发态。此时,晶体中的激发电子变成自由电子,导带会被激发电子所占据。禁带是指在价带与导带之间的区域,这部分区域不允许电子滞留。当杂质原子和晶格缺陷存在于晶体内部时,会对本身结构造成破坏,此时会有缺陷能级的产生。因为晶体发光现象受到缺陷能级的影响,所以人们在对发光材料进行研究时,会进行离子掺杂来制造缺陷能级。

晶体中电子存在两种状态,即激发态和基态,这两种状态之间是一个可逆的转换过程。此过程可以在价带、导带与缺陷能级之间相互转换。电子由激发态向基态转变时,即由高能量状态向低能量状态跃迁时,存在的能量差会以光的形式进行辐射并表现出来。晶体中的电子在外界能量的激发下会发生迁移,形成空穴。空穴为晶体的光辐射创造了条件。在能带和电子迁移的作用下,光辐射可以形成一系列的光谱,包括线状光谱、连续光谱等。

发光的基本过程是电子受到外界激发,变成高能量的激发态,然后向低能量的基态进行跃迁的过程,多的能量在这个阶段以光的方式进行释放。释放形式包括辐射跃迁和非辐射跃迁,真正的发光过程只有通过辐射跃迁才能表现出来。不同的激发方式均可以促进发光过程,其本质是能级间的跃迁。根据能量转换过程大致分为以下三种:

(1)外界能量的激发使得激活剂变为激发态,电子要消耗能量重新回到基态,过程中发光。但是此过程中会发生非辐射弛豫过程,使能量转变为热能。因此,为了提高发光效率,必须要避免非辐射弛豫现象的发生。

(2)辐射能量被敏化剂吸收,由敏化剂传递给激活剂,同样电子消耗能量从激发态回到基态并进行发光。

(3)和敏化剂相似,辐射能量被基质所吸收,然后激活剂获得基质传递的能量,完成辐射跃迁过程。

4.3.1.2 稀土发光材料

稀土元素包括17种元素,其中包括镧系的15种元素,含镧(La)、铈(Ce)、镨(Pr)、钕(Nd)、钷(Pm)、钐(Sm)、铕(Eu)等,以及与镧系同属周期表中ⅢB族的钪(Sc)和钇(Y)两种元素。外层电子构型决定元素的化学性质,故稀土元素的外层电子结构大致相同,离子半径相近以及化学性质活泼。

1. 稀土发光材料的分类

稀土元素可作为发光材料基质,也可以以掺杂的形式添加作为激活剂发光。根据转换波长的差异,将其分为上转换发光材料和下转换发光材料。此外,受到不同能量的激发,材料内部的能量会发生转换,发出反映材料特征的光。按照各种激发方式,可分为电致发光、光致发光等发光方式。

(1)稀土发光材料作为基质材料或激活剂

稀土离子可以作为激活剂掺杂到基质中,为基质的发光中心。掺杂进入的稀土离子可以自身形成发光中心,从而激活基质。当前,可以作为激活剂的稀土离子很多,包括Sm^{3+}、Eu^{3+}、Eu^{2+}、Tb^{3+}和Dy^{3+}等,其中研究较为深入的有Eu^{3+}和Tb^{3+}。稀土Eu^{3+}的发射带为窄带发射,表现为线状光谱,占据不同的晶格会导致其发射颜色发生变化。若Eu^{3+}位于晶格反演中心,会在$^5D_0 \rightarrow {}^7F_1$(橙光)发生跃迁辐射;反之,会在$^5D_0 \rightarrow {}^7F_2$(红光)和$^5D_0 \rightarrow {}^7F_4$(红外光)发生辐射跃迁。除此之外,一些稀土离子可以作为共激活剂或敏化剂,如Ce^{3+}可以自身进行发光,也可以使其他的激活剂离子受到它的能量而转变为发光中心。当晶体中Ce^{3+}以敏化剂的形式存在,Tb^{3+}以激活剂的形式存在,激活剂Tb^{3+}可以接受来自敏化剂Ce^{3+}的能量,从而表现出绿光发射现象。基质是光学材料的重要组成部分,用于固定或者承载发光中心。作为发光材料的基质有很多,包括氧化物、氟化物、稀土化合物等。稀土氧化物(如La_2O_3和Y_2O_3)具有好的声子能,可以作为基质。稀土卤化物作为基质表现出的化学稳定性较差。相比较稀土氧化物和卤化物,稀土氟化物由于其化学性质稳定、声子能较低,更适合作为基质材料。

(2) 上转换或下转换稀土发光材料

根据发光机理,稀土基荧光纳米材料的发光机理可以分为两种,即上转换发光和下转换发光。下转换发光遵循的是斯托克斯定律,就是将高能量的光子转换为低能量光子的过程。上转换发光呈现一种反斯托克斯定律的非线性光学现象,即吸收两个或者两个以上的低能量光子,发射出一个高能量光子的过程。

下转换稀土基荧光材料包括两部分:无机主体基质和掺杂发光离子(激活剂)。主体基质不仅提供了一个具有镧系离子掺杂位点的主体晶格,而且还有一定的敏化增强荧光发射的作用。许多无机化合物经常被用作基质材料,如氧化物、氧硫化物、氟化物、磷酸盐和钒酸盐等。例如,Eu^{3+}掺杂的YVO_4(写作$YVO_4:Eu$)晶体由于基质VO_4^{3-}吸收激发光,并将能量有效地传给Eu^{3+},使Eu^{3+}具有强烈的发射光。尽管理论计算出大多数的镧系离子都具有下转换发光,但是常用的在紫外光激发下发射出可见光的下转换发光离子仅有Eu^{3+}、Sm^{3+}、Tb^{3+}和Dy^{3+}。根据报道,激活剂离子掺杂到基质中的浓度很低,一般小于5%,是为了减少浓度猝灭,同时少量掺杂不会改变基质晶体结构。一般来说,会有一个最优的掺杂浓度对应着一个最高的荧光发射强度。当荧光发射强度随着稀土离子的掺杂浓度的增加而增强时,可以认为随着稀土离子的增加,发光中心变多,所以荧光强度增强。待荧光强度达到最大值时,再增加稀土离子的掺杂浓度,荧光强度会减弱,这是由于相邻发光中心之间的能量转移引起的猝灭效应,即浓度猝灭效应。

相较于紫外激发的下转换过程,当前材料研究人员将很大的注意力转移到稀土基上转换纳米材料领域。上转换过程可以将长波长的近红外激发光转变为较短波长可见光。用低能量激发光有明显的优势,特别是对生物相关的应用,其对生物体的光损害小,荧光背景低,而且激发光组织穿透能力强。在这样的反斯托克斯的上转换过程中,机理大致可以分为激发态吸收、光子雪崩、能量转移(ETU)三种,其中能量转移是最有效的上转换过程。

为了得到高的上转换发光效率,上转换材料组成的选择尤为关键。组成包括主体基质材料、敏化离子和发光离子。如图4.43(a)所示,发光离子几个能级之间的能级差要相近($\Delta E_1 \approx \Delta E_2$),这样有利于发光离子的连续吸收,因此具有阶梯样能级结构的Er^{3+}、Tm^{3+}和Ho^{3+}是最常见的上转换发光中心。相应的Yb^{3+}是非常适合与Er^{3+}、Tm^{3+}或Ho^{3+}进行共掺,实现转换发光的,图4.43(d)是典型的Yb^{3+}与Er^{3+}共掺体系的能量转移图。首先,Yb^{3+}比其他的镧系离子对980 nm有更大的吸收截面,是由于其$2F_{7/2} \to 2F_{5/2}$跃迁。其次,Yb^{3+}激发态到基态的能级差(ΔE)与Er^{3+}、Tm^{3+}或Ho^{3+}的能级差(ΔE_1和ΔE_2)非常匹配,可以进行有效地能量转移,进而增强上转换效率。一般来说,Yb^{3+}的离子浓度控制在中等水平(15%~40%)来敏化增强上转换发光,而发光离子控制在较低浓度(≤3%),是为了避免浓度猝灭。另外除了Yb^{3+},人们也在研究Nd^{3+}作为敏化剂的体系。相比于Yb^{3+},Nd^{3+}的热效应低,而且更重要的是,Yb^{3+}吸收的980 nm的光与水的吸收谱重叠,所以Nd^{3+}掺杂的808 nm激发的体系更有利于生物应用。在大多数情况下,Nd^{3+}与Yb^{3+}共掺,共同作为增敏剂。如图 4.43(c)所示，Nd^{3+} 的电子被泵浦光子从基态 $4I_{9/2}$ 激发到介稳态 $4F_{5/2}$，再通过非辐射跃迁到达 $4F_{3/2}$，然后将能量传递给 Yb^{3+}，Yb^{3+} 再将能量传给发光中心，如 Er^{3+}。另外，对基质的选择也是非常重要的，要求基质能在大量掺入镧系元素的情况下，晶型不变，而且要求基质具有低的晶格声子能。所有的稀土三价离子和碱土金属离子（Ca^{2+}、Sr^{2+} 和 Ba^{2+}）与镧系离子的离子半径相近，所以这样的无机材料是很好的掺杂镧系元素的基质。低的声子能可以减小非辐射跃迁，最大化辐射跃迁，从而增强上转换发光效率。故而，考虑到晶格匹配性和声子能，稀土基氟化物纳米材料具有低的声子能和高的化学稳定性，可以最大化减少非辐射跃迁，是上转换基质材料的最佳选择。在这些稀土基氟化物中，六方相 $NaYF_4$，由于掺杂在两种不同晶格位点的镧系离子的相互作用，是当前在上转换领域研究最多，最适合上转换发光的基质。

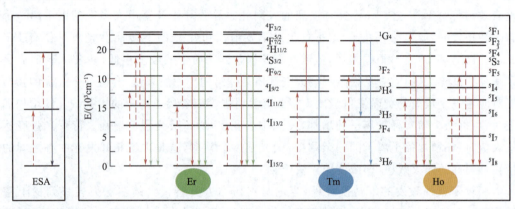

(a) ETU过程示意图　　　　　　　(b) 980 nm激发下 Yb^{3+} 与 Er^{3+} 的ETU图

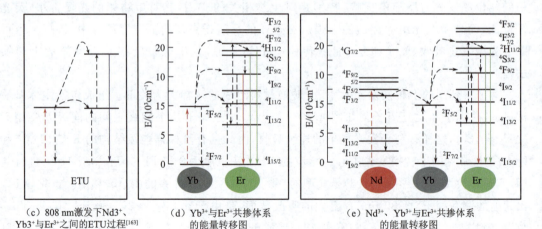

(c) 808 nm激发下 Nd^{3+}、Yb^{3+} 与 Er^{3+} 之间的ETU过程[163]　　(d) Yb^{3+} 与 Er^{3+} 共掺体系的能量转移图　　(e) Nd^{3+}、Yb^{3+} 和 Er^{3+} 共掺体系的能量转移图

图 4.43　发光离子能量转移过程能级跃迁图

(3) 能量的激发方式

根据能量激发方式的不同，可以分为两种形式，光致发光和电致发光。光致发光是指在太阳光、紫外或红外光照射下能够存在发光现象，在光激发下能发光的材料称为光致发光材料。光致发光材料通常包括两类：长磷光发光材料和稀土长余辉发光材料。后者的性能更

为突出,荧光时间长,广泛应用于光学显示、光谱检测以及照明等领域。光致发光主要包括三个阶段:光的吸收、能量的传递、光的发射过程。

电致发光是指在电场力的作用下存在发光现象,这一类材料称为电致发光材料。近年来,人们对电致发光材料进行了一定的研究,在稀土配合物的发光亮度性能方面取得了一定的进步,如稀土及铱配合物。配合物的发光强度可以通过对配体结构进行化学修饰来进行改变,但不会改变其发射波长。

2. 稀土发光材料的发光原理及过程

物质的发光可以分为两类情况:第一类是物质受热产生热辐射,从而发光;第二类则是物体受到某种激发使得电子吸收能量跃迁到高激发态,当电子由高激发态返回至基态时以可见光的形式辐射出能量。稀土发光材料的发光主要是以化合物为基质,以稀土元素为激活剂,而基质材料本身并不发光,发光主要靠掺杂的这些稀土"杂质",它在基质材料的晶格中以发光中心的形式存在,从而使得掺杂材料具有发光性能,因此也称为稀土荧光粉。众所周知,稀土元素的电子结构中存在 4f 轨道,具有较多的电子能级,多能级的存在就为电子的跃迁创造了条件,当 4f 轨道的电子从高能级跃迁至低能级时,就会辐射出多种不同频率或波长的光。

发光现象其实就是光辐射的现象,是除热辐射之外的另一种辐射现象。这种光辐射与受热物体产生的光辐射有所不同,发光时并不伴随热量的产生,而是在受激停止后仍然要持续一段时间。按发光现象的本质和特征进行分类,大致可以分为两类:分立中心发光和复合发光。分立中心发光主要是指发光过程局限在单个中心的内部,称为单分子过程,而复合发光则是指在发光过程中存在电离现象,被电离的电子和电离中心的复合过程,称为双分子过程。

4.3.1.3 半导体发光材料

半导体发光材料类型多样,根据组成不同可以分为单元素半导体、二元/多元化合物半导体、氧化物半导体。按照物质类别,也可直接分为无机半导体和有机半导体。

1. 半导体发光材料的分类

(1)无机半导体

无机半导体可以分为元素半导体和化合物半导体。元素半导体是指其组成元素只有一种,包括 Si、Ge、Te、Se 等。对于元素半导体的研究最早是以锗、硅、锡为主,主要应用于集成电路、晶体管和太阳能电池等方面。其中由于 Si 的特殊优异性能,使其成为半导体光电行业的主导材料,广泛应用于各种半导体器件。化合物半导体与元素半导体相比,有着其不具有的一些优越特性而受到广泛应用。化合物半导体主要分为二元和多元化合物半导体。二元化合物半导体包括Ⅱ~Ⅳ族、Ⅲ~Ⅴ族、Ⅱ~Ⅵ族、Ⅳ~Ⅵ族化合物半导体和氧化物半导体。研究较为深入的有砷化镓(GaAs),主要应用于红外光源、激光器件和集成电路等方面,相比较由 Si 制成的集成电路,砷化镓具有更快的运算速度。氮化镓(GaN),应用于蓝色发光二极管和紫外探测等方面,由于其耐高温的特性,使其在高温器件的应用中具有很高的价值。锡化铟(InSn),应用于红外探测器件方面;碳化硅(SiC),广泛应用于发光二极管方面。

氧化物半导体是指氧化物具有半导体的性质，如 ZnO、SnO_2、Fe_2O_3、TiO_2 等，因其易于制备、成本低以及寿命长等优点，广泛应用于发光材料、光催化和太阳能电池等方面。

(2) 有机半导体

有机半导体材料可以分为三类：有机物、聚合物、给体-受体络合物。当前研究较多的有机半导体材料有聚丙烯腈、蒽、酞菁、萘和一些芳香族化合物等。有机半导体材料具有加工处理方便、结实耐用、成本低廉、耐磨耐用等优点。

2. 半导体发光材料的发光原理

半导体材料发光主要是电子的辐射跃迁，即电子由激发态（高能量状态）向基态（低能量状态）跃迁时，存在的能量差以发光的形式释放出来，形成发光过程。其主要机理是载流子运动的传递和能量运输过程，电子和空穴的迁移导致能量运输现象。在对 ZnS:Cu 和 CdS:Cu 材料的研究中可以发现，当用本征吸收光对其进行激发时，可以在杂质中心处进行激发发光。波长在本征区时，分别在导带和价带中形成电子和空穴。然后通过电子和空穴的迁移过程，在达到 Cu 中心区域时，电子与价带空穴进行复合过程，占据一个空穴，使 Cu 中心变为不稳定的激发态状态。当电子进入其中并与 Cu 中心复合，即可表现出 Cu 中心的发射光谱。

4.3.2 发光纳米复合材料的研究进展

4.3.2.1 稀土发光纳米复合材料的研究进展

1. 稀土发光纳米复合材料的制备方法

(1) 沉淀法

沉淀法包括直接沉淀和均匀沉淀两种，主要是让金属离子与阴离子反应生成难溶化合物进行沉淀，然后将沉淀物过滤、洗涤、煅烧，最终生成目标产物的方法。难溶化合物一般包括草酸根沉淀、硫酸根沉淀、碳酸根沉淀、氢氧根沉淀等。沉淀法的最大优点在于：沉淀成核快，易控制，且设备简单，能制备出相对高纯度的产物，而且极具高产出的特点，因此具有潜在的市场价值。然而最大的缺点在于：过滤相对较难，在材料的成核过程中易发生团聚。

(2) 水热法

水热法一般是在高压反应釜中将无机或有机化合物与溶剂混合，通过渗析反应和化学过程得到前驱体产物，然后再经过滤、洗涤、干燥和煅烧，最终得到高纯度的纳米产物。在常温常压下一些离子反应和水解反应速度缓慢，在水热条件下可使得反应加速，因此水热法也是常用的制备纳米材料的方法之一。水热法的最大优点在于能够制备出分散均匀、粒度分布较好的纳米材料，而且具备实用性广、环境污染少、反应和晶体生长可控等，但是该方法对设备的要求较高，而且还需在高温高压下进行，存在一定的安全隐患，故该方法一般适合在实验室中进行。

(3) 燃烧法

燃烧法就本质而言是一种剧烈的氧化还原反应，它是将金属硝酸盐（氧化剂）和尿素或者甘氨酸(还原剂)的混合物置于一定的环境中进行加热,当温度超过燃烧点就会发生燃烧反应,燃烧时将会产生大量的热量,可使得化学反应能自发地进行,从而获得纳米氧化物的方法。除此之外,燃烧时还将产生大量的气体,该气体能够有效防止氧化物的团聚,故燃烧法是实验室里常用的制备粒度较小纳米粉末的方法之一。燃烧法的优点在于:反应时间短、产物纯度高、形貌易控、颗粒尺度小、分布均匀且比表面积大等。缺点在于:产物的收集较为困难,当温度达到燃烧点时,化学反应的快速性使得反应物体积瞬间膨胀,使得不易收集。

(4)溶胶凝胶法

溶胶凝胶法也是实验室中常用的制备纳米材料的方法之一。该方法主要是利用金属醇盐的水解反应和聚合反应以获得均匀的溶胶,然后将溶胶浓缩成透明的凝胶,凝胶经过干燥和煅烧过程便可获得所需的纳米材料。影响纳米产物的主要参量有:溶液的浓度和pH酸碱度、反应温度和反应时间等。通过改变制备工艺的条件,可制备出粒径较小的纳米产物。溶胶凝胶法的优点在于工艺简单、粒度可控、纯度较高,但制备成本相对较大。

(5)高温固相法

高温固相法主要是通过机械力的作用将反应物混合在一起,然后进行高温煅烧,从而得到纳米材料的方法。该方法也是实验室常用的方法之一。该方法的最大优点在于反应效率高,操作简单,且所制备的纳米材料缺陷较少,但所得到的纳米材料形状不规则,均匀性差,并且能源损耗较为严重。随着纳米技术的发展,采用溶胶凝胶法、沉淀法和模板法制备功能性材料日益成为国内外研究的热点。这些方法与传统的固相法相比,由于在液相中反应物的混合可以达到分子级水平,并且工艺温度低,因此有利于节约能源。

2. 稀土发光纳米复合材料的应用进展

近年来随着稀土基荧光纳米材料的蓬勃发展,应用领域也越来越广,从以前作为荧光粉用于显示,到如今的检测等领域。特别是上转换纳米材料的出现开辟了其在生物应用领域的新天地。本节将主要从生物荧光检测、成像治疗、荧光防伪等方面对稀土基纳米材料的应用进行介绍。

(1)稀土基纳米材料相关的生物检测

基于稀土基纳米材料的生物检测技术,被广泛地用于检测抗生素、抗原DNA、疾病标记物、温度、离子等。一般来说,有两种类型的分析方案,异相和均相荧光分析(图4.44)。由于稀土基纳米材料优良的光学性质和修饰在纳米粒子表面的分子的高特异性,可以设计出一系列高灵敏度的生物探针。被广泛提出和使用的基于稀土基荧光纳米探针有四种,即异相上转换荧光检测、均相上转换荧光共振能量转移检测、异相时间分辨荧

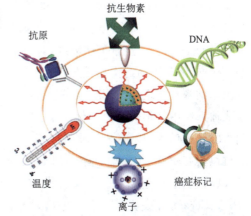

图4.44 典型的基于稀土基纳米材料的生物检测[164]

光检测和时间分辨荧光共振能量转移检测。当稀土纳米粒子作为能量给体,能量通过非辐射从给体转移到受体的过程叫荧光共振能量转移。异相荧光检测通常需要将探针与分析物的复合物从没有反应或者是没有键合的物质中分离出来,这种方法具有高灵敏度被广泛地用于生物和医学分析,然而此方法需要具有高灵敏的键合体系,如生物素—抗生素,抗体—抗原体系,其弊端是操作复杂、耗时。相比较而言,依赖于荧光共振能量转移的均相荧光分析操作简单、时间短,在探针与分析物混合后,马上可以得到检测信号。当前基于上转换纳米材料方法也引起了人们的极大兴趣。其原理与下转换荧光相同,只是将上转换近红外激发发射可见或者紫外所带来的背景荧光小、渗透强度强、无光损害的优势引入到了检测体系中。

(2) 基于稀土基纳米材料的诊疗

随着人们生活水平的提高,对健康的关注意识也越来越强,对医学诊断和治疗提出了新要求。生物成像由于其可视化引起了人们的极大关注。生物成像技术,包括 MR、CT、PET 和光学成像等,这些成像技术各有优缺点。MR 成像提供了高的空间分辨率和组织渗透程度,但其平面分辨率和灵敏度差。CT 成像能提供很好的硬组织结构信息,但对软组织成像能力差。PET 提供了很好的可视化灵敏度,但分辨率差。光学成像可以提供细胞或分子水平的信息,但组织渗透力差。为了互相补充,得到准确的信息,通常需要结合多种成像技术,对疾病做出准确的诊断,然后针对诊断采取相应的治疗。许多研究工作将稀土基纳米材料与治疗结合起来组成多功能的成像导向和肿瘤靶向的治疗。这些多功能的探针具有良好的成像能力、肿瘤靶向能力和治疗效果。当前这种结合主要用于化疗药物递送,光动力学治疗(PDT)和光热力学治疗(PTT)。

(3) 多功能生物成像

因为稀土基纳米复合材料是低能量的长波长激发,无背景荧光,信噪比比较高,有较大的穿透深度,对生物组织的损伤小,所以非常适合用作生物成像的材料。Gd^{3+} 具有 7 个未成对电子,表现出顺磁性,所以经常用作 T_1 加权的 MRI 成像剂。ZHOU J 等报道了 18F 标记的 $NaYF_4$:Gd,Yb,Er 纳米粒子并将其用于昆明鼠的体内 PET、MRI 和上转换成像[165]。同样,Fe^{3+}、Co^{3+} 也可以结合上转换纳米材料用于结合 T_2 加权的多功能生物成像[166]。镧系元素,特别是 Lu,比 I 的原子序数高,具有很好的 X 射线吸收能力,是作为电子计算机断层扫码(CT)成像对比剂的优良选择。Au[167]、TaO_x[168] 或者是其他的包含 I 的分子可以嫁接到稀土基纳米粒子上用于 CT、上转换等多模成像。PET 和 SPECT 是放射成像技术,需要多模成像系统中必须具有放射性元素。另外,^{153}Sm 的半衰期为 46.3 h,经常被整合到上转换纳米粒子中作为 SPECT 的放射性核素[169]。相比于多模和三模成像,稀土基上转换纳米粒子可以具有更多的成像功能。例如,RIEFFEL J 等合成了卟啉-磷脂(PoP)包裹的核壳 $NaYbF_4$:Tm@$NaYF_4$ 上转换纳米粒子(PoP-UCNP),该纳米粒子包括荧光(FL)、光声(PA)、Cerenkov 发光(CL)、正电子发射计算机断层显像(PET)、CT 和上转换成像性能[170]。将 PoP-UCNP 注射到小鼠左后脚垫,并在注射后 1 h 用六种模式成像,如图 4.45 所示。图中黄色箭头表示 PoP-UCNP 在引流淋巴结中的积聚。

(4)荧光安全防伪应用

重要文件或者产品的高仿已经是一个严重的社会问题,因此人们在开发发展简单快速的防伪技术方面做了很大的努力。当前,有很多报道将荧光材料作为防伪墨水用于高端的防伪技术。稀土基纳米材料相比于其他的防伪荧光墨水的优势在于其稳定性好,抗光漂白能力强,发射峰窄等。因为稀土基纳米材料有上转换和下转换发射,所以就有基于上转换、下转换和上下转换双模发射的荧光防伪墨水。

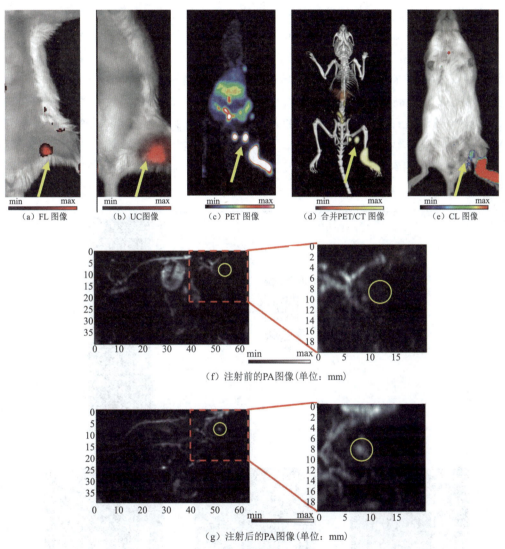

图 4.45 基于 PoP-UCNP 的在小鼠体内的淋巴多功能生物成像[170]

GUPTA B K 等制备了 $Y_2O_3:Eu^{3+}$ 材料并将其用于防伪,这种胶体荧光纳米粒子非常稳定,而且在 254 nm 激发光激发下发射出强烈的红色荧光(发射波长约 611 nm)[171]。这种胶体纳米粒子溶于六偏磷酸钠的溶液中可以打印出在紫外光激发下发明亮的红色光的字母。后来该课题组进行了实验改进得到了生物兼容性的铕掺杂的磷酸钇纳米棒。这种纳米粒子在394 nm激发下发射亮红色的光,并将其用于丝网打印[172]。CHEN L 等将(Y,Gd)VO_4:Bi^{3+}、Eu^{3+}用于防伪打印,而(Y,Gd)VO_4:Bi^{3+}、Eu^{3+}对温度和激发波长敏感,另外发射光也可以通过调节Bi^{3+}和Eu^{3+}的浓度而由绿到橙[173]。KUMAR P 等合成了镧系掺杂的Y_2O_3纳米棒,并用掺杂Eu^{3+}、Tb^{3+}、Ce^{3+}的三色发光纳米材料打印出了无法克隆的图案如图 4.46 所示[174]。同样,他们也使用$SiO_2@Y_2O_3$:Eu^{3+}、Li^+作为墨水,并设计出了各种各样的图案,图案在紫外灯下显示红色[175]。MERUGA J M 等报道了一种上转换材料可以被作为荧光墨水,用于防伪。他们通过气溶胶直接喷写的装置将绿色和蓝色的上转换墨水喷出二维码图案,这种图案在日光下是不可见的,在 980 nm 照射下,显示绿色和蓝色[176]。后来他们组又报道了用三色(红、绿、蓝)上转换墨水打印出了超高分辨率的多色上转换发射图案[177]。ZHANG Y 等建议用单个上转换晶体用作多色条形码,他们用水热的方法合成了多色发光的棒状晶体。这种晶体可以很好地溶于二甲基亚砜溶液中,在日光下是透明的,在 980 nm 激发下多色发光,研究为荧光条形码的防伪应用开辟了新思路[178]。YOU M 等用上转换纳米材料制备了水溶性和油溶性的荧光墨水。他们用简单的喷墨打印,制造出了防伪图案[179]。他们还引入了下转换发光材料,在同一个区域,在不同的激发下显示出独立的不同图案,他们制造的墨水也可以直接用笔写于纸上,充分说明这种容易

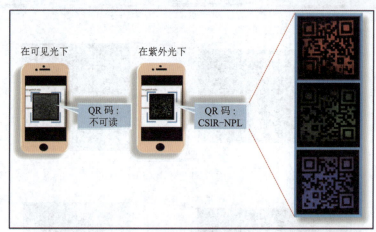

(a)具有QR扫描应用的智能手机原理图(在正常光和紫外光下可以读取二维码中编码的信息"CSIR-NPL",在紫外光下可以读取红色、绿色和蓝色QR码)

(b)在紫外光下印刷"CSIR-NPL" (c)在紫外光下印刷"CSIR-NPL" (d)在紫外光下印刷"CSIR-NPL"
标识的红色光学图像　　　　　标识的绿色光学图像　　　　　标识的蓝色光学图像

图 4.46　用镧系掺杂的Y_2O_3打印出的多色图案[174]

操作的、难模仿的技术在防伪应用领域有很大的前景。此外,也有很多研究人员通过核壳结构来设计不同的发射将其实现防伪应用。无论上转换、下转换或者上下转换双模发光在安全防伪领域都有很大的应用前景。

4.3.2.2 半导体发光纳米复合材料的研究进展

半导体发光材料类型多样,主要可以分为无机半导体和有机半导体。

1. 无机半导体材料

量子点是指 10 nm 以内的零维纳米颗粒。半导体量子点由无机半导体核和表面钝化剂构成,通过在表面生长有机配位体进行钝化,降低表面缺陷,提升量子点的发光性能。由于量子点化学性质稳定,抗光漂白,具有良好的荧光性能,被广泛地应用于生物成像及药物检测领域。此外,由于独特的光电特性,量子点在太阳能电池、激光二极管、发光二极管等光电器件领域也展现出广阔的应用前景。

(1) 碳量子点和石墨烯量子点

碳量子点作为量子点家族的新星,由于其不仅有优良的光学性能,高荧光量子产率、耐光漂白、化学性质稳定、发光颜色和带隙宽度可调等,而且还具备传统碳材料的环保、低毒、原材料价格低廉等优点,有望替代传统富含重金属元素的量子点应用于光电器件等领域。由于其特殊的结构和性能,自 2006 年 HAGFELDT A 等发现通过将简单的有机物附着到酸处理过的碳量子点上进行表面钝化后,会产生明亮的发光现象以来,就吸引了大量研究人员的关注[75]。许多制备窄尺寸分布碳量子点的方法涉及冗长的制备后分离过程,尺寸可控的碳量子点制备技术是研究碳量子点本征发光特性的重要手段。电化学方法可以通过调节电极电位和电流密度来精确控制纳米颗粒的合成。因此,它们被广泛应用于制备金属纳米粒子、半导体量子点甚至簇合物。电化学法制备碳量子点具有成本低、操作简单、产量高等优点。2007 年,Liu[180]利用硝酸回流蜡烛烟尘制备水溶性多色荧光碳量子点,这种方法原料易得,价格便宜。2009 年,TIAN L 等将天然气燃烧烟尘在硝酸中回流制备荧光碳量子点,结果表明,所制备的碳量子点产率约为 0.43%[181]。2009 年,RAY S 等用硝酸氧化碳烟合成了 2~6 nm 的荧光碳量子点,其量子产率约为 3%,可用于水溶性微粒的毫克级合成[182]。这些碳量子点是以石墨结构为主的纳米晶,在紫外光照射下呈现绿色荧光。硝酸氧化导致氮和氧进入碳烟粒子,碳烟粒子具有水溶性和发光特性;从不同大小的颗粒混合物中分离出小颗粒提高了荧光量子产率。这些荧光碳量子点显示了细胞成像应用。它们不需要进一步的功能化就可以进入细胞,这些粒子的荧光特性可以用于基于荧光的细胞成像应用。2009 年,ZHENG L 等利用调控扫描电位,将具有电化学发光活性的水溶性碳量子点从石墨棒中释放到水溶液中,制备过程中观察到的碳量子点的电化学发光活性发射可能为纳米晶的制备提供了一种有效的监测和筛选方法[183]。这项研究首次对碳量子点的电化学发光活性行为及其机理进行了详细的研究。结果表明,碳量子点具有电化学发光发射稳定、稳定性好、细胞毒性低、水溶性好、易于标记、环境友好等优点,在未来新型生物传感器和显示器件的开发中具有广阔的应用前景。LU J 等展示了一种利用离子液体辅助电化学剥落从石墨电极上制备荧光碳纳米带、纳米颗粒和石墨烯的简便方法[184]。他们通过对石墨阳极剥落产物的时间相关性研究,可以在阳极氧化和阴离子插层相互作用的基础上重建剥落机理。此外,通过控制离子液体电解质中的水含量,这些纳米碳材料的荧光可以从可见光区调谐到紫外区。ZHOU J 等首次采用电化学方法从多壁碳纳米管中制备了蓝色发光量子点,可以分散在多种溶剂中[185]。LIU R 等采用一种简便的化学方法制备出多色发光碳量子点,该过程是以表面活性剂改性的二氧化硅微球为载体,以酚醛树脂为碳前驱体,制备出聚合物-二氧化硅纳米复合材料[186]。如图4.47 所示,随后的高温处理去除二氧化硅载体,酸处理和简单的表面钝化,最终得到了水溶性的多色光致发光碳量子点。该方法的关键是采用表面活性剂改性的二氧化硅纳米球作为载体,不仅为水溶液中的甲酚聚合提供了固定点,而且防止了纳米碳点在热解过程中的聚集。表面钝化的碳点显示出良好的生物相容性,可作为提供纳米级分辨率的潜在生物成像剂。

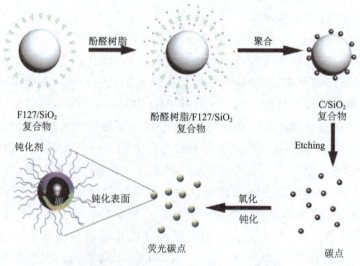

图 4.47　多色发光碳点合成工艺流程图[186]

2010 年,Liu 等通过碳化碳前驱体制备了油溶性的发光碳量子点[187]。这种一步合成策略的灵感来自各种单分散粒径可控的合成半导体和磁性纳米晶的合成。所制备的发光碳量子点在室温下具有在当时最大光致发光量子产率,最高可达 53%(360 nm 处激发)。通过改变溶剂,研究人员也合成了水溶性碳量子点,光致发光量子产率仍然可以达到 17%。

2011 年,WANG F 等通过电化学刻蚀碳纤维来控制地制备发光碳量子点,在制备碳纳米点的过程中,可以通过改变外加电位来电化学调节其大小[187]。外加电位越高,得到的碳纳米点越小。图 4.48(a)~图 4.48(c)显示了透射电子显微镜不同电位下的碳量子点图像。图像结果表明,所制备的球形碳量子点均匀且单分散。此外,高分辨率传输电子显微镜图像用来表征各种典型的碳量子点,碳量子点的晶格间距为约 0.325 nm,相当于石墨的 002 面。此外,碳纳米点的表面氧化程度也可以电化学调节。发射红移的大小与碳量子点的发光机理无关。

2011年,WANG F等报道了有机硅烷作为配位溶剂在1 min内合成高发光(量子产率为47%)无定型碳量子点的方法[189]。得益于表面甲氧基硅烷基团,碳量子点的直径约为0.9 nm,在80 ℃下加热24 h即可制备出纯的碳量子点荧光薄膜。

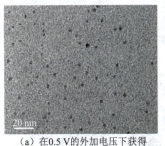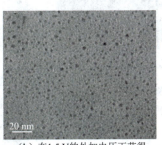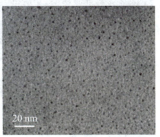

(a) 在0.5 V的外加电压下获得的碳量子点的透射电镜图像　(b) 在1.5 V的外加电压下获得的碳量子点的透射电镜图像　(c) 在2.5 V的外加电压下获得的碳量子点的透射电镜图像

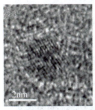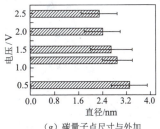

(d) 在0.5 V的外加电压下获得的碳量子点的高分辨透射电镜图像　(e) 在1.5 V的外加电压下获得的碳量子点的高分辨透射电镜图像　(f) 在2.5 V的外加电压下获得的碳量子点的高分辨透射电镜图像　(g) 碳量子点尺寸与外加电压大小关系

图4.48　透射电子显微镜不同电位下的碳量子点图像

2015年,Pang等发现碳量子点的光致发光可以通过改变其表面化学性质或尺寸来调节,因为光致发光是表面态电子跃迁的函数[190]。表面氧化程度的增加会导致表面能隙的缩小;同时,具有广泛π电子系统的较大碳量子点(可与表面电子态耦合)也会导致表面态能隙的缩小。如图4.49所示,研究人员制备了一系列发射波长为430~610 nm的与激发相关的荧光碳量子点,在蓝光的激发下,制备的系列碳量子点在各自的荧光波长上同步发射荧光,展示了碳量子点应用于多色成像的前景[图4.49(a)]。碳量子点在生物成像应用中具有巨大的潜力,如图4.49(b)所示,三种具有绿色、黄色和红色荧光的制备碳量子点自发地并入培养的细胞中,这可能归因于内吞机制。进一步研究碳量子点的表面功能化,制备半高宽窄碳量子点,提高其荧光量子产率,必将有利于多色碳量子点作为替代基于荧光的多任务探针的应用,如高通量筛选或多色编码。

石墨烯基纳米材料是具有的sp^2碳原子杂化成的具有二维结构的系列碳纳米材料,主要包括石墨烯、氧化石墨烯、部分还原氧化石墨烯及石墨烯量子点,对应的结构如图4.50所示。石墨烯基材料由于特殊的二维结构而具有优异的导电性能、良好的力学性能和稳定的化学性。此外,从石墨烯衍生出的石墨烯量子点不仅继承了石墨烯的结构和性质,而且还具有可调谐的光致发光性质。石墨烯量子点与近年来被广泛研究的碳点也有所不同,碳点也是准零维的一类碳量子点材料,其有可能为非晶或者多晶的碳纳米材料,一般也不具有石墨烯的晶格结构。石墨烯量子点的尺寸大小与电子的德布罗意波可比拟，且其电子输运在三个维度上均受到限制，这将导致其表现出与单晶石墨烯截然不同的独特行为和性质。

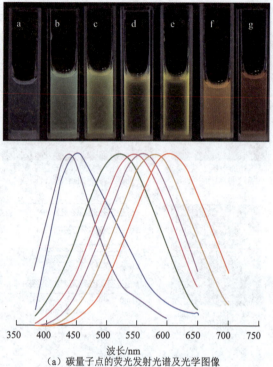

(a) 碳量子点的荧光发射光谱及光学图像

注：上部图为从左到右(a~g)碳量子点的荧光发射光谱，激发波长为360 nm，下部图为多色荧光剂底部的光学图像

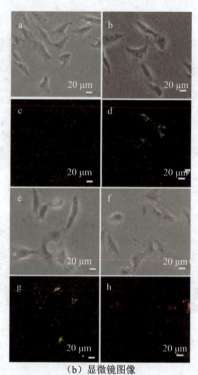

(b) 显微镜图像

注：a、c为未内化碳量子点的细胞；b、d细胞内有绿色碳量子；e、g细胞内有黄色碳量子；f、h细胞内有红色碳量子；a、b、e、f的图像是在亮场中拍摄的，而c、d、g、h的图像是在荧光场中拍摄的

图 4.49 碳量子点的荧光发射光谱及图像显微镜

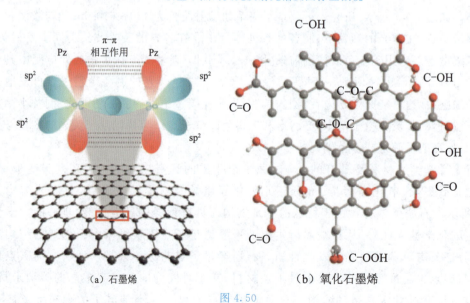

(a) 石墨烯   (b) 氧化石墨烯

图 4.50

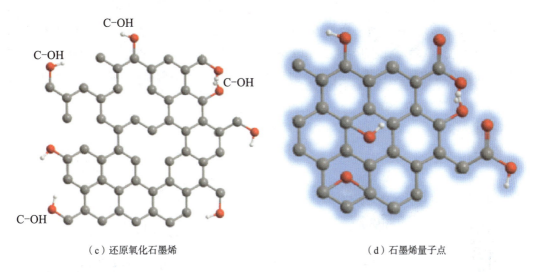

(c)还原氧化石墨烯　　　　　　　(d)石墨烯量子点

图 4.50　石墨基纳米材料的结构示意图[191]

2010年,PAN D等通过水热(化学)切割氧化石墨烯薄片制备了具有亮蓝色光致发光的水溶性石墨烯量子点[192]。他们讨论了切割和发光的机理,并且可能将石墨烯基材料的应用范围扩展到光电子和生物标记领域。

2011年,LI Y等采用电化学方法制备了绿色荧光功能石墨烯量子点。石墨烯量子点富含含氧官能团,可溶于水或有机介质,有利于进一步的功能化和各种应用[193]。此外,还介绍了利用量子点作为新型电子受体材料的聚合物光伏器件。

2012年,TETSUKA H等从氧化石墨烯片中自限制性地提取了具有离散分子量和特定边缘的氨基功能化石墨烯量子点[194]。它们的光学性质只能通过边缘位置的选择性和定量功能化来精确控制。基功能化石墨烯量子点在单波长激发下呈现出明亮的彩色荧光。

2012年,PENG J等报道了在传统沥青基碳纤维的酸处理和化学剥落过程中,其堆叠的石墨亚微米结构域很容易被分解,从而产生具有不同尺寸的石墨烯量子点[195]。在1~4 nm尺寸范围内,所制备的量子点具有二维形貌,其中大部分呈锯齿状边缘结构,原子层厚度为1~3层。通过改变工艺参数,改变量子点的尺寸,可以调节量子点的光致发光。由于发光稳定性、纳秒寿命、生物相容性、低毒性和高水溶性,这些量子点被证明是高对比度生物成像和生物传感应用的优良探针(如图4.51所示)。

2012年,LI L L等在微波辐射的辅助下,通过酸裂解氧化石墨烯,成功制备出量子产率高达11.7%的绿黄色发光石墨烯量子点[196]。如图4.52所示,在不添加还原剂的情况下,利用微波处理同时完成解理和还原过程。当用水合肼进一步还原石墨烯量子时,可以得到高达22.9%的亮蓝色发光石墨烯量子点。这两种量子点都表现出众所周知的激发依赖性光致发光行为,这可以归因于从最低未占据分子轨道到最高占据分子轨道的转变,其基态为类卡宾三重态。这是首次从石墨烯量子点上观察到电化学发光现象，表明其在电化学发生物传感和成像中具有广阔的应用前景。

2013年，Seo等以石墨纳米粒子为原料，采用化学剥落法合成了形状（圆形）、尺寸（小于4 nm）和厚度（单层）高度均匀的石墨烯量子点和氧化石墨烯量子点[197]。如图4.53所示，石墨烯量子点和氧化石墨烯量子点的蓝绿光致发光分别起源于本征能态和非本征能态。

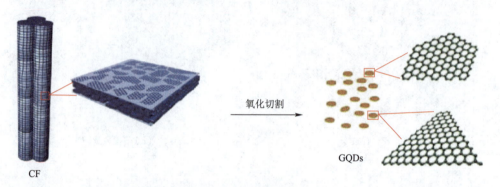

（a）碳纳米纤维氧化裁剪成石墨烯量子点示意图

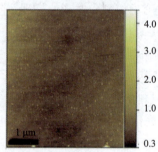
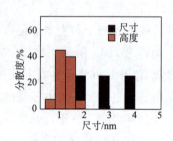

（b）石墨烯量子点的透射电镜图，插图为高分辨透射电镜照片　　（c）石墨烯量子点的原子力显微镜图　　（d）石墨烯量子点的尺寸和高度分布图

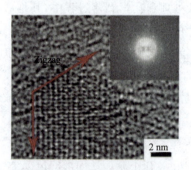
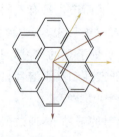
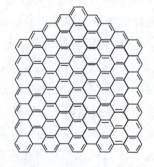

（e）边缘石墨烯量子点的高分辨透射电镜，插图为(e)的2维快速傅里叶变化图　　（f）六角石墨烯网络的取向示意图　　（g）提出了碳纳米纤维向石墨烯量子点转化的机理

图 4.51

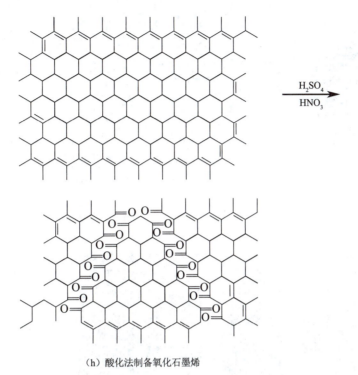

（h）酸化法制备氧化石墨烯

图 4.51　从碳纤维出发制备石墨烯及石墨烯量子点

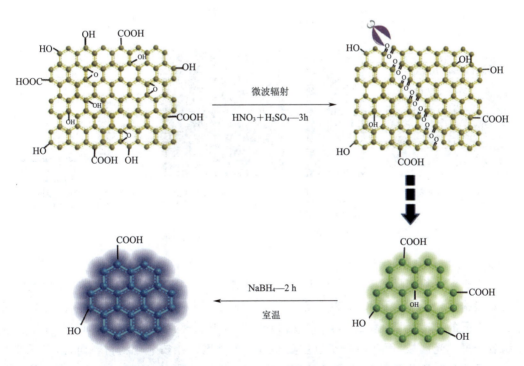

图 4.52　制备黄色和蓝色光石墨烯量子点的示意图[196]

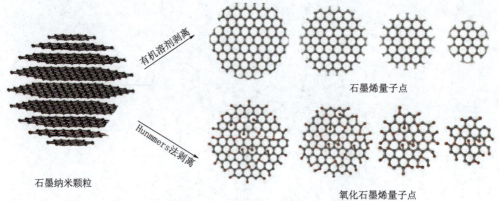

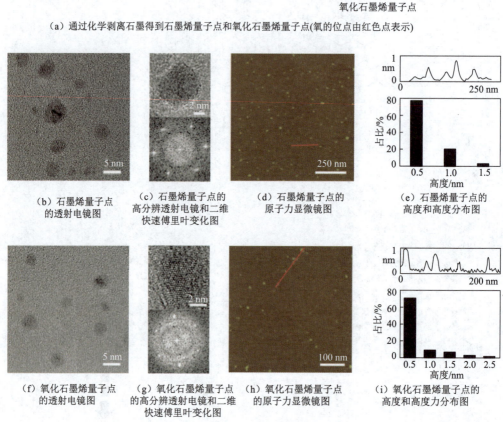

图 4.53　石墨烯量子点和氧化石墨烯量子点的合成和表征[197]

(2) 二元非氧化物量子点

二元非氧化物半导体是一类常见的半导体材料,一般主要由Ⅱ～Ⅵ、Ⅲ～Ⅴ以及Ⅳ～Ⅵ族元素构成,如 CdX、PdX(X 为 S、Se、Te)等材料。不同材料和尺寸的量子点的发光光谱处于不同的波段区域(图 4.54)[198],如 PbSe 量子点主要涵盖于红外区,CdSe 量子点主要涵盖于可见光区域,而 ZnS 量子点主要涵盖于紫外区。相较氧化物材料而言,二元非氧化物半导体材料不易导致量子点淬灭,有更好的光稳定性和电流密度,以及更高的能量利用效率。

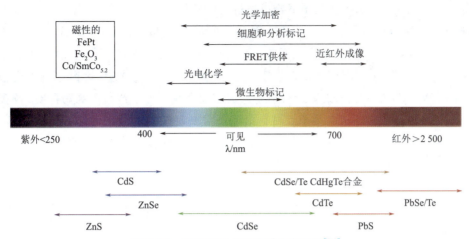

图 4.54 常见量子点的光谱分布区间[198]

Xiao 等报道了通过时间分辨光致发光测量对具有可控量子产率和光氧化的高发光 CdSe 量子点的表面相关发射进行的实验研究[199]。这种辐射寿命为几十纳秒的表面相关发射意味着表面态参与了这种高发光 CdSe 量子点的载流子复合过程。Buratto 等的研究结果表明,表面吸附的水分子相互作用对 CdSe 量子点单分子膜的发光有很大的影响,水吸附后光诱导的表面态变化导致量子点的准可逆发光变化[200]。吸附在量子点表面的水分子对表面陷阱起钝化作用,从而导致发光增强。此外,吸附的水分子氧化了量子点的表面,导致激子发射蓝移,并最终引入新的表面缺陷,降低了量子点的发光。正是这两个过程之间的竞争导致了发光量子效率的复杂动力学。2003 年,WUISTER S F 等在三辛基膦/十二胺中制备的胶体 CdTe 量子点通过氨基-乙硫醇·HCl 或巯基丙酸转移到水中[201],这导致了光致发光量子效率的提高和激子寿命的延长。首次发现水溶性半导体纳米晶同时具有高的带边光致发光量子效率(室温下高达 60%),单指数激子衰变,且没有明显的缺陷相关发射。2004 年,Sanz-Medel 等合成了 2-巯基乙烷磺酸盐表面修饰的水溶性发光 CdSe 量子点,这是首次将量子点用作水中阴离子的选择性发光探针[202]。

(3)钙钛矿结构量子点

钙钛矿结构量子点是指其晶胞内化学结构式为 AMX_3 的一类量子点发光材料。该材料具有光吸收能力强,体积缺陷密度低,色纯度高和光谱调控简单等特性。

在 2012 年,第一个使用硬模板的方法合成出了 $CH_3NH_3PbBr_3$ 纳米粒子,尽管合成出的纳米粒子具有很好的粒径可控性,也不需要表面活性剂,但是因为有硬模板 Al_2O_3 的存在,不适合于 LED 的应用[203]。2014 年,SCHMIDT L C 等第一个使用非模板方法合成出了钙钛矿纳米粒子,通过使用长链的溴化烷基铵盐作为配体所合成的粒子可以稳定地分散在溶液里。但是其量子产额不是太高(20%)[204]。随后,Kovalenko 团队报道了通过热注射方法,合成出量子产额超过 90%、颜色纯度高、发光波长可调节范围广、色域范围高达 140% 的全无机钙钛矿 $CsPbX_3$(X=Cl、Br、I)纳米粒子[205]。这种方法是在相对高的温度下(140~180 ℃),将油酸铯注入含有油胺、油酸的卤化铅溶液中。此方法需要相对高的温度,并且需要氮气保护。钟海政团队等在室温下合成出量子产额超过70%、色纯度高、颜色可调性好的 $CH_3NH_3PbBr_3$ 纳米粒子[206]。与此同时,全无机钙钛矿 $CsPbX_3$(X=Cl、Br、I)纳米粒子也在室温下被合成出来[207,208]。这种方法是在不断搅拌下,将良溶剂(DMF)中的钙钛矿逐步滴加到不良溶剂(甲苯)中。利用钙钛矿在不良溶剂中的低溶解度,使其达到过饱和状态而重结晶析出。然而,室温合成的这种方法由于形成了大颗粒而导致产率不高,且杂质较多。相对于CdSe量子点来说,钙钛矿量子点材料由于不需要复杂的包壳步骤,因而有特别高的量子产额,而且其半峰宽也要比CdSe的小,色纯度高,在色域方面也要比CdSe更宽,另外,通过阴离子交换反应就可以实现对于全光谱的调控,简单易行。

2. 其他发光材料

其他发光材料包括硅半导体、过渡族纳米发光材料、有机半导体材料和有机-无机杂化半导体材料等。

(1)硅半导体

硅材料的导电性介于导体和绝缘体之间,而且由于硅材料在自然界的储量丰富、价格低廉、对环境友好等特点,使得硅材料成为微电子技术和现代信息技术中非常重要的半导体材料,为硅集成电路的研究和应用提供了可靠的物质基础。硅是一种间接带隙的半导体材料,导带底端和价带顶部处于k空间(对偶空间)的不同位置,电子在由价带跃迁到导带产生自由电子和空穴时,不仅需要吸收能量,还要借助晶格结构的变化(声子)改变动量,因此晶体硅材料在室温条件下的荧光量子效率极低,限制了体硅材料在光学领域的应用。1990年,CULLIS A等在室温下用电化学溶解法制备了具有荧光现象的多孔硅片[209],这一现象引起了广大研究人员的关注,也开始了对多孔光发光性能的研究。多孔硅的光致发光现象,为硅基集成领域奠定了基础。但是多孔硅的制备方法一般采用较为烦琐的电化学刻蚀法,且制备的多孔硅本身的荧光性能不稳定。于是研究人员在探究制备多孔硅的方法中,也逐渐开始研究更低维度的纳米硅材料的合成、性质及应用。因此,各种硅基纳米材料的制备方法、结构形貌特征及发光特性、发光机理等变成了研究人员的研究重点。

(2)过渡族纳米发光材料

近年来,Ⅱ-Ⅵ族半导体纳米材料,如ZnS、CdS、CdSe、CdTe等,因其优异的光致发光、光催化和光电转化特性使其在发光二极管、半导体激光器、平板显示器、太阳能电池、红外探测器和传感器等领域具有广泛的应用。

CdS是由ⅡB族的Cd元素和ⅥA族S元素组成,他具有合适的带隙(约为2.42 eV),可见光吸收能力强(吸收系数为 $4×10^4$ cm^{-1}),众多优势使它在光学和电化学领域被广泛研究,如光电催化分解水、光学设备、二极管和激光等。但因Cd系半导体纳米材料的制备过程较为复杂、原料成本较高、生物毒性较大等原因,使其在进一步实际应用的发展道路上受到了很大的限制。然而,ZnS半导体纳米材料,制备过程简单、原料成本低、无毒环保,因此得到了人们广泛的关注和研究。ZnS在可见光范围内具有较高的折射率,对可见光波长范围内的光几乎没有吸收,并且其介电击穿强度约为1 MeV/cm,因此是一种理想的电致发光材料。电致发光的原理为在外电场的作用,特性材料(如ZnS纳米材料)基板上的电子会获得加速，进而获得较高的能量，此时高能、高速的电子碰撞激发中心便会发光。1994 年，BHARGAVA R 等[210]首次报道了小尺寸的 $ZnS:Mn^{2+}$ 纳米材料可以同时具有较高的量子效率和较短的荧光寿命，且量子效率会随着纳米粒子尺寸的减小而升高。测试结果表明，掺杂改变了发光体中电子的跃迁路径，从而降低了非辐射电子损失，使其量子效率大幅度提高，荧光寿命也比体材料缩短了 5 个数量级。为此 $ZnS:Mn^{2+}$ 发光体具备了快响应、低阈值的光学性质。通过在 ZnS 基质材料里进行不同离子的掺杂，可以获得不同的发光波段，以 ZnS 为基质的电致发光显示器的发光颜色也会因掺杂离子的不同而异[211]。以 ZnS 纳米材料为基质，通过调控掺杂离子及其微粒尺度等手段可实现发光频率、发光效率等可调，有望研制成蓝色发光器件，实现全色发光、超高分辨率、超大屏幕显示。早在 1967 年，J. R. Packard 等已报道了低温下 ZnO 晶体的紫外受激发射[212]。随后，S. Iwai 和 J. Shewchun 等也同样观察到了 ZnO 低温紫外受激发射，但随着温度的升高，缺陷激活，其发射强度也随之迅速淬灭[213,214]。1996 年，BAGNALL D 等首次报道 ZnO 薄膜的室温受激发射现象[215]。这一发现将 ZnO 推向了光电应用的研究领域。作为极有潜力的光电材料，ZnO 的光学性能研究吸引了大量目光。

(3) 有机半导体材料

有机半导体材料拥有良好的电子、光学性质，其在光电领域等方面具有很好的应用前景。因为有机半导体材料的特质，将其引到发光体系中，能有效提高发光性能。因为有机小分子间 π-π 相互作用，有机半导体纳米材料拥有很高的载流子迁移率等优势。

当前，单纯由芳环构成的半导体材料主要是芘。芘分子的基本结构单元有四个苯环，芘的优异荧光性能（荧光为纯蓝色，荧光寿命较长，载流子迁移率较高）可以满足其作为结构单元构建有机光电材料的基本条件。芳环作为富电子体系，可以通过有机反应单（多）取代等方法进行化学修饰，从而达到通过化学结构修饰有机半导体材料物理性能的目的[216]。

有机半导体材料之一聚 3-烷基噻吩具有多空穴和高电子迁移率、宽光谱响应范围及优异的环境稳定性。糠醛就是从植物中分离出的呋喃衍生物。呋喃是含氧五元杂环化合物，也是碳水化合物的基本结构单元，具有再生性和环境降解性。虽然呋喃的分子结构与噻吩相似，但呋喃的电子和光电性质与噻吩不同（由于氧的电负性比硫大，氧原子半径比硫原子半径小）。呋喃由于其共轭性和平面性，位阻效应也小于噻吩。呋喃及其半导体衍生物，具有蓝色荧光及较高的量子效率，易于作发光材料。

(4) 有机-无机杂化半导体材料

有机-无机杂化半导体材料是一种新型的多功能复合材料，它结合了有机半导体材料结构多样性和无机半导体材料高载流子迁移率的优点，在光电、传感器、光学、照明、能量转移等领域有巨大的应用前景。与单纯的有机或者无机材料不同，有机-无机杂化材料中的无机基团和有机基团之间具有很大的界面面积和较强的界面相互作用，导致有机基团与无机基团之间的界面相对比较模糊。一般地，其微区尺寸在"纳米"级别，有时甚至会小到"分子复合"水平，这就使其具备许多性能方面的优越性，作为"明星"分子，近年来被广泛研究。

近年来，国内外许多课题组在有机-无机杂化半导体发光材料方面做了很多的工作。2000 年，美国罗格斯大学的李静教授首次提出了有机-无机杂化半导体这一概念[217]。他们通过引入乙二胺和 1,3-丙二胺两种有机阳离子，其在传统的Ⅱ-Ⅵ族化合物半导体 ZnTe 的基础上成功合成了三种有机-无机杂化半导体材料。在这三种新型的杂化半导体中，无机基团具有二维层状结构，有机基团以共价键的形式与无机层相连接，形成了一个三维的网状结构。杂化后的半导体具有灵活性、结构多样性和几何构型可控(如大小、形状、几何对称性)等特点，形成了一种有趣的"塑性"半导体，这种功能是单体所没有的。同时，与单纯的无机半导体相比，有机-无机杂化半导体结合了有机半导体的强加工能力和机械灵活性与无机半导体高载流子迁移率以及刚性稳定的优点，有利于提高双方的优良特性。值得注意的是，这些有机-无机杂化半导体通常在低温下就可以合成，并且设备简单可控，这就使其具备了价格低廉、可加工性能强等优点，开创了半导体电子的新时代。此类有机-无机杂化半导体材料的光学性质还可以通过简单的掺杂来进行改进，使其在光学领域具有巨大的应用潜力[218,219]。尤其是美国罗格斯大学的李静课题组在这个方向已经做了大量的研究工作，他们主要以过渡金属族化合物半导体为基础，通过引入不同的有机胺阳离子，制备出了一系列具有优异性能的有机-无机杂化发光半导体材料[220,221]。

HELIOTIS G 等报道了一种无机/有机杂化半导体异质结构，其中 InGaN 量子与半导体聚合物覆盖层非辐射耦合[223]。这种结构有可能利用它所包含的两种半导体的互补特性，有望制备在整个可见光谱中均具有高效发光性能的器件。

碳量子点具有巨大的生物成像潜力，由于其低毒、低成本、抗光漂白和对环境影响小，因而具有生物传感功能。尽管它们有许多吸引人的发光特性，但大多数在短蓝色或绿色波长下显示出强烈的发射。此外，在深红色波长(超过 650 nm)下发射的碳量子点对于生物成像尤其重要，因为深红色和近红外(近 750 nm)光能够深入穿透组织。基于碳量子点的荧光粉已经被开发出来，以取代传统的半导体量子点材料(CdS、CdSe)用于白光发光二极管[224-227]。然而，由于缺乏有效的红色发光碳量子点，获得相关色温低于 4 000 K 的暖发光二极管是一个挑战。LU S 等利用一种新的简便、高输出策略制备了红外发射聚合物-碳纳米点(PCNDs)[228]。聚合物选择为多巴胺和邻苯二胺，因为它们的分子结构可以产生大的共轭 sp^2 结构域。PCNDs 的发光波长为 710 nm，量子产率为 26.28%，有望用于深部生物成像和发光器件。此外，PCNDs 还具有双光子荧光，并展示了基于这些 PCNDs 的活体生物成像和红光发光二极管，如图 4.55 所示。

有机和无机半导体在纳米尺度上的集成为开发结合这两类不同材料的最佳特性的新型光子器件提供了可能。例如，这种器件可以受益于有机材料中的大振子强度和无机物种的非线性光学特性。Nurmikko 等报道了一种新型的有机-无机杂化纳米复合材料，其中通过逐层自组装技术交替生长菁染料的 j-聚集体和晶体半导体量子点的单层(图 4.56)[229]。研究人员证明了近场光子介导的两种材料中极不相似的光激发的耦合，在室温下可以达到高达 98% 的效率。通过改变量子点的尺寸，从而调整其吸收和发射的光学共振，他们还展示了如何利用 j-聚集体捕获光的能力，将量子点的有效吸收截面增加 10 倍。以这种方式将有机半导体和无机半导体结合起来，可以为发光、光伏和传感器应用带来新的纳米级设计。

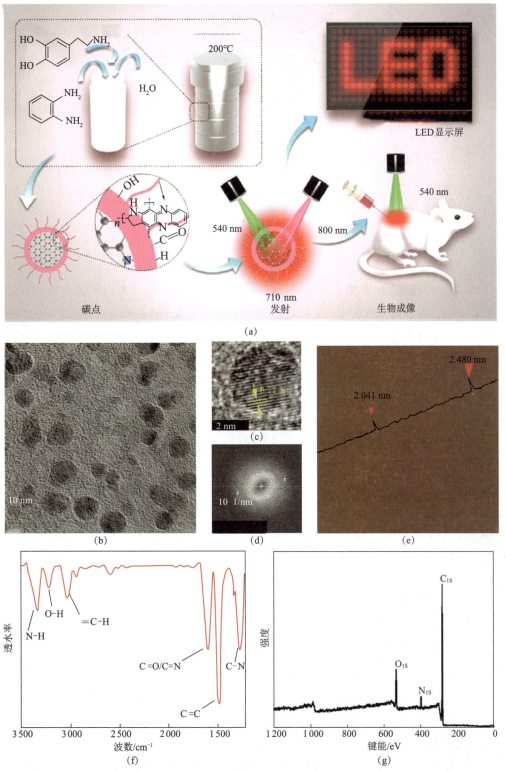

图 4.55 水热法制备 NIR-PCNDs 的示意图及相关表征[228]

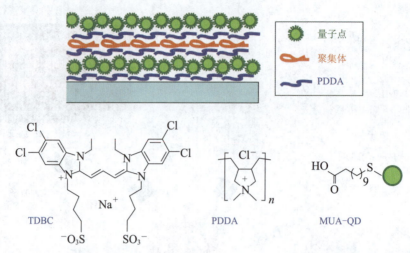

图 4.56 层层自组装制备有机—无机杂化半导体材料[229]

EMA K 等报道了萘系层状钙钛矿型量子阱材料($N\text{-}CnPbBr_4$)的完全能量转移(99%以上)[230]。研究人员发现光激发能从无机量子阱中的 wannier 激子转移到有机势垒层中的萘分子。观测到的能量转移率非常大,大于 $10\ ns^{-1}$。研究人员能够用时间分辨光致发光测量来描述能量转移机制。结果表明,在有机-无机杂化材料中,所观察到的能量转移是三重态的 Dexter 型转移。

深入研究发光纳米复合材料的结构和性能,并建立物质结构与发光特性之间的关系,为设计合成新型的高效发光材料及其在化学、材料电子学、生命科学等重要领域的广泛应用提供了理论基础和实验依据。发光纳米复合材料的下一步发展应该更多地关注实际应用,让其造福人类,为我国的经济和社会发展做出贡献。在设计和合成新型发光纳米复合材料的同时,应加强高性能发光纳米复合材料的合成方法研究,降低合成成本,开展柔性发光器件的大面积制备技术和器件稳定性研究。

参考文献

[1] LIU Y,GROSSMAN J C. Accelerating the design of solar thermal fuel materials through high throughput simulations[J]. Nano Letters,2014,14(12):7046-7050.

[2] LENNARTSON A,ROFFEY A,MOTH-POULSEN K. Designing photoswitches for molecular solar thermal energy storage[J]. Tetrahedron Letters,2015,56(12):1457-1465.

[3] SCHULTZ T,QUENNEVILLE J,LEVINE B,et al. Mechanism and dynamics of azobenzene photoisomerization[J]. Journal of the American Chemical Society,2003,125(27):8098-8099.

[4] KUCHARSKI T J,TIAN Y,AKBULATOV S,et al. Chemical solutions for the closed-cycle storage of solar energy[J]. Energy & Environmental Science,2011,4(11):4449-4472.

[5] NOCERA D G. Personalized energy:The home as a solar power station and solar gas station[J]. Chemsuschem,2009,2(5):387-390.

[6] TAPIADOR F J. Assessment of renewable energy potential through satellite data and numerical models[J]. Energy & Environmental Science,2009,2(11):1142-1161.

[7] DAVIS S J, CALDEIRA K, MATTHEWS H D. Future CO_2 emissions and climate change from existing energy infrastructure[J]. Science, 2010, 329(5997):1330-1333.

[8] ROEB M, NEISES M, MONNERIE N, et al. Technologies and trends in solar power and fuels[J]. Energy & Environmental Science, 2011, 4(7):2503-2511.

[9] COELHO B, OLIVEIRA A C, MENDES A. Concentrated solar power for renewable electricity and hydrogen production from water-a review[J]. Energy & Environmental Science, 2010, 3(10):1398-1405.

[10] FENG Y, FENG W, NODA H, et al. Synthesis of photoresponsive azobenzene chromophore-modified multi-walled carbon nanotubes[J]. Carbon, 2007, 45(12):2445-2448.

[11] KOLPAK A M, GROSSMAN J C. Azobenzene-functionalized carbon nanotubes as high-energy density solar thermal fuels[J]. Nano Letters, 2011, 11(8):3156-3162.

[12] KUCHARSKI T J, FERRALIS N, KOLPAK A M, et al. Templated assembly of photoswitches significantly increases the energy-storage capacity of solar thermal fuels[J]. Nature Chemistry, 2014, 6:441-447.

[13] DU X, SKACHKO I, DUERR F, et al. Fractional quantum hall effect and insulating phase of dirac electrons in graphene[J]. Nature, 2009, 462(7270):192-195.

[14] XIA C J, YE M, ZHANG B Q, et al. Switching behaviors of butadienimine molecular devices sandwiched between graphene nanoribbons electrodes[J]. Japanese Journal of Applied Physics, 2017, 56(10):105101.

[15] ZHAO J, LIU C, MA J. A light-driven modulation of electric conductance through the adsorption of azobenzene onto silicon-doped-and pyridine-like N_3-vacancy graphene[J]. Nanoscale, 2017, 9(48):19017-19025.

[16] CHANDRA SHEKAR S, SWATHI R S. Molecular switching on graphyne and graphdiyne: Realizing functional carbon networks in synergy with graphene[J]. Carbon, 2018, 126:489-499.

[17] FENG Y, LIU H, LUO W, et al. Covalent functionalization of graphene by azobenzene with molecular hydrogen bonds for long-term solar thermal storage[J]. Scientific Reports, 2013, 3:3260.

[18] LUO W, FENG Y, CAO C, et al. A high energy density azobenzene/graphene hybrid: A nano-templated platform for solar thermal storage[J]. Journal of Materials Chemistry A, 2015, 3(22):11787-11795.

[19] LUO W, FENG Y, QIN C, et al. High-energy, stable and recycled molecular solar thermal storage materials using azo/graphene hybrids by optimizing hydrogen bonds[J]. Nanoscale, 2015, 7(39):16214-16221.

[20] ZHAO X, FENG Y, QIN C, et al. Controlling heat release from a close-packed bisazobenzene-reduced-graphene-oxide assembly film for high-energy solid-state photothermal fuels[J]. ChemSusChem, 2017, 10(7):1395-1404.

[21] FENG W, LI S, LI M, et al. An energy-dense and thermal-stable bis-azobenzene/hybrid templated assembly for solar thermal fuel[J]. Journal of Materials Chemistry A, 2016, 4(21):8020-8028.

[22] BLEGER D, DOKIC J, PETERS M V, et al. Electronic decoupling approach to quantitative photoswitching in linear multiazobenzene architectures[J]. The Journal of Physical Chemistry B, 2011, 115(33):9930-9940.

[23] BAHRENBURG J, SIEVERS C M, SCHONBORN J B, et al. Photochemical properties of multi-azobenzene compounds[J]. Photochemical & Photobiological Sciences, 2013, 12(3):511-518.

[24] ZHITOMIRSKY D, CHO E, GROSSMAN J C. Solid-state solar thermal fuels for heat release

applications[J]. Advanced Energy Materials,2016,6(6):1502006.

[25] SCHONHOFF M,MERTESDORF M,LOSCHE M. Mechanism of photoreorientation of azobenzene dyes in molecular films[J]. The Journal of Physical Chemistry,1996,100(18):7558-7565.

[26] ZHITOMIRSKY D,GROSSMAN J C. Conformal electroplating of azobenzene-based solar thermal fuels onto large-area and fiber geometries[J]. ACS Applied Materials & Interfaces,2016,8(39):26319-26325.

[27] ISHIBA K,MORIKAWA M-A,CHIKARA C,et al. Photoliquefiable ionic crystals:A phase crossover approach for photon energy storage materials with functional multiplicity[J]. Angewandte Chemie International Edition,2015,54(5):1532-1536.

[28] ZHOU H,XUE C,WEIS P,et al. Photoswitching of glass transition temperatures of azobenzene-containing polymers induces reversible solid-to-liquid transitions[J]. Nature Chemistry,2016,9:145-151.

[29] BEHARRY A A,SADOVSKI O,WOOLLEY G A. Azobenzene photoswitching without ultraviolet light[J]. Journal of the American Chemical Society,2011,133(49):19684-19687.

[30] SAYDJARI A K,WEIS P,WU S. Spanning the solar spectrum:Azopolymer solar thermal fuels for simultaneous UV and visible light storage[J]. Advanced Energy Materials,2017,7(3):1601622.

[31] NISHIZAWA K,NAGANO S,SEKI T. Novel liquid crystalline organic-inorganic hybrid for highly sensitive photoinscriptions[J]. Chemistry of Materials,2009,21(13):2624-2631.

[32] COMTE L,BUISSON L,DAUFRESNE M,et al. Climate-induced changes in the distribution of freshwater fish:Observed and predicted trends[J]. Freshwater Biology,2013,58(4):625-639.

[33] WHITFIELD A K,TAYLOR R H. A review of the importance of freshwater inflow to the future conservation of lake st lucia[J]. Aquatic Conservation:Marine and Freshwater Ecosystems,2009,19(7):838-848.

[34] HERMOSILLO J-J,ARANCIBIA-BULNES C A,ESTRADA C A. Water desalination by air humidification:Mathematical model and experimental study[J]. Solar Energy,2012,86(4):1070-1076.

[35] PANWAR N L,KAUSHIK S C,KOTHARI S. Role of renewable energy sources in environmental protection:A review[J]. Renewable and Sustainable Energy Reviews,2011,15(3):1513-1524.

[36] ZENG Y,YAO J,HORRI B A,et al. Solar evaporation enhancement using floating light-absorbing magnetic particles[J]. Energy & Environmental Science,2011,4(10):4074-4078.

[37] GHASEMI H,NI G,MARCONNET A M,et al. Solar steam generation by heat localization[J]. Nature Communications,2014,5:4449.

[38] GUO Y,ZHAO F,ZHOU X,et al. Tailoring nanoscale surface topography of hydrogel for efficient solar vapor generation[J]. Nano Letters,2019,19(4):2530-2536.

[39] YANG H C,CHEN Z,XIE Y,et al. Chinese ink:A powerful photothermal material for solar steam generation[J]. Advanced Materials Interfaces,2019,6(1):1801252.

[40] XU W,HU X,ZHUANG S,et al. Flexible and salt resistant janus absorbers by electrospinning for stable and efficient solar desalination[J]. Advanced Energy Materials,2018,8(14):1702884.

[41] WANG X,HE Y,CHENG G,et al. Direct vapor generation through localized solar heating via carbonnanotube nanofluid[J]. Energy Conversion and Management,2016,130:176-183.

[42] SHI L,HE Y,HUANG Y,et al. Recyclable Fe_3O_4@cnt nanoparticles for high-efficiency solar vapor

generation[J]. Energy Conversion and Management,2017,149:401-408.

[43] WANG X,HE Y,LIU X,et al. Enhanced direct steam generation via a bio-inspired solar heating method using carbon nanotube films[J]. Powder Technology,2017,321:276-285.

[44] YANG X,YANG Y,FU L,et al. An ultrathin flexible 2D membrane based on single-walled nanotube-MoS_2 hybrid film for high-performance solar steam generation[J]. Advanced Functional Materials, 2018,28(3):1704505.

[45] YIN Z,WANG H,JIAN M,et al. Extremely black vertically aligned carbon nanotube arrays for solar steam generation[J]. ACS Applied Materials & Interfaces,2017,9(34):28596-28603.

[46] JIANG F,LIU H,LI Y,et al. Lightweight,mesoporous,and highly absorptive all-nanofiber aerogel for efficient solar steam generation[J]. ACS Applied Materials & Interfaces,2018,10(1):1104-1112.

[47] ZHANG P,LI J,LV L,et al. Vertically aligned graphene sheets membrane for highly efficient solar thermal generation of clean water[J]. ACS Nano,2017,11(5):5087-5093.

[48] CUI L,ZHANG P,XIAO Y,et al. High rate production of clean water based on the combined photoelectro-thermal effect of graphene architecture[J]. Advanced Materials,2018,30(22):1706805.

[49] ITO Y,TANABE Y,HAN J,et al. Multifunctional porous graphene for high-efficiency steam generation by heat localization[J]. Advanced Materials,2015,27(29):4302-4307.

[50] YANG J,PANG Y,HUANG W,et al. Functionalized graphene enables highly efficient solar thermal steam generation[J]. ACS Nano,2017,11(6):5510-5518.

[51] FU Y,MEI T,WANG G,et al. Investigation on enhancing effects of au nanoparticles on solar steam generation in graphene oxide nanofluids[J]. Applied Thermal Engineering,2017,114:961-968.

[52] LIU Y,WANG X,WU H. High-performance wastewater treatment based on reusable functional photo-absorbers[J]. Chemical Engineering Journal,2017,309:787-794.

[53] LI X,XU W,TANG M,et al. Graphene oxide-based efficient and scalable solar desalination under one sun with a confined 2D water path[J]. PNAS,2016,113(49):13953-13958.

[54] GUO A,MING X,FU Y,et al. Fiber-based,double-sided,reduced graphene oxide films for efficient solar vapor generation[J]. ACS Applied Materials & Interfaces,2017,9(35):29958-29964.

[55] JIANG Q,TIAN L,LIU K K,et al. Bilayered biofoam for highly efficient solar steam generation[J]. Advanced Materials,2016,28(42):9400-9407.

[56] LIU K K,JIANG Q,TADEPALLI S,et al. Wood-graphene oxide composite for highly efficient solar steam generation and desalination[J]. ACS Applied Materials & Interfaces,2017,9(8):7675-7681.

[57] VERMA M,CHAUHAN S S,DHAWAN S K,et al. Graphene nanoplatelets/carbon nanotubs/ polyurethane composites as efficient shield against electromagnetic polluting radiations[J]. Composites Part B:Engineering,2017,120:118-127.

[58] HU X,XU W,ZHOU L,et al. Tailoring graphene oxide-based aerogels for efficient solar steam generation under one sun[J]. Advanced Materials,2017,29(5):1604031.

[59] FU Y,WANG G,MEI T,et al. Accessible graphene aerogel for efficiently harvesting solar energy[J]. ACS Sustainable Chemistry & Engineering,2017,5(6):4665-4671.

[60] WANG G,FU Y,GUO A,et al. Reduced graphene oxide-polyurethane nanocomposite foam as a reusable photoreceiver for efficient solar steam generation[J]. Chemistry of Materials,2017,29(13): 5629-5635.

[61] ZHOU X, ZHAO F, GUO Y, et al. A hydrogel-based antifouling solar evaporator for highly efficient water desalination[J]. Energy & Environmental Science, 2018, 11(8): 1985-1992.

[62] LI Y, GAO T, YANG Z, et al. 3D-printed, all-in-one evaporator for high-efficiency solar steam generation under 1 sun illumination[J]. Advanced Materials, 2017, 29(26): 1700981.

[63] LI Y, GAO T, YANG Z, et al. Graphene oxide-based evaporator with one-dimensional water transport enabling high-efficiency solar desalination[J]. Nano Energy, 2017, 41: 201-209.

[64] ZHONG W, CHEN X, LIU S, et al. Synthesis of highly hydrophilic polyaniline nanowires and submicro/nanostructured dendrites on poly(propylene) film surfaces[J]. Macromolecular Rapid Communications. 2006, 27(7): 563-569.

[65] ZHANG L, TANG B, WU J, et al. Hydrophobic light-to-heat conversion membranes with selfhealing ability for interfacial solar heating[J]. Advanced Materials, 2015, 27(33): 4889-4894.

[66] ZHAO F, ZHOU X, SHI Y, et al. Highly efficient solar vapour generation via hierarchically nanostructured gels[J]. Nature Nanotechnology, 2018, 13(6): 489-495.

[67] NI F, XIAO P, ZHANG C, et al. Micro-/macroscopically synergetic control of switchable 2D/3D photothermal water purification enabled by robust, portable, and cost-effective cellulose papers[J]. ACS Applied Materials & Interfaces, 2019, 11(17): 15498-15506.

[68] XIAO P, GU J, ZHANG C, et al. A scalable, low-cost and robust photo-thermal fabric with tunable and programmable 2D/3D structures towards environmentally adaptable liquid/solid-medium water extraction[J]. Nano Energy, 2019, 65: 104002.

[69] WANG X, LIU Q, WU S, et al. Multilayer polypyrrole nanosheets with self-organized surface structures for flexible and efficient solar-thermal energy conversion[J]. Advanced Materials, 2019, 31(19): 1807716.

[70] LI C, JIANG D, HUO B, et al. Scalable and robust bilayer polymer foams for highly efficient and stable solar desalination[J]. Nano Energy, 2019, 60: 841-849.

[71] WANG Y, WANG C, SONG X, et al. A facile nanocomposite strategy to fabricate a RGO-MWCNT photothermal layer for efficient water evaporation[J]. Journal of Materials Chemistry A, 2018, 6(3): 963-971.

[72] WANG Y, WANG C, SONG X, et al. Improved light-harvesting and thermal management for efficient solar-driven water evaporation using 3D photothermal cones[J]. Journal of Materials Chemistry A, 2018, 6(21): 9874-9881.

[73] HUANG X, YU Y H, DE LLERGO O, et al. Facile polypyrrole thin film coating on polypropylene membrane for efficient solar-driven interfacial water evaporation[J]. RSC Advances, 2017, 7(16): 9495-9499.

[74] O'REGAN B, GRÄTZEL M. A low-cost, high-efficiency solar cell based on dye-sensitized colloidal TiO_2 films[J]. Nature, 1991, 353(6346): 737-740.

[75] HAGFELDT A, BOSCHLOO G, SUN L, et al. Dye-sensitized solar cells[J]. Chemical Reviews, 2010, 110(11): 6595-6663.

[76] ZHENG D, YE M, WEN X, et al. Electrochemical methods for the characterization and interfacial study of dye-sensitized solar cell[J]. Science Bulletin, 2015, 60(9): 850-863.

[77] GÜNES S, NEUGEBAUER H, SARICIFTCI N S. Conjugated polymer-based organic solar cells[J].

Chemical Reviews,2007,107(4):1324-1338.

[78] MISHRA A,BÄUERLE P. Small molecule organic semiconductors on the move:Promises for future solar energy technology[J]. Angewandte Chemie International Edition,2012,51(9):2020-2067.

[79] XU Y,BAI H,LU G,et al. Flexible graphene films via the filtration of water-soluble noncovalent functionalized graphene sheets[J]. Journal of the American Chemical Society,2008,130(18):5856-5857.

[80] JIANG S,YIN X,ZHANG J,et al. Vertical ultrathin MoS_2 nanosheets on a flexible substrate as an efficient counter electrode for dye-sensitized solar cells[J]. Nanoscale,2015,7(23):10459-10464.

[81] CHOI H,KIM H,HWANG S,et al. Dye-sensitized solar cells using graphene-based carbon nano composite as counter electrode[J]. Solar Energy Materials and Solar Cells,2011,95(1):323-325.

[82] GONG F,WANG H,WANG Z S. Self-assembled monolayer of graphene/Pt as counter electrode for efficient dye-sensitized solar cell[J]. Physical Chemistry Chemical Physics,2011,13(39):17676-17682.

[83] QIU L,WU Q,YANG Z,et al. Freestanding aligned carbon nanotube array grown on a large-area singlelayered graphene sheet for efficient dye-sensitized solar cell[J]. Small,2015,11(9-10):1150-1155.

[84] SUZUKI K,YAMAGUCHI M,KUMAGAI M,et al. Application of carbon nanotubes to counter electrodes of dye-sensitized solar cells[J]. Chemistry Letters,2002,32(1):28-29.

[85] SIUZDAK K,KLEIN M,SAWCZAK M,et al. Spray-deposited carbon-nanotube counter-electrodes for dye-sensitized solar cells[J]. Physica Status Solidi,2016,213(5):1157-1164.

[86] MEMON A A,ARBAB A A,SAHITO I A,et al. Synthesis of highly photo-catalytic and electro-catalytic active textile structured carbon electrode and its application in dsscs[J]. Solar Energy,2017,150:521-531.

[87] AJAYAN P,STEPHAN O,COLLIEX C,et al. Aligned carbon nanotube arrays formed by cutting a polymer resin-nanotube composite[J]. Science,1994,265(5176):1212-1214.

[88] FAN B,MEI X,SUN K,et al. Conducting polymer/carbon nanotube composite as counter electrode of dye-sensitized solar cells[J]. Applied Physics Letters,2008,93(14):143103.

[89] HOU S,CAI X,WU H,et al. Flexible, metal-free composite counter electrodes for efficient fibershaped dye-sensitized solar cells[J]. Journal of Power Sources,2012,215:164-169.

[90] HASHMI S G,HALME J,MA Y,et al. A single-walled carbon nanotube coated flexible PVC counter electrode for dye-sensitized solar cells[J]. Advanced Materials Interfaces,2014,1(2):1300055.

[91] NIU H,QIN S,MAO X,et al. Axle-sleeve structured MWCNTs/polyaniline composite film as costeffective counter-electrodes for high efficient dye-sensitized solar cells[J]. Electrochimica Acta,2014,121:285-293.

[92] HOU S,CAI X,FU Y,et al. Transparent conductive oxide-less, flexible, and highly efficient dye-sensitized solar cells with commercialized carbon fiber as the counter electrode[J]. Journal of Materials Chemistry,2011,21(36):13776-13779.

[93] CHEN T,QIU L,CAI Z,et al. Intertwined aligned carbon nanotube fiber based dye-sensitized solar cells[J]. Nano Letters,2012,12(5):2568-2572.

[94] LIU J,KUO Y T,KLABUNDE K J,et al. Novel dye-sensitized solar cell architecture using TiO_2-coated vertically aligned carbon nanofiber arrays[J]. ACS Applied Materials & Interfaces,2009,1

(8):1645-1649.

[95] SEBASTIÁN D,BAGLIO V,GIROLAMO M,et al. Carbon nanofiber-based counter electrodes for low cost dye-sensitized solar cells[J]. Journal of Power Sources,2014,250:242-249.

[96] LI L,ZHANG X,WANG D,et al. Electrospinning synthesis of high performance carbon nanofiber coated flower-like MoS_2 nanosheets for dye-sensitized solar cells counter electrode[J]. Electrochimica Acta,2018,280:94-100.

[97] KIM G H,PARK S H,BIRAJDAR M S,et al. Core/shell structured carbon nanofiber/platinum nanoparticle hybrid web as a counter electrode for dye-sensitized solar cell[J]. Journal of Industrial and Engineering Chemistry,2017,52:211-217.

[98] LI Q,WU J,TANG Q,et al. Application of microporous polyaniline counter electrode for dye-sensitized solar cells[J]. Electrochemistry Communications,2008,10(9):1299-1302.

[99] QIN Q,TAO J,YANG Y,et al. In situ oxidative polymerization of polyaniline counter electrode on ITO conductive glass substrate[J]. Polymer Engineering & Science,2011,51(4):663-669.

[100] LI Z,YE B,HU X,et al. Facile electropolymerized-PANI as counter electrode for low cost dye-sensitized solar cell[J]. Electrochemistry Communications,2009,11(9):1768-1771.

[101] WANG S,LU S,LI X,et al. Study of H_2SO_4 concentration on properties of H_2SO_4 doped polyaniline counter electrodes for dye-sensitized solar cells[J]. Journal of Power Sources,2013,242:438-446.

[102] AMEEN S,AKHTAR M S,KIM Y S,et al. Sulfamic acid-doped polyaniline nanofibers thin filmbased counter electrode: Application in dye-sensitized solar cells[J]. The Journal of Physical Chemistry C,2010,114(10):4760-4764.

[103] GUO F,HU H,TAI Q D,et al. Facile preparation of nanofibrous polyaniline thin film as counter electrodes for dye sensitized solar cells[J]. Journal of Renewable Sustainable Energy,2012,4(2):023109.

[104] QIN Q,ZHANG R. A novel conical structure of polyaniline nanotubes synthesized on ITO-PET conducting substrate by electrochemical method[J]. Electrochimica Acta,2013,89:726-731.

[105] XIAO Y,LIN J Y,WANG W Y,et al. Enhanced performance of low-cost dye-sensitized solar cells with pulse-electropolymerized polyaniline counter electrodes[J]. Electrochimica Acta,2013,90:468-474.

[106] LAN Z,WU J,GAO S,et al. Template-free synthesis of polyaniline nanobelts as a catalytic counter electrode in dye-sensitized solar cells[J]. Polymers for Advanced Technologies,2014,25(3):343-346.

[107] TANG Z,WU J,ZHENG M,et al. High efficient PANI/Pt nanofiber counter electrode used in dye-sensitized solar cell[J]. RSC Advances,2012,2(10):4062-4064.

[108] CHEN X,TANG Q,HE B. Efficient dye-sensitized solar cell from spiny polyaniline nanofiber counter electrode[J]. Materials Letters,2014,119:28-31.

[109] CHEN J,LI B,ZHENG J,et al. Polyaniline nanofiber/carbon film as flexible counter electrodes in platinum-free dye-sensitized solar cells[J]. Electrochimica Acta,2011,56(12):4624-4630.

[110] SHAHID M U,MOHAMED N M,MUHSAN A S,et al. Few-layer graphene supported polyaniline (PANI)film as a transparent counter electrode for dye-sensitized solar cells[J]. Diamond and Related Materials,2019,94:242-251.

[111] GAO J,YANG Y,ZHANG Z,et al. Bifacial quasi-solid-state dye-sensitized solar cells with poly(vinyl pyrrolidone)/polyaniline transparent counter electrode[J]. Nano Energy,2016,26:123-130.

[112] HE B,ZHANG X,ZHANG H,et al. Transparent molybdenum sulfide decorated polyaniline complex counter electrodes for efficient bifacial dye-sensitized solar cells[J]. Solar Energy,2017,147:470-478.

[113] LU S,WANG S,HAN R,et al. The working mechanism and performance of polypyrrole as a counter electrode for dye-sensitized solar cells[J]. Journal of Materials Chemistry A,2014,2(32):12805-12811.

[114] YUEN S M,MA C C M,CHUANG C Y,et al. Effect of processing method on the shielding effectiveness of electromagnetic interference of MWCNT/PMMA composites[J]. Composites Science and Technology,2008,68(3-4):963-968.

[115] MAKRIS T,DRACOPOULOS V,STERGIOPOULOS T,et al. A quasi solid-state dye-sensitized solar cell made of polypyrrole counter electrodes[J]. Electrochimica Acta,2011,56(5):2004-2008.

[116] LIM S P,PANDIKUMAR A,LIM Y S,et al. In-situ electrochemically deposited polypyrrole nanoparticles incorporated reduced graphene oxide as an efficient counter electrode for platinum-free dye-sensitized solar cells[J]. Scientific Reports,2014,4:5305.

[117] VEERENDER P,SAXENA V,JHA P,et al. Free-standing polypyrrole films as substrate-free and Pt-free counter electrodes for quasi-solid dye-sensitized solar cells[J]. Organic Electronics,2012,13(12):3032-3039.

[118] XU J,LI M,WU L,et al. A flexible polypyrrole-coated fabric counter electrode for dye-sensitized solar cells[J]. Journal of Power Sources,2014,257:230-236.

[119] JONAS F,SCHRADER L. Conductive modifications of polymers with polypyrroles and polythiophenes[J]. Synthetic Metals,1991,41(3):831-836.

[120] YOHANNES T,INGANÄS O. Photoelectrochemical studies of the junction between poly[3-(4-octylphenyl)thiophene] and a redox polymer electrolyte[J]. Solar Energy Materials and Solar Cells,1998,51(2):193-202.

[121] YUM J H,BARANOFF E,KESSLER F,et al. A cobalt complex redox shuttle for dye-sensitized solar cells with high open-circuit potentials[J]. Nature Communications,2012,3(1):1-8.

[122] XU H,ZHANG X,ZHANG C,et al. Nanostructured titanium nitride/PEDOT:PSS composite films as counter electrodes of dye-sensitized solar cells[J]. ACS Applied Materials & Interfaces,2012,4(2):1087-1092.

[123] SUDHAGAR P,NAGARAJAN S,LEE Y G,et al. Synergistic catalytic effect of a composite(CoS/PEDOT:PSS)counter electrode on triiodide reduction in dye-sensitized solar cells[J]. ACS Applied Materials & Interfaces,2011,3(6):1838-1843.

[124] LEE S H,CHO W,HWANG D K,et al. Synthesis of poly(3,4-ethylene dioxythiophene)/ammonium vanadate nanofiber composites for counter electrode of dye-sensitized solar cells[J]. Electrochimica Acta,2017,245:607-614.

[125] HUANG N,LI G,XIA Z,et al. Solution-processed relatively pure MoS_2 nanoparticles in-situ grown on graphite paper as an efficient FTO-free counter electrode for dye-sensitized solar cells[J]. Electrochimica Acta,2017,235:182-190.

[126] SU'AIT M S,RAHMAN M Y A,AHMAD A. Review on polymer electrolyte in dye-sensitized solar cells(DSSC)[J]. Solar Energy,2015,115:452-470.

[127] PRIYA A S, SUBRAMANIA A, JUNG Y S, et al. High-performance quasi-solid-state dye-sensitized solar cell based on an electrospun pvdf-hfp membrane electrolyte[J]. Langmuir, 2008, 24(17): 9816-9819.

[128] PARK S H, WON D H, CHOI H J, et al. Dye-sensitized solar cells based on electrospun polymer blends as electrolytes[J]. Solar Energy Materials and Solar Cells, 2011, 95(1): 296-300.

[129] AHN S K, BAN T, SAKTHIVEL P, et al. Development of dye-sensitized solar cells composed of liquid crystal embedded, electrospun poly(vinylidene fluoride-co-hexafluoropropylene) nanofibers as polymer gel electrolytes[J]. ACS Applied Materials & Interfaces, 2012, 4(4): 2096-2100.

[130] DISSANAYAKE M, DIVARATHNE H, THOTAWATTHAGE C, et al. Dye-sensitized solar cells based on electrospun polyacrylonitrile (PAN) nanofibre membrane gel electrolyte[J]. Electrochimica Acta, 2014, 130: 76-81.

[131] SETHUPATHY M, RAVICHANDRAN S, MANISANKAR P. Preparation of PVDF-PAN-V_2O_5 hybrid composite membrane by electrospinning and fabrication of dye-sensitized solar cells[J]. International Journal of Electrochemical Science, 2014, 9(6): 3166-3180.

[132] LI Y, LEE D K, KIM J Y, et al. Highly durable and flexible dye-sensitized solar cells fabricated on plastic substrates: Pvdf-nanofiber-reinforced tio 2 photoelectrodes[J]. Energy Environmental Science, 2012, 5(10): 8950-8957.

[133] 张晓英. 锰复合基全固态纤维染料敏化太阳能电池的制备研究[D]. 重庆:重庆大学, 2015.

[134] WAN X, LONG G, HUANG L, et al. Graphene-a promising material for organic photovoltaic cells [J]. Advanced Materials, 2011, 23(45): 5342-5358.

[135] YIN Z, SUN S, SALIM T, et al. Organic photovoltaic devices using highly flexible reduced graphene oxide films as transparent electrodes[J]. ACS Nano, 2010, 4(9): 5263-5268.

[136] BECERRIL H A, MAO J, LIU Z, et al. Evaluation of solution-processed reduced graphene oxide films as transparent conductors[J]. ACS Nano, 2008, 2(3): 463-470.

[137] LEWIS G D A, ZHANG Y, SCHLENKER C W, et al. Continuous, highly flexible, and transparent graphene films by chemical vapor deposition for organic photovoltaics[J]. ACS Nano, 2010, 4(5): 2865-2873.

[138] CHEN Y Z, MEDINA H, TSAI H W, et al. Low temperature growth of graphene on glass by carbon-enclosed chemical vapor deposition process and its application as transparent electrode[J]. Chemistry of Materials, 2015, 27(5): 1646-1655.

[139] ZHUO Q Q, WANG Q, ZHANG Y P, et al. Transfer-free synthesis of doped and patterned graphene films[J]. ACS Nano, 2015, 9(1): 594-601.

[140] JO J W, JUNG J W, LEE J U, et al. Fabrication of highly conductive and transparent thin films from single-walled carbon nanotubes using a new non-ionic surfactant via spin coating[J]. ACS Nano, 2010, 4(9): 5382-5388.

[141] KIM S, YIM J, WANG X, et al. Spin-and spray-deposited single-walled carbon-nanotube electrodes for organic solar cells[J]. Advanced Functional Materials, 2010, 20(14): 2310-2316.

[142] JEON I, CUI K, CHIBA T, et al. Direct and dry deposited single-walled carbon nanotube films doped with MoOx as electron-blocking transparent electrodes for flexible organic solar cells[J]. Journal of the American Chemical Society, 2015, 137(25): 7982-7985.

[143] KHOLMANOV I N, MAGNUSON C W, PINER R, et al. Optical, electrical, and electromechanical

properties of hybrid graphene/carbon nanotube films[J]. Advanced Materials,2015,27(19):3053-3059.

[144] KIM J Y,LEE K,COATES N E,et al. Efficient tandem polymer solar cells fabricated by all-solution processing[J]. Science,2007,317(5835):222-225.

[145] WANG Z,HAN E,KE W. Effect of nanoparticles on the improvement in fire-resistant and anti-ageing properties of flame-retardant coating[J]. Surface and Coatings Technology,2006,200(20-21):5706-5716.

[146] SVENSSON M,ZHANG F,VEENSTRA S C,et al. High-performance polymer solar cells of an alternating polyfluorene copolymer and a fullerene derivative[J]. Advanced Materials,2003,15(12):988-991.

[147] SLOOFF L,VEENSTRA S,KROON J,et al. Determining the internal quantum efficiency of highly efficient polymer solar cells through optical modeling[J]. Applied Physics Letters,2007,90(14):143506.

[148] DENNLER G,SCHARBER M C,BRABEC C J. Polymer-fullerene bulk-heterojunction solar cells [J]. Advanced Materials,2009,21(13):1323-1338.

[149] BREDAS J L,NORTON J E,CORNIL J,et al. Molecular understanding of organic solar cells:The challenges[J]. Accounts of Chemical Research,2009,42(11):1691-1699.

[150] LIU B,CHEN X,ZOU Y,et al. Benzo[1,2-*b*:4,5-*b′*]difuran-based donor-acceptor copolymers for polymer solar cells[J]. Macromolecules,2012,45(17):6898-6905.

[151] CARSTEN B,HE F,SON H J,et al. Stille polycondensation for synthesis of functional materials [J]. Chemical Reviews,2011,111(3):1493-1528.

[152] LIU Q,LIU Z,ZHANG X,et al. Polymer photovoltaic cells based on solution-processable graphene and p3ht[J]. Advanced Functional Materials,2009,19(6):894-904.

[153] LIU Z,HE D,WANG Y,et al. Improving photovoltaic properties by incorporating both spfgraphene and functionalized multiwalled carbon nanotubes[J]. Solar Energy Materials and Solar Cells,2010,94(12):2148-2153.

[154] KYMAKIS E,AMARATUNGA G. Single-wall carbon nanotube/conjugated polymer photovoltaic devices[J]. Applied Physics Letters,2002,80(1):112-114.

[155] HAM M H,PAULUS G L,LEE C Y,et al. Evidence for high-efficiency exciton dissociation at polymer/single-walled carbon nanotube interfaces in planar nano-heterojunction photovoltaics[J]. ACS Nano,2010,4(10):6251-6259.

[156] BERSON S,BETTIGNIES R D,BAILLY S,et al. Elaboration of P3HT/CNT/PCBM composites for organic photovoltaic cells[J]. Advanced Functional Materials,2007,17(16):3363-3370.

[157] LU L,XU T,CHEN W,et al. The role of n-doped multiwall carbon nanotubes in achieving highly efficient polymer bulk heterojunction solar cells[J]. Nano Letters,2013,13(6):2365-2369.

[158] LI S S,TU K H,LIN C C,et al. Solution-processable graphene oxide as an efficient hole transport layer in polymer solar cells[J]. ACS Nano,2010,4(6):3169-3174.

[159] MURRAY I P,LOU S J,COTE L J,et al. Graphene oxide interlayers for robust,high-efficiency organic photovoltaics[J]. The Journal of Physical Chemistry Letters,2011,2(24):3006-3012.

[160] LIU J,XUE Y,GAO Y,et al. Hole and electron extraction layers based on graphene oxide derivatives for

high-performance bulk heterojunction solar cells[J]. Advanced Materials,2012,24(17):2228-2233.

[161] HATTON R A, BLANCHARD N, TAN L W, et al. Oxidised carbon nanotubes as solution processable, high work function hole-extraction layers for organic solar cells[J]. Organic Electronics, 2009,10(3):388-395.

[162] KYMAKIS E,STYLIANAKIS M M,SPYROPOULOS G D,et al. Spin coated carbon nanotubes as the hole transport layer in organic photovoltaics[J]. Solar Energy Materials and Solar Cells,2012, 96:298-301.

[163] CHEN C,LI C,SHI Z. Current advances in lanthanide-doped upconversion nanostructures for detection and bioapplication[J]. Advanced Science,2016,3(10):1600029.

[164] TU D, ZHENG W, LIU Y, et al. Luminescent biodetection based on lanthanide-doped inorganic nanoprobes[J]. Coordination Chemistry Reviews,2014,273:13-29.

[165] ZHOU J,YU M,SUN Y,et al. Fluorine-18-labeled $Gd^{3+}/Yb^{3+}/Er^{3+}$ co-doped $NaYF_4$ nanophosphors for multimodality PET/MR/UCL imaging[J]. Biomaterials,2011,32(4):1148-1156.

[166] XIA A, GAO Y, ZHOU J, et al. Core-shell $NaYF_4:Yb^{3+}$, Tm^{3+} @ Fe_xO_y nanocrystals for dual-modality t2-enhanced magnetic resonance and NIR-to-NIR upconversion luminescent imaging of small-animal lymphatic node[J]. Biomaterials,2011,32(29):7200-7208.

[167] RAI M,SINGH S K,SINGH A K,et al. Enhanced red upconversion emission, magnetoluminescent behavior,and bioimaging application of $NaSc_{0.75}Er_{0.02}Yb_{0.18}Gd_{0.05}F_4$@AuNPs nanoparticles[J]. ACS Applied Materials & Interfaces,2015,7(28):15339-15350.

[168] XIAO Q, BU W, REN Q, et al. Radiopaque fluorescence-transparent taox decorated upconversion nanophosphors for in vivo CT/MR/UCL trimodal imaging[J]. Biomaterials,2012,33(30):7530-7539.

[169] SUN Y, ZHU X, PENG J, et al. Core-shell lanthanide upconversion nanophosphors as four-modal probes for tumor angiogenesis imaging[J]. ACS Nano,2013,7(12):11290-11300.

[170] RIEFFEL J, CHEN F, KIM J, et al. Hexamodal imaging with porphyrin-phospholipid-coated upconversion nanoparticles[J]. Advanced Materials,2015,27(10):1785-1790.

[171] GUPTA B K, HARANATH D, SAINI S, et al. Synthesis and characterization of ultra-fine $Y_2O_3:Eu^{3+}$ nanophosphors for luminescent security ink applications[J]. Nanotechnology,2010,21(5):055607.

[172] SARAF M, KUMAR P, KEDAWAT G, et al. Probing highly luminescent europium-doped lanthanum orthophosphate nanorods for strategic applications[J]. Inorganic Chemistry,2015,54(6):2616-2625.

[173] CHEN L,ZHANG Y,LUO A,et al. The temperature-sensitive luminescence of $(Y,Gd)VO_4:Bi^{3+}$, Eu^{3+} and its application for stealth anti-counterfeiting[J]. Physica Status Solidi-Rapid Research Letters,2012,6(7):321-323.

[174] KUMAR P, NAGPAL K, GUPTA B K. Unclonable security codes designed from multicolor luminescent lanthanide-doped Y_2O_3 nanorods for anticounterfeiting[J]. ACS Applied Materials & Interfaces,2017,9(16):14301-14308.

[175] VENKATACHALAIAH K,NAGABHUSHANA H,DARSHAN G,et al. Novel and highly efficient red luminescent sensor based SiO_2@ $Y_2O_3:Eu^{3+}$, M^+ (M^+ =Li, Na, K) composite core-shell fluorescent markers for latent fingerprint recognition, security ink and solid state lightning applications[J]. Sensors and Actuators B:Chemical,2017,251:310-325.

[176] MERUGA J M,CROSS W M,MAY P S,et al. Security printing of covert quick response codes using

upconverting nanoparticle inks[J]. Nanotechnology,2012,23(39):395201.

[177] MERUGA J M,BARIDE A,CROSS W,et al. Red-green-blue printing using luminescence-upconversion inks[J]. Journal of Materials Chemistry C,2014,2(12):2221-2227.

[178] ZHANG Y,ZHANG L,DENG R,et al. Multicolor barcoding in a single upconversion crystal[J]. Journal of the American Chemical Society,2014,136(13):4893-4896.

[179] YOU M,ZHONG J,HONG Y,et al. Inkjet printing of upconversion nanoparticles for anti-counterfeit applications[J]. Nanoscale,2015,7(10):4423-4431.

[180] LIU H,YE T,MAO C. Fluorescent carbon nanoparticles derived from candle soot[J]. Angewandte Chemie International Edition,2007,46(34):6473-6475.

[181] TIAN L,GHOSH D,CHEN W,et al. Nanosized carbon particles from natural gas soot[J]. Chemistry of Materials,2009,21(13):2803-2809.

[182] RAY S,SAHA A,JANA N R,et al. Fluorescent carbon nanoparticles:Synthesis,characterization, and bioimaging application[J]. The Journal of Physical Chemistry C,2009,113(43):18546-18551.

[183] ZHENG L,CHI Y,DONG Y,et al. Electrochemiluminescence of water-soluble carbon nanocrystals released electrochemically from graphite[J]. Journal of the American Chemical Society,2009,131(13):4564-4565.

[184] LU J,YANG J X,WANG J,et al. One-pot synthesis of fluorescent carbon nanoribbons,nanoparticles,and graphene by the exfoliation of graphite in ionic liquids[J]. ACS Nano,2009,3(8):2367-2375.

[185] ZHOU J,BOOKER C,LI R,et al. An electrochemical avenue to blue luminescent nanocrystals from multiwalled carbon nanotubes(MWCNTs)[J]. Journal of the American Chemical Society,2007,129(4):744-745.

[186] LIU R,WU D,LIU S,et al. An aqueous route to multicolor photoluminescent carbon dots using silica spheres as carriers[J]. Angewandte Chemie International Edition,2009,48(25):4598-4601.

[187] WANG F,PANG S,WANG L,et al. One-step synthesis of highly luminescent carbon dots in noncoordinating solvents[J]. Chemistry of Materials,2010,22(16):4528-4530.

[188] BAO L,ZHANG Z L,TIAN Z Q,et al. Electrochemical tuning of luminescent carbon nanodots:From preparation to luminescence mechanism[J]. Advanced Materials,2011,23(48):5801-5806.

[189] WANG F,XIE Z,ZHANG H,et al. Highly luminescent organosilane-functionalized carbon dots[J]. Advanced Functional Materials,2011,21(6):1027-1031.

[190] BAO L,LIU C,ZHANG Z L,et al. Photoluminescence-tunable carbon nanodots:Surface-state energy-gap tuning[J]. Advanced Materials,2015,27(10):1663-1667.

[191] SUVARNAPHAET P,PECHPRASARN S. Graphene-based materials for biosensors:A review[J]. Sensors,2017,17(10):2161.

[192] PAN D,ZHANG J,LI Z,et al. Hydrothermal route for cutting graphene sheets into blue-luminescent graphene quantum dots[J]. Advanced Materials,2010,22(6):734-738.

[193] LI Y,HU Y,ZHAO Y,et al. An electrochemical avenue to green-luminescent graphene quantum dots as potential electron-acceptors for photovoltaics[J]. Advanced Materials,2011,23(6):776-780.

[194] TETSUKA H,ASAHI R,NAGOYA A,et al. Optically tunable amino-functionalized graphene quantum dots[J]. Advanced Materials,2012,24(39):5333-5338.

[195] PENG J,GAO W,GUPTA B K,et al. Graphene quantum dots derived from carbon fibers[J]. Nano

Letters,2012,12(2):844-849.

[196] LI L L,JI J,FEI R,et al. A facile microwave avenue to electrochemiluminescent two-color graphene quantum dots[J]. Advanced Functional Materials,2012,22(14):2971-2979.

[197] LIU F,JANG M H,HA H D,et al. Facile synthetic method for pristine graphene quantum dots and graphene oxide quantum dots:Origin of blue and green luminescence[J]. Advanced Materials,2013, 25(27):3657-3662.

[198] MEDINTZ I L,UYEDA H T,GOLDMAN E R,et al. Quantum dot bioconjugates for imaging,labelling and sensing[J]. Nature Materials,2005,4(6):435-436.

[199] WANG X,QU L,ZHANG J,et al. Surface-related emission in highly luminescent cdse quantum dots [J]. Nano Letters,2003,3(8):1103-1106.

[200] CORDERO S,CARSON P,ESTABROOK R,et al. Photo-activated luminescence of cdse quantum dot monolayers[J]. The Journal of Physical Chemistry B,2000,104(51):12137-12142.

[201] WUISTER S F,SWART I,VAN DRIEL F,et al. Highly luminescent water-soluble cdte quantum dots [J]. Nano Letters,2003,3(4):503-507.

[202] JIN W J,FERNANDEZ-ARGUELLES M T,COSTA-FERNANDEZ J M,et al. Photoactivated luminescent cdse quantum dots as sensitive cyanide probes in aqueous solutions[J]. Chemical Communications,2005,7(7):883-885.

[203] KOJIMA A,IKEGAMI M,TESHIMA K,et al. Highly luminescent lead bromide perovskite nanoparticles synthesized with porous alumina media[J]. Chemistry Letters,2012,41(4):397-399.

[204] SCHMIDT L C,PERTEGAS A,GONZALEZ-CARRERO S,et al. Nontemplate synthesis of ch3nh3pbbr3 perovskite nanoparticles[J]. Journal of the American Chemical Society,2014,136(3):850-853.

[205] PROTESESCU L,YAKUNIN S,BODNARCHUK M I,et al. Nanocrystals of cesium lead halide perovskites($CsPbX_3$,X=Cl,Br,and I):Novel optoelectronic materials showing bright emission with wide color gamut[J]. Nano Letters,2015,15(6):3692-3696.

[206] ZHANG F,ZHONG H,CHEN C,et al. Brightly luminescent and color-tunable colloidal $CH_3NH_3PbX_3$ (X=Br,I,Cl)quantum dots:Potential alternatives for display technology[J]. ACS Nano,2015,9(4):4533-4542.

[207] LI X,WU Y,ZHANG S,et al. $CsPbX_3$ quantum dots for lighting and displays:Room-temperature synthesis,photoluminescence superiorities,underlying origins and white light-emitting diodes[J]. Advanced Functional Materials,2016,26(15):2435-2445.

[208] SUN S,YUAN D,XU Y,et al. Ligand-mediated synthesis of shape-controlled cesium lead halide perovskite nanocrystals via reprecipitation process at room temperature[J]. ACS Nano,2016,10(3):3648-3657.

[209] CULLIS A,CANHAM L,CALCOTT P. The structural and luminescence properties of porous silicon[J]. Journal of Applied Physics,1997,82(3):909-965.

[210] BHARGAVA R,GALLAGHER D,HONG X,et al. Optical properties of manganese-doped nanocrystals of ZnS[J]. Physical Review Letters,1994,72(3):416.

[211] JIAN W,ZHUANG J,YANG W,et al. Improved photoluminescence of ZnS:Mn nanocrystals by microwave assisted growth of ZnS shell[J]. Journal of Luminescence,2007,126(2):735-740.

[212] PACKARD J,CAMPBELL D,TAIT W. Evidence for indirect annihilation of free excitons in II-VI semiconductor lasers[J]. Journal of Applied Physics,1967,38(13):5255-5257.

[213] IWAI S,NAMBA S. Zno laser by electron beam excitation[J]. Applied Physics Letters,1970,16(9):354-356.

[214] SHEWCHUN J,GARSIDE B,KAWASAKI B,et al. Lasing action in electron-beam-pumped ZnO[J]. Journal of Applied Physics,1972,43(2):545-549.

[215] BAGNALL D,CHEN Y,ZHU Z,et al. Optically pumped lasing of ZnO at room temperature[J]. Applied Physics Letters,1997,70(17):2230-2232.

[216] 徐慧,刘霞,唐超,等. 芘类有机半导体材料研究进展[J]. 南京邮电大学学报:自然科学版,2014,34(3):111-124.

[217] HUANG X,LI J,FU H. The first covalent organic-inorganic networks of hybrid chalcogenides: Structures that may lead to a new type of quantum wells[J]. Journal of the American Chemical Society,2000,122(36):8789-8790.

[218] KI W,LI J. A semiconductor bulk material that emits direct white-light[J]. Journal of the American Chemical Society,2008,130(26):8114-8115.

[219] KI W,LI J,EDA G,et al. Direct white light emission from inorganic-organic hybrid semiconductor bulk materials[J]. Journal of Materials Chemistry,2010,20(47):10676-10679.

[220] ROUSHAN M,ZHANG X,LI J. Solution-processable white-light-emitting hybrid semiconductor bulk materials with high photoluminescence quantum efficiency[J]. Angewandte Chemie International Edition,2012,51(2):436-439.

[221] FANG X,ROUSHAN M,ZHANG R,et al. Tuning and enhancing white light emission of ii-vi based inorganic-organic hybrid semiconductors as single-phased phosphors[J]. Chemistry of Materials,2012,24(10):1710-1717.

[222] HUANG X,LI J,FU H. The first covalent organic-inorganic networks of hybrid chalcogenides:Structures that may lead to a new type of quantum wells[J]. Journal of the American Chemical Society,2000,122(36):8789-8790.

[223] HELIOTIS G,ITSKOS G,MURRAY R,et al. Hybrid inorganic/organic semiconductor heterostructures with efficient non-radiative energy transfer[J]. Advanced Materials,2006,18(3):334-338.

[224] GUO X,WANG C F,YU Z Y,et al. Facile access to versatile fluorescent carbon dots toward lightemitting diodes[J]. Chemical Communications,2012,48(21):2692-2694.

[225] SUN C,ZHANG Y,SUN K,et al. Combination of carbon dot and polymer dot phosphors for white light-emitting diodes[J]. Nanoscale,2015,7(28):12045-12050.

[226] SUN M,QU S,HAO Z,et al. Towards efficient solid-state photoluminescence based on carbon-nanodots and starch composites[J]. Nanoscale,2014,6(21):13076-13081.

[227] WANG Y,KALYTCHUK S,WANG L,et al. Carbon dot hybrids with oligomeric silsesquioxane: Solid-state luminophores with high photoluminescence quantum yield and applicability in white light emitting devices[J]. Chemical Communications,2015,51(14):2950-2953.

[228] LU S,SUI L,LIU J,et al. Near-infrared photoluminescent polymer-carbon nanodots with two-photon fluorescence[J]. Advanced Materials,2017,29(15):1603443.

[229] ZHANG Q,ATAY T,TISCHLER J R,et al. Highly efficient resonant coupling of optical excitations in hybrid organic/inorganic semiconductor nanostructures[J]. Nature Nanotechnology,2007,2(9):555-559.

[230] EMA K,INOMATA M,KATO Y,et al. Nearly perfect triplet-triplet energy transfer from wannier excitons to naphthalene in organic-inorganic hybrid quantum-well materials[J]. Physical Review Letters,2008,100(25):257401.

第5章　磁功能纳米复合材料

5.1　磁功能纳米复合材料

5.1.1　磁功能纳米复合材料简介

磁功能纳米复合材料由于其独特的磁性性质,如超顺磁性、高矫顽力、低居里温度和高磁化率等诸多优点,引起了材料界研究者们的广泛关注和研究。当前,磁功能纳米复合材料已经被广泛应用于磁流体、数据存储、催化、生物学以及医学等各个热点领域,被认定是一种应用十分广阔的信息功能性材料[1-5]。磁功能纳米复合材料的研究最先开始于20世纪70年代,1988年法国巴黎的科学家们在研究Fe/Cr纳米结构的多成膜形成过程中发现了巨磁电阻效应的存在,随后进一步地研究,推动了磁功能纳米材料的发展[6]。此后,各国的科学家们逐渐重视对磁功能纳米复合材料的研究并在此研究领域投入大量的财力和物力,由此掀起了磁功能纳米复合材料的研究热潮。当前,磁功能纳米复合材料已成为纳米科学领域中一颗大放异彩的明珠,在国防科技以及国民经济中占据着不可或缺的地位,不管是在基础领域的研究中还是在应用领域研究中都取得了巨大的进步,并在各个领域中发挥着举足轻重的作用。当前科学家们最紧要的目标就是如何根据磁功能纳米复合材料特殊的物理或化学性能来合理地设计出顺应时代需要的新材料并广泛应用到于新器件当中去,并用纳米科学技术对传统的材料进行功能化改性。因此,合理地设计并合成具有特殊性能的磁功能纳米复合材料对推动纳米科学技术领域的发展有着至关重要的科学意义,同时也将会对人类社会的进步产生深远的影响。

调控磁性纳米粒子的大小和结构、对磁性纳米粒子进行表面修饰或将其和其他材料进行复合,都会影响磁性纳米材料的性能,最终决定其在实际中的应用。因此,合理设计并合成具有新颖纳米结构以及具有特殊性能的磁功能纳米复合材料具有重要作用。磁性材料的发展经过以下几个时期:1930年,Fe_3O_4纳米微粒就被用来做成磁带;随后,Fe_3O_4粉体和胶合剂连用被制成涂布型磁带;其后,又通过化学共沉淀法合成Fe_3O_4磁性纳米胶体,用以观察磁畴结构。磁性液体在1960年的诞生也与此有着紧密的关系。如今,磁性材料普遍地应用于通信、智能控制、信息和交通领域,在信息记录、加工与传递中已化为不可或缺的重要部分,特别是在互联网云计算领域应用中具有重大影响。新时代信息化发展的总体趋势是向小、轻、薄与多功能化等方面发展,因而需要磁性材料同步地向高性能、新功能方向发展。现在,磁性材料在人工智能领域中是一种潜在的新兴功能材料,同时在社会发展计划的各个方面也是不可忽视的新材料。面对纳米技术的发展浪潮,磁性材料无疑在云存储领域还是环境保护领域都提供了巨大想象空间。

磁功能纳米复合材料是以高分子材料为基体与磁性功能体复合而成的一类功能复合材料。磁功能纳米复合材料有以下几种组合:(1)磁性无机材料与聚合物基体;(2)磁性无机材料与金属基体;(3)磁性有机材料与聚合物基体;(4)磁性无机材料与载液——磁流变体。其中无机磁性材料与聚合物基体应用较多,这种磁性复合材料中磁粉(功能体)的性能对磁性复合材料的磁性能影响最大。早期的磁粉为氧化铁(Fe_3O_4)和AlNiCo,后来发展了SM-Co磁铁,近年来开发了新型稀土永磁材料,并得到快速的发展。

5.1.2 磁性复合材料的研究现状

磁性纳米粒子在磁性流体、催化、生物医学、磁共振成像、数据存储和环境修复等方面均具有潜在的应用价值前景。然而,几个不可避免的问题与磁性纳米粒子息息相关:(1)磁性纳米粒子内在的不稳定性,因为它们倾向于聚集以降低它们的表面能;(2)在空气中被氧化的难易程度。磁性纳米粒子的聚集可以明显降低其界面面积,从而导致磁性和分散性的损失。因此,在合成过程中或合成之后,开发新的化学方法来稳定裸露的磁性纳米粒子至关重要。研究表明,聚合物、二氧化硅或其他材料与磁性纳米粒子复合可以阻止磁性纳米粒子的聚集和官能化,以扩展其在催化和生物医学等其他领域的应用。表面活性剂、葡萄糖、聚乙二醇、二巯基琥珀酸、泊洛沙姆、聚氧胺、金属氧化物、二氧化硅和碳等各种材料已被广泛用于涂层和稳定磁性纳米粒子领域[7]。另外,超分子自组装材料的发现引起了各研究领域的浓厚兴趣,其具有大的表面积、均匀的孔径结构和可调节的周期性结构、介孔二氧化硅和碳等特殊性质,是作为纳米反应器和大分子运载工具的理想材料。在磁功能纳米复合材料中,将介孔结构的材料与磁性材料结合起来,达到磁响应、高孔隙、大比表面积和易于官能化的目的。高孔隙磁性材料可用于小分子的储存和输送,如荧光染料和药物以及核苷酸和蛋白质大分子。介孔结构的磁功能纳米复合材料可以在使用后被去除,并且通过使用外部磁场实现靶向传递。为了提高磁功能纳米复合材料的功能,已经开发了各种方法来调控纳米复合材料的形貌,并在表面上引入官能团。因此,磁功能纳米复合材料既具有化学/物理稳定性,又具有磁性材料所提供的功能和磁响应性,为潜在的应用开辟了新的合成策略和机遇。

磁性复合材料主要分为永磁复合材料和软磁复合材料两大类[8]。稀土永磁材料是最早发展起来的永磁材料,一直占据主流地位。它是稀土元素和过渡族金属形成的一类高性能永磁材料,其性能特征是磁化强度高,剩余磁感应强度高,矫顽力性能较好,且是当前种类最多和应用最广的磁性材料。这类材料经历了 $SmCo_5$、Sm_2Co_{17}、$Nd_2Fe_{14}B$ 等三个发展阶段,当前 Nd-Fe-B 永磁材料以其高性能、轻型和微型的特征独占鳌头。同前有报道称可以得到磁能积达 558.4 kJ/m³ 的烧结 NdFeB 永磁体,但其加工性能较差[9]。为了弥补这类烧结永磁体的缺点,由纳米微晶粉体粘结成的永磁体以其良好的稳定性、耐腐蚀性和可加工性而成为研究的另一重点。此外,由硬磁相稀土材料晶粒和软磁性 α-Fe 晶粒构成的纳米复合双相稀土永磁材料的研究正方兴未艾,硬磁相具有高的磁晶各相异性常数,软磁相具有高的饱和磁化强度,使材料同时具有软磁性的高剩磁和硬磁性的高矫顽力,最终使材料的最大磁能积得到提高,可获得同时具有两者优点的高饱和磁化强度、高矫顽力的新型永磁材料。因此,这类材料倍受人们的关注,并成为磁性复合材料研究的热点之一。

软磁复合材料主要是指软磁铁氧体和软磁合金。软磁铁氧体是软磁材料的重要组成部分,早在 20 世纪 40 年代就对其基本配方开展了研究。其后 Mn-Zn 系铁氧体复合材料的高频磁性得到了充分的重视,而作为更高频率范围内使用的 Ni-Zn 系铁氧体复合材料也被提上了研究日程。60 年代 Co 基和 Fe 基非晶态软磁合金材料的出现,相对于铁氧体来说,具有高电阻率、高频损耗较小、高强度、高耐腐蚀性与高电阻率的特性,带来了软磁材料高磁导率、低矫顽力的优异性能。传统的非晶态合金材料由于制备工艺的限制,一般只能得到很薄或很细的片、丝和粉体状,应用领域受到局限。因而,当前发展的重点是开发三维大尺寸块状非晶合金,如 Zr-Al-Ni-Cu 系材料和 Pd-Ni-P 系材料在较低的冷却速率下可获得大块非晶态材料。另外,在非晶材料基础上改进而开发出来的 Fe-M-B、Fe-M-C、Fe-M-D 等系列纳米微晶材料也成为当前研究的焦点,如 Finemet 材料,其居里温度为 570 ℃,饱和磁通密度是铁氧体的 3 倍,饱和磁致伸缩系数很小。近年来,随着新工艺开发而研制得到的纳米薄膜材料以高电阻率、高饱和磁强化强度、低矫顽力和低磁致伸缩等优点而成为新的研究热点之一[10]。

5.1.3 磁功能纳米复合材料的磁学特性

物质的磁性来源于原子磁矩,根据物质的不同原子磁矩排列次序,磁性可分为有序排列(铁磁性、亚铁磁性、反铁磁性)和无序排列(抗磁性、顺磁性)两类。磁功能纳米复合材料具有常规粗晶体所没有的磁学特性,因此其应用范围更加广泛。

1. 磁畴结构

铁磁性材料的最主要特征存在自发磁化现象。在自发磁化过程中由于材料内部自身的力量而产生一个个小区域(称为磁畴),每个磁畴内部含有大量原子或者离子,自发磁化可以促使磁畴中存在的全部原子或者离子的磁矩排列为平行排列(同方向平行排列或者反方向平行排列),如图 5.1 所示。当没有外加磁场的情况下,磁性材料仍然处于一种自发磁化的状态,拥有自发磁化强度的性质,其磁矩取向是随机的。当矢量和等于零时,整个磁体的磁矩为零,宏观不显示磁性性质,不能吸引其他磁性物体。换句话说,没有外加磁场情况下,物体对外不显示磁性,只有在外加磁场磁化后才显示出磁性;当矢量和不等于零时,同时满足这些磁畴中的原子磁矩混乱排列,该物质显示顺磁性的性质[10]。

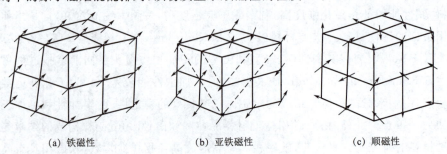

图 5.1 磁功能纳米复合材料的磁矩排列

2. 超顺磁性

超顺磁性状态起源是由于在小尺寸下,当各向异性能减小到与热运动能可相比拟时,磁化方向不再固定在一个易磁化方向作无规则的变化,结果导致超顺磁性的出现。如图 5.2 所示,不同种类的磁性纳米材料显示超顺磁的临界尺寸是不相同的。

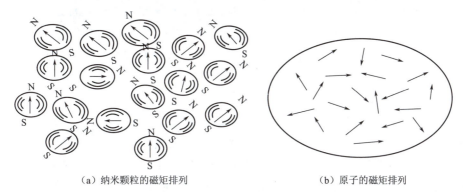

(a) 纳米颗粒的磁矩排列　　　　(b) 原子的磁矩排列

图 5.2　纳米颗粒的超顺磁性

3. 磁化率和居里温度

磁化率 χ 不管是在国际单位制还是在高斯单位中的定义都是 $\chi=M/H$,式中 M 表示磁化强度,H 则表示磁场强度。磁化率 χ 代表的是材料磁化难易程度的标志。在同样大小的磁场中,χ 大的材料呈现的磁化强度就大;χ 小的材料呈现的磁化强度就小。而居里温度 T_c 是表示物质磁学特性的重要参数,通常与交换积分 J_e 成正比,并与原子构型和间距息息相关。对于磁功能纳米复合材料,由于纳米粒子的本征和内禀的磁性变化,导致磁功能纳米复合材料具有较低的居里温度。

5.1.4　磁功能纳米复合材料的磁学性能

磁性是物质的最基本性质之一,它来源于材料内部电子的循轨运动和自旋运动。磁功能纳米复合材料根据磁化率 χ 的大小可以分为以下几类:抗磁性与顺磁性、铁磁性与反铁磁性、亚铁磁性。该分类主要以复合材料中磁性纳米粒子的磁化率为依据。

1. 抗磁性与顺磁性

抗磁性材料是指当磁性复合材料受到外加磁场 H 的作用后,感生出与外加磁场 H 相反的磁化方向,使得其总磁场发生变化(磁场减弱),最终导致 $\chi<0$,并且这种磁性材料的磁化率 χ 与温度无关,大小往往在 $10^{-6}\sim10^{-4}$ 之间。这种磁性材料的磁化强度 M 与磁场 H 的方向相反。抗磁性材料的磁化率 χ 的绝对值很小,在一般情况是无法观察到抗磁性特性的,而只有在组成材料的分子、原子或是离子的固有磁矩为 0 时才能观察得到,如某些金属(Cu、Ag、Au 等)以及绝大多数的有机材料在室温下是抗顺磁性的,满足固有磁矩为零的条件。

顺磁性纳米材料与抗磁性纳米材料完全相反,顺磁性材料在外加磁场 H 的条件下会感生出与磁场方向相同的磁化强度,使磁场强度得到略微增强。其磁化率大小满足在 $10^{-5}\sim$

10^{-3} 之间,磁化强度 M 与磁场 H 的方向相同,如某些过渡金属元素(Fe)和含过渡金属的合金(FeAu、FeCu 等)是顺磁性的。

虽然抗磁性材料和顺磁性材料存在很大的区别,但是他们之间也存在相同点。例如,两者之间的磁化均是可逆的,且都无剩余磁化现象的产生。影响磁性材料的抗磁性和顺磁性的因素主要包括以下四点:(1)原子结构的影响,如非金属元素大部分是抗磁性的(硼、氧和石墨),而金属大部分是顺磁性的;(2)温度的影响,温度对抗磁性材料性质的影响较小,而对顺磁性物质的影响较大,顺磁性随温度的上升而降低;(3)相变和组织转变的影响;(4)合金成分和组织的影响。

2. 铁磁性和反铁磁性

铁磁性材料就是一般的磁性材料,其磁性很强,磁化率很大,远远大于顺磁性,在 $10 \sim 10^6$ 之间。与抗磁性和顺磁性材料不同的是,抗磁性和顺磁性只有在外加磁场的作用下才有,而铁磁性即使在无外加磁场的条件下也能够产生自发磁化的现象。在铁磁体内部,形成的自发磁化的区域叫作磁畴。在外加磁场的作用下磁畴磁化为同一方向,即表现出宏观的磁化强度。铁磁性材料有两个显著的特点:一是只有在铁磁居里温度(T_c)以下才具有铁磁性,在居里温度以上就会转变成顺磁性;另一特点是,在外加磁场的条件下磁化过程是不可逆的,这点与抗磁性和顺磁性不同,即产生所谓的磁滞现象。磁滞效应是指磁感应强度的变化落后于磁场强度的变化,在外加磁场作用停止后,铁磁性材料仍保留部分磁性。磁性材料的几个参数有:饱和磁化度(M_S)、剩余磁化强度(M_r)、矫顽力(H_C)。

反铁磁性材料的磁化率比铁磁性材料的要小,一般在 $10^{-5} \sim 10^{-3}$ 之间。反铁磁性材料有一个重要的特征是存在临界温度(T_N)。当 $T > T_N$ 时,反磁性转变为顺磁性;当 $T < T_N$ 时呈现反铁磁性。除此之外,在 T_N 点附近反铁磁性材料还普遍存在热膨胀、电阻比热以及弹性等反常的现象。

3. 亚铁磁性

亚铁磁性的磁化率大于 0,介于铁磁性和反铁磁性之间,一般在 $10 \sim 10^3$ 之间。亚铁磁性材料的饱和磁化强度比铁磁性材料低。常见的亚铁磁性物质是金属氧化物,如铁氧体,它属于半导体,电阻率高,能应用于高频磁场中。

4. 小尺寸效应

在磁功能纳米复合材料中,小尺寸效应能够导致材料的声、光、电、磁、热、力学等特性发生改变,从而产生新的物理性能,如从磁有序变成磁无序、金属熔点的下降等。其基本原理是:当微粒尺寸小到与光波波长、磁交换长度、磁畴壁宽度、德布罗意波波长、超导态的相干长度等特征物理长度相当或更小时,原有的晶体周期性的边界条件被破坏,非晶态纳米颗粒表面层附近的原子密度减小,这种现象就是小尺寸效应。利用这种效应可以将纳米复合材料应用于电磁波的屏蔽和隐形飞机制造等[11,12]。

5. 表面效应

当磁性纳米粒子的组成成分颗粒尺寸处于纳米级时,微粒表面的原子数相对于内部的原子数所占的比例越来越大。例如,铜在 100 nm 时比表面积是 $6.6\ m^2/g$,当粒子的尺寸小到 1 nm 时,比表面积就高达 660 m²/g。比表面积的增大,必然导致高比表面能,从而极大地提高了微粒表面的化学活性,使得纳米粒子很容易与周围空气中的物质发生反应,也很容易吸附气体,这一现象被称为纳米粒子的表面效应。这种效应的极端情况是碳纳米管,只有表面原子而没有内部原子。例如,金属纳米粒子在空气中会燃烧,无机的纳米粒子在空气中会吸附气体并和气体发生反应[13]。

6. 量子尺寸效应

材料的能级间距和原子数 N 成反比,原子数越多,材料的能级间隙越小。纳米复合材料由于构成的微粒尺寸小,所含的原子数目有限,能级之间有一定的间隙,这主要是因为金属费米能级附近的电子能级由准连续态变为离散态造成的,这一现象叫作纳米材料的量子尺寸效应。当能级间距变化到大于材料物性的热能、静电能、光子能和磁能时,就会导致纳米粒子呈现出与宏观材料不同的特殊性能。例如,导电的金属当其尺寸处于纳米量级时可以变成绝缘体,磁矩的大小与颗粒中的电子数目是奇数或偶数息息相关,比热亦会反常变化[14]。

5.1.5 磁性材料的概述

通常,磁性颗粒(MPs)由磁性元素(如铁、镍、钴或其氧化物)和具有铁磁性或超顺磁性的合金组成。一旦被磁化,粒子表现得像小的永磁体,由于磁相互作用而形成晶格或聚集体。具体而言,铁磁性颗粒具有永久磁性,超磁性粒子被吸引到磁场中,但在磁场被移除后不保留 100 个剩磁。MPs 可用于从纳米颗粒到微米颗粒的各种尺寸。尤其是纳米级 MPs(1~100 nm)由于其超顺磁性以及独特的物理和化学性质(如高分散性、相对大的表面积和高比表面积)而引起了科学界的特别兴趣,从而导致更高的吸附容量。大量的 MPs 生产简单以及容易表面改性,使得其在环境、生物和食品分析中具有广泛的潜在应用。而且,纳米级 MPs 可以重复使用或回收。在众多 MPs 中,铁氧化物[如磁铁矿(Fe_3O_4)和磁赤铁矿(γ-Fe_2O_3)]作为 SPE 中的一种新型吸附剂,由于它们的小尺寸和高表面积提供了更好的动力学,使分析物的提取能力更高。另外,它们的超顺磁特性能在外部磁场的影响下轻松操作。由磁性材料的核构成的纯无机磁性粒子(Fe_3O_4 或 γ-Fe_2O_3)易于形成大的聚集体,导致其磁性的变化。而且,缺乏选择性使得它们不适用于具有复杂基质的样品。因此,为了克服上述限制,通常需对具有特定活性基团的磁芯(涂层)进行适当改性。通过附着无机组分(如二氧化硅或氧化铝)或有机分子(如用聚合物或表面活性剂等改性)来改善化学稳定性,并且还提供特定的功能基团,如对离子的选择性吸收[15-18]。此外,无机涂层的改性或官能化可以用有机或无机官能团实现,以改善其吸附特性。如图 5.3 所示,多个不同类型的壳和功能组可以锚定到 MPs 表面实现多功能性[19-21]。

磁功能纳米复合材料是指通过适当的制备方法使有机高分子与无机磁性颗粒结合形成具有一定磁性及特殊结构的复合微粒。由于微纳米粒子较小的尺寸、大的比表面积产生的量子效应和表面效应,赋予其许多特殊的性质。复合微粒具有磁响应性和特异的表面官能团,能与其他小分子、大分子或细胞等结合,然后在磁场的作用下做出某些响应,因此,高分子磁性微纳米粒子广泛用于临床诊断、造影成像、靶向药物、生物标记和分离以及酶的固定化等领域。但是，由于有机物和无机物的亲和性较差，将磁性颗粒均匀地分散在高分子粒子内部困难较大，因此复合粒子的制备必须采用特殊的方法。

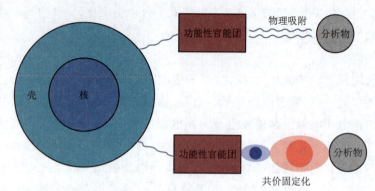

图 5.3　功能化核壳型结构

5.1.6　磁功能纳米复合材料的分类

当前，常见的磁功能纳米复合材料的形貌有纳米链、纳米微球、纳米线、纳米棒、金字塔、八面体、核桃状球形纳米粒子等。在磁功能纳米复合材料结构中，磁性纳米微球因可以通过外部磁场快速从反应溶液中分离出来，避免了传统离心和过滤技术的缺点（如效率低下及步骤复杂等），增加了循环利用率，又不容易对反应体系造成二次污染，受到各国相关科研工作人员的追捧。

5.1.6.1　按材料形貌分类

磁功能纳米复合材料具有不同形貌、结构和粒径，可大致分为四种类型：嵌入型磁性纳米球；磁性核心-中空壳微球；有序多孔道或笼内的磁性纳米粒子、拨浪鼓型磁功能纳米复合材料。其中，磁性核心-中空壳微球及有序多孔磁性纳米粒子的研究最为广泛。此外，核壳型磁功能纳米复合材料因其独特的结构特性，整合不同材料的性质，并互相取长补短，通常在催化领域有着重要应用前景。

5.1.6.2　按材料组成分类

按材料组成的不同可以分为磁性聚合物材料和无机磁性材料两种，无机磁性材料主要是指一些具有磁性的无机材料，如 Fe_3O_4、Fe_2O_3、$NiFe_2O_4$ 等。将含有多种不同功能性质的组分引进到磁性纳米材料基体表面得到的磁性纳米材料，因特殊的结构及形貌而具备优异性能。磁性聚合物纳米材料是指具有磁性并在其组成中包含聚合物成分的材料。其中，具有超顺磁性 Fe_3O_4 基的磁性聚合物因其优异的性能而备受人们的广泛关注，这是因为 Fe_3O_4 纳米材料具有很好的超顺磁性、较高的磁场饱和强度、较强的磁响应性。

5.1.6.3　按材料基底分类

根据基底的不同可以分为碳基磁功能纳米复合材料、高分子基磁功能纳米复合材料、硅基磁功能纳米复合材料、MOFs 基磁功能纳米复合材料等。

1. 碳基磁功能纳米复合材料

碳材料因其比表面积高、性质稳定、密度低等特点被广泛应用于水体中污染物的去除方面。常见的碳材料有活性炭、碳纳米管、石墨烯等。然而，它们在实际应用中很难从水体中分离回收，从而增加了使用成本。为了改善这一缺点，近年来报道了很多关于磁性碳纳米复合材料的制备以及在污染物去除方面的研究。

2. 高分子基磁功能纳米复合材料

按高分子基体材料的不同，高分子/磁粉复合材料可以分为弹性体/磁粉复合材料、塑料/磁粉复合材料和可降解树脂/磁粉复合材料三大类。

(1) 弹性体/磁粉复合材料

将磁粉与弹性体复合制备所得的弹性体/磁粉复合材料通常称为磁流变弹性体，是一种重要的智能材料[22]。磁流变弹性体是在磁流变液基础上发展起来，采用高分子聚合物代替磁流变液的液态母液，克服了磁流变液易沉降、稳定性差、颗粒易磨损等缺点。磁流变弹性体兼具磁流变液和弹性体材料的特性，具有磁场可控的力学性能、电学性能、磁学性能、光学性能等。

制备硅橡胶/磁粉复合材料时，先将磁粉预先分散在硅橡胶的前驱体中，然后进行交联反应。其优点有：由于硅橡胶前驱体是液体，故磁粉很容易均匀地分散在硅橡胶基体中；硅橡胶前驱体黏度较低，施加磁场固化时，很容易形成链状取向结构；硅橡胶非常柔软，复合材料的磁流变效应高。CHERTOVICH A V 等以硅橡胶为基体，加入 75% 的硅油制备了含有羰基铁粉和铁颗粒的复合材料，外加 300 mT 的磁场后储能模量变化达到 400 倍以上，具有优异的磁流变效应[23]。然而，由于体系中硅油含量太高，材料的力学性能不理想、价格比较昂贵，难以满足普通工程领域的应用要求。王银玲等选择羰基铁作为磁性粒子，在无任何外加磁场下，采用射线辐照法固化硅橡胶基体制备各向同性的磁流变弹性体[24]，研究了固化时间、增塑剂、增强剂的种类及含量等对磁流变效应的影响，发现随着固化时间的延长，弹性体交联度增加，磁流变效应下降，力学性能提高；随着增塑剂的加入，材料的磁流变效应提高，力学性能降低；增强剂的加入可提高材料的力学性能，但不利于磁流变效应的改善。为了提高硅橡胶/磁粉复合材料的磁流变效应，需提高磁粉和增塑剂含量，降低交联度；为了提高复合材料的力学性能，磁粉和增塑剂的含量不能太高，交联度则需适当提高；材料的最终性能取决于上述参数的平衡程度。

热固性橡胶/磁粉复合材料以天然橡胶、丁腈橡胶、异丁烯橡胶或聚氨酯橡胶为基体制备的热固性橡胶/磁粉复合材料，可降低材料的成本，拓展材料的应用领域。陈琳等制备了磁粉含量为 80% 的天然橡胶基复合材料，在 600 mT 的外加磁场作用下，剪切模量的相对增量可达 133%[25]。杨坤等采用铁硅铝金属磁粉、硅金属磁粉和钡铁氧体为功能体，丁腈橡胶为基体制备了一种磁性橡胶阻尼复合材料，发现加入磁粉后，复合材料的阻尼性能得到提高，而当磁粉含量相同时，含有钡铁氧体颗粒的复合材料的阻尼性能要好于含有金属磁粉的复合材料[26]。WANG Y 等使用异丁烯橡胶制备了磁流变弹性体，其最大磁流变效应达到

20%[27]。SUN T L等以顺丁橡胶为基体,制备的磁流变弹性体的最大磁流变效应达到80%[28]。WEI B等制备了磁粉含量达到80%的聚氨酯橡胶基磁流变弹性体,最高磁流变效应达到120%[29]。与硅橡胶基磁粉复合材料相比,热固性橡胶基体品种多,根据基体特性可以采用硫黄交联、过氧化交联和离子交联等方法进行。材料成本相对较低,在制备磁粉复合材料的方面具有一定的优势,近年来得到了快速发展和应用。然而,采用热固性橡胶与磁粉复合制备磁性复合材料的不足之处在于橡胶交联产生了三维网络结构,磁流变效应不太理想、材料无法重复利用和成型加工过程比较复杂等。

热塑性弹性体/磁粉复合材料热塑性弹性体(如SBS、SEBS、TPE、TPU等)复合材料兼具有热塑性材料的加工特性和热固性橡胶的弹性,在很多领域取代了部分热固性橡胶,显示出良好的发展势头。ZAJAC P等采用SEBS为基体、以平均粒径约为60 μm的铁颗粒(ASC300)和BASF CD羰基铁粉复合,制备了各向同性磁流变弹性体,应力改变量只有30%[30]。肖玉红等采用SEBS为基体,制备了羰基铁粉含量达到70%的磁粉热塑性弹性体复合材料,其最大磁流变效应为155%[31]。乔秀颖等采用SEEPS为基体,制备了羰基铁粉含量达到80%的磁粉热塑性弹性体复合材料,最大磁流变效应达到383%[32]。与热固性橡胶基磁粉复合材料相比,热塑性弹性体基磁粉复合材料的磁流变效应有所提高,材料可重复利用,加工过程简单,是磁性复合材料未来值得深入研究和拓展的方向之一。

(2) 塑料/磁粉复合材料

塑料/磁粉复合材料又称磁性塑料或塑料磁铁,兼有磁性材料和塑料的特性。根据填充磁粉的不同,磁性塑料可分为铁氧体类磁性塑料和稀土类磁性塑料。磁性塑料一般通过先高速混合再挤出造粒的方法制备。翟红波等提出一种磁性塑料的制备方法,将氯化聚乙烯、磁粉和其他添加剂于混合机中混合均匀,然后采用螺杆挤出机熔融混炼制备磁性塑料[33]。根据产品的最终用途,可采用注塑或挤出成型方法制备磁条,用于冰箱、冷藏箱等制冷家电的门封。采用聚烯烃为基体的磁性塑料是一种无卤化、环境友好型产品,具有磁性优良、加工简单、使用方便和安全环保等优点。汪南东等发明了一种聚乙烯黏结型磁性塑料,其配方为磁粉、聚乙烯、偶联剂以及增塑剂,将上述组分混合后进行混合炼制、破碎、分出、压延、成型,从而制得聚乙烯基磁性塑料[34]。为了满足在高温条件下汽车发动机周边微电机的长时间使用要求,要求采用耐高温的尼龙(PA6、PA66或PA12)为载体制备磁性塑料。金永金等制备了一种PA/磁粉复合材料,主要由磁粉和PA树脂组成,其中磁粉质量分数为50%~70%,PA质量分数为30%~50%[34]。蔡道炎等制备了一种不掉磁粉的柔性磁体,由磁粉、黏结剂、加工助剂和填充物组成,磁粉选自铁氧体磁粉、片状NdFeB磁粉和片状NdFeN磁粉中的一种或多种,黏结剂选自聚氨酯、聚苯乙烯、聚乙烯、聚酰胺、聚酯和聚酰亚胺热塑性弹性体中的一种或多种[34]。所制备的柔性磁体具有良好的韧性、拉伸强度和耐腐蚀性能,且不会出现掉磁粉问题。对聚苯硫醚(PPS)/磁粉复合材料也有少量研究报道[35,36],但由于PPS加工温度高、熔体粘度大、成型加工困难,添加磁粉超过60%以上时加工和成型的难度比较大。近年来,很多研究者对复合材料加工过程、取向磁场方向等因素对磁性的影响进行了深入研究。李培军等研究了注塑过程中取向磁场方向对PA6和PA12粘接锶铁氧体磁性能的影响,当取向磁场强度相同、取向磁场方向与注塑方向垂直时,试样的剩磁、磁粉取向度和内禀矫顽力都要高于磁场方向平行于和反平行于注塑方向的试样[36]。

(3) 可降解树脂/磁粉复合材料

可降解树脂/磁粉复合材料主要以聚乳酸(PLA)和聚己内酯(PCL)为基体进行制备[36]。可降解树脂/磁粉复合材料的制备方法主要采用溶液共混或在线复合技术进行,很少采用熔融共混法。磁性 PLA 复合微球兼具 PLA 的优良特性(良好的生物相容性、可生物降解性、无毒性)和磁响应性,一方面可通过共价键来结合酶、细胞和抗体等生物活性物质,另一方面可对外加磁场表现出强烈的磁响应性。可作为酶、细胞、药物等的载体,广泛应用于医学、细胞学和生物工程等领域。邱立军等开展了聚(左旋乳酸-己内酯)/Fe_3O_4 取向超细纤维的制备及生物相容研究,采用相转移法将水相中的 Fe_3O_4 磁性纳米粒子转移至有机溶剂中,制备聚(左旋乳酸-己内酯)的 Fe_3O_4 溶液,然后采用静电纺丝制备取向超细纤维,利用磁场对 Fe_3O_4 磁性纳米粒子的牵引作用获得纤维沿磁场磁力线分布方向的有序排列,制备取向度极佳、细胞相容性良好的超细磁性纤维复合材料[37]。付昱等研究了基于天然高分子基元的阻隔层对磁性载药 PLA 微球的控释作用,在氮气保护下,将 20 mL 的 0.4 mol/L 的 $FeCl_2$ 溶液和 0.8 mol/L 的 $FeCl_3$ 溶液混合滴加至 40 mL 的质量分数为 4% 的氨水中,机械搅拌 2 h 后,用磁铁沉降所得的纳米微粒利用层层组装技术构建了基于天然高分子壳聚糖和海藻酸钠的阻隔层,该阻隔层能够有效抑制模型药物的突释,具有延缓药物释放的效果,是理想的磁靶向载药体系[38]。聚己内酯是一种生物相容性好、药物通透性高的可生物降解高分子材料。聚乙二醇(PEG)则具有良好的生物相容性、无免疫原性。己内酯和乙二醇的共聚物被认为是无毒、生物相容性好、生物降解速度可调的生物医用材料,在药物载体方面具有良好的应用前景。苟马玲等开展了聚己内酯-PEG-聚己内酯磁性共聚物微球的制备,以 PEG4000、PEG8000、己内酯、辛酸亚锡、二甲基亚砜、聚乙烯醇和水基纳米 Fe_3O_4 磁流体为原材料,通过开环聚合的方法合成了聚己内酯-PEG-聚己内酯共聚物,以 PEG 为致孔剂,采用溶剂扩散法制备磁性聚合物多孔微球[39]。结果表明微球为多孔结构,孔与孔相连,同时微球具有超顺磁性。

3. 硅基磁功能纳米复合材料

介孔 SiO_2 具有比表面积大、孔径可调的特点。磁性纳米粒子经 SiO_2 包覆后可以有效避免团聚,还可以有效防止其在酸性环境中被腐蚀。另外,SiO_2 表面具有丰富的硅羟基,可以根据污染物的情况方便地引入所需要的官能团,提高其对污染物的选择性。Zhao 等以 Fe_3O_4 为核,在十六烷基三甲基溴化铵为模板剂的情况下,成功合成了具有核壳结构的磁性介孔 SiO_2 小球 $Fe_3O_4@nSiO_2@mSiO_2$[40]。该 $Fe_3O_4@nSiO_2@mSiO_2$ 作为吸附剂,研究了其对水体中污染物的去除能力。结果表明,$Fe_3O_4@nSiO_2@mSiO_2$ 对微囊藻毒素的去除率高达 95% 以上。

4. MOFs 基磁功能纳米复合材料

金属-有机框架(metal-organic frameworks,MOFs),是由有机配体和金属离子或团簇通过配位键自组装形成的具有分子内孔隙的有机-无机杂化材料[41]。通过改变金属离子、配体以及制备条件,可以很方便地调控孔径的大小。MOFs 由于具有多孔性以及大的比表面积、结构与功能多样性、不饱和的金属位点等特点因而在很多方面(如存储和分离,传感,质子传导,药物输方面)都有很广泛的应用[42-45]。但是,MOFs 在实际应用中存在着分离回收困难的缺点,如果将磁性纳米粒子的可分离回收性与 MOFs 的多孔结构结合起来,制备磁性 MOFs 复合材料,将大大扩展其使用范围[46]。

5.1.7 磁功能纳米复合材料的表面改性方法

磁功能纳米复合材料通过适当的方法与有机高分子、贵金属、金属氧化物、二氧化硅、量子点、荧光染料等物质或无机磁性材料复合,形成具有一定磁性且功能多样的特殊结构的复合材料。材料性质同时具有无机磁性性质和复合材料的许多独特的优点,如大比表面积、微球粒径大小均一且可控、复合材料多种多样、性质各异。此外,磁功能纳米复合材料除了具有本身的性质外,还可以通过表面改性、共聚连接等方法赋予其表面多种功能基团(如—氨基 NH_2、—羟基 OH、—醛基 CHO、—羧基 $COOH$ 等),这些基团具有一定活性,既可直接结合生物酶、细胞、抗体、药物、金属离子及有机物等,也可通过进一步的化学修饰后再进一步进行修饰,以满足不同的需要。

5.1.8 磁功能纳米复合材料的制备方法

由于磁功能纳米复合材料的种类繁多,因此其制备方法也不尽相同。同一种功能的材料可以采用不同的制备方法,也可以用同一种制备方法制备出不同功能的磁功能纳米复合材料。当前,比较常用的磁性纳米材料的制备方法主要有原位生成法、辐射法、微波法、溶胶凝胶法、化学共沉淀法、磁控溅射法、脉冲激光沉淀法、高能球墨法、喷雾热解法、低温燃烧合成法、超临界水热合成法、熔盐法等,下面就几种主要方法进行综述。

5.1.8.1 原位生成法

原位生成法可分为两种:一是指先制备适当的高分子,然后无机颗粒在高分子提供的受控环境(纳米模板或纳米反应器)下通过化学反应原位生成,从而实现高分子磁性微纳米粒子的制备;二是在磁性颗粒存在的情况下,单体在其表面原位聚合形成高分子,生成复合微粒。

1. 纳米模板存在下原位生成磁性颗粒

用以此方式来制备高分子磁性微纳米粒子,首先需得致密或多孔高分子微纳米粒子。此粒子根据不同的需要含有可与金属盐形成配位键或离子键的基团(如各种含 N 基团、环氧基、—OH、—COOH、—SO、—H 等),这些强极性基团可以与强极性的磁性颗粒中的金属离子形成离子键、络合配位键等键合作用,从而降低微粒间的相互碰撞概率。同时,高分子链可以阻止粒子的过度聚集,有利于形成微纳米粒子。这些极性高分子可以是含有极性基团的均聚类型、共聚型的高分子化合物及其共混物等。在高分子纳米粒子内部原位合成磁性粒子(即模板合成法)的方法具有双重优势[47]:①可利用高分子纳米粒子作为微反应器;②可生成具有一定结构的材料。此法可分为高分子微粒模板法、微凝胶法、微乳液法。微乳液法是近年来发展较迅速也是较为看好的方法之一。该法具有装置简单、操作容易、粒子尺寸可控、易于实现连续工业化生产等诸多优点。根据连续相的不同可分为正相微乳液、反相微乳液和双连续相微乳液[48]。

2. 磁性纳米粒子存在下原位生成高分子粒子

磁性纳米粒子存在下原位生成杂化粒子是将经过表面处理的磁性颗粒加入单体中混合均匀,在适当条件引发单体聚合,从而制得高分子磁性微纳米粒子,可分为悬浮聚合、分散聚合和乳液聚合等。该方法的关键是磁性颗粒在单体溶液中的分散。

(1)悬浮聚合法

悬浮聚合法制备高分子磁性微纳米粒子的主要原理是:在磁性颗粒、悬浮稳定剂和表面活性剂存在的条件下,用引发剂使一种或几种单体在磁性粒子表面引发均聚或共聚,将磁性粒子包裹在聚合物里面[49]。周春华等以表面包敷有反应型的表面活性剂十一烯酸钠(NaUA)的 Fe_3O_4 磁性胶体粒子为种子,运用无皂乳液聚合方法原位制备 Fe_3O_4/P(NaUA-st-BA)核壳高分子磁性纳米粒子[50]。制得的纳米粒子分布均匀,平均粒径60 nm,且具有超顺磁性。

(1)分散聚合法

分散聚合法是指通过一种溶于有机溶剂(或水)的单体聚合生成不溶于该溶剂的聚合物,并形成稳定的分散体系的聚合方式。HORáK D 等首先用化学共沉淀的方法制得 Fe_3O_4 粒子,并用油酸修饰表面,再利用分散聚合在甲苯/2-甲基-1-丙醇溶液中制备磁性聚(2-羟乙基甲基丙烯酸酯)复合粒子[51]。醋酸纤维素丁酸和过氧化联苯甲酰分别作为稳定剂和引发剂。

(3)乳液聚合法

微乳液是指通过表面活性剂的作用将两种互不相溶的两相混合均匀,形成热力学稳定的、各向异性的分散体系。其中分散介质为不溶于水的非极性物质,分散相为反应物水溶液,乳化剂为表面活性剂,反应过程中会形成"油包水"型或"水包油"型微乳液。这些成分在高速搅拌或高速剪切力作用下形成清亮透明或半透明、低黏度的分散体系。在水包油型体系中,水核作为一个微反应器,化学反应被限制在微反应器的内部,可以有效避免颗粒之间团聚现象的产生。

XIE G 等用共沉淀法制备并用二烷基钠稳定的磁流体与极性有机溶剂(如乙醇、甲醇、丙酮等)配成水相,苯乙烯、丁基丙烯酸、甲基丙烯酸配成油相[52]。两相共混并超声一段时间后,在 70~80 ℃搅拌并氮气保护反应若干小时,制得单分散的高分子磁性微纳米粒。

5.1.8.2 溶胶凝胶法

溶胶凝胶法是制备材料的湿化学方法中较为重要的一种。该法提供了在常温常压下生成无机陶瓷、玻璃等材料的新途径。其主要步骤是选样制备金属化合物,然后在适当的溶液中将化合物溶解,经过溶腔、凝腔过程而固化,再经低温处理得到纳米粒子[53]。溶胶凝胶法制膜的关键步骤如下:

(1)复合醇盐的制备:按所需材料的化学计量比,将各组分的醇盐或其他金属有机物在一种共同的溶剂内反应,形成一种复合醇盐或者均匀的混合溶液。

(2) 成膜:采用匀胶技术或提拉工艺在准备好的基片上成膜。匀胶法可以得到50~500 nm膜厚,多次提拉可以得到厚膜,但干燥时容易引起脱皮和开裂。

(3) 水解反应和聚合反应:使复合醇盐水解,同时进行聚合反应。为了控制成膜质量,可在溶液中添加少量水或催化剂。

(4) 干燥:薄膜内的有机溶剂和有机基团挥发会引起薄膜收缩,导致龟裂。但当薄膜小于一定厚度时,薄膜受到基底的黏附作用,在干燥过程中就不会引起龟裂。

(5) 烧结:通过聚合反应得到的凝胶是晶态的,因此充分干燥后经热处理即可得到晶形薄膜。

Adriana 等用溶胶凝胶法制备得到了 $NiZnFe_2O_4/SiO_2$ 纳米复合颗粒,其尺寸控制在 100nm 内,磁性性能优异[54]。Sarah 等用溶胶凝胶法制备了多晶铁氧体 $LiFe_2O_4$ 和 $BaTiO_3$,该粉体与聚合物混合后制备形成复合材料,其磁性随 $BaTiO_3$ 含量的增加而减弱,但磁饱和强度反而增加[55]。修向前等用溶胶-凝胶法制备了 $ZrO:Fe$ 薄膜,在室温下有铁磁性,饱和磁化强度为 10^{-3} emu 量级,矫顽力为 240 A/m[56]。SHIM I B 等用溶胶凝胶法制备了 In_2TMO_3(TM-Mn、Fe、Co)纳米晶薄膜,薄膜具有铁磁性,居里温度高于室温,有希望应用于电子器件中[57]。

与其他方法相比,该方法具有一系列的优点:①形成溶胶的过程中,原料很容易达到分子级均匀,易于进行微量元素的掺杂;②能严格控制化学计量比,工艺简单,在低温下即可实现反应;③所得产物粒径小,分布均匀,很容易在不同形状和材质的基底上制备大面积薄膜;④用料较省,成本较低。但同时也存在一些问题,如反应过程较长、干燥时凝胶容易开裂、颗粒烧结时团聚倾向严重、工艺参数受环境因素影响较大等。同时,该方法必须进行后处理才能得到纳米粒子,而在后处理过程中不可避免地会使材料发生凝结,且该方法也不适用于对水敏感的起始原料的纳米材料的制备。

5.1.8.3 化学共沉淀法

化学共沉淀法是在原材料溶液中添加适当的沉淀剂,使原料中的阳离子形成各种形式的沉淀物(其颗粒大小和形状由反应条件控制),然后经过滤、洗涤、干燥得到所需的微粒,有时还需经加热分解等工艺才能得到纳米复合颗粒。在沉淀过程中,温度、pH、表面活性剂、添加剂、溶剂等都是影响沉淀性质及组成的重要因素。一般沉淀过程是不平衡的,为了避免局部组分偏析,通常需添加缓释剂,以控制沉淀的生成速度,避免浓度不均匀,从而获得凝聚少、纯度高的纳米催化复合颗粒。

BLASKOV V 等将 Fe 和 Co 共沉淀,低温煅烧后得到 5 nm 左右的复合颗粒[58]。该颗粒的矫顽力和磁化强度远低于块体 $CoFe_2O_4$。RODIC D 等用共沉淀法烧结 $Y_3Fe_{(5-x)}AlO_2$,在低温下呈菱形结构[59]。汪忠柱等利用化学共沉淀法制备高磁导率 MnZn 铁氧体材料[60]。化学共沉淀法工艺设备简单、投资少、污染小、经济可行、产品纯度高,在水溶液中容易控制产物的组分,反应温度低,颗粒均匀,粒径细小,分散性也好,表面活性高,性能稳定和重现性好。但对于多组分氧化物来说,要求各组分具有相同或相近的水解或沉淀条件,特别是各组分之间沉淀速度不一致时,溶液均匀性可能会遭到破坏,此外还容易引入杂质,有时形成的沉淀成胶体状,难以洗涤和过滤,因而此工艺具有一定的局限性。

5.1.8.4 磁控溅射法

磁控溅射是 20 世纪 70 年代发展起来的一种高速溅射技术,其原理是利用直流或高频电场使惰性气体发生电离,产生辉光放电等离子体。电离产生的正离子和电子高速轰击固体表面,使固体原子(或分子)从表面射出。这些溅射出来的原子带有一定的动能和方向性,沉积到基片或工件表面形成薄膜。图 5.4 为磁控溅射设备示意图。磁控溅射的典型工艺见表 5.1[61]。

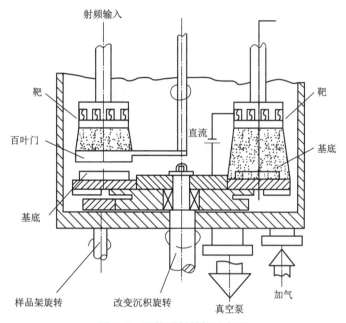

图 5.4 磁控溅射结构示意图

表 5.1 磁功能纳米复合材料膜制备工艺

制备方案	A	B	C	D	E
材料	$Fe+Al_2O_3$	$CoFeB$	$Fe+X_2O_3$	$Co_zFe_yAl_x$	Co_yAl_x
基片	玻璃	玻璃(水冷)	玻璃(水冷)	玻璃(水冷)	玻璃(水冷)
溅射气体	Ar	Ar	Ar	$Ar+O_2$	$Ar+N_2$
溅射气压/Pa	4	3~5	20	5	5
溅射方式	磁控	磁控	磁控	磁控	磁控
厚度/μm	2	1.2~2	2~3	2~3	2~3
平行磁化	无	无	144 A/m	144 A/m	144 A/m

Hiratsuka 等用此法制备了 $(CoFe_2O_4)$-Co-C 复合材料,其永磁性能优于 $CoFe_2O_4$ 单晶薄膜。STOBIECKI T 等制备了磁性纳米粒子/Al_2O_3 多层膜,当厚度达到 100 nm 时,表现出优异的软磁性能,可以用作磁头材料[62]。控溅射法的优点是可以溅射多种成分的材料,溅射速度很高,且与基片粘附性很好,可以得到均匀分布的薄膜,薄膜的厚度容易控制;但也

存在一些缺点,如不能实现强磁性材料的低温高速溅射,使用绝缘材料会使基板温度上升,靶材的利用率低,不易于制成大面积薄膜,费用较高等。

5.1.8.5 脉冲激光沉积法

脉冲激光沉积法(PLD)是近年来新出现的沉积技术,其原理如图 5.5 所示。通过高强度、短脉冲的激光束照射到处于真空状态的固体靶上,使靶材表面产生高温及熔蚀,将其离解成前驱等离子体。这种等离子体定向局部膨胀发射,并在基底上沉积薄膜。

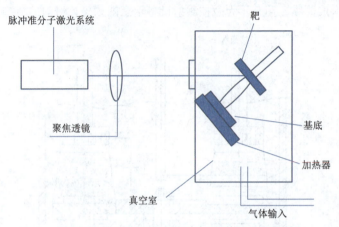

图 5.5 脉冲激光沉积薄膜试验装置示意图

DUREUIL V 等用 PLD 工艺制备了 $Al_2O_3/Co/Al_2O_3$ 和 $Al_2O_3/Co/C$ 纳米颗粒复合膜,并研究了工艺参数对纳米颗粒大小和形貌的影响[63]。WAKANO T 等用 PLD 制备了 Ni/ZnO 半导体磁性纳米颗粒膜[64]。YAMADA Y 等用 PLD 工艺制备了巨磁阻 $La_{1-x}Pb_xMnO_{3-y}$ 薄膜,通过调整其工艺参数,可以将居里温度从 324 K 降低到 246 K[65]。

脉冲激光沉淀法的特点是:(1)成分偏析小,即薄膜和靶材的成分接近,易于控制多成分配方;(2)气体可以参与反应,可以引入多种活性气体,对多元素化合物薄膜的制备有利;(3)粒子的动能比较大,活性高,易于有效形成复杂的氧化膜;(4)成膜温度较低,温度上限为 300~400 ℃,特别适合难熔材料的制备;(5)适用范围广,设备简单,效率高。

5.1.8.6 辐射法

辐射合成法就是利用电离辐射进行化学合成的一种方法[66]。高能辐射(包括高能光子、荷电粒子、中子、裂片等)通过介质分子时,在极短的时间内将能量传递给介质分子,打破了介质体系原有的热力学平衡状态。介质吸收辐射能量以后,会使本身产生电离和激发,在体系中产生各种活性粒子(离子、次级电子、激发分子、自由基等)。通过加入表面活性剂对纳米微粒表面进行修饰,降低其表面能,使其稳定存在。辐射合成法制备纳米材料具有简便温和、产率高、适用面广的优点,本身还具有可控性(如可对反应程度、温度、速度进行控制)和适应性(如液相、气相、固相均可以反应)等优势,但可制的材料形状有限。

此外,微乳液法、化学气相沉积法、高能球磨法等方法也是制备磁性材料的手段,而且随着现代科技的不断发展,还出现了一些更为新型的制备技术,如微波法、分子束外延法、分子自组装技术等,可制备出结构更为特殊,性能更为优异的磁性复合材料。

5.1.9 纳米磁性材料的表征

透射电子显微镜(TEM)、扫描电子显微镜(SEM)和 X 射线衍射(XRD)是用于鉴定制备的磁性材料的主要技术[67]。具体而言,TEM 检测电子密度的差异并观察磁性粒子的尺寸和形状,而 SEM 用于表征磁性纳米颗粒的形态特征。对于晶体结构测定,通常可以采用选区电子衍射(SAED)[68]。为了研究结构和成分,并验证固体基质中是否存在磁铁矿或磁赤铁矿,则可以采用 X 射线衍射(XRD)[69]。测定改性或未改性的磁性纳米颗粒的表面积,孔隙率和平均直径等参数,可以利用 BET(Brunauer-Emmett-Teller)方法,通过氮吸附-解吸附的方法测定。检测固体表面官能团和探测目标金属吸附机理则可以分别通过傅立叶变换红外光谱(FTIR)和 X 射线光电子能谱(XPS)获得相应的信息[70]。

5.1.10 纳米磁性材料的应用前景与展望

随着现代科学研究技术的不断发展,磁性复合材料的性能得到了进一步的优化以及不断的开拓。这类材料的应用领域也在不断扩大,涉及电子、生物、医药、化工等方面。永磁复合材料的高剩磁、高磁能积、高矫顽力和软磁复合材料的高饱和磁强度、高磁通密度、低损耗都得到最大限度的开发和利用,占据了磁性材料的大部分市场。而近年来纳米技术的飞速发展和薄膜材料的广泛应用,也给磁性复合材料带来了新的生命力,其市场前景十分诱人[71]。磁性复合材料可由其他材料[如碳纳米管(CNT)、石墨烯(GO)、坡缕石等材料]与稀土或其他磁性或可磁化化合物或磁性纳米颗粒一起形成以形成结构磁性复合材料。因此,它们不仅被广泛地应用于生物、医学等领域,而且在工业废水、环境水及地下水的净化与治理中也显示了独特的优势。至于样品处理程序,超顺磁性复合材料代表了分析复合材料中最令人兴奋的前景之一,因为它们可以通过使用外部磁场容易地与基体隔离。与传统纳米复合材料相比,其主要优势在于大表面积,制备过程避免了有毒有机溶剂的使用。现代信息化技术的发展对磁性材料提出了高磁饱和强度、高磁导率、高频、轻型和微型化等要求,传统磁性材料已不能适应这些要求。磁性复合材料是在磁性材料的基础上添加各种不同的功能因子,从而既保持了磁学的特性,又带来了巨磁阻效应、巨霍尔效应、小尺寸效应等。因此这类材料的研究现状、制备方法以及应用前景受到人们的关注,成为现代材料研究的热点。

磁功能纳米复合材料由于量尺效应产生的奇异特性,已经受到材料科学界的广泛关注。因为其颗粒小,表面原子多,化学活性、催化性均优于普通材料,所以有着广泛的应用前景。例如,将微型传感器和制动器结合在一起就能达到自动控制的目的;用磁功能纳米复合材料制造机器人用于医学上,可充当"微型医生",进入人体内,清除动脉、肠道阻塞、杀死肿瘤细胞、监视体内病变;把磁性纳米材料涂于高分子药物表面,用外加磁力将其导向病灶,是比纯药物治疗更为有效的方法;用纳米磁体治疗癌症,已在动物试验中取得了较好的疗效。

5.1.10.1 在通信及计算机方面的应用

纳米磁性材料在巨磁电阻、磁性液体和磁记录、软磁、永磁、磁致冷、巨磁阻抗材料以及磁光器件、磁探测器等方面具有广阔的应用前景。纳米氧化铁是新型磁记录材料,在高磁记录密度方面有优异的工作性能,记录密度约为普通氧化铁的 10 倍。利用铁基纳米材料的巨磁阻抗效应制备的磁传感器已经问世,包覆了超顺纳米磁性微粒的磁性液体也被广泛用在宇航和部分民用领域作为长寿命的动态旋转密封。软磁铁氧体在无线电通信、广播电视、自动控制宇宙航行、雷达导航、测量仪表、计算机、印刷、家用电器等方面均得到了广泛应用。稀土纳米磁性复合材料用于磁存储器、磁流体、巨磁阻,性能可大大提高,使器件变的性能高、小型化。周期性纳米磁性线材料潜在的用途是作超高密度垂直磁记录介质、GMR 读出磁头、超高灵敏度微型磁传感器等。此外,它们也是研究磁相互作用和磁化过程的理想体系。

5.1.10.2 在生物医学领域的应用

应用于生物医学领域的纳米材料被称之为纳米生物材料,它们在靶向药物、酶的固定化、免疫测定、细胞的分离与分类等领域有广泛的应用。医学实验研究表明磁流体能逃逸网状内皮细胞系统的吞噬,具有优良的导向性,是对生物体最有应用前景的导向材料之一。此外,人们利用纳米粒子使药物在人体内的传输更为方便这一特点,将纳米磁性粒子制成药物载体,通过静脉注射到动物体内,在外加磁场作用下通过纳米微粒的磁性导航,使其移动到病变部位达到定向治疗的目的,该方法局部治疗效果好而且副作用少。动物临床实验证明,带有磁性的 Fe_2O_3 粒子是发展这种技术的最有前途的功能材料。

5.1.10.3 磁性材料在水体污染处理中的应用

当前,水体污染已经成为一个极其严重的环境问题,而且由于水具有流动性,一旦局部水体被污染,会很快波及其他水域,造成不可估量的后果。污水是指那些从住宅、机关、商业或者工业区排放的与地下水、地表水、降水等混合的携带有废物的水。水体污染物按照种类可以分为无机和有机污染物。常见的有机污染物有农药、增塑剂以及有机染料、对硝基苯酚等。磁功能纳米复合材料由于具有大的比表面积和高的反应活性,并且能借助外界磁场简单迅速地从溶液体系中分离回收,从而在环境污染物的去除方面有着广泛的应用。

5.1.10.4 纳米磁性材料的电学、磁学效应及应用

磁性液体是由具有超顺磁性的强磁性微颗粒包覆一层长链有机分子的界面活性剂,弥散于一定的基液中形成的胶体,具有固体的强磁性和液体的流动性,在工业废水处理方面有着独特的优势和广阔的应用前景。

纳米微粒进入临界尺寸呈现出超顺磁性,但在粒径大于临界尺寸时,却表现出高的矫顽力。另外,当纳米粒子的尺寸小到一定值时,每个粒子就是一个单磁畴,实际上就成为永久磁铁。具有上述两种特性的纳米磁性粉是未来磁记录材料的发展趋势。磁记录材料发展的总趋势是大容量、高密度、高速度和低成本。例如,要求记录材料具备每 1 cm^2 记录信息1 000 万条以上,这就要求每条信息记录在几个平方微米内,只有纳米的尺寸才能达到这一

点。纳米磁性材料具有尺寸小、单磁畴结构、矫顽力高等特性,使得制作的磁记录材料具有稳定性好、图像清晰、信噪比高、失真十分小等优点。日本松下电器公司已成功研制出纳米磁记录材料,我国也开展了这方面的研究工作,而且取得了不少重要的成果。

正如 20 世纪 70 年代微电子技术引发了信息革命一样,纳米技术将成为 21 世纪信息时代的核心。可以预见,各种新的纳米磁性材料将会被不断地开发出来,纳米技术作为一门新兴学科,必将给传统的磁性材料带来一场革命。纳米晶软磁材料、纳米晶永磁材料、纳米磁流体、纳米信息存储材料、纳米吸波磁性材料、纳米巨磁致伸缩材料作为纳米技术的重要领域,其前景十分诱人。

5.2 电磁屏蔽纳米复合材料

近年来,为了减少电磁辐射对生物系统的负面影响,提高电子设备的可靠性,对材料的电磁干扰(EMI)屏蔽需求逐步提高。辐射发射材料包括无线通信系统、家用设备、雷达、计算机、微波炉、医疗设备等。当前,见证的最好的电导体是金属,它能够反射、吸收和传输电磁波。诸如塑料和橡胶之类的材料,对 EM 波是透明的,并且本质上也是绝缘的。金属具有优异的导热性,因此,它们具有广泛的应用。金属导体接地,用于消散在电子设备中积聚的静电荷或用于散发高速机械产生的热量。类似地,金属外壳或屏蔽已被用于阻挡高频电磁波的穿透。用于构造电磁屏蔽的最常用的材料是高导磁导率合金,其组分构成包括质量分数 14% 的铁、质量分数 5% 的铜、质量分数 1.5% 的铬、质量分数 79.5% 的镍。其他用作屏蔽材料的一些其他金属包括 Ag、Al、Ni、黄铜、金属化塑料,这些金属电磁屏蔽材料的使用有诸多限制,例如,已知石墨碳材料本质上是脆性的,不锈钢具有高密度,而 Al 具有低抗冲击性。用于 EMI 屏蔽的金属容易腐蚀,由于形成生锈的非线性螺栓效应而产生互调问题。由两种不同金属形成的 EMI 屏蔽易受电化学腐蚀,这导致非线性,从而降低金属屏蔽的整体 EMI SE。镁(Mg)外壳由于其在整个频谱上的重量节省优势和有效响应而非常适用于反射主导 EMI 屏蔽应用。

当前有几种构建 EMI 屏蔽材料的方法,其中将铁氧体(如 Fe_3O_4、$CoFe_2O_4$、$NiFe_2O_4$)或金属粉末(如 Fe、Ni、Co 粉)结合到不同的聚合物中最近受到更多关注。由于现代技术需要敏感的电子设备,因此 EMI 问题预计会变得更严重。因此,为了保护仪器免受伤害,需要具有良好 EMI 屏蔽的材料。这些 EMI 屏蔽材料通过一定的机制减少电磁辐射,例如通过吸收到导电复合材料中并反射电磁辐射的方向。具有高吸收能力的材料是更优选的,因为它们减弱了电磁辐射。此外,具有良好反射能力的 EMI 屏蔽材料容易对周围环境造成二次电磁辐射污染。

通常,磁性材料的电导率与金属材料相比属于较差的,但它们具有比较好的介电性能,这种特性使它们可以有效地避免金属在高频段下存在的表面电流密集的缺点。同时,磁性材料主要是通过涡流、磁滞以及自然共振等方式对电磁波进行损耗与削弱,所以其屏蔽效能的主要构成部分是吸收效能。当前,磁性材料被认为是发展 EMI 屏蔽材料的重要元件之一。

5.2.1　Fe基磁性材料复合材料在电磁屏蔽领域的应用

为了改善高频飞行器应用的碳纤维增强聚合物基质复合材料的EMI屏蔽,尤其是碳纳米管增强聚合物基体复合材料的吸收,JALALI M等分析了不同粒径的铁、钴、镍和氧化铁金属纳米颗粒作为低体积分数的填料对EMI屏蔽的影响[72],发现在8.2～12.4 GHz的频率范围下,50 nm的铁纳米颗粒能够提高碳纤维-聚合物纳米复合材料的总屏蔽效率高达15 dB。同时,EMI屏蔽行为非常恒定,并且屏蔽的吸收部分增加。

AMELI A等使用泡沫注塑成型制造具有低密度的轻质聚丙烯-不锈钢纤维(PP-SSF)复合材料[73]。将质量分数为3%的二氧化碳溶解在聚丙烯中作为临时增塑剂和润滑剂,在注塑过程中纤维断裂明显减少,并且实现了具有超大纵横比(>100)的良好分散的纤维。渗透阈值从体积分数0.85%显著下降到0.21%,减少了75%,这是非常理想的结果。相比之前聚丙烯-碳(PP-C)纤维复合泡沫减少了28%[74]。与碳纤维的情况不同,SSF的尺寸比泡孔长得多,因此PP-SSF复合泡沫的渗透阈值降低主要取决于纤维断裂减少而不是纤维取向。其EMI SE也得到了显著增强。PP体积分数为1.1%的复合泡沫塑料的最大EMI SE为75 dB·cm^3/g。

石墨烯独特的单原子结构使其具有超轻的质量、较大的比表面积,易改性接枝大量的官能团,不仅能够产生极化弛豫而且有效吸收电磁波,还能在一定程度上降低红外线辐射的强度。石墨烯本身具有良好的导电性、高介电常数以及在制备过程中残留的大量缺陷和官能团,使得石墨烯损耗电磁波主要是介电损耗和涡流损耗。由于缺陷和官能团的存在能够产生局域化状态,对入射电磁波产生衰减,因此为石墨烯在电磁屏蔽领域的应用提供了充足的理论依据。Yu等通过聚苯乙烯(PS)与热剥离的还原的氧化石墨烯(TGO)和改性的Fe_3O_4纳米颗粒的溶液共混制备具有优异的EMI屏蔽性能的PS复合材料[75]。为了比较,还制备了Fe_3O_4@还原的氧化石墨烯(RGO)杂化物及其PS复合物。从微观结构和磁性能的角度研究了Fe_3O_4@RGO杂化物和Fe_3O_4纳米粒子的形貌。Fe_3O_4纳米粒子的表面改性增强了它们与PS的相容性,从而增强了它们在PS基质中的均匀分散。与PS/Fe_3O_4@RGO复合材料相比,PS/TGO/Fe_3O_4复合材料具有更高的导电性和EMI SE。值得注意的是,尽管PS/TGO/Fe_3O_4复合材料和PS/TGO复合材料的电导率相似,但PS/TGO/Fe_3O_4复合材料的EMI屏蔽效果明显优于PS/TGO复合材料,在仅添加2.24%质量分数的石墨烯的条件下,PS/TGO/Fe_3O_4复合材料的EMI屏蔽效能在9.8～12 GHz的频率范围内就大于30 dB。此外,他们还研究了Fe_3O_4尺寸对复合材料性能的影响,并讨论了EMI屏蔽机理。

DURMUS Z等采用反渗透法合成磁铁矿(Fe_3O_4)纳米粒子,并对碳纳米纤维(CNF)表面进行装饰,制备了碳纳米纤维-磁铁矿(CNF-Fe_3O_4)纳米复合材料[76]。然后将这些纳米复合材料用作功能性填料,通过溶液混合方法制备基于热塑性聚氨酯(TPU)的柔性EMI屏蔽复合材料。通过研究柔性复合材料填充物的形态和电磁特性的结构特征,研究学者发现并制备出平均尺寸为8～10 nm的磁铁矿纳米颗粒,并成功将其覆盖在氧化的CNF表面。与Fe_3O_4相比,所得CNF-Fe_3O_4纳米复合材料表现出更高的饱和磁化强度(M_s)。研究中将得到的CNF-Fe_3O_4纳米复合材料作为填料加到TPU基体中,获得的聚合物基纳米复合材料

TPU-CNF-Fe_3O_4 纳米复合材料显示出 -32 dB 的反射损失（RL）值，在 12.14 GHz 附近能够吸收 97% 的入射电磁波。

Gu 等将乙二胺官能化的 Fe_3O_4（NH_2-Fe_3O_4）纳米粒子与氧化石墨烯（GO）复合，然后加入 L-抗坏血酸，通过热退火法得到 Fe_3O_4/热退火石墨烯气凝胶（Fe_3O_4/TAGA）[77]。然后通过模板浇铸法制备 Fe_3O_4/TAGA/环氧树脂纳米复合材料。当填料的总质量分数为 2.7% 时，所得 Fe_3O_4/TAGA/环氧树脂纳米复合材料呈现最高的 EMI SE（X 波段的 EMI SE 为 35 dB），远高于使用相同的 Fe_3O_4/热退火氧化石墨烯（Fe_3O_4/TAGO）负载填充的环氧树脂纳米复合材料（10 dB）。同时，相应的 Fe_3O_4/TAGO/环氧树脂纳米复合材料也具有 27.5 S/m 的优异导电性。

MISHRA M 等报告了使用简单但通用的共沉淀方法制备的还原氧化石墨烯和纳米级 Fe_3O_4（5～20 nm）颗粒的导电铁磁流体复合材料[78]，用拉曼光谱以阐明 RGO 的石墨结构和铁磁流体纳米颗粒与 RGO 之间的相互作用，其结果显示铁磁流体和 RGO 的峰位置略微偏移（D 带从 1 360 cm^{-1} 转移到 1 348 cm^{-1}，G 带从 1 604 cm^{-1} 转移到 1 593 cm^{-1}），证明了这两个组成部分之间的强烈相互作用。他们还研究了具有不同负载的还原氧化石墨烯片的导电铁磁流体复合材料的 EMI SE，其值高达 41 dB（99.9% 衰减），主要是由于铁磁流体和介电损耗（自然共振、偶极子弛豫、电子极化相关弛豫、界面极化、磁共振）引起的磁损耗（自然共振和涡流）的综合影响。合成后的导电铁磁流体可能是微波屏蔽应用中下一代构件块材料的有希望的候选者。

RAO B V 等探索了 Fe_3O_4 纳米填料修饰的单层石墨烯组装的多孔碳（SLGAPC）与聚乙烯醇（PVA）的低密度（0.75 g/cm^3）的新型复合材料（图 5.6），并探究了它们的介电和 EMI 响应属性[79]。该复合材料采用溶液浇铸法制备，其成分通过新型溶剂弛豫核磁共振实验优化为质量分数 15% 的 SLGAPC 和质量分数 20% 的 Fe_3O_4。PVA-SLGAPC-Fe_3O_4 复合材料在 1 Hz～10 MHz 范围内具有高介电常数，与 PVA-SLGAPC 复合材料相比提高了 4 倍，损耗降低了 75%。介电性能的提高是由于均匀吸附在 SLGAPC 表面的 Fe_3O_4 与 PVA 共轭所形成的集成界面系统的局部极化改善的结果。在 X 波段（8.2～12.4 GHz）中，厚度为 0.3 mm 的复合材料的 EMI 屏蔽性能显示出优异的屏蔽效率（15 dB），EMI SE 为 20 dB·cm^3/g，表明该材料具有良好的特性，可用于柔性 EMI 屏蔽应用。

由于铁氧体纳米粒子具有易团聚的缺点，科研工作者们尝试将铁氧体纳米粒子与分散性能较好的材料结合，制备性能优异的杂化材料，提高铁氧体的分散能力。LI X 等首先以 Pd-Sn 为催化剂通过共沉淀法制备出 Fe_3O_4 纳米颗粒，粒径约为 20～50 nm，然后再利用化学电镀法在 Fe_3O_4 颗粒外层沉积一层厚度约为 10～20 nm 的 Ni-B 合金，得到核壳式结构的 Ni-B/Fe_3O_4 复合吸波剂[80]。结果表明，通过不同材料间的复合不仅降低了复合吸波剂的密度，而且提高了材料的吸波性能，复合吸波剂对电磁波的最大吸收由 -18 dB 提高到了 -28.3 dB，有效吸收带宽（<-10 dB）由原来的 3.2 GHz 拓宽到了 4.6 GHz。

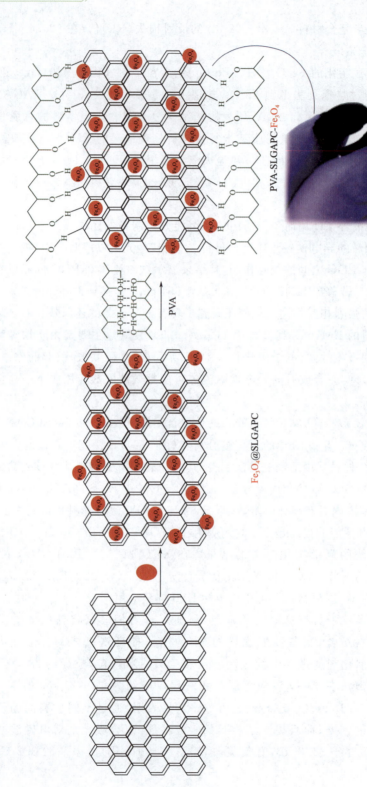

图 5.6　PVA-SLGAPC-Fe_3O_4三相复合材料示意图[79]

BAYAT M 等研究了 X 波段(8.2~12.4 GHz)多功能的 Fe_3O_4/碳纳米纤维复合材料的 EMI SE[81]。他们探索了各种参数(如 Fe_3O_4 含量、碳化温度和厚度)对不同样品的总屏蔽效率的影响。对于质量分数为 5% 的 Fe_3O_4(0.7 mm 厚)的复合材料,电磁辐射的主要屏蔽吸收机制(SEA)获得了 67 dB 的最大 EMI SE。Fe_3O_4/碳纳米纤维复合材料的增强电磁屏蔽性能归因于磁导纳米填料(Fe_3O_4)在导电碳纳米纤维基体中的掺入以及碳纳米纤维垫的特定纳米纤维结构导致的磁损耗和介电损耗的增加,其与随机排列的纳米纤维形成更高纵横比的结构。此外,他们证明了添加弹性体聚二甲基硅氧烷(PDMS)作为碳纳米纤维复合材料的涂层增强了复合结构,而不会干扰其电磁屏蔽效率。

5.2.2 Co 基磁性材料复合材料在电磁屏蔽领域的应用

Lu 等开发具有优异的耐久性及耐腐蚀性的高 EMI SE 的导电织物[82]。如图 5.7 所示,该导电织物是通过将超低成本化学镀方法与烷氧基硅烷自组装技术相结合获得,其中包括改性、活化、Co-Ni-P 涂层沉积和 3-氨丙基三甲氧基硅烷(APTMS)薄涂层组装等步骤。选择苹果酸(MA)来改性原始 Tencel(TS)底物,并通过 FT-IR 测量研究可能的相互作用机理。分别使用 Co 和 Ni 纳米颗粒(NPs)作为活化剂来引发化学镀,从而获得具有不同 Co/Ni 原子比的两类 Co-Ni-P 涂层。它们都呈现出紧凑的形态和优先(111)晶体取向。由于较低的方块电阻和较高的磁性,由 Co 活化剂活化的 Co-Ni-P 涂层织物在 30~1 000 MHz 的频率下显示出更高的 EMI SE(18.2~40.1 dB)。然后将 APTMS 薄涂层组装在合金涂层织物的顶部以充当防腐屏障。在 NaCl 质量分数为 3.5% 的溶液中的电化学极化测量显示,顶部 APTMS 涂覆的导电织物表现出比不存在 APTMS 组装的导电织物更高的耐腐蚀性。总的来说,整个制造过程可以在几个小时(或更短时间)内完成,不需要任何专用设备,这在大规模生产中显示出作为 EMI 屏蔽织物的巨大潜力。

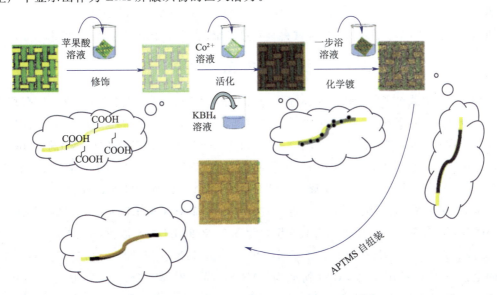

图 5.7 Tencel 织物上化学镀 Co-Ni-P 的示意图[82]

BORA P J 等将火力发电厂的固体环境废弃物煤粉灰空心微珠(FAC)通过在(-30±2)℃的氮气氛下进行原位合成聚苯胺(PANI)以及钴的化学涂层,并通过各种技术进行表征[83]。通过溶液浇铸制备的自支撑的 PANI/Co-FAC(PCC)薄膜的 EMI 屏蔽性能测试表明,在 12.4~18 GHz(Ku 波段)的频率范围内,对于(89±3) μm 厚的柔性薄膜,获得了最有效的平均 EMI SE 为 30 dB。PCC 膜(157~184 S/m)的微波电导率(σ)远高于 PC 膜(118~142 S/m)。此外,PCC 膜的高 EM 衰减常数(α)表明其具有优异的吸波性能。

LV H 等验证了多种超薄薄片组装而成的多孔三维花结构有利于增强电磁屏蔽能力[84]。他们开发了一种简单灵活的两步法,包括水热和随后的退火工艺,以合成 3D 多孔花状的 Co/CoO。有趣的是,他们发现合适的热处理温度对花状结构、组成和电磁屏蔽性能起着至关重要的作用。详细地说,只有用 400 ℃ 处理的复合材料才能获得多孔的 3D 花结构。如果退火温度在 300 ℃ 加热,则不能产生 Co 元素。此外,当退火温度从 400 ℃ 升高到 500 ℃ 时,这些花状结构无法保持,因为增大的多孔直径会破坏花架。此外,这些 3D 多孔花状结构具有出色的电磁屏蔽性能。例如,这种特殊结构使得最佳反射损耗值为 -50 dB,频率带宽范围为 13.8~18 GHz。另外,可以认为这种微米尺寸的花结构更有利于散射入射的电磁波。同时,超薄片的粗糙表面由于其大的间距和多孔特征而易于增加花叶间的电磁散射。

ROHINI R 等采用了一种简便的策略来设计可以屏蔽电磁辐射的环氧基黏合剂/涂层材料[85]。多壁碳纳米管(MWNT)用离子液体(IL)和 5,10,15,20-四(4-甲氧基苯基)-21H,23H-卟啉钴(II)(Co-TPP)进行非共价修饰。随着 IL 和 Co-TPP 的添加,复合材料的电导率得到改善。研究了屏蔽效果随厚度的变化,有趣的是,观察到厚度为 0.5 mm 的复合材料反射了 97% 以上的入射辐射。碳纤维增强聚合物基材用于证明所设计的环氧复合材料的黏合性能。尽管有或没有 IL 和 Co-TPP 的环氧树脂-MWNT 复合材料的 SE 对于 0.5 mm 厚的样品几乎相同,但在拉伸载荷下的搭接剪切试验表明环氧树脂/IL-MWNT/Co-TPP 具有非凡的黏合强度。例如,与纯环氧树脂相比,环氧树脂/IL-MWNT/Co-TPP 复合材料的搭接剪切强度提高了 100%。此外,复合材料具有热稳定性,可用于电子应用中的实际应用。

5.2.3　Ni 基磁性材料复合材料在电磁屏蔽领域的应用

YIM Y J 等通过多壁碳纳米管(MWCNT)的化学镀镍(Ni),以提高 Ni-MWCNT/高密度聚乙烯复合材料(Ni-MWCNT/HDPE)的电磁干扰屏蔽效能(EMI SE)[86]。通过 EMI 屏蔽分析仪测试 Ni-MWCNT/HDPE 的 EMI SE。3-MWCNT/HDPE 和 3-MWCNT(30-Ni)的 EMI-SE 分别在 1.0 GHz 下显示约 5 dB 和 12 dB。与原样 MWCNT/HDPE 相比,Ni-MWCNT/HDPE 的 EMI SE 增强。结果表明,由于 Ni 颗粒的 EMI 吸附行为,Ni-MWCNT 可以导致 EMI SE 改善。

BORA P J 等通过溶液浇铸(随后进行酸蒸气处理)制备了聚苯胺和氧化镍纳米颗粒涂层复合材料的自支撑薄膜(PNiOC),并且在 J 波段(5.8~8.2 GHz)、X 波段(8.2~12.4 GHz)和 Ku 波段(12.4~18 GHz)中研究了 EMI SE[87]。在 J、X 和 Ku 波段中,对于(81±3) μm 厚的柔性自支撑 PNiOC 膜,观察到平均 EMI SE 为 -24 dB、-27,24 dB、-21 dB。发现由电磁波吸收(SE_A)引起的有效 EMI 屏蔽对于 PNiOC 膜是主要的。与 PANI 翠绿亚胺盐(ES)薄膜不同,PNiOC 薄膜的 EMI 吸收(SE_A)屏蔽效果高出两倍多。由于 PANI 中存在 NiOC 中空微球,入射电磁波的时间平均功率降低,导致 EMI SE(SE_A)增加。这种薄膜可以被认为是一种新型涂层材料,适用于各种应用,如无人驾驶车辆、机器人和微波工程等。

ZHU Z 等利用微波加热法将还原石墨烯与镍复合制备出 RGO-Ni 复合材料[88]。通过表征发现,Ni 纳米粒子均匀生长在还原石墨烯片上,且粒径大小约为 20 nm。RGO-Ni 复合材料的吸波性能有明显提高,这不仅是由于介质损耗和磁损耗的协同效应,还和石墨烯片形成较大的导电网络而引起的剧烈电子极化有关。RGO-Ni 复合材料在涂层厚度为 2 mm、频率为 17.6 GHz 时,对电磁波的最小反射损耗可达-42 dB,有效频宽达 3 GHz。

PAWAR S P 等使用聚碳酸酯(PC)/聚(苯乙烯-共-丙烯腈)(SAN)共混物掺杂用镍纳米颗粒修饰的少层石墨烯纳米片(G-Ni)作为 EMI 屏蔽材料[89]。首先,通过金属盐前体在石墨烯片上作为基底的均匀成核,用镍纳米颗粒修饰石墨烯纳米片。为了将纳米颗粒定位在 PC/SAN 共混物的 PC 相中,采用两步混合方案(图 5.8)。在第一步中,将石墨烯片与 PC 在溶液中混合并浇铸成膜,然后在随后的熔融挤出步骤中用 SAN 稀释这些 PC 母料膜。他们随后评估了复合材料的动态力学性能、交流电导率、EMI 屏蔽效能和导热性。G-Ni 纳米颗粒显著改善了共混物中的导电性和导热性。此外,使用 G-Ni 纳米颗粒在 18 GHz 下实现了 29.4 dB 的总屏蔽效能(SET)。此外,相对于纯混合物,具有 G-Ni 的共混物表现出优异的 276%的热导率和 29.2%更高的弹性模量。

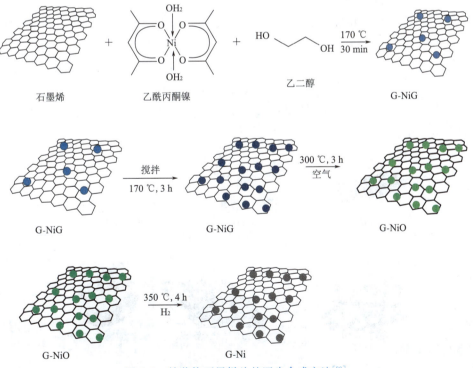

图 5.8 镍装饰石墨烯片的逐步合成方法[89]

MURAL P K 等采用独特方法,在 6 mm 的厚度下实现了 -70 dB 的最小反射损耗(频率为 17.1 GHz)[90]。这是通过将磁性镍纳米颗粒装饰到氧化石墨烯(GO)板上来设计纳米结构来实现的。通过在聚乙烯(PE)/聚环氧乙烷(PEO)共混物的特定相中选择性地定位纳米级颗粒来获得增强的 EMI 屏蔽。通过将导电夹杂物[如 MWCNT 和镍装饰的 GO(GO-Ni)]引入基体中,可显著提高屏蔽效率。例如,对于 PE/PEO 共混物中 MWCNT(质量分数为 3%)和 Ni 纳米颗粒(质量分数为 52%)的组合,复合材料显示出大于 25 dB 的屏蔽效率。然而,对于 MWCNT(质量分数为 3%)和体积分数为 10% 的 GO-Ni 的组合,可以实现类似的屏蔽效果,其中 Ni 的有效浓度仅为 19%。除了增强共混物中的渗透性之外,GO-Ni 薄片促进了有效的电荷转移,这表现为共混物中的高导电性。设想 GO 在合成 GO-Ni 的过程中同时被还原,这有利于相邻 CNT 之间的有效电荷转移。更有趣的是,MWNTs/GO-Ni 的混合物主要通过吸收减弱了入射的 EMI 辐射。该研究为设计基于聚烯烃的轻质屏蔽材料开辟了新的途径,通过为许多应用设计纳米结构。

5.2.4 多金属基磁性材料复合材料在电磁屏蔽领域的应用

为了提高铁氧体对电磁波的吸收频带,有研究者采取掺杂或粒子取代的方式制备多元素铁氧体,调节铁氧体的电磁参数及自然共振的频率,达到改善铁氧体对电磁波的吸收性能。例如,SHEN G 等通过溶胶—凝胶自燃烧方法合成镧掺杂的铁氧体纳米粉体[91]。结果证明,掺杂镧元素可提高铁氧体的热稳定性,促进铁氧体的颗粒趋于细化,随着镧元素含量的增多,EMI 性能逐渐增加。

LIM G H 等通过简单有效的真空过滤 CNT、$CoFe_2O_4$ 纳米颗粒和聚乙烯醇(PVA)的悬浮液过程制备了高机械强度的磁性 CNT 纸(图 5.9),在 EMI 屏蔽和磁力机械驱动表现出巨大的应用潜力[92]。PVA 在提高 CNT 纸的机械强度方面起着关键作用。含有质量分数为 73% 的 $CoFe_2O_4$ 纳米颗粒的磁性 CNT 纸显示出高机械性能,杨氏模量为 3.2 GPa,拉伸强度为 30.0 MPa。这种磁性 CNT 纸在 0.5~1.0 GHz 范围内具有 -30 dB(99.9%)的 EMI SE。

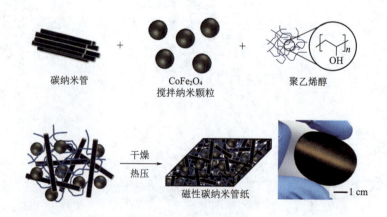

图 5.9 磁性 CNT 纸的制造过程

QING Y 等研究了填充有 $NiFe_2O_4$ 微米级颗粒或纳米颗粒的 $BaTiO_3$ 陶瓷的复介电常数、复磁导率和 EMI 屏蔽性能[93]。随着微米级 $NiFe_2O_4$ 颗粒减小到约 30 nm,可以在 X 波段获得 $NiFe_2O_4$ 纳米颗粒填充的具有高复介电常数的 $BaTiO_3$ 陶瓷。填充质量分数为 30% 的 $NiFe_2O_4$ 纳米颗粒的 $BaTiO_3$ 陶瓷的总 EMI 屏蔽效能大于 34 dB,厚度为 1.2 mm。该实验的结果表明,这种陶瓷可用于生产高复介电常数材料,用于高性能 EMI 屏蔽应用。

SRIVASTAVA R K 等探究了在以多壁碳纳米管(MWCNT)作为导电填料的聚偏二氟乙烯(PVDF)基质中掺入还原氧化石墨烯-锰铁氧体($RGO-MnFe_2O_4$)杂化物对 EMI 屏蔽效果的影响[94]。他们采用简便的一步水热法合成了 $MnFe_2O_4$ 纳米粒子和 $RGO-MnFe_2O_4$ 杂化材料,并通过溶液共混制备了不同含有固定量 MWCNT(质量分数为 3%)的 PVDF/$RGO-MnFe_2O_4$ 复合薄膜。对于 MWCNTS 质量分数为 5% 的 $RGO-MnFe_2O_4$,注意到在 18 GHz 的 EMI SE 约为 38 dB。有趣的是,该特定复合薄膜的储能模量是 PVDF 薄膜模量的 3 倍。我们的研究表明,PVDF/$RGO-MnFe_2O_4$/MWCNT 复合薄膜在极低填料含量下的简单而经济的制备方法作为 EMI 屏蔽材料具有很大的潜力。

GARIOLA S P 等通过机械共混的方法制备了含有 $Mn_{0.2}Ni_{0.4}Zn_{0.4}Fe_2O_4$ 纳米粒子的聚苯胺铁磁复合材料[95],并探究了复合材料在频率为 8~12 GHz 时的复介电常数、复磁导率和电磁屏蔽性能,通过对比发现,含有 $Mn_{0.2}Ni_{0.4}Zn_{0.4}Fe_2O_4$ 纳米粒子的聚苯胺铁磁复合材料的电磁屏蔽性能要优于单纯的 $Mn_{0.2}Ni_{0.4}Zn_{0.4}Fe_2O_4$ 纳米颗粒。

KIM J T 等使用电镀方法获得具有优异 EMI SE 的 Ni-Co 合金/碳纤维增强复合材料[96]。碳纤维(CFs)在电镀溶液中以不同的电流密度进行电镀,以观察合金涂层的晶粒尺寸和沉积速率对复合材料的 EMI SE 的影响。通过 X 射线衍射(XRD)和 SEM 观察 CF 的结构性质和形态。根据 ASTM D4935 测量复合材料的 EMI SE,由于 Ni-Co 合金的作用,其 EMI 性能与电流密度成比例地增加。

KAMCHI N E 等设计了两种类型的混合复合材料[97]。第一种,基于樟脑磺酸(CSA)掺杂的聚苯胺(PANI),碳包覆的钴(CCo)和分散在聚氨酯中的 FeNi 纳米颗粒,在 8~18 GHz 频带上获得了 104 S/m 的导电率和多层结构中 90 dB 的屏蔽效率。第二种类型,基于 PANI 掺杂的对甲苯磺酸(PTSA),分散在含有 FeNi 纳米颗粒的环氧树脂中,获得具有中等导电率和高电磁波衰减的厚材料。发现厚度为 9.7 nm 和 6.5 mm 的 PANI-PTSA/FeNi/环氧树脂复合材料在 9.52 GHz 下的反射损耗值为 -22 dB,在 14.7 GHz 下的反射损耗值为 -20.7 dB,可以优化精制结构混合材料的电磁特性以增加电磁反射吸收特性。因此,所获得的结构可用于屏蔽和雷达吸收材料应用。

ZHANG Y 等研究了含有两种不同尺寸的高熵 AlCoCrFeNi 合金粉末的环氧基复合材料样品在 Ka 波段(26~40 GHz)下的 EMI SE[98]。高能球磨工艺用于制造两种不同尺寸的 AlCoCrFeNi 合金粉末,分别用于较大尺寸的 AlCoCrFeNi 合金粉末(HEA_L)和小尺寸的 AlCoCrFeNi 合金粉末(HEA_S)。与含 HEA_L 样品的 8.44 dB 值相比,HEA_S 样品的最大总屏蔽效能(SE_T)为 20 dB,这是由于较小的粉末尺寸和类似于形状的形态。通过将总 EMI SE_T 分解为吸收和反射部分来研究屏蔽机制,发现吸收是主要的屏蔽机制,反射对 HEA_L 和 HEA_S 两种情况都具有二次屏蔽作用。

5.2.5　铁基非晶态合金在电磁屏蔽领域中的应用

熔化后的金属,内部原子处于活跃状态。一旦开始冷却,随着温度的下降,如果冷却速率缓慢,原子就会按照一定的晶态规律有序地排列起来,形成晶体;但如果冷却过程很快,原子在来不及重新排列的情况下就已经被凝固住,由此就产生了非晶态合金。铁基非晶合金的主要元素是铁、硅、硼、碳、磷等,其磁性强饱和度、磁感应强度、磁导率、激磁电流和铁损等软磁性能优于硅钢片,价格便宜,最适合替代硅钢片,特别是铁损低(为取向硅钢片的一半)。20世纪80年代末,日本的吉泽克仁等发现,铁基非晶合金在晶化温度以上退火时,会形成非常细小的晶粒组织,晶粒尺寸分步均一,这时材料磁性能不仅不恶化,反而非常优良,这种非晶合金经过特殊的晶化退火而形成的晶态材料称为纳米晶合金,也曾称为超微晶合金。

1976年,国外第一次报道了用非晶态软磁合金做磁屏蔽材料。在金属非晶电磁屏蔽材料方面,俄罗斯中央黑色冶金研究院对多种非晶态合金的电磁屏蔽效能进行研究,其中包括一种利用电解沉积法,在基体表面形成非晶态合金薄膜以达到屏蔽效果,并发现Ni-P系非晶态薄膜厚度为20 μm时,在10 kHz~30 MHz低频段内都具有良好的屏蔽性能,且磁场部分的屏蔽效能在60 dB以上,电场部分屏蔽效能在90 dB以上。与此同时,该课题组还研制了含有非晶合金纤维的复合材料,将Co-Ni-Fe-B-Si系非晶合金纤维和铝(针状或片状)的组合物与有机黏结剂(主要是聚乙烯)通过热压的方法制成多层复合物。该复合物具有立体网状结构,在厚度为1~2 mm,频率10~100 kHz的条件下,磁场衰变不小于59 dB。当前,在低频范围电磁屏蔽材料的开发方面,俄罗斯还在进行将一种纳米合金用于组合屏蔽体的研究工作。HANECZOK G等[99]发现$Fe_{80}Nb_6B_{14}$非晶合金在任意频段内的电磁屏蔽效果良好:0.2~10 kHz频段的EMI SE在20 dB以上,2~5 MHz频段的EMI SE从55 dB下降到20 dB,而在0.2~1 GHz频段内的EMI SE均大于100 dB。同时,朱正吼等以普通PVC板为基材,以高强$Fe_{78}Si_{13}B_9$非晶合金带材作为增强相及功能材料,制备出PVC/$Fe_{78}Si_{13}B_9$非晶合金带材复合板,并对其进行力学性能和电磁屏蔽效能测试。测试结果发现,该复合板的拉伸和弯曲强度随着$Fe_{78}Si_{13}B_9$晶合金带材设计层数的增加而不断增强,且兼具一定的电磁屏蔽功能。

OKAZAKI Y等针对屏蔽不同振幅和频率的城市噪声,分别制造了由不同织构和磁畴形状的硅钢片以及铁基非晶合金带构成的圆柱形屏蔽装置,所有的屏蔽装置均进行了不同工艺的退火处理[100]。试验测量了频率最大达到的交变磁场下的磁屏蔽效果,同时采用三维有限元法对相应装置进行了模拟分析。研究结果表明,磁导率和磁畴形状对屏蔽效果都有影响,不加磁场退火处理的铁基非晶态合金对高频磁场表现出极高的屏蔽效果。

我国国家非晶微晶合金工程技术研究中心采用熔融快淬的工艺制备的铁镍基非晶合金和纳米微晶软磁材料具有较高的磁导率、低矫顽力,在低频下具有较好的磁屏蔽性能。由此可见,非晶合金材料在电磁屏蔽的研究领域中有巨大的潜力,也是当前研究的热点之一。

5.3 吸波纳米复合材料

电磁波吸收材料的作用机理主要是将电磁波能量转换成热能并耗散掉,以达到吸收电磁波的目的。根据吸收机制的不同,吸波材料主要分为电损耗型(参见第2章)和磁损耗型两大类。本章主要介绍磁损耗型吸波复合材料,其具有较高的磁损耗正切角,利用磁滞损耗、磁壁共振和自然共振、后效损耗等磁极化机制衰减、吸收电磁波。

5.3.1 磁损耗型材料吸波机制

在高频弱场下,自然共振和畴壁共振是磁损耗的主要机制;而在低频弱场条件下,磁损耗机制主要包括:磁滞损耗、磁后效应和涡流效应。

1. 自然共振

自然共振是无外加稳恒直流磁场,而仅由铁磁体的内部自然存在的等效各向异性场的作用而产生的共振。没有外界磁场的作用时,铁磁体的磁化强度的方向取决于材料自身的各向异性能所决定的能量最小的方向,即为各个易磁化轴方向。当铁磁体内的磁化强偏离易磁化轴方向一个微小的角度时,磁化强度将围绕着等效各向异性场进动。由于磁体在运动时是有阻尼的,若没有外加高频交变磁场,磁化强度的最终方向是外加磁场的方向。若有相同频率的外加高频交变磁场磁矩 M 进作用在磁化强度上,就会引起共振现象,铁磁性材料将会大量吸收高频交变磁场所给予的能量[101]。

2. 畴壁共振

畴壁共振是在外加的交变磁场的作用下,磁性材料磁畴的畴壁因受到力的作用,会在其平衡位置附近振动。外加交变磁场的频率与畴壁的固有频率相等时,发生的共振现象。

3. 磁滞损耗

磁滞损耗是指在不可逆跃变动态磁化过程中,为克服各种阻尼作用而损耗外磁场提供的部分能量。磁矩的不可逆转动或畴壁不可逆移动引起的磁感应强度比磁场强度变化滞后的现象,被称为磁滞效应。在交变磁场的作用下,铁磁体仍然存在不可逆的磁化过程使磁感应强度的变化,落后磁场强度的变化[102]。

4. 磁后效损耗

铁磁材料在外加交变磁场中,当磁化状态转变的时候,需要历经弛豫过程,在这个过程中会引起损耗。磁后效则可定义为一个在宏观上磁性稳定的铁磁体,在受到外场干扰后,宏观上表现为某些磁性参量(如起始磁导率、剩磁和磁化强度)随时间变化比扰动因素变化滞后的现象[103]。

5. 涡流损耗

涡流是指处在变化迅速的外加磁场中的铁磁体,在其内部产生与磁通量垂直的环形感应电流。因涡流导致的发热而造成的能量损耗被定义为涡流损耗。根据楞次定律可知,涡流在铁磁体的内部会激发一个磁场来阻止因外磁场引起的磁通量的变化。当外加磁场是交变磁场,且它的变化速率比较大的时候,就很有可能使铁磁体内部几乎没有磁场,而磁场只存在于铁磁体的表面层中的现象,即称为趋肤效应。在使用频率较高时,对于磁导率比较高的材料,趋肤效应的影响尤为严重,这样导致材料的利用率降低。所以,减小样品的趋肤效应是必要的。理论上讲,虚部越大消耗越大,但是虚部大了同时会影响样品吸收电磁波的能力,即吸波的能力下降[73]。

5.3.2 磁损耗型吸波复合材料

传统的磁损耗型吸波材料主要包括铁氧体、羟基铁、磁性金属微粉等,这些磁损耗型吸波材料具有磁导率和磁损耗高、阻抗匹配特性好、吸波性能强等优点,是最具有实际应用价值的吸波材料[104,105]。以下主要介绍铁氧体复合材料与磁性金属微粉复合材料。

铁氧体是铁元素与氧元素化合形成的各类型化合物,属亚铁磁性材料。铁氧体具有价格低廉、制备工艺简单、吸波性能好等特点,是当前研究较多且比较成熟的吸收剂。铁氧体对电磁波的损耗同时包括介电损耗和磁损耗,其中最主要的损耗机制为剩余损耗中的铁磁自然共振吸收。

传统铁氧体吸波材料的主要缺点是密度较大、温度稳定性较差,限制了其应用。将铁氧体与密度低、电损耗优异的碳材料或导电高聚物复合,不仅可以大幅降低材料的密度,还可拓宽其吸波频带,提升吸波性能。再者,纳米吸波材料具有极好的吸波特性,同时具备厚度薄、质量轻、吸波频带宽和兼容性好等特点,因此,纳米铁氧体复合吸波材料既具有纳米材料的特性,又具有铁氧体高的磁导率,而且还具有复合材料的特性,具有极好的电磁波吸收特性。在纳米铁氧体中添加其他组分组成复合吸波材料,可以调整电磁参数,拓宽吸收频带。它们均具有较高的电阻率,可避免金属导体在高频下存在的屈服效应,使电磁波能有效进入。同时具有较高的磁导率,对微波有良好的吸收作用,是较为理想的吸收材料。

铁氧体吸波材料通常可分为立方晶系尖晶石型(AFe_2O_4)、稀土石榴石型($R_3Fe_5O_{12}$)和六角晶系磁铅石型($AFe_{12}O_{19}$)等三种,其中六角晶系铁氧体因具有片状的结构、较高的各向异性磁晶以及较高的自然共振频率,而成为优异的高频段微波吸收材料。不同的六角晶系铁氧体具有不同的频率特性和温度稳定性,其中 M 型和 W 型铁氧体的自然共振频率较高,而 Z 型和 M 型的温度稳定性较好[106]。尖晶石型铁氧体晶体结构对称性高,因此其磁晶各向异性偏低,磁导率和介电常数也较小,共振频率较低,大都在几百兆赫兹以内,主要应用在低频[107]。

WU K H 等将竹炭与铁氧体复合后材料呈现超顺磁性,其吸波性能比单一的竹炭或铁氧体都要强[108]。TANG X 等制备了 Fe 掺杂 ZnO 包覆的 Ba 铁氧体复合材料,结果表明,ZnO 层对复合材料的电磁参数具有重要的影响,通过调节 ZnO 层可调整其微波吸收性能[109]。刘归等研究了纳米 Fe_3O_4 及其 $Fe_3O_4/BaTiO_3$ 的微波吸收特性[110]。结果表明,复合体系的微波吸收效果增强,有效吸收频带拓宽,在 2～18 GHz 范围内,当样品厚度为 2 mm 时,在 $Fe_3O_4/BaTiO_3$ 复合体系中,Fe_3O_4 与 $BaTiO_3$ 的质量比为 3∶2 时,反射率优于 −10 dB 的频带宽 2.7 GHz,Fe_3O_4 与 $BaTiO_3$ 的质量比为 2∶3 时,反射率优于 −10 dB 的频带宽可达

4 GHz。

LUO H 等将细菌纤维素(BC)热解产生的三维碳纳米纤维用作 Fe_3O_4 纳米颗粒的基底，得到的 BC-CNF/Fe_3O_4 纳米复合材料具有超小且高度分散的 Fe_3O_4 纳米颗粒，并且与未处理的对应物相比显示出大大增强的吸波性能[111]。含有质量分数为 52.7% 的 Fe_3O_4 的 BCCNF/Fe_3O_4 表现出优异的吸收性能，在 9.12 GHz 时的最小反射损耗为 −62.1 dB。

WU Y 等通过一步水热策略合成还原的氧化石墨烯/多壁碳纳米管/镍铁氧体(RGO/MWCNT/$NiFe_2O_4$)三元纳米复合材料[112]。结果表明，与二元纳米复合材料和单一 $NiFe_2O_4$ 相比，三元纳米复合材料表现出更强的电磁波吸收性能，最低反射损耗达到 −50.2 dB，厚度为 1.4 mm，有效吸收带宽为 5.0 GHz(13～18 GHz)。

LIU J 等通过溶胶凝胶法、水热合成法制备了独特的鸡蛋黄结构 Fe_3O_4-SnO_2 复合材料[113]。材料具有多孔结构、高比表面积、强微波吸收性能及极宽的吸波频带。2 mm 匹配厚度下，这种 Fe_3O_4-SnO_2 复合材料大于 10 dB 的频带宽度位于整个 2～18 GHz 范围内，这可能与磁性的 Fe_3O_4 核与介电的 SnO_2 壳形成核壳结构有关。此外，作者采用溶剂热—烧结两步合成法还合成了 Fe_3O_4/TiO_2 复合材料，改善了复合材料的吸波频带宽度[114]。

WU N 等通过溶剂热法和碳还原法的途径制备平均尺寸为 4～6 μm 的三维多孔花状形貌的 Fe_3O_4/C 复合材料，其中核壳结构 Fe_3O_4@C 纳米颗粒与无定形碳片组成了花状形貌[115]。含有质量分数 50% 的三维多孔 Fe_3O_4/C 的环氧树脂复合材料在 5.7 GHz 时(厚度为4.27 mm)显示出 −54.6 dB 的最优反射损耗值，而厚度为 2.1 mm 时，有效频带宽达到 6.0 GHz。Fe_3O_4 和碳的协同效应，Fe_3O_4/C 的多孔和核壳结构，以及大比表面积的三维结构优势均对增强的吸波性能做出了贡献。

HAN S 等通过使用 $(Co_{0.9}Fe_{0.1})Fe_2O_4$@酚醛树脂核壳结构作为前体来制造 Co_3Fe_7@C，最强反射损耗在 9.1 GHz 时高达 −35.3 dB，匹配厚度为 2.0 mm，有效频带宽达到 8.4 GHz(9.6～18 GHz)时，厚度仅为 1.5 mm[116]。结果表明，优异的性能源于独特的核壳结构以及介电损耗和磁损耗之间的互补性和协同作用。

LIN Y 等通过基于 $Bi_{0.9}La_{0.1}FeO_3$(BLFO)前驱体的简易化学蚀刻工艺，成功地构建了均匀花状多孔 BLFO 微球[117]。当 6.9 GHz 频率下，匹配厚度为 2.9 mm 时，有效吸收频带宽为 2.7 GHz(6.1～8.9 GHz)，最佳反射损耗值达到 −57.9 dB。三维多孔结构和增强的磁损耗对电磁波吸收性能有很大贡献，其中多孔微结构确保多次散射，增强磁损耗，有助于更好地阻抗匹配。

近年来，导电聚合物与纳米铁氧体形成的复合物，因其不仅具有导电聚合物的导电性、柔韧性和机械加工性，还具有纳米铁氧体的磁性能、机械强度和硬度，因而被广泛应用在电磁屏蔽及微波吸收材料等领域[118]。在 Fe_3O_4/PANI 复合体系中[110]，当 Fe_3O_4 在复合体系中的质量分数为 35% 左右时，达到最大吸收峰值为 −21 dB，反射率优于 −10 dB 频带宽大于 4 GHz。

熊为华等采用聚苯胺包覆铁氧体颗粒，结果表明 PANI 与铁氧体之间存在化学键合作用，其吸波性能与被包覆铁氧体的含量关系密切，当铁氧体质量分数为 15% 时材料的吸波性能最佳[119]。

熊冬柏等在十六烷基三甲基溴化胺(CTAB)存在下,将苯胺(ANI)与吡咯(Py)单体在 Fe_3O_4 磁流体中原位化学氧化共聚制备了 PANI-co-PPy/Fe_3O_4 网状纳米纤维复合材料[120]。实验结果表明,在 2-18 GHz 范围内,PANI-co-PPy/Fe_3O_4 具有比 PANI、PPy、PANI-co-PPy、PANI/Fe_3O_4 及 PPy/Fe_3O_4 更优越的吸波性能,当 Fe_3O_4 的质量分数为 12.4% 时,PANI-co-PPy/Fe_3O_4 在 9.0 GHz 处达到最大吸收峰值为 −36.5 dB,优于 −10 dB 的频带宽达 4.7 GHz。

LI Y 等将制备的 Fe_3O_4 纳米颗粒为核,在 Fe_3O_4 表面原位氧化聚合吡咯单体,制备了具有核壳结构的聚吡咯/Fe_3O_4 纳米复合材料,该复合材料中 Fe_3O_4 核的粒径为 100 nm,而聚吡咯壳的厚度为 70 nm[121]。磁性研究表明该材料具有铁磁性。由于聚吡咯的存在,使得该纳米复合材料具有较好的电磁匹配效应。通过矢量网络分析仪测试可知:当其厚度为 2.3 mm 时,复合材料的最大吸波为 −22.4 dB,吸收小于 −10 dB 的带宽为 5 GHz。

LUO J 等在 Co 纳米颗粒中通过原位聚合法制备了具有铁磁性核壳结构的聚吡咯/Co 纳米复合材料,并研究了该复合材料的吸波性能,发现在 2~9 GHz 时材料的吸波主要来源于介电损耗,而在 9~18 GHz 之间的吸波则归咎于磁损耗[122]。当纳米复合材料的厚度为 3.0 mm 时,吸收小于 −20 dB 的频带宽为 7.2 GHz。

WU N 等采用低能量法合成了中空管状聚吡咯(PPy)、金属 Ni 颗粒和还原氧化石墨烯的三元复合材料,PPy 和 Ni 颗粒均匀分布在 RGO 的表面上[115]。RGO 混合物中剩余缺陷和折叠结构产生的多层界面与 PPy 的中空管状结构对电磁波衰减有着明显的贡献。最终结果表明,PPy 含量的改变,可以调节阻抗匹配和衰减。PNR-2 样品的最强反射损耗值在 5.76 GHz 时可达到 −47.32 dB。PNR-3 样本的最强反射损耗值在 15.92 GHz 时为 −18.21 dB,厚度仅为 1.5 mm,相应的有效吸收频带宽达到 4.32 GHz(13.68~18 GHz)。

SHEN J 等以结构复杂的 Z 型钡铁氧体/二氧化硅为原材料,原位合成具有双核壳结构的 Z 型钡铁氧体/二氧化硅@聚吡咯复合材料,其中 Z 型钡铁氧体/二氧化硅被聚吡咯完全包覆[123]。与 Z 型钡铁氧体/二氧化硅相比,该复合材料具有更优异的电导率,但饱和磁化强度在一定程度上有所降低。当聚吡咯质量分数为 66.67%,在厚度为 2 mm 时,最大吸波为 −19.65 dB,−8 dB 以下的频带宽度为 5.56 GHz。

LI Y 等也利用原位聚合法在 $ZnFe_2O_4$ 纳米颗粒外层包覆聚吡咯,制备了核壳结构 $ZnFe_2O_4$/聚吡咯复合材料,可通过吡咯单体的加入量调节其核壳结构的厚度[124]。与单一的 $ZnFe_2O_4$ 纳米颗粒相比,该复合材料具有优异的微波吸收性能,这主要是因为聚吡咯的加入降低了纳米颗粒之间的磁耦合效应,增加了纳米粒子的表面各向异性,这些均能更好地调节复合材料介电损耗和磁损耗之间的阻抗匹配。

由于钡铁氧体具有高的电阻率和磁损耗,OHLAN A 等以粒径为 60~80 nm 的钡铁氧体为核,利用原位乳液聚合法制备了 PEDOT 包覆钡铁氧体的纳米复合材料,并对该复合材料的介电常数、磁损耗以及微波吸收性能进行了研究,研究发现该复合材料的最大吸波为 22.5 dB[125]。钡铁氧体的存在使复合材料具有一定的磁损耗,这些磁损耗主要来源于钡铁氧体的磁滞损耗和涡流损耗。核壳结构形貌可使材料的界面极化和各向异性增加,有助于提高材料的吸波性能。

ZHOU W 等在聚乙烯醇和甲苯磺酸中,以 Fe_3O_4 磁性纳米粒子为核,通过两步法制备了具有核壳结构的 Fe_3O_4-PEDOT 纳米复合材料[126]。通过调节 PEDOT 和 Fe_3O_4 的比例,可使其导电聚合物壳的厚度从几十纳米到几百纳米,且当 EDOT 单体与 Fe_3O_4 的比例为 20∶1 时,该复合材料的最大吸波可达 -30 dB。此外,作者还以 $FeCl_3$ 和过硫酸铵为氧化剂,采用简单的一步法制备了磁性氧化铁-PEDOT 纳米复合材料,该复合材料中磁性氧化铁的分散性较好。通过控制 Fe^{3+} 和 Fe^{2+} 的比例,得到两种不同结构的纳米复合材料,即 α-FeOOH-PEDOT 纳米棒和 γ-Fe_2O_3-PEDOT 纳米颗粒。结果表明,α-FeOOH-PEDOT 纳米棒的吸波性比 γ-Fe_2O_3-PEDOT 纳米颗粒好,在厚度为 4 μm 时最大吸收可达 -44 dB[127]。ZHAO J 等合成了聚苯胺-氧化石墨烯-Fe_3O_4 三元复合材料,在 7.5 GHz 时,该材料的最大反射损耗可达 -53.5 dB,匹配厚度为 3.91 mm[128]。

金属微粉吸收材料在解决氧化问题后,温度稳定性比铁氧体型吸收材料好,并且饱和磁化强度高和微波段的磁导率高,有利于实现吸波材料的薄层化,因此在吸波材料领域得到广泛研究和应用。金属微粉吸收材料主要是通过磁滞损耗、涡流损耗等吸收并衰减电磁波,主要有两类:一类是羰基金属微粉,包括羰基铁、羰基镍、羰基钴,粒度一般为 0.5~20 μm;另一类是通过蒸发、还原有机醇盐等工艺得到的磁性金属微粉。当前磁性金属微粉面临的主要问题是低频(小于 2 GHz),吸收性能不理想,密度较大。而纳米颗粒尺寸较小,表面原子所占的比例急剧增大,导致能带结构发生变化,呈现出量子尺寸效应,使纳米粒子的电子能级由连续的能谱变为分裂的能级,能级间隔正处于与微波对应的能量范围内,与电磁波作用时发生共振吸收。

在磁性金属微粉吸波材料里面,羰基铁粉是应用较早较广泛的吸波材料,一般将其作为吸波剂涂层涂敷于被测物体表面上,达到隐身的效果。Wang 等通过高温退火和点状腐蚀制备了多孔结构的羰基铁片层[129]。经测定,这种多孔结构的羰基铁片层的饱和磁化强度和矫顽力分别为 140 emu·g^{-1} 和 61 Oe。与未处理的羰基铁片层相比,多孔结构的羰基铁在高频下,具有更大的磁导率与更合适的介电常数。当它和石蜡以体积比 1∶4 混合后,在 2.9~20 GHz 的宽频范围下,反射损耗 $\leqslant -20$ dB,实现了吸波频带宽、吸波效果好的目的。卿玉长等研究了羰基铁填充环氧改性有机硅树脂吸波复合材料的电磁特性,即吸波性能[130]。研究发现,吸波涂层的最大吸收峰随羰基铁含量的增加向低频段移动。当羰基铁含量为 65%,涂层匹配厚度为 2 mm 时,涂层的最大反射率在 5.12 GHz 时达到 -32.25 dB;羰基铁含量提高到 75%,吸波涂层的最大反射率达到 -36.02 dB,而此时的频率由 5.12 GHz 移动至 3.53 GHz,表明其在低频具有很好的吸波性能。磁性金属微粉与空气的阻抗匹配性不好,而且吸收带宽较窄、电导率高、耐腐蚀能力低、密度大等,这在一定程度上限制了它的应用。

LIU C 等使用液体焦炭为原料,通过碱性活化方法制备具有高表面积的多孔碳复合材料[131]。活化后的液体焦炭的最低反射损耗为 -20 dB,有效吸收频带为 4.8~18 GHz。随后 Ni 纳米晶体原位生长并均匀地嵌入多孔碳骨架中,形成多孔碳/Ni 复合物,当 Ni 纳米晶体的质量分数为 20% 时,最低反射损耗值进一步降低至 -47 dB,有效吸波频带覆盖 $3.5\sim 18$ GHz。

ZUO X 等采用静电纺丝,并碳化处理制备了低频高效电磁波吸收的多孔磁性碳纳米纤维(P-CNF-Fe)[132]。随着多孔纳米结构的引入,碳纳米纤维的介电常数在低频下降低,实现了介电常数和磁导率的阻抗匹配。最低反射损耗在 4.42 GHz 时达到 -44.86 dB,最宽的有效吸收带宽为 $12.96\sim 16.24$ GHz。

ZHAO G 等通过原位水热组装,制备了三明治结构的 $MXene/Fe_3O_4$,并通过后续退火处理得到了 $C/TiO_2/\alpha$-Fe 二维纳米复合材料[133]。所制备的夹心状 $MXene/Fe_3O_4$ 纳米复合材料中,Fe_3O_4 纳米颗粒均匀分布在 MXene $Ti_3C_2T_x$ 纳米薄片之间。$MXene/Fe_3O_4$ 进一步退火处理得到二维 $C/TiO_2/\alpha$-Fe 纳米复合材料,在厚度分别为 1 mm 和 1.5 mm 时,分别表现出 3.3 GHz 和 3.5 GHz 的有效吸收带宽。

LIU X G 等采用改性弧光放电技术制备出以 Ni 粉为核,ZnO 为壳层的 Ni/ZnO 复合吸波材料[134]。当吸波层厚度为 2.05 mm 时,反射损耗小于 -20 dB 的频带宽为 4.0 GHz,在 14.8 GHz 的吸收峰值达到 -46.9 dB,表明二元复合物 Ni/ZnO 具有优异的吸波性能。

GUO J 等通过引入植物单宁酸,在皮肤胶原纤维上一步合成轻质、强吸收的 Ag 纳米粒子复合材料[135]。通过研究材料的介电常数值的变化,发现植物单宁酸皮肤胶原纤维的介电常数值与皮肤胶原纤维相比,变化不大,但当 Ag 纳米粒子附着在皮肤胶原纤维上后,其介电常数实部、虚部均增大,可用 Debye 偶极矩模型来拟合结果。植物单宁酸与皮肤胶原纤维的比例为 1∶20 时,2 mm 样品获得了最大的 15 dB 吸波强度,但吸波频带较窄;提高植物单宁酸与皮肤胶原纤维的比例至 7∶20 时,吸波强度稍微增强,同时,吸波强度大于 10 dB 的频带宽度大大增加,达到了 4.2 GHz,覆盖整个 X 波段。作者还研究了 Ag@Ni 核壳结构纳米粒子与皮肤胶原纤维复合材料的制备及吸波性能,发现其吸波性能与 Ag-皮肤胶原纤维复合材料相比大大提高,同样 2 mm 的匹配厚度,吸波性能从 15 dB 提高到了 51 dB[136]。

LI Y 等通过有机前体溶液的一步热分解,成功制备了 CoNi 合金纳米粒子负载在多孔碳上的纳米复合材料(CoNi/KB)[137]。引入具有高比表面积的多孔碳纳米球有效地防止了合金纳米颗粒的严重聚集和氧化,同时,高度分散的 CoNi 合金纳米颗粒(约5 nm)均匀地分布在碳纳米球的表面上。当 CoNi 合金纳米颗粒的填充质量分数为 15% 时,CoNi/碳纳米球复合材料的最小反射损耗为 -39.5 dB,有效吸收频带宽为 5.6 GHz,匹配厚度为 2 mm。研究表明,合理的成分、表面缺陷、介孔结构、增强的界面极化和协同效应优化了 CoNi/KB 材料的阻抗匹配,提高波吸收性能。

DING X 等通过两步水热反应制备 $FeNi_3$@RGO/MoS_2 纳米复合材料[138]。其中 RGO/MoS_2 复合材料通过水热法合成,然后修饰 $FeNi_3$ 纳米合金颗粒。研究了在石蜡基质中具有不同添加量对复合材料吸波性能的影响,在厚度为 2.0 mm 时得到最宽有效频带宽度为 4.72 GHz,厚度为 2.0 mm,相应的反射损耗值为 -30.39 dB。三元复合材料在试验频率区域具有介电损耗和磁损耗,磁损耗在低频区域起着重要作用,介电损耗占高频率区域的主要部分。

大多数金属有机骨架(MOF)本身的低电导率,导致电磁波吸收特性并不理想,而通过与碳材料的复合或者构筑合理的纳米结构能够有效改善其电磁波吸收性能。ZHANG X 等将沸石咪唑酯骨架-8(ZIF-8)颗粒在与石墨烯片偶联后,电磁波吸收性能得到改善[139]。实验结果和理论计算表明,ZIF-8 与石墨烯片之间清晰的界面对提高吸波性能至关重要。SHU R 等通过两步法制备源自双有机骨架(MOF)的氮掺杂的 Co-C/MWCNT 纳米复合材料[140]。结果表明,与单金属相比,双金属 MOFs 衍生的多孔碳纳米复合材料的电磁波吸收性能明显增强,最低反射损耗达到-50.0 dB,厚度为 2.4 mm,有效吸收频带宽达到 4.3 GHz,厚度为 1.8 mm。XIONG J 等通过双金属 NiCo 基金属有机骨架(MOF)的原位热解合成了具有多层结构的 NiCo 合金纳米粒子/纳米多孔碳(NiCo/NPC)复合材料[141]。在 17.9 GHz 时,最佳反射损耗值为-51 dB,有效吸收带宽为 4.5 GHz($13.5\sim 18$ GHz),材料厚度为 1.5 mm。具有源自 NiCo-MOF 的层状结构的纳米多孔碳赋予材料有利的阻抗匹配、极化和多重衰减。此外,由自然共振、交换共振以及多重松弛所产生的增强的电磁吸收性能,还受益于 NiCo 纳米粒子、石墨化碳层和 NPC 之间的磁和介电损耗的协同效应。

参考文献

[1] LU Q, YANG B, ZHUANG L, et al. Anodic activation of PtRu/C catalysts for methanol oxidation[J]. The Journal of Physical Chemistry B, 2005, 109(5): 1715-1722.

[2] LI J, ZHU Y, KE R, et al. Improvement of catalytic activity and sulfur-resistance of Ag/TiO$_2$-Al$_2$O$_3$ for no reduction with propene under lean burn conditions[J]. Applied Catalysis B: Environmental, 2008, 80(3): 202-213.

[3] BOKHIMI X, ZANELLA R. Crystallite size and morphology of the phases in Au/TiO$_2$ and Au/Ce-TiO$_2$ catalysts[J]. The Journal of Physical Chemistry C, 2007, 111(6): 2525-2532.

[4] ZHAO M, CROOKS R M. Homogeneous hydrogenation catalysis with monodisperse, dendrimer-encapsulated Pd and Pt nanoparticles[J]. Angewandte Chemie International Edition, 1999, 38(3): 364-366.

[5] SON S U, JANG Y, PARK J, et al. Designed synthesis of atom-economical Pd/Ni bimetallic nanoparticle-based catalysts for sonogashira coupling reactions[J]. Journal of the American Chemical Society, 2004, 126(16): 5026-5027.

[6] NARAYANAN R, EL-SAYED M A. Effect of colloidal catalysis on the nanoparticle size distribution: Dendrimer-Pd vs PVP-Pd nanoparticles catalyzing the suzuki coupling reaction[J]. The Journal of Physical Chemistry B, 2004, 108(25): 8572-8580.

[7] LU A H, SALABAS E L, SCHUTH F. Magnetic nanoparticles: Synthesis, protection, functionalization and application[J]. 2007, 46(8): 1222-1244.

[8] 都有为. 磁性材料新近进展[J]. 物理, 2006, (09): 730-739.

[9] COEY J M D. Magnetic materials[J]. Journal of Alloys and Compounds, 2001, 326(1): 2-6.

[10] 张甫飞, 张洛, 纪朝廉, 等. 纳米晶软磁合金材料及应用[J]. 上海金属, 2002, 24(01): 21-26.

[11] GLEITER H. Nanocrystalline materials[J]. Progress in Materials Science, 1989, 33(4): 223-315.

[12] BUCHER J P, DOUGLASS D C, BLOOMFIELD L A. Magnetic properties of free cobalt clusters[J]. Physical Review Letters, 1991, 66(23): 3052-3055.

[13] 张立德. 纳米材料研究及其发展趋势和展望[J]. 高科技与产业化, 1994, 8(04): 17-20.

[14] 张立德, 牟季美. 开拓原子和物质的中间领域: 纳米微粒与纳米固体[J]. 物理, 1992, 3(03): 167-173.

[15] JIANG H M, YAN Z P, ZHAO Y, et al. Zincon-immobilized silica-coated magnetic Fe_3O_4 nanoparticles for solid-phase extraction and determination of trace lead in natural and drinking waters by graphite furnace atomic absorption spectrometry[J]. Talanta, 2012, 94: 251-256.

[16] KARATAPANIS A E, FIAMEGOS Y, STALIKAS C D. Silica-modified magnetic nanoparticles functionalized with cetylpyridinium bromide for the preconcentration of metals after complexation with 8-hydroxyquinoline[J]. Talanta, 2011, 84(3): 834-839.

[17] FARAJI M, YAMINI Y, SALEH A, et al. A nanoparticle-based solid-phase extraction procedure followed by flow injection inductively coupled plasma-optical emission spectrometry to determine some heavy metal ions in water samples[J]. Analytica Chimica Acta, 2010, 659(1): 172-177.

[18] HUANG Y F, LI Y, JIANG Y, et al. Magnetic immobilization of amine-functionalized magnetite microspheres in a knotted reactor for on-line solid-phase extraction coupled with icp-ms for speciation analysis of trace chromium[J]. Journal of Analytical Atomic Spectrometry, 2010, 25(9): 1467-1474.

[19] WANG Y, LUO X, TANG J, et al. Extraction and preconcentration of trace levels of cobalt using functionalized magnetic nanoparticles in a sequential injection lab-on-valve system with detection by electrothermal atomic absorption spectrometry[J]. Analytica Chimica Acta, 2012, 713: 92-96.

[20] REN Y, LI N, FENG J, et al. Adsorption of Pb(Ⅱ) and Cu(Ⅱ) from aqueous solution on magnetic porous ferrospinel $MnFe_2O_4$[J]. Journal of Colloid and Interface Science, 2012, 367(1): 415-421.

[21] LARRAZA I, LOPEZ-GONZALEZ M, CORRALES T, et al. Hybrid materials: Magnetite-polyethylenimine-montmorillonite, as magnetic adsorbents for Cr(vi) water treatment[J]. Journal of Colloid and Interface Science, 2012, 385(1): 24-33.

[22] 余淼, 严小锐, 毛林章. 一种刚度、阻尼可控的新智能材料——磁流变弹性体[J]. 材料导报, 2007, 13(07): 103-107.

[23] CHERTOVICH A V, STEPANOV G V, KRAMARENKO E Y, et al. New composite elastomers with giant magnetic response[J]. Macromolecular Materials and Engineering, 2010, 295(4): 336-341.

[24] 王银玲, 胡源, 付丽华, 等. γ射线辐照法制备硅橡胶基各向同性磁流变弹性体[J]. 功能材料, 2006, 5(05): 771-773.

[25] 陈琳, 龚兴龙, 孔庆合. 天然橡胶基磁流变弹性体的研制与表征[J]. 实验力学, 2007, 4(Z1): 372-378.

[26] 杨坤, 秦岩, 高冰, 等. 磁性橡胶阻尼复合材料的研究[J]. 玻璃钢/复合材料, 2012, 6(S1): 56-58.

[27] WANG Y, HU Y, WANG Y, et al. Magnetorheological elastomers based on isobutylene-isoprene rubber[J]. Polymer Engineering & Science, 2006, 46(3): 264-268.

[28] SUN T L, GONG X L, JIANG W Q, et al. Study on the damping properties of magnetorheological elastomers based on cis-polybutadiene rubber[J]. Polymer Testing, 2008, 27(4): 520-526.

[29] WEI B, GONG X, JIANG W. Influence of polyurethane properties on mechanical performances of magnetorheological elastomers[J]. Journal of Applied Polymer Science, 2010, 116(2): 771-778.

[30] ZAJAC P, KALETA J, LEWANDOWSKI D, et al. Isotropic magnetorheological elastomers with

thermoplastic matrices: Structure, damping properties and testing[J]. Smart Materials and Structures, 2010,19(4):045014-045021.

[31] 肖玉红,卢秀首,乔秀颖,等. SEBS基热塑性磁流变弹性体复合材料的制备、结构与性能[J]. 磁性材料及器件,2014,45(02):1-5.

[32] 乔秀颖,卢秀首,龚兴龙,等. SEEPS基热塑性磁流变弹性体复合材料的制备、结构与性能[J]. 磁性材料及器件,2013,44(05):1-5.

[33] 一种多极磁性塑料编码器及其生产工艺[J]. 橡塑技术与装备,2016,42(18):81-82.

[34] 赵志鸿,阳范文. 高分子/磁粉复合材料的研究与应用进展[J]. 合成材料老化与应用,2015,44(03):92-97.

[35] 杨凯,刘颖,李军,等. 注射工艺对高磁粉装载量PPS/NDFEB粘结磁体磁性能的影响[J]. 功能材料,2011,42(S4):651-654.

[36] 李培军,赵树高. 取向磁场方向对塑料粘接磁体磁性能的影响[J]. 现代塑料加工应用,2010,22(05):1-3.

[37] 邱立军,王红声,何创龙,等. 聚(左旋乳酸-己内酯)/Fe_3O_4取向超细纤维的制备及生物相容性[J]. 中国组织工程研究与临床康复,2009,13(12):2222-2226.

[38] 付昱,杨敏,李妍,等. 基于天然高分子基元的阻隔层对磁性载药聚乳酸微球的控释作用[J]. 高等学校化学学报,2012,33(12):2779-2783.

[39] 苟马玲,张阳德,王辉,等. 一种聚己内酯-聚乙二醇-聚己内酯磁性共聚物微球的制备[J]. 高分子材料科学与工程,2007,7(04):235-237.

[40] SADAKIYO M, OKAWA H, SHIGEMATSU A, et al. Promotion of low-humidity proton conduction by controlling hydrophilicity in layered metal-organic frameworks[J]. Journal of the American Chemical Society,2012,134(12):5472-5475.

[41] HURD J A, VAIDHYANATHAN R, THANGADURAI V, et al. Anhydrous proton conduction at 150 ℃ in a crystalline metal-organic framework[J]. Nature Chemistry,2009,1:705-710.

[42] UMEYAMA D, HORIKE S, IINUKAI M, et al. Confinement of mobile histamine in coordination nanochannels for fast proton transfer[J]. Angewandte Chemie International Edition,2011,50(49):11706-11709.

[43] HORCAJADA P, GREF R, BAATI T, et al. Metal-organic frameworks in biomedicine[J]. Chemical Reviews,2012,112(2):1232-1268.

[44] HORCAJADA P, CHALATI T, SERRE C, et al. Porous metal-organic-framework nanoscale carriers as a potential platform for drug delivery and imaging[J]. Nature Materials,2009,9:172.

[45] DELLA R J, LIU D, LIN W. Nanoscale metal-organic frameworks for biomedical imaging and drug delivery[J]. Accounts of Chemical Research,2011,44(10):957-968.

[46] RICCO R, MALFATTI L, TAKAHASHI M, et al. Applications of magnetic metal-organic framework composites[J]. Journal of Materials Chemistry A,2013,1(42):13033-13045.

[47] ZHANG J, XU S, KUMACHEVA E. Polymer microgels: Reactors for semiconductor, metal, and magnetic nanoparticles[J]. Journal of the American Chemical Society,2004,126(25):7908-7914.

[48] WORMUTH K. Superparamagnetic latex via inverse emulsion polymerization[J]. Journal of Colloid and Interface Science,2001,241(2):366-377.

[49] MA Z, GUAN Y, LIU X, et al. Covalent immobilization of albumin on micron-sized magnetic poly

[49] (methyl methacrylate-divinylbenzene-glycidyl methacrylate) microspheres prepared by modified suspension polymerization[J]. Polymers for Advanced Technologies, 2005, 16(7):554-558.

[50] 周春华,刘威,张书香,等. Fe_3O_4/P(NaUA-St-BA)核-壳纳米磁性复合粒子的合成与表征[J]. 高分子学报, 2005, 8(04):606-610.

[51] HORAK D, LEDNICKA F, PETROVSKY E, et al. Magnetic characteristics of ferrimagnetic microspheres prepared by dispersion polymerization[J]. Macromolecular Materials and Engineering, 2004, 289(4):341-348.

[52] XIE G, ZHANG Q, LUO Z, et al. Preparation and characterization of monodisperse magnetic poly (styrene butyl acrylate methacrylic acid) microspheres in the presence of a polar solvent[J]. Journal of Applied Polymer Science, 2003, 87(11):1733-1738.

[53] LEPOUTRE S, BOYER D, POTDEVIN A, et al. Structural investigations of sol-gel-derived liyf4 and ligdf4 powders[J]. Journal of Solid State Chemistry, 2007, 180(11):3049-3057.

[54] ALBUQUERQUE A S, ARDISSON J D, MACEDO W A. A study of nanocrystalline nizn-ferrite-SiO_2 synthesized by sol-gel[J]. Journal of Magnetism and Magnetic Materials, 1999, 192(2):277-280.

[55] 徐小玉,赵玉涛,戴起勋,等. 磁性复合材料的制备技术与研究进展[J]. 材料导报, 2005, 7(07):69-71.

[56] 修向前,张荣,徐晓峰,等. 溶胶-凝胶法制备 ZnO 基稀释磁性半导体薄膜[J]. 高技术通讯, 2003, 3(03):64-66.

[57] SHIM I B, KIM C S. Doping effect of indium oxide-based diluted magnetic semiconductor thin films [J]. Journal of Magnetism and Magnetic Materials, 2004, 272-276:E1571-E1572.

[58] BLASKOV V, PETKOV V, RUSANOV V, et al. Magnetic properties of nanophase $CoFe_2O_4$ particles [J]. Journal of Magnetism and Magnetic Materials, 1996, 162(2):331-337.

[59] RODIC D, MITRIC M, TELLGREN R, et al. The cation distribution and magnetic structure of y3$Fe_{(5-x)}$$Al_xO_{12}$[J]. Journal of Magnetism and Magnetic Materials, 2001, 232(1):1-8.

[60] 汪忠柱,胡国光,尹萍,等. 高磁导率 Mn-Zn 铁氧体的磁性能依赖性研究[J]. 安徽大学学报(自然科学版), 2001, 5(03):43-47.

[61] 冯则坤,何华辉. 纳米磁性颗粒膜[J]. 磁性材料及器件, 2001, 6(06):31-34.

[62] STOBIECKI T, KOPCEWICZ M, POWROZNIK W, et al. Structure and magnetic properties of $(Fe_{97}Al_3)_{100-x}N_x$ films and $(Fe_{97}Al_3)_{85}N_{15}/Al_2O_3$ multilayers[J]. Journal of Magnetism and Magnetic Materials, 2002, 240(1):448-450.

[63] DUREUIL V, RICOLLEAU C, GANDAIS M, et al. Growth and morphology of cobalt nanoparticles on alumina[J]. Journal of Crystal Growth, 2001, 233(4):737-748.

[64] WAKANO T, FUJIMURA N, MORINAGA Y, et al. Magnetic and magneto-transport properties of ZnO:Ni films[J]. Physica E:Low-dimensional Systems and Nanostructures, 2001, 10(1):260-264.

[65] YAMADA Y, KUSUMORI T, MUTO H. Curie temperature control of $La_{1-x}Pb_xMnO_{3-y}$ thin film by changing the pulsed laser deposition conditions[J]. Thin Solid Films, 2000, 375(1):1-4.

[66] DU J, LIU H. Preparation of superparamagnetic γ-Fe_2O_3 nanoparticles in nonaqueous medium by γ-irradiation[J]. Journal of Magnetism and Magnetic Materials, 2006, 302(1):263-266.

[67] CHENG G, HE M, PENG H, et al. Dithizone modified magnetic nanoparticles for fast and selective solid phase extraction of trace elements in environmental and biological samples prior to their

determination by icp-oes[J]. Talanta,2012,88:507-515.

[68] LEE P L,SUN Y C,LING Y C. Magnetic nano-adsorbent integrated with lab-on-valve system for trace analysis of multiple heavy metals[J]. Journal of Analytical Atomic Spectrometry,2009,24(3):320-327.

[69] LI Y,HUANG Y F,JIANG Y,et al. Displacement solid-phase extraction on mercapto-functionalized magnetite microspheres for inductively coupled plasma mass spectrometric determination of trace noble metals[J]. Analytica Chimica Acta,2011,692(1):42-49.

[70] LI F,GENG D,CAO Q. Adsorption of As(v)on aluminum-,iron-,and manganese-(oxyhydr)oxides: Equilibrium and kinetics[J]. Desalination and Water Treatment,2015,56(7):1829-1838.

[71] 余声明. 磁性应用技术的新近发展[J]. 磁性材料及器件,1999,2(02):12-20.

[72] JALALI M,DAUTERSTEDT S,MICHAUD A,et al. Electromagnetic shielding of polymer-matrix composites with metallic nanoparticles[J]. Composites Part B:Engineering,2011,42(6):1420-1426.

[73] AMELI A,NOFAR M,WANG S,et al. Lightweight polypropylene/stainless-steel fiber composite foams with low percolation for efficient electromagnetic interference shielding[J]. ACS Applied Materials & Interfaces,2014,6(14):11091-11100.

[74] AMELI A,JUNG P U,PARK C B. Electrical properties and electromagnetic interference shielding effectiveness of polypropylene/carbon fiber composite foams[J]. Carbon,2013,60:379-391.

[75] CHEN Y,WANG Y,ZHANG H B,et al. Enhanced electromagnetic interference shielding efficiency of polystyrene/graphene composites with magnetic Fe_3O_4 nanoparticles[J]. Carbon,2015,82:67-76.

[76] DURMUS Z,DURMUS A,BEKTAY M Y,et al. Quantifying structural and electromagnetic interference (EMI)shielding properties of thermoplastic polyurethane-carbon nanofiber/magnetite nanocomposites[J]. Journal of Materials Science,2016,51(17):8005-8017.

[77] HUANGFU Y,LIANG C,HAN Y,et al. Fabrication and investigation on the Fe_3O_4/thermally annealed graphene aerogel/epoxy electromagnetic interference shielding nanocomposites[J]. Composites Science and Technology,2019,169:70-75.

[78] MISHRA M,SINGH A P,SINGH B P,et al. Conducting ferrofluid:A high-performance microwave shielding material[J]. Journal of Materials Chemistry A,2014,2(32):13159.

[79] RAO B V,YADAV P,AEPURU R,et al. Single-layer graphene-assembled 3d porous carbon composites with pva and Fe_3O_4 nano-fillers:An interface-mediated superior dielectric and emi shielding performance[J]. Physical Chemistry Chemical Physics,2015,17(28):18353-18363.

[80] LI X,HAN X,TAN Y,et al. Preparation and microwave absorption properties of Ni-B alloy-coated Fe_3O_4 particles[J]. Journal of Alloys and Compounds,2008,464(12):352-356.

[81] BAYAT M,YANG H,KO F K,et al. Electromagnetic interference shielding effectiveness of hybrid multifunctional Fe_3O_4/carbon nanofiber composite[J]. Polymer,2014,55(3):936-943.

[82] BI S,ZHAO H,HOU L,et al. Comparative study of electroless Co-Ni-P plating on tencel fabric by CoO-based and NiO-based activation for electromagnetic interference shielding[J]. Applied Surface Science,2017,419:465-475.

[83] BORA P J,VINOY K J,RAMAMURTHY P C,et al. Lightweight polyaniline-cobalt coated fly ash cenosphere composite film for electromagnetic interference shielding[J]. Electronic Materials Letters,2016,12(5):603-609.

[84] LV H,LIANG X,JI G,et al. Porous three-dimensional flower-like Co/CoO and its excellent electromagnetic

absorption properties[J]. ACS Applied Materials & Interfaces,2015,7(18):9776-9783.

[85] ROHINI R,LASITHA K,BOSE S. Epoxy composites containing cobalt(Ⅱ)-porphine anchored multiwalled carbon nanotubes as thin electromagnetic interference shields,adhesives and coatings[J]. Journal of Materials Chemistry C,2016,4(2):352-361.

[86] YIM Y J,RHEE K Y,PARK S J. Electromagnetic interference shielding effectiveness of nickel-plated mwcnts/high-density polyethylene composites[J]. Composites Part B:Engineering,2016,98:120-125.

[87] BORA P J,VINOY K J,RAMAMURTHY P C,et al. Electromagnetic interference shielding effectiveness of polyaniline-nickel oxide coated cenosphere composite film[J]. Composites Communications,2017,4:37-42.

[88] ZHU Z,SUN X,LI G,et al. Microwave-assisted synthesis of graphene-Ni composites with enhanced microwave absorption properties in ku-band[J]. Journal of Magnetism and Magnetic Materials,2015,377:95-103.

[89] PAWAR S P,STEPHEN S,BOSE S,et al. Tailored electrical conductivity,electromagnetic shielding and thermal transport in polymeric blends with graphene sheets decorated with nickel nanoparticles[J]. Physical Chemistry Chemical Physics,2015,17(22):14922-14930.

[90] MURAL P K,PAWAR S P,JAYANTHI S,et al. Engineering nanostructures by decorating magnetic nanoparticles onto graphene oxide sheets to shield electromagnetic radiations[J]. ACS Applied Materials & Interfaces,2015,7(30):16266-16278.

[91] SHEN G,XU Z,LI Y. Absorbing properties and structural design of microwave absorbers based on w-type la-doped ferrite and carbon fiber composites[J]. Journal of Magnetism and Magnetic Materials,2006,301(2):325-330.

[92] LIM G H,WOO S,LEE H,et al. Mechanically robust magnetic carbon nanotube papers prepared with $CoFe_2O_4$ nanoparticles for electromagnetic interference shielding and magnetomechanical actuation [J]. ACS Applied Materials & Interfaces,2017,9(46):40628-40637.

[93] QING Y,MA L,HU X,et al. $NiFe_2O_4$ nanoparticles filled $BaTiO_3$ ceramics for high-performance electromagnetic interference shielding applications[J]. Ceramics International,2018,44(7):8706-8709.

[94] SRIVASTAVA R K,XAVIER P,GUPTA S N,et al. Excellent electromagnetic interference shielding by graphene-$MnFe_2O_4$-multiwalled carbon nanotube hybrids at very low weight percentage in polymer matrix[J]. ChemistrySelect,2016,1(18):5995-6003.

[95] GAIROLA S P,VERMA V,KUMAR L,et al. Enhanced microwave absorption properties in polyaniline and nano-ferrite composite in X-band[J]. Synthetic Metals,2010,160(21-22):2315-2318.

[96] KIM J T,PARK C W,KIM B J. A study on synergetic emi shielding behaviors of Ni-Co alloy-coated carbon fibers-reinforced composites[J]. Synthetic Metals,2017,223:212-217.

[97] KAMCHI N E,BELAABED B,WOJKIEWICZ J L,et al. Hybrid polyaniline/nanomagnetic particles composites:High performance materials for emi shielding[J]. Journal of Applied Polymer Science,2013,127(6):4426-4432.

[98] ZHANG Y,ZHANG B,LI K,et al. Electromagnetic interference shielding effectiveness of high entropy alcocrfeni alloy powder laden composites[J]. Journal of Alloys and Compounds,2018,734:220-228.

[99] HANECZOK G,WROCZYNSKI R,KWAPULINSKI P,et al. Electro/magnetic shielding effectiveness

of soft magnetic $Fe_{80}Nb_6B_{14}$ amorphous alloy[J]. Journal of Materials Processing Technology, 2009, 209(5): 2356-2360.

[100] OKAZAKI Y, UENO K. Magnetic shielding by soft magnetic materials in alternating magnetic field [J]. Journal of Magnetism and Magnetic Materials, 1992, 112(1-3): 192-194.

[101] REN F, ZHU G, REN P, et al. Cyanate ester resin filled with graphene nanosheets and $CoFe_2O_4$-reduced graphene oxide nanohybrids as a microwave absorber[J]. Applied Surface Science, 2015, 351: 40-47.

[102] SONG W L, GUAN X T, FAN L Z, et al. Tuning three-dimensional textures with graphene aerogels for ultra-light flexible graphene/texture composites of effective electromagnetic shielding[J]. Carbon, 2015, 93: 151-160.

[103] DAS S, NAYAK G C, SAHU S K, et al. Development of FeCoB/graphene oxide based microwave absorbing materials for X-band region[J]. Journal of Magnetism and Magnetic Materials, 2015, 384: 224-228.

[104] 刘顺华,郭辉进. 电磁屏蔽与吸波材料[J]. 功能材料与器件学报,2002,(03):213-217.

[105] 刘强春. 微纳结构四氧化三铁复合材料的制备及吸波性能研究[D]. 合肥:中国科学技术大学,2013.

[106] SUGIMOTO S, HAGA K, KAGOTANI T, et al. Microwave absorption properties of Ba m-type ferrite prepared by a modified coprecipitation method[J]. Journal of Magnetism and Magnetic Materials, 2005, 290-291: 1188-1191.

[107] WANG Z, XIE Y, WANG P, et al. Microwave anneal effect on magnetic properties of $Ni_{0.6}Zn_{0.4}Fe_2O_4$ nano-particles prepared by conventional hydrothermal method[J]. Journal of Magnetism and Magnetic Materials, 2011, 323(23): 3121-3125.

[108] WU K H, TING T H, LIU C I, et al. Electromagnetic and microwave absorbing properties of $Ni_{0.5}Zn_{0.5}Fe_2O_4$/bamboo charcoal core-shell nanocomposites[J]. Composites Science and Technology, 2008, 68(1): 132-139.

[109] TANG X, HU K A. Preparation and electromagnetic wave absorption properties of fe-doped zinc oxide coated barium ferrite composites[J]. Materials Science and Engineering: B, 2007, 139(2): 119-123.

[110] 刘归. 纳米Fe_3O_4及其复合体系的微波吸收特性研究[J]. 湖南工业大学学报,2008,(06):20-23.

[111] LUO H, ZHANG Y, YANG Z, et al. Constructing superior carbon-nanofiber-based composite microwave absorbers by engineering dispersion and loading of Fe_3O_4 nanoparticles on three-dimensional carbon nanofibers derived from bacterial cellulose[J]. Materials Chemistry and Physics, 2017, 201: 130-138.

[112] WU Y, SHU R, LI Z, et al. Design and electromagnetic wave absorption properties of reduced graphene oxide/multi-walled carbon nanotubes/nickel ferrite ternary nanocomposites[J]. Journal of Alloys and Compounds, 2019, 784: 887-896.

[113] LIU J, CHENG J, CHE R, et al. Double-shelled yolk-shell microspheres with Fe_3O_4 cores and SnO_2 double shells as high-performance microwave absorbers[J]. The Journal of Physical Chemistry C, 2013, 117(1): 489-495.

[114] LIU J, CHE R, CHEN H, et al. Microwave absorption enhancement of multifunctional composite

microspheres with spinel Fe_3O_4 cores and anatase TiO_2 shells[J]. Small,2012,8(8):1214-1221.

[115] WU N,LIU C,XU D,et al. Enhanced electromagnetic wave absorption of three-dimensional porous Fe_3O_4/C composite flowers[J]. ACS Sustainable Chemistry & Engineering,2018,6(9):12471-12480.

[116] HAN S,WANG S,LI W,et al. Synthesis of PPy/Ni/RGO and enhancement on its electromagnetic wave absorption performance[J]. Ceramics International,2018,44(9):10352-10361.

[117] LIN Y,WANG Q,GAO S,et al. Constructing flower-like porous $Bi_{0.9}La_{0.1}FeO_3$ microspheres for excellent electromagnetic wave absorption performances[J]. Journal of Alloys and Compounds, 2018,745:761-772.

[118] 刘攀博. 石墨烯-导电聚合物-磁性纳米粒子复合材料的制备及微波吸收性能的研究[D]. 西安:西北工业大学,2015.

[119] 熊为华. PANI/铁氧体复合型微波吸收材料的制备及吸波性能研究[D]. 合肥:安徽大学,2007.

[120] 熊冬柏,杨春明. 聚(苯胺-吡咯)共聚物/Fe_3O_4网状纳米纤维复合物的制备及其吸波性能[J]. 应用化学,2009,26(09):1054-1059.

[121] LI Y,CHEN G,LI Q,et al. Facile synthesis,magnetic and microwave absorption properties of Fe_3O_4/polypyrrole core/shell nanocomposite[J]. Journal of Alloys and Compounds,2011,509(10):4104-4107.

[122] LUO J,GAO D. Synthesis and microwave absorption properties of PPy/Co nanocomposites[J]. Journal of Magnetism and Magnetic Materials,2014,368:82-86.

[123] SHEN J,CHEN K,LI L,et al. Fabrication and microwave absorbing properties of(z-type barium ferrite/silica)@polypyrrole composites[J]. Journal of Alloys and Compounds,2014,615:488-495.

[124] LI Y,YI R,YAN A,et al. Facile synthesis and properties of $ZnFe_2O_4$ and $ZnFe_2O_4$/polypyrrole core-shell nanoparticles[J]. Solid State Sciences,2009,11(8):1319-1324.

[125] OHLAN A,SINGH K,CHANDRA A,et al. Microwave absorption behavior of core-shell structured poly(3,4-ethylenedioxy thiophene)-barium ferrite nanocomposites[J]. ACS Applied Materials & Interfaces,2010,2(3):927-933.

[126] ZHOU W,HU X,BAI X,et al. Synthesis and electromagnetic,microwave absorbing properties of core-shell Fe_3O_4-poly(3,4-ethylenedioxythiophene) microspheres[J]. ACS Applied Materials & Interfaces,2011,3(10):3839-3845.

[127] ZHOU W,HU X,ZHOU S,et al. Facile route to controlled iron oxides/poly(3,4-ethylenedioxythiophene) nanocomposites and microwave absorbing properties[J]. Composites Science and Technology,2013,87:14-21.

[128] ZHAO J,LIN J,XIAO J,et al. Synthesis and electromagnetic,microwave absorbing properties of polyaniline/graphene oxide/Fe_3O_4 nanocomposites[J]. RSC Advances,2015,5(25):19345-19352.

[129] WANG M,DUAN Y P,LIU S H,SHUNHUA L,et al. Absorption properties of carbonyl-iron/carbon black double-layer microwave absorbers[J]. Journal of Magnetism and Magnetic Materials, 2009,321(20):3442-3446.

[130] 卿玉长,周万城,罗发,等. 羰基铁/环氧有机硅树脂涂层的吸波性能和力学性能研究[J]. 材料导报,2009,23(06):1-4.

[131] LIU C,LIN Z,CHEN C,et al. Porous C/Ni composites derived from fluid coke for ultra-wide bandwidth electromagnetic wave absorption performance[J]. Chemical Engineering Journal,2019,

366:415-422.

[132] ZUO X, XU P, ZHANG C, et al. Porous magnetic carbon nanofibers (P-CNF/Fe) for low-frequency electromagnetic wave absorption synthesized by electrospinning[J]. Ceramics International, 2019, 45(4):4474-4481.

[133] ZHAO G, LV H, ZHOU Y, et al. Self-assembled sandwich-like MXene-derived nanocomposites for enhanced electromagnetic wave absorption[J]. ACS Applied Materials & Interfaces, 2018, 10(49): 42925-42932.

[134] LIU X G, JIANG J J, GENG D Y, et al. Dual nonlinear dielectric resonance and strong natural resonance in Ni/ZnO nanocapsules[J]. Applied Physics Letters, 2009, 94(5):053119.

[135] GUO J, WANG X, MIAO P, et al. One-step seeding growth of controllable Ag@Ni core-shell nanoparticles on skin collagen fiber with introduction of plant tannin and their application in high-performance microwave absorption[J]. Journal of Materials Chemistry, 2012, 22(24):11933-11942.

[136] GUO J, WANG X, LIAO X, et al. Skin collagen fiber-biotemplated synthesis of size-tunable silver nanoparticle-embedded hierarchical intertextures with lightweight and highly efficient microwave absorption properties[J]. The Journal of Physical Chemistry C, 2012, 116(14):8188-8195.

[137] LI Y, YUAN M, LIU H, et al. Assembly of coni nanoparticles on ketjenblack carbon with superior performance and optimized impedance matching for electromagnetic wave absorption[J]. Journal of Alloys and Compounds, 2019, 798:790-799.

[138] DING X, HUANG Y, LI S, et al. $FeNi_3$ nanoalloy decorated on 3D architecture composite of reduced graphene oxide/molybdenum disulfide giving excellent electromagnetic wave absorption properties [J]. Journal of Alloys and Compounds, 2016, 689:208-217.

[139] ZHANG X, ZHANG S, ZHANG K, et al. Interface-induced enhanced electromagnetic wave absorption property of metal-organic frameworks wrapped by graphene sheets[J]. Journal of Alloys and Compounds, 2019, 780:718-726.

[140] SHU R, LI W, WU Y, et al. Nitrogen-doped Co-C/MWCNTs nanocomposites derived from bimetallic metal-organic frameworks for electromagnetic wave absorption in the x-band[J]. Chemical Engineering Journal, 2019, 362:513-524.

[141] XIONG J, XIANG Z, ZHAO J, et al. Layered NiCo alloy nanoparticles/nanoporous carbon composites derived from bimetallic MOFs with enhanced electromagnetic wave absorption performance[J]. Carbon, 2019, 154:391-401.

第 6 章　其他功能纳米复合材料

6.1　吸声纳米复合材料

6.1.1　概述

作为材料领域的新成员,高分子材料带来了材料领域的大变革。当前,高分子材料在日常生活、国防建设等领域发挥着巨大的作用。高分子材料不仅成为生活中不可缺少的物质,也成为发展高新技术所需要的高性能结构材料、功能材料以及满足各种特殊用途的专用材料,是高新技术发展的重要基础。作为充满活力的新领域,在进一步向深度和广度发展的过程中,高分子材料的研究越来越多地深入到其他学科领域,在声、光、电等领域已经受到越来越多的关注。

随着社会和现代工业的发展,人们对生活环境的要求也越来越高,噪声污染问题也已受到人们的极大关注。吸声和降噪逐渐演变成一个关于高科技、环境和人类协调发展的重要问题,迫切需要解决。联合国环境与发展会议在 1992 年通过了里约环境与发展宣言,世界各国就"共同应对环境与发展问题"达成共识,为人类开辟"可持续发展"之路、解决日益严重的噪声污染问题提供了依据。

从医学角度来说,超过 60 dB 的声音就是噪声,会对人体健康有害。首先,噪声会影响人们的睡眠和休息,甚至引起焦虑。其次,噪声会引起注意力不集中,影响工作和生活,降低工作效率,甚至会导致身体受伤,耳膜受损,甚至引起心血管、神经和消化系统疾病。

人口密度越大,工商业越发达,噪声污染就越严重。欧盟已通过立法,要求其成员国记录主要城市、公路、铁路、机场和工业区的定期噪声概况[1]。光谱图将是一种有效的新方法,可以显示噪声污染并有助于解决问题。2007 年发布的《中华人民共和国环境噪声污染防治法》列出了四大噪声源:工业噪声、交通噪声、建筑噪声和生活噪声。

1. 工业噪声和建筑噪声

工业噪声和建筑噪声来自生产和市政建设过程中的机械振动、摩擦、冲击和气流扰动等。在这种噪声中,一般电子工业和轻工业的噪声低于 90 dB,纺织厂的噪声约为 90~106 dB,机械工业的噪声为 80~120 dB,凿岩机和大型球磨机的噪声高达 120 dB,镐和大型鼓风机的噪声高于 130 dB。工业和建筑噪声不仅给生产工人带来伤害,也给附近的居民带来伤害。

2. 交通噪声

国内城市建设起步较晚,但随着现代化进程的推进,交通系统的大规模发展趋势极为迅速,交通噪声已经占城市环境噪声的70%。汽车、火车、飞机等交通工具都是重要的移动噪声源。运输车辆的运行、振动和喇叭声构成交通噪声,如卡车、公共汽车、拖拉机等重型车辆的移动噪声约为89~92 dB。近年来,由于轨道交通系统具有容量大、速度快、安全可靠、不占用道路和地面等优点,成为缓解城市交通拥堵的一种有效手段,但随后发展的城市轻轨、地铁、高架路、磁悬浮、隧道等噪声和振动对周边居民生活和工作造成日益严重的问题。此外,环境噪声问题(如高速公路、铁路和机场产生的噪声)长期以来存在问题较大。

3. 生活噪声

生活噪声是指街道和建筑物等各种生活设施内部人群活动等产生的声音,一般在80 dB以下,对人体没有直接的生理危害,但可以扰乱人们正常的谈话、工作、学习和其他事情,会使人心烦意乱。

现在越来越多的研究集中在吸声降噪材料及技术上。声吸收和降噪主要包括两个方面:一方面是噪声源控制和吸声降噪材料的应用。噪声源的控制主要是使用阻尼材料来降低噪声或降低噪声强度。无源振动和噪声控制是通过各种阻尼材料的特殊物理性质来提高结构对振动能量的耗散能力。另一方面,作为吸声减噪的主要方式,吸声和降噪材料通过声能的消散实现声能的吸收,进而转换成材料内部的其他形式的能量,通常是热能。

6.1.2 声学概念及理论基础

声音是由物体振动产生的,而振动在弹性介质中的传播形式就是声波。通常将振动发声的物体,称为声源。声音的传输必须要有介质,如将声源置于真空环境中,则声波不能传播。因此,声波的产生除了要有振动的物体外,还必须要有传播的介质物体,介质既可以是气体,也可以是固体或液体[2]。产生声波的物体的振动可以转变为附近介质粒子的振动,从而实现声音在介质中的传输。在空气和液体中传播的一般是纵波,而在固体中的传播方式既有纵波也由横波。当声波为纵波,其纵向振动导致介质的压缩和变稀。

声波有两个重要参数:波长和频率。波长是声波在介质中传播一个完整周期的距离。频率是介质粒子每秒时间内振动的周期数。通常来讲,声波在相同的介质中振动频率相同。只有当声波传入另一种介质时,频率才会发生变化。

声音是由物体振动产生的,但并不是物体产生振动后一定会使人感知到声音。人只能感知到一定频率声波,该频率范围称为可听声,频率低于20 Hz的声音称为次声(infrasound),频率高于20 000 Hz的声音称为超声(ultrasound)。对于人耳来说,次声和超声都是感知不到的。

通常用频率来描述声音的高低。描述声音强弱的物理量则有声压、声强、声功率以及各自相应的级。描述声音大小的主观评价量是响度和响度级。噪声由随机分布的多种频率声波混合形成。因此,噪声一般可以解析成具有各自声压级的频带谱图。声速取决于介质的密度和弹性。介质中的密度越大,介质中粒子受到的扰动就越小,声波的传播速度就会变慢。在其他参数相同的情况下,声波在低密度介质中的传播比在高密度中快。而弹性性能一般用弹性模量来表征。在微观级别上,高弹性模量材料比低弹性模量材料的粒子间作用力强。当施加应力时,粒子间的强相互作用会阻碍材料变形,使材料保持原来的形状。因此,声速也会受到弹性性能的影响。固体具有最强的粒子间作用力,然后依次是液体和气体。所以,在固体中声波的传播比在液体中快。

声波也是一种机械波。声波不仅会在相同介质内传输,也会进入不同的介质[3]。声波在两种介质间的行为,称为边界行为。边界行为可以分为四种:

(1) 反射(reflection)。声波在传输过程中遇到其他物体并且物体尺寸比声波波长大得多时就会发生反射。

(2) 衍射(diffraction)。当遇到的物体尺寸较小或仅仅是孔隙时,就会发生衍射,低频噪声更容易发生衍射。

(3) 透射(transmission)。声波从一种介质进入不同的介质称为透射。

(4) 折射(refraction)。折射和反射一起出现并且声波的速度和方向会和原来不同。

两种介质的性质差异决定了折射和反射相对量的大小,差异越小,则反射越少,折射越多。

在传输过程中声波会慢慢减弱。声波衰减的原因主要是:当声波大面积扩散时,随传播距离的增加,波前的面积会不断增加,这会造成单位面积上的声能相应减少;声波在传输过程中被不同的物体吸收。通常用吸声系数(sound absorption coefficient)来表征声波耗散的程度,数值为吸收能量与入射能量的比例[4]。吸声系数与声波频率和入射角有关,波长越长、频率越高的声波更容易穿过物体。根据入射角的不同,吸声系数可分为法向入射吸声系数和无规入射吸声系数。

6.1.3 材料吸声性能的评价与测试方法

吸声系数用于评估材料的吸声性能。声吸收系数是指当声波从物体表面反射时吸收的能量与入射能量之比,用 α 来表示。α 值越大,表示吸收的声波能量越大,材料的吸声性能越好。

$$\alpha = (E_i - E_r)/E_i$$

式中,E_i 为入射的能量;E_r 为反射的能量。

一般采用 125 Hz、250 Hz、500 Hz、1 000 Hz、2 000 Hz 和 4 000 Hz 六个倍频程频率范围的中心频率的平均吸声系数来表示材料的吸声能力[5]。几乎所有材料都可以吸收声波,但只有当材料的平均吸收率(NRC)达到 0.2 时,这种材料才可称为吸声材料。一般来说,NRC<0.2 的材料是反射材料,NRC≥0.2 的材料是吸声材料。常用的吸声系数有法向入射吸声系数 α_0 和无规入射吸声系数 α_T 两种。α_0 一般由驻波管法和传递函数法测定,表示声波法向入射到材料表面的特殊情况,多在研究材料吸声性能时采用。α_T 由混响室法测得,反映声波从各个方向以相同的概率入射到材料表面时的吸声系数,比较接近实际情况。

材料的吸收系数受入射声波频率的影响[6],不同频率材料的吸声性能可用吸声系数的频率特性曲线描述。在 ISO 标准和国家标准中,频率范围、吸声系数在吸声测试报告中的吸收系数为 100~5 000 Hz,该频率范围内的平均吸声系数表示为该材料的平均吸声系数,反映了材料的整体吸声性能。在工程中,声音的算术平均值 250 Hz、500 Hz、1 000 Hz 和 2 000 Hz 频率下的吸声系数,通常用来描述材料的吸声能力。实验室材料吸声系数的确定主要有三种方法,即驻波管法、混响室法和传递函数方法。

1. 驻波管法

测试管一端的扬声器发出单频声波,将声波辐射到管内,声波沿管道传播并在试样末端产生反射波,反射波的强度和相位与试样的声学特性有关。当反射和入射波加在一起时,在管内形成驻波声场,并且沿管的轴向有最大和最小声压的交替分布。可移动的探管传声器用于接收声压信号。根据声压最大值与最小值之比(即驻波比),确定材料的垂直入射吸声系数。国标 GB J88—1985《驻波管法吸声系数与声阻抗率测量规范》规定了测量驻波管吸声系数的试验条件。

2. 传递函数法

声源在管内产生平面波,并在靠近样本的两个位置测量声压,以获得两个传声器信号的声传递函数,从而计算法向入射吸声系数和表面声阻抗或表面声导纳。传递函数法比驻波管法更快更先进。国际标准 ISO 10534-2 和国标 GB/T 18696.2—2002《阻抗管中吸声系数和声阻抗的测量 第 2 部分:传递函数法》,对传递函数法测量吸声系数的测试条件进行了相应的规定。

3. 混响室法

材料的随机入射吸声系数通常在混响室中测量。混响时间的测量以中心频率的 1/3 倍频程序列测定空室的混响时间和放入材料后的混响时间。随机入射声的吸收系数可以通过计算混响时间的衰减曲线来获得。混响室方法测量声波不规则入射时的能量损失比,即当声音从不同方向入射到材料上时能量损失的比例,而驻波管方法和传递函数方法测量声波的吸声系数,并且通常情况下入射角为 90°。这几种方法测得的吸声系数是不同的,在工程中,混响室方法常用于测量吸声系数,因为入射声在实际应用中是随机的。需要指出的是,在本章中除了特殊说明测得的吸声系数是混响室系数 α_T 外,通常是指通过传递函数法测量的法向入射声吸声系数 α_0[7]。

6.1.4 吸声材料

在普通房间时,人们会听到声音是因为除了直接通过空气传播的声源,还有房间墙面、地面以及房间里面存在的其他物体通过多次反射形成的混响声。由于混响声的叠加,声音强度可以增加 10 dB 以上。如果房间内使用了吸声材料,当声波投射到这些物体表面时,大部分的声波被吸收,只有小部分的声波反射回去,总声强也将减小,从而达到吸声降噪的目的。

在粒子速度最快的区域声波的能量损失最大,即能量损失往往会出现在远离材料的区域,所以声波的频率很低时吸收效果不甚理想。弥补这种缺陷要使用很厚的吸声材料或在吸收器后留一个空腔。根据材料的内部结构,不同的材料具有不同的吸声性能。根据材料的内部结构和它们的吸声机理,吸声材料可以分为多孔吸声材料、穿孔吸声材料、颗粒吸声材料等[8]。

6.1.4.1 多孔吸声材料

1. 多孔材料的分类及特点

当声波从空气入射到密实材料表面时,密实材料的阻抗比空气的阻抗大很多,根据波的传播和反射原理,大多数声波会被反射回空气中。因此,吸声材料需要声波传播通道,使声波可以进入材料的内部。多孔吸声材料就是利用其丰富的微小间隙和连续穿透的气泡为声波进入提供通道[3]。当声波入射到多孔材料时,首先声波的振动会引起空气在孔内或空隙内运动,靠近孔壁和纤维表面的空气,由于摩擦力和黏性力的作用,使相当多的声能转化为热能,使声衰减反射较少,从而达到吸声的目的。其次,孔壁内的空气与孔壁之间的热交换引起的热量损失,也会使声音能量衰减。另外,高频声波可以加快在空隙中的空气颗粒振动速度,从而实现空气与孔壁之间的热交换,这使得多孔材料通常在高频下具有良好的吸声性。材料的孔隙率既不能过高也不能过低[2],材料的孔隙率过高会使声波在没有消散的情况下就穿过材料,因此高孔隙率材料不具有高吸声性能。相反,低孔隙率材料不允许声波进入和被吸收,吸声性能也会很差。

多孔吸声材料具有黏性和振动吸声能力。在高频率下,黏性吸收起主导作用,而在低频时,弹性振动有助于吸声。根据材料的柔软程度,可以分为柔性材料和非柔性材料。其中,柔性吸声材料主要通过框架振动内摩擦、空气摩擦和热交换来达到吸声效果。非柔性材料主要通过空气的黏性消耗实现吸声效果。根据所选材料的物理特性和外观,多孔吸声材料主要分为有机纤维材料、无机纤维材料,泡沫多孔材料等[6]。

有机纤维材料包括天然纤维材料和合成纤维材料。早期使用的吸声材料主要是天然植物纤维产品,如棉麻纤维、毛毡、甘蔗纤维板、木纤维板、水泥木纤维板。有机合成纤维材料主要是化学纤维,如腈纶棉、涤纶棉等。这种材料具有良好的中高频吸声性能,但防火、防腐、防潮等性能较差。

无机纤维材料,如玻璃棉、矿渣棉和岩棉等,不仅具有良好的吸声性能,而且具有重量轻、耐腐蚀、不易老化、价格低等特点,已广泛被实际应用[9]。然而,无机纤维吸声材料存在脆性易破碎、受水分影响后吸声性能急剧下降、环境污染、健康危害等问题。

泡沫多孔材料(如聚氨酯泡沫)常被用作吸声材料。根据不同的孔隙形式,可分为开孔和闭孔泡沫多孔材料[10]。具有互连孔隙的开孔泡沫材料可用作吸声材料,如吸声泡沫塑料、吸声泡沫玻璃、吸声陶瓷、吸声泡沫混凝土等。闭孔泡沫材料的孔隙封闭,不相连,因此通常吸声性能差,常被用作隔声保温材料。根据材料的物理和化学性质,泡沫可分为玻璃泡沫、金属泡沫和聚合物泡沫等[11]。

(1)玻璃泡沫吸声材料。泡沫玻璃是一种由玻璃粉末制成的轻质多孔材料。玻璃泡沫具有良好的防水性、质量轻、不燃烧、不腐烂、不易老化、无变形、无异味、易于切割加工、施工方便、不会产生纤维粉尘污染环境等优点。但是,玻璃泡沫板材强度低、不适合留下空腔、容易损坏、低频吸声效果不好、材料加工成本高。

(2)金属泡沫吸声材料。金属泡沫是一种新型多孔金属发泡材料,在其内部形成大量气泡从而在连续金属相分布形成孔结构,使金属泡沫可以将金属特性(如高强度、导热性和耐高温性)与具有分散相孔的特性(如阻尼、隔离、绝缘、吸声等)结合起来。但金属泡沫还存在一些问题,如低频吸声不好、高加工成本和制作过程难以控制。

(3)聚合物泡沫吸声材料。聚合物发泡材料可采用不同树脂和发泡方法制成。泡沫材料富含微孔,可减少入射在声波的反射。同时,材料内的孔会增加界面面积,进入材料的声波会引起气孔中的空气振动,使部分甚至全部的入射声能消耗,达到吸声效果。聚合物泡沫吸声材料具有适用频率大、成本低、体积密度小、防潮、吸声性能稳定等优点。当前,聚氨酯和聚苯乙烯泡沫应用广泛。聚合物多孔吸声材料研究较多,但仍需提高吸声性能和加工成型性。微孔对吸声具有重要影响,但在实际生产中较好控制微孔的大小和数量非常难。为了解决聚氨酯泡沫材料成型难以控制等问题。Mendelsohn 等将聚苯乙烯中空多孔微球分散在聚氨酯中,可以控制复合材料的微孔特性[12],材料具有空隙率高、抗压强度高、声波反射低、对频率变化相对不敏感等特性。为了提高低频吸声性能,通常需要增加材料的厚度或在材料后面留下空腔,这意味着需要增加材料占用的空间。毛东兴等在三聚氰胺泡沫材料表面引入了一层薄膜,将声质量元件串联连接在材料表面上,使第一共振频率移动到低频。结果表明,当薄膜密度合适时,吸声性能向低频拓展。然而,当吸声性能延伸到低频时,高频的吸声性能会受到影响。基于多孔无机吸声材料的特性,李旭祥等制备了发泡聚氯乙烯和无机吸声材料的复合物,同时,改进了发泡聚合物材料的成型过程。研究者们还研究了聚合物非织造布的吸声性能,指出材料的性能取决于样品的厚度和表面特性,而面板和无纺布的结合有利于提高中低频的吸声性能[13]。所有这些工作都极大促进了聚合物多孔吸声材料的发展。

2. 多孔材料吸声机理及研究进展

声能吸收与材料结构之间的关系是声学材料研究人员最为关心的问题之一[14]。当前,已有多种吸声材料吸声行为的数值或经验模型和方法,这主要是基于通过介质的声波的能量耗散行为。垂直入射吸声系数 $a_n(\omega)$ 和垂直入射表面声阻 $Z_0(\omega)$ 可以给出材料的相应信息。这些量可以通过某些标准测试方法来确定,但是为了探索材料的声学特性和吸声机制或进行材料设计,有必要更深入了解材料结构和性能之间的内在关系。研究人员试图从材料流动阻力、孔隙率、弹性常数、孔隙几何形状和其他材料性能参数用于预测垂直入射吸声系数 $a_n(\omega)$ 和垂直入射表面声阻 $Z_0(\omega)$,从而实现设计和控制材料的吸声性能。通常用于吸声的多孔材料可以由多种材料制备,导致多孔吸声材料的研究体系非常复杂。当前,研究人员在该领域做了大量工作,并提出了相应模型,包括理论和经验模型等。

Delany 和 Bazley 提出了基本声学特性,例如特征阻抗和传播常数与频率下的静态流动阻力之间的经验幂指数关系。尽管 Delany-Bazley 方程已经广泛且成功应用于大量吸声器,但是该方程仍经常获得与现实不一致的预测结果,尤其是在低频区域。Delany-Bazley 方程不能用于研究微观结构对吸声的影响。同样,虽然 Morse-Ingard 模型基于物理声学原理,但它不能直接应用于具有特定微观结构的多孔材料[15]。在 Johnson 等基于黏滞力频率依赖性基础上,Allard 和 Champoux 引入了两个参数,一个是孔形,另一个是黏性和散热过程相关两个量的比例,并给出了高空隙硬骨架纤维材料的经验关系 Allard-Champoux 方法,其特征是同时实现对低频率和高频率的准确预测。此外,Zwikker、Kosten 和 Biot 已经获得了均匀管不同但等效的解决方案,从而建立了另一种广泛使用的理论。Attenborough、Allard、Stinson 和 Champoux 引入了孔形因子来描述孔的横截面形状与圆形管之间的差异,并将这些圆形管延伸到更复杂的孔形状。基于 Johnson 先前的工作,Wilson 研究了松弛匹配模型,是研究多孔介质中声音传播的另一种理论方法[5]。Wilson 松弛模型比基于匹配高频和低频的渐近行为的模型更适用于较大范围频率范围。该方法基于形态波概念模型和在复杂密度和压缩中占主导地位的特定模型。下面将分别就各经验和理论模型进行探讨。

(1) 经验模型

研究人员通过线性和非线性回归方程建立了经验模型。回归模型易于实现,但不具有通用性,因此其应用受到限制。Delany-Bazley 模型是这一类中最典型的模型。Delany-Bazley 使用回归分析找到非尺寸参数 $\rho_0(\omega)/2\Pi$,特征阻抗 $Z_c(\omega)$ 和传播函数 $\Gamma(\omega)$。该模型相对简单,只需要一个参数来表征过程,被广泛用于描述声音在多孔材料中的传播。但该经验模型比较适合应用于高孔隙率的材料,较大程度限制了其的进一步应用。

Gleen 等建立了神经元模型,通过容易确定的频率、流动阻力和密度等参数来预测多孔材料的吸声系数和表面阻抗[16]。模型给出的结果也很稳定,是各种分析和数值模型的有效补充。

(2) 理论模型

现有的理论模型通常分为基于唯象和微观结构模型。虽然理论模型具有一定的普遍性,但通常需要获得关于材料结构的详细信息,如微观几何,这很难测量并且需要对特定材料进行大量工作。基于微观结构的模型,详细描述了一般材料孔隙几何形状,如流动阻力、孔隙率和形状因子等参数,并通过第一定律推导出黏性和热效应的运动方程,进行理想化的假设和大量的计算,进而获得材料的垂直入射吸收系数是 $\alpha_n(\omega)$ 和垂直入射表面声阻 $Z_0(\omega)$ 等相关信息。通常在线性声学类比中,微结构模型以复数有效密度 $\rho_e(\omega)$、复数有效本体模量 $\beta_e(\omega)$、特征阻抗 $Z_c(\omega)$ 和传播常数 $\Gamma(\omega)$ 来表示:

$$Z_c(\omega)=\sqrt{\sigma_e(\omega)\beta_c(\omega)}\ ;\Gamma(\omega)=\omega\sqrt{\frac{\rho_e(\omega)}{\beta_e(\omega)}}$$

Rayleigh、Zwikker C、Kosten CW、Attenborough K、Johnson DL、Chmpoux、Stinson、Allard JF 等研究人员在微观结构模型方面做了大量工作。

Zwikker C 和 Kosten CW 首先分别讨论了材料的黏度和热效应。基于孔隙几何形状、流体性质和热导率,获得了断开的圆柱形管状微孔结构的 $\rho_e(\omega)$ 和 $\beta_e(\omega)$ 的分析解。在此基础上,Johnson 引入了特征黏性尺寸(形状因子),通过对曲折率的高频和低频表达式进行匹配,确定了材料的有效密度[4]。ALLARD J 根据孔隙度、弯曲度、流动阻力和孔隙几何形状扩展和修改了模型[17]。ATTENBOROUGH K 和 Horoshenkov 提出了一种含有孔径分布的颗粒材料模型,强调了对孔径分布信息和相关数据的需求[18]。以上工作都是为了改进 Zwikker 和 Kosten 模型,使其更易于使用。为了适用于更复杂的情况,需要进一步调整这些模型的相应参数。这些微观结构模型首先推导出具有一定横截面积(通常为圆形)的孔隙中声音传播的精确解,然后通过形状因子的校正将其扩展到其他复杂的孔隙形状。它们之间的唯一区别是方程的表达形式不同,形状因子的调节效果也不同。微观结构模型为理解材料的吸声机制提供了有用的信息。这种模型对大多数材料的预测在很宽的频率范围内都非常准确,但大多数模型方程都很复杂,这是基于材料微观结构的详细描述,至少需要 3~5 个材料参数待定。因此,模型的参数应该通过超声波或其他测试方法来确定,这通常使得实验非常繁重。与经验模型相比,微观结构模型具有明显的吸引力。可以建立单个模型与材料的基本可测量性质之间的更密切关系,并且可以描述大量材料而不严格限制材料参数的范围。因此,这种模型可以通过选择孔隙率、弯曲度和形状因子来预测吸声材料的性能。

唯象学模型倾向于关注材料中声音传播的物理性质,从模型的众多细节中去除不影响物理性质的信息,通过探索常见事物将其反映到模型中。通常使用频率相关参数(如结构因子和非绝热体积模量)用于修改线性声学的运动和连续性方程。但唯象学模型不能说明相关参数是基于何种几何形状的孔隙进行测量和计算。

由唯象学模型所得到的特征阻抗 $Z_c(\omega)$ 和传播常数 $\Gamma(\omega)$ 表示形式如下[15]:

$$\Gamma(\omega)=\omega\left[\frac{\chi\rho_0}{\beta}-\mathrm{j}\frac{\sigma\Omega}{\omega\beta}\right]^{\frac{1}{2}};Z_c(\omega)=\frac{\beta\Gamma(\omega)}{\omega\Omega}$$

式中,Ω 指孔隙率;β 为依赖于频率的孔隙中空气的本体模量;σ 为静态流动阻力;结构因子 χ 定义为多孔材料表观流体密度和自由空间之间与频率相关的比值。Morse、Ingard 和 Johnson 先后提出了一些相对简单的唯象学模型。Wilson 基于 Johnson 的工作建立了松弛匹配模型,并通过匹配黏性松弛性能和热性能获得了 ρ_e 和 β_e 的关系式[5]。该模型仅仅需要很少的参数并且具有高精度。该模型提供了对材料的吸声机制的直观物理理解,但是使用该模型需要非常精确的本体模量 β 和结构因子 χ。

为了获得纤维状多孔材料吸声性能的数值,SHOSHANI Y 和 YAKUBOV Y 采用了流体动力学方法[19],通过声波在纤维多孔材料中传播理论的基本方程、流体动力学方程、动力学方程和能量方程,得到纤维材料的吸声系数。研究发现,随着材料距离的变化,最佳孔隙率体积分数是材料距离的递增函数。为了改善吸声性能,纤维材料的孔隙率要随着声音传播方向的增加而增加,并在材料中间达到最大值。结果表明,孔隙率的功能变化对多孔材料的设计有重要影响。

BRACCESSI C 和 BRACCIALI A 通过定义一些关系和导入方程来描述多孔材料的声传播行为[20]。声音在空气中传播的速度取决于流体经历的热力学过程。对于多孔材料,热力学过程是等温的,并且在较高频率下,该过程趋于绝热。

6.1.4.2 穿孔型吸声材料及其研究进展

多孔板实际上是许多小管的并联连接,每个小管相当于一个亥姆霍兹共振器。孔板吸声的机理是,当声波进入孔洞时,它们会刺激空腔内的空气振动。如果声波的频率与结构的共振频率相同,则腔内的空气将共振,并且通过摩擦转换成热能丢失,从而引起吸声效果。

多孔板的最大优点是可控性,可根据要求精确设计吸声材料,清洁无污染,耐候性强,可在恶劣条件下使用。缺点是有效吸收频带很窄。在中高频区域,由于频率的增加,声波的波长减小,声波的大部分能量被反射,其吸声性能迅速下降。

穿孔吸声材料因其可控共振而受到重视,但由于吸收频带窄,它们需要多孔材料或空腔来补充其吸收能力。马大献先生在20世纪60年代后期提出了微穿孔板吸声器,这使得我国无纤维微穿孔板和微缝隙板吸声材料领先于世界。微穿孔板的理论基础是圆管中的声阻与管直径的平方成反比。当管道直径足够小时,声阻就可以达到有效吸收的程度,而无须添加额外的多孔材料。马大献先生在1975年提出了等效电路及其结构理论,并在1997年进一步发展了该理论,得到了微孔板吸声器的精确理论。微穿孔板吸声器的精确理论表明,吸声带主要由穿孔孔径决定。孔径越小,带宽越宽,当孔径小于0.2 mm时,可以达到3倍频程的带宽,显示出这种结构在吸收带方面的应用潜力,对于微穿孔板体吸声的研究和应用表现出广阔的前景。微孔板结构,主要有薄膜吸收体、薄膜扩散体、隔声窗、吸声天花板等形式。根据材料的不同,主要有水泥、金属和高分子材料穿孔板和微孔板。

近年来,穿孔吸声机理一直是应用声学的热点。由于板材被认为是硬质材料,在微孔板吸声材料的研究中往往忽略了板材振动的影响。有些研究人员已经发现,板振动将引起额外的低频吸收峰。大量研究对非穿孔板吸声器进行了理论和实验分析,揭示了板与腔之间的共振有助于板吸声器的吸声能力,但板的弯曲强度没有进行考虑。TAKAHASHI D等通过结合板的振动效应,研究了微孔板的吸声理论,但由于不涉及板的弯曲强度和不对称模式,研究中未能解释结构共振产生的吸收峰[21]。在考虑有限弹性板的微穿孔和振动效应的基础上,LEE Y等提出了一种预测穿孔吸声器性能的理论模型[22]。

NAKANISHI S等采用锥形穿孔结构改变厚微孔板的声阻抗,从而获得更好的吸声性能[12]。RANDEBERG R T改变了多孔板的穿孔孔径以进行阻抗匹配,并获得了类似结果[23]。这些研究表明了声阻抗对穿孔板特性的影响。通过适当的组合,微穿孔面板结构可以在很宽的频率范围内获得高吸声。ZHANG Z等分析了双层多孔板的阻抗特性,得出了一个简化的分析模型,在此基础上开发了宽带吸声器[8]。Kimihiro等通过电声等效电路分析研究了双芯片微孔板结构的吸声性能[3]。结果表明,双片微孔板结构的吸声机理包括与传统的中高频共振相似的共振吸收和单层多孔板的共振吸收。LEE F C等使用声学透射分析的方法来评估由多孔材料、多孔板、空气层构成的多层吸声结构的吸声性能,从而补偿了等效电路方法,避免了假设空气层和多孔材料层为硬质墙体所造成的缺陷[24]。

6.1.4.3 颗粒吸声材料

1. 颗粒吸声材料研究进展

由粒状材料制成的吸声材料称为粒状吸声材料。根据结构,颗粒材料可分为颗粒状黏结材料和松散颗粒状材料。颗粒状黏结材料由松散颗粒状材料通过一定的工艺方法,实现颗粒黏合和压制,制备得到。

颗粒状材料吸声机理类似于多孔材料。声波在材料的孔隙中传播,导致孔隙中的空气振动,引起空气和孔壁之间的摩擦。结果产生速度梯度,这导致黏性阻塞并将部分声能消散成热能。同时，由于粘附性的不规则性，每个孔周围分布许多细孔，这有效地增加了孔中的空气黏性阻力以有效地吸收进入的声能。与多孔材料不同，粒状材料具有一定的可控性。通过控制粒度和形状，可以在一定程度上控制制备的材料的孔隙率和曲折度。调整颗粒的物理参数可以使材料在所需的频率范围内具有更好的吸声性能。

  WORDEN A 等指出金属空心微球（MHS）具有优异的吸声能力[25]。与传统玻璃纤维面板相比，MHS 在宽频率范围（0～6 000 Hz）内降低噪声 10 dB，在 0～1 000 Hz 范围内降低 20 dB。最广泛使用的颗粒黏合材料是聚合物颗粒黏合材料。由于聚合物颗粒骨架是聚合物塑料或橡胶颗粒，弹性模量低，内阻尼大，存在松弛效应吸声。在声波作用下，粒状材料发生形变，通过材料的松弛效应将声能转化为热能。刘继轩等通过研究以高分子材料为母材的颗粒状微孔材料吸声特性，证明除了一般多孔材料的空气黏度吸声外，颗粒材料内部还有松弛效应吸声，所以吸声系数高，特别是低频吸声系数较高。Smith 等使用黏合剂将废橡胶颗粒年合并压制成形，研究了废橡胶的物理参数（如粒径和形态）与吸声性能之间的关系。制备的废橡胶黏合颗粒在低频和中频下具有良好的吸声性能，多孔吸声机制与阻尼吸声机制的有机结合有助于提高材料的吸声性能。Katsuhisa 等在压力和热的作用下使用聚合物颗粒形成多孔板，用于吸声和降噪材料[7]。研究人员制备了由镍等薄层合金混合形成的聚甲基丙烯酸酯-二乙烯苯微球，研究了微球的低频吸声和超声衰减行为，也有一些表面改性的聚苯乙烯-二乙烯苯等微球已被用作隔声材料。结果表明，表面金属化增强了反射和散射行为，削弱了聚合物体的黏弹性吸收特性，而由半互穿网络组成的微球降低了材料的共振频率。研究表明，颗粒材料的吸声性能受到黏合的影响，一定程度上的黏结会降低材料的吸声系数。

  由于日趋严重的噪声问题，以及追求更好的环境和更多样化的生活方式，人们对吸声材料的需求日益迫切。研究人员开始研究各种松散颗粒和颗粒物质的声学特性。2004 年 4 月在日本举行的第 18 届国际声学会议上，人们越来越关注颗粒和颗粒材料的声学特性和理论研究。松散颗粒吸收材料的声能耗散机制不仅包括类似于多孔材料的空气黏性能量耗散，还包括声波作用下颗粒摩擦碰撞引起的摩擦能量耗散。由于这两种吸声机制，颗粒材料具有优异的低频吸声性能和广泛有效的吸声功能区。当前，松散颗粒吸声材料的研究主要集中在无机粉末，陶瓷颗粒和金属颗粒上。OKUDAIRA Y 等研究了二氧化硅、青蛙石及其他无机松散粉末的吸声性能，发现其在低频下具有优异的吸声性能，但在高频下具有较差的吸声性能[26]。Krishank 等采用陶瓷空心微球作为航空发动机的吸声降噪材料，取得了良好的效果。Bechwati 等研究了活性炭颗粒的声学特性，指出良好的吸声性能是材料孔隙骨架中热黏性吸收、高比表面积和颗粒振动等复杂效应的共同结果[11]。

  2. 颗粒材料吸声机理及进展

  当前，关于颗粒材料的吸声理论主要分为内流模型和外流模型。

  内部流动模型（基于孔隙的模型）通过假设流体相存在于刚性骨架中的管状孔中来推导出黏性力的表达。与简单且均匀的基于孔的模型相比，最近提出的基于孔的模型改进了其准确性。Allard 模型仍需要有关孔隙率、曲率、流动阻力和孔隙形状的信息。孔隙形状信息由两个特征尺寸描述，这两个特征尺寸需要通过实验测量得出，包括通过 BET 方法或其他实验参数来近似。Voronina 等研究了松散粒子聚集体的物理参数,并推导了其与声学行为的关系。该模型将材料的声学特性与粒径、孔隙率、曲折度和密度等特征联系起来,易于确定。与大多数理论模型不同,表达式不包括各种复杂的未确定函数关系,经验形状因子或多孔结构的复杂特征等,因此具有足够的实用性。但该模型仍然需要有关孔径分布的信息,可以通过水浸或汞注入等实验方法进行测试,特别是当颗粒较小时需要耗费大量时间,其关键问题在于能否通过粒度和堆积特征推断出来颗粒材料的声学特性。

外流模型中,假设流体在组成颗粒周围而不是在假定的孔隙中流动。这与材料的孔隙率(颗粒体积比)、颗粒形状、颗粒尺寸和聚集特性息息相关。稀释悬浮系统中各相之间的阻力是移动流体与每个颗粒之间的力的总和。在浓缩悬浮液和颗粒系统中,颗粒附近的流动将彼此相互作用。Kuwabra 和 Happel 等提出通过 Strout 改进的流体振荡运动的晶格模型可用于描述流体的这种相互作用[27]。在这些模型中,每个晶格由中心粒子核和同心流体壳组成。通过外壳上的边界条件研究颗粒之间的流体动力学。在 Kuwabra 模型中,假设流体速度的涡度为零。在 Happel 模型中,在假设晶格边界处的剪切力为零的条件下,发现晶格模型可以很好地预测球形颗粒浓缩悬浮系统的声学性能。然而,对于高度集中的系统,格子模型的适用性仍然存在一定的问题。

相邻固体颗粒之间的接触将侵入单个颗粒的假想壳。UMNOVA O 通过调整晶格半径,获得合理的直流渗透率、曲率和特征黏性尺寸的叠层颗粒材料[2],但要推断出该类材料的声学参数和声学特性仍有大量工作需要完成。

每类吸声材料都存在各自明显的优势和劣势。多孔材料应用最为广泛,具有易于制备、成本低等优点,但是存在低频性能较差、耐候性不好等缺点。而穿孔板吸声材料具有耐候性好、无污染等优点,但有效吸收频带相对较窄、中高频吸收性能较差。颗粒吸声材料低频性能较好,吸收频带也较宽,但实际应用有所限制。而其他特殊吸声材料,制备工艺通常较为复杂,成本较高,限制了其广泛应用。因此,当前吸声材料发展的问题在于,如何取长补短从而充分发挥这些材料的优势,弥补其缺点,获得具有实用性和高性价比的新型高效吸声复合材料。

6.2 仿生纳米复合材料

6.2.1 概述

经过几亿年的发展,大自然的鬼斧神工发展出了大量从微观尺度到宏观尺度都几近完美的结构和系统。各种生物体独特的结构也是大自然筛选之后的结果,能够适应不断变化的苛刻环境,并随着时间的推移变得更为完善。生物体的独特结构以及传感驱动等特性使它们拥有了非凡的附着力、疏水性、热调节、抗污染、光响应等优异特性。

图 6.1 展示了典型的自然界材料的实例[28]。例如,植物的疏水叶片(如荷叶等)由于其表面具有粗糙层次(微纳米结构叠加)和疏水蜡涂层的存在,被认为是超疏水和自清洁的天然材料[图 6.1(a)]。而为了利用黏性表面捕捉昆虫,图 6.1(b)中平蝴蝶草太阳花食肉植物的腺体能够分泌黏结剂和酶来捕捉并消化小昆虫。"池塘溜冰者"水黾能够在水面上站立和行走而不

被润湿[图 6.1(c)],即使雨滴的大小超过了水黾的大小,也不能使其浸入水中。壁虎的脚掌可以产生超强的附着力,以支撑其自身重量不至于从高空掉落[图 6.1(d)]。鲨鱼皮肤是低阻力表面的自然模型,表面覆盖非常小的牙齿状鳞片,具有纵向排列的凹槽结构(平行于水的局部流动方向)[图 6.1(e)],而这些沟槽状鳞片减少了光滑表面上漩涡的形成,从而导致水在其表面上可以高效流动。鸟类翅膀上有几排连续的覆盖羽毛,这些羽毛可以帮助提高升力。而当鸟降落时,一些羽毛会在翅膀的前缘展开,这有助于减少翅膀上的阻力[图 6.1(f)]。蜘蛛产生蜘蛛丝纤维,并有足够的原料供其丝跨越很远的距离。蜘蛛网是由一维纤维构成的结构[图 6.1(g)],这种纤维具有坚固、连续、不溶于水的特点。蜘蛛网可以容纳大量的水滴,并且可抵抗雨、风和阳光等外界环境。蛾子眼睛对可见光是抗反射的,是由数百个六边形的纳米柱组成,每个纳米柱的直径和高度约为 200 nm,导致其对可见光的反射率非常低[图 6.1(h)],这些纳米结构的光学表面使得蛾子眼睛表面在任何方向上几乎都是抗反射的。

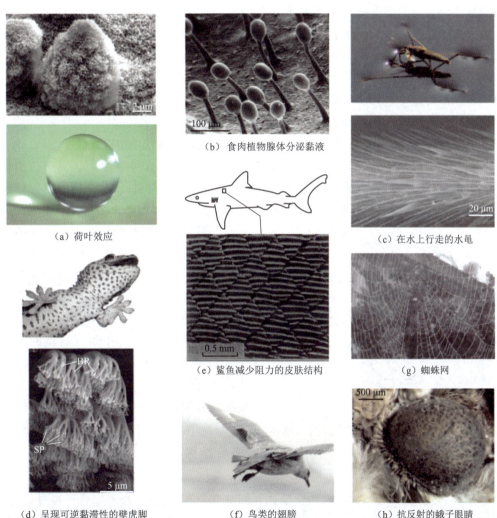

图 6.1 自然界材料的典型实例[28]

生物体材料的优异性能不仅让人称赞大自然的神奇,更引发我们去思考这些优异性能背后的特殊结构,并为我们设计下一代结构材料提供了宝贵的灵感来源[29-31]。随着科技的进步,传统材料的性能已经不能满足各领域对于材料的使用要求,单一的材料(如金属、陶瓷、高分子等)也逐渐达到了它们所能达到的性能极限。为了克服单组分材料在性能上的局限性,科研人员尝试根据所需性能要求的不同,将材料按照一定的比例和空间结构组合成新的材料,即复合材料[32]。

自然界的生物体都是由天然高分子和无机材料组成的复合材料,通过不同的组装方式实现和拥有了不同的性能特征,使得它们能够更好适应外界环境[33-35]。随着研究人员对生物体材料日益深入的研究,依赖分子技术和纳米技术已经成功制备了具有独特功能性的仿生复合材料。仿生材料的研发初期,科研人员往往只是依样画葫芦的简单模仿材料的结构,从而希望得到与生物材料类似性能和特性的新型材料体系。然而,仿生材料的开发和设计不仅需要观察和描述生物材料的微结构,还要求科研工作者能够通过研究生物材料的结构,并从这些信息中提取新概念和想法[36,37]。因此,从生物体不同尺度来全面认识生物体系的工作原理和结构特性,是促进仿生材料进一步发展的重要因素。此外,虽然人工合成的仿生材料与生物材料所依赖的物理化学原理雷同,但是生物体在合成这些材料时往往经历一系列复杂的过程和反应,科研人员在制备这些仿生材料时往往会遇到重重阻碍,这也对仿生材料的生产和加工提出了更高的要求。从根本上讲,当前仿生材料领域仍面临如下两个基本挑战:(1)设计方法,将自然材料中的设计构思转化为更广泛的材料组合;(2)创造方法,制作仿生结构材料。

良好的研究方法能够使材料方面的研究更加系统化和具有科学性[38]。对于仿生材料研究,如图 6.2 所示,研究方法和研究内容主要包括:(1)仿生材料研究,从阐明生物材料的结构—功能关系出发,选择具有合适功能的生物体为研究目标,去解决工程材料中遇到的问题;(2)从中提取这种结构—功能关系的物理和化学原理,并将其转化为材料科学和工程中的有用概念;(3)基于这些物理和化学原理开发仿生材料的合成和制备方法。观察生物系统中的结构—功能关系并从中提取物理原理的案例早就存在,其中最为典型的例子是 Galileo 对骨骼形状的研究[38]。根据观察,较小动物的骨骼比重型动物的骨骼更为细长,根据这种现象可以得出结论,材料的机械强度是最大载荷除以材料的横截面,而该结论也成了应用于机械和土木工程的重要原理。

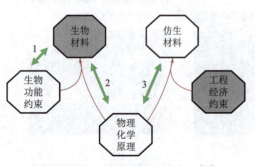

图 6.2 仿生材料研究悖论[38]

6.2.2 仿竹子复合材料

竹子作为生活中常见的植物,在全球各大洲都有分布,且数量众多。竹子自身的"坚韧不拔"被人们所熟知,而它这种高强高韧的力学特性离不开其独特的结构。竹子的结构是一个由底部向上逐渐递减的圆锥形空心结构,每隔几厘米到几十厘米有一个竹节,通过竹节的横隔壁形成一个纵横关联的整体结构。因为这种中空细长的独特结构,竹子表现出了高强度和稳定性。

竹子作为一种典型的纤维增强复合材料,其增强体在竹子整体中的分布是不均匀的,其主要表现为表层致密,中层变得逐渐疏散,而其内层则变成了另一种细密结构[39]。科研人员对竹子的结构、纤维体积分数和力学性质等参数进行了细致研究,发现竹竿的纤维体积分数沿着径向方向由外而内逐渐减小。此外,各项力学指标(杨氏模量、拉伸强度和弯曲强度)均表明竹子表层都具有最高值,然后沿着径向方向逐渐降低。科研人员对其进一步的研究发现竹子表层部分高强高韧的特性主要源于竹纤维结构的优越性。竹纤维的结构包含多层厚薄相似的层,每一层中又有微纤维以不同升角分布。这种升角逐渐变化的结构使竹子能够承受几何和物理的突变,使其相邻层的结合得以大大改善[40]。同时,外层厚度的增加使竹子的正向刚度有所下降,但其切线方向上的刚度则会大幅度提升。1895年Boux阐述了功能适应性原理,指出一定的生态环境中生存的生物,必然具有对其所在环境最大的适应能力,而这种功能一定与生物体本身的内部结构和组成息息相关[41]。竹子的空心结构、竹纤维层层排列以及微纤维升角逐渐变化的结构正是功能环境适应性所决定的。这种高度发展和进化的结构为人们设计复合材料的结构具有极大的促进作用。

对竹子的仿生设计早期主要集中在宏观尺度,而宏观尺度下的仿生往往并不能获得令人满意的效果。为了进一步模仿竹子的优异力学性能,研究人员从微观尺度入手对竹子进行了更进一步的模仿。其中,LI S H等对竹子双螺旋结构进行了深入研究[42]。如图6.3所示[42],在竹子中空、多层螺旋结构的启发下,研究人员设计了四种不同类型的长纤维,而所用的材料体系为玻璃纤维增强环氧树脂,并在制造过程控制每种样品的总纤维数和纤维体积分数保持一致。通过对四种长纤维抗压屈服强度、压缩强度、弯曲强度、拉伸强度和拉伸模量的测试,研究人员发现由于具备独特的双螺旋结构,其纤维与纤维间紧密连接,有效地防止了纤维扭断,因此中空双螺旋圆柱的样品的稳定性优于其他三个样品,并且该实验也充分说明了双螺旋结构对纤维力学增强的重要作用,证实了竹子内部结构设计的科学合理性。

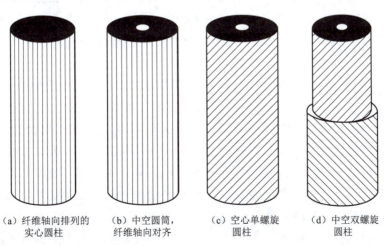

(a)纤维轴向排列的实心圆柱　(b)中空圆筒,纤维轴向对齐　(c)空心单螺旋圆柱　(d)中空双螺旋圆柱

图6.3　四种不同类型纤维增强环氧树脂的结构示意图[42]

6.2.3 仿蜘蛛丝复合材料

蜘蛛丝作为自然界中最为坚韧的纯天然纤维材料之一,其性能优于绝大多数的人造材料。蜘蛛丝拥有超高的比强度(约为钢铁的5倍)、高弹性(约为卡芙拉纤维的10倍)和高韧性(断裂能为所有纤维中最高的),是人类现阶段已知的力学性能最为优越的纤维材料之一[41]。此外,蜘蛛丝的主要成分是蛋白质,其主要成分是丙氨酸、甘氨酸和丝氨酸,因此具有良好的生物相容性和可降解性[43]。通常情况下,蜘蛛丝蛋白会以高浓度溶液的形式储存在蜘蛛体内,当需要形成丝的时候,蛋白分子间的氨基酸单元就会发生化学交联,从而为蜘蛛丝提供弹性和强度。除了超高强度,天然蜘蛛丝还具有超低密度、超高韧性及优异的生物相容性等优点,因此受到了人们的广泛关注和研究。虽然蜘蛛丝被广泛应用于建筑、航空航天、生物医学、军事等领域,然而,蜘蛛属于食肉动物,不同个体之间会互相残杀,想要通过大规模养殖来满足人们对蜘蛛丝的需求难度非常大。因此,为获得像蜘蛛丝一样优异的纤维材料,研究人员投入了大量精力用于研究和制备仿蜘蛛丝材料。

研究人员通过研究蜘蛛丝的结构和形成机理,成功研制出仿蜘蛛丝材料。20世纪90年代,随着基因技术的发展,美国科学家首先破译了蜘蛛丝蛋白的基因序列。在此基础上研究人员采用基因表达的方法构建了与天然蜘蛛丝相似的蛋白原料,并对这些蛋白进行成型加工,成功制备了低密度、高强、高韧的纤维材料,称之为"生物钢"[44,45]。从微观结构角度考虑,天然蜘蛛丝具有相分离结构:刚性的结晶区和弹性的非结晶区[46]。刚性的结晶区赋予了蜘蛛丝足够的强度,而其非结晶区则使蜘蛛丝具有高弹性。在外力作用下,弹性的高分子链段首先发生形变,随着力的增大刚性区域也在外力方向上发生了取向。

通过模仿蜘蛛丝的多层次结构,ZHAO X等将制备好的聚丙烯酸钠水凝胶纤维表面涂覆聚丙烯酸甲酯薄层,形成核壳防水的纤维材料[47]。如图6.4所示,没有涂覆聚丙烯酸甲酯的聚丙烯酸钠水凝胶网络很容易遇水遭到破坏[图6.4(a)],而涂覆了聚丙烯酸甲酯的聚丙烯酸钠水凝胶网络则具有良好的耐水性能[图6.4(b)]。此外,由于凝胶纤维中晶畴和非晶畴的共存和可逆转变,使得其具有高拉伸强度和大应变的快速回弹性能。该复合凝胶纤维材料可作为一种具有导电水凝胶芯和绝缘层的高拉伸导线,为构建高强度可拉伸导线提出了新思路。

天然蜘蛛丝不仅具有优异的力学性能,另一项特性同样引起了科研人员的广泛兴趣——收集空气中的水分。蜘蛛丝是自然界中收集空气水分性能良好的材料之一,正如我们平时经常看到的,清晨很多水珠在蜘蛛网上闪闪发光。蜘蛛丝这种收集水分的特性源于它独特的"纺锤体—连接线"结构,这种结构使蜘蛛丝具有了非常优异的集水特性。而蜘蛛丝的这种集水特性在多雾和干燥的地区具有非常大的应用前景。为此,科研人员模仿蜘蛛丝的这一结构特点成功制备了具有集水能力的人造蜘蛛丝。例如,BAI H等设计了一种具有"纺锤体—连接线"结构的新型纤维材料,这种纤维材料主要基于尼龙和聚甲基丙烯酸甲酯(PMMA)[48]。将均匀的尼龙纤维首先浸入到聚甲基丙烯酸甲酯的N,N-二甲基甲酰胺溶液中,纤维通过浸涂机水平拉出之后,在纤维表面上形成圆柱形的PMMA膜,并且由于瑞利泰勒不稳定性而自发形成聚合物液滴。待溶剂挥发后,在尼龙纤维上成功制备出了具有周期性纺锤体结构的复合纤维材料。该"纺锤体—连接线"结构的复合纤维材料具有可调节的周期性结构,且纺锤体的性质与材料的集水性能密切相关。此外,所用的溶液黏度、溶液表面张力和纤维拔出速度是获得具有不同尺寸和周期的"纺锤体—连接线"复合纤维结构的关键参数(图 6.5)[48]。此外,集水试验结果表明,纺锤体大的纤维比纺锤体小的纤维集水性能更为优异。

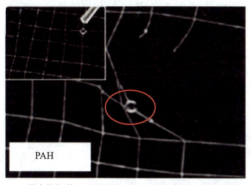
(a)遇水损坏的聚丙烯酸钠纤维(PAH)网络的光学照片

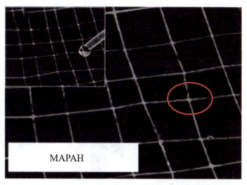
(b)和抗水性能良好的聚丙烯酸钠-聚甲基丙烯酸甲酯核壳纤维(MAPAH)网络的光学照片

图 6.4　纤维的耐水性测试[47]

注:红色圆圈表示残留在亲水性 PAH 纤维上的水滴,而疏水性 MAPAH 纤维上没有水滴

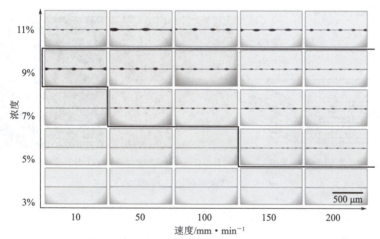

图 6.5　将尼龙纤维从 PMMA 的 N,N-二甲基甲酰胺溶液中拔出,并在不同条件下制备的复合纤维的光学照片(抽出速度为 10 mm/min、50 mm/min、100 mm/min、150 mm/min 和 200 mm/min,PMMA 溶液质量分数为 3%、5%、7%、9%和 11%)[48]

6.2.4　仿贝壳珍珠层复合材料

大多数坚硬的生物材料是将无机矿物融入软基质中,主要是为了达到结构支撑或甲壳保护所需的刚度[49,50]。这些材料通常具有在多个长度尺度上相对复杂的结构(多层次结构),并表现出有序排列结构。这种多层次、多尺度的结构几乎在所有生物体中都有发现,它们形成了各种各样的材料,包括骨骼、肌腱(基于胶原蛋白)、皮肤等。

如图6.6所示,贝壳珍珠层是生物体将软物质转变成坚韧材料的重要例子,可作为设计装甲的理想模型[图6.6(a)][51]。而组成贝壳珍珠层壳体的材料结构和力学性能是人们特别感兴趣的,如图6.6(b)所示,贝壳由内到外分别为珍珠层、棱柱层和角质层。其中,贝壳珍珠层表现出叠层结构,其主要是由碳酸钙和有机质组成[图6.6(c)~图6.6(e)]。组成珍珠层的碳酸钙主要以文石片的晶体结构(斜方晶)形式存在,占总珍珠层含量的近95%。在天然有机质的诱导下,文石片演变形成了叠层结构,正是因为这种结构使贝壳珍珠层表现出无与伦比的强度和韧性。通过与单相文石片材料进行比较,研究人员发现其韧性足足提升了3 000多倍。而随着科研人员对贝壳珍珠层结构及其涉及的生物矿化过程研究的不断深入,仿贝壳珍珠层的功能复合材料引起了人们广泛的兴趣。

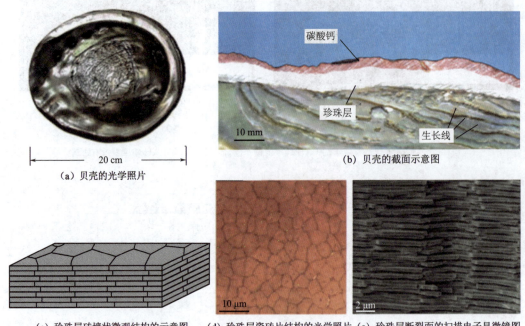

图6.6 珍珠层的多尺度结构[51]

6.2.4.1 仿贝壳珍珠层复合材料的增韧机制

为了解释贝壳珍珠层高强高韧的机理,研究人员提出了不同的结构模型对其进行解释[52-54]。主要包括:

1. "砖泥"叠层机制

贝壳珍珠层中碳酸钙以文石片的结构与有机质构建了一种"砖泥"结构。这是一种材料复合的增韧机制,其主要是通过将文石片与片之间相互连接从而达到复合增韧的效果。在整个珍珠层中,文石片的平均厚度大约在几百纳米,并通过有机质将文石片之间连接起来。这种复合结构使贝壳在受到外界破坏时具有非常好的抗冲击效果。

2. 裂纹偏转机制

裂纹偏转指的是当材料受到外部冲击时,对于叠层复合材料而言,当层片发生断裂时,其材料内部单层片的断裂不会影响到其他层间，裂纹随着层片间发生偏转，从而吸收部分由于外界冲击而产生的能量。裂纹偏转机制是一种常见的增韧机制，例如，对于贝壳而言，当其受到外部冲击时，外层文石片会因为受到冲击而发生断裂，裂纹会沿着片层的垂直方向进行扩展。当裂纹扩展至有机质层时，由于相邻的文石片之间没有直接相连，而是通过有机质连接一起的，而有机质的强度相对较弱，所以裂纹在到达下个文石片处时就不会再继续扩展，而是在文石片与有机质连接的界面处发生偏转，大大地提升了裂纹进一步扩展的阻力。这种偏转机制不仅能够阻碍裂纹的进一步扩展，使断裂裂纹发生延缓，而且能够吸收部分由于冲击而产生的能量，提高贝壳在断裂时所需的断裂功，使贝壳具有较高的韧性。

3. 纤维拔出机制

纤维拔出机制指的是通过纤维增韧的复合材料在受到外界的作用力的冲击下产生裂纹。由于其内部含有纤维，当裂纹拓展到纤维时，纤维会因为外部的冲击力而从基体中被拔出，而这个过程需要克服基体与纤维之间的阻力做功，会吸收大量的能量，因此达到材料增韧的效果。

4. 有机质的黏弹性作用

纤维拔出机制和裂纹偏转机制能够阻碍裂纹的进一步发展，耗散能量。而在这两种机制作用的同时，珍珠层内部还会存在有机质的黏弹性作用。这三种作用相辅相成，在珍珠层在外界作用下发生断裂时，首先会将文石片从有机质中拔出，在文石片断裂之后，此时有机质因为相对较韧，并不会立即随着文石片发生断裂，而是会先发生塑性变形，随着形变的继续加大最终发生断裂。有机质具有很好的韧性，能够与文石片形成很强的结合，正是因为这种强而韧的结合，使贝壳具有无与伦比的强度和韧性。

5. 有机质的桥接与纳米凸起结构

有机质的桥接是贝壳珍珠层又一个可能的增韧机理，在贝壳珍珠层的叠层结构中，文石片本身不仅是简单通过与有机质形成一层一层的"砖泥"结构，在这种层状结构中还存在很多次微级的增韧结构，有机质的桥接就是其中非常重要的一种。这些桥接结构位于文石片之间，起到连接相邻文石片的作用，并贯穿于整个有机质中。研究人员发现，珍珠层中的桥接结构是由文石的晶须构成，长度约为 5~100 nm，随机分布在文石片层间，其面积总量约占文石片的 1/6。可见矿物桥在贝壳珍珠层的结构中占有很大比例，从而对珍珠层的韧性产生很大的影响。当裂纹在文石片层和有机质的界面处发生裂纹偏转时，有机质能够较好地阻碍裂纹扩展，但是受本身材料性质的限制，增韧效果是有限的。由于文石片层间大量矿物桥的存在，使得片层之间产生了很强的连接，文石片层之间的连接更加紧密。此外，因为裂纹扩展需要克服矿物桥的断裂阻力做功，而大量桥联结构的存在使得材料层间结合力提高，裂纹扩展所需要吸收更多的能量，因此提高了材料的断裂韧性。

6. 文石片的微波起伏结构与片层间的"自锁"结构

研究人员发现文石片之间并不是通过规则的直线排布，在片层与片层之间有微波起伏的结构。这种层状结构是生物体通过自组装而形成的，所以这种层与层之间微波起伏的结构完美与本体相结合。当材料受到来自横向方向作用力时，这种结构能够很好抑制材料在横向方向上发生滑移,阻碍材料的横向运动,从而达到增韧的效果。文石片中的"自锁"结构与微波起伏结构相类似,都能阻碍文石片与文石片之间发生相对滑移。这种"自锁"结构通过上下文石片层间相互错开来形成互锁,从而对材料实现增韧效果。

7. "缺陷不敏感"的增韧机制

"缺陷不敏感理论"是针对纳米级材料所提出的一种结构力学理论。该理论认为,当材料内部结构的尺寸达到纳米级时,无论材料内部所存在的缺陷有多大或者外部施加给材料的载荷有多大,当其达到了材料自身的强度极限时,材料不会再沿着原先裂纹扩展的方向继续破坏,而是会在材料整体中发生新的破坏。该理论后来也由 Kumar 等通过纳米薄片的拉伸实验得到证实,并给出了更进一步的结论,他们认为纳米级材料在受到外力作用时,应力分布是均匀的。当外部载荷较大时,纳米材料会发生整体的破坏失效,而不是裂纹的进一步扩展。根据 Kumar 的实验结果,研究者们又提出了一种新的"拉伸剪切链式"增韧理论。针对贝壳珍珠层结构,在其受到拉伸作用力时,首先会造成有机基质进行剪切变形,此时文石片层间会出现裂纹、开始延展并释放出部分断裂能,但是这对于纳米尺度的整体叠层结构来说,对局部裂纹缺陷并不敏感。在这之后文石片层会发生断裂,因为其裂纹尖端所储存的应变能要始终小于新形成的裂纹面所需的能量,因此即使载荷继续加大,材料也不会发生沿着原裂纹扩展的方向断裂,整体的结构不受影响,其力学表现仍能够较大程度地维持。

6.2.4.2 仿贝壳珍珠层复合材料的研究现状

在贝壳珍珠层独特结构的启发下,Kotov 等利用自下而上层层自组装的方法成功制备了由有机高分子(聚乙烯醇)和无机层状材料(蒙脱土)复合的仿贝壳珍珠层复合材料,并表现出与贝壳一样优异的坚韧性(图 6.7)[50]。该复合材料中因为蒙脱土片晶的结构,从而最大程度实现了聚合物与蒙脱土之间的界面相互作用,并限制了聚合物分子链的运动,因此实现了载荷在聚合物和蒙脱土之间的高效转移。

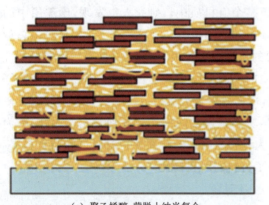

(a) 聚乙烯醇-蒙脱土纳米复合材料的内部结构示意图

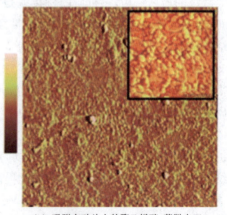

(b) 吸附在硅片上的聚乙烯醇-蒙脱土双层膜的原子力显微镜照片

图 6.7 高强高韧聚乙烯醇-蒙脱土纳米复合材料[50]

注:图(b)的插图是主图像的放大图,更清楚显示单个蒙脱土颗粒。

MUNCH E 等将分层设计的自然概念应用到陶瓷-聚合物(三氧化二铝-聚甲基丙烯酸甲酯)复合材料中[55]。他们首先使用定向冷冻浇筑来促进具有规定尺寸的层状冰的形成,由于具有冰晶作为模板,形成了多孔陶瓷支架结构,随后用聚合物在第二相渗透的层状陶瓷支架中形成复合材料体系。除了制作层状结构外,他们还制作具有很高陶瓷含量的类珍珠层的"砖泥"结构,将支架按垂直于板层的方向压实,使其塌陷,然后进行第二步烧结,以促进"砖"之间的致密化和陶瓷桥的形成。利用这些技术,他们成功制备了具有复杂多层次结构的复合材料。而为了进一步复制珍珠层的微观结构,他们将平均片层厚度降低到 5 μm(仍比天然材料厚 10 倍),并将蔗糖用作陶瓷泥浆的添加剂。蔗糖会改变溶剂的黏度,从而形成具有与珍珠层相似的特征性微观粗糙度和密度的冰晶模板。片层粗糙度的控制提供了一种机械手段来操纵无机/有机层界面的附着力,可以在 PMMA 渗透之前,在分子水平上通过使用原位自由基聚合在陶瓷表面化学接枝一个甲基丙烯酸酯基团来进一步得到提升。甲基丙烯酸酯基团的存在促进了两相之间形成更强的共价键。之后用聚合物渗透这些多孔支架后,研究人员制备了一系列三氧化二铝-聚甲基丙烯酸甲酯复合材料,其层次结构跨越多尺度,表现出与珍珠层相似的独特结构和力学特性。

6.2.5 仿动植物表面超疏水复合材料

1997 年,BHUSHAN B 等观察发现许多植物叶片表面上存在着不同形状的微结构(绒毛、表皮褶皱和蜡状晶体等),协同疏水的表皮蜡质共同导致其表面的疏水性能[56],而且能够伴随雨水冲刷带走污染颗粒,构成自动清洁表面,被人们称为"荷叶效应"。基于对 200 种防水植物的调查研究,他们给出了疏水植物表面的微形态特征。疏水植物的叶片表面具有独特、显著的凸面或乳突状表皮细胞,而且覆盖有非常致密的蜡质层。而那些只能在有限时间内疏水的叶片只有微凸起的表皮细胞,通常缺乏密集的蜡质层。所有的超疏水和自清洁的叶子都包含一个内在的多层次结构,该多层次结构为气穴的形成提供条件,导致水滴的接触面积最低,接触角滞后,倾斜角和附着力减小。植物表皮细胞形态及分布,表皮毛被、表皮蜡、表皮粉的化学性质及单元体的形态、分布规律,将直接影响着叶表面的疏水、防黏效果。一般具有规则表皮细胞且具有表皮蜡、表皮粉的植物表面疏水性强,反之则弱。具有表皮毛的植物表面情况更复杂,毛被的分布、质地、表面被蜡的状况都将直接影响疏水效果。那些具有致密的蜡毛植物表面疏水性强,而不具有蜡的表面疏水性则弱。

许多植物都具有超疏水的特性,但在黏附性方面却迥然不同。例如,荷叶表面、水稻叶表面等植物表面具有防黏附、自清洁的性能,水滴能够轻易从其表面滚落下来,并带走其表面污染物;而另外一类植物,例如,花生叶表面、玫瑰花瓣表面等具有对水滴的强黏附性,甚至将其翻转,水滴也不会从其表面滴落。2008 年郝金明通过观察了玫瑰花的花瓣表面,发现其微观形貌是由直径约 20 μm,高约 10 μm 的阵列状凸起结构组成[57]。在这些凸起状结构的表面,分布着 300~400 nm 的沟槽结构。研究人员通过测试玫瑰花表面的接触角,发现水滴在新鲜玫瑰花花瓣的静态接触角高达152.4°,花瓣具有超疏水性能。而这种超疏水性正是由玫瑰花瓣表面微米级的凸起和纳米级的沟槽结构共同作用所引起的。进一步研究发现,水滴会黏附在玫瑰花花瓣表面,即使将玫瑰花花瓣翻转90°甚至180°,滴加1~10 μL的水滴均不会从表面滚落,显示出非常高的黏滞性。之后,王明超等利用环境扫描电镜分别观察了新鲜和枯萎的玫瑰花花瓣正反两面的微观形貌,并通过测量样品的表观接触角表征了其对水的浸润性。之后又通过高敏感性微电力学天平测试了样品表面的黏附力,分析了玫瑰花花瓣微观结构与水滴黏附性质的关系。结果表明,微米结构主要影响玫瑰花花瓣的超疏水性,而纳米结构则是导致玫瑰花花瓣具有高黏附力的关键因素。

此外,许多昆虫体表(如蛾和蝴蝶翅膀表面、蝉翅膀表面、蜻蜓翅膀表面、蚊子体表、水黾腿表面)以及其他动物(如鸟类羽毛表面、鲨鱼皮表面、壁虎脚等),都具有微纳米结合的多层次微观结构,正是这种多层次结构与疏水蜡质成分的协同作用,使得其表面具有疏水性和自清洁性。

1996年,WAGNER T等观察了97种昆虫翅膀表面,并研究了其翅膀上的微观结构对水的润湿性的影响以及在受污染时相应的关系规律[58]。他们发现具有非润湿性能的昆虫翅膀在受到雨或雾影响时,具有非常显著的自清洁性。润湿性与"SM指数"相关,其值在2.42~57.0之间;而且自清洁性也与"SM指数"相关。这就意味着具有高"SM指数"值的昆虫,即较大翅膀的昆虫(如蜉蝣目、蜻蛉目、草蛉亚目、鳞翅目等),均有非常显著的非润湿性能,并表现出显著的去除污染物的性能,即翅膀本身的自清洁性。

2004年,WATSON G S等研究了蝉翅膀表面规则的六棱柱状排列的阵列结构[59]。他们发现这些阵列结构排列间距在200~1 000 nm之间,此结构具有150~350 nm的圆形顶端。当这些六棱柱间距处于低阈值范围时,其翅膀能够具有防反射(自然隐身技术)和自清洁性能。而当间距若处于高阈值范围时,其翅膀可提供更强的机械力用来克服飞行阻力和提高飞行效率。2006年,王晓俊等发现蝉翼表面由规则排列的纳米柱状结构组成,并认为这些规则排列的纳米级突起使其表面稳定吸附了一层空气膜,使其具有超疏水的特性[57]。他们发现蝉翼的厚度大约在8~10 μm,而且蝉翼的上下表面都是由规则排列的纳米柱状结构组成。这些纳米柱的直径约80 nm,高度约200 nm,纳米柱与纳米柱之间的间距约180 nm。正是这些规则排列的纳米级粗糙突起结构使得蝉翼表面吸附了一层稳定的空气膜,避免在飞行过程中其翅膀表面黏附雨、露、尘埃等阻碍受力平衡和飞行稳定的物质。2009年,SUN M L等通过研究15种蝉翼表面的润湿性,发现不同蝉翼表面具有的不同润湿性是由表面纳米结构导致的[60]。蝉翅膀表面呈现亲水或弱疏水特性,接触角变化范围为76.8°~146.0°,突起的纳米结构在形态上分为四种类型,直径为82~148 nm,间距为44~117 nm,高度为159~446 nm。实验结果表明,蝉翅表面的化学成分存在显著差异,而纳米结构的微小差异能够引起润湿性能的巨大变化。

水黾是一种非常神奇的昆虫,它能够优雅地站在水上"跳舞",而不会沉入水中,这与它独特的腿部结构有关。2004 年,GAO X 等报道了关于水黾腿防水的机制[61]。他们通过扫描电子显微镜观察,揭示了水黾腿部具有独特的多级结构,由许多带有细微纳米槽的针状微米级刚毛组成。刚毛直径在 3 μm 到几百微米不等,大多数刚毛的长度为 50 μm,它们与腿的表面以倾斜 20°的方向排列。在每个微米级的刚毛上存在着很多复杂的纳米级沟槽,从而形成了独特的分级结构。这种微米级刚毛上的纳米槽结构与腿上的蜡质联合协同作用,形成了超疏水效果。

对一些超疏水植物叶片表面的研究表明,构建具有层次结构或单一结构的表面形貌对于仿生超疏水表面具有重要意义[62]。自 Wenzel 和 CASSIE A B D 开创性地报道了表面粗糙度对浸润性的影响以来[63],超亲水和超疏水材料从理论到实践都取得了前所未有的发展,制备技术方法也日趋成熟。为了实现不同基质的超疏水性,当前制备超疏水材料表面的主要方法有:微机械加工法、模板法、自组装法、相分离法、静电纺丝法、溶胶凝胶法、阳极氧化法、电化学腐蚀法、化学刻蚀法、激光或等离子刻蚀法、物理或化学沉积法、电化学沉积法、气相沉积法等。

SUN T 等近年来通过对荷叶、水稻叶、蝉翼以及水黾腿的深入研究,发现这些特殊形态的微纳米尺度多层次结构对于生物表面的超疏水性能起到了举足轻重的作用[64]。他们通过对这些生物表面进行仿生,并控制合适的表面形态,成功制得了具有超疏水自清洁表面、滚动各向异性表面和兼具高黏附性和超疏水表面的材料。通过扫描电子显微镜图显示,所制备的聚合物膜表面[图 6.8(a)]与蝉翅膀表面[图 6.8(b)]具有类似的微结构。此外,他们还提出二元协同纳米界面材料,不同于传统的单一体相材料,这类材料的宏观表面建造了二元协同纳米界面结构。

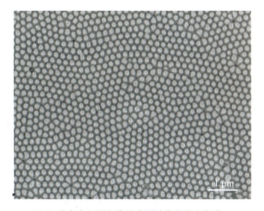
(a)具有良好图案化纳米柱结构的聚合物膜

(b)蝉的超疏水翅膀上的纳米结构,插图为蝉

图 6.8　仿蝉翅膀的疏水表面[64]

2008 年,XI J 等通过模仿玫瑰花表面的微结构造出具有超疏水特性的聚二甲基硅氧烷表面,其具有微纳米多级结构,与水的接触角可以达到 150°以上[65]。这种复制品表面具有与玫瑰花瓣相同的微结构和高黏附性,其表面与水的接触角高达 154.3°。此外,这种材料的表面还具有非常强的黏附力,可以吸附水滴,其最大的黏附力可以达到 63.8 μN。

因此，所制备的独特表面可以用于制造化学工程材料、微流体装置和少量腐蚀性液体运输装置。

2012年，YAO J等通过仿造天然水稻叶表面的微纳米结构，采用二次转换的方法制备了仿生水稻叶表面[66]。该材料表面能精确复制天然水稻叶表面的微纳米结构，表现出良好的静态超疏水性，并体现了非常明显的各向异性滚动特性，平行叶脉方向和垂直叶脉方向的滚动角分别为25°和40°。

2008年，SAISON T等通过仿造蝴蝶翅膀表面，制备出了类似的图案化表面[67]。该材料以聚二甲基硅氧烷为模具，热印出溶胶—凝胶硅薄膜，其具有超疏水的稳定结构，接触角能够高达160°。这种仿生表面被证明在200~500 ℃之间经退火处理，能够从超疏水转变为超亲水表面。

2009年，LEE Y等模仿蝉的翅膀结构和超疏水性，采用氩气和氧气离子束装置成功在聚四氟乙烯薄膜上制备了人造昆虫翅膀结构[68]。该材料使用碳纤维-环氧树脂作为人造的可弯曲翅脉，用来支撑翅膀结构。所制备的材料表面微观结构与蝉翅膀表面非常类似，表面接触角大于160°，并能够持续两个多月而不发生明显变化。

6.2.6　仿北极熊皮毛的保温隔热材料

许多生活在极度寒冷环境中的动物表现出惊人的保暖和生存能力。北极熊提供了一个有趣的例子，它使用被中空毛发覆盖的厚厚的脂肪毛，有效地反射身体的红外线发射，因此，如果使用红外相机对北极熊进行拍摄，我们将不能找到北极熊的影子。而若使用紫外相机对其进行拍摄，我们能看到他比周围的环境颜色要深很多，这说明北极熊的皮毛是具有吸收紫外光的能力。

模仿北极熊皮毛的特殊结构，将促进智能纺织品进行更有效的个人热管理。据估计，智能纺织品约占家庭暖化能源消耗的47%。用于个人热管理的理想纺织品应该是隔热的，这可以有效地减少体热损失和能量释放以使身体温暖。

Bai等研发了一种高效保温的纤维，该纤维模仿了北极熊皮毛独特的纤维结构[69]。图6.9(a)~图6.9(c)展示了北极熊及其毛发的微观结构，北极熊的毛表现出中空结构，中空芯包含大的多孔体积以实现有效隔热，而外壳提供足够的机械支撑。为了仿生这种结构，研究人员使用丝素蛋白作为纺丝原料，采用"冷冻纺丝"的技术制备了具有取向孔结构的纤维材料。该"冷冻纺丝"方法是结合了"定向冷冻"和"溶液纺丝"的典型"冷冻—纺丝"方法[图6.9(d)]，是将预先已经制备好的黏性纺丝液以恒定速度从注射器中挤出，并通过泵控制牵引速度以形成稳定的液体线。当液体线缓慢地通过冷铜环时，因为低温会迅速产生冰晶，这些冰晶在纤维的内部定向生长形成层状排列。当挤出速度等于冷冻速度时，在冷源上方就会形成稳定的固液界面。为了适应连续和大规模制造，将冷冻好的纤维引向滚筒，使用马达进行收集[图6.9(e)]。最后，将收集的冷冻纤维冷冻干燥以保留其多孔微结构，并将收集获得的纤维编织成布，标明该仿生纤维材料在保温隔热服装中的重要应用潜力[图6.9(f)~图6.9(g)]。

（a）北极熊的照片

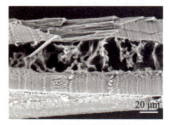
（b）北极熊毛的空心核和壳的扫描电子显微镜图(一)

（c）北极熊毛的空心核和壳的扫描电子显微镜图(二)

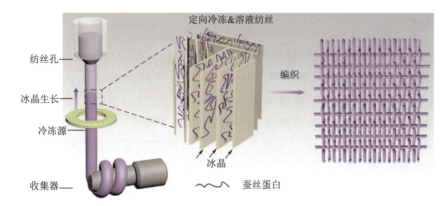
（d）"冷冻纺丝"技术示意图，将"定向冷冻"与"溶液纺丝"结合实现具有多孔结构仿生纤维的连续制造

（e）收集在辊上的多孔纤维的光学照片

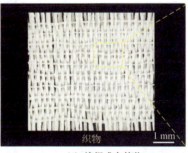
（f）编织成布的仿生多孔纤维的光学照片

（g）编织成布的仿生多孔纤维的扫描电子显微镜图

图 6.9 仿北极熊毛发的仿生纤维材料[69]

6.2.7 仿生复合材料的研究展望

仿生材料作为一个古老而又充满青春活力的领域，现在人们对其的兴趣也越来越大，所涉及的领域也越来越多，包括生物医用、建筑建造、电子通信等领域都有仿生材料的身影。其中一个原因是生物和材料科学之间的互动日益增加，人们发现了大自然所创造材料的先进性和优越性。除此之外，当前的材料已经无法满足某些特殊需要，对更高性能材料的探索和追求驱使人们去学习自然，探索自然界材料的独特性。实际上，生物启发并不仅仅来自对自然结构的观察，而是需要对生物材料中的结构—功能关系进行彻底地研究。大自然已经发展了许多策略，以相对便宜的基础原料创造了具有出色功能特性的材料，通常是通过分层

结构、自适应增长等特殊方式实现的，而不是简单进行共混复合。仿生材料研究创造了许多方式来设计新策略，通过分层组装创制多功能材料，巧妙使用界面和开发活性材料。跨学科的交流将进一步地促进仿生材料的发展，许多新的发现往往需要具有不同知识背景的研究人员共同努力。仿生材料的未来发展必将向着更加多元化、多领域和多学科交融的方向发展。

6.3 生物功能纳米复合材料

6.3.1 概述

随着材料科技的蓬勃发展，从健康到工业领域都受到不断出现的新产品的影响。特别是过去几十年里，多种先进材料的出现让日常生活更为便利，并使人类的平均寿命大大延长。材料科技的不断改进持续为生物医学领域提供了新的支持，如新一代药物组合、医疗诊断、治疗设施和植入物等。因此，该领域需要继续开发高新技术，研发出具有优异性能、占据空间小、更轻、更便宜且更适合于新功能的材料，尤其增加在医学和生物医学领域中的应用。在新材料的探索过程中，结合多个功能的构建新型功能材料已经走到了最前沿，特别是有机-无机复合材料，作为一种同时结合有机和无机材料各自优势的复合体系而备受关注[70]。

在复合材料制备过程中，为了降低成本或改善基体性能，通常首选聚合物材料与无机材料具有较强界面相互作用的体系。复合材料是具有高结晶度的配位聚合物、具有无定形溶胶-凝胶组分的配位聚合物以及具有有机-无机组分的物质复合所形成的新型材料[71]。通过无机和有机物种之间的相互作用，可以将复合材料分为两类。在第一类复合材料中，组分之间表现为诸如范德华力、氢键或静电力之类的弱相互作用。在第二类复合材料中，组分之间已存在较强的化学相互作用，由化学相互作用的逐渐变化引起的这些特征揭示了复合材料的基本性能。例如，三烷氧基硅烷基团可以充当二氧化硅气凝胶三维网络修饰化合物，在该复合结构中，有机结构由聚酰亚胺链提供，而无机结构由三维网络结构的二氧化硅纳米球构成，两种结构通过共价键彼此连接，提出了构建具有高热稳定性和三维网络结构的新型复合材料类型的新思路[72]。

如果复合材料无机和有机组分之间没有较强的化学相互作用，则需要考虑构建新型结构。在这种条件下，在有机聚合期间从有机聚合物网络分离的无机组分，或者由于有机聚合物链中的弱的二级相互作用和官能团聚在一起，都可以构建新型的复合材料体系。如果有机和无机网络结构彼此之间没有强的化学相互作用，则可构建互穿聚合物网络。如果溶胶-凝胶材料在这种情况下具有三维网状结构，则是由有机聚合物或无机结构组成的。结果表明，两种材料都为第一类复合材料。图 6.10 中的聚乙烯吡咯烷酮-二氧化硅（PVP-SiO_2）复合材料就是一个典型的例子。第二类复合材料则由有机聚合物和无机结构共价结合形成[73]。

生物医学应用中，生物降解性或天然聚合物材料（如聚乙烯醇、聚己内酰胺、聚氨酯、聚壳聚糖、聚乙二醇等)是首选的有机结构。当有机结构成分从无机结构中生成时,这些具有极性官能团的有机结构与无机结构之间通常会形成强的二次相互作用。黏土、碳同素异形体、$CaCO_3$、TiO_2、SiO_2、ZnO、Al_2O_3 等均可作为无机结构。聚合物纳米复合材料具有结构多功能性和多用途等特点,广泛应用于生物医用植入物、药物传递系统、传感器、骨和组织支架等领域。对于具有高机械强度的种植体或医用假体的构建,需要具备自身抗感染和自我修复的能力,以及材料的一些独特性能。类似地,对于智能药物传递系统或支架的合成,及时将其位置留给自然组织,需要一种复合材料结构。因此,聚合物纳米复合材料的设计是实现这些领域有效性能的必然选择。本节将详细介绍聚合物纳米复合材料的结构及其生物医学应用。

(a) PVP-SiO_2 复合材料的分子结构

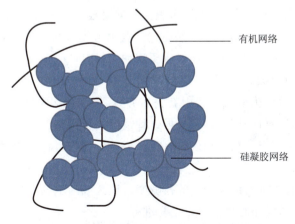

(b) 具有互穿 SiO_2 和有机凝胶网络结构的复合材料结构示意图

图 6.10 有机-无机复合凝胶材料结构示意图

6.3.2 组织工程应用

组织工程是近30年来研究人员重点关注的生物医学领域之一。组织工程的主要目标是在实验室条件下,如果组织或器官发生损伤或丢失,则创建新的器官或组织。例如,与人体生物相容的支架,可以使用各种干细胞或原发细胞进行整合而不造成任何损伤,这些干细胞或原发细胞可以有效修复受损区域,而生物信号分子可以刺激细胞行为。通过这些研究,希望能够提供生物系统中模拟组织的最佳方法,将这些成分结合或分开使用。在细胞的自然环境中,细胞被一种三维支撑材料所包围,这种材料也被称为细胞外基质(ECM)。ECM是一种存在于每个组织和器官中的蛋白质分子等构成,是由细胞根据需要来设计和生产的。ECM是由蛋白质和多糖等的三维组织胶原蛋白、透明质酸、蛋白聚糖、葡糖氨基葡聚糖和弹性蛋白组成,支持细胞生理活动和信息互通,提供了各种各样的生物化学和生物物理信号[74,75]。每个组织中的ECM结构基本相似,但组成ECM的分子比例和类型在不同的组织中有所不同。此外,根据组织功能,特定于任何组织的分子都包含在ECM结构中。因此,组织工程中使用的组织支架是为了模仿ECM而设计的,通常由金属、陶瓷、天然或合成聚合物或几种材料的组合而成。由于其天然结构类似于复合结构,因此在模拟ECM的制备中采用复合方法是非常重要的。从这个意义上说,聚合物纳米复合材料在组织工程应用领域已崭露头角。

6.3.2.1 支架

由损伤、疾病或自然方式引起的组织缺损是多年来人们试图解决却未完全解决的问题。多年来,研究人员一直在开发各种治疗方法来克服该问题,这一趋势仍然没有结束。这些疗法最重要的基础之一就是支架材料的构建。支架是天然的、合成的或半合成的材料,不会破坏系统中的自然生理行为,就好像它们是应用区域的天然组成部分,提供机械力和结构,还支持细胞增殖。大量的支架研究被应用于骨折、多种原因引起的骨质疏松症、糖尿病等疾病的未愈合伤口、软骨缺损、骨诱导、结缔组织形成、组织重塑等。

(1)根据当前组织工程研究的结果,组织支架需要根据应用区域同时承载多种功能。在选择组织植入物时,最重要的参数是所制备的支架必须具备完全的生物相容性和无毒副作用两个条件。因此,不健康的组织不能对将要添加的材料产生免疫反应[76]。

(2)另一个重要的参数是,根据支架的应用范围,要求支架的生物降解性能是可调的。由于在关闭受损组织后细胞增殖过程中有物质介入,支架必须降解。由于身体各个部位的恢复时间不一样,材料的可降解性必须根据这种情况进行调整[77]。

(3)新制作的支架应牢固贴于靶区,保证组织再生。因此,将提供材料中靶细胞的迁移、增殖和分化[78]。

(4)支架必须具有三维网络和适当的孔隙度。该区域细胞的物质生长和氧气、营养物质的运输以及细胞产生的代谢废物都可以正常进行[79]。

(5)该材料的力学性能必须与宿主组织非常相似。在患者正常活动期间,应提供所需的弹性、抗拉和抗压强度[80]。

(6) 最后，支架材料必须满足临床使用的要求，应该易于制造和商业化生产，具有较长的储存寿命，易于消毒，并具有抗感染能力[81]。同时提供上述所有性能并达到所需水平的材料是很难生产的。因此，纯聚合物、纤维蛋白或生物活性玻璃（BGs）等材料只能满足其中一些要求。在此基础上，利用各材料的独特性能，提出复合结构并制备性能较好的复合材料。例如，像 BGs 这样的无机结构促进细胞的高水平生长和增殖，但由于其结构脆弱，不能为身体的弹性提供必要的条件。聚合物结构等有机基团具有弹性和生物相容性，但不能充分促进细胞的三维增殖。当这些类型的材料复合后，复合材料将具有这两种基团的性质，支架将以一种新的优越特性完全满足人体需要[82]。

6.3.2.2 骨支架

骨是一种动态结构，具有良好的愈合和重塑功能。骨组织支架是最容易模仿 ECM 的，是最受欢迎的支架类型。在结构上，羟基磷灰石（HAP）纳米晶无机分子存在于生物大分子纳米纤维有机基体中。因此，制备的支架材料作为天然结构的骨复合组织的复合材料更受青睐。下面是近年来关于骨支架的混合聚合物复合材料的研究。

CHEN J 等采用溶胶凝胶法制备了不同比例的聚二甲基硅氧烷-BG-聚己内酯（PDMS-BG-PCL）复合支架材料[83]。该研究采用 PDMS-BG 作为 PCL 的增强剂，观察到其生物矿化活性、力学性能和成骨细胞相容性均有所提高。由于骨样磷灰石矿物相 BG 与活组织接触时具有化学性连接，对细胞增殖有显著的促进作用[84]。然而，由于脆性和缺乏机械强度，它没有提供足够的灵活性的身体条件。此外，聚合物结构具有生物相容性，但不能与体液充分相互作用。因此，近年来这两种主要结构作为混合材料的应用越来越受到人们的青睐。该研究中，将 BG 溶胶、PGL 溶液与 PDMS 混合，进行反应。PDMS 中的 Si—O—Si 基团与 BG 溶胶产生强烈的相互作用，烷基侧链与 PCL 复合。从而得到无裂纹的复合图像。然后对掺加不同比例（0%、30%、40%、50%、60%）的 PDMS-BG 的材料进行力学性能测试，发现当 PDMS-BG 比例增加时，拉伸强度从 26 MPa 降低到 8 MPa。此外，在含 30% PDMS-BG 复合材料中，杨氏模量最高为 329 MPa。在此基础上，PDMS-BG 的脆性结构转变为 PCL 刚性结构。研究小组还对骨组织中使用的生物材料进行了特别重要的生物矿化试验。本实验将制备的聚合物纳米复合材料在模拟体液中孵育 7 d，观察到单独的 PCL 并不能提供矿化作用，当 PDMS-BG 比值增加时，针状磷灰石层也增加。该研究的最新研究是体外成骨细胞相容性试验，在材料上分别培养 MC3T3-E1 成骨细胞 1 d、3 d、5 d，并分析增殖值。观察到，随着 PDMS-BG 比值的增加，细胞活力增加，60% PDMS-BG 的样品在培养 3 d 内相对强度为 20。因此，由于机械力的作用以及与骨组织的相容性，所制备的材料可能被用作支架[83]。

Johnt 等采用溶胶凝胶法制备锶（Sr）掺杂的有机-无机三维复合多孔骨支架[85]。用三乙氧基乙烯基硅烷和 2-HEMA 单体制成的支架中掺杂了钙、锶和磷酸盐离子（图 6.11）。采用傅里叶变换红外光谱（FTIR）、扫描电镜（SEM）、X 射线、划痕试验、力学试验等方法对材料进行表征，并采用生物矿化研究方法对复合材料性能进行了研究。生物矿化是将材料在生物液体中孵育并改变材料形态时，形成类似磷灰石的自然结构。这种新结构使骨组织在材料中更容易增殖。材料表面被合成羟基磷灰石覆盖,发生矿化。然而,这种情况并没有关闭宏观孔隙,因此细胞之间的网络通信没有被阻断。材料表面的矿化、孔隙度和粗糙度对骨组织的增殖和生长具有重要作用。在研究过程中产生的孔径约为150~350 μm,这意味着细胞生长的适宜环境已经发生。采用磺胺嘧啶B对非宿主细胞进行细胞活力测定,结果表明,该材料的细胞活力可达96%。表明该研究工作中制备的复合材料可作为一种潜在的骨支架材料。

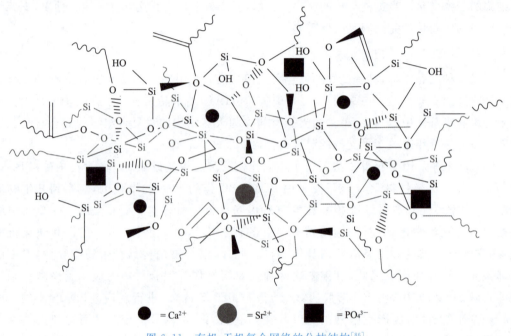

图 6.11 有机-无机复合网络的分枝结构[86]

胶原(Col)是天然骨中ECM的主要成分,在骨再生中起着至关重要的作用。然而,单靠这些支架的力学性能是不够的。更重要的是,多孔结构在潮湿状态下并不稳定。为了有效地解决这些问题,需要由生物源材料和合成材料组成的混合结构来实现骨合成的生物活性和机械强度。在LONG T等的研究中,采用浸浆技术制备了Col纤维和生物玻璃基三维大孔骨支架[86],并对其力学性能和生物学性能进行了评价。Col纤维组成的支架和生物玻璃之间孔隙大小约40~200 μm。由Col纤维和生物玻璃组成的复合支架与纯Col制成的支架相比,吸水率从889%显著降低到52%。这显著地预防了Col的肿胀,增强了支架的稳定性。合成的支架抗压强度为5 861.6 MPa,弹性模量为0.356 001 GPa,与小梁骨相似。体外细胞实验表明,该支架对人骨髓基质细胞的增殖和扩散具有良好的生物相容性。因此,LONG T等认为由生物玻璃和Col纤维组成的支架具有很大的骨组织工程应用潜力。

聚乳酸(PLA)具有良好的机械强度和体内生物相容性,在生物医学工程领域得到了广泛的研究。然而,其固有的脆弱性、缓慢的溶解性和极端的亲水性极大地阻碍了它的成功实现。SHI H等利用生物可降解交联弹性体聚甘油癸二酸酯(polyglycerol sebacate)对PLA

支架进行骨组织工程修饰[87]，制备了一种三维大孔板基支架。采用氯化钠颗粒浸出法制备了大孔、三维、高互联的板状支架材料。聚甘油癸二酸酯预聚体是通过预成型二元共混物或将均匀的 PGS 表面涂覆在 PLA 基支架上制备的。结果表明，聚乳酸/PGS 支架在 130 ℃固化后具有良好的开孔结构。采用二元共混法和表面涂覆法向聚乳酸中添加 PGS，可以提高聚乳酸的亲水性、降解性、韧性和延展性。氧等离子体预处理的表面涂层效果最佳，当 PGS 的质量分数从 10% 提高到 30% 时，PLA/PGS 支架的断裂应变分别从 8%（纯 PLA）提高到 13% 和 24%。进一步研究表明，亲水性和表面粗糙度是氧基等离子体处理效果良好的主要参数。此外，这些混合的 PLA/PGS 支架对骨间充质干细胞具有良好的矿化、高的细胞生物相容性、增强的细胞黏附和成骨分化。将氧基等离子体预处理作为 PGS 表面涂层的有效策略，以调节 PLA 的性能，而 PLA/ PGS 复合支架是一项激动人心的应用于骨组织再生的候选材料。

静电纺丝法是一种简单、有效制备微、纳米纤维基体的方法。作为组织工程支架，电纺纤维矩阵有很多优势，如比表面积高、具备大规模生产能力、和天然 ECM 结构相似，实际上电纺聚合物矩阵组成的各种生物材料已经应用于组织工程仿生支架开发。特别是氧化石墨烯（GO），最近被认为是一种新的骨骼肌再生生物材料，因为它可以促进成肌细胞的生长和分化。SHIN Y C 等制备了诱导成肌细胞分化的骨骼肌再生混合纤维基质[88]。采用静电纺丝法制备了聚乳酸-乙醇酸（PLGA）与氧化石墨烯（GO-PLGA-Col）共混纤维基质。结果表明，具有随机定向连续纤维和三维多孔结构的 GO-PLGA-Col 混合矩阵均匀分布于 GO-PLGA-Col 矩阵中。此外，通过加入少量的 Col 和 GO，产物的亲水性显著提高。在 GO-PLGA-Col 复合基质上，C2C12 骨骼肌成肌细胞的黏附和增殖能力增强。此外，GO-PLGA-Col 基质诱导了 C2C12 骨成肌细胞的成肌分化。最后，基于研究结果，研究人员认为，这种新型 GO-PLGA-Col 混合纤维基质能够诱导自发肌生成，具有良好的生物活性和生物相容性，可以作为潜在的仿生支架用于骨组织工程和再生。

由于三维支架材料的制备涉及其微观和纳米特性，近年来已经产生了一些需要进行力学和生物学表征的材料。TERZAKI K 等研究了三种不同化学成分的骨组织再生材料[89]。一种由甲基丙烯氧基丙基三甲氧基硅烷和丙氧锆组成的混合材料，一种混合有机-无机合成了上述含 50% 的 2-二甲氨基甲基丙烯酸乙酯（DMAEMA）的无机材料和一种基于聚（DMAEMA）的纯有机材料，并对其力学性能和对成骨前细胞的生物学反应进行了表征。采用三维支架技术和直接飞秒激光写入（DLW）技术，制作了复杂结构。结果表明，这三种材料均可用于组织工程，更具体地说，50% 的 DMAEMA 复合材料在制备具有 DLW 和较强生物响应的三维结构方面表现出最佳的力学性能。

YANG Y L 等设计了一种新型的由 PLGA 和纳米化珍珠粉组成的高分子复合材料支架，也就是一种天然的生物陶瓷复合材料[90]，并对该支架的生物活性和物理性能进行了评价。天然珍珠是由碳酸钙晶体在文石结构与有机基质组成的复合材料。纳米珍珠粉是一种具有良好的骨诱导和生物相容性的材料。该研究以纳米珍珠粉/PLGA 生物复合支架材料制备的生物复合材料作为 MC3T3-E1 细胞的种子细胞。此外，用扫描电镜和生物化学方法对种子组织进行了表征。最后,研究表明纳米珍珠粉在骨细胞分化中的效率与蛋白质有很大差异。该研究组未来的研究将集中于新一代 3D 骨替代支架。

DORATI R 等的另一项研究的目的是开发多相复合三维支架,研究新型复合支架的体外降解性能、细胞播种量和细胞增殖[91]。针对多相复合材料支架,通过溶剂浇铸和颗粒浸出技术,采用羟基磷灰石对 PLGA 聚合物支架的力学性能进行了研究。Chi 由于其生物活性、骨传导性和生物黏附性对支架结构有贡献。体外降解结果表明,复合支架材料的降解速率与其组成和结构特征相似。将成纤维细胞被植入复合支架的表面。然后,对复合支架上的细胞存活率和长期增殖进行评估。结果表明,附着在支架表面的活细胞迁移到多孔支架中。这些结果表明,PLGA/HAP 和 PLGA/Chi 复合材料两相支架是一种有前景的骨组织工程支架。进一步的研究重点是在一种特殊类型的支架中设计和制造一种由 PLGA、HAP 和 Chi 组成的改进的三相复合结构。

溶胶凝胶法合成的聚己内酯(PCL)/TiO_2 或聚己内酯(PCL)/ZrO_2 粒子的生物活性已经为人所知。为了使新的二维硬组织工程复合基质,通过使用嵌入的可能性 PCL/TiO_2 或 PCL/ZrO_2 混合填料 PCL 矩阵,形态控制支架组成的钢筋与 PCL/TiO_2 或 PCL/ZrO_2 混合填料合成研究。RUSSO T 等通过小冲孔试验和力学、生物试验,得到了材料的杨氏模量[92]。研究中测试了原型支架的性能,以了解混合填充剂在三维多孔结构中的作用。混合填料的加入增加了约 90 MPa 的压缩模量,也增加了细胞的活力和增殖。

Chi、羟基磷灰石(HAP)和磁铁矿(Fe_3O_4)已被广泛研究用于骨治疗。HEIDARI F 等的研究中,制备了纯 Chi、Chi/HAP、Chi/HAP/磁铁矿、Chi/磁铁矿[93]。通过对材料的抗弯强度、弹性模量、抗压强度和硬度值的测定,评价了材料的力学性能。利用扫描电镜和图像分析仪对弯曲断口形貌进行了表征。在研究中,他们还检测了人类间充质干细胞对不同复合材料的生物学反应。研究团队发现,虽然所有这些复合材料在体外均表现出生物相容性,但在 Chi 基体中添加羟基磷灰石和磁铁矿显著提高了纯 Chi 的力学性能。

6.3.2.3 仿生支架

模拟 ECM 制作支架,以保证组织的顺应性,平衡机体条件下的机械强度和细胞增殖,是具有重要研究价值和意义的。仿生结构在构建支架方面的研究包括从微纳米结构的角度对骨的结构进行了精确的模拟,并提出了相应的方法和经验。JIANG H 等制备了基于 Chi/纤维素/纳米羟基磷灰石(Chi/CMC/HAP)的仿生各向异性螺旋圆柱支架膜,并在骨组织再生中进行了实验[94]。本研究采用含质量分数 60% 羟基磷灰石的样品制备支架材料。天然骨的微观结构如图 6.12 所示。为了模拟该系统,制备了具有 300 μm 厚度的 Chi/CMC/HAP 复合膜,并且为了增加骨细胞的整合,在表面上制备直径为 300 μm 的微孔,这些孔之间的距离设为 1 mm。然后,通过紧密包裹的多孔性形成了膜的螺旋-圆柱结构。在应用于体内成骨研究的兔模型中,通过在相同大小的螺旋-圆柱膜的动物的左半径为 10 mm 和深度为 3 mm 处制造凹形缺损,放置在该区域,12 周后,在质量分数 60% 的 HAP 的材料中,测定了该材料的体内生物降解性约为 16%,抗压强度为 4.9 MPa。这相当于松质骨的强度。体内成骨实验发现,12 周后骨组织中该物质具有高度的互补性。

(a) 天然骨的微观结构

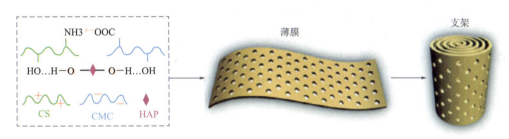

(b) 基于复合Chi/CMC/HAP膜的仿生螺旋-圆柱形支架的制造过程

图 6.12 天然骨的微观结构及仿生骨的制备示意图

为了治疗骨损伤,研究者们制备了具有注射性、促进细胞生长、降解性慢等特点的水凝胶[95]。利用再生丝素蛋白(RSF)和一种黏土型纳米板(LAP),设计了一种用于骨组织的混合水凝胶支架。该研究的主要目的是利用生物相容性、生物降解性和天然纤维蛋白材料制备复合材料复合支架,以减轻 RSF 的骨损伤性能,提高 LAP 在骨组织中的成骨诱导性能。由于 RSF 不包含在骨诱导中起重要作用的整合素和生长因子,不单独起支架作用。此时,LAP 分子通过增加 RSF 分子之间的疏水相互作用,在不需要额外生长因子的情况下,实现自身离子(如 Mg^{2+})的释放,从而增加骨整合[96]。该研究将两种分子在超声波浴中均匀混合,形成 RSF 和 LAP 结构,并对溶胶-凝胶的形成进行了定性观察。制备的复合材料经透射电镜(TEM)、原子力显微镜(AFM)、场发射 SEM(FESEM)表征后,LAP 在结构中有序分散,但在某些地方仍有聚集趋势。为了检测成骨细胞的生存能力和增殖能力,将细胞置于不同的 RSF/LAP 水凝胶中培养 7 d。与 RSF/LAP 样品相比,RSF 凝胶中细胞的 3D 复制更少。在 SEM 图像中,与纯 RSF 相比,混合凝胶具有更大的增殖能力。从这些数据可以看出,LAP 分子增加了细胞的黏附和增殖。因此,RSF/LAP 水凝胶有可能用于治疗不规则骨损伤。

NEVES N 等用海藻酸盐和富含 Sr 的陶瓷微球设计了可注射支架[97]。在支架中使用锶的原因是,在治疗骨质疏松症和骨质疏松症中,锶具有骨重塑的重要功能[98]。对制备的支架进行了力学强度试验和注射性能试验,发现在这些试验之间,可注射试样的最佳强度为

35%微球体系。微球间的缝隙为 220 μm。37 ℃时,Sr 胶凝时间为 7 min,Ca 胶凝时间为 25 min。该研究在建立具有合适孔隙率和生物相容性的数据支架的基础上,制备了用于骨组织再生和细胞迁移的数据支架。

近年来,刺激反应性纳米复合材料水凝胶作为一种特殊的可注射支架材料在骨和软骨修复中得到了广泛的应用,引起了人们对组织工程的广泛关注。在 MOREIRA C D F 等的研究中,他们试图合成并表征新型热敏基壳聚糖基复合材料[99]。这些复合材料还用 Col 进行了化学改性,并用 BG 纳米颗粒增强,以改善可注射纳米复合材料在再生医学中的应用。采用扫描电镜(SEM)、红外光谱(FTIR)、3-(4,5-二甲基噻唑-2-酰基)、2,5-二苯基四唑溴化铵(MTT)、活细胞分析等手段对合成的复合材料水凝胶的结构、形态、流变学和生物学性能进行了表征。复合材料在 37 ℃左右的胶凝温度下表现出热敏反应,这与人体的体温是合适的。此外,通过 SEM 分析,还发现了气凝胶的三维多孔结构。体系中 Col 增加了平均孔径。此外,还进行了流变学测量,以获得水凝胶黏弹性随温度变化的信息。结果表明,在凝胶化后,Col 和 BG 的加入提高了材料的力学性能。添加质量分数为 2%的 BG 纳米颗粒,使纯气相微球的刚度值增加约 39%。此外,质量分数为 30%的 Col 的加入也使刚度提高了 95%。MTT 和活细胞分析实验结果表明,复合材料对人骨肉瘤细胞培养和人胚胎肾细胞株没有毒性作用。因此,作者认为,这种新型复合材料有望成功应用于骨组织生物应用领域,有望成为下一代热响应生物材料。

6.3.2.4 愈合材料

创面敷料是组织工程应用的主要领域之一。它们被用于烧伤,难以愈合的伤口。由于含有生长因子或细胞以及微/纳米结构,它们对于组织再生是必不可少的。SHAHVERDI S 等采用静电纺丝法制备了 PLGA/SF(丝素蛋白)基复合支架,并研究了该复合支架作为创面敷料的效果[100]。通过对合成的 PLGA 和 PLGA-SF 材料进行表征,考察了材料的力学性能。结果表明,纯 SF 具有刚性结构,而 PLGA 的加入使材料更加柔韧,拉伸伸长率显著提高。在另一项试验中,亲水特性对细胞对材料的黏附很重要,通过液体接触角试验测定了亲水特性。据报道,当 PLGA/SF 的比例为 2∶1 时,PLGA 的接触角从 110°下降到 88°。采用 L-929 成纤维细胞进行体外细胞培养和增殖试验,MTT 法检测混合材料的细胞增殖率明显高于对照组和纯 PLGA。

2017 年,研究人员用银金属原位电纺丝法制备了聚氯酯/玉米纤维蛋白为基础的伤口敷料支架[101]。众所周知银金属具有良好的抗菌特性,被广泛应用于生物材料。为此,制备了银-聚氨酯-玉米醇溶蛋白(AgNP)支架,并用 FTIR、FESEM、TGA 和 XRD 对其进行了表征。此外,还对 g^+ 金黄色葡萄球菌和 g^- 大肠杆菌进行了抗菌性能测试。纯 PU 和 PU-zein 样品没有抗菌性能,而掺银样品的抑菌区明显。然后,对样品在成纤维细胞上的生物相容性进行了分析,发现其促进了成纤维细胞的增殖。结合之前工作,提出所生产的材料可以作为伤口敷料支架。

6.3.3 药物输送

近年来,受控给药系统在医药领域得到了广泛的研究。与传统制剂相比,控制给药系统具有控释率、减少毒副作用、药物疗效等巨大优势。理想的药物载体系统必须是化学惰性的、机械稳定的、生物相容性强的,同时也要满足药物装载简单、易于制造、经济环保和患者舒适感好等特点[102]。当前的研究主要集中在 pH 和温度敏感的智能药物传递矩阵的制备上。由于 pH 和对温度敏感的基质,药物的递送量可以根据靶向位点的不同而增加或减少。为此,热响应生物聚合物如(Chi 和藻酸盐)得到了广泛的应用。由于生物聚合物具有化学结构多样性、立体功能丰富、生物特性好、无毒、绿色的化学制品等特点,常被研究人员用作药物传递基质[103]。生物相容性和可生物降解的合成聚合物也被用作药物载体基质。

近年来,为了提高药物在天然和合成聚合物中的负载效率,一种新型高分子复合材料与无机多孔材料的复合材料正在研制中。由于有机-无机复合材料具有生物相容性、仿生性和 pH 敏感性等特点,近年来在受控给药系统中得到了广泛的关注[104]。在研究中,由于复合聚合物复合材料的优点,证明它们作为药物载体基质比纯聚合物和复合材料更有效。在天然和合成聚合物复合材料的研究中,制备了阿霉素(DOX)、布芬、多巴胺(DOP)、对阿司他莫、吲哚美辛和 BSA 药物的载体体系。

6.3.3.1 天然高分子复合材料的药物传递

天然高分子作为药物传递体系在制备聚合物复合材料中得到了广泛的应用。选择天然聚合物的最根本的目的是消除药物传递系统中的生物相容性问题。DOX 是一种亲水性药物,广泛用于治疗乳腺癌、肺癌、卵巢癌和其他癌症。该药物毒性高,可对癌细胞及非靶组织(如心脏、肝脏、肾脏、胃和血细胞)谱系造成严重副作用。为了控制药物的释放,设计了新的包封方法和载体基质。在文献中,用于药物转运的复合聚合物复合材料是由天然或合成聚合物掺杂在各种无机材料(主要是 $CaCO_3$)中制备的。如图 6.13 所示,为了控制 DOX 药物的转运,WANG J 等制备了 $CaCO_3$/羧甲基壳聚糖(CMC)微纳米混合结构微球[105]。CMC 是一种水溶性较好的羧甲基壳聚糖的生物相容性和生物降解性衍生物,是一种理想的药物传递基质高分子材料。随着复合聚合物复合材料 $CaCO_3$ 含量的增加,通过吸收更多的 DOX 药物,提高了载药效率。该研究将 DOX 包埋在复合材料的孔内,用分光光度法测定药物的释放度。研究小组报道,微纳米混合结构微球复合材料的包封效率均在 60% 以上。从释放结果来看,由于 CMC 链的亲水性,已经有了初步的释放。然而,24 h 后,这一比例下降。研究表明,混合微球在 260 h 内的累积释放量为 60%,而微纳米混合结构微球 150 h 的累积释放量为 90%。碳酸钙含量和表面积对药物释放的影响,以及根据体外药物释放速率制备的聚合物复合材料是水溶性药物运输的理想基质。另一项研究中,BOSIO V E 等制备了以卡拉胶(Car)生物聚合物为 DOX 载体的 Car-$CaCO_3$ 复合材料[103]。从红藻中提取的 Car 是由硫酸酯线性聚半乳糖醛酸酶制成的。该研究的目的是设计纳米结构聚合物-无机水凝胶复合材料,将 DOX 药物转移到靶癌细胞中。

同时,将制备的复合材料与叶酸(FA)进行了衍生物化,FA 是一种极性分子,并与羧基功能化。研究人员研究了制备的混合材料的形态、结构和体外释药性能。据报道,Car-$CaCO_3$ 的 DOX 载药量为 29%,Car-$CaCO_3$ 的 DOX 载药量为 83%。FA 载药效率大约提高了三倍。作者对这一现象的原因进行了分析,认为由于载体矩阵与 FA 的功能化,极性特征增加了 FA 与 DOX 之间的相互作用。同时也影响了 DOX 药物的亲水性。经过 25 d 的培养,DOX-Car-CaCO$_3$ 的释放率为 73%,而 FA 衍生的 FA-Car-CaCO$_3$ 混合材料的释放率仅为 26%。在该研究的最后,为了控制药物的传递和靶向癌细胞,混合生物聚合物-无机材料被认为是用于化疗的新模型体系和治疗策略。

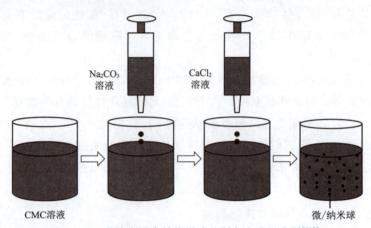

图 6.13 微纳米混合结构微球的制备方法示意图[105]

KAMARI Y 和 GHIACI M 制备了改性 Chi/MC(改性壳聚糖)/TiO$_2$ 复合材料,控制布洛芬(IBU)的转运,布洛芬的半衰期较短,副作用严重[106]。Chi 是一种含有大量羟基和氨基的天然多糖。Chi 具有生物降解性、生物相容性、高机械强度、无毒、黏附性、成胶性等特点,被广泛应用于药物传递系统中作为药物载体。该课课组首先制备了一系列 IBU/MC 复合材料,并用紫外可见分光光度计对复合材料进行释药研究。据报道,含有 40% IBU 的复合材料的结构表现出最规律的释放曲线,在前 10 min 药物释放率高于 32%,1 h 后该比例高于 52%。该研究以降低药物释放速率的复合材料为研究对象,采用不同剂量的二氧化钛(质量分数为 30%~60%)包覆复合材料,制备出复合材料。涂覆二氧化钛改善了药物的保留率,降低了药物的释放量。此外,IBU/MC/TiO$_2$ 复合材料显示药物的 pH 敏感性。在模拟胃液(pH=1.2)中,IBU 释放速率明显低于 pH=7.4 的环境中。研究结果表明,在复合材料中加入 TiO$_2$ 作为多孔无机涂层,不仅提高了复合材料的稳定性,同时也减缓了药物在孔隙中的释放。

在不同 pH 下,Chi 与 TiO$_2$ 包覆得到的复合材料也作为 DOP 载体[107]。DOP 是治疗帕金森病、精神分裂症等神经疾病的重要静脉注射药物。该研究以 DOP/Chi(质量分数为 10%~40%)为主要原料,制备了不同掺量 TiO$_2$(质量分数为 10%~50%)包覆的纳米有机-无机复合材料 Chi/DOP/TiO$_2$。结果表明,TiO$_2$ 未包覆纳米复合材料在 10 min 内完全释放 DOP 药物,而 TiO$_2$ 包覆纳米复合材料在 5 h 内药物释放率为 70%,在 12 h 内药物释放率为 87%,16 h 后全部释放。这些结果表明,复合材料可用于延长 DOP 释放时间。

生物相容性和生物降解性的聚电解质也被用作药物传输基质。聚电解质是阴离子和阳离子带电聚合物在分子水平上的共混物,已有文献报道,聚电解质是由羟基磷灰石、CaCO$_3$

和 $CaSO_4$ 等无机矿物激发的。利用羧甲基纤维素和 Chi 天然高分子材料，采用仿生矿化法制备 CMC/Chi/磷酸钙复合材料[108]。由于结构相似，CMC 与 Chi 之间存在较强的相互作用。根据药物释放数据，CMC/Chi 聚电解质 10 h 后药物释放率为 92%。但随着无机含量的增加，药物的释放量下降了 70%。这些结果表明，掺杂无机材料的聚电解质阻碍包封药物的渗透性，可能降低药物的有效释放。

6.3.3.2 用合成聚合物制备的复合材料给药

由合成聚合物制备的复合材料广泛应用于药物输送系统。聚合物混合复合材料和从药物传递系统的研究中选择的合成聚合物是一种以生物相容性而闻名的聚合物。在这种情况下，聚氨酯、多胺、聚乙二醇(PEG)、聚苯乙烯磺酸盐(PSS)、聚甲基丙烯酸-2-羟乙酯(PHEMA)和异丙基酰胺(NIPAAM)作为聚合物脱颖而出，并在以下例子中可用。

在药物传递研究中，包括使用合成聚合物的混合复合材料，聚合物混合复合结构是 DOX 药物传输的前沿。例如，研究者们利用分子间静电相互作用制备了 $CaCO_3$/脂肪族聚脲胺(PUA)/ PSS 钠复合聚合物复合材料作为受控 DOX 载体矩阵[104]。$CaCO_3$ 具有生物相容性、生物降解性、pH 敏感性和多孔性等特点，在药物传递系统中得到了广泛的应用。复合结构中的脂肪族 PUA 是一种可生物降解、生物相容性好、温度敏感的聚合物。此外，可以利用 PSS 作为晶体生长添加剂来控制 $CaCO_3$ 微粒子的形貌。由于癌细胞与正常细胞相比具有更强的酸性和更高的热值，因此选择了温度敏感(PUA)和 pH 敏感($CaCO_3$)复合聚合物复合材料加载 DOX。因此，DOX 的释放将对 pH 和温度敏感，并将在癌细胞所在区域开始快速释放。据报道，样品中 DOX 的装填率为 82.42%～92.52%。作者指出，这种高的 DOX 负载率与 $CaCO_3$ 纳米孔结构和 PSS(带负电荷)与 DOX(带正电荷)之间的静电相互作用有关。此外，研究小组还在两个不同的 pH 和温度下进行了 DOX 释放实验。在相同条件下，pH=7.4(肠道 pH)和 pH=2.1(胃 pH)时 DOX 释放量分别为 40% 和 90%。同时，在 55 ℃ 时，DOX 的释放为 51%，37 ℃ 时为 40%。该研究表明，在低 pH 和高温条件下，pH 值和热敏聚合物复合材料增加了药物的 DOX 释放量。这增加了癌细胞中 DOX 的含量。该研究表明，将无机 $CaCO_3$ 微粒子加入具有静电相互作用的合成聚合物结构中制备的复合聚合物复合材料，在控制载药效率和释放方面可能具有优势。

KAAMYABI S 等以 NIPAAM 与甲基丙烯酸甲酯功能化 Fe_3O_4 自由基聚合制备了一种新型 pH 和热敏混合聚合物复合材料，并作为 DOX 载体[109]。在模拟血液、不同 pH、不同温度条件下进行了 DOX 释放研究。由于癌细胞是酸性的(pH=5.8)，所以选择 pH 为 5.8 和 7.4。pH 为 5.8 和 7.4 时，释放度分别为 94% 和 83%。作者解释了在酸性条件下 DOX 药物释放增加的原因，因为 DOX 药物和混合复合物之间的氢键减弱，这导致了总 DOX 释放量的增加。为了研究温度对总 DOX 释放的影响，分别在 37 ℃ 下对正常细胞和 40 ℃ 下对癌细胞温度模拟进行了研究。当温度升高时，总 DOX 释放量也以较高的速率增加。作者认为这些温度是载药复合材料临界溶液温度较低的温度。该研究合成了对新的 pH、温度敏感的磁性纳米粒子复合材料，并将其作为 DOX 的药物载体。

在用合成聚合物制备的复合材料进行药物传递的研究中，SALAZAR H 等以聚偏氟乙烯-三氟乙烯-乙烯沸石为载体制备了 IBU 复合膜[110]。沸石具有多孔结构,用于降低药物的吸收和排放。聚偏氟乙烯是一种具有生物相容性和生物稳定性的高分子材料。聚合物复合膜的厚度孔隙率也可以根据需要进行调整。其他研究中,采用物理气相沉积法将 IBU 包封到两种材料制备的聚合物复合膜中,结果表明,含 32% 沸石的复合膜的 IBU 释放量是含 16% 沸石的复合膜的两倍。

为了提高 IBU 的疗效,POPAT A 等研究了 pH 响应的有机-无机体系[111],制备了磷酸盐功能化介孔二氧化硅纳米颗粒(MSN)与带正电荷聚合物 Chi 共价结合体系,并以不含 Chi 的纯 MSN 作为对照组。该研究使用了两种不同的 pH 介质,pH=5 的醋酸缓冲液用来模拟内胚体,pH=7.4 的醋酸缓冲液用来模拟正常组织。研究结果表明,单分散二氧化硅微球体系在 4 h 后均能达到药物在 pH 下释放的饱和状态。在 pH=7.4 时,IBU 只有 20% 被释放,8 h 后,在 pH=5.0 时释放率达到 90%。作者通过 Chi 在 pH=7.4 时降解性和溶解性较低的事实对这些行为进行了评价。该系统作为 pH 反应性纳米载体具有重要的优势,显示出药物修饰释放行为,提高了治疗效果,减少了副作用。

SHI J 等采用 PNIPAAm/$CaCO_3$ 微/纳米复合材料作为维生素 B_2(VB_2)载体[112]。对于纯 PNIPAAm 纳米凝胶,12 h 后药物释放率为 91% 左右,而用 2.37mol/L 和 3.55mol/L Ca^{2+} 制备的复合材料的释放率仅为 82%。用 1.18mol/L 的 Ca^{2+} 制备的复合材料,其药物释放速率与纯 PNIPAAm 纳米凝胶完全相同。这说明低浓度的 $CaCO_3$ 微粒不能同时降低 VB_2 的通透性和药物的释放量。最后,作者认为,复合材料的 VB_2 释放行为表明,球霰石微粒可以阻断包封药物的渗透,获得对复合材料的缓释性能,同时保持复合材料的热敏性和 pH 敏感性。

采用溶胶凝胶法制备二氧化硅-PEG 聚合物复合材料,作为吲哚美辛(非甾体消炎药)载体[113]。由于二氧化硅具有耐化学性、热稳定性、电稳定性、生物相容性和环保性等重要优点,曾被用于药物控释给药系统。在该研究中,PEG 因其良好的生物相容性和免疫系统调节特性而被作为载体使用。以非甾体抗炎药吲哚美辛为药物模型,在复合结构中,以不同组分(质量分数为 0%、6%、12%、24% 和 50%)使用四乙氧基硅烷、无机前体、PEG 和 PEG 400。将吲哚美辛分别以 5%、10% 和 15% 的质量分数加载到这些制备的复合材料中。药物释放结果表明,随着 PEG 的增加,药物释放量呈下降趋势。作者认为,其原因是 PEG 与药物的相互作用较弱。结果表明,添加 6%PEG 质量分数的复合制剂对吲哚美辛释放率的提高与吲哚美辛浓度无关。据报道,在 48 h 后,含 5% 和 15% 药物的复合材料的释药率分别为 96.6% 和 95.5%。

在另一项研究中,通过原位自由基聚合制备了 pHEMA/蒙脱土纳米复合材料,并考察了对乙酰氨基酚作为药物传递基质在生物医学应用中的潜在应用。采用不同的结构和热分析方法,研究了不同 MMT 加入量制备的新型 pHEMA/蒙脱土复合材料。将对乙酰甲酚药物加载到制备的复合材料中。差示扫描量热法(DSC)研究表明,在药物负载的水凝胶中,对乙酰氨基酚形成了非稳态结构。这说明药物在聚合物基体中的分布是均匀的。在胃和肠道菌体中进行了体外药物释放研究,结果表明,该药物在 80 h 内完全释放,同一时期黏结率最高的复合材料约为70%。此外,适当调整水凝胶中黏土的含量可以改变药物的释放速率,其原因是黏土与聚合物的交联降低了药物的释放速率。因此,作者报道,复合材料比纯聚合物更有利和有效,以便用作药物载体基质[114]。因此,在药物释放研究中,含有机-无机结构的复合聚合物复合材料是替代传统方法的一种新方法。该材料在药物释放研究中的应用具有低毒、高载药量、提高药物释放效率等优点。这些装置可能为治疗各种疾病提供一种新方法。然而,需要更多的研究来开发这些材料。

6.3.4 小结

人类对认识世界、探索自然界结构的相关结果表明,混杂和复合材料比单一材料的性能更加优异。特别地,人们在甲壳类动物的壳、牙齿、骨骼和树干中,看到了由共价键或次生相互作用连接起来的混合或二元结构。最重要的原因是,这种双重结构的特性并不代表这两个组件的平均功能,而是优于它们的全部特性。通过对这些结构的了解,随着监测和结构启发系统的发展,人类希望生产出类似的材料,并在不同的领域使用它们。近年来,这些方法所产生的混合材料领域开始在化学、材料科学和医学领域得到广泛的应用。复合材料以其组织相容性高、性能优越、易变、结构多样等特点,在医学和医学领域迅速形成了一类重要的材料。由于这些优点,它们已经取代了生物医药产品市场上的许多传统材料。例如,传统的牙齿填充物、传统的药物传递基质以及金属植入物,在今天被混合材料取代。本部分详细阐述了有机-无机复合材料在生物医学领域的重要性及其应用,详细介绍了现有药物传递系统、生物医用植入物、支架和组织工程应用的广泛应用情况,介绍了无机与有机材料界面的重要性,指出了在制备复合材料时必须改变界面才能克服关键问题。混合材料是无机材料和有机材料之间的桥梁,可以产生不同的砌块和方法。此外,纳米结构和微结构的形成、复合材料的加工和分析也很重要。

6.4 自修复纳米复合材料

6.4.1 自愈合材料的研究背景

人工自愈材料的发展受到自然界不同材料的启发。在自然界中,自愈合可以发生在单分子水平(如DNA的修复),也可以发生在宏观水平(如骨折愈合、血管损伤闭合和愈合)[115-117]。这些过程是我们再熟悉不过的,甚至是不言而喻的。然而,人造材料通常不具备这种愈合能力。相反,作为当前正在被使用的工程材料而言,它们过去和现在都是基于"损伤预防"而不是"损伤管理"概念开发的。人们一直努力地在预防材料免受外界的破坏,而很少去考虑材料被破坏之后如何让其恢复之前所具有的性能。而随着人们的材料的"损伤预防"日益成熟,为了进一步提升材料在使用过程中的安全性和持久性,材料的自愈合性能已经成了科学家们研究的热点。对于一个能够自愈合的材料来说,其主要包括两个方面的意义:(1)具有自诊断能力,即体系或物质在受到外界刺激形成裂纹或损伤时可做出某种响应,感知到这种裂纹或损伤的出现;(2)具有自修复能力,在感受到损伤后,可进行本体修复,使材料的性能和结构恢复,把这种能修复表面或内在损伤的物质用于制备智能材料中,将提高材料的安全性和使用寿命,扩大智能材料的应用范围[118-121]。

最早的人造自愈合材料发现于 19 世纪 70 年代,当时研究员们发现弹性聚丙烯纤维在外力作用下会促使裂纹闭合,修复层间微孔,实现了自愈合[122]。Dry C[123]设计了最早的自修复材料,他将修复剂流体储存在空心纤维中,当材料损伤时释放修复剂而达到修复材料的目的。当前,应用于航天、汽车、飞机、电子、桥梁、建筑物以及组织工程等领域中的材料在使用过程中均可能发生断裂或破坏。如果赋予材料自愈合的能力使材料在受到外界的破坏时能够进行自愈合,就能够消除隐患,提高材料的安全性和延长材料的使用寿命。因此,自愈合材料的发展具有十分深远的科学意义和广阔的应用前景[124,125]。

伴随着自愈合材料的研究日益成熟,当前,自愈合材料被明确定义为:具有愈合(恢复或修复)损伤能力的材料。自愈合材料因其在生活生产中的实用性,已经遍及很多的领域,涉及混凝土、陶瓷、金属和高分子等诸多材料。其中,高分子材料因其化学结构的可设计性以及宽广的性能谱,在自愈合材料的设计和自愈合功能的调控方面具有更大的扩展空间和更加诱人的应用前景。因此,科研工作者们近年来对自愈合高分子材料及其复合表现出了极大的关注和研究兴趣。随着人们对自愈合系统的研究日渐深入,发现自愈材料的概念的确可以被应用于从生物材料到保护涂层到建筑完整性等许多领域[126]。

6.4.2 自愈合材料的分类及其特征

近 10 年来,自愈材料的研究日益深入,其相关的研究工作也有了显著的增长。自愈合材料可从不同的角度进行分类。根据所需的触发器和自愈过程的性质,可以分为非自主自愈类和自主自愈类[115]。非自主自愈材料需要适度的外部刺激,如热或光等。愈合过程的能量可以由主要的操作条件以及有针对性的外部刺激(如激光束、感应或电阻加热)提供。相反,自主自愈材料则不需要任何额外的外部激发,损伤本身就可以作为愈合的刺激。这个系统对应于一个自适应的结构,因为损伤检测系统和修复都在材料结构内自动进行。另外,自愈过程的另一个特性可以用来区分自愈合材料,从产生是"外在的"(外援型自愈合)和"内在的"(自主型自愈合)对其进行分类。外援型自愈合材料本身并不具有隐藏的内在自愈能力,相反的,愈合过程是基于外部愈合成分,如微胶囊或纳米胶囊,它们是有意嵌入到基体材料中的。而当受到外界的破坏时,这些胶囊的内容物会成为流动相,并融入损伤的裂缝中帮助材料进行自愈合。另一方面,自主型自愈合材料不需要额外的加入自愈合的材料,显然这种方式相比于前者更加具有竞争力,但根据材料类别和治疗机制,并不是所有的材料都能够实现自主自愈合。在裂纹宽度低于一定限度的情况下,形成(二次或一次)化学键以及裂纹界面之间的物理相互作用(黏附、润湿)是通过这种途径实现自愈的成功例子。

6.4.3 外援型自愈合材料

当前,科学家们研究得较多的外援型自愈合主要有纳米粒子自愈合、微胶囊自愈合、空心纤维自身愈合、微脉管自愈合等。在纳米粒子自愈合材料体系中,当材料产生裂纹时,纳米粒子会向裂纹区域扩散,将裂纹处填充而起到愈合作用。

1. 微胶囊包覆型自愈合材料

2001年,科研工作者们受到自然生物的启发,首次提出了微胶囊愈合材料体系,其材料的自愈合机理如图6.15所示[115],基材镶嵌着催化剂和包覆修复剂的微胶囊。当裂纹在基材中形成并扩展到微胶囊时,会导致微胶囊破裂[图6.14(a)],微囊破裂时释放出来的修复剂在虹吸作用下迅速填充裂纹[图6.14(b)]。然后,修复剂与催化剂接触而引发聚合反应,从而修复裂纹[图6.14(c)]。这一技术已经成功应用于自愈合复合材料的制备和应用中,其发展日趋成熟,相关报道也相对较多。随着微胶囊自愈合技术的发展,其缺点也渐渐地暴露出来。微胶囊自愈合技术主要问题是所用的催化剂的寿命和稳定性具有不确定性,聚合后的聚合物和基材界面的黏结力差,以及愈合后会引起本体材料的体积变化。

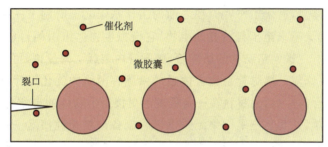

(a) 材料受损时,裂纹形成

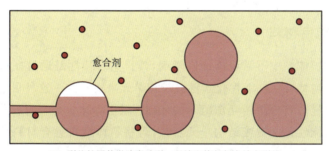

(b) 裂纹扩展使微胶囊破裂,释放出修复剂来填充裂纹

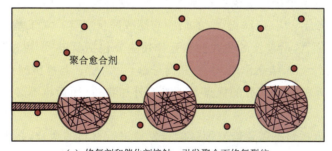

(c) 修复剂和催化剂接触,引发聚合而修复裂纹

图6.14 微胶囊包覆型自愈合材料体系及其自愈合原理示意图[115]

2. 空心纤维自愈合材料

空心纤维自愈合技术与微胶囊自愈合技术相似[127]。研究者们使用中空纤维的想法主要是想将一些功能组分储存在中空纤维内部,然后其将嵌入复合基质中。因此,当发生损伤或开裂时,在某些刺激下,功能性成分,用以裂缝进行修复的愈合剂将流出并随后治愈裂缝。使用嵌入工程结构中的中空纤维进行自愈,类似于自然系统中的动脉,研究者们通过对不同工程材料进行了不同长度尺度的研究,如散装聚合物、聚合物复合材料。最后证实了中空纤维或管在大多数情况下允许释放愈合方面的适用性。空心纤维自愈合和微胶囊自愈合技术的共同特点是方法简单易行,修复效率较高,但只能实现一次修复,这也是其最大缺点。正是由于这一缺点,这一自愈合技术在实际的应用过程受到了极大的限制。

3. 微脉管自愈合材料

为了实现多次修复,科研工作者们在之前的工作基础之上研制了一种微脉管自愈合体系[128]。这一体系的灵感来至于自然界的生物,它模拟生物体组织的自愈合原理,在所用的基体材料中埋入具有三维网络结构的微脉管,微脉管内装载了修复剂,可实现修复剂的持续补充,从而实现多次修复。微脉管自愈合体系的微脉管网络的优化设计可使材料具有最佳的结构和多次自愈合的性能,使材料在一定程度上更接近生物体的自愈合。然而,这一材料体系的制备比较困难,尤其是三维网络结构微脉管制备的复杂性使这一自愈合体系的应用同样受到了极大的限制。因此,人们迫切地希望找到一种方法或者材料,使他能够本体进行愈合创伤,而不是需要消耗修复剂。

6.4.4 本体自愈合材料

本体自愈合材料体系中不需要添加修复剂,其自愈合特性是通过在材料组成或分子结构中引入的具有可逆特性的功能性化学键或结构单元来实现的。这种可逆特性包括可逆共价键形成反应和可逆非共价键相互作用[129]。因此,根据本体自愈合材料分子所含的赋予材料自愈合性质的功能性化学键或结构单元特性,可将本体型自愈合材料分为基于可逆共价键相互作用的自愈合材料和基于可逆非共价相互作用的自愈合材料。在当前的研究中,常用于构建基于可逆共价键的形成断裂机制的自愈合材料的可逆化学反应主要有:生成酰腙键[130]的酰肼与醛缩合反应、亚胺键[131]的伯胺与酮或醛反应等。对于基于可逆非共价相互作用的自愈合材料而言,所涉及的非共价相互作用主要包括氢键[132-134]、疏水作用[135,136]、主体—客体相互作用[137,138]、结晶作用[139,140]和离子键[141,142]等。与外援型自愈合体系相比,本体型自愈合材料体系的一个显著的优点是不需要外加物质,因而也不必考虑外加物质与基材的相容性。

因为本体自愈合材料不需要修复剂就能自发地进行材料的愈合,在生产生活中表现出更多的应用前景,在此对其进行了更加细致的介绍,包括:基于可逆共价键的自愈合、基于多重氢键的自愈合、基于疏水作用的自愈合、基于主体—客体相互作用的自愈合、基于离子键的自愈合和基于多种非共价相互作用的自愈合材料。

6.4.4.1 基于可逆共价键的自愈合

基于共价键的自修复聚合物及其复合材料主要是基于动态的、可逆的化学键。在材料受到损伤的情况下,通过化学键的可逆断裂与重新结合实现材料的修复。共价键型的自修复材料一般比非共价键型的自修复材料具有增强的力学强度,因此其应用范围更为广泛。

1. 基于双硫键的自愈合材料

二硫键是由硫醇衍生出来的,相比于常见的共价键(如碳碳键),它的键能相对较弱,因此很容易发生键的断裂。二硫键基本结构为 R—S—S—R(R 代表烷基基团,S 代表硫原子),其中的二硫键可以实现易位交换反应。通过与其他的二硫键相互作用重新组合形成新的二硫键,这为它实现自愈合成为可能。

Seon-Mi Kim[143]及其团队通过将二硫键引入到热塑性聚氨酯中成功地制备了具有自愈合性能的弹性体材料。而通过研究者的进一步研究发现,这一类热塑性聚氨酯材料的自愈合性能的好坏与所用于反应的扩链剂和单体密切相关。如图 6.15 所示[143],研究者们分别比较了使用不同单体和扩链剂聚合得到的聚氨酯(IP-SS、HM-SS、M-SS、H-SS 和 IP-EG)。

实验发现,具有不对称脂环结构的单体合成的聚氨酯能够产生足够的链移动性以活化二硫化物复分解,同时保持显著的机械性质[如图 6.16(a)所示]。为了说明这种自愈合材料强大的自愈合能力,研究者们通过将两片切开的弹性体相互贴靠愈合。最后发现愈合后的 IP-SS 弹性体仍旧具有超高的力学强度,能够悬挂 5 kg 的重物而不发生断裂[图 6.16(b)]。

2. 基于酰腙键的自愈合材料

酰腙键是通过酰肼和醛基(或酮)发生缩合反应制得,该反应在酸性条件下是可逆的,而在碱性和中性条件下是不可逆的。因此,可用于制备 pH 响应的自愈合材料。

研究者们利用酰肼封端的聚氧化乙烯与修饰了苯甲醛基的小分子进行醛基缩合反应并形成酰腙键,从而得到了具有自愈合能力的有机聚合物凝胶,如图 6.17 所示[130]。所制备的有机聚合物凝胶可以通过简单调节 pH 实现溶胶-凝胶的多次可逆转换,从而使其具有很强的自愈合功能,并且在修复时不需要其他外部刺激。

3. 基于亚胺键的自愈合材料

亚胺键,也称为席夫碱,是一种可逆的动态化学键,在动态化学中扮演着重要的角色。制备含亚胺键的化合物最常用的化学反应是醛或酮与伯胺的缩合反应。一般情况下,化合物分子所带的亚胺键能够发生三种可逆反应:亚胺的水解反应、亚胺的交换反应和亚胺的易位反应。亚胺的水解在一定的条件下是一个热力学动态平衡反应。当体系中存在另一种伯胺时,亚胺键会发生交换反应,释放出原来的伯胺;体系中的两种亚胺键之间会发生易位反应。

因为不同的反应物形成的亚胺键的可逆反应的平衡常数不同,并且在不同环境条件下,这一可逆反应的反应活性不同,存在着丰富的变化。这就为含亚胺键的功能材料的设计和制备提供了较强的可设计性和可调控性。

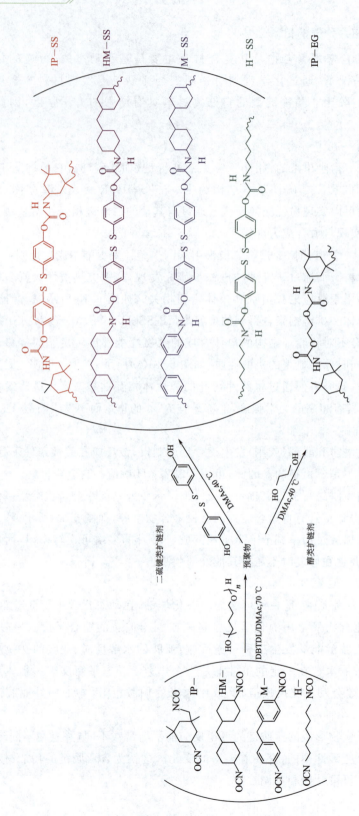

图 6.15 四种不同二异氰酸酯(即 IP、HM、M 和 H)和两种扩链剂(即 SS 和 EG)的 TPU 的合成路线[143]

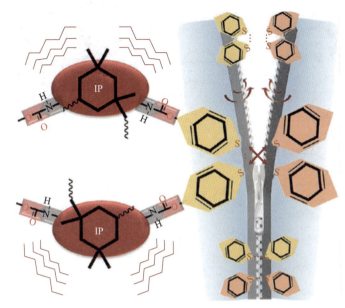

(a)脂环结构对二硫化物复分解的促进作用

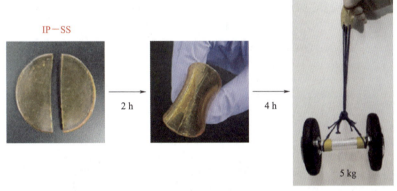

(b) IP-SS膜切成两半,重新贴上,在25 ℃下愈合2 h,
然后进行5 kg哑铃举起试验

图 6.16　具有不对称脂环结构聚氨酯的机械性能

CHAO A 及其研究团队通过聚(乙二醇)双(3-氨基丙基)与1,3,5-三乙烯基苯的缩聚反应制备了具有可逆亚胺键的聚合物凝胶(图 6.18)[131]。这种凝胶具有非常好的可延展性,并且能够自我修复而不需要任何外界的刺激。此外,研究员们还发现溶剂可以调节亚胺键交换速率,从而调节聚合物凝胶网络的动力学性质。例如,乙腈中的聚合物凝胶比甲苯中的聚合物凝胶更具延展性,因为前一溶剂中的亚胺键交换比后者更快。

4. 基于 Diels-Alder 反应的自愈合材料

Diels-Alder(D-A)反应由 Dieal O. 和 Alder K. 于 1928 年发现的,他们也因这一发现和贡献而获得了 1950 年的诺贝尔化学奖。D-A 反应是一种[4+2]环加成反应,以二烯和双烯亲油化合物为前驱体。带有吸电子取代基的烯烃和炔烃,使不饱和基团更贫电子,更适合进行 D-A 反应(图 6.19)[144]。与其他加成反应一样,D-A 反应也可用于以多官能二烯和亲

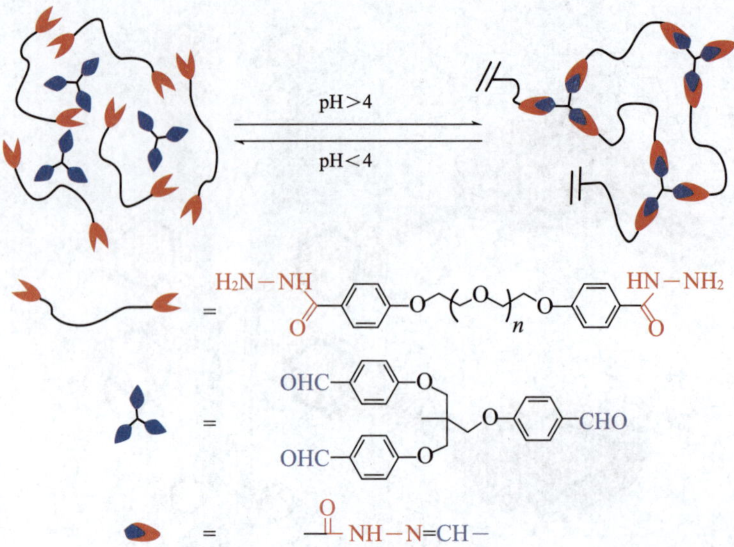

图 6.17 基于可逆共价酰腙键的共价交联聚合物凝胶的构建[130]

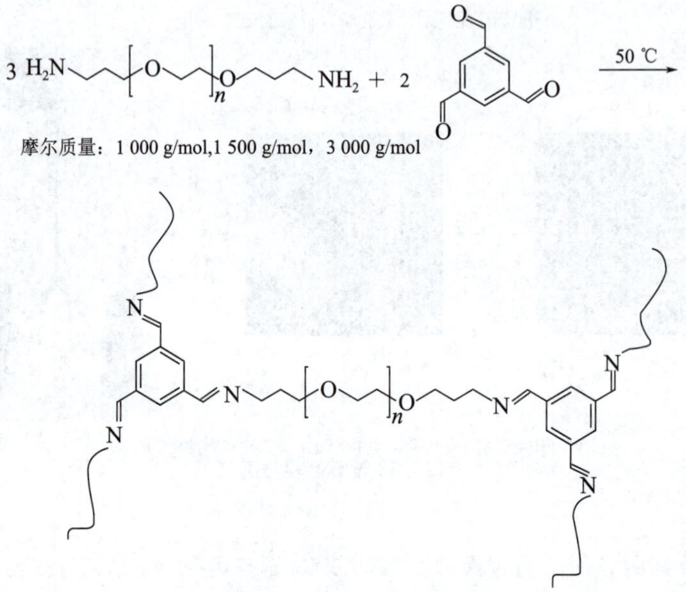

摩尔质量:1 000 g/mol,1 500 g/mol,3 000 g/mol

图 6.18 聚(乙二醇)双(3-氨基丙基)与 1,3,5-三乙烯基苯的反应机理示意图[131]

二烯化合物为单体来制备。

除了具有点击化学反应的一系列优点外,D-A 反应还是一种温度可逆的动态共价化学反应。在温和(反应温度较低)的条件下,有利于生成环状化合物的 D-A 正反应;而当温度升高时,则会发生 D-A 逆反应。因此,在可形成水凝胶的分子结构中引入 D-A 反应生成的结构单元,则可赋予水凝胶温敏性以及对温度敏感的自愈合特性。

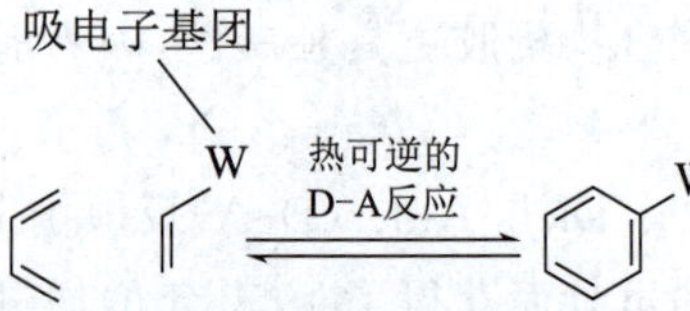

图 6.19 亲二烯物和全碳二烯的 D-A 反应机理[144]

利用 D-A 反应的可逆特性,并且为了提高自愈聚合物的自愈效率和力学性能,BERGMAN S D[145] 及其研究团队利用一个含有 4 个呋喃基团的小分子和另一个含有 3 个马来酰亚胺基团的化合物作为前体,构建了一个大分子网络。最终,所得到的产物全部由呋喃和马来酰亚胺的热可逆 D-A 反应加合形成。该聚合物可以在 150 ℃左右进行逆 D-A 反应,并且反应 15 min 后显示出 30%的解离。

5. 基于硼酯键的自愈合材料

硼酯键是二醇和硼酸络合形成的可逆动态键,它的稳定性主要由环境的 PH 酸碱度所决定。基于硼酯键在水溶液中可逆的现象,许许多多的研究者们用它制备了自愈合的材料。

Kiser[129] 及其研究团队设计了一种基于可逆硼酸酯络合的自愈合水凝胶。该水凝胶以苯基硼酸功能化的聚合物(PBA)和水杨基异羟肟酸(SHA)进行动态交联[图 6.20(a)]。其中,中性的聚(2-羟丙基甲基丙烯酰胺)(PHPMA)和带负电荷的聚(丙烯酸)(PAA)作为主链来修饰 PBA 和 SHA 部分[图 6.20(b)]。两种水凝胶网络中的可逆 PBA-SHA 复合物允许水凝胶网络的交联在酸性环境中动态重构和自愈。

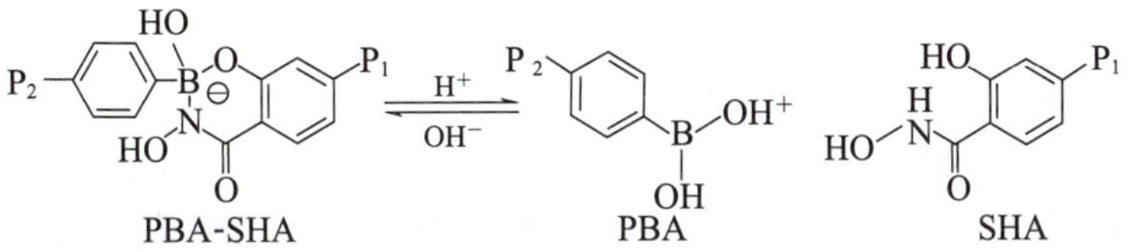

(a) PAB-SHA 的示意图

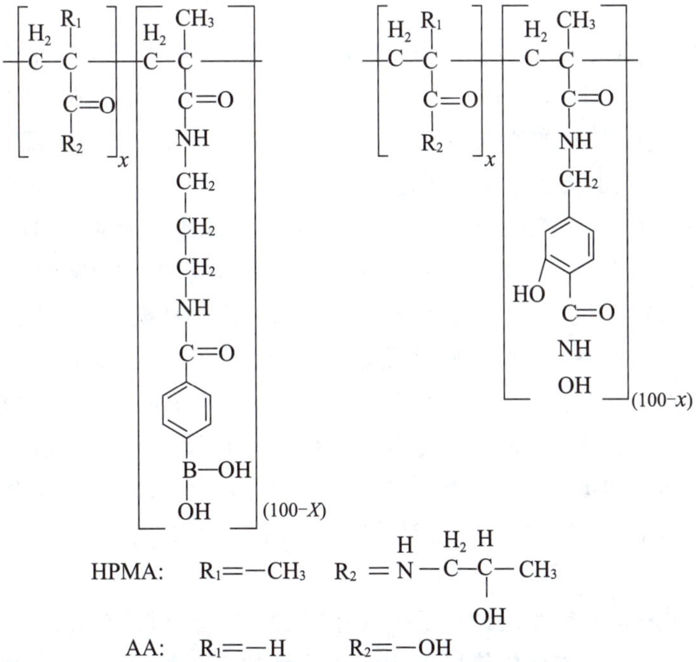

(b) PBA 或 SHA 功能化的线性 PHPMA 和 PAA 聚合物

图 6.20 PAB-SHA 示意图及 PBA 或 SHA 功能化的线性 PHPMA 和 PAA 聚合物

6.4.4.2 基于可逆非共价作用的自愈合

非共价作用通常是通过共价连接到聚合物侧链或链端的缔合基团来实现的,虽然这些作用力往往很弱,但是它们具有加和性,这一特性可在相当程度上改变物质的凝聚态结构。这些相互作用包括氢键、金属配位、离子相互作用、π-π 堆积和主客体相互作用。在自我修复方面,这些非共价相互作用有几个特点特别吸引人,包括可逆性、速度、方向性和敏感性。与共价键不同的是,这些网络可以快速地从高黏度的状态重塑为固体状态。由于二级键的性质不同于其周围聚合物的性质,缔合基团的存在通常会引起聚集和结晶等形态变化。因此,许多非共价作用网络固有的非均质性会影响其整体的物理和化学性质,并有助于其自我修复。当施加机械力时,较弱的非共价作用将解离,随后由于其动态特性而实现再生,从而达到材料自我修复的目的。

1. 基于多重氢键的自愈合材料

氢键作用是物理自愈合材料制备中最熟知和常用的物理相互作用之一。科学家们最早于 20 世纪初提出氢键作用,当时科学家们发现氢键结构具有类似晶体结构的规整性,从而引发了人们对氢键的研究兴趣。

所谓氢键,是当氢原子 H 与电负性较大、半径较小的原子 X,例如 N、O、F 等原子以共价键结合时,氢原子与这些 X 原子共用的电子对会偏向 X 原子一侧,致使氢原子带部分正电荷,形成类似于氢离子 H^+ 的状态,从而能够吸引邻近的另一个电负性大而半径较小的原子 Y 上的孤对电子。这种在电负性大、半径小的原子之间以氢原子为媒介形成与价键类似的结构被称为氢键。

与共价键相比,氢键的作用力要弱很多,甚至氢键的作用力还弱于许多其他的非共价键作用力,通常在 0.837~167.44 kJ/mol(0.2~40 kcal/mol)之间,其强度决定于其结构。氢键的形成与环境有关,如物质所处的介质、pH 酸碱度和温度等。因此,随着外界环境的改变,氢键的作用力强度也会随之发生变化。氢键的作用力虽然不强,但值得注意的是,氢键作用具有加和性和方向性。正是因为氢键的加和性,使原本十分弱小的作用力也能展现强大的作用力。当若干个氢键作用单元被人为设计在聚合物的结构单元中时,因为非常高的氢键密度,使分子链间相互作用大大提升。单一氢键(即 AD 模式的氢键)因为氢键密度较低,其强度有限,基本上决定于给体 D 和受体 A 本身的性质,因而其强度受到外界的影响较大。而当单个结构单元上存在两个或两个以上氢键作用单元时,因为氢键缔合节点的增加,分子间的氢键作用力会比单个时明显提高。此外,与 AD 模式的单重氢键一样,当氢键的单元数变成二重、三重、四重甚至更多重时,其都具有自组装形成超分子结构的能力。而利用这些多重缔合的氢键作用力,能够为材料提供一种动态的作用力,从而在自修复材料中展现出重要的应用。

WANG C[132] 及其研究团队设计了一种弹性纳米复合材料,它能够在室温下进行快速的愈合。值得一提的是,该材料使用氧化酰氯改性的石墨烯(GO)作为大分子交联剂,以二乙烯三胺和三酸聚合得到高氢键密度的聚合物(HB-NH$_2$)。制备得到的弹性体在兼具自修复能力的同时,仍保持了商用橡胶相当的机械强度。GO 的加入使该弹性体具有良好的机械强度,而聚合物链中的氢键网络则为材料提供了自愈合的能力。GO 是石墨烯的氧化形式,其具有机械强度高、比表面积大和易于化学改性的优点。使用 GO 代替其他典型交联剂的优点是,GO 上有多个反应位点,且其机械强度高,因此只需要少量 GO 的加入就可以显著改善复合材料的机械性能。因此,可用氢键位点的密度并没有显著降低,从而保证了材料的自修复的能力(图 6.21)[132]。而研究者们通过进一步的实验发现,只要在聚合物中加入质量分数小于 2% 的 GO,就可以得到一种与传统橡胶力学性能相似的弹性材料,同时在室温下具有很快的愈合速度。被破坏的材料在没有任何愈合剂、增塑剂、溶剂或外部能量的情况下,在 1 min 内就可以愈合 50% 的原始延展性,完全进行机械愈合也可以 1 h 内完成。

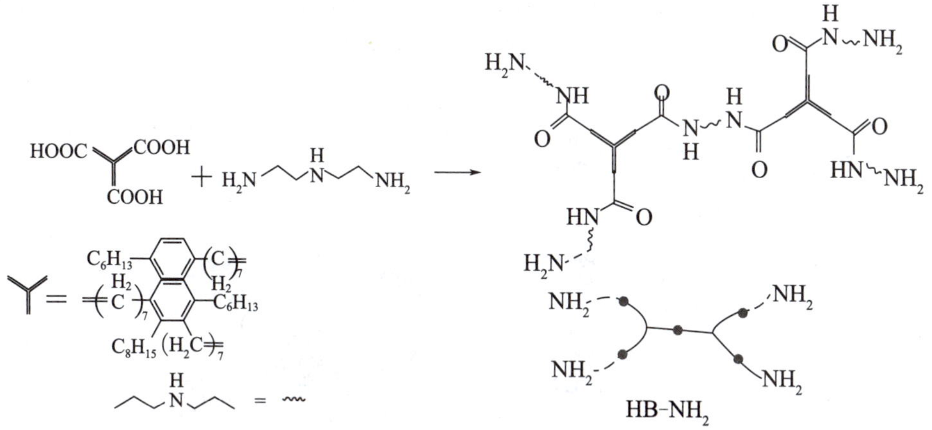

(a) HB-NH_2 的合成路线

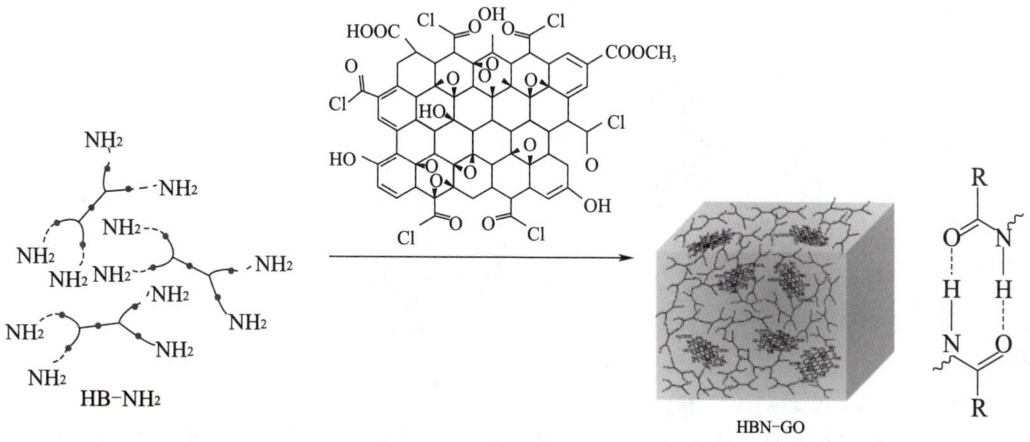

(b) 自愈性纳米复合材料(HBN-GO)的合成示意图

图 6.21 自愈合聚合物/GO 复合材料的制备及合成图

此外,科学家们发现 2-脲基-4-嘧啶酮(UPy)是一种能形成 AADD 模式的四重氢键的结构单元。因此,基于这种四重氢键结构,其经常被引入到聚合物分子链用于制备具有自愈合能力的材料。通过在大分子链末端引入 UPy 单元,所生成线型聚合物末端的 UPy 单元可在低温或者非极性溶剂体系中自发地缔合成 AADD 型的四重氢键,使聚合物呈现超分子结构。相反,当其在高温或者极性溶剂中时,末端的多重氢键会发生解缔合。此外,若在同一分子上引入两个以上的 UPy 单元,分子就可通过这些高密度的氢键作用超分子组装形成基于多重氢键三维交联网络。这种超分子的网络结构与常规的交联聚合物相比,可经历连续的氢键解缔合和重组,因而即使材料受到外界的破坏,其被破坏的结构也能够进行修复重组。

基于 UPy 单元多重氢键的特点,Wang[133] 及其研究团队在前驱体聚四亚甲基醚二醇(PTMEG)和聚己内酯(PCL)中引入 UPy 的结构单元成功制备了具有 UPy 封端的聚合物前驱体(图 6.22)[133]。而因为 UPy 的多重氢键作用,赋予了该超分子网络自愈能力。此外,研究者们发现通过增加 PTMEG 片段的比例,能够进一步增强材料的自修复能力。

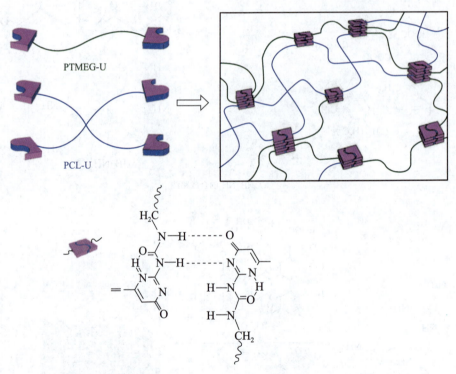

图 6.22 PCL-PTMEG 网络示意图[133]

2. 基于疏水相互作用的自愈合材料

疏水相互作用在大自然中普遍存在,并且在生物系统的形成和维持生物功能中扮演着非常重要的角色[136]。而对于人造材料,疏水相互作用也发挥着非常重要的作用,典型的代表是自愈合水凝胶。这些水凝胶中含有的疏水单元会使聚合物链产生疏水相互作用,从而形成具有瞬时交联的网络,这些交联网络即使受到外界的破坏,也能很快地进行重组,实现材料的自愈合。因此,赋予亲水性物质一定的疏水相互作用,也是设计和制备自愈合材料的可行途径。

科研工作者们使用胶束聚合法成功地将水分子链引入到亲水的聚合物大分子上,从而得到了疏水改性的聚合物材料。在这种水凝胶的体系中,网络中疏水交联的可逆解离和缔合赋予水凝胶自愈性。该实验以十二烷基硫酸钠(SDS)为胶束溶液,在 NaCl 存在下,疏水性单体甲基丙烯酸硬脂酯(C18)与亲水性单体丙烯酰胺(AAM)共聚可得到胶束化水凝胶。正如图 6.23 所示[129],在含表面活性剂 SDS 胶束溶液体系中加入疏水性单体 C18 或 C22,使其增溶到胶束中;然后,加入亲水单体 AAM,并在一定温度下滴加促进剂四甲基乙二胺(TEMED)和引发剂过硫酸铵(APS)引发聚合反应,从而生成具有长疏水链侧链的嵌段聚合物。这一聚合物上的疏水性链在水溶液中会自发地聚集而形成具有可逆特性的交联点,从而使得形成三维网络结构的水凝胶具有自愈合性质。

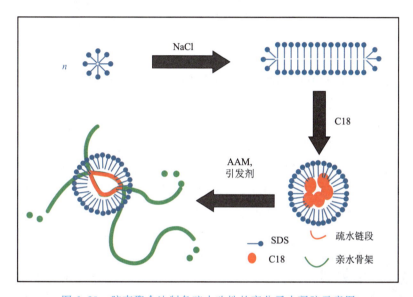

图 6.23　胶束聚合法制备疏水改性的高分子水凝胶示意图

此外,科研工作者们还开发了一种新型脂质体自修复水凝胶。这种凝胶是由脂质体与胆固醇端封的聚乙二醇分子链之间的疏水相互作用形成的,其中脂质体水凝胶呈现三种可能的结合方式:①"桥",两个胆红素-聚乙二醇-胆红素末端基团插入两个不同脂质体颗粒的双层;②"环",两个胆红素-聚乙二醇-胆红素末端基团插入单个脂质体颗粒的双层;③"悬挂",只有一个胆红素-聚乙二醇-胆红素末端基团插入到脂质体颗粒的双层,而另一个端则暴露在水溶液中(图 6.24)[129]。由于胆固醇聚乙二醇基团可以动态地拉出并插入到脂质体的双层中,脂质体凝胶在流变恢复试验中被反射到 100% 甚至 1 000% 的应变状态下,可以迅速恢复到凝胶状态,说明了该水凝胶优异的自愈合性能。

3. 基于主体—客体相互作用的自愈合材料

主客体相互作用是另一种重要的物理键,通过两种相对应的化合物之间的多重动态相互作用组合而成,包括疏水相互作用、氢键作用、π-π 堆积等。常见的主客体相互作用体系的主体包括环糊精、冠醚及环芳烃等。

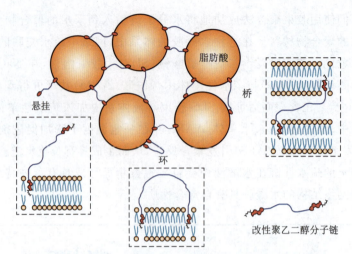

图 6.24 脂质体水凝胶网络的结合模式示意图

环糊精 CD 由于其疏水内腔容纳了客体分子的疏水结合位点,被广泛应用于制备主客体凝胶,疏水腔可以包裹各种合适的客体分子。这种特殊结构的环糊精 CD 是由 D-吡喃葡萄糖单元通过 α-1,4-糖苷键连接而成的环状低聚糖,它属于大环类碳水化合物。研究较为广泛的环糊精主要包括有 α-环糊精、β-环糊精和 γ-环糊精,分别简称为 α-CD、β-CD 和 γ-CD。它们分别由 6~8 个 D-吡喃葡萄糖单元组成。CD 分子中的 D-吡喃葡萄糖单元都处于椅式构象,由于连接葡萄糖单元的糖苷键不能自由旋转,因而使得环糊精具有一个圆锥形的立体结构,如图 6.25 所示[137],仲羟基分布在开口较大的一端,而伯羟基则分布在开口较小的一端,它外缘亲水而内腔疏水。因此,CD 能够像生物体中的酶一样提供一个疏水的结合部位,作为主体与各种具有疏水性、适当大小和形状的客体,如无机物、有机物、金属配合物及高分子聚合物等,通过非共价键相互作用形成稳定的包合物。正是因为这种独特的包合结构,为基于主体—客体相互作用的材料实现自愈合成为可能。

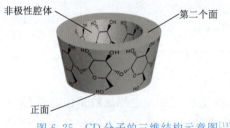

图 6.25 CD 分子的三维结构示意图[137]

NAKAHATA M[146] 及其研究团队分别合成了含有 6-氨基-β-环糊精(6β-CD)单元的聚(丙烯酸-6-氨基-β-环糊精)(即 PAA-6β-CD)和含有二茂铁(Fc)单元的聚(丙烯酸-二茂铁)(PAA-Fc),再将这两种聚合物混合,从而制得了以 6β-CD 为主体,Fc 为客体的具有氧化还原刺激响应性的自愈合高分子材料。基于 Fc 衍生物的氧化还原响应特性,这一水凝胶在一定的氧化还原刺激作用下能发生溶胶凝胶(sol-gel)转变。在还原条件下,Fc 与 β-CD 之间具有强的主体—客体相互作用而形成三维网络结构,使体系保持凝胶状态。而在氧化条件下,Fc^+ 和 β-CD 间的主体—客体相互作用减弱而未能形成三维网络结构,故体系转变为可流动的溶胶形态。通过这种动态转变,实现了材料的自愈合。而为了显示其良好的自愈合效果,研究者们用刀片将水凝胶切成两块然后将它们拼接,经过 24 h 的自愈后,两片水凝胶能够融合并充分整合成一个整体。

冠醚及其衍生物也可作为主体基团，它们是一类含有多个氧原子的大环化合物。这类大环化合物能够非常好地与含阴离子的分子或者有机中性分子等客体进行配位，形成多种配合物，从而构建基于主体—客体相互作用的具有一定稳定性的三维结构。冠醚也可作为主体基团。基于此，研究者们开发了一种基于冠醚的主客体自愈合有机凝胶[147]。该材料使用侧链为二苯并(24)冠-8(DB24C8)改性聚(甲基丙烯酸甲酯)(PMMA-DB24C8)通过使用两种交联剂交联（分别为具有苯基和环己基末端基团的二铵），获得了 PMMA-DB24C8-苯基和 PMMA-DB24C8-环己基凝胶。而因为材料内部强的主客体作用，该有机凝胶可以在非常短的时间内实现自愈合。

4. 基于离子键的自愈合材料

离子键是由阴、阳离子通过静电相互作用形成的化学键，它存在于离子化合物中。静电作用包括阴、阳离子间的静电吸引作用，以及电子与电子之间、原子核与原子核之间的静电排斥作用。当阴、阳离子接近到某一定距离时，吸引和排斥达到平衡就形成了离子键。与共价键相比，离子键的稳定性不好，在一定条件下可发生解离。因此，利用离子键的这种形成解离特性可设计和制备具有自愈合特性的材料。

Gong[142]及其研究团队提出了一类新的自愈合水凝胶，它由多聚电解质制成。其中阳离子单体使用的是丙烯酰氧乙基三甲基氯化铵(EMAEA-Q)，而阴离子单体使用的是对苯乙烯磺酸钠(NaSS)，通过共聚获得主链带正负电荷的共聚物。此外，这种水凝胶能够在很宽的范围内调节改变机械性能。这种物理交联水凝胶由于是通过对电荷离子单体在高浓度下围绕电荷平衡点随机共聚而成。电荷的随机性通过链间和链内的络合作用形成强度分布广泛的多个离子键。因此，这些强度不一的离子键就在水凝胶中生成了强键和弱键两种键。其中强键用作永久交联以保持凝胶的形状，而弱键同时发挥多种机械功能，主要是通过离子键断裂提高断裂抗力，从而使材料增韧。水凝胶中这种静电作用形成动态可逆的离子键，同时也为水凝胶提供了优异的自愈合性能(图 6.26)[142]。

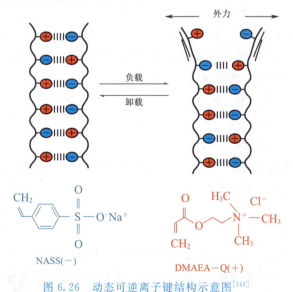

图 6.26 动态可逆离子键结构示意图[142]

YUAN T[148]及其研究团队将原位生成的可变形的聚电解质复合物纳米粒子用作聚合物水凝胶的纳米填料,制备了同时具有高强度、高拉伸性、高韧性以及优异的自修复与循环利用性能的聚合物水凝胶。该水凝胶的制备是将带正电荷的聚二甲基二烯丙基铵盐酸盐(PDDA)/支化聚乙烯亚胺(PEI)的水溶液与带负电的聚苯乙烯磺酸钠(PSS)/聚丙烯酸(PAA)的水溶液复合,收集聚电解质复合物,并将得到的复合物进行塑形和水中浸泡,获得聚合物水凝胶(图 6.27)[148]。由于强聚电解质 PDDA 和 PSS 之间的静电作用强于弱聚电解质 PEI 和 PAA 之间的氢键作用和静电作用,高强度、高拉伸性能的(PDDA/PEI)-(PSS/PAA)凝胶在室温的水中可高效地修复物理损伤,恢复凝胶的力学性能。同时,该凝胶在经干燥、研磨和室温重塑后,可以重新利用。多次重塑后的凝胶能保持原来凝胶的力学性能。

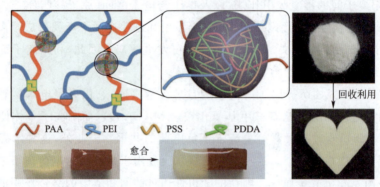

图 6.27 基于聚电解质复合物的高强度自修复与可循环利用水凝胶[148]

5. 基于多种非共价相互作用的自愈合材料

分子间的多重相互作用是指所用分子之间存在着两种或两种以上的非共价相互作用,其主要包括氢键、π-π 堆积和疏水相互作用等,它们是形成超分子网络的共同驱动力。对于这些超分子材料,网络结构中被破坏的非共价键可以再重新愈合重组。因此,小分子和低聚物凝胶的超分子自组装也成了科研工作者们研究自愈合材料的重要方向。此外,相比本身聚合物的自愈材料,这种由低分子量组成的超分子网络可以更好地改善网络的流动性,这有助于从接触损伤界面产生"流动相",增强愈合能力。

XU Z[149]及其同事设计了一种低分子量的凝胶剂,其含有硝基苯并二唑(NBD)的胆固醇(Chol)衍生物,可在吡啶-甲醇的混合溶液中形成自愈合的有机凝胶(Chol-NBD 凝胶)。氢键和 π-π 堆积是促进胶凝剂自组装的主要驱动力。正是因为这两种非共价作用力,结果 Chol-NBD 凝胶表现出显著的自愈性能,并且用剃刀切割的凝胶的三个部分可以立即融合成连续凝胶,说明了该凝胶强大的自愈合能力。

6.4.5 自愈合材料的应用

随着对自愈合材料的研究越来越多,取得的成果也飞速增加。当前研制的自愈合材料已经遍及许多的领域,如建筑领域、生物医用领域和智能柔性穿戴器件领域等。对于聚合物基复合材料而言,科学家们对自修复材料的研究也已经从单纯的聚合物性质研究发展到了材料功能性的研究。

6.4.5.1 自愈合材料在生物医用领域

自愈合材料在生物医用材料上具有极大的应用前景[150,151]。例如，可注射水凝胶有希望通过注射液体并原位凝胶化来控制释放包封的治疗剂（细胞疗法和药物递送）以适应所需位置的不规则缺陷。但是，传统的注射水凝胶具有凝胶化缓慢的特点，这可能导致出现细胞和药物的损失或从目标部位扩散，而凝胶化过快又将导致材料在目标部位前过早凝固和注射器的堵塞。这些实际问题可以通过使用自愈合水凝胶来解决。

ZHANG Y[152]及其研究团队开发了一系列具有扩展应用的功能性自我修复壳聚糖-聚乙二醇水凝胶，如用于细胞治疗载体的乙二醇壳聚糖水凝胶和用于远程可控药物输送系统的磁性自愈合水凝胶。其中基于乙二醇壳聚糖的水凝胶与壳聚糖-聚乙二醇水凝胶相似。唯一的变化是壳聚糖被乙二醇壳聚糖所取代，而因为乙二醇壳聚糖本身的性质，其在生理PH下具有更好的溶解性。此外，这些基于乙二醇壳聚糖的自我修复水凝胶可以在体外均匀地包裹细胞。从针头注射后，破碎的水凝胶片可在目标部位形成整体凝胶。该策略可以降低在注射期间堵塞导管的早期凝固的风险，并且还防止由于缓慢凝胶化导致的物质损失。而为了说明水凝胶的自愈合性与流动性，作者将两片打孔的自修复水凝胶相互接触对其进行不同时间的观测。最后发现当时间过去 2 h 后，材料的孔会完全愈合，而作为对比的明胶的孔并没有发生明显的变化（图 6.28）[152]。

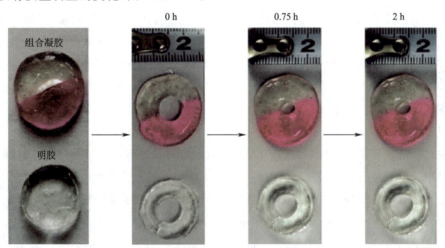

图 6.28　壳聚糖基水凝胶外观随着时间的变化（上部分）以及用作对比的 5%明胶凝胶外观随着时间的变化（下部分）[152]

为了满足生物医用材料对于黏性和自愈合性能的需求，Lei[153]及其研究团队基于生物活性分子柠檬酸设计制备了一种超长硫化铜纳米线增强的聚硅柠檬酸酯复合医用材料，实现了其弹性、抗菌、抗癌、导电、抗炎等多功能特性。该研究中，超长硫化铜纳米线通过超分子作用（如氢键和疏水作用）实现与聚硅柠檬酸酯的有效复合和组装，复合材料中，硫化铜纳米线有效增强聚硅柠檬酸酯的弹性力学性质、抗菌、光热抗肿瘤及导电能力，聚硅柠檬酸酯赋予植入材料黏弹性、光致发光、抗炎生物活性等功能。该研究为研发具有内在抗感染、抗肿瘤、促组织修复、实时监测等诊断—治疗—组织再生一体化的新型可降解生物材料提供了一种有效的思路和策略(图 6.29)[153]。

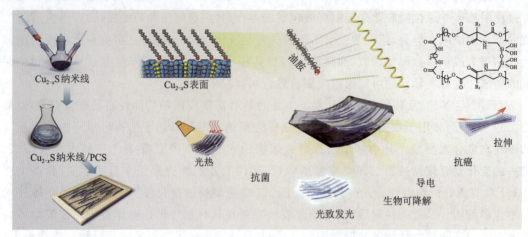

图 6.29　多功能生物活性聚硅柠檬酸酯基复合医用材料制备与性能[153]

6.4.5.2　自愈合材料在电子封装中的应用

随着电子器件的快速发展,为了提高电子设备的运算速度,电子元器件的发热也变得越来越严重。这对器件的热管理、可靠性及其运行中的性能都提出了更高的要求。当前,通常使用热界面材料黏结在 IT 硬件和散热器上来解决上述问题。在通常的情况下,一个热槽往往连接着多个器件,如果在使用过程中其中一个器件坏掉,就必须拆下热槽后重新加工坏掉的器件。为了避免拆卸过程中对器件电路的损坏,在拆除的过程中常常会使用溶剂进行辅助,但是不合适的溶剂也又会造成电敏感性器件中导电性物质的富集。为此,IBM 公司的研究人员通过使用 D-A 化学制备加热可拆除的热界面材料来解决上述问题[154]。研究人员首先制备了二烯体和亲二烯体修饰的聚二甲基硅氧烷,并以此制备自愈合材料。然后,通过与氧化铝填料进行共混制备热可逆的导热复合材料。所制备的材料在 130 ℃下进行逆向的 D-A 反应后使用很小的机械力就可以拆除,从而极大提高了电子器件的修复效率,降低了其修复难度和成本。

6.4.5.3　自愈合材料在柔性电子器件中的应用

加利福尼亚大学洛杉矶分校的裴启斌教授及其团队在 2013 年报道了一种利用多官能度的呋喃和马来酰亚胺分子制备的自修复聚合物材料[155],并且,研究者们通过在制备的聚合物上涂覆银纳米线制备出了既能导电又能自愈合的薄膜。此外,他们发现其在加入银纳米线后,所制备的复合薄膜仍然保持了良好的透光性。同时,在加热的条件下透明导电薄膜可以实现快速自愈合。随后,研究人员在上述体系中进一步引入了聚乙撑二氧噻吩制备出了可修复可拉伸的透明电极。该材料表现出了超高的导电性和优良的透光性,并且可以被拉伸至原长度的 100% 的形变。同时,这种导电拉伸体可以在同一位置被切割多次之后实现修复,且修复后的材料与未切割的材料相比电阻并没有发生明显变化。

Zhi[156]及其研究团队报道了一种具有自愈合性能的聚合物水凝胶。该水凝胶材料以聚丙烯酸为主体,并通过金属三价铁与其进行配位交联。其中,因为羧基与三价铁的配位作用是动态可逆的,在材料受到外界的破坏时,通过简单的接触既能够在常温下实现材料的修复。此外,作者还将该凝胶材料用于全固态的锌离子电池的凝胶电解质。通过将整个电池切断后接触愈合,电池能够再次进行正常工作,并能够持续稳定地为电子表供电(图6.30)[156],说明电池性能的恢复。

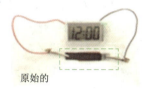 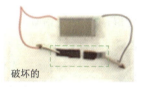 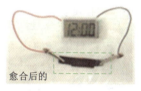

原始的　　　　　　　　　破坏的　　　　　　　　愈合后的

图 6.30　自愈水电池在切割前(左)、切割后(中)和自愈后(右)为时钟供电的照片[156]

除此之外,WANG Z[157]及其研究团队研发了一种可自愈合的聚乙烯醇基水凝胶材料。其设计的主要机理是,从动态的硼酯键入手,通过在聚乙烯醇中加入硼砂进行交联,实现了水凝胶的自愈合。而为了提高聚乙烯醇水凝胶的耐盐性和延展性,研究者们通过在聚乙烯醇侧链上接枝 N,N,N-三甲基-1-(环氧乙烷-2-基)甲基氯化铵来进行改善。通过在制备的水凝胶中加入氯化钾,并在两侧涂覆活性炭和炭黑,研究者们用其组装了全固态的超级电容器。为了说明超级电容器具有良好的自愈性能,如图 6.31(a)所示,研究者们将整个器件切成两半,这两片切断的凝胶在重新连接 5 min 后自动合并为一个整体,并且该过程发生在没有任何外部刺激的环境条件下进行。愈合的电容器也可以弯曲,发现并没有发生断裂。在愈合区域上进行光学图像的表征,研究者们发现电解质、电极以及它们之间的界面上并没有出现疤痕[图 6.31(b)和图 6.31(c)],表明材料在愈合后具有非常好的结构完整性。用愈合好的超级电容器去为发光二极管供电,发现发光二极管可以正常被点亮,说明了其功能性的愈合。

(a) 电容器的切割和自愈

(b) 自愈过程的光学图像　　　　　　　(c) 愈合区域的横截面图像

图 6.31　自愈合的超级电容器

6.4.6 自修复材料展望

在使用过程中,所有天然和合成材料都会累积损伤。如果累积损伤区超过临界值,则会导致部件故障,从而导致设备功能丧失。相比之下,自愈材料具有一次、多次甚至多次修复材料创伤的能力,因此能够延长材料的寿命和可靠性,从而显著地提高设备的可靠性。如果能够提高材料的自修复能力,将显著提高未来新型材料的有效寿命和可靠性,并减少材料在损伤监测和控制上的费用,从而大幅度降低成本。当前,新型自愈材料的设计大多是受到自然的启发,自然界将始终是新概念发展的重要灵感来源之一。然而,在复制这些模型时,必须考虑到工程材料本身的固有特性,不能盲目照搬照抄。当前,自愈材料几乎都只指的是结构材料的修复:在受到外界破坏后机械损伤被修复或修补,对于机械性能以及其他功能指标往往只能被恢复一部分。因此,对于现有的自愈合材料而言,还存在许许多多的问题和挑战。例如,开发新型的自愈合材料,使它能够在机械损伤和其他负面影响(激光、热等影响)后恢复其他固有的特性(导电性、颜色、荧光)。此外,在纳米结构系统(如光子纳米材料、超材料)方面也存在挑战。这些系统特别容易损坏,因为其独特的微纳米结构,想要修复这些材料,难度远大于普通材料的修复。而种种问题与挑战都亟需科研工作者们去解决。

在未来的几十年中,随着人们对自愈材料的研究日益深入,更多的新型自愈合材料将会涌入到商业应用中,同时能够进行全性能自愈的自修复材料也将进入人们的生活。此外,随着一些新型技术的出现(如当前十分火热的 3D 打印技术),人们可以运用这些新出现的技术和自愈合功能相结合,制备 3D 打印的自愈合材料。

6.5 致动纳米复合材料

随着纳米科技不断发展及微尺度科学研究深入进行,对致动纳米复合材料的研究显得越来越重要。致动器是指在光、电和热等外部环境刺激下能发生形变,产生机械响应,从而将光能、电能和热能等转化为机械能的执行装置。根据引起致动原因的不同,致动可分为光致动、电致动、热致动、化学致动和磁致伸缩致动等。致动纳米材料的种类有很多,其制备方法也很多,根据组成成分的不同,致动纳米复合材料主要有致动纳米碳材料、致动聚合物基纳米复合材料、致动离子型纳米复合材料和致动导电凝胶纳米复合材料。其中,致动纳米碳基材料包括致动碳纳米管复合材料、致动石墨烯基复合材料和致动其他碳基复合材料。致动聚合物基复合材料包括致动碳纳米管/聚合物复合材料、致动石墨烯/聚合物复合材料和其他聚合物基致动器。致动离子型纳米复合材料主要包括离子液体和凝胶复合材料。致动纳米复合材料能够克服传统致动器表现出来的操作电压高、致动量小、响应时间长等缺点。致动纳米复合材料能够广泛应用于机器人、自动传感器、智能系统和微机械等。

6.5.1 致动碳基纳米材料

致动碳基纳米材料包含一维的碳纳米管、二维的石墨烯和氧化石墨烯及石墨等。由于碳纳米管和石墨烯占据更少空间,所以它们通常被简称为低维材料,抑或是纳米材料。碳基纳米材料不仅具有优异的机械性能、良好的稳定性、易于功能化改性和复合、独特的光电性质、超高的热导率的电导率等优势,更重要的是碳基纳米材料很容易在改性之后与其他有机软材料复合形成具有更高灵敏度和快速驱动的刺激响应复合材料。近些年随着碳纳米管及纳米材料研究的深入,其在致动器材料方面具有广阔的应用前景。

6.5.1.1 致动碳纳米管复合材料

碳纳米管(carbon nanotubes,CNT)是一种径向尺寸为纳米量级,轴向尺寸为微米量级,管子两端基本都封口的一维量子材料。碳纳米管可以看作是石墨烯片层卷曲而成,根据石墨烯的片的层数可分为单壁碳纳米管(single-walled carbon nanotubes,SWCNT)、多壁碳纳米管(multi-walled carbon nanotubes,MWCNT)(由二到数十层石墨燃片层卷曲而成,层间距为 0.34 nm)。碳纳米管具有非常高的刚度和强度、独特的拓扑结构、大比表面积、大长径比和特殊的电子结构,具有非常优异的电学、磁学、光学、力学等性能,当前广泛地应用于功能材料、结构材料与纳米器件等方面。

1999 年 BAUGHMAN R H[158]首次报道致动碳纳米管复合材料的驱动行为,纳米管的机械变形并不是像传感的压电材料通过偶极子的取向,而是通过电荷的注入引起声子频移。BAUGHMAN R H 和他的团队在碳纳米管及致动器方面做了大量的研究,其制备的单壁碳纳米管和多壁碳纳米管电致动器即使在很低的激发电压下也能表现出致动应力与应变。将致动器放入氯化钠溶液中通过电致驱动,这种致动器产生 0.75 MPa 的压力,高于天然肌肉 0.3 MPa 的压力,与传统的铁电致动器相比,也只需要非常低的驱动电压就能达到 0.2% 的应变,循环 140 000 次($\pm$0.5 V,1 Hz),致动性能只下降了 33%。当前,碳纳米管致动器的表征方法主要有电化学或机电实验。

采用三种测量方法来评估活性应变,即测量单个纳米管的轴向应变、bucky 纸的面内应变和 bucky 纸厚度方向的应变。碳纳米管的取向对嵌入碳纳米管的驱动器的密度、机械强度和变形方式有很大的影响。Peng 等提出了一种通过在光热驱动器中嵌入定向碳纳米管来实现可控变形的策略,克服了传统碳纳米管的随机分布构成的驱动器会发生的不可预测的弯曲,实现了执行器的性能可以通过编程控制纳米结构[159]。碳纳米管也具有光致动性,ZHANG Y 等报道了 SWCNT 束对光刺激的机械响应。光源特别是太阳光,是一种清洁能源,易于切换和精确操作[160]。光驱动的驱动转换方案一般可分为光热驱动、光化学驱动和光能光电驱动、化学驱动。当前,大多数光响应驱动器都是基于光热驱动模式设计和制造的,表现出优异的性能、可控的再加工和良好的性能。

对于碳纳米管的致动机理有不同的解释,如电致动碳纳米管的致动机理 Baughman 等提出了量子化学膨胀(quantum chemical expansion)效应、电化学双电层充电(electrochemical-double-layer charging)效应和库伦排斥力效应。电致变形过程中,电化学电容对碳纳米管进行充放电,会引起碳纳米管中碳原子电荷发生变化,碳碳键(C—C)的键长改变,如果驱动电压高于 1 V,还会引起碳纳米管之间存在库仑排斥力,宏观表现就是碳纳米管在电场刺激下发生机械形变。对于光致动的机理,主要有以下几种解释:一是光诱导热电效应(或光伏效应)引起的碳纳米管束间的静电相互作用;二是局部光电子作用导致电荷分布不均匀而引起碳纳米管束发生形变;三是碳纳米管束在受到光照时诱发电子空穴对极化从而产生晶格应变,构象变形;四是碳纳米管的取向与排列程度也会对光致应变产生影响。

6.5.1.2 致动石墨烯基复合材料

2004 年被安德烈·杰姆(A. K. Geim)等通过微机械剥离法获得石墨烯,石墨烯是由碳原子以 sp^2 复合轨道组成的蜂巢状晶格紧密堆积而成的一种二维平面薄膜碳纳米材料,是一个大 π 键共轭体系,单片层石墨烯厚度是一个碳原子厚度,是当前已知最薄的材料。构成石墨烯的每个原子,它多余的一个单电子可以在材料表面自由运动。石墨烯的特殊结构使其具有很多优异的性能,如机械强度高、导热性能好和比表面积大等,其中良好的柔韧性和机械强度,让石墨烯材料在致动器应用方面具有重要的研究意义。

石墨烯及其氧化石墨烯衍生物,通常称为化学改性石墨烯,相较于石墨烯而言具有更好的加工性,在开发高性能驱动方面具有巨大的潜力。化学改性石墨烯的制备工艺不需要重复的石墨机械剥落和化学气相沉积(CVD)等特殊的工艺要求,成本低,易于批量生产;通过与化学氧化和剥离相结合的方法合成的化学改性石墨烯具有丰富的官能团(—OH 和 —COOH),限制了石墨烯片与石墨烯片之间的再堆叠,能够在各种溶剂中形成均匀的分散体;富含含氧基团的化学改性石墨烯修饰了原始石墨烯的疏水性质,使其能够通过各种非共价力与其他组分进行良好的组装,并有助于进一步的化学功能化。

自从 2007 年 Scince 报道了电致动石墨烯材料后[161],致动石墨烯基材料引起了广泛关注。石墨烯材料自身具有良好的导电性,外加电场时,电荷注入或脱出会使石墨烯材料的体积发生改变,石墨烯电极平面内部 C—C 键之间会产生应力变化,形成电化学驱动。石墨烯材料与其他材料复合,在电化学氧化还原过程中,可以发生体积膨胀,远大于石墨烯体积改变,最终产生形变。石墨烯材料还可以用于电热驱动器的设计,在外加电场时产生的焦耳热进一步加速了电子运动的速率,导致温度迅速升高。将石墨烯材料与热膨胀聚合物制成双层结构,就可以在通电的情况下发生弯曲形变。与碳纳米管类似,石墨烯电致动机理也可看成是由量子化学膨胀(quantum chemical expansion)效应与电化学双电层充电(electrochemical-double-layer charging)效应(也叫超级电容器性能效应)所引起。

石墨烯材料具有很好的吸光性能,单层石墨烯材料吸收白光效率可达 2.3%,吸收的光能加剧晶格振荡转变为热能,具有很好的光热转化效果,是一种良好的光热驱动材料。此外,石墨烯材料还具有负的膨胀系数,与热膨胀系数较大的材料结合形成双层结构,通过光照引发温度的提升,两种材料发生形变的尺度不同,会产生明显弯曲幅度。石墨烯氧化物材料也具有良好的光热转化能力,石墨烯氧化物中含有大量的含氧官能团,可以感受环境周围的水分子含量的改变,通过吸附和脱附水分子发生体积改变。当光照石墨烯氧化物材料时,材料温度升高且周围湿度发生变化,水分子从材料内部逃逸出来,导致体积缩小,反之,光源关闭时材料还会恢复与周围环境湿度匹配的效果,实现往复弯曲。

在化学信号驱动方面,石墨烯材料具有 π-π 吸附能力,且具有大的比表面积,可以吸附各种各样的化学分子,包括气体分子、生物分子、化学离子等,在化学传感、生物传感、发电机、药物运输方面都具有重要的应用价值。石墨烯吸附不同气体分子时,分子可以失去电子或得到电子,从而使材料电学、化学性质发生改变。石墨烯氧化物含有大量的含氧官能团,具有很好地亲水作用,能够在水溶液中很好地分散,但是溶液的 pH 受到影响时,材料的溶解度也会受到影响。当加入酸性溶液时,带负电的羧基将发生去质子化作用,片层之间的静电排斥作用减弱,氢键的作用增强,材料会发生团聚;反之加入碱性溶液时,材料又会重新溶解到溶液中。这一过程称为溶胶-凝胶状态转化。将其掺入到弹性基体中,可以形成 pH 响应性材料。

在磁性驱动方面,石墨烯材料本身磁性很差,因此,在磁驱动的材料制备时会掺入磁性纳米粒子,最常见的就是 Fe_3O_4。石墨烯材料上存在磁性纳米粒子的均匀分散问题,因此,研究人员尝试使用了各种合成复合材料的方法以解决这一问题,如形成金属羧基配位、共价键、原位化学沉积、水热法以及自组装。形成的石墨烯和磁性纳米粒子均匀混合物可以直接用于制备磁性驱动器,也可以将其掺入到形状记忆聚合物等的主体材料中,最终形成的三组分材料就可以用于磁驱动。在交变的磁场下,磁性纳米粒子会产生热,从而又可以与热膨胀材料配合使用。

6.5.1.3 致动其他碳基复合材料

除了碳纳米管基和石墨烯基材料,其他碳基材料(如石墨和炭黑)也可以用作致动材料,它们具有稳定、成本低、容易加工和易于获得等特点。石墨是一种不透明、黑色、热力学稳定的碳材料,石墨面内的碳原子与蜂窝晶格内的三个键合位点形成共价键,第四个非定域电子在石墨层内的整个平面内自由移动。石墨的另一个特点是层间形成的弱范德华键。石墨的热性质是各向异性的,声子在键合面上的传播速度很快,但它们在层与层之间的传播受到阻碍。层与层之间的弱相互作用使石墨材料易于滑动或分离。石墨比较柔软,可以在纸上画出条纹。WENG M 等介绍了一种可以在各种条件下使用的简单纸上笔式执行器,铅笔和纸都是常见的材料,成本低,容易获得[162]。在他们的工作中,使用普通铅笔(10 B)在一张纸上画 1 000 次来沉积石墨。石墨能从紫外到近红外的范围内强烈吸收光线。在光照下,执行器显示超大驱动(曲率:2.6 cm^{-1}),应用这种铅笔纸结构,制作的窗帘状表现出明显的弯曲性能,如图 6.32 所示。然而,石墨一般不单独使用,是由于它的剪切面及力学性质比较脆。

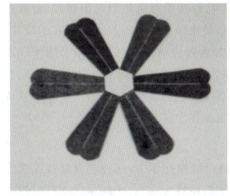 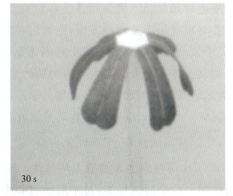

(a) 花瓣状致动器　　　　　　　　(b) 光照30 s后的致动

图 6.32　花瓣状制动器的实物及致动展示图

无定形碳是一种没有任何晶体结构,包含随机分布的 sp^2 杂化轨道,sp^3 杂化轨道和悬挂键,因此被认为是各向同性材料。与碳纳米管、石墨烯或石墨等各向异性碳材料不同,非晶碳在各个方向上的热导率大致相同。在其他材料中加入非晶碳使材料具有均匀的光热转换效率(92 ± 3)%和改善的光吸收性质。MAGGI C 等采用溅射沉积法在光刻胶表面沉积非晶碳薄膜,制备了碳涂层微齿轮驱动器[163]。微齿轮在相同光照功率下以不同速度旋转,这是不同碳厚度的函数,这种现象归因于非晶碳涂层的不同光热转换系数。

6.5.2 致动聚合物基纳米复合材料

该类纳米复合材料可以根据复合的纳米材料进行分类,也可以根据聚合物的种类进行分类。其中,聚合物分为导电聚合物和非导电聚合物。非导电聚合物包括聚硅氧烷基、聚氨酯基和液晶弹性体基聚合物等。

纯纳米碳基致动器由于致动应变量太小、不易制备、成本高和耦合效率低等缺点,严重影响了这类致动器的大规模推广应用。致动聚合物基纳米复合材料中,一类是导电聚合物和纳米粒子或纳米尺寸的物体以适当的工艺组合而成,具有独特的物理性能和广泛的应用前景。导电聚合物是分子链中含有 π-π 共轭体系结构的聚合物,经过化学掺杂或电化学掺杂,可在绝缘体、半导体和导体之间进行转换,经过掺杂的导电聚合物在电场下会发生可逆的氧化还原反应,同时聚合物内部发生离子迁移,从而引起聚合物显著的体积变化。这一过程实现了电能和机械能的转换,达到驱动的目的。导电聚合物包括聚吡咯、聚苯胺和聚噻吩等。电聚合物具有光电导性质、电致发光特性和电致变色效应等,广泛应用于太阳能电池、显示设备和导电复合材料等领域。另一类是非导电聚合物或低电导率的聚合物($10^{-10} \sim 10^{-5}$ S/m),这类聚合物电致动器存在驱动电压高、致动量小等缺点,影响实际应用,可以通过添加导电纳米填料与聚合物形成导电复合材料,改善材料整体导电性能。导电纳米填料主要有炭黑、碳纳米管、石墨烯、碳纳米纤维、银纳米线和金属粉末等。将具有可致动效应的纳米碳基材料加入聚合物弹性体中,既可以赋予聚合物弹性体新的致动效果,又可以解决以往致动材料不易加工、制造成本高的缺点,还能利用纳米碳基材料提高聚合物弹性体的机械性能和导电导热性能。聚合物弹性体材料的一些物理性质与天然肌肉很相似,将聚合物弹性体复合材料应用于致动器方面,则有望在医学与仿生学领域具有特别的潜在的应用价值。当前,关于致动器的研究主要集中在纳米碳基聚合物弹性体复合材料领域。纳米碳基材料与聚合物复合体系的致动器大致分为两种结合模式,一种是纳米碳基材料-聚合物层状复合材料,纳米碳基材料与聚合物形成类似于三明治或汉堡包的多层结构;另一种是纳米碳聚合物复合材料,是将纳米碳基材料均匀分散在聚合物基体中。

6.5.2.1 致动碳纳米管/聚合物复合材料

NACIRIJ 等将碳纳米管掺入热弹性响应的向列型弹性体中,这种复合材料在热能刺激下表现出类似骨骼肌的性能,且不影响材料本身的机械性能[164]。碳纳米管本身对近红外激光(NIR)有较强的吸收率,同时能以较高的转换率将光能转换为热能。将碳纳米管与热响应弹性体复合,在光照下,诱导弹性体发生链段运动或构象变化,即可得到对光产生机械响应的复合致动器。KWON Y K 等研究碳纳米管热收缩行为的分子动力学,提出设计一种纳米晶增强弹性体聚合物的复合材料,以弹性基体的热膨胀抵消碳管对热源或其他致动源的收缩行为[165]。如果在聚合物中分散的碳纳米管存在一个由低到高的取向程度,那么使碳纳米管对自身吸收激光而转换的热能存在同步的由低到高的收缩度,同时热能使聚合物弹性体产生膨胀,收缩响应和膨胀行为的共同作用下,可能制备出具有两种截然不同的光致动方式的致动器。ZHANG X 等在室温条件下获得了一种具有独特光响应性能的双层混合膜。这种双层膜对光照极度灵敏,可在光照下发生快速的大角度偏移驱动行为,最大偏移角可达180°[165,166]。这一类光致动器(图 6.33)的响应光波长可根据单壁碳纳米管的手型分布的差异而发生变化,同时调整优化混合膜的厚度使聚合物的杨氏模量达到较大的输出力,则可适应不同的应用需求。当前,双层膜已被证实可用于典型的智能窗帘与快速运动马达上。

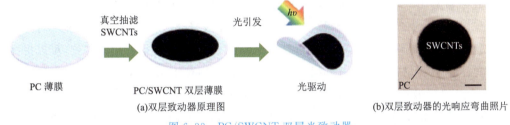

图 6.33 PC/SWCNT 双层光致动器

LU S 等以聚丙烯酸弹性体为基体,掺入单壁碳纳米管制成薄片,这种片材能够对红外光产生机械响应,但是应变量很小,只有 0.01%~0.3%[167]。这种致动的原因归结为,样品吸收光能在碳纳米管表面转化静电能、热能和弹性势能所引起的。AHIR S V 等对碳纳米管-聚硅氧烷弹性体的红外光致动器方面做了深入的研究,对碳纳米管-聚硅氧烷弹性体复合膜拉伸预取向(2%~40%),可以诱导多壁碳纳米管在弹性体中不同程度的取向排列,研究其在近红外光辐照下的致动行为[168]。研究发现,碳纳米管/聚硅氧烷薄膜在低应变区($\varepsilon \leqslant$ 10%)受红外光 IR 刺激,表现出伸展行为,但在高应变区(10%<$\varepsilon \leqslant$40%)下受到 IR 刺激表现出收缩行为,并且致动膜的输出力也随着预应变的增加而增加。LU L 等研究了两种不同复合模式下的碳纳米管致动器,单壁碳纳米管/聚硅氧烷弹性体层状复合材料、多壁碳纳米管/聚硅氧烷弹性体层状复合材料、单壁碳纳米管/聚硅氧烷弹性体复合材料和多壁碳纳米管/聚硅氧烷弹性体复合材料四种致动材料,多层致动器与复合材料致动器都表现出光致动性,而且这四种材料的致动行为对预应变也具有相同的依赖性[169]。相比于电致动,光致动具有明显的优势,如无线操作、无噪声、远程控制、清洁和高效等。研究证明,单壁碳纳米管与多壁碳纳米管能够高效地吸收光能,并将光能转化为热能。在近红外光辐照下,单壁碳纳米管具有很强的吸收率,虽然多壁碳纳米管对红外光的吸收没有表现出特别的谱带,但是这并不影响碳纳米管在聚合物基体中作为加热源或动力源,将光能转化为热能。作为光致动材料,若要对光刺激作出响应,分子中必须要有对光敏感的分子基团或聚合物中掺杂有光敏物质。纯粹的聚合物光致动器,尤以偶氮苯类最为突出,偶氮苯基团作为光敏基团,当受到紫外光辐照后,偶氮苯中 N=N 双键发生顺反异构转变,引起材料宏观变形。FINKEL-

MANN H 等首次合成了以聚硅氧烷为主链,含有偶氮苯基团的单畴向列相液晶弹性体,在紫外光辐照下表现为光致收缩行为[170]。但是这类致动材料的光异构反应极易受到交联网络的限制,分子顺反异构的热恢复率较慢。聚合物掺杂纳米碳基材料作为光敏物质,不仅可以赋予材料光致动响应性,还可以改善材料热学、力学等方面的性能。

碳纳米管/聚合物复合材料的光致动机理认为是光热转化、静电作用(光伏效应或热电效应)以及光诱导极化子激化等效应共同作用,普遍认为光热转化效应是主要因素,碳纳米管在聚合物中吸收光能转化热量,充当一个分子加热器,引起链段运动和构象变化,最终实现样品形变。碳纳米管/高聚物致动器的光响应行为受到致动器结构、碳纳米管取向与分布缠绕、样品取向等因素的影响。

6.5.2.2 致动石墨烯/聚合物复合材料

石墨烯和聚合物复合的纳米材料广泛应用于各种致动器,PARK S 等以宏观石墨烯为基础,通过连续过滤依次将碳纳米管、氧化石墨烯和水胶悬浮液直接复合为一种可对湿度或温度变化产生卷曲响应的纸状材料[171]。以二价离子对氧化石墨烯作化学修饰,可以提高其力学性能,故而这种材料具有良好的机械性能,弹性模量约有 40 GPa,断裂强度可达 130 MPa。然而,作为光热机械致动聚合物复合材料的纳米填料,氧化石墨烯及其衍生材料的性能却并不优于单壁碳纳米管。此外,石墨烯纳米片与纳米带所具有的一些依赖于层数的性质(如饱和吸收率、线性单色光学对比度和电场辅助带隙等)却满足了石墨烯基复合光机械致动器的探索条件。LOOMIS J 等制备了石墨烯-PDMS 复合材料。这种材料因石墨烯的存在,对波长为 808 nm 的近红外激光有着依赖于拉伸预应变程度的可逆光致弹性膨胀与收缩驱动形变[172]。在低预应变区域(3%~9%),样品对光表现为可逆伸长;在中度拉伸区域(9%~15%),光对样品的形变影响可忽略不计;而在高应变区域(15%~40%),样品存在快速可逆的收缩行为。对于一个填料质量分数为 2% 的样品,已证实光机械性诱导应力变化在高低预应变区域分别可达 36 kPa 与 14 kPa。以能量转换系数为光致机械行为的影响因素,石墨烯作为聚合物填料的表现优于其他碳基光敏材料(如氧化石墨烯、碳纳米管和炭黑)。石墨烯的层数每增加一层,复合材料的光致机械效率与应力将分别减少 30% 和 20%。同时,碳基 PDMS 复合材料的光致动性表现出填料的尺寸维度依赖性,降低纳米碳的维度,则近红外光光子吸收率明显增加。这种大规模的石墨烯/聚二甲基硅氧烷复合薄膜有望用来作为自适应皮肤一类的基础智能材料。

6.5.2.3 致动无碳纳米材料/聚合物复合材料

金属纳米材料主要是指由 Au、Pt、Ag、Pd 等金属元素构成的纳米材料。金属纳米材料除具有一般的导电性、导热性和纳米材料的通性外,还具有独特的光学、生物催化性能,因而在致动的应用中得到广泛的应用。属纳米复合材料生物相容性好,表面具有许多不饱和配位的活性原子,能与含氨基或巯基的分子结合。此外,金属纳米复合材料的电催化活性高,能极大地放大致动信号而提高传感器的灵敏度。

相较于纳米碳基材料,金纳米材料在激光辐照下极低的光量子产率赋予了它们近乎百分之百的光热转换率,因此纳米金(包括金纳米粒子和金纳米棒)可作为复合光致动器的光热转换材料。然而金纳米棒材料与有机液晶网络的不相容性也是构建金纳米复合材料亟待解决的问题。YANG H 等在液晶单体上接枝巯基,使金纳米棒通过 Au—S 键与液晶单体紧密结合[173]。实验证明,即使将填料质量分数降至 0.09%,依然不影响复合材料的光致动性。过渡金属硫化物同样可被用于开发低成本的光控刺激响应系统。这一类金属硫化物由过渡金属层插入硫原子层堆积而成,金属与层之间由离子键与共价键连接,而金属层之间的弱范德华力使其易于机械剥离。LIU X 等在波长为 635 nm 的激光辐照下,填料质量分数低于 1% 的金纳米复合柱状材料可在几秒内达到 30% 的最大驱动应变[174]。通过实验发现,与单一由热驱动金纳米/液晶弹性体复合材料相比,由光热驱动致动器可利用激光诱导作用进行精确定位,不受周围环境干扰。同时,金纳米棒的光热转换性优于金纳米粒子。过渡金属硫化物同样可被用于开发低成本的光控刺激响应系统。这一类金属硫化物由过渡金属层插入硫原子层堆积而成,金属与层之间由离子键与共价键连接,而金属层之间的弱范德华力使其易于机械剥离。FAN X 等使用简单的超声法,于去离子水中剥离得到少片层二硫化钼(MoS_2),与聚硅氧烷复合之后在近红外激光下表现出与石墨烯/PDMS 复合材料类似的光致动行为,且同样具有拉伸预应变依赖性,在低程度预应变下表现为伸长,在高程度预应变下收缩[175]。

上述的聚合物基致动器具有独特智能特性和机械性能,能够满足现代工业技术要求。致动器可以提供一个均衡、可逆的智能响应,如记忆合金和形状记忆高分子。然而,大部分形状记忆材料在外界刺激中断后只能作出单一方向的响应,只有少数材料具有平稳的循环可逆性。还有一类特殊的聚合物是液晶弹性体,液晶弹性体被证明是当前真正可以实现平稳的循环可逆致动的材料。

液晶弹性体(liquid crystalline elastomers,LCEs)是指液晶单体经适度交联后,在液晶态和各向同性态下具有弹性的一类高聚物,兼具液晶弹性体的双重特性。LCEs 的独特性使其表现出许多优异的性能,如光致或热致变形、铁电压电性、光学非线性、取向稳定性、形状记忆等特性,特别是液晶弹性体的场致响应性,使其在受到外场刺激(光、热、电、磁等)时,很容易引起材料内部液晶基元取向发生变化,在各向异性与各向同性之间转变,宏观上表现为沿着指矢向方向收缩输出驱动力。同时,科学家们也发现在液晶相态下更有利于碳纳米管的取向排列,在聚合物基体中,碳纳米管取向度越高,对材料性能提升越大,LCEs 致动器件突出的特点是致动形变量大,但受制于热传导率太低的缺陷。LCEs 受热收缩与降温恢复,与有序多壁碳纳米管膜和碳纳米管-聚合物复合膜在红外光下的致动行为在方向上是一致的。显然,将两者的优势结合在一起,对改善碳纳米管-液晶弹性体复合膜的响应速率、致动输出力和形变量具有积极作用。YANG L 等将聚对苯撑乙炔(PEE)修饰的单壁碳纳米管掺入到液晶单体中,通过紫外光诱发交联预聚后,进行热拉伸诱导碳纳米管在基体中取向排列,随后进行紫外固化交联,得到一种可逆红外光驱动的碳纳米管液晶弹性体纳米复合材料[176]。这种弹性体复合膜在很低的碳纳米管含量下,就能观察到一个非常明显、可逆的红外刺激应变,最大应变量可以达到 30%。CAMARGO C J 等采用特殊的模压赋型的方法制备材料,得到了一种可以实现局部感应并驱动的碳纳米管液晶弹性体复合光致动器,这种致动器可以实现局部精确控制感应,这为制备能够精确操控的致动器提供了很好的方法[177]。LI C 等将单壁碳纳米管加入向列型液晶弹性体中,得到一种不仅红外光可以驱动响应,而且白光也可以实现致动的复合材料,其实两种致动方式都是利用碳纳米管将光能转化为热能来加热 LCEs 引起相变,最终表现为宏观形变[178]。

6.5.3 致动离子型纳米复合材料

离子型聚合物材料的优点是离子电导率高、选择透过性好、化学及热稳定性好、力学性能强等。离子型聚合物材料主要通过离子的迁移所引起的宏观形变,具有驱动电压低(0～5 V)、形变能力大、柔性高等优点,广泛应用于水下仿生微型机器人、人造肌肉等方面。离子型纳米复合材料常见有悬梁结构(图 6.34),施加电压时会弯曲。除了弯曲,其他运动模式也是可以实现的,如线性、扭转和螺旋。离子型纳米复合材料包括溶胀的离子交换聚合物膜,它的平面上涂有一层薄薄的金属纳米粒子,低驱动电压使薄膜中的离子迁移到相对带电的电极上,导致膜的一侧膨胀,另一方经历收缩,因此产生弯曲驱动。2009 年,ALIEV A E 等发现碳纳米管气凝胶人工肌肉在高压静电、高温下能达到 220% 延伸率的驱动性质,并在特定方向上的密

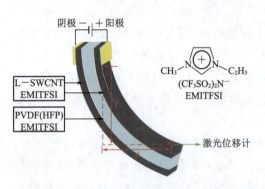

图 6.34 离子型致动纳米复合材料示意图[181]

度和比强度比钢板还高[179]。2010 年,QU L 课题组报道了非对称石墨烯离子型驱动器,极大地丰富了电驱动的应用范围[180]。

离子型驱动器是一种能量转换装置,驱动器的电化学储能性能的好坏直接影响其致动性能。致力于提高驱动器的致动性能,科学家利用储能特性较好的材料[如金属氧化物(MnO_2,RuO_2 等)、导电聚合物(聚吡咯、聚苯胺)等]对单壁碳纳米管电极进行掺杂。ASAKA K 课题组[182]利用 RuO_2 来掺杂单壁碳纳米管,驱动器双电层电容由原来的 55 F/g 增大到 173 F/g,输出应变在响应频率为 0.001～0.005 Hz 范围内提高到 0.90%～1.25%,比纯单壁碳纳米管高出 2～2.5 倍。SUGINO T 等将聚苯胺作为导电和电容的增强剂添加到多孔单壁碳纳米管的电极中,使得电极在电容(0.196 F/cm²)和导电性(15 S/cm)方面相比于纯单壁碳纳米管(0.119 F/cm,4.6 S/cm)都得到了提高,在 0.005 Hz 时,驱动器的输出应变达到 1.9%,提高了 3 倍,应力达到 10 MPa,比纯碳纳米管提高了 5 倍多[183]。基于单壁碳纳米管及其复合电极离子型驱动器,成功地将纳米效应应用于传统离子聚合物金属复合材料驱动器领域中,促进了离子聚合物金属复合材料驱动器领域的发展,但是高质量的单壁碳纳米管价格昂贵、产量少,极大地限制了其在实际生产中的应用,因此科学家将目光聚焦于多壁碳纳米管、石墨烯等其他高性能的碳纳米材料。SUGINO T 等报道了用含有单壁碳纳米管的离子液体硬脆性凝胶制成的干态电致动器,其结构为用含有单壁碳纳米管的离子

液体硬脆性凝胶夹着离子液体凝胶层的双层结构,此材料能够在低电压下快速、持久地在空气中工作[184]。其特点是:电致动器致动方向阳极弯曲;在约±3 V 的低电压下能在空气中持久致动;电致动器结构牢固,实验证明[185],其在弯曲 8 000 次以上不会分层。相对于单壁碳纳米管,多壁碳纳米管在形貌调控方面更具有可操作性,而电极形貌特性影响着离子在其内部输运和累积过程。具有高度液晶取向的碳纳米管材料能更好地发挥其优异的力学、电学、电化学等特性。LIU S 等研究碳纳米管的阵列结构对驱动器性能的影响,构筑了多壁碳纳米管阵列/Nafion 电极离子型驱动器,这种高导电的垂直阵列碳纳米管电极为离子快速传输提供了连续的导电通道,减少了离子的扩散电阻,同时各向异性分布的碳纳米管也增强沿着驱动致动形变方向上的应变,使得驱动器在电压为 4 V,频率为 0.5 Hz 下,获得大于 8%的应变,并且最大应变速率高达 10% s^{-1} [186]。

驱动器致动原理按电解质层性质可分为水合阳离子型和离子液体型驱动两大类。水合阳离子型原理与传统离子聚合物金属复合材料类似,这类驱动器致动过程,主要由水合阳离子迁移质子重新分配,造成材料宏观收缩膨胀形变。水合阳离子型使用的聚合物电解质主要有全氟磺酸(或羧酸)-聚四氟乙烯共聚物;离子液体型聚合物主要有 PVDF(HFP)、壳聚糖、聚氨酯等。离子液体型驱动在电场的作用下,阴阳离子向电极迁移,由于阳离子半径大于阴离子,使得驱动器整体上阴极膨胀阳极收缩,导致驱动器向阳极弯曲。此类驱动器,所使用的离子液体具有低挥发、宽电化学窗口、高离子电导等特点,极大地提高了驱动器在空气中工作循环稳定性。不同聚合物电解质层提供的离子通道大小、储存离子的能力及其本身的介电常数等,都影响离子在其内部的传输,从而相应地影响驱动器的致动性能;此外,阴阳离子半径尺寸大小更是会直接影响离子在多孔电极层中空间位阻排斥。TERASAWA N 等研究了离子液体种类对电致动器的影响:在高频时,含有 EMI[CF_3BF_3]或 EMI[$CF_3CF_2BF_3$]离子液体的电致动器比含有 EMI[BF_4]离子液体的电致动器具有更大的响应[187];而在低频时,含有 EMI[$CF_3CF_2BF_3$]离子液体的电致动器比含有其他离子液体[如(EMI[$C_nF_{2n+1}BF_3$])($n=0,1$)或 EMI[($C_mF_{2m+1}SO_2$)($C_nF_{2n+1}SO_2$)N]($m,n=0,1,2$)]的电致动器具有更大的响应。TAKEUCHI I 等利用电化学和电机械原理,分别研究了七种不同的离子液体对于此类电致动膜的影响,分析结果得出结论:膜材料的电致动响应与离子电阻、电极电阻以及双电层电容有关[188],并能够通过改变阴、阳离子的尺寸大小使电致动膜的阴极和阳极的体积发生改变。KIYOHARA K 等利用蒙特卡罗模拟、对称性分析以及弹性理论等方法研究了电致动膜在微米尺度上的致动机理[189]。基于此,提出了离子液体凝胶电致动膜由于离子转移而使阴极膨胀和阳极收缩,导致电致动膜向阳极弯曲的空间排斥理论。

6.5.4 致动导电凝胶纳米复合材料

近年来,人们对智能水凝胶的研究越来越火热,并且也取得了极大的研究成果,其电场响应性水凝胶的聚合物链段上通常含有可离子化或可极化的基团,这使得电场响应性水凝胶在电刺激下产生弯曲、变形等行为,因而可将电能转化为机械能。电场响应性可将电能转化为机械性能,并通过调节电场的大小可控地调节其机械性能,正是这一特点,使其研究、应用与开发已日益引起科学家的关注与重视。MOSCHOU E A 等将丙烯酰胺和丙烯酸共聚制备水凝胶,他们将聚吡咯和无机物炭黑添加到该共聚物中,研究发现该水凝胶在电场中的弯曲程度随着结构中—COOH含量的增加而增加[190]。离子凝胶电致动器作为一种离子型电致动聚合物,在电激励下能够产生明显的尺寸与形状变化,而在机械振动下能够产生相应的电激励信号,成为微型机器人领域中制造驱动器与传感器的最佳选择。同时,离子凝胶电致动器作为一类机电一体化产品,将传统电机与齿轮传动分离机制融为一体,并使之轻型化、小型化、柔性化,为旧装备升级改造与新装备开发提供了新思路。此外,离子凝胶电致动器具有质量轻、制造成本低、工艺便捷、低电压驱动、柔韧性好等诸多优势,在航天、水下装备、仿生制造、生物医疗及能量收集等领域具有重大的应用潜力。因此,离子凝胶电致动器成为当今学术界的研究热点,被列为国家高科技创新能力的前沿技术之一,更是21世纪人工智能研究的新趋势。离子凝胶电致动器具有柔性好、质量轻、能耗低、变形大等优势。离子凝胶致动器与碳族衍生物的兼容性更有利于制备柔性电极,同时,与导电聚合物相比,离子凝胶电致动器的响应速度更快,制备形式多样化,使得离子凝胶电致动器的研究呈现出巨大潜能。在单壁碳纳米管制备离子凝胶聚合物驱动器方面,GUO W 等研究了碳纳米管驱动器电激励弯曲的实验,在外界场强为 1 V/A 时能产生优于传统材料 10% 的应变,其响应电容与体积变化分别优于铁电体、电伸缩材料的 6 倍与 3 倍[191]。TERASAWA N 等研究了一种裹敷氧化钌的单壁碳纳米管离子凝胶驱动器,相对于传统的碳纳米管聚合物驱动器,获得了较大应变[182]。同时,TERASAWA N 等相继研究了电极与电解质的自扩散参数与离子传导对实现离子凝胶电致动器低电压驱动的重要意义[192]。CHENG Z 等发现,单壁碳纳米管-聚 N-异丙基丙烯酰胺(SWCNT/PNIPAM)的复合凝胶在受红外光刺激时,能够产生收缩与膨胀[193]。但是纯的聚 N-异丙基丙烯酰胺凝胶不具有红外致动性,而且还证明增加碳纳米管含量或红外强度可以提高复合凝胶的响应速率。在多壁碳纳米管制备离子凝胶电致动器方面,ZHAO G 等 2015 年研究了一种多壁碳纳米管与离子液体的凝胶电致动器,实验对其电机械与电化学特性进行研究[194]。实验结果说明,提高多壁碳纳米管在电极材料的浓度,可以有效地改善电机械效率。在石墨烯制备离子凝胶电致动器方面,ROGERS G W 等研究了高性能氧化石墨烯电极的凝胶电致动器,深入研究了非平行共价键碳原子材料的潜能,实验证实了在应变与应力值为 5% 与 100 GPa 时氧化石墨烯与微机械系统的关键作用[195]。

离子凝胶电致动器的电驱动层源于燃料电池领域的质子交换膜,是一种离子电解质层,主要由聚合物与迁移离子组成,实现正负极隔离与离子传输双重作用。离子电解质能够进行自由离子迁移运动,具有离子导电率高、稳定性好且不易自燃、化学稳定性高、不与电极发生反应、弯曲性能好、机械强度大等诸多优势。离子电解质是介于液体电解质与固体电解质之间,由聚合物(基材,能吸附离子并作为离子迁移的载体)、增塑剂(促进阳离子迁移而提高电导率)、阳离子三部分组成。离子电解质形成一定微孔结构的聚合物交联网络,该网络结构能固定液态的离子电解质分子,实现运动离子的传导。因此,上述离子电解质的研究为电驱动层内部聚合物与运动离子的研究提供了重要的参考依据。GUO D J 等采用 Nafion 溶液与 SiO_2 共混,浇筑成多孔 Nafion 的离子交换驱动器,在 2.5 V 电压下具有 0.037 N 的输出力和 7.2 mm 的尖端位移[196]。

离子液体作为电驱动层的离子凝胶电致动器。离子液体又称室温熔融盐,是一些低于室温熔点或者接近室温熔点的离子化合物,室温下呈液体,其中阴、阳离子以游离态存在。当前,理论上改变阴离子与阳离子种类,可以设计出成千上万种离子液体,实际已报道的离子液体只有约千种。按照离子液体在水中的溶解性,可将其分为亲水性离子液体和疏水性离子液体两类;根据酸碱性的差异,可分为酸性、中性、碱性三类离子液体;按照阴离子的不同可分为卤化盐类(对水和空气不稳定)和氯铝酸盐离子液体(对水和空气稳定);按照离子液体阳离子不同可分为季铵盐类、咪唑类、锍盐类、砒啶类、吡唑类噻吩类等。离子液体具有较宽的电化学窗口,电导率高,在高温范围内不挥发、不易燃,且环境友好等诸多优点,在电池与电化学电容器的电解质与增塑剂方面表现出了广泛的应用潜力。其应用形式主要有两种:一种是直接用作液体电解质,另一种是引入聚合物基材复合得到离子液体聚合物电解质,由于后者具备离子液体的优点,保留了优异机械性能、便捷加工成型等诸多优势。因此,这类离子液体聚合物电解质引起了学者们极大的研究兴趣。有关离子液体聚合物电解质的分类大致有两种:一是离子液体分子与聚合物基材共混,其内部无化学键连接形成离子液体增塑的固体聚合物电解质;二是在聚合物分子链间接引入离子液体分子(不饱和双键的阳离子结构)形成聚合物电解质。当前,在聚合物单体引入离子液体结构存在主要问题为电导率不稳定,合成工艺复杂,成本较高。因此,离子凝胶电致动器的电驱动层的研究主要借鉴离子液体的增塑的固态聚合物电解质的研究思路。TERASAWA N 等基于碳纳米管与离子液体凝胶制造一种高性能的离子液体驱动器,并研究了不同的离子液体的阴离子对驱动器的致动效果,结果说明了驱动器可以应用于实践[197]。

磁致动水凝胶(magnetic-field-sensitive hydrogel),顾名思义,对磁场有响应性,通常由高分子基质和磁性组分组成。磁性组分是水凝胶具有磁响应性的主要原因,一般为无机粒子或导电粒子,如金属氧化物(Fe_3O_4、$\gamma-Fe_2O_3$ 等)和铁酸盐($CoFe_2O_4$)等物质。水凝胶对磁场响应性的好坏与许多因素有关,如高分子类别,磁性组分的类别、尺寸及含量等。当磁性粒子的粒径大于 10 nm 时,其具有一定的超顺磁性,因此复合凝胶也有类似性质,即在磁场中复合凝胶的磁性较强,撤去磁场后凝胶磁性消失,磁性不永恒;反之,磁性粒子如果没有超顺磁性,凝胶则显示永久磁性。施加磁场中后,在磁泳力(magnetophoretic force)刺激下,磁性粒子会向磁场较密集的区域汇聚,从而促使聚合物交联结构变形,主要为水凝胶的弯曲、伸展等。LIU T Y 等探讨了明胶-Fe_3O_4 复合凝胶在有、无磁场作用下对维生素 B_{12} 的控制、释放过程[198]。无磁场刺激时,复合凝胶中粒子间彼此并无作用,其孔径和孔隙率都比较大,维生素 B_{12} 释放较快;而在磁场刺激下,磁性粒子彼此因有相互作用发生聚集,牵引高分子网络移动,造成凝胶网络的孔径和孔隙率都减小,药物穿过时受阻,维生素 B_{12} 的释放速度下降。QIN J 等利用超顺磁性氧化铁纳米粒子与一种嵌段共聚物(PF127)复合制备了一种新型的含铁复合水凝胶,并研究了其在磁场作用下对疏水性药物的控制释放行为,其药物控制释放原理如图 6.35 所示[199]。

Ramanujan等利用聚乙烯醇作为基体与不同含量Fe_3O_4复合,并采用其不同的磁场阈值的特点,制备出了一种能够模仿人手指弯曲的磁响应性凝胶,其弯曲程度取决于Fe_3O_4的含量[200]。

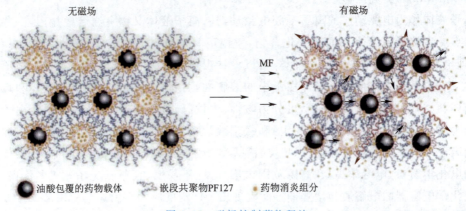

图 6.35 磁场控制药物释放

对于致动水凝胶机理的解释是渗透压理论、介电极化理论和其他理论。渗透压理论认为,将电场敏感水凝胶浸入电解质溶液中,当施加电压时,水凝胶中的反离子以及溶液中离子向与其电性相反的方向移动,造成凝胶内外离子浓度差,这是水凝胶产生弯曲的动力。pH 响应水凝胶与渗透压理论的原理相似。其主要区别在于,电场是影响离子,而 pH 是影响聚电解质电离。电响应水凝胶在电场作用下,溶液中自由离子的定向迁移。这种定向迁移引起凝胶内外的离子浓度分布不均匀,进而出现凝胶两侧的渗透压不同,从而导致凝胶的变形。游离离子的定向迁移也使凝胶体系中的 pH 不均匀,同时电离状态也不同。因此,电响应性水凝胶在电刺激作用下也会产生溶胀或者收缩的现象,导致凝胶弯曲或者是变形。介电极化理论通常被用于解释电流变材料的响应原理,该理论认为,凝胶之所以会产生电响应,是因为凝胶体系中分散颗粒在电场刺激下的极化作用导致的。其常见的极化的模型分为原子极化、电荷极化、偶极子极、游离子极化及界面极化。而在电场作用下,这些离子、颗粒或基团获得电偶极矩,这些物质会在电场作用下聚集,并沿着电场的方向运动,形成一种有序的结构。随着科技的日益发展,关于电响应水凝胶的响应原理的研究也越来越多,如体积相变理论、双电层理论、点扩散理论和半定量理论等。

电致动水凝胶纳米复合材料具有广阔的应用:

1. 药物释放

电刺激的药物释放水凝胶可以以一种预先设计好的方式来释放或停止释放药物,因此,受到了极大的关注。ABERCROMBIE D 等将阿莫西林固定在具有大尺寸比的聚苯胺纳米纤维上,并将其原位掺入聚丙烯酰胺中制得水凝胶[201]。结果表明,在电场刺激下,复合水凝胶的抗生素分子被准确释放。

2. 人造肌肉

电响应凝胶具有类似软组织的模量,因此其对于肌肉、神经和其他软组织置换或再生是非常理想的材料。SHIGA T 等制备了一种聚乙烯醇-聚丙烯酸复合电响应凝胶,并将其应用设计成一种人工手指,将鹌鹑蛋抓起[202]。O'GRADY M L等将聚乙二醇的二丙烯酸酯和丙烯酸制备成一种具有良好的生物相容性和运动性能的多孔水凝胶[203]。将使用该多孔水凝胶运用在新型软体机器人上,可以提供增强的人工肌肉结构驱动力。

3. 生物传感器

生物传感器在临床上应用非常广阔,尤其是在药物护理、手术和重症监护方面更是常见。其能够及时获得患者的代谢和生理状态,以便临床医生做出决定。FATONI A等由壳聚糖接枝聚苯胺合成了一种多孔传导材料,可用于制备唾液酸传感器,将N-乙酰神经氨酸醛缩酶和丙酮酸氧化酶掺入多孔材料,用多壁碳纳米管加固并再掺入介导铁[204]。结果表明,制备的传感器具有很高的稳定性和可靠性。

参考文献

[1] ANSHENG L, RICHARD J, LING L, et al. A high-speed silicon optical modulator based on a metal-oxide-semiconductor capacitor[J]. Nature, 2004, 427(6975): 615-618.

[2] UMNOVA O, ATTENBOROUGH K, LI K M. Cell model calculations of dynamic drag parameters in packings of spheres[J]. The Journal of the Acoustical Society of America, 2000, 107(6): 3113-3119.

[3] SAKAGAMI K, KIYAMA M, MORIMOTO M, et al. Sound absorption of a cavity-backed membrane: A step towards design method for membrane-type absorbers[J]. Applied Acoustics, 1996, 49(3): 237-247.

[4] JOHNSON D L, KOPLIK J, DASHEN R. Theory of dynamic permeability and tortuosity in fluid-saturated porous-media[J]. Journal of Fluid Mechanics, 1987, 176: 379-402.

[5] WILSON D K. Simple, relaxational models for the acoustical properties of porous media[J]. Applied Acoustics, 1997, 50(3): 171-188.

[6] FORD R, MCCORMICK M. Panel sound absorbers[J]. Journal of Sound and Vibration, 1969, 10(3): 411-423.

[7] OOTSUTA K, TANI S. The application of sound-absorbent plastic to acoustic paneling[J]. Mitsubishi Electric Advance, 1996, 78: 18-20.

[8] ZhANG Z, GU X. The theoretical and application study on a double layer microperforated sound absorption structure[J]. Journal of Sound and Vibration, 1998, 215(3): 399-405.

[9] WILSON D K. Relaxation-matched modeling of propagation through porous media, including fractal pore structure[J]. The Journal of the Acoustical Society of America, 1993, 94(2): 1136-1145.

[10] SAKAGAMI K, MORIMOTO M, YAIRI M, et al. A pilot study on improving the absorptivity of a thick microperforated panel absorber[J]. Applied Acoustics, 2008, 69(2): 179-182.

[11] SAKAGAMI K, MORIMOTO M, KOIKE W. A numerical study of double-leaf microperforated panel absorbers[J]. Applied acoustics, 2006, 67(7): 609-619.

[12] NAKANISHI S, SAKAGAMI K, DAIDO M, et al. Effect of an air-back cavity on the sound field reflected by a vibrating plate[J]. Applied Acoustics, 1999, 56(4): 241-256.

[13] LEE Y E, JOO C W. Sound absorption properties of thermally bonded nonwovens based on composing fibers and production parameters[J]. Journal of Applied Polymer Science, 2004, 92(4): 2295-2302.

[14] 钱军民,李旭祥. 聚合物基复合泡沫材料的吸声机理[J]. 噪声与振动控制, 2000, (2): 42-43.

[15] MORSE P M. Ku ingard, theoretical acoustics[J]. Princeton University Press, 949p, 1968, 4: 150.

[16] GARDNER G C, O'LEARY M E, HANSEN S, et al. Neural networks for prediction of acoustical properties of polyurethane foams[J]. Applied Acoustics, 2003, 64(2): 229-242.

[17] Allard J. Propagation of sound in porous media, modelling sound absorbing materials, edited by elsevier applied science[M]. New York and London: Elesevier Science Publishers LTD, 1993.

[18] ATTENBOROUGH K. Models for the acoustical properties of air-saturated granular media[J]. Acta acústica, 1993, 1: 213-226.

[19] SHOSHANI Y, YAKUBOV Y. Numerical assessment of maximal absorption coefficients for nonwoven fiberwebs[J]. Applied Acoustics, 2000, 59(1): 77-87.

[20] BRACCESI C, BRACCIALI A. Least squares estimation of main properties of sound absorbing materials through acoustical measurements[J]. Applied Acoustics, 1998, 54(1): 59-70.

[21] TAKAHASHI D, TANAKA M. Flexural vibration of perforated plates and porous elastic materials under acoustic loading[J]. The Journal of the Acoustical Society of America, 2002, 112(4): 1456-1464.

[22] LEE Y Y, LEE E W M, NG C F. Sound absorption of a finite flexible micro-perforated panel backed by an air cavity[J]. Journal of Sound and Vibration, 2005, 287(1-2): 227-243.

[23] RANDEBERG R T. Perforated panel absorbers with viscous energy dissipation enhanced by orifice design[D]. Norway: Norwegian University of Science and Technology, 2000.

[24] LEE F C, CHEN W H. Acoustic transmission analysis of multi-layer absorbers[J]. Journal of Sound and Vibration, 2001, 248(4): 621-634.

[25] WORDEN A, WALKER N, BHARAT K, et al. Making computers easier for older adults to use: Area cursors and sticky icons[C]. Human factors in computing systems, 1997: 266-271.

[26] OKUDAIRA Y, KURIHARA Y, ANDO H, et al. Sound absorption measurements for evaluating dynamic physical properties of a powder bed[J]. Powder Technology, 1993, 77(1): 39-48.

[27] ALLARD J F, HENRY M, TIZIANEL J, et al. Sound propagation in air-saturated random packings of beads[J]. The journal of the acoustical society of America, 1998, 104(4): 2004-2007.

[28] BHUSHAN B, JUNG Y C. Natural and biomimetic artificial surfaces for superhydrophobicity, self-cleaning, low adhesion, and drag reduction[J]. Progress in Materials Science, 2011, 56(1): 1-108.

[29] WEGST U G, BAI H, SAIZ E, et al. Bioinspired structural materials[J]. Nature Materials, 2015, 14(1): 23-36.

[30] YAO H B, FANG H Y, WANG X H, et al. Hierarchical assembly of micro-/nano-building blocks: Bio-inspired rigid structural functional materials[J]. Chemical Society Reviews, 2011, 40(7): 3764-3785.

[31] SANCHEZ C, ARRIBART H, GIRAUD GUILLE M M. Biomimetism and bioinspiration as tools for the design of innovative materials and systems[J]. Nature Materials, 2005, 4(4): 277-288.

[32] THEIN-HAN W W, MISRA R D. Biomimetic chitosan-nanohydroxyapatite composite scaffolds for bone tissue engineering[J]. Acta Biomaterialia, 2009, 5(4): 1182-1197.

[33] ESTROFF L A, HAMILTON A D. At the interface of organic and inorganic chemistry: Bioinspired synthesis of composite materials[J]. Chemistry of Materials, 2001, 13(10): 3227-3235.

[34] STUDART A R. Towards high-performance bioinspired composites[J]. Advanced Materials, 2012, 24(37): 5024-5044.

[35] SRINIVASAN A V, HARITOS G K, HEDBERG F L. Biomimetics: Advancing man-made materials

through guidance from nature[J]. Applied Mechanics Reviews,1991,44(11):463-482.

[36] DIMAS L S,BRATZEL G H,EYLON I,et al. Tough composites inspired by mineralized natural materials:Computation,3d printing,and testing[J]. Advanced Functional Materials,2013,23(36): 4629-4638.

[37] LI Y Q,YU T,YANG T Y,et al. Bio-inspired nacre-like composite films based on graphene with superior mechanical,electrical,and biocompatible properties[J]. Advanced Materials,2012,24(25):3426-3431.

[38] AIZENBERG J,FRATZL P. Biological and biomimetic materials[J]. Advanced Materials,2009,21(4): 387-388.

[39] ZENG Q Y,LI S H,ZHOU B L,et al. The characteristics of biomaterials and biomimetics of composite materials[J]. Acta Material Composite Sinica,1993,109(1):33.

[40] ZhOU B J P. Biomimetics of composite materials[J]. Physics,1995,24(10):577-582.

[41] 胡巧玲,李晓东,沈家骢. 仿生结构材料的研究进展[J]. 材料研究学报,2003,17(4):337-344.

[42] LI S H,ZENG Q Y,XIAO Y L,et al. Biomimicry of bamboo bast fiber with engineering composite materials[J]. Materials Science and Engineering:C,1995,3(2):125-130.

[43] HINMAN M B,JONES J A,LEWIS R V. Synthetic spider silk:A modular fiber[J]. Trends in Biotechnology,2000,18(9):374-379.

[44] LAZARIS A,ARCIDIACONO S,HUANG Y,et al. Spider silk fibers spun from soluble recombinant silk produced in mammalian cells[J]. Science,2002,295(5554):472-476.

[45] VENDRELY C,SCHEIBEL T. Biotechnological production of spider-silk proteins enables new applications[J]. Macromolecular Bioscience,2007,7(4):401-409.

[46] KUBIK S. High-performance fibers from spider silk[J]. Angewandte Chemie International Edition, 2002,41(15):2721-2723.

[47] ZHAO X,CHEN F,LI Y,et al. Bioinspired ultra-stretchable and anti-freezing conductive hydrogel fibers with ordered and reversible polymer chain alignment[J]. Nature Communications,2018,9(1):3579.

[48] BAI H,JU J,SUN R,et al. Controlled fabrication and water collection ability of bioinspired artificial spider silks[J]. Advanced Materials,2011,23(32):3708-3711.

[49] WEGST U G K,ASHBY M F. The mechanical efficiency of natural materials[J]. Philosophical Magazine, 2004,84(21):2167-2186.

[50] PODSIADLO P,KAUSHIK A K,ARRUDA E M,et al. Ultrastrong and stiff layered polymer nanocomposites[J]. Science,2007,318(5847):80-83.

[51] ESPINOSA H D,RIM J E,BARTHELAT F,et al. Merger of structure and material in nacre and bone-perspectives on de novo biomimetic materials[J]. Progress in Materials Science,2009,54(8): 1059-1100.

[52] LANUNEY M E,MUNCH E,ALSEM D H,et al. Designing highly toughened hybrid composites through nature-inspired hierarchical complexity[J]. Acta Materialia,2009,57(10):2919-2932.

[53] CHECA A G,CARTWRIGHT J H,WILLINGER M G. Mineral bridges in nacre[J]. Journal of Structural Biology,2011,176(3):330-339.

[54] ZHOU X B,DE HOSSON J T M D. Wetting kinetics of liquid aluminium on an al2o3 surface[J]. Journal of Materials Science,1995,30(14):3571-3575.

[55] MUNCH E,LAUNEY M E,ALSEM D H,et al. Tough,bio-inspired hybrid materials[J]. Science,

2008,322(5907):1516-1520.

[56] BHUSHAN B. Biomimetics:Lessons from nature—an overview[J]. Philos Trans A Math Phys Eng Sci,2009,367(1893):1445-1486.

[57] 王晓俊. 蛾翅膀表面疏水性能研究及仿生材料的制备[D]. 长春:吉林大学,2012.

[58] WAGNER T,NEINHUIS C,BARTHLOTT W. Wettability and contaminability of insect wings as a function of their surface sculptures[J]. Acta Zoologica,1996,77(3):213-225.

[59] WATSON G S,WATSON J A. Natural nano-structures on insects—possible functions of ordered arrays characterized by atomic force microscopy[J]. Applied Surface Science,2004,235(1-2):139-144.

[60] SUN M L,WATSON G S,ZHENG Y,et al. Wetting properties on nanostructured surfaces of cicada wings[J]. Journal of Experimental Biology,2009,212(19):3148-3155.

[61] GAO X,ET AL. Biophysics:Water-repellent legs of water striders[J]. Nature,2004,432(7013):36.

[62] GUO Z,LIU W,SU B L. Superhydrophobic surfaces:From natural to biomimetic to functional[J]. Journal of Colloid and Interface Science,2011,353(2):335-355.

[63] CASSIE A B D,BAXTER S. Wettability of porous surfaces[J]. Transactions of the Faraday Society,1944,40:546-551.

[64] SUN T,FENG L,GAO X,et al. Bioinspired surfaces with special wettability[J]. Accounts of Chemical Research,2005,38(8):644-652.

[65] XI J,JIANG L. Biomimic superhydrophobic surface with high adhesive forces[J]. Industrial & Engineering Chemistry Research,2008,47(17):6354-6357.

[66] YAO J,WANG J,YU Y,et al. Biomimetic fabrication and characterization of an artificial rice leaf surface with anisotropic wetting[J]. Chinese Science Bulletin,2012,57(20):2631-2634.

[67] SAISON T,PEROZ C,CHAUVEAU V,et al. Replication of butterfly wing and natural lotus leaf structures by nanoimprint on silica sol-gel films[J]. Bioinspiration & Biomimetics,2008,3(4):046004.

[68] LEE Y,YOO Y,KIM J,et al. Mimicking a superhydrophobic insect wing by argon and oxygen ion beam treatment on polytetrafluoroethylene film[J]. Journal of Bionic Engineering,2009,6(4):365-370.

[69] CUI Y,GONG H,WANG Y,et al. A thermally insulating textile inspired by polar bear hair[J]. Advanced Materials,2018,30(14):e1706807.

[70] SANCHEZ C,JULIAN B,BELLEVILLE P,et al. Applications of hybrid organic-inorganic nanocomposites[J]. Journal of Materials Chemistry,2005,15(35-36):3559-3592.

[71] HOOD M A,MARI M,MUNOZ-ESPIR. Synthetic strategies in the preparation of polymer/inorganic hybrid nanoparticles[J]. Materials,2014,7(5):4057-4087.

[72] KOYTEPE S,KUCUK L,SECKIN T,et al. Preparation, characterization, and properties of novel polyimide-SiO_2 hybrid composites based on bipyridine for low dielectric applications[J]. Polymer-Plastics Technology and Engineering,2015,54(12):1251-1262.

[73] OWENS G J,SINGH R K,FOROUTAN F,et al. Sol-gel based materials for biomedical applications[J]. Progress in Materials Science,2016,77:1-79.

[74] Streuli C. Extracellular matrix remodelling and cellular differentiation[J]. Current Opinion in Cell Biology,1999,11(5):634-640.

[75] AUMAILLEY M,GAYRAUD B. Structure and biological activity of the extracellular matrix[J]. Journal of Molecular Medicine,1998,76(3-4):253-265.

[76] LEVENBERG S,LANGER R. Advances in tissue engineering[M]. Current Topics in Developmental Biology. 2004:113-134.

[77] MIKOS A G, TEMENOFF J S. Formation of highly porous biodegradable scaffolds for tissue engineering[J]. Electronic Journal of Biotechnology,2000,3(2):114-119.

[78] GRIFFITH L G. Emerging design principles in biomaterials and scaffolds for tissue engineering[M]. Annals of the New York Academy of Sciences. 2002:83-95.

[79] HENNINK W E, VAN NOSTRUM C F. Novel crosslinking methods to design hydrogels[J]. Advanced Drug Delivery Reviews,2012,64(1):223-236.

[80] DIMARCO R L,HEILSHORN S C. Multifunctional materials through modular protein engineering [J]. Advanced Materials,2012,24(29):3923-3940.

[81] YANG X,BAKAIC E,HOARE T,et al. Injectable polysaccharide hydrogels reinforced with cellulose nanocrystals: Morphology, rheology, degradation, and cytotoxicity[J]. Biomacromolecules, 2013, 14 (12):4447-4455.

[82] FATTAHI P, YANG G, KIM G, et al. A review of organic and inorganic biomaterials for neural interfaces[J]. Advanced Materials,2014,26(12):1846-1885.

[83] CHEN J, DU Y, QUE W, et al. Content-dependent biomineralization activity and mechanical properties based on polydimethylsiloxane-bioactive glass-poly (caprolactone) hybrids monoliths for bone tissue regeneration[J]. RSC Advances,2015,5(75):61309-61317.

[84] ZHOU Z, OU B, HUANG T, et al. Biocompatibility in-vitro of gel/ha composite scaffolds containing nano-bioactive glass for tissue engineering[J]. Journal of Macromolecular Science, Part A: Pure and Applied Chemistry,2013,50(10):1048-1053.

[85] JOHN Ł, PODGORSKA M, NEDELEC J M, et al. Strontium-doped organic-inorganic hybrids towards three-dimensional scaffolds for osteogenic cells[J]. Materials Science and Engineering C, 2016,68:117-127.

[86] LONG T, YANG J, SHI S S, et al. Fabrication of three-dimensional porous scaffold based on collagen fiber and bioglass for bone tissue engineering[J]. Journal of Biomedical Materials Research-Part B Applied Biomaterials,2015,103(7):1455-1464.

[87] SHI H, GAN Q, LIU X, et al. Poly (glycerol sebacate)-modified polylactic acid scaffolds with improved hydrophilicity, mechanical strength and bioactivity for bone tissue regeneration[J]. RSC Advances,2015,5(97):79703-79714.

[88] SHIN Y C, LEE J H, JIN L, et al. Stimulated myoblast differentiation on graphene oxide-impregnated plga-collagen hybrid fibre matrices matrices[J]. Journal of Nanobiotechnology,2015,13(1):21-32

[89] TERZAKI K, KISSAMITAKI M, SKARMOUTSOU A, et al. Pre-osteoblastic cell response on three-dimensional, organic-inorganic hybrid material scaffolds for bone tissue engineering[J]. Journal of Biomedical Materials Research-Part A,2013,101 A(8):2283-2294.

[90] YANG Y L,ChANG C H,HUANG C C,et al. Osteogenic activity of nanonized pearl powder/poly (lactide-co-glycolide) composite scaffolds for bone tissue engineering[J]. Bio-Medical Materials and Engineering,2014,24(1):979-985.

[91] DORATI R, COLONNA C, TOMASI C, et al. Design of 3d hybrid composite scaffolds: Effect of composition on scaffold structure and cell proliferation[J]. Macromolecular Symposia, 2013, 334(1): 106-116.

[92] RUSSO T, D'AMORA U, GLORIA A, et al. Systematic Analysis of Injectable Materials and 3D Rapid Prototyped Magnetic Scaffolds: From CNS Applications to Soft and Hard Tissue Repair/Regeneration[J]. Procedia Engineering, 2013, 59: 233-239.

[93] HEIDARI F, RAZAVI M, E. BAHROLOLOOM M, et al. Mechanical properties of natural chitosan/hydroxyapatite/magnetite nanocomposites for tissue engineering applications[J]. Materials Science and Engineering C, 2016, 65: 338-344.

[94] JIANG H, ZUO Y, ZOU Q, et al. Biomimetic spiral-cylindrical scaffold based on hybrid chitosan/cellulose/nano-hydroxyapatite membrane for bone regeneration[J]. ACS Applied Materials and Interfaces, 2013, 5(22): 12036-12044.

[95] SU D, JIANG L, CHEN X, et al. Enhancing the gelation and bioactivity of injectable silk fibroin hydrogel with laponite nanoplatelets[J]. ACS Applied Materials and Interfaces, 2016, 8(15): 9619-9628.

[96] GAHARWAR A K, MIHAILA S M, SWAMI A, et al. Bioactive silicate nanoplatelets for osteogenic differentiation of human mesenchymal stem cells[J]. Advanced Materials, 2013, 25(24): 3329-3336.

[97] NEVES N, CAMPOS B B, ALMEIDA I F, et al. Strontium-rich injectable hybrid system for bone regeneration[J]. Materials Science and Engineering C, 2016, 59: 818-827.

[98] PENG S, LIU X S, HUANG S, et al. The cross-talk between osteoclasts and osteoblasts in response to strontium treatment: Involvement of osteoprotegerin[J]. Bone, 2011, 49(6): 1290-1298.

[99] MOREIRA C D F, CARVALHO S M, Mansur H S, et al. Thermogelling chitosan-collagen-bioactive glass nanoparticle hybrids as potential injectable systems for tissue engineering[J]. Materials Science and Engineering C, 2016, 58: 1207-1216.

[100] SHAHVERDI S, HAJIMIRI M, ESFANDIARI M A, et al. Fabrication and structure analysis of poly (lactide-co-glycolic acid)/silk fibroin hybrid scaffold for wound dressing applications[J]. International Journal of Pharmaceutics, 2014, 473(1-2): 345-355.

[101] MAHARJAN B, JOSHI M K, TIWARI A P, et al. In-situ synthesis of agnps in the natural/synthetic hybrid nanofibrous scaffolds: Fabrication, characterization and antimicrobial activities[J]. Journal of the Mechanical Behavior of Biomedical Materials, 2017, 65: 66-76.

[102] CONTESSOTTO L, GHEDINI E, PINNA F, et al. Hybrid organic-inorganic silica gel carriers with controlled drug-delivery properties[J]. Chemistry-A European Journal, 2009, 15(44): 12043-12049.

[103] BOSIO V E, CACICEDO M L, CALVIGNAC B, et al. Synthesis and characterization of $CaCO_3$-biopolymer hybrid nanoporous microparticles for controlled release of doxorubicin[J]. Colloids and Surfaces B: Biointerfaces, 2014, 123: 158-169.

[104] SHI J, SHI J, FENG D, et al. Stimuli-responsive hybrid composites based on $CaCO_3$ microparticles and smart polyelectrolytes for controllable drug delivery[J]. Polymer Bulletin, 2014, 71(7): 1857-1873.

[105] WANG J, CHEN J S, ZONG J Y, et al. Calcium carbonate/carboxymethyl chitosan hybrid microspheres and nanospheres for drug delivery[J]. Journal of Physical Chemistry C, 2010, 114(44): 18940-18945.

[106] KAMARI Y, GHIACI M. Preparation and characterization of ibuprofen/modified chitosan/TiO_2 hybrid composite as a controlled drug-delivery system[J]. Microporous and Mesoporous Materials, 2016,234:361-369.

[107] SAFARI M, GHIACI M, JAFARI-ASL M, et al. Nanohybrid organic-inorganic chitosan/dopamine/TiO_2 composites with controlled drug-delivery properties[J]. Applied Surface Science, 2015,342:26-33.

[108] SALAMA A, EL-SAKHAWY M. Preparation of polyelectrolyte/calcium phosphate hybrids for drug delivery application[J]. Carbohydrate Polymers, 2014,113:500-506.

[109] KAAMYABI S, HABIBI D, AMINI M M. Preparation and characterization of the ph and thermosensitive magnetic molecular imprinted nanoparticle polymer for the cancer drug delivery[J]. Bioorganic and Medicinal Chemistry Letters, 2016,26(9):2349-2354.

[110] SALAZAR H, LIMA A C, LOPES A C, et al. Poly(vinylidene fluoride-trifluoroethylene)/nay zeolite hybrid membranes as a drug release platform applied to ibuprofen release[J]. Colloids and Surfaces A: Physicochemical and Engineering Aspects, 2015,469:93-99.

[111] POPAT A, LIU J, LU G Q, et al. A ph-responsive drug delivery system based on chitosan coated mesoporous silica nanoparticles[J]. Journal of Materials Chemistry, 2012,22(22):11173-11178.

[112] SHI J, QI W, DU C, et al. Micro/nanohybrid hierarchical poly(n-isopropylacrylamide)/calcium carbonate composites for smart drug delivery[J]. Journal of Applied Polymer Science, 2013,129(2):577-584.

[113] CATAURO M, BOLLINO F, PAPALE F, et al. Synthesis and chemical characterization of new silica polyethylene glycol hybrid nanocomposite materials for controlled drug delivery[J]. Journal of Drug Delivery Science and Technology, 2014,24(4):320-325.

[114] BOUNABI L, MOKHNACHI N B, HADDADINE N, et al. Development of poly(2-hydroxyethyl methacrylate)/clay composites as drug delivery systems of paracetamol[J]. Journal of Drug Delivery Science and Technology, 2016,33:58-65.

[115] WU M, JOHANNESSON B, GEIKER M. A review: Self-healing in cementitious materials and engineered cementitious composite as a self-healing material[J]. Construction and Building Materials, 2012,28(1):571-583.

[116] YOOHE K S, SOTTOS N R, LEWIS J A, et al. Self-healing materials with microvascular networks [J]. Nature Materials, 2007,6(8):581-585.

[117] HAGER M D, GREIL P, LEYENS C, et al. Self-healing materials[J]. Advanced Materials, 2010,22 (47):5424-5430.

[118] LI V C, LIM Y M, CHAN Y W. Feasibility study of a passive smart self-healing cementitious composite[J]. Composites Part B: Engineering, 1998,29(6):819-827.

[119] KESSLER M R. Self-healing: A new paradigm in materials design[J]. Proceedings of the Institution of Mechanical Engineers, Part G: Journal of Aerospace Engineering, 2007,221(4):479-495.

[120] WANG Y F, ZhANG D L, ZHOU T, et al. A reversible functional supramolecular material formed by host-guest inclusion[J]. Polymer Chemistry, 2014,5(8):2922-2927.

[121] ZHANG H, XIA H, ZHAO Y. Poly(vinyl alcohol) hydrogel can autonomously self-heal[J]. ACS Macro Letters, 2012,1(11):1233-1236.

[122] WOOL R P. Material response and reversible cracks in viscoelastic polymers[J]. Polymer Engineering and Science, 1978,18(14):1057-1061.

[123] DRY C. Passive smart materials for sensing and actuation[J]. Journal of Intelligent Material Systems and Structures,2016,4(3):420-425.

[124] CORDIER P,TOURNILHAC F,Soulie-Ziakovic C,et al. Self-healing and thermoreversible rubber from supramolecular assembly[J]. Nature,2008,451(7181):977-980.

[125] WOOL R P. Self-healing materials:A review[J]. Soft Matter,2008,4(3):400-418.

[126] YANG Y,URBAN M W. Self-healing polymeric materials[J]. Chemical Society Reviews,2013,42(17):7446-7467.

[127] TRASK R S,WILLIAMS G J,BOND I P. Bioinspired self-healing of advanced composite structures using hollow glass fibres[J]. Journal of the Royal Society,Interface,2007,4(13):363-371.

[128] PANG J W C,BOND I P. 'Bleeding composites'—damage detection and self-repair using a biomimetic approach[J]. Composites Part A:Applied Science and Manufacturing,2005,36(2):183-188.

[129] WEI Z,YANG J H,ZHOU J,et al. Self-healing gels based on constitutional dynamic chemistry and their potential applications[J]. Chemical Society Reviews,2014,43(23):8114-8131.

[130] KUDOH R,SUDO A,ENDO T. A highly reactive benzoxazine monomer,1-(2-hydroxyethyl)-1,3-benzoxazine:Activation of benzoxazine by neighboring group participation of hydroxyl group[J]. Macromolecules,2010,43(3):1185-1187.

[131] CHAO A,NEGULESCU I,ZHANG D. Dynamic covalent polymer networks based on degenerative imine bond exchange:Tuning the malleability and self-healing properties by solvent[J]. Macromolecules,2016,49(17):6277-6284.

[132] WANG C,LIU N,ALLEN R,et al. A rapid and efficient self-healing thermo-reversible elastomer crosslinked with graphene oxide[J]. Advanced Materials,2013,25(40):5785-5790.

[133] WEI M,ZHAN M,YU D,et al. Novel poly(tetramethylene ether)glycol and poly(epsilon-caprolactone) based dynamic network via quadruple hydrogen bonding with triple-shape effect and self-healing capacity[J]. ACS Applied Materials & Interfaces,2015,7(4):2585-2596.

[134] BAI T,LIU S,SUN F,et al. Zwitterionic fusion in hydrogels and spontaneous and time-independent self-healing under physiological conditions[J]. Biomaterials,2014,35(13):3926-3933.

[135] TUNCABOYLU D C,SAHIN M,ARGUN A,et al. Dynamics and large strain behavior of self-healing hydrogels with and without surfactants[J]. Macromolecules,2012,45(4):1991-2000.

[136] TUNCABOYLU D C,ARGUN A,SAHIN M,et al. Structure optimization of self-healing hydrogels formed via hydrophobic interactions[J]. Polymer,2012,53(24):5513-5522.

[137] CRINI G. Review:A history of cyclodextrins[J]. Chemical Reviews,2014,114(21):10940-10975.

[138] ZHANG Z,LUO Y,CHEN J,et al. Formation of linear supramolecular polymers that is driven by CHPI interactions in solution and in the solid state[J]. Angew Chem Int Ed Engl,2011,50(6):1397-1401.

[139] SILVA D,NATALELLO A,SANII B,et al. Synthesis and characterization of designed BMHP1-derived selfassembling peptides for tissue engineering applications[J]. Nanoscale,2013,5(2):704-718.

[140] KOTHARANGANNAGARI V K,SANCHEZ-FERRER A,RUOKOLAINEN J,et al. Thermoreversible gelsol behavior of rod-coil-rod peptide-based triblock copolymers[J]. Macromolecules,2012,45(4):1982-1990.

[141] SUN T L,KUROKAWA T,KURODA S,et al. Physical hydrogels composed of polyampholytes

demonstrate high toughness and viscoelasticity[J]. Nature Materials,2013,12(10):932-937.

[142] IHSAN A B,SUN T L,KURODA S,et al. A phase diagram of neutral polyampholyte-from solution to tough hydrogel[J]. Journal of Materials Chemistry B,2013,1(36):4555-4562.

[143] KIM S M,JEON H,SHIN S H,et al. Superior toughness and fast self-healing at room temperature engineered by transparent elastomers[J]. Advanced Materials,2018,30(1):1705145. 1-1705145. 8.

[144] LIU Y L,CHUO T W. Self-healing polymers based on thermally reversible diels-alder chemistry[J]. Polymer Chemistry,2013,4(7):2194.

[145] BERGMAN S D,WUDL F. Mendable polymers[J]. Journal of Materials Chemistry B,2008,18(1):41-62.

[146] NAKAHATE M,TAKASHIMA Y,YAMAGUCHI H,et al. Redox-responsive self-healing materials formed from host-guest polymers[J]. Nature Communications,2011,2:511.

[147] ZHANG M,XU D,YAN X,et al. Self-healing supramolecular gels formed by crown ether based host-guest interactions[J]. Angew Chem Int Ed Engl,2012,51(28):7011-7015.

[148] YUAN T,CUI X,LIU X,et al. Highly tough, stretchable, self-healing, and recyclable hydrogels reinforced by in situ-formed polyelectrolyte complex nanoparticles[J]. Macromolecules,2019,52(8):3141-3149.

[149] XU Z,PENG J,YAN N,et al. Simple design but marvelous performances:Molecular gels of superior strength and self-healing properties[J]. Soft Matter,2013,9(4):1091-1099.

[150] YAN B,HUANG J,HAN L,et al. Duplicating dynamic strain-stiffening behavior and nanomechanics of biological tissues in a synthetic self-healing flexible network hydrogel[J]. ACS Nano,2017,11(11):11074-11081.

[151] YU Y,LIU F,ZHANG R,et al. Suspension 3d printing of liquid metal into self-healing hydrogel[J]. Advanced Materials Technologies,2017,2(11):1700173.

[152] ZHANG Y,TAO L,LI S,et al. Synthesis of multiresponsive and dynamic chitosan-based hydrogels for controlled release of bioactive molecules[J]. Biomacromolecules,2011,12(8):2894-2901.

[153] LI Y,LI N,GE J,et al. Biodegradable thermal imaging-tracked ultralong nanowire-reinforced conductive nanocomposites elastomers with intrinsical efficient antibacterial and anticancer activity for enhanced biomedical application potential[J]. Biomaterials,2019,201:68-76.

[154] WERTZ J T,KUCZYNSKI J P,BODAY D J. Thermally conductive-silicone composites with thermally reversible cross-links[J]. ACS Applied Materials & Interfaces,2016,8(22):13669-13672.

[155] GONG C,LIANG J,HU W,et al. A healable,semitransparent silver nanowire-polymer composite conductor[J]. Advanced Materials,2013,25(30):4186-4191.

[156] HUANG Y,LIU J,WANG J,et al. An intrinsically self-healing nico‖zn rechargeable battery with a self-healable ferric-ion-crosslinking sodium polyacrylate hydrogel electrolyte[J]. Angew Chem Int Ed Engl,2018,57(31):9810-9813.

[157] WANG Z K,PAN Q M. An omni-healable supercapacitor integrated in dynamically cross-linked polymer networks[J]. Advanced Functional Materials,2017,27(24):1700690. 1.

[158] BAUGHMAN R H,CUI C X,ZAKHIDOV A A,et al. Carbon nanotube actuators[J]. Science,1999,284(5418):1340-1344.

[159] DENG J,LI J,CHEN P,et al. Tunable photothermal actuators based on a pre-programmed aligned

nanostructure[J]. Journal of the American Chemical Society,2016,138(1):225-230.

[160] ZHANG Y, IIJIMA S. Elastic response of carbon nanotube bundles to visible light[J]. Physical Review Letters,1999,82(17):3472-3475.

[161] BUNCH J S,ZANDE A M V D,Verbridge S S,et al. Electromechanical resonators from graphene sheets[J]. Science,2007,315(5811):490-493.

[162] WENG M,ZHOU P,CHEN L,et al. Multiresponsive bidirectional bending actuators fabricated by a pencil-on-paper method[J]. Advanced Functional Materials,2016,26(40):7244-7253.

[163] MAGGI C,SAGLIMBENI F,DIPALO M,et al. Micromotors with asymmetric shape that efficiently convert light into work by thermocapillary effects[J]. Nature Communications,2015,6(1):7855.

[164] NACIRI J,SRINIVASAN A,JEON H,et al. Nematic elastomer fiber actuator[J]. Macromolecules, 2003,36(22):8499-8505.

[165] KWON Y K,BERBER S,TOMANEK D. Thermal contraction of carbon fullerenes and nanotubes [J]. Physical Review Letters,2004,92(1):015901.

[166] ZHANG X, YU Z, WANG C, et al. Photoactuators and motors based on carbon nanotubes with selective chirality distributions[J]. Nature Communications,2014,5:2983.

[167] LU S, PANCHAPAKESAN B. Optically driven nanotube actuators [J]. Nanotechnology, 2005, 16 (11):2548.

[168] AHIR S V, TERENTJEV E M. Photomechanical actuation in polymer-nanotube composites[J]. Nature Materials,2005,4(6):491.

[169] LU L, CHEN W. Biocompatible composite actuator: A supramolecular structure consisting of the biopolymer chitosan, carbon nanotubes, and an ionic liquid [J]. Advanced Materials, 2010, 22 (33): 3745-3748.

[170] FINKELMANN H,NISHIKAWA E,PEREIRA G G,et al. A new opto-mechanical effect in solids [J]. Physical Review Letters,2001,87(1):015501.

[171] PARK S,AN J,SUK J W,et al. Graphene-based actuators[J]. Small,2010,6(2):210-212.

[172] LOOMIS J,KING B,BURKHEAD T,et al. Graphene-nanoplatelet-based photomechanical actuators [J]. Nanotechnology,2012,23(4):045501.

[173] YANG H, LIU J J, WANG Z F, et al. Near-infrared-responsive gold nanorod/liquid crystalline elastomer composites prepared by sequential thiol-click chemistry[J]. Chemical Communications, 2015,51(60):12126-12129.

[174] LIU X, WEI R, HOANG P T, et al. Reversible and rapid laser actuation of liquid crystalline elastomer micropillars with inclusion of gold nanoparticles[J]. Advanced Functional Materials,2015, 25(20):3022-3032.

[175] FAN X,KHOSRAVI F,RAHNESHIN V,et al. MoS_2 actuators:Reversible mechanical responses of MoS_2-polymer nanocomposites to photons[J]. Nanotechnology,2015,26(26):261001.

[176] YANG L,SETYOWATI K,Li A,et al. Reversible infrared actuation of carbon nanotube-liquid crystalline elastomer nanocomposites[J]. Advanced Materials,2008,20(12):2271.

[177] CAMARGO C J,CAMPANELLA H,MARSHALL J E,et al. Localised actuation in composites containing carbon nanotubes and liquid crystalline elastomers[J]. Macromolecular Rapid Communications, 2011,32(24):1953-1959.

[178]　LI C,LIU Y,LO C W,et al. Reversible white-light actuation of carbon nanotube incorporated liquid crystalline elastomer nanocomposites[J]. Soft Matter,2011,7(16):7511-7516.

[179]　ALIEV A E,Oh J,KOZLOV M E,et al. Giant-stroke,superelastic carbon nanotube aerogel muscles [J]. Science,2009,323(5921):1575-1578.

[180]　XIE X,QU L,ZHOU C,et al. An asymmetrically surface-modified graphene film electrochemical actuator[J]. ACS Nano,2010,4(10):6050-6054.

[181]　MUKAI K,ASAKA K,SUGINO T,et al. Highly conductive sheets from millimeter-long single-walled carbon nanotubes and ionic liquids:Application to fast-moving,low-voltage electromechanical actuators operable in air[J]. Advanced Materials,2009,21(16):1582-1585.

[182]　TERASAWA N,MUKAI K,ASAKA K. Superior performance of a vapor grown carbon fiber polymer actuator containing ruthenium oxide over a single-walled carbon nanotube[J]. Journal of Materials Chemistry,2012,22(30):15104-15109.

[183]　SUGINO T,KIYOHARA K,TAKEUCHI I,et al. Actuator properties of the complexes composed by carbon nanotube and ionic liquid:The effects of additives[J]. Sensors and Actuators B:Chemical,2009,141(1):179-186.

[184]　SUGINO T,KIYOHARA K,TAKEUCHI I,et al. Actuator properties of the complexes composed by carbon nanotube and ionic liquid:The effects of additives[J]. Sensors and Actuators B-Chemical,2009,141(1):179-186.

[185]　YANG P,CUI W,LI L,et al. Characterization and properties of ternary p(vdf-hfp)-litfsi-emitfsi ionic liquid polymer electrolytes[J]. Solid State Sciences,2012,14(5):598-606.

[186]　LIU S,LIU Y,CEBECI H,et al. High electromechanical response of ionic polymer actuators with controlled-morphology aligned carbon nanotube/nafion nanocomposite electrodes[J]. Advanced Functional Materials,2010,20(19):3266-3271.

[187]　TERASAWA N,TAKEUCHI I,MATSUMOTO H. Electrochemical properties and actuation mechanisms of actuators using carbon nanotube-ionic liquid gel[J]. Sensors and Actuators B:Chemical,2009,139(2):624-630.

[188]　TAKEUCHI I,ASAKA K,KIYOHARA K,et al. Electromechanical behavior of fully plastic actuators based on bucky gel containing various internal ionic liquids[J]. Electrochimica Acta,2009,54(6):1762-1768.

[189]　KIYOHARA K,SUGINO T,ASAKA K. Molecular mechanism of ionic electroactive polymer actuators[J]. Smart Materials and Structures,2011,20(12):124009.

[190]　MOSCHOU E A,PETEU S F,BACHAS L G,et al. Artificial muscle material with fast electroactuation under neutral ph conditions[J]. Chemistry of Materials,2004,16(12):2499-2502.

[191]　GUO W,GUO Y. Giant axial electrostrictive deformation in carbon nanotubes[J]. Physical Review Letters,2003,91(11):115501.

[192]　TERASAWA N,ASAKA K. High performance polymer actuators based on single-walled carbon nanotube gel using ionic liquid with quaternary ammonium or phosphonium cations and with electrochemical window of 6 v[J]. Sensors and Actuators B:Chemical,2014,193:851-856.

[193]　CHENG Z,CHAI R,MA P,et al. Multiwalled carbon nanotubes and nayf4:Yb3+/er3+ nanoparticle-doped bilayer hydrogel for concurrent nir-triggered drug release and up-conversion luminescence tagging[J].

Langmuir, 2013, 29(30): 9573-9580.

[194] ZHAO G, SUN Z, WANG J, et al. Development of biocompatible polymer actuator consisting of biopolymer chitosan, carbon nanotubes, and an ionic liquid[J]. Polymer Composites, 2017, 38(8): 1609-1615.

[195] ROGERS G W, LIU J Z. High-performance graphene oxide electromechanical actuators[J]. Journal of the American Chemical Society, 2011, 134(2): 1250-1255.

[196] GUO D J, FU S J, TAN W, et al. A highly porous nafion membrane templated from polyoxometalates-based supramolecule composite for ion-exchange polymer-metal composite actuator[J]. Journal of Materials Chemistry, 2010, 20(45): 10159-10168.

[197] TERASAWA N, TAKEUCHI I, MUKAI K, et al. The effects of alkaline earth metal salts on the performance of a polymer actuator based on single-walled carbon nanotube-ionic liquid gel[J]. Sensors and Actuators B: Chemical, 2010, 150(2): 625-630.

[198] LIU T Y, HU S H, LIU K H, et al. Study on controlled drug permeation of magnetic-sensitive ferrogels: Effect of Fe_3O_4 and pva[J]. Journal of Controlled Release, 2008, 126(3): 228-236.

[199] QIN J, ASEMPAH I, LAURENT S, et al. Injectable superparamagnetic ferrogels for controlled release of hydrophobic drugs[J]. Advanced Materials, 2009, 21(13): 1354-1357.

[200] PARK S, KIM H S, KIM W J, et al. Pluronic@Fe_3O_4 nanoparticles with robust incorporation of doxorubicin by thermo-responsiveness[J]. International Journal of Pharmaceutics, 2012, 424(1-2): 107-114.

[201] ABERCROMBIE D, AKCHURIN N, AKILLI E, et al. Dark matter benchmark models for early LHC run-2 searches: Report of the ATLAS/CMS dark matter forum[J]. Physics of the Dark Universe, 2019, 27: 100371.

[202] SHIGA T, HIROSE Y, OKADA A, et al. Bending of poly(vinyl alcohol)-poly(sodium acrylate) composite hydrogel in electric fields[J]. Journal of Applied Polymer Science, 1992, 44(2): 249-253.

[203] O'GRADY M L, KUO P L, PARKER K K. Optimization of electroactive hydrogel actuators[J]. ACS Applied Materials & Interfaces, 2009, 2(2): 343-346.

[204] FATONI A, NUMNUAM A, KANATHARANA P, et al. A novel molecularly imprinted chitosan-acrylamide, graphene, ferrocene composite cryogel biosensor used to detect microalbumin[J]. Analyst, 2014, 139(23): 6160-6167.